# 高校 これでわかる
## 数学Ⅲ

文英堂編集部 編

文英堂

# 基礎からわかる！

## 成績が上がるグラフィック参考書。

**1** ワイドな紙面で，わかりやすさバツグン

**2** わかりやすい図解と斬新レイアウト

**3** イラストも満載，面白さ満杯

**4** どの教科書にもしっかり対応
- ▶ **工夫された導入**で，数学への興味がわく。
- ▶ **学習内容が細かく分割**されているので，どこからでも能率的な学習ができる。
- ▶ わかりにくいところは，**会話形式**でていねいに説明。
- ▶ **図が大きくてくわしい**から，図を見ただけでもよく理解できる。
- ▶ **これも知っ得やTea Time**で，学習の幅を広げ，楽しく学べる。

**5** 章末の定期テスト予想問題で試験対策も万全！

# もくじ

## 1章 式と曲線

### 1節 2次曲線
1 放物線 …………………………… 6
2 楕 円 …………………………… 10
3 双曲線 …………………………… 16
4 図形の平行移動 ………………… 22
5 2次曲線と直線の位置関係 …… 24
6 2次曲線の統一的な見方 ……… 26
 TeaTime  2次曲線 ………………… 27

### 2節 媒介変数表示と極座標
7 曲線の媒介変数表示 …………… 28
8 極座標と極方程式 ……………… 32
9 極方程式 ………………………… 35
定期テスト予想問題 ……………… 39

## 2章 複素数平面

### 1節 複素数平面
1 複素数平面 ……………………… 42
2 複素数の和・差と複素数平面
　 …………………………………… 44
3 複素数の極形式 ………………… 46
4 ド・モアブルの定理 …………… 49
5 図形と複素数 …………………… 51
 TeaTime  アポロニウスの円 …… 54
定期テスト予想問題 ……………… 57

# 3章 関数と極限

## 1節 いろいろな関数

1. 分数関数のグラフ …… 60
2. 無理関数のグラフ …… 66
3. 逆関数と合成関数 …… 70

## 2節 数列の極限

4. 数列の極限 …… 78
5. 無限等比数列 $\{r^n\}$ の極限 …… 84
6. 極限と大小関係 …… 88
7. 無限級数 …… 92
8. 無限等比級数 …… 95

## 3節 関数の極限

9. 関数の極限 …… 103
10. いろいろな関数の極限 …… 110
11. 連続関数 …… 115

定期テスト予想問題 …… 121

# 4章 微分法とその応用

## 1節 微分法

1. 微分可能と連続 …… 124
2. 導関数の計算 …… 127
3. 合成関数の導関数 …… 132
4. 逆関数の導関数 …… 135
5. 三角関数の導関数 …… 137
6. 対数関数の導関数 …… 139
7. 指数関数の導関数 …… 142
8. 高次導関数 …… 144
9. 媒介変数で表された関数の導関数 …… 146

## 2節 微分法の応用

10. 接線と法線 …… 147
11. 平均値の定理 …… 152
12. 関数の値の増減 …… 154
13. 第2次導関数の応用 …… 160
14. グラフのかき方 …… 164
15. 速度・加速度 …… 168
16. 関数の近似式 …… 170

定期テスト予想問題 …… 173

# 5章 積分法とその応用

## 1節 積分法

1. 不定積分 ……………………… 176
2. 置換積分法 …………………… 181
3. 部分積分法 …………………… 186
4. いろいろな不定積分 ………… 188
5. 定積分 ………………………… 191
6. 定積分の置換積分法 ………… 194
7. 定積分の部分積分法 ………… 202
8. 定積分と微分 ………………… 204
9. 区分求積法と定積分 ………… 208

## 2節 積分法の応用

10. 面積と定積分 ………………… 214
11. 体積と定積分 ………………… 221
12. 曲線の長さ・道のり ………… 230
13. 微分方程式 …………………… 234

定期テスト予想問題 ……………… 236

## 問題について

**基本例題** 教科書の基本的なレベルの問題。
**応用例題** ややレベルの高い問題。または応用力を必要とする問題。
**発展例題** 教科書の発展内容。(扱っていない教科書もある。)
**類題 類題 類題** 例題内容を確認するための演習問題。もとになる例題を検索しやすいように、例題と同じ番号になっている。例題に類題がなければ、その番号は欠番で、類題が複数ある場合は、○○-1, ○○-2 となる。
**定期テスト予想問題** 定期テストに出題されそうな問題。センター試験レベルの問題も含まれているので実力を試してほしい。

# 1章 式と曲線

# 1節 2次曲線

## 1 放 物 線

### ● 放物線って何なんだ？

右の円の細い実線は定点 F を中心とする同心円で，半径は，最小の円を 1 として 1 ずつ大きくなっている。また，縦の細い実線は幅が 1 の平行線で，各円に接するようにかいてある。ここで，特別な直線として直線 $l$ をとって，FO の中点から出発して円周と縦の直線の交点を通る曲線をかく。すると**放物線**がかける。

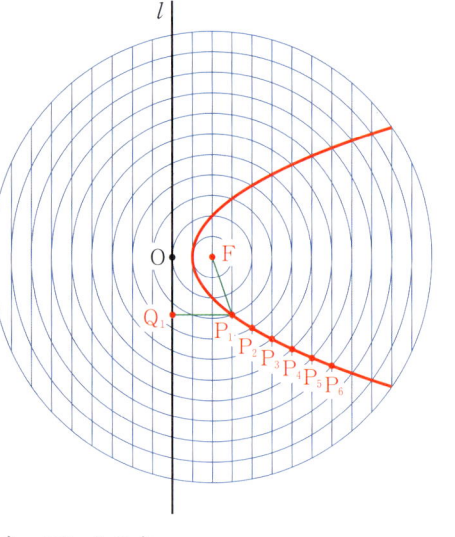

$Q_1$ は放物線上の点 $P_1$ から直線 $l$ に引いた垂線の足ですね。$P_1Q_1$ を引いたのはどういうわけなんだろう。

わかったわ。$P_1Q_1$ の長さは 3 になるし，$P_1F$ の長さも 3 になるので，$P_1Q_1 = P_1F$ となっているのよ。

そうなんだ。この $P_1Q_1$ の長さを，点 $P_1$ と直線 $l$ との距離というんだ。同様に，放物線上の点 $P_2$, $P_3$, …, $P_6$ と直線 $l$ との距離，および点 F までの距離を表にすると下のようになる。

|  | $P_1$ | $P_2$ | $P_3$ | $P_4$ | $P_5$ | $P_6$ |
|---|---|---|---|---|---|---|
| $l$ との距離 | 3 | 4 | 5 | 6 | 7 | 8 |
| F までの距離 | 3 | 4 | 5 | 6 | 7 | 8 |

← 点と直線との距離は，その点から直線に引いた垂線の長さで表す。

この距離が等しくなるように，上の同心円と平行直線をかいた！

放物線上の点と，直線 $l$ との距離，点 F までの距離はどれも等しくなっているわ。

そうなんだ。**放物線**というのは，**直線 $l$ と点 F からの距離が等しい点が集まってできている**んだ。このことを数学的には，「放物線は，定点 F と定直線 $l$ からの距離が等しい点の軌跡である」という。

**ポイント**  [放物線の定義]
① 定点 F と定直線 $l$ からの距離が等しい点の軌跡。右の図で PF＝PH
② F を**焦点**，$l$ を**準線**という。

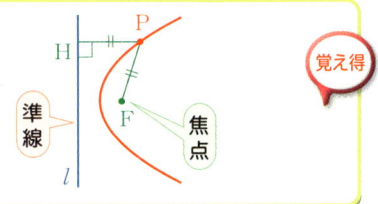

**これも知っ得** 放物線をうまくかくには？

こんどは，実際に放物線をかいてみよう。大きな紙と糸，画びょう，三角定規，直線定規，セロハンテープを用意する。

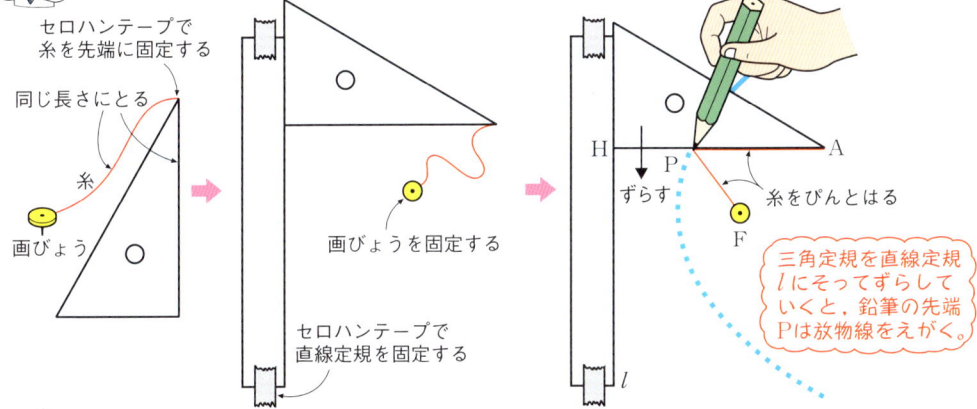

AH と糸の長さが等しくて，AP の部分が重なっているから，**PF＝PH** となって放物線になるわけですね。

　右の図のように，直線 $l$ と点 F のまん中の直線を $y$ 軸にとり，$x$ 軸は F を通るようにとって，F$(p, 0)$ として PF＝PH から放物線の方程式を求めてみよう。
P$(x, y)$ とすると，
PF＝$\sqrt{(x-p)^2+y^2}$，PH＝$|x-(-p)|=|x+p|$ だから
$\sqrt{(x-p)^2+y^2}=|x+p|$
両辺を 2 乗すると　$(x-p)^2+y^2=(x+p)^2$
展開して整理すると **$y^2=4px$**（これを**放物線の標準形**という）となる。
これが**放物線の方程式**である。まとめておこう。

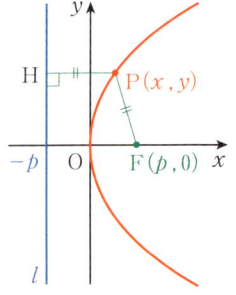

原点 O：**頂点**
直線 OF：**軸**

**ポイント**  [放物線の方程式]
焦点 F$(p, 0)$，準線 $l:x=-p$ の放物線の方程式は　**$y^2=4px$**

## 基本例題 1  放物線の焦点と準線

次の放物線の焦点および準線を求めよ。
(1) $y^2=-x$  (2) $x^2=3y$

**ねらい** 放物線の標準形の式から，焦点の座標，準線の方程式を求める。

**解法ルール**

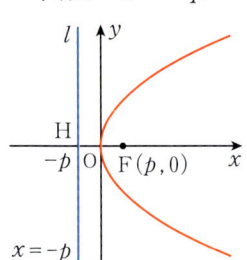
$y^2=4p \cdot x$ （$x$のときは $x$に）
焦点 F$(p, 0)$
準線 $l: x=-p$

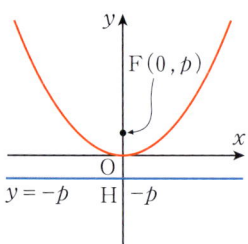
$x^2=4p \cdot y$ （$y$のときは $y$に）
焦点 F$(0, p)$
準線 $l: y=-p$

● $y^2=ax$ を標準形に変形するには
$y^2 = 4 \times \dfrac{a}{4} x$
（掛けて 割る）
（掛けて割るともとと同じ）
➡ 焦点 $\left(\dfrac{a}{4}, 0\right)$
準線 $x=-\dfrac{a}{4}$

**解答例**
(1) $y^2 = 4\left(-\dfrac{1}{4}\right)x$ より 焦点 $\left(-\dfrac{1}{4}, 0\right)$, 準線 $x=\dfrac{1}{4}$ …答

(2) $x^2 = 4 \cdot \dfrac{3}{4} y$ より 焦点 $\left(0, \dfrac{3}{4}\right)$, 準線 $y=-\dfrac{3}{4}$ …答

**類題 1** 次の放物線の焦点，準線を求め，その概形をかけ。
(1) $y^2=16x$  (2) $3y+x^2=0$

## 基本例題 2  放物線の方程式と概形

次の放物線の方程式を求めよ。また，その概形をかけ。
(1) 焦点 $(3, 0)$, 準線 $x=-3$  (2) 頂点 $(0, 0)$, 準線 $y=-2$

**ねらい** 放物線の焦点や頂点と準線から放物線の方程式を求める。

**解法ルール** 焦点 $(p, 0)$, 準線 $x=-p \Longrightarrow y^2=4px$
焦点 $(0, p)$, 準線 $y=-p \Longrightarrow x^2=4py$

**解答例**
(1) 焦点 $(3, 0)$, 準線 $x=-3$ より $p=3$
 $y^2 = 4 \cdot 3 \cdot x$ よって $y^2=12x$ …答
(2) 頂点 $(0, 0)$, 準線 $y=-2$ より，
 焦点は点 $(0, 2)$ したがって $p=2$
 $x^2 = 4 \cdot 2 \cdot y$ よって $x^2=8y$ …答
答 **概形は右の図**

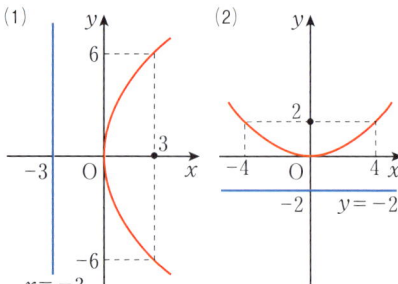

**類題 2** 次の放物線の方程式を求め，概形をかけ。
(1) 焦点 $\left(-\dfrac{1}{2}, 0\right)$, 準線 $x=\dfrac{1}{2}$  (2) 焦点 $(0, 3)$, 準線 $y=-3$

**基本例題 3** 〔軌跡の求め方(1)〕 テストに出るぞ!

直線 $x=-3$ に接し，定点 $A(3, 0)$ を通る円の中心 P の軌跡を求めよ。←基本例題2(1)と表現の違いを比べよう

**ねらい** 放物線の定義を理解し，軌跡を求める。

**解法ルール** 定点と定直線からの距離が等しい点の軌跡は**放物線**になる。
ここでは題意に適する円をかいて，中心 P が満たす条件を見つける。

**解答例** P を中心とする円と直線 $x=-3$ との接点を H とする。
この円は定点 A を通るので PH＝PA
つまり，点 P は直線 $x=-3$ と定点 A から等距離にある点である。
したがって，点 P の軌跡は焦点 $A(3, 0)$，直線 $x=-3$ を準線とする放物線になる。　答 $y^2=12x$

**類題 3** 直線 $y=-3$ に接し，定点 $A(0, 3)$ を通る円の中心 P の軌跡を求めよ。

**応用例題 4** 〔軌跡の求め方(2)〕 テストに出るぞ!

直線 $x=-1$ に接し，円 $(x-2)^2+y^2=1$ に外接する円の中心 P の軌跡を求めよ。

**ねらい** 放物線の定義に適する定点と定直線を見つけて，軌跡を求める。

**解法ルール** 円 $(x-2)^2+y^2=1$ は，中心 $C(2, 0)$，半径 1 の円。
直線 $x=-1$ を $m$ とすると，右の図から
**直線 $m$ に接する** $\iff$ **PK＝PM＝$r$**（円の半径）
**円 $C$ に外接する** $\iff$ **PC＝$r+1$**
PH＝PK＋1 より PH＝$r+1$
よって PH＝PC

**解答例** 動円の中心を $P(x, y)$，半径を $r$ とし，P から直線 $m$ に引いた垂線の足を K とする。また，直線 $x=-2$ を $l$，点 P を中心とする円を $P$，円 $(x-2)^2+y^2=1$ を $C$ とする。
右上の図において，2 円 $P$，$C$ は外接していることから
　　PC＝PM＋1＝$r+1$　　（$r$ は円 $P$ の半径）
円 $P$ は直線 $m$ と接していることから
　　PH＝PK＋1＝$r+1$
よって，PC＝PH が成り立つ。これより，点 P は焦点 $(2, 0)$，準線 $x=-2$ の放物線を描き，軌跡の方程式は $y^2=8x$　…答

**類題 4** $x$ 軸に接し，円 $x^2+(y-1)^2=1$ に外接する円の中心の軌跡を求めよ。

**1　2次曲線**

# 2 楕　円

## ● 楕円ってどんな曲線？

図の細い実線は，点Fを中心とする同心円と，点F'を中心とする同心円です。同心円の半径は，最小の円を1として1ずつ大きくしてあります。

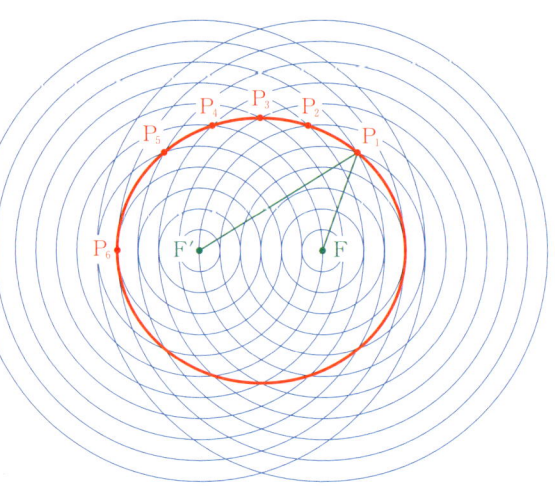

何か目がまわりそうだけど，図の太い曲線が楕円になるわけですね。

そう。そこで図の$P_1$からF，F'までの距離を調べてみましょう。

$P_1$は，Fから5個目の円周上にあるから，$P_1F=5$，F'から9個目の円周上にあるから$P_1F'=9$です。

同じように，$P_2$，$P_3$，…，$P_6$をとって，F，F'からの距離を求めると，右の表のようになります。これを見て何か気づかないかな？

|  | $P_1$ | $P_2$ | $P_3$ | $P_4$ | $P_5$ | $P_6$ |
|---|---|---|---|---|---|---|
| 点Fから | 5 | 6 | 7 | 8 | 9 | 10 |
| 点F'から | 9 | 8 | 7 | 6 | 5 | 4 |

わかった！　Fからの距離とF'からの距離の和が，どれも14になっています。

その通り！　一般に，楕円上の点は，2点F，F'からの距離の和が一定になっているんです。

---

**ポイント**　[楕円の定義]
① 2定点F，F'からの距離の和が一定である点の軌跡。
　右の図で，PF＋PF'が一定。
② 2定点F，F'を**焦点**という。

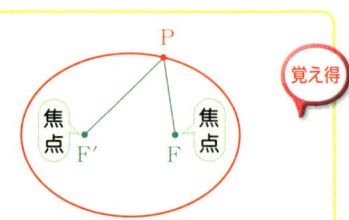

1章　式と曲線

## これも知っ得　楕円は簡単にかける？

楕円をかくにはどうすればよいかを考えてみましょう。準備するのは，画びょう２個と糸だけでいいんですよ。

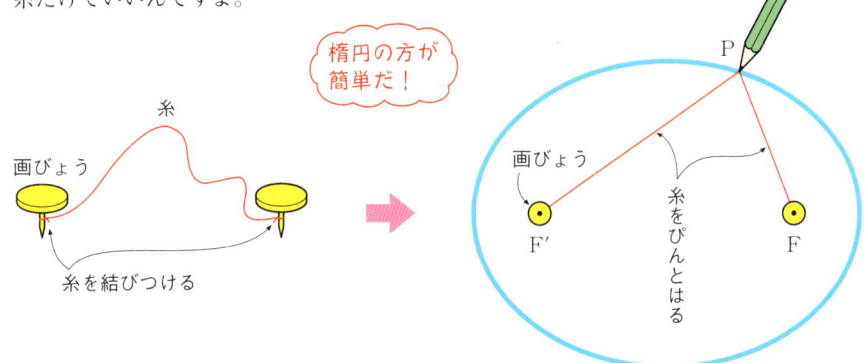

楕円の方が簡単だ！

糸の長さは一定だから，2点 F，F' からの距離の和 **PF＋PF' が一定**になっていることがよくわかるわ。2つの画びょうが焦点というわけですね。

2つの画びょうの距離を近づけると楕円は円に近くなり，F と F' が一致すると円になるんだな。

楕円の方程式を求めてみよう。

右の図のように，F，F' を $x$ 軸上にとり，その座標を $(c, 0)$，$(-c, 0)$ とおき，楕円上の点を $P(x, y)$ とする。

$PF+PF'=2a$（一定）とすると，$a$ は図の $BF(=BF')$ の長さを表すので　$a>c>0$

$PF+PF'=2a$ を式で表すと

$\sqrt{(x-c)^2+y^2}+\sqrt{(x+c)^2+y^2}=2a$

$\sqrt{(x+c)^2+y^2}=2a-\sqrt{(x-c)^2+y^2}$ と変形して，両辺を 2 乗すると

$(x+c)^2+y^2=4a^2-4a\sqrt{(x-c)^2+y^2}+(x-c)^2+y^2$

展開して整理すると　$a\sqrt{(x-c)^2+y^2}=a^2-cx$

再び両辺を 2 乗すると　$a^2\{(x-c)^2+y^2\}=a^4-2a^2cx+c^2x^2$

展開して整理すると　$(a^2-c^2)x^2+a^2y^2=a^2(a^2-c^2)$

$a^2-c^2=b^2\,(b>0)$ とおくと　$b^2x^2+a^2y^2=a^2b^2$

両辺を $a^2b^2$ で割ると　$\dfrac{x^2}{a^2}+\dfrac{y^2}{b^2}=1$

これが**楕円の方程式**である。次のページのようにまとめておこう。

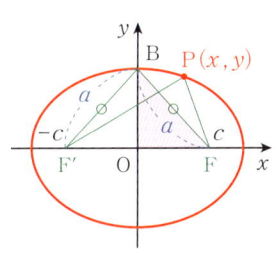

← $a^2-c^2=b^2$ とおくと，三平方の定理より $OB=b$ である。また，$a>b>0$ である。

**1　2 次曲線**

## ポイント [楕円の方程式の標準形]

焦点 $F(c, 0)$, $F'(-c, 0)$ からの距離の和が $2a$ であるような**楕円**の方程式は $\dfrac{x^2}{a^2}+\dfrac{y^2}{b^2}=1\ (a>b>0)$

ただし $b=\sqrt{a^2-c^2}$
また, $c>0$ より $c=\sqrt{a^2-b^2}$

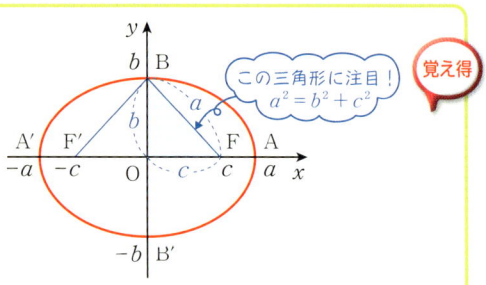

この三角形に注目！
$a^2 = b^2 + c^2$

上の図の $AA'$ を**長軸**, $BB'$ を**短軸**といいます。また, この2つを合わせて楕円の**主軸**といいます。さらに, 長軸と短軸の交点を**中心**, 主軸と楕円との交点を**頂点**といいます。楕円の焦点 F, F' の座標は,
$a>b>0$ のとき $F(\sqrt{a^2-b^2},\ 0)$, $F'(-\sqrt{a^2-b^2},\ 0)$
$b>a>0$ のとき $F(0,\ \sqrt{b^2-a^2})$, $F'(0,\ -\sqrt{b^2-a^2})$
となることに注意すること。

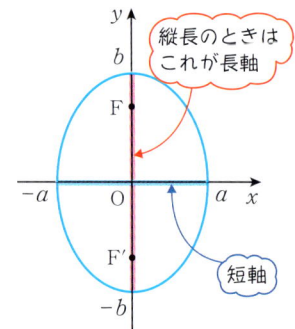

縦長のときはこれが長軸

短軸

### 基本例題 5  楕円の概形

楕円 $x^2+16y^2=16$ の頂点, 焦点の座標および長軸, 短軸の長さを求め, その概形をかけ。

**ねらい**
与えられた方程式から楕円の標準形を求めて, 頂点や焦点の座標などを求める。

**解法ルール** 標準形 $\dfrac{x^2}{a^2}+\dfrac{y^2}{b^2}=1$ に直すく $a>b>0$ のとき, 長軸は $x$ 軸上
$b>a>0$ のとき, 長軸は $y$ 軸上

**焦点は長軸上にある**ことに注意する。また, 楕円をかくときは, まず頂点の位置を決める。

**解答例** 与式の両辺を16で割ると $\dfrac{x^2}{4^2}+\dfrac{y^2}{1^2}=1$

$y=0$ とおいて $x^2=4^2$ よって $x=\pm 4$
$x=0$ とおいて $y^2=1$ よって $y=\pm 1$
よって, 頂点は $(4, 0), (-4, 0), (0, 1), (0, -1)$
また, 長軸の長さは 8, 短軸の長さは 2 …答

焦点の座標は, $\sqrt{4^2-1^2}=\sqrt{15}$ で, 長軸は $x$ 軸上にあるので $(\sqrt{15}, 0), (-\sqrt{15}, 0)$, 概形は右の図 …答

焦点の座標の求め方は忘れやすいので, しっかり覚えてしまおう！上のポイントの三角形に着目するのも, 上手な方法ね。

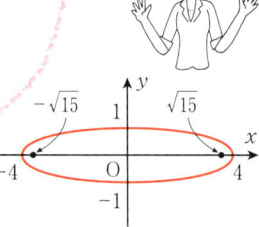

### 類題 5
次の楕円の方程式について, 焦点の座標および長軸, 短軸の長さを求めて, その概形をかけ。

(1) $\dfrac{x^2}{25}+\dfrac{y^2}{9}=1$ (2) $4x^2+3y^2=12$ (3) $x^2+4y^2=4$

1章 式と曲線

**応用例題 6** 　楕円となる軌跡

右の図のように，中心を O とする円 $C_1$ と円内の定点 A がある。いま，$C_1$ に内接し，点 A を通る円の中心 P の軌跡は楕円になることを示せ。

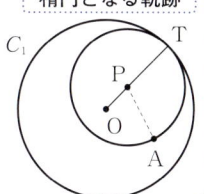

**ねらい**　楕円の定義を理解する。与えられた条件から定点を見つけ，距離の和を求める。

**解法ルール**　まず，2 定点を見つける。**点 O，A が焦点にならないか**と見当をつけて，**PO＋PA が一定**になることを示す。

**解答例**　円 $C_1$ の半径を $r$ とし，OP の延長と $C_1$ との交点を T とおく。
T は，円 $C_1$ と円 P の接点となるので，PT＝PA より
　　PO＋PA＝PO＋PT＝OT＝$r$（一定）
ゆえに，点 P から 2 定点 O，A までの距離の和が一定である。
したがって，点 P の軌跡は**点 O，A を焦点とする楕円**。　［終］

**類題 6**　右の図のように，中心を O とする定円 $C_1$ とその内部の点 A を中心とする定円 $C_2$ がある。$C_1$ に内接し，$C_2$ に外接する円の中心 P の軌跡は楕円になることを示せ。

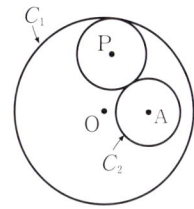

**応用例題 7** 　楕円の方程式

楕円 $\dfrac{x^2}{9}+\dfrac{y^2}{4}=1$ と同じ焦点をもち，点 $(3,\ 2)$ を通る楕円の方程式を求めよ。

テストに出るぞ！

**ねらい**　与えられた条件から楕円の方程式を求める。$\dfrac{x^2}{a^2}+\dfrac{y^2}{b^2}=1$ で $a^2$，$b^2$ を決定するには，2 つの条件が必要。

**解法ルール**　$\dfrac{x^2}{a^2}+\dfrac{y^2}{b^2}=1$　$a>b>0$ のとき，焦点は $(\pm\sqrt{a^2-b^2},\ 0)$
　　　　　　　　　　　　　　　　　$b>a>0$ のとき，焦点は $(0,\ \pm\sqrt{b^2-a^2})$

**解答例**　求める楕円の方程式を $\dfrac{x^2}{a^2}+\dfrac{y^2}{b^2}=1$ ……① とおく。

与えられた楕円の焦点は $(\pm\sqrt{5},\ 0)$ だから　$a^2-b^2=5$　……②

また，① は点 $(3,\ 2)$ を通るので　$\dfrac{9}{a^2}+\dfrac{4}{b^2}=1$　……③

分母を払って整理すると　$4a^2+9b^2=a^2b^2$　……④

② より，$a^2=b^2+5$ を ④ に代入して　$b^4-8b^2-20=0$

$(b^2-10)(b^2+2)=0$　　$b^2>0$ より　$b^2=10$　　よって　$a^2=15$

ゆえに，求める方程式は　$\dfrac{x^2}{15}+\dfrac{y^2}{10}=1$　…［答］

$a$，$b$ の値ではなく，$a^2$，$b^2$ の値が求められればいい。
$a^2=A$，$b^2=B$ とおくと
② $\iff A-B=5$
③ $\iff \dfrac{9}{A}+\dfrac{4}{B}=1$
という連立方程式を解けばいいんだ。

**類題 7**　焦点の座標が $(0,\ 3)$，$(0,\ -3)$ で点 $(1,\ 0)$ を通る楕円の方程式を求めよ。

## 円を傾けるとどんな形？

ここに CD のディスクがある。これの影はもちろん円形だ。では，これを少し傾けて地面に影をうつすと，影はどんな形に見えるかな？

楕円に見えますよ。なるほど，円を傾けた影は楕円に見えるんですね。

円を傾けた影は楕円に見えるということを，数学的に考えてみよう。

楕円 $\dfrac{x^2}{a^2}+\dfrac{y^2}{b^2}=1$ ……①

円 $x^2+y^2=a^2$ ……② とする。

いま，点 $Q(u, v)$ を円②の周上の動点とし，点 Q の $y$ 座標 $v$ を $\dfrac{b}{a}$ 倍した点を $P(x, y)$ とする。つまり

円②上の
点 Q の座標： $u$ $v$
そのまま↓ ↓$\times \dfrac{b}{a}$

点 P の座標： $x=u$ $y=\dfrac{b}{a}v$

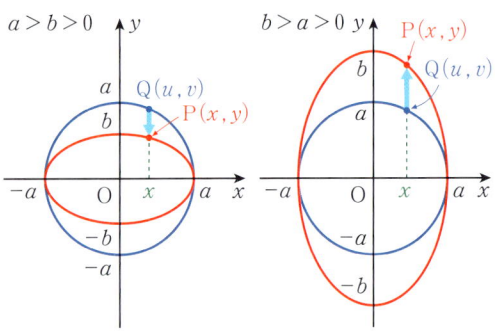

$Q(u, v)$ は②上にあるから $u^2+v^2=a^2$ ……③

$u=x$, $v=\dfrac{a}{b}y$ を③に代入して整理すると $\dfrac{x^2}{a^2}+\dfrac{y^2}{b^2}=1$

← $x^2+\left(\dfrac{a}{b}y\right)^2=a^2$
両辺を $a^2$ で割って
$\dfrac{x^2}{a^2}+\dfrac{y^2}{b^2}=1$

これで，楕円①は円②を $y$ 軸方向に $\dfrac{b}{a}$ 倍に伸縮したものと考えられることがわかっただろう。もちろん，$a>b$ のときは縮小，$a<b$ のときは拡大だ。

### これも知っ得 円を利用した楕円のかき方

上の性質を利用すると，楕円が美しくかけます。
次の順序にしたがって，自分でかいてみてください。
① 2つの円 $x^2+y^2=a^2$, $x^2+y^2=b^2 (a>b)$ をかく。（この円を補助円という。）
② 外側の円周上の点 Q から $x$ 軸に垂線 QH を引く。（$b>a$ のときは $y$ 軸へ引く。）
③ OQ と内側の円との交点を R とする。
④ R から QH に垂線 RP を引く。
⑤ このような点 P をたくさんとって結ぶと楕円ができる。
（QH：PH＝QO：RO＝$a$：$b$ よって，線分 QH の長さを $\dfrac{b}{a}$ 倍したものが線分 PH の長さとなる。）

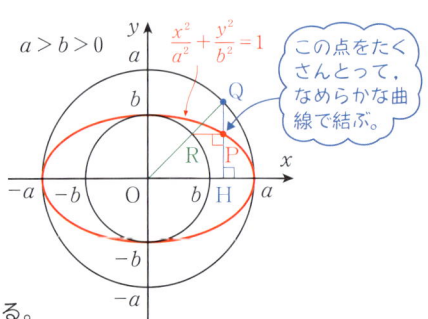

## 基本例題 8  円の拡大・縮小で楕円を求める

円 $x^2+y^2=5^2$ を $y$ 軸方向に $\dfrac{3}{5}$ に縮小した楕円の方程式を求めよ。

**ねらい** 縮小するという条件を数式で表す。軌跡を求める方法と同じであることを理解する。

**解法ルール** 円周上の点 $Q(u, v)$ を $y$ 軸方向に $\dfrac{3}{5}$ 倍した楕円上の点を $P(x, y)$ とする。**$Q(u, v)$ の座標をもとにして $P(x, y)$ の座標を表すと，次のようになる。**

$$Q(u, v)$$
そのまま ↓　↓ $\dfrac{3}{5}$ に縮小
$$P(x, y)$$
$$\parallel \quad \parallel$$
$$u \quad \dfrac{3}{5}v$$

$u, v$ についての方程式から，$x, y$ についての方程式を導く。すなわち，**$u, v$ を $x, y$ で表して代入**すればよい。

軌跡を求めるときも，同じようにしたはずよ！

**解答例** 円周上の点を $Q(u, v)$ とすると $u^2+v^2=5^2$ ……①

求める楕円上の点を $P(x, y)$ とすると，条件より

$$x=u, \quad y=\dfrac{3}{5}v$$

これより $u=x, \quad v=\dfrac{5}{3}y$

これを①に代入して $x^2+\left(\dfrac{5}{3}y\right)^2=5^2$

よって $\dfrac{x^2}{25}+\dfrac{y^2}{9}=1$ …答

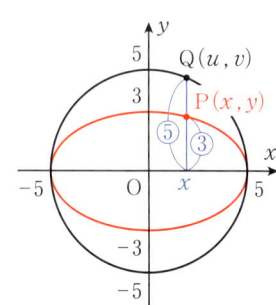

**ポイント** [円と楕円の関係]
楕円は，円を一定方向に一定の割合で縮小または拡大した曲線。

覚え得

**類題 8-1** 円 $x^2+y^2=5^2$ を次のように変形したときにできる図形の方程式を求めよ。

(1) $y$ 軸方向に $\dfrac{6}{5}$ 倍に拡大　　(2) $x$ 軸方向に $\dfrac{4}{5}$ 倍に縮小

**類題 8-2** 円 $x^2+y^2=16$ 上の点 P から $x$ 軸へ垂線 PH を引く。このとき，次の軌跡の方程式を求めよ。

(1) 線分 PH を $1:3$ に内分する点 Q の軌跡
(2) 線分 PH を $1:3$ に外分する点 R の軌跡

← PH は $y$ 軸に平行だから，$y$ 軸方向への拡大・縮小になることに注意する。

# 3 双曲線

双曲線とは**曲線が 2 つある**ということだ。この曲線は，右の図のように，2 つの円すいを頂点でつなぎ合わせたものを，底面に垂直に切断したときに，その切り口に現れる。

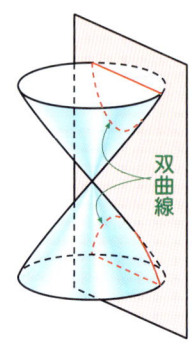

## ● 双曲線ってどんな曲線？

また同心円が出てくるんですか。今度はどんな性質を見つければいいんですか？

前とまったく同じだ。図の細い実線は，**点 F と点 F′ を中心とする同心円**だ。同心円の半径は最小のものを 1 として，1 ずつ大きくしてある。

そうして，図の赤い線が双曲線を表すわけですね。この双曲線上の点 $P_1$ は，F から 6 個目の円と F′ から 10 個目の円の交点になっています。

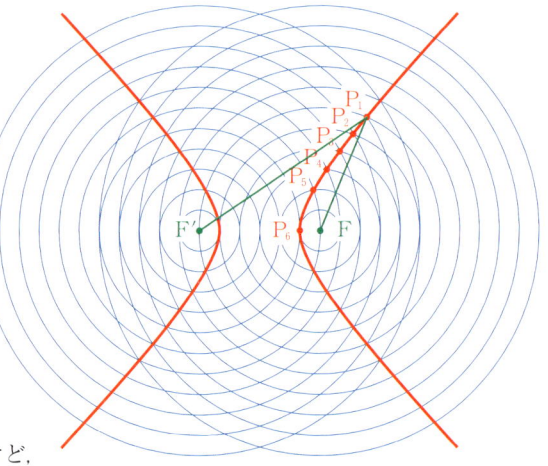

同様にすると，次の表ができるけど，これを見て何か気がつくことは？

|  | $P_1$ | $P_2$ | $P_3$ | $P_4$ | $P_5$ | $P_6$ |
|---|---|---|---|---|---|---|
| 点 F からの距離 | 6 | 5 | 4 | 3 | 2 | 1 |
| 点 F′ からの距離 | 10 | 9 | 8 | 7 | 6 | 5 |

← この表では $P_kF < P_kF'$（$k=1, 2, \cdots, 6$）となっているが，上の左側の曲線上に P をとれば，$PF > PF'$ となる。

点 F からの距離と点 F′ からの距離の差がどれも 4 になっています。双曲線上の点は，**2 点 F，F′ からの距離の差が一定**になっている点なんですね。

**ポイント** [双曲線の定義]
① 2 定点 F，F′ からの距離の差が一定である点の軌跡。
　右の図で，$|PF - PF'|$ が一定。
② 2 定点 F，F′ を**焦点**という。

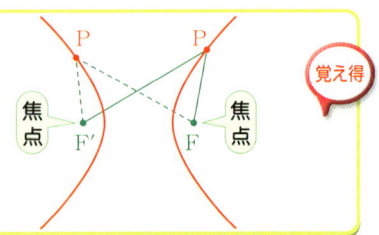

## これも知っ得　双曲線はどのようにかく？

今度は双曲線を実際にかいてみよう。定規と糸と画びょうを用意する。

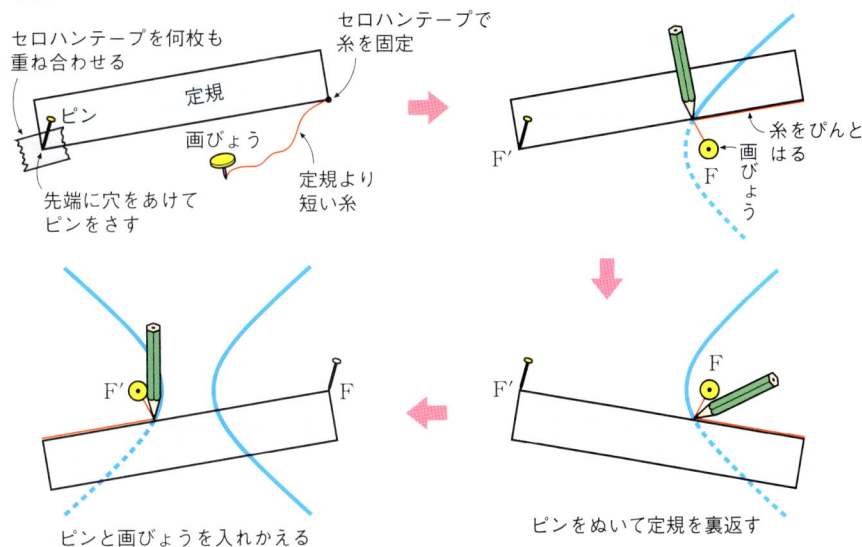

双曲線の方程式はどのようになるかを考えよう。
上の F, F' の座標が，F$(c, 0)$，F'$(-c, 0)$ となるように $x$ 軸，$y$ 軸を決めて，鉛筆の先端を P$(x, y)$ とする。

PF'−PF＝(PF'＋AP)−(PF＋AP)
　　　　＝(定規の長さ)−(糸の長さ)
　　　　＝$2a$(一定)　とおく。（$c > a > 0$）

P が $y$ 軸の左側にあるときは，
PF−PF'＝$2a$ となるので　PF−PF'＝$±2a$
よって　$\sqrt{(x-c)^2+y^2} - \sqrt{(x+c)^2+y^2} = ±2a$
　　　　$\sqrt{(x-c)^2+y^2} = \sqrt{(x+c)^2+y^2} ±2a$

両辺を 2 乗して整理すると
　　　$cx + a^2 = ±a\sqrt{(x+c)^2+y^2}$

再び両辺を 2 乗して整理すると
　　　$(c^2-a^2)x^2 - a^2 y^2 = a^2(c^2-a^2)$

$c^2 - a^2 = b^2$ とおくと　$b^2 x^2 - a^2 y^2 = a^2 b^2$

両辺を $a^2 b^2$ で割って　$\dfrac{x^2}{a^2} - \dfrac{y^2}{b^2} = 1$

← 同類項をまとめてから 4 で割る。

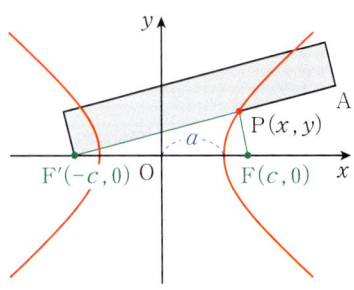

距離の差 $2a$ の文字 $a$ の場所に注目！

これが**双曲線の方程式の標準形**である。次のページのようにまとめておこう。

> **ポイント** [双曲線の方程式の標準形]
> 
> 焦点 $F(c, 0)$，$F'(-c, 0)$ からの距離の差が $2a$ であるような**双曲線**の方程式は
> 
> $$\frac{x^2}{a^2} - \frac{y^2}{b^2} = 1 \quad (a>0, b>0) \quad \cdots\cdots ①\qquad \text{ただし}\quad b = \sqrt{c^2 - a^2}$$
> 
>  覚え得

①の式で $y=0$ とすると，$x^2 = a^2$ より $x = \pm a$ となって，$x$ 軸との交点は，点 $(a, 0)$，点 $(-a, 0)$ となりますね。

①で $x=0$ とすると $y^2 = -b^2$ となって，**$y$ は実数にならない**ので，**双曲線①は $y$ 軸とは交わらない**のね。

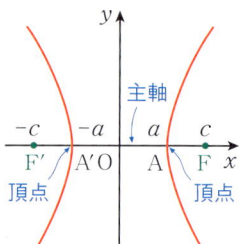

そうなんだ。この双曲線は右の図のように $y$ 軸の左右にあるんだ。この図で，**点 A，A' を頂点**，**線分 AA' を主軸**という。また，AA' の中点（右の図では点 O）を双曲線の**中心**という。
これまでの計算とまったく同様にすれば，$y$ 軸上の 2 点 $F(0, c)$，$F'(0, -c)$ を焦点とし，$F$，$F'$ からの距離の差が $2b$ であるような双曲線の方程式は，$a = \sqrt{c^2 - b^2}$ とおくと
$\dfrac{x^2}{a^2} - \dfrac{y^2}{b^2} = -1$ となる。

距離の差 $2b$ の $b$ の場所に注目！

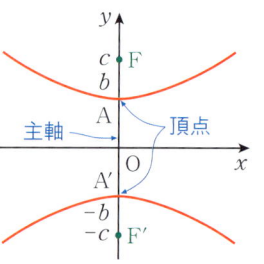

---

**基本例題 9** 　　　　　　　　　　　　　　　　双曲線の方程式

2 定点 $F(5, 0)$，$F'(-5, 0)$ からの距離の差が 8 である点 P の軌跡の方程式を求めよ。　テストに出るぞ！

**ねらい**
与えられた条件から双曲線の方程式を決定すること。

**解法ルール** 軌跡は双曲線で，**焦点 $F(c, 0)$，$F'(-c, 0)$ が $x$ 軸上にある**ので，求める方程式は $\dfrac{x^2}{a^2} - \dfrac{y^2}{b^2} = 1$ の形になり，$c = \sqrt{a^2 + b^2}$ である。

**解答例** 焦点を $F(c, 0)$，$F'(-c, 0)$ とおくと　$c = 5$
また，$PF - PF' = \pm 2a \ (a > 0)$ より　$2a = 8$　　よって　$a = 4$
したがって　$b = \sqrt{c^2 - a^2} = \sqrt{5^2 - 4^2} = \sqrt{9} = 3$
これより，求める方程式は　$\dfrac{x^2}{16} - \dfrac{y^2}{9} = 1$　…答

焦点が $x$ 軸上にあるときは $x^2$ の分母に注目！
$$\dfrac{x^2}{a^2} - \dfrac{y^2}{b^2} = 1$$
⇩
距離の差 $= 2|a|$
焦点が $y$ 軸上にあるときは $y^2$ の分母に注目！
$$\dfrac{x^2}{a^2} - \dfrac{y^2}{b^2} = -1$$
⇩
距離の差 $= 2|b|$

**類題 9** 2 点 $F(0, 3)$，$F'(0, -3)$ からの距離の差が 4 である点の軌跡の方程式を求めよ。

## ● 双曲線の漸近線とは？

楕円 $\dfrac{x^2}{a^2}+\dfrac{y^2}{b^2}=1$ のときのように，双曲線 $\dfrac{x^2}{a^2}-\dfrac{y^2}{b^2}=1$ ……①
も $a$，$b$ の値から簡単にかく方法がありますか？

それでは，双曲線 $\dfrac{x^2}{a^2}-\dfrac{y^2}{b^2}=1$ の簡単なかき方を説明しましょう。まず上の式を $y$ について解いてごらん。

← 双曲線
$\dfrac{x^2}{a^2}-\dfrac{y^2}{b^2}=-1$
についても，まったく同様である。

$\dfrac{y^2}{b^2}=\dfrac{x^2}{a^2}-1$ より $y^2=\dfrac{b^2}{a^2}(x^2-a^2)$ だから，
$y=\pm\dfrac{b}{a}\sqrt{x^2-a^2}$ となります。

**ここで $|x|$ を十分大きくすると**，$x^2$ と $x^2-a^2$ の値はほとんど**同じになる**ので，$y=\pm\dfrac{b}{a}\sqrt{x^2-a^2}$ は $y=\pm\dfrac{b}{a}\sqrt{x^2}=\pm\dfrac{b}{a}x$ に限りなく近づくことになります。後者の直線を双曲線の**漸近線**といいます。この直線の方程式は，双曲線の方程式①の右辺を $0$ とおいて簡単に求められます。すなわち

$\dfrac{x^2}{a^2}-\dfrac{y^2}{b^2}=0$ より $\left(\dfrac{x}{a}+\dfrac{y}{b}\right)\left(\dfrac{x}{a}-\dfrac{y}{b}\right)=0$

$\dfrac{x}{a}+\dfrac{y}{b}=0$ より $y=-\dfrac{b}{a}x$

$\dfrac{x}{a}-\dfrac{y}{b}=0$ より $y=\dfrac{b}{a}x$

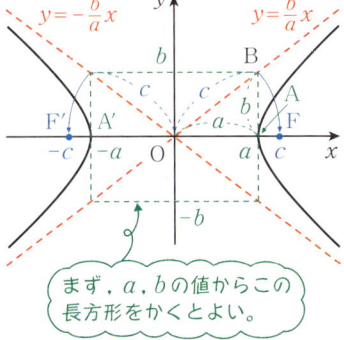

まず，$a$，$b$ の値からこの長方形をかくとよい。

双曲線は漸近線に近づいていくので，**まず漸近線**
$y=\pm\dfrac{b}{a}x$ **をかけばいい**んですね。

そうそう。頂点 A，A′ を通って漸近線にだんだん近づけ，$x$ 軸，$y$ 軸に対称になるようにかけばいいんです。また，**焦点**は，$c^2=a^2+b^2$ が成り立っているので，上の図の直角三角形 OAB において **OB=$c$** となることから，コンパスで OB の長さを $x$ 軸上にとればいいの。もちろん，
$\dfrac{x^2}{a^2}-\dfrac{y^2}{b^2}=-1$ の漸近線も，$\dfrac{x^2}{a^2}-\dfrac{y^2}{b^2}=0$ より $y=\pm\dfrac{b}{a}x$ です。

← 漸近線をかいてから，曲線が，
$\dfrac{x^2}{a^2}-\dfrac{y^2}{b^2}=1$ のときは
$y$ 軸の左右，
$\dfrac{x^2}{a^2}-\dfrac{y^2}{b^2}=-1$ のときは $x$ 軸の上下にくることに注意してかくこと。

**ポイント** [双曲線の漸近線]
双曲線 $\dfrac{x^2}{a^2}-\dfrac{y^2}{b^2}=\pm 1$ の**漸近線**は $y=\dfrac{b}{a}x$，$y=-\dfrac{b}{a}x$

## 基本例題 10 　双曲線の概形(1)

双曲線 $4x^2-9y^2=36$ の焦点の座標，漸近線の方程式を求めて概形をかけ。

**ねらい** 双曲線の標準形に直して，焦点の座標，漸近線の方程式などを求めて，概形をかくことを学ぶ。

**解法ルール** 標準形 $\dfrac{x^2}{a^2}-\dfrac{y^2}{b^2}=1$ に直すと，**焦点の座標** $(\pm c,\ 0)$ は $c^2=a^2+b^2$ から求められる。また，**漸近線**を求めるには，

$\dfrac{x^2}{a^2}-\dfrac{y^2}{b^2}=0$ として $y=\pm\dfrac{b}{a}x$

**解答例** 与式の両辺を36で割って $\dfrac{x^2}{9}-\dfrac{y^2}{4}=1$ 　$\dfrac{x^2}{3^2}-\dfrac{y^2}{2^2}=1$

焦点 F，F′ の $x$ 座標は，$c^2=3^2+2^2=13$ より

$c=\pm\sqrt{13}$

よって　$F(\sqrt{13},\ 0)$，$F'(-\sqrt{13},\ 0)$ …答

漸近線の方程式は，$\dfrac{x^2}{3^2}-\dfrac{y^2}{2^2}=0$ より

$y=\pm\dfrac{2}{3}x$ …答　　答　概形は右の図

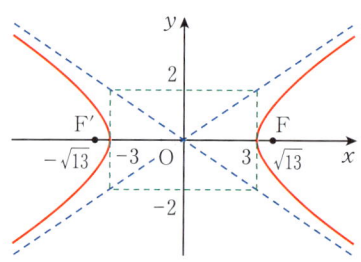

**類題 10** 双曲線 $4x^2-y^2=9$ の頂点，焦点の座標，および漸近線の方程式を求めて概形をかけ。

## 基本例題 11 　双曲線の概形(2)

双曲線 $x^2-y^2=-1$ の焦点の座標，漸近線の方程式を求めて概形をかけ。

**ねらい** 双曲線の標準形から，$x$ 軸の上下に曲線がくる場合の概形のかき方を学ぶ。

**解法ルール** 標準形 $\dfrac{x^2}{a^2}-\dfrac{y^2}{b^2}=-1$ に直すと，$c^2=a^2+b^2$ から**焦点の座標は $(0,\ \pm c)$** となる。**焦点が $y$ 軸上**にくることに注意。

**漸近線**は $\dfrac{x^2}{a^2}-\dfrac{y^2}{b^2}=0$ として $y=\pm\dfrac{b}{a}x$

**解答例** 与式は $\dfrac{x^2}{1^2}-\dfrac{y^2}{1^2}=-1$ となる。

$c^2=1^2+1^2=2$ より　$c=\pm\sqrt{2}$

ゆえに，焦点の座標は $(0,\ \sqrt{2})$，$(0,\ -\sqrt{2})$ …答

漸近線の方程式は，$x^2-y^2=0$ より　$y=\pm x$ …答

答　概形は右の図

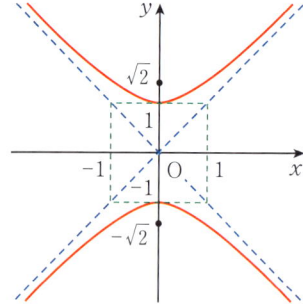

**類題 11** 双曲線 $4x^2-9y^2=-36$ の頂点，焦点の座標，および漸近線の方程式を求めて概形をかけ。

**基本例題 12** 　　　　　　　双曲線の方程式

焦点が F(6, 0)，F′(−6, 0)，2頂点間の距離が 8 の双曲線の方程式を求めよ。

**ねらい** 焦点の座標と2頂点間の距離が与えられたときの，双曲線の方程式を求める。

**解法ルール** 焦点が $x$ 軸上にあるので，方程式は $\dfrac{x^2}{a^2} - \dfrac{y^2}{b^2} = 1$ の形になる。

この式から頂点は2点 $(a, 0)$，$(-a, 0)$ だから，2頂点の距離は $2a$ である。

**解答例** 求める方程式を $\dfrac{x^2}{a^2} - \dfrac{y^2}{b^2} = 1$ とおくと，$2a = 8$ より $a = 4$

また，$6^2 = a^2 + b^2$ より $b^2 = 36 - 16 = 20$

ゆえに，求める方程式は $\dfrac{x^2}{16} - \dfrac{y^2}{20} = 1$ …[答]

← 双曲線 $\dfrac{x^2}{a^2} - \dfrac{y^2}{b^2} = 1$ の焦点が $(\pm c, 0)$ のとき，$c^2 = a^2 + b^2$ の関係がある。

**類題 12** 焦点が F(0, 3)，F′(0, −3) で，F，F′ からの距離の差が 2 の双曲線の方程式を求めよ。

---

**応用例題 13** 　　　　　　　双曲線の性質の証明

双曲線 $\dfrac{x^2}{a^2} - \dfrac{y^2}{b^2} = 1$ 上の点 P を通り，$x$ 軸に平行な直線が 2 つの漸近線と交わる点を Q，R とするとき，$PQ \cdot PR = a^2$ となることを証明せよ。

**ねらい** 双曲線に関する性質を方程式を使って証明すること。

**解法ルール** $x$ 軸に平行な直線を式で表して，漸近線との交点を求める。

双曲線 $\dfrac{x^2}{a^2} - \dfrac{y^2}{b^2} = 1$ の漸近線は $y = \pm \dfrac{b}{a} x$

**解答例** $P(x_1, y_1)$ とおくと $\dfrac{x_1^2}{a^2} - \dfrac{y_1^2}{b^2} = 1$ ……①

漸近線の方程式は $y = \pm \dfrac{b}{a} x$ ……②

P を通り $x$ 軸に平行な直線は $y = y_1$ ……③

②，③より，Q，R の座標は $Q\left(\dfrac{a}{b} y_1, y_1\right)$，$R\left(-\dfrac{a}{b} y_1, y_1\right)$

よって $PQ \cdot PR = \left|\dfrac{a}{b} y_1 - x_1\right| \cdot \left|-\dfrac{a}{b} y_1 - x_1\right| = \left|-\dfrac{a^2}{b^2} y_1^2 + x_1^2\right|$

$= a^2 \left|\dfrac{x_1^2}{a^2} - \dfrac{y_1^2}{b^2}\right| = a^2 \cdot 1 = a^2$ より，**一定** [終]

$|A||B| = |AB|$

①より

**類題 13** 双曲線 $\dfrac{x^2}{a^2} - \dfrac{y^2}{b^2} = 1$ 上の点 P から 2 つの漸近線に垂線 PQ，PR を引くと，$PQ \cdot PR$ は一定であることを証明せよ。

# 4 図形の平行移動

2次曲線の方程式を，まとめて $f(x, y)=0$ と表すことにする。この2次曲線 $f(x, y)=0$ を $x$ 軸方向に $p$, $y$ 軸方向に $q$ だけ平行移動したとき，その方程式はどうなるかを考えよう。

まず，点 $P(x, y)$ を，$x$ 軸方向に $p$, $y$ 軸方向に $q$ だけ平行移動した点 $Q$ の座標はどうなるかな？

これは簡単。点 $Q$ の座標を $(x', y')$ とすると，
$$\begin{cases} x'=x+p \\ y'=y+q \end{cases} \quad \cdots\cdots ①$$
となります。

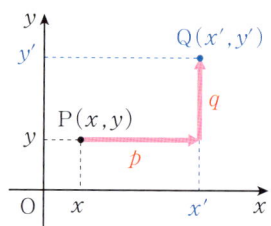

その通り。では，次に2次曲線 $C : f(x, y)=0$ を，$x$ 軸方向に $p$, $y$ 軸方向に $q$ だけ平行移動したものを $C'$ として，$C'$ の方程式を求めてみよう。

$C$ 上の点を $P(x, y)$, $C'$ 上の点を $Q(x', y')$ とすると，$x'$ と $y'$ がどんな関係式で表されるかがわかればいいんですよね。
えーと，$x$ と $y$ の関係は
$f(x, y)=0$ ……②
で表されているから…。

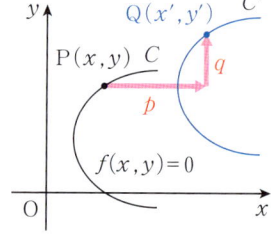

わかったわ。①から
$$\begin{cases} x=x'-p \\ y=y'-q \end{cases}$$
となるので，これを②に代入すれば $f(x'-p, y'-q)=0$ となります。

そうだね。つまり，2次曲線 $C'$ 上の点 $(x', y')$ は，方程式 $f(x-p, y-q)=0$ を満たしているということだ。
一般に，図形 $f(x, y)=0$ の平行移動について，次のことが成り立つ。

---

**ポイント** [図形の平行移動]

方程式 $f(x, y)=0$ で表される図形 $F$ を
 $x$ 軸方向に $p$, $y$ 軸方向に $q$
だけ平行移動した図形 $F'$ の方程式は
$$f(x-p, y-q)=0$$

$f(x, y)=0$ の $x$ を $x-p$ に $y$ を $y-q$ におき換える。

1章 式と曲線

**基本例題 14** 双曲線の平行移動

双曲線 $\dfrac{(x+1)^2}{9} - \dfrac{(y-2)^2}{4} = 1$ の焦点と漸近線の方程式を求めよ。

**ねらい** 与えられた双曲線の式から，標準形との関係を知り，焦点と漸近線の方程式を求める。

**解法ルール** 曲線 $f(x, y) = 0$ を $x$ 軸方向に $p$，$y$ 軸方向に $q$ だけ平行移動 $\longrightarrow f(x-p, y-q) = 0$

点 $(a, b)$ を $x$ 軸方向に $p$，$y$ 軸方向に $q$ だけ平行移動 $\longrightarrow (a+p, b+q)$

← $x - p = 0$ より $x = p$
$y - q = 0$ より $y = q$
から，曲線 $f(x-p, y-q) = 0$ は，曲線 $f(x, y) = 0$ を $x$ 軸方向に $p$，$y$ 軸方向に $q$ だけ平行移動したものだとわかる。

**例**
$\dfrac{(x+p)^2}{a^2} - \dfrac{(y+q)^2}{b^2} = 1$
は，
$x + p = 0$ より $x = -p$
$y + q = 0$ より $y = -q$
から，$\dfrac{x^2}{a^2} - \dfrac{y^2}{b^2} = 1$ を $x$ 軸方向に $-p$，$y$ 軸方向に $-q$ だけ平行移動したもの。

**解答例** 与えられた双曲線は，双曲線 $\dfrac{x^2}{3^2} - \dfrac{y^2}{2^2} = 1$ ……① を $x$ 軸方向に $-1$，$y$ 軸方向に $2$ だけ平行移動したものである。

①の焦点は $(\pm\sqrt{3^2+2^2}, 0)$ すなわち $(\pm\sqrt{13}, 0)$

漸近線は $y = \pm\dfrac{2}{3}x$

よって，
焦点は $(\pm\sqrt{13} - 1, 0 + 2)$ より
　点 $(\pm\sqrt{13} - 1, 2)$ …答

漸近線は $y - 2 = \pm\dfrac{2}{3}(x + 1)$ より

$y = \dfrac{2}{3}x + \dfrac{8}{3}$, $y = -\dfrac{2}{3}x + \dfrac{4}{3}$ …答

**類題 14** 放物線 $(x+3)^2 = -4y + 4$ の焦点と準線の方程式を求めよ。

---

**基本例題 15** 楕円の平行移動

方程式 $4x^2 + 9y^2 - 16x + 18y - 11 = 0$ はどんな図形を表すか。

**ねらい** $\dfrac{(x-p)^2}{a^2} + \dfrac{(y-q)^2}{b^2} = 1$ の形に変形し，標準形 $\dfrac{x^2}{a^2} + \dfrac{y^2}{b^2} = 1$ との位置関係を考える。

**解法ルール** $x$ を含む項，$y$ を含む項を別々に集めて，

$\dfrac{(x-p)^2}{a^2} + \dfrac{(y-q)^2}{b^2} = 1$ の形に変形する。

**解答例** $4x^2 - 16x + 9y^2 + 18y = 11$　　$4(x^2 - 4x) + 9(y^2 + 2y) = 11$
$4\{(x-2)^2 - 4\} + 9\{(y+1)^2 - 1\} = 11$
$4(x-2)^2 + 9(y+1)^2 = 36$　　ゆえに　$\dfrac{(x-2)^2}{9} + \dfrac{(y+1)^2}{4} = 1$

よって，与式は楕円 $\dfrac{x^2}{9} + \dfrac{y^2}{4} = 1$ を $x$ 軸方向に $2$，$y$ 軸方向に $-1$ だけ平行移動した図形を表す。　…答

**類題 15** 方程式 $x^2 - 4y^2 + 2x - 8y - 7 = 0$ はどんな図形を表すか。

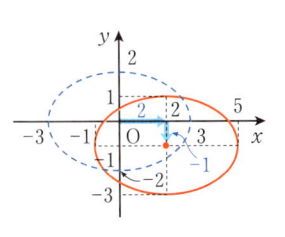

# 5 2次曲線と直線の位置関係

これまでに学んだ，放物線と直線や，円と直線の共有点を求める場合と同様に，**共有点の座標** $\Longleftrightarrow$ **連立方程式の実数解**と考えると，次のようにまとめられる。

**ポイント** **[2次曲線と直線の位置関係]** 覚え得

**2次曲線** $f(x,\ y)=0$ と**直線** $ax+by+c=0$ を連立方程式と考える。
この連立方程式から，$x$ または $y$ を消去した方程式が
① **2次方程式**であるとき，その判別式を $D$ とすると
　$D>0$ $\Longleftrightarrow$ **2点で交わる**
　$D=0$ $\Longleftrightarrow$ **1点で接する**
　$D<0$ $\Longleftrightarrow$ **共有点をもたない**
② **1次方程式**であるとき，**1点**で交わる。

グラフで表すと次のようになる。

**①の場合**

放物線と直線

y
D<0
D>0
O
x
D=0

楕円と直線

D<0
y
D>0
D=0
D<0
O
x
D=0

双曲線と直線

D=0
y
D<0
D>0
O
x
D>0
D=0

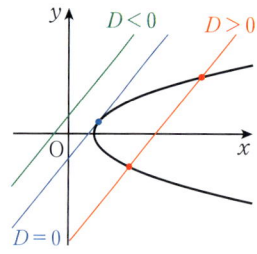

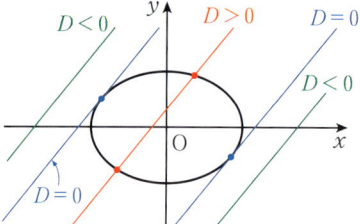

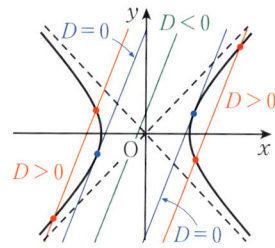

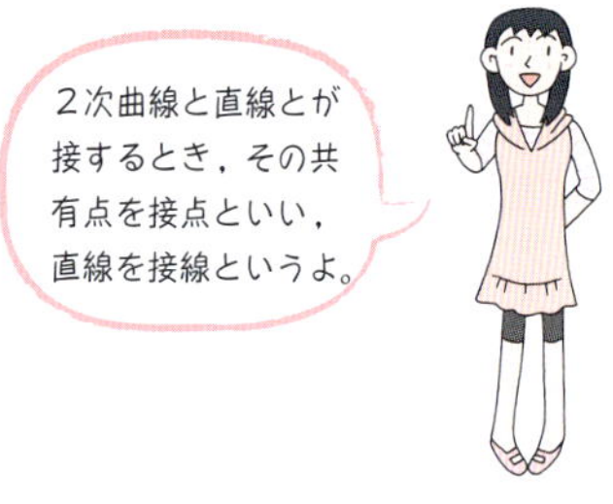

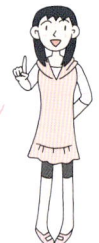

2次曲線と直線とが接するとき，その共有点を接点といい，直線を接線というよ。

**②の場合**

双曲線と直線

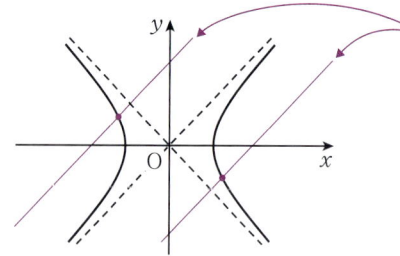

y
O
x
漸近線に平行な場合は，交点は1個。

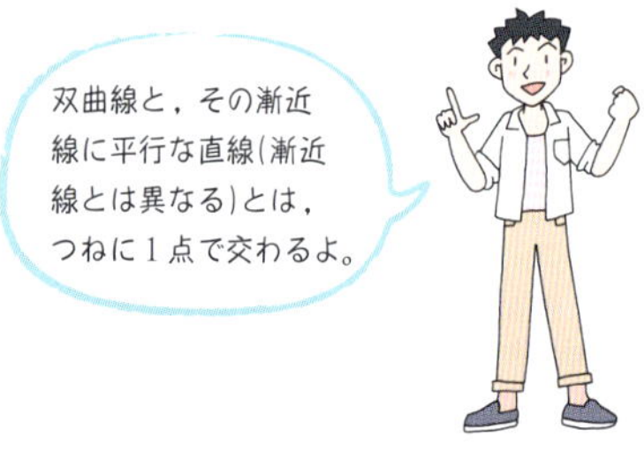

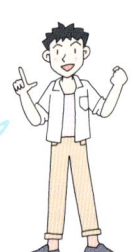

双曲線と，その漸近線に平行な直線(漸近線とは異なる)とは，つねに1点で交わるよ。

## 基本例題 16 　楕円と直線の共有点

楕円 $3x^2+y^2=3$ と直線 $y=2x+2$ との共有点の座標を求めよ。

**ねらい** 楕円と直線の交点（共有点）の座標が，連立方程式の実数解で与えられることを確認する。

**解法ルール** 楕円と直線の共有点の座標は，$y$（または $x$）を消去した $x$（または $y$）の**2次方程式の実数解**から求められる。

**解答例**
$3x^2+y^2=3$ ……①
$y=2x+2$ ……②
②を①に代入すると　$3x^2+(2x+2)^2=3$
$7x^2+8x+1=0$　　$(x+1)(7x+1)=0$
よって　$x=-1,\ -\dfrac{1}{7}$
$x=-1$ を②に代入して　$y=0$
$x=-\dfrac{1}{7}$ を②に代入して　$y=\dfrac{12}{7}$
よって，共有点の座標は　$(-1,\ 0),\ \left(-\dfrac{1}{7},\ \dfrac{12}{7}\right)$ …答

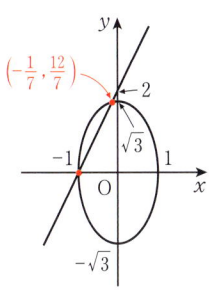

**類題 16** 楕円 $4x^2+y^2=4$ と次の直線との共有点の座標を求めよ。
(1) $y-x-1=0$
(2) $y=-2x+2\sqrt{2}$

## 基本例題 17 　楕円と直線が接する条件

楕円 $x^2+4y^2=4$ ……① と直線 $y=-x+k$ ……② とが接するときの $k$ の値を求めよ。　**テストに出るぞ!**

**ねらい** 楕円と直線が接するための条件は，連立方程式から $x$ または $y$ を消去した2次方程式が重解をもつこと。

**解法ルール** 楕円と直線が接する
$\iff x$ または $y$ を消去した**2次方程式が重解をもつ**
$\iff D=0$

**解答例** ②を①に代入して　$x^2+4(-x+k)^2=4$
よって　$5x^2-8kx+4k^2-4=0$ ……③
直線②が楕円①に接するためには，
③の判別式を $D$ とすると　$D=0$
$\dfrac{D}{4}=16k^2-5(4k^2-4)=0$
ゆえに　$k=\pm\sqrt{5}$ …答

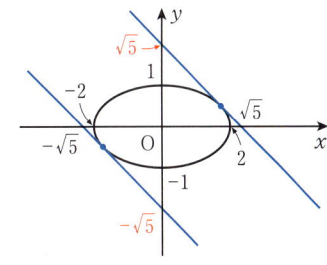

**類題 17** 傾き $-\dfrac{1}{2}$ の直線で，楕円 $9x^2+4y^2=36$ に接する直線の方程式を求めよ。

# 6 2次曲線の統一的な見方

2次曲線を統一的に見てみよう。右の図のように，定点 $F(p, 0)$，定直線 $l : x = -p$ が与えられているとする。点 P から $l$ に引いた垂線の足を H として

$$\frac{PF}{PH} = e \ (e > 0) \quad \cdots\cdots ①$$

を満たす点 P の軌跡として，$e$ の値により，放物線，楕円，双曲線が決まるんだ。
①から軌跡の方程式を求めてごらん。

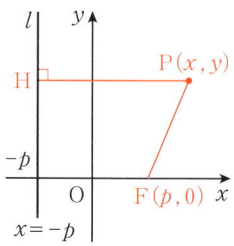

← ①を満たす $e$ を2次曲線の**離心率**という。

はい，えーと，$P(x, y)$ とすると，$H(-p, y)$ ですから
$PF = \sqrt{(x-p)^2 + (y-0)^2} = \sqrt{(x-p)^2 + y^2} \quad \cdots\cdots ②$
$PH = |x - (-p)| = |x + p| \quad \cdots\cdots ③$
また，①から $PF = ePH \quad \cdots\cdots ④$
②，③を④に代入すると $\sqrt{(x-p)^2 + y^2} = e|x+p|$
となります。この式の両辺は正ですから，2乗すると
$$(x-p)^2 + y^2 = e^2(x+p)^2$$
展開して整理すると
$$(1-e^2)x^2 + y^2 - 2p(1+e^2)x + p^2(1-e^2) = 0 \quad \cdots\cdots ⑤$$
となります。

そうだね。⑤の式をよーく見てみよう。$x^2$ の係数が $1-e^2$，$y^2$ の係数が1であることに着目すると，どんなことがいえるかな？

次のようになります。
- $1 - e^2 > 0$ のとき，$x^2$ の係数も正だから，**楕円**。
- $1 - e^2 = 0$ のとき，$x^2$ の係数が0だから，**放物線**。
- $1 - e^2 < 0$ のとき，$x^2$ の係数が負だから，**双曲線**。

そうだね。$e > 0$ に注意してまとめると，①を満たす点 P の軌跡は

- **$0 < e < 1$** のとき **楕円**
- **$e = 1$** のとき **放物線**
- **$e > 1$** のとき **双曲線**

となる。いずれの場合も **F が焦点，$l$ が準線** だ。

●標準形で表された楕円，双曲線の離心率
**楕円**の場合
$$\frac{x^2}{a^2} + \frac{y^2}{b^2} = 1$$
$(a > b > 0)$
の離心率は
$$e = \frac{\sqrt{a^2 - b^2}}{a}$$

**双曲線**の場合
$\dfrac{x^2}{a^2} - \dfrac{y^2}{b^2} = 1$ の離心率は
$$e = \frac{\sqrt{a^2 + b^2}}{a}$$

### 応用例題 18  2次曲線の軌跡

定点 F(1, 0) と定直線 $l: x=-1$ がある。点 P から直線 $l$ に垂線 PH を引くとき，$PF=\sqrt{2}PH$ を満たす点 P の軌跡を求めよ。

**ねらい** 離心率が $\sqrt{2}$ の場合について，軌跡の方程式を求める。

**解法ルール** 点 P の座標を $(x, y)$ とおき，$PF=\sqrt{2}PH$ を座標を用いて表す。

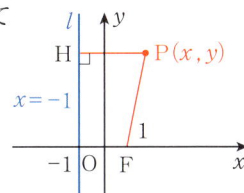

**解答例** 点 P の座標を $(x, y)$ とすると，$H(-1, y)$ であるから
$$PF=\sqrt{(x-1)^2+y^2}, \quad PH=|x+1|$$
これを，条件式 $PF=\sqrt{2}PH$ に代入すると
$$\sqrt{(x-1)^2+y^2}=\sqrt{2}|x+1|$$
両辺を 2 乗して整理すると
$$x^2-y^2+6x+1=0 \quad \text{よって} \quad \frac{(x+3)^2}{8}-\frac{y^2}{8}=1$$

よって，求める点 P の軌跡は 双曲線 $\dfrac{(x+3)^2}{8}-\dfrac{y^2}{8}=1$ …【答】

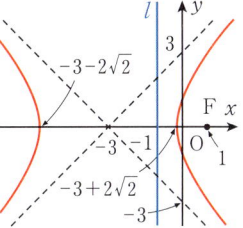

**類題 18** 応用例題 18 で，条件式が次のとき，点 P の軌跡を求めよ。
(1) $PF=PH$
(2) $\sqrt{2}PF=PH$

---

## ● 2次曲線

2次曲線は，ギリシャ時代から研究されています。英語で，楕円，放物線，双曲線をそれぞれ，ellipse, parabola, hyperbola といいますが，これは**アポロニウス**（B.C.200 年頃）が **ellipsis**（不足），**parabole**（一致），**hyperbole**（超過）とよんだことに由来しています。（前ページの定数 $e$ と 1 の大小を比べたのでしょう。）

ところで，この2次曲線というのは，円，楕円，放物線，双曲線が，いずれも $x$，$y$ の2次方程式で表されることからつけられた名前です。つまり，$x$，$y$ の2次方程式 $ax^2+2hxy+by^2+2fx+2gy+c=0$ は

$a=b\ne 0$，$h=0$，$f^2+g^2-ac>0$ のとき 円
$h^2-ab<0$ のとき 楕円
$h^2-ab=0$ のとき 放物線
$h^2-ab>0$ のとき 双曲線

を表します。

▲放物線を利用したパラボラアンテナ

▲噴水は放物線を描く

# 2節 媒介変数表示と極座標

## 7 曲線の媒介変数表示

座標平面上を運動する**動点 P** の時刻 $t$ における位置は

$$x=f(t),\ y=g(t)$$

のように，$t$ の関数として表される。$t$ が変化するとき，動点 P の描く軌跡が点 P の描く曲線である。

このように，**曲線 $C$ 上の点 P($x$, $y$) の座標**が，たとえば**変数 $t$ の関数**として $x=f(t),\ y=g(t)$ **と表されているとき**，これを，**曲線 $C$ の媒介変数表示**という。

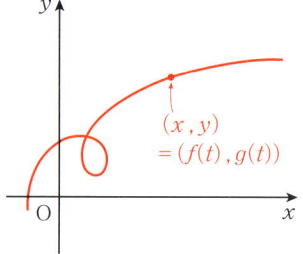

つまり，これまでは，$y=x^3$ とか $y=\sin x$ といったように，$x$ と $y$ の"関係"は，$y$ が $x$ によってダイレクトに表されていました。
でも，$x$ と $y$ の"関係"は，$y$ が $x$ によって直接表されていなくても「**他の共通の変数（たとえば $t$）を用いて表すことができる**」ということなんです。
**$x$ と $y$ が変数 $t$ を"通じて"すなわち"媒介"としてその"関係"が表されているとき**，この表し方を**媒介変数表示**といいます。

先生，$x$ と $y$ の関係なら，$y$ を $x$ で表せばいいのに，どうしてわざわざ，他の変数を用いて表すことを考えるんですか？

なかなか鋭いね！ 君達だって，2人の友達の関係が気まずくなったとき，他の友達に手伝ってもらった方が，お互いの誤解がとけやすいってことがあるでしょう。
まあ，数学では，$x$ と $y$ の誤解はないけどね。

では，次のページから，具体的に，いろいろな曲線を媒介変数を用いて $x=f(t)$，$y=g(t)$ と表す方法を学習していきましょう。

なんだか難しそう…。

ベクトル方程式と同じように，構える必要はありません。実際，媒介変数を用いた方が簡単な場合が多いんです。$y$ を $x$ で直接表すことができない場合も多いですしね。

## ● 2次曲線の媒介変数表示

**基本例題 19** 　　　　　　　　　　円の媒介変数表示

原点 O を中心とした半径 $r$ の円の媒介変数表示を求めよ。

**ねらい** 媒介変数を用いた方程式で円を表す。

**解法ルール**
(1) 求める円周上の点を $P(x, y)$ とする。
(2) $x$ 軸と OP のなす角 $\theta$ を用いて $x$, $y$ を表す。

**解答例** 右の図で点 P から $x$ 軸に垂線 PH を引く。
$\angle POH = \theta$ とすると
$x = OH = r\cos\theta$
$y = PH = r\sin\theta$
したがって、原点 O を中心とした半径 $r$ の円の媒介変数表示は
$$\begin{cases} x = r\cos\theta \\ y = r\sin\theta \end{cases} \cdots \text{答}$$

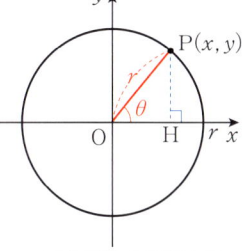

三角関数の定義より
$\cos\theta = \dfrac{x}{r}$
$\Longrightarrow x = r\cos\theta$
$\sin\theta = \dfrac{y}{r}$
$\Longrightarrow y = r\sin\theta$

**類題 19** 次の円の媒介変数表示を求めよ。
(1) $x^2 + y^2 = 4$ 　　　(2) $x^2 + y^2 = 9$

**基本例題 20** 　　　　　　　　　　楕円の媒介変数表示

楕円 $\dfrac{x^2}{a^2} + \dfrac{y^2}{b^2} = 1$ の媒介変数表示を求めよ。

**ねらい** 媒介変数を用いた方程式で楕円を表す。

**解法ルール**
(1) 求める楕円上の点を $P(x, y)$ とする。
(2) 原点 O を中心とし、半径 $a$ の円 $C$ を描く。
(3) 点 P を通り $x$ 軸に垂直な直線と円 $C$ との交点を Q とし、$x$ 軸と OQ のなす角 $\theta$ を用いて $x$, $y$ を表す。

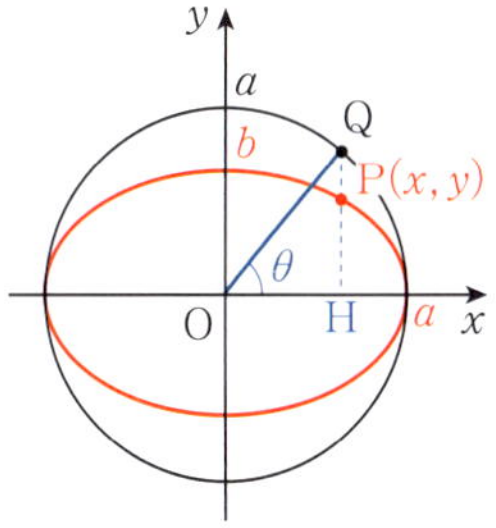

**解答例** 右の図で、点 Q の座標は $(a\cos\theta, a\sin\theta)$
P は QH を $\dfrac{b}{a}$ 倍にした点である。
よって　$y = \dfrac{b}{a} \cdot a\sin\theta = b\sin\theta$
したがって、楕円の媒介変数表示は
$$\begin{cases} x = a\cos\theta \\ y = b\sin\theta \end{cases} \cdots \text{答}$$

**類題 20** 次の楕円の媒介変数表示を求めよ。
(1) $\dfrac{x^2}{9} + \dfrac{y^2}{4} = 1$ 　　　(2) $\dfrac{x^2}{9} + \dfrac{y^2}{16} = 1$

**基本例題 21** 　　　　　媒介変数表示された曲線

媒介変数表示された次の曲線は，どのような図形か。

(1) $\begin{cases} x = t^2 + 1 \\ y = t - 2 \end{cases}$ 　　(2) $\begin{cases} x = 3\cos\theta + 1 \\ y = 3\sin\theta + 2 \end{cases}$

(3) $\begin{cases} x = 3\cos\theta - 1 \\ y = 2\sin\theta + 2 \end{cases}$ 　　(4) $\begin{cases} x = \dfrac{3}{\cos\theta} \\ y = 4\tan\theta \end{cases}$

**ねらい** 媒介変数で表示された曲線の形状をさぐる。

**解法ルール** (1) 媒介変数を消去して $x$, $y$ の方程式を求める。
(2) (1)の結果から，どのような曲線かを読む。

**解答例** (1) $t = y + 2$ を $t^2 = x - 1$ に代入すると
$(y+2)^2 = x - 1$
よって　放物線 $(y+2)^2 = x - 1$ …答

(2) $\cos\theta = \dfrac{x-1}{3}$, $\sin\theta = \dfrac{y-2}{3}$ を $\cos^2\theta + \sin^2\theta = 1$ に代入すると

$\left(\dfrac{x-1}{3}\right)^2 + \left(\dfrac{y-2}{3}\right)^2 = 1$ 　　$(x-1)^2 + (y-2)^2 = 3^2$

したがって　円 $(x-1)^2 + (y-2)^2 = 9$ …答

いろいろな，媒介変数の消去の仕方をここでマスターしてくださいね。

(3) $\cos\theta = \dfrac{x+1}{3}$, $\sin\theta = \dfrac{y-2}{2}$ を $\cos^2\theta + \sin^2\theta = 1$ に代入すると

$\dfrac{(x+1)^2}{3^2} + \dfrac{(y-2)^2}{2^2} = 1$

よって　楕円 $\dfrac{(x+1)^2}{9} + \dfrac{(y-2)^2}{4} = 1$ …答

(4) $\dfrac{1}{\cos\theta} = \dfrac{x}{3}$, $\tan\theta = \dfrac{y}{4}$ を $1 + \tan^2\theta = \dfrac{1}{\cos^2\theta}$ に代入すると

$1 + \left(\dfrac{y}{4}\right)^2 = \left(\dfrac{x}{3}\right)^2$

よって　双曲線 $\dfrac{x^2}{9} - \dfrac{y^2}{16} = 1$ …答

**類題 21** 媒介変数表示された次の曲線は，どのような図形か。

(1) $\begin{cases} x = 2\cos\theta + 3 \\ y = 2\sin\theta + 1 \end{cases}$ 　　(2) $\begin{cases} x = 2\cos\theta + 1 \\ y = 3\sin\theta - 2 \end{cases}$

1章　式と曲線

## ● いろいろな曲線の媒介変数表示

ここでは媒介変数を使ってしか表すことのできない曲線の方程式を作ってみよう。代表的な曲線としてサイクロイドを媒介変数表示してみよう。
「円が定直線上をすべることなく回転するとき，この円周上の定点が描く曲線」をサイクロイドといい，下の図の赤線のような曲線を描きます。

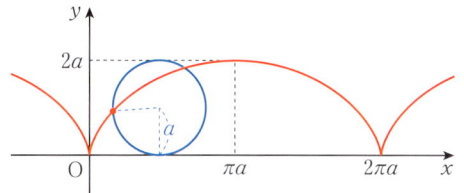

**応用例題 22** 　サイクロイド

半径 $a$ の円 $C$ が $x$ 軸上をすべることなく回転するとき，この円周上の定点 P が最初原点 O にあるとし，この円が角 $\theta$ 回転したとして点 $P(x, y)$ の描く軌跡を媒介変数 $\theta$ を用いて表せ。

**ねらい**　サイクロイドの媒介変数表示を求める。

**解法ルール**　(1) 図を大きく正確にかき，点 P の動きをとらえる。
(2) $\theta$ を使って，$x$, $y$ を別々に表す。

**解答例**　右の図で，中心 C から $x$ 軸に垂線 CH を引き，P から CH に垂線 PQ を引くとき，
$OH = \overparen{PH} = a\theta$
$PQ = a\sin\theta$
$CQ = a\cos\theta$　だから
$x = OH - PQ = a\theta - a\sin\theta$
$y = CH - CQ = a - a\cos\theta$
したがって，サイクロイドの媒介変数表示は
$$\begin{cases} x = a(\theta - \sin\theta) \\ y = a(1 - \cos\theta) \end{cases} \cdots 答$$

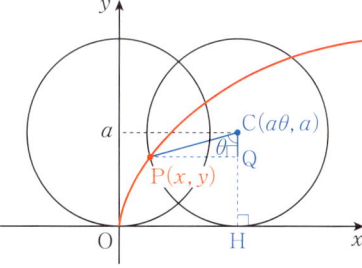

**類題 22** 　原点 O を中心とする半径 $a$ の円 $A$ とその外側に接しながら回転する半径 $a$ の円 $B$ がある。円 $B$ の円周上の定点 P が最初 $(a, 0)$ の位置にあるとして，円 $B$ が円 $A$ に接しながらすべることなく $\theta$ 回転するとき，点 $P(x, y)$ の描く軌跡を求めよ。

# 8 極座標と極方程式

これまでに学んできた中で，平面上の点の位置を表すのに，どんな方法があったか思い出してみましょう。

$x$ 軸，$y$ 軸を用いて平面上の点を $(x, y)$ のように 2 つの数の組で表しました。

そうですね。それは**直交座標**による表し方なんです。ここではそれとは別に**極座標**という新しい点の位置の表し方について考えてみましょう。
まず，点 O と半直線 OX を定めて点 P を適当にとってみます。点 P の位置が決まると
- OP の長さ $r$
- 動径 OP と半直線 OX のなす角 $\theta$

が 1 つ決まることはいいですか？

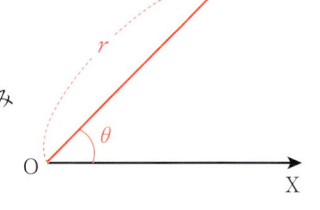

はい，O.K. です。

逆に，**OP の長さ $r$ と動径 OP と半直線 OX とのなす角 $\theta$ を 1 つ決めれば，点 P の位置はただ 1 つ定まる**ことは大丈夫かな？

要するに，点 O のまわりに時計の針と逆方向に $\theta$ 回転（①）したところで，しかも**点 O より距離 $r$ 進んだところ**（②）ですね。

そうです。このように，定点 O と半直線 OX を定めると，平面上の点の位置は，**動径 OP と半直線 OX とのなす角 $\theta$** と，**OP の長さ $r$** を用いて $(r, \theta)$ で表されます。この 2 つの数の組 $(r, \theta)$ を**極座標**というんです。
そして，**点 O を極**，**半直線 OX を始線**，$\theta$ を点 P の**偏角**といいます。

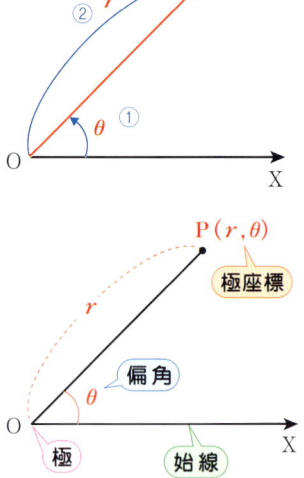

どこかで見たことがあると思ったら，レーダーがそうですよね！

そうですね。

でもね，先生。これまでずっと直交座標を用いて位置を表してきましたよね。ここで，新しく極座標がでてきましたが，どのように使い分けるんですか？

いえ，別に使い分けるというほど，まったく別の"もの"ではないのよ。まず，右のような直交座標を考えてみましょう。ここで，点 P$(x, y)$ をとって原点 O と点 P を結んでみるとどうかな？
**原点を極，$x$ 軸を始線**と考えれば，**点 P は極座標 $(r, \theta)$ で表せる**でしょう。
つまり，座標というのは，"もの"ではなくて，点の位置の"表し方"なんです。
日本語の"花"と英語の"flower"のような関係で，同じものを異なる言葉で表している感じですね。

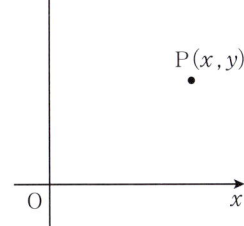

ということは，お互いに"訳せる"のですか。

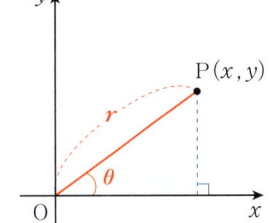

その通り。
$\sin\theta$，$\cos\theta$ の定義，覚えているかな？

大丈夫ですよ。$\sin\theta = \dfrac{y}{r}$，$\cos\theta = \dfrac{x}{r}$ です。
あっ，すると $x = r\cos\theta$，$y = r\sin\theta$ だから
$$(x, y) = (r\cos\theta, r\sin\theta)$$
となるんですね。

そうです。直交座標と極座標のかけ橋は
$$x = r\cos\theta, \quad y = r\sin\theta$$
ということになります。この"橋"をつかって直交座標と極座標の間を行き来できるんです。

つまり，Case by case！ わかりやすい方で表せばいいということですね。

その通り！

**基本例題 23**　　極座標→直交座標

極座標が次のような点の直交座標を求めよ。

(1) $\left(4, \dfrac{\pi}{3}\right)$　　(2) $\left(2, \dfrac{3}{4}\pi\right)$　　(3) $(1, \pi)$

**ねらい**　極座標を直交座標に直すこと。

**解法ルール**　極座標 $(r, \theta)$ で表される点の直交座標 $(x, y)$ は
$$x = r\cos\theta, \quad y = r\sin\theta$$

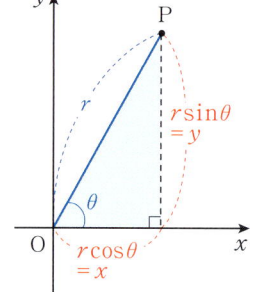

**解答例**
(1) $x = 4\cos\dfrac{\pi}{3} = 4\cdot\dfrac{1}{2} = 2$, $y = 4\sin\dfrac{\pi}{3} = 4\cdot\dfrac{\sqrt{3}}{2} = 2\sqrt{3}$ より
　　$(2, 2\sqrt{3})$ …答

(2) $x = 2\cos\dfrac{3}{4}\pi = 2\cdot\left(-\dfrac{\sqrt{2}}{2}\right) = -\sqrt{2}$,
　　$y = 2\sin\dfrac{3}{4}\pi = 2\cdot\dfrac{\sqrt{2}}{2} = \sqrt{2}$ より　$(-\sqrt{2}, \sqrt{2})$ …答

(3) $x = 1\cdot\cos\pi = -1$, $y = 1\cdot\sin\pi = 0$ より　$(-1, 0)$ …答

**類題 23**　極座標が次のような点の直交座標を求めよ。

(1) $(2, \pi)$　　(2) $\left(1, \dfrac{\pi}{2}\right)$　　(3) $\left(\sqrt{2}, \dfrac{3}{4}\pi\right)$

---

**基本例題 24**　　直交座標→極座標

直交座標が次のような点の極座標 $(r, \theta)$ を求めよ。（ただし，$0 \leq \theta < 2\pi$）

(1) $(1, \sqrt{3})$　　(2) $(-\sqrt{3}, 1)$　　(3) $(-1, -1)$

**ねらい**　直交座標を極座標に直すこと。

**解法ルール**　点 $P(x, y)$ の極座標は右のように図をかいて
$r = \sqrt{x^2 + y^2}$, $\theta$ を求めればよい。

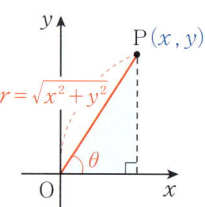

**解答例**
(1) $r = \sqrt{1+3} = 2$ より
　　$\left(2, \dfrac{\pi}{3}\right)$ …答

(2) $r = \sqrt{3+1} = 2$ より
　　$\left(2, \dfrac{5}{6}\pi\right)$ …答

(3) $r = \sqrt{(-1)^2 + (-1)^2} = \sqrt{2}$ より
　　$\left(\sqrt{2}, \dfrac{5}{4}\pi\right)$ …答

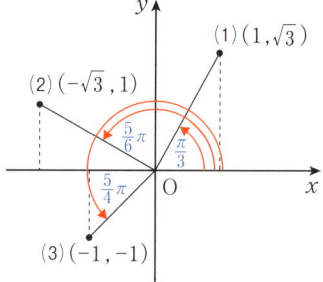

**類題 24**　直交座標が次のような点の極座標 $(r, \theta)$ を求めよ。（ただし，$0 \leq \theta < 2\pi$）

(1) $(-1, 0)$　　(2) $(0, -1)$　　(3) $(-\sqrt{3}, -1)$

# 9 極方程式

方程式 $F(r, \theta)=0$ を満たす点 $(r, \theta)$ の軌跡を **極方程式 $F(r, \theta)=0$ の表す曲線** という。極方程式は，$r=f(\theta)$ の形で表されることもある。

**基本例題 25**　　　　　　　　　直交座標の方程式→極方程式

直交座標による次の方程式を，極方程式に直せ。
(1) $x^2-y^2=1$ 　　　(2) $x+\sqrt{3}y=2$
(3) $x^2+y^2+2x-2y=0$

**ねらい**　直交座標による方程式を極方程式に直すこと。

**解法ルール**　点 $(x, y)$ の極座標が $(r, \theta)$ であるとき
$$x=r\cos\theta,\ y=r\sin\theta$$
これを用いて，$r$ と $\theta$ の方程式を求めればよい。

**解答例**　$x=r\cos\theta,\ y=r\sin\theta$ を与式の左辺に代入する。

(1) $x^2-y^2=r^2\cos^2\theta-r^2\sin^2\theta=r^2(\cos^2\theta-\sin^2\theta)$
$\qquad\qquad =r^2\cos 2\theta=1$ 　よって　$r^2\cos 2\theta=1$ …答

2倍角の公式
$\cos 2\theta=\cos^2\theta-\sin^2\theta$

(2) $x+\sqrt{3}y=r\cos\theta+\sqrt{3}r\sin\theta$
$\qquad\qquad =r(\cos\theta+\sqrt{3}\sin\theta)=2r\left(\dfrac{1}{2}\cos\theta+\dfrac{\sqrt{3}}{2}\sin\theta\right)$
$\qquad\qquad =2r\sin\left(\theta+\dfrac{\pi}{6}\right)=2$

以上より　$r\sin\left(\theta+\dfrac{\pi}{6}\right)=1$ …答

三角関数の合成
$\cos\theta+\sqrt{3}\sin\theta$
$=2\left(\dfrac{1}{2}\cos\theta+\dfrac{\sqrt{3}}{2}\sin\theta\right)$
　　‖　　　　‖
　$\sin\dfrac{\pi}{6}$　　$\cos\dfrac{\pi}{6}$
$=2\sin\left(\theta+\dfrac{\pi}{6}\right)$

(3) $x^2+y^2+2x-2y=r^2\cos^2\theta+r^2\sin^2\theta+2r\cos\theta-2r\sin\theta$
$\qquad\qquad =r\{r(\cos^2\theta+\sin^2\theta)+2(\cos\theta-\sin\theta)\}$
$\qquad\qquad =r\{r+2(\cos\theta-\sin\theta)\}$
$\qquad\qquad =r\left\{r+2\sqrt{2}\left(\dfrac{1}{\sqrt{2}}\cos\theta-\dfrac{1}{\sqrt{2}}\sin\theta\right)\right\}$
$\qquad\qquad =r\left\{r+2\sqrt{2}\cos\left(\theta+\dfrac{\pi}{4}\right)\right\}=0$

$\cos\theta-\sin\theta$
$=\sqrt{2}\left(\dfrac{1}{\sqrt{2}}\cos\theta-\dfrac{1}{\sqrt{2}}\sin\theta\right)$
　　‖　　　　‖
　$\cos\dfrac{\pi}{4}$　　$\sin\dfrac{\pi}{4}$
$=\sqrt{2}\cos\left(\theta+\dfrac{\pi}{4}\right)$

以上より　$r=0,\ r=-2\sqrt{2}\cos\left(\theta+\dfrac{\pi}{4}\right)$

$\theta=\dfrac{\pi}{4}$ のとき $r=0$ だから，$r=0$ はあとの式に含まれる。

よって　$r=-2\sqrt{2}\cos\left(\theta+\dfrac{\pi}{4}\right)$ …答

**類題 25**　直交座標による次の方程式を，極方程式に直せ。
(1) $x+y=1$ 　　　(2) $x^2+y^2-x-y=0$ 　　　(3) $x^2-y^2=-1$

**基本例題 26**　極方程式→直交座標の方程式

次の極方程式を，直交座標による方程式に直せ。

(1) $r\cos\left(\theta-\dfrac{\pi}{6}\right)=1$ 　　(2) $r=2\cos\theta$

(3) $r=\sqrt{2}\sin\left(\theta-\dfrac{\pi}{4}\right)$ 　　(4) $r^2\sin 2\theta=2$

**ねらい**　極方程式を直交座標による方程式に直すこと。

**解法ルール**　点 $(r,\ \theta)$ が直交座標 $(x,\ y)$ で表されるとき
$$r^2=x^2+y^2,\quad x=r\cos\theta,\quad y=r\sin\theta$$
これらを利用して，$x$ と $y$ の方程式を求めればよい。

**解答例**

(1) $r\cos\left(\theta-\dfrac{\pi}{6}\right)=r\left(\cos\theta\cos\dfrac{\pi}{6}+\sin\theta\sin\dfrac{\pi}{6}\right)$
　　　　　　　　　$=\cos\dfrac{\pi}{6}\cdot r\cos\theta+\sin\dfrac{\pi}{6}\cdot r\sin\theta$
　　　　　　　　　$=\dfrac{\sqrt{3}}{2}x+\dfrac{1}{2}y$

$r\cos\left(\theta-\dfrac{\pi}{6}\right)=1$ より　$\dfrac{\sqrt{3}}{2}x+\dfrac{1}{2}y=1$

すなわち　$\sqrt{3}x+y=2$ 　…答

(2) $r=2\cos\theta$ より，両辺に $r$ を掛けると
　$r^2=2r\cos\theta$ 　したがって　$x^2+y^2=2x$
　よって　$x^2+y^2-2x=0$ 　…答

(3) $\sqrt{2}\sin\left(\theta-\dfrac{\pi}{4}\right)=\sqrt{2}\left(\sin\theta\cos\dfrac{\pi}{4}-\cos\theta\sin\dfrac{\pi}{4}\right)$
　　　　　　　　　$=\sqrt{2}\cdot\dfrac{\sqrt{2}}{2}\sin\theta-\sqrt{2}\cdot\dfrac{\sqrt{2}}{2}\cos\theta$
　　　　　　　　　$=\sin\theta-\cos\theta$

したがって　$r=\sin\theta-\cos\theta$ 　この両辺に $r$ を掛けると
　$r^2=r\sin\theta-r\cos\theta$ 　したがって　$x^2+y^2=y-x$
　よって　$x^2+y^2+x-y=0$ 　…答

(4) $\sin 2\theta=2\sin\theta\cos\theta$ より　$r^2\sin 2\theta=2r^2\sin\theta\cos\theta$
　$r^2\sin 2\theta=2$ より　$2(r\sin\theta)\cdot(r\cos\theta)=2$
　よって　$xy=1$ 　…答

$r^2=x^2+y^2$
$r\cos\theta=x$
$r\sin\theta=y$

**類題 26**　次の極方程式を，直交座標による方程式に直せ。

(1) $r\cos\theta=2$ 　　(2) $r\sin\left(\theta-\dfrac{\pi}{3}\right)=1$ 　　(3) $r=2\sin\theta$

(4) $r=2\cos\theta+2\sin\theta$ 　　(5) $r^2\cos 2\theta=2$

**発展例題 27**　　　2次曲線と極方程式

**ねらい**　2次曲線の極方程式の表し方について学習する。

次の問いに答えよ。

(1) 直交座標において，点 $A(\sqrt{3},\ 0)$ と準線 $x=\dfrac{4}{\sqrt{3}}$ からの距離の比が $\sqrt{3}:2$ である点 $P(x,\ y)$ の軌跡の方程式を求めよ。

(2) (1)における A を極，$x$ 軸の正の部分の半直線 $Ax$ とのなす角 $\theta$ を偏角とする極座標を定める。このとき，P の軌跡を $r=f(\theta)$ の形の極方程式で表せ。（ただし $0\leqq\theta<2\pi,\ r>0$）

**解法ルール**　(1) 与えられた条件を $x,\ y$ を用いて表せばよい。

(2) 条件を $r,\ \theta$ で表し，$r,\ \theta$ の方程式を求めればよい。

**解答例**　(1) 点 P から準線に垂線 PH を引く。$PA:PH=\sqrt{3}:2$ より

　　$PA^2:PH^2=3:4$　　よって　$3PH^2=4PA^2$

　　$PA^2=(x-\sqrt{3})^2+y^2$　　$PH=\left|x-\dfrac{4}{\sqrt{3}}\right|$

以上より　$3\left(x-\dfrac{4}{\sqrt{3}}\right)^2=4\{(x-\sqrt{3})^2+y^2\}$

整理すると　$x^2+4y^2=4$　…答

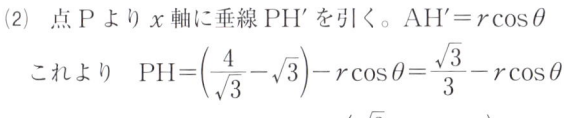

(2) 点 P より $x$ 軸に垂線 PH′ を引く。$AH'=r\cos\theta$

これより　$PH=\left(\dfrac{4}{\sqrt{3}}-\sqrt{3}\right)-r\cos\theta=\dfrac{\sqrt{3}}{3}-r\cos\theta$

$PA:PH=\sqrt{3}:2$ だから　$r:\left(\dfrac{\sqrt{3}}{3}-r\cos\theta\right)=\sqrt{3}:2$

よって　$\sqrt{3}\left(\dfrac{\sqrt{3}}{3}-r\cos\theta\right)=2r$

ゆえに　$r=\dfrac{1}{2+\sqrt{3}\cos\theta}$　…答

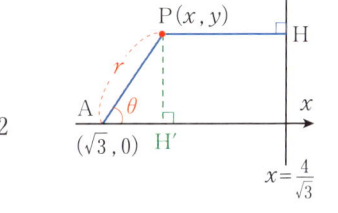

**（別解）** (1)で求めた直交座標に関する方程式を極方程式に直す方法

極が原点ではなく，$(\sqrt{3},\ 0)$ なので　$x=r\cos\theta+\sqrt{3}$ となる。

よって　$(r\cos\theta+\sqrt{3})^2+4r^2\underbrace{\sin^2\theta}_{1-\cos^2\theta}=4$　　$r$ について整理すると

$(3\cos^2\theta-4)r^2-2\sqrt{3}\cos\theta\cdot r+1=0$　　$\{(\sqrt{3}\cos\theta+2)r-1\}\{(\sqrt{3}\cos\theta-2)r-1\}=0$

$r>0$ だから　$r=\dfrac{1}{2+\sqrt{3}\cos\theta}$

**類題 27**　極方程式 $r=\dfrac{b}{1-a\cos\theta}$ $(b\neq 0,\ 0<a<1)$ で与えられる曲線と，媒介変数表示された曲線 $x=\dfrac{4}{3}\cos t,\ y=\dfrac{2\sqrt{3}}{3}\sin t$ を $x$ 軸方向に $\dfrac{2}{3}$ だけ平行移動した曲線が一致するように $a,\ b$ の値を定めよ。

## これも知っ得　2次曲線上の点における接線

2次曲線 $Ax^2+By^2=C$ ……① 上の点 $(x_1, y_1)$ における接線の方程式を求めてみよう。

点 $(x_1, y_1)$ を通る，傾きが $m$ の直線は　$y-y_1=m(x-x_1)$ ……②

①，②より，$y$ を消去して　$Ax^2+B\{mx-(mx_1-y_1)\}^2=C$

$(A+Bm^2)x^2-2Bm(mx_1-y_1)x+B(mx_1-y_1)^2-C=0$

この方程式が重解 $x=x_1$ をもつから　$x_1=\dfrac{Bm(mx_1-y_1)}{A+Bm^2}$

$(A+Bm^2)x_1=Bm(mx_1-y_1)$　　$Ax_1+Bm^2x_1=Bm^2x_1-Bmy_1$　　$Ax_1=-Bmy_1$

ゆえに，$y_1 \neq 0$ のとき　$m=-\dfrac{Ax_1}{By_1}$

> ・$A$, $B$, $C$ が同符号のとき，楕円。
> 特に $A=B$ のとき，円。
> ・$A$, $B$ が異符号のとき，双曲線。

よって，求める接線の方程式は　$y-y_1=-\dfrac{Ax_1}{By_1}(x-x_1)$

これより　$By_1(y-y_1)=-Ax_1(x-x_1)$　　$By_1y-By_1^2=-Ax_1x+Ax_1^2$

$Ax_1x+By_1y=Ax_1^2+By_1^2$

ここで，$(x_1, y_1)$ は①上にあるから　$Ax_1^2+By_1^2=C$

したがって，接線の方程式は　$\boldsymbol{Ax_1x+By_1y=C}$ ……③

ところで，$y_1=0$ のとき，①より　$Ax_1^2=C$　　$AC>0$ のとき　$x_1=\pm\sqrt{\dfrac{C}{A}}$

よって，接点は 点 $\left(\pm\sqrt{\dfrac{C}{A}}, 0\right)$　接線は　$x=\pm\sqrt{\dfrac{C}{A}}$　これは，③に含まれる。

次に，放物線 $y^2=4px$ ……④ 上の点 $(x_1, y_1)$ を通る直線の方程式を $m(y-y_1)=x-x_1$ ……⑤ とする。

④，⑤より，$x$ を消去して　$y^2=4p\{m(y-y_1)+x_1\}$　　$y^2-4pmy+4p(my_1-x_1)=0$

接するとき，これが重解 $y=y_1$ をもつから　$y_1=2pm$　　$m=\dfrac{y_1}{2p}$

⑤に代入して　$\dfrac{y_1}{2p}(y-y_1)=x-x_1$　　$y_1y-y_1^2=2p(x-x_1)$

また，$y_1^2=4px_1$ だから，接線の方程式は　$y_1y=2p(x+x_1)$

### ポイント [2次曲線上の点 $(x_1, y_1)$ における接線]

| | 曲線の方程式 | 接線の方程式 |
|---|---|---|
| 円 | $x^2+y^2=r^2$ | $x_1x+y_1y=r^2$ |
| 楕円 | $\dfrac{x^2}{a^2}+\dfrac{y^2}{b^2}=1$ | $\dfrac{x_1x}{a^2}+\dfrac{y_1y}{b^2}=1$ |
| 双曲線 | $\dfrac{x^2}{a^2}-\dfrac{y^2}{b^2}=\pm 1$ | $\dfrac{x_1x}{a^2}-\dfrac{y_1y}{b^2}=\pm 1$ ←複号同順 |
| 放物線 | $y^2=4px$ | $y_1y=2p(x+x_1)$ |

接線は，4章で学習する微分法を使っても簡単に求められます。

# 定期テスト予想問題　解答→p.7〜11

**1** 次のような2次曲線の方程式を求めよ。
(1) 焦点が $(4, 2)$, 準線が $x=-2$ である放物線。
(2) 円 $x^2+y^2=16$ 上の点 Q から $x$ 軸に垂線 QH を引く。線分 QH 上で QH：PH＝4：3 を満たす点 P の描く曲線。
(3) 2点 $(0, 5)$, $(0, -5)$ からの距離の差が 8 である点 P の描く曲線。

**2** 次の楕円の焦点の座標を求め，その概形をかけ。
(1) $\dfrac{(x+2)^2}{16}+\dfrac{(y-1)^2}{9}=1$
(2) $x^2+3y^2-2x=2$

**3** 次の双曲線の焦点の座標と漸近線の方程式を求め，その概形をかけ。
(1) $9x^2-4y^2=36$
(2) $x^2-4x-4y^2-8y+4=0$

**4** 双曲線 $x^2-y^2=1$ と直線 $y=2x+k$ との共有点の個数を求めよ。また，接する場合はその接線の方程式と接点の座標を求めよ。

**5** 点 $F(2, 0)$ からの距離と直線 $x=-1$ までの距離の比が 2：1 である点 P の軌跡の方程式を求めよ。

**6** 次の方程式はどのような図形を表すか。
(1) $x=3\cos\theta+1,\ y=2\sin\theta-2$
(2) $x=t+\dfrac{1}{t},\ y=2\left(t-\dfrac{1}{t}\right)$
(3) $x=\dfrac{1}{1+t^2},\ y=\dfrac{t}{1+t^2}$
(4) $x=\dfrac{a}{\cos\theta},\ y=b\tan\theta\ \ (ab\neq 0)$

## HINT

**1** 2次曲線の定義にしたがって式を作る。

**2, 3** $\dfrac{(x-p)^2}{a^2}\pm\dfrac{(y-q)^2}{b^2}=1$ は
$\dfrac{x^2}{a^2}\pm\dfrac{y^2}{b^2}=1$
（＋なら楕円，−なら双曲線）を
$x$ 軸方向に $p$
$y$ 軸方向に $q$
だけ平行移動したもの。

**4** $y$ を消去する。$x$ についての2次方程式の判別式を活用する。

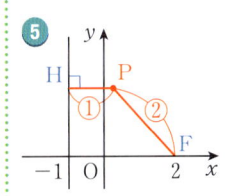

**5**

**6** 媒介変数を消去し，$x, y$ の方程式を作り，どんな図形か考える。

**7** 右の図のように，長さ $a$ の2つの線分 OA，AB がある。点 B は $x$ 軸上を動く。線分 AB を $1:2$ に内分する点 P の軌跡を求めよ。

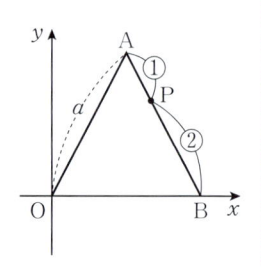

**7** $\angle \text{AOB} = \theta$ として，点 $\text{P}(x, y)$ の座標を $a$ と $\theta$ で表す。

**8** 点 $\text{P}(x, y)$ が $\theta$ を媒介変数として $x = \sin\theta + \cos\theta$，$y = \sin\theta - \cos\theta$ で表されているとき，次の問いに答えよ。
(1) 点 $\text{P}(x, y)$ の軌跡の方程式を求め，それを図示せよ。
(2) $x + y = X$，$xy = Y$ とおくとき，点 $\text{Q}(X, Y)$ の軌跡の方程式を求め，それを図示せよ。

**8** $\theta$ を消去して
(1) $x$, $y$ の方程式を求める。
(2) $X$, $Y$ の方程式を求める。$X$ の範囲に注意。

**9** 次の極方程式を直交座標で表したときの方程式を求めよ。
(1) $r = 2\cos\theta$
(2) $r^2 \sin 2\theta = 1$
(3) $r\cos\left(\theta - \dfrac{\pi}{3}\right) = 2$
(4) $r = \dfrac{3}{2 - \cos\theta}$

**9** $x = r\cos\theta$，$y = r\sin\theta$，$x^2 + y^2 = r^2$ の活用。

**10** O を極とする極座標で表された2点 $\text{A}\left(3, \dfrac{\pi}{6}\right)$，$\text{B}\left(4, \dfrac{\pi}{3}\right)$ について，次の問いに答えよ。
(1) 線分 AB の長さを求めよ。
(2) △OAB の面積を求めよ。

**10** (1) は余弦定理，(2) は面積の公式を利用する。

**11** O を極とする極座標で $\text{A}(a, 0)$ を通り，始線 OX に垂直な直線を $l$ とする。点 $\text{P}(r, \theta)$ とするとき，点 P から $l$ までの距離と，OP の長さが等しくなる点 P の軌跡の極方程式を求めよ。

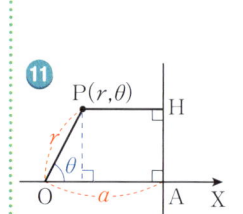

**11**

# 2章 複素数平面

# 1節 複素数平面

## 1 複素数平面

実数は数直線上の点で表せたね。ここでは，複素数 $a+bi$ を平面上の点で表すことを考えよう。座標平面上の点は実数の組 $(x, y)$ に対応させたものだったね。

複素数 $z=a+bi$ を，座標平面上の点 $\mathrm{P}(a, b)$ に対応させる。
このように考えた平面を **複素数平面**，$x$ 軸を **実軸**，$y$ 軸を **虚軸** という。
そして，複素数 $z$ を表す点 P を $\mathbf{P}(z)$ と書く。また，簡単に点 $z$ ともいう。

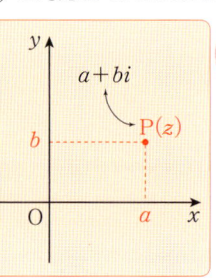

これがルールです！

**ねらい**
複素数を複素数平面上の点として図示する。

### 基本例題 28 　　　　　　　　　　　　　複素数平面

複素数平面上に，次の複素数を表す点を図示せよ。

(1) $\mathrm{A}(3+2i)$ 　　(2) $\mathrm{B}(3-2i)$ 　　(3) $\mathrm{C}(-3+2i)$
(4) $\mathrm{D}(-3-2i)$ 　(5) $\mathrm{E}(2)$ 　　　(6) $\mathrm{F}(-2)$
(7) $\mathrm{G}(3i)$ 　　　(8) $\mathrm{H}(-3i)$

**解法ルール** $a+bi$ の **実部** $a$，**虚部** $b$ をそれぞれ $x$ 軸（実軸）上の $a$，$y$ 軸（虚軸）上の $b$ に対応させた点で表す。

**解答例**

● $a$ は $a+0i$，$bi$ は $0+bi$，$0$ は $0+0i$ とみる。

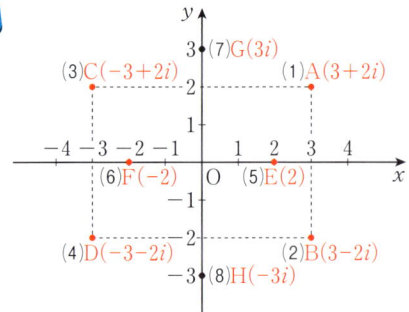

← 点 $\mathrm{P}(a+bi)$ と，$\mathrm{Q}(a-bi)$ は実軸対称。$\mathrm{R}(-a+bi)$ は虚軸対称。$\mathrm{S}(-a-bi)$ は原点対称。

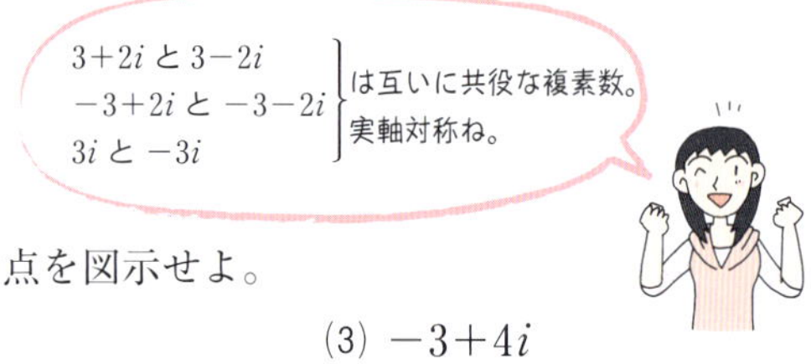

$3+2i$ と $3-2i$
$-3+2i$ と $-3-2i$ 　は互いに共役な複素数。実軸対称ね。
$3i$ と $-3i$

### 類題 28 複素数平面上に，次の複素数を表す点を図示せよ。

(1) $5+2i$ 　　　　(2) $4-3i$ 　　　　(3) $-3+4i$

## ❖ 共役複素数

複素数 $z$ の共役複素数を $\bar{z}$ で表す。すなわち，
$$z = a + bi \text{ ならば } \bar{z} = \overline{a+bi} = a - bi$$
である。また，複素数平面上で，点 $z$ と点 $\bar{z}$ は実軸対称である。

← 共役複素数には，次の計算法則がある。
① $\overline{z_1 \pm z_2} = \bar{z_1} \pm \bar{z_2}$
② $\overline{z_1 \cdot z_2} = \bar{z_1} \cdot \bar{z_2}$
③ $\overline{\left(\dfrac{z_1}{z_2}\right)} = \dfrac{\bar{z_1}}{\bar{z_2}}$

## ❖ 複素数の絶対値

複素数平面上で，**点 $z$ と原点 O との距離を複素数 $z$ の絶対値**といい，記号 $|z|$ で表す。
$z = a + bi$ ならば $|z| = \sqrt{a^2 + b^2}$
また，$z\bar{z} = (a+bi)(a-bi) = a^2 + b^2$ だから
$z\bar{z} = |z|^2$, $|\bar{z}| = |z|$

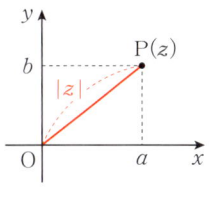

● 複素数平面上では，点 $z$ と点 $\bar{z}$ は実軸対称，点 $z$ と点 $-z$ は原点対称だから
$|\bar{z}| = |z|$
$|-z| = |z|$

---

**基本例題 29** 共役複素数・複素数の絶対値

次の複素数について，下の問いに答えよ。
① $3 + 4i$  ② $\sqrt{2} - i$  ③ $3i$  ④ $-2$

(1) それぞれの複素数の共役複素数を求めよ。
(2) それぞれの複素数の絶対値を求めよ。

**ねらい** ある複素数の共役複素数や絶対値を求めること。

**解法ルール** 記号の意味の理解が大切である。

$z = a + bi$ のとき　←虚部の符号を変える

(1) 共役複素数 $\bar{z} = \overline{a+bi} = a - bi$
(2) $z$ の絶対値 $|z| = \sqrt{a^2 + b^2}$　←原点と点 $z$ の距離

● $\overline{a+bi} = a - bi$
$\overline{a-bi} = a + bi$
だから
$\overline{(a+bi)} = a + bi$

**解答例**
(1) ① $\overline{3+4i} = 3 - 4i$ …答
② $\overline{\sqrt{2} - i} = \sqrt{2} + i$ …答
③ $\overline{3i} = \overline{0 + 3i} = 0 - 3i = -3i$ …答
④ $\overline{-2} = \overline{-2 + 0i} = -2 - 0i = -2$ …答

(2) ① $|3 + 4i| = \sqrt{3^2 + 4^2} = 5$ …答
② $|\sqrt{2} - i| = \sqrt{(\sqrt{2})^2 + (-1)^2} = \sqrt{3}$ …答
③ $|3i| = |0 + 3i| = \sqrt{0^2 + 3^2} = 3$ …答
④ $|-2| = |-2 + 0i| = \sqrt{(-2)^2 + 0^2} = 2$ …答

絶対値は原点からの距離。図をかいて確かめてごらん。

**類題 29** 次の複素数について，下の問いに答えよ。
① $5 - 3i$  ② $5i + (3 + i)$  ③ $(1 - i)(2 + 5i)$

(1) それぞれの複素数の共役複素数を求めよ。
(2) (1)で求めた共役複素数の絶対値を求めよ。

1 複素数平面

# 2 複素数の和・差と複素数平面

複素数平面上では，$z=a+bi$ の共役複素数 $\bar{z}=a-bi$ は，点 $z$ の実軸に関して対称な点として求められます。
ここでは，複素数平面上の複素数の実数倍や，2つの複素数の和や差を考えることにしましょう。

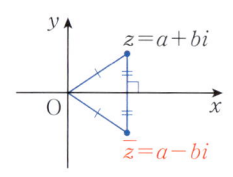

## ● 複素数の実数倍

たとえば，$z=1+2i$ に実数 3 や $-2$ を掛けた複素数は
$$3z=3(1+2i)=3+6i$$
$$-2z=-2(1+2i)=-2-4i$$
であるから，複素数平面上では右の図のように

① $3z$ も $-2z$ も，原点 O と点 $z$ を通る直線上にある。
② 原点について，点 $3z$ は $z$ と同じ側，点 $-2z$ は $z$ と反対側で，O からの距離は 3 倍，2 倍である。

これは一般化して，次のようにまとめられる。

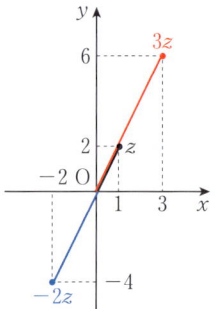

**ポイント** [複素数の実数倍]
複素数 $z \neq 0$，$k$ は実数とするとき，**点 $kz$** は，原点 O に関して点 $z$ を $k>0$ の場合は $z$ と同じ側に，$k<0$ の場合は**反対側に**，**O からの距離を $|k|$ 倍に拡大または縮小した点**である。

● 複素数 $z=x+yi$ を表す点を A とすると，点 A の位置ベクトルは $\overrightarrow{OA}=(x, y)$ である。したがって，複素数の実数倍はベクトルの実数倍に対応する。

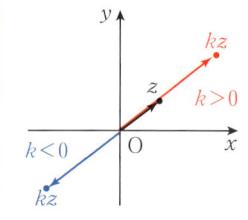

## ● 複素数の和と差

2つの複素数を $z=x+yi$，$\alpha=a+bi$ とする。この和は
$$z+\alpha=(x+yi)+(a+bi)=(x+a)+(y+b)i$$
である。すなわち，複素数平面上では，$z$ に $\alpha=a+bi$ を加えると，点 $z$ は，実軸方向に $a$，虚軸方向に $b$ だけ移動する。
したがって，複素数平面上で，$z$，$\alpha$，$z+\alpha$ を表す点を A，B，P とすると，点 P は線分 OA，OB を 2 辺とする**平行四辺形の頂点**となる。[図Ⅰ]

**(参考)** 複素数平面上の点の位置ベクトルを考えると，**複素数の和はベクトルの和に対応**する。[図Ⅱ]

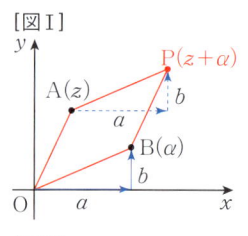

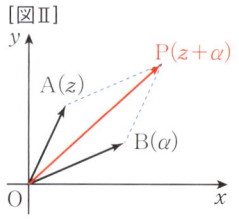

また，2数の差 $z-\alpha$ は
$$z-\alpha=(x+yi)-(a+bi)=(x-a)+(y-b)i$$
である。すなわち，複素数平面上では，$z$ から $\alpha$ を引くと，点 $z$ は実軸方向に $-a$，虚軸方向に $-b$ だけ移動する。[図Ⅲ]
または，[図Ⅳ]のように $\overrightarrow{OP}=\overrightarrow{BA}$ となる点 P をとると，点 P が $z-\alpha$ を表す点である。

なお，右の図で2点 $A(z)$，$B(\alpha)$ 間の距離は $|z-\alpha|$ である。

**(参考)** 複素数平面上の点の位置ベクトルを考えると，**複素数の差はベクトルの差に対応**する。

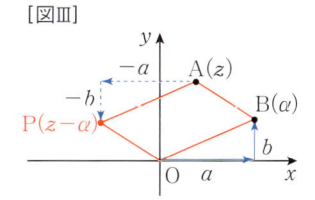

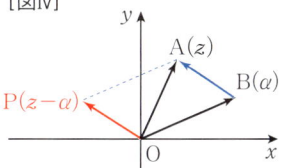

[図Ⅲ]

[図Ⅳ]

**ポイント** [複素数の和と差]
$z$ に $\alpha=a+bi$ を加えると，複素数平面上で
　　点 $z$ は，実軸方向に $a$，虚軸方向に $b$ だけ平行移動する。

**覚え得**
● $z-\alpha=z+(-\alpha)$
と考えるとよい。

**基本例題 30**　　　　　　　　　　　複素数の和・差の作図

$z_1=2+i$，$z_2=1+3i$ のとき，次の複素数で表される点を複素数平面上に図示せよ。

(1) $z_1+z_2$　　(2) $2z_1+z_2$　　(3) $z_2-2z_1$　　(4) $z_1+\overline{z_2}$

**テストに出るぞ！**

**ねらい**
複素数の和・差の作図ができるか。
実数倍の作図。
共役複素数の作図。

**解法ルール** 和を表す点は平行四辺形の頂点。
　　　　　差は[図Ⅲ]または[図Ⅳ]の方法で考える。

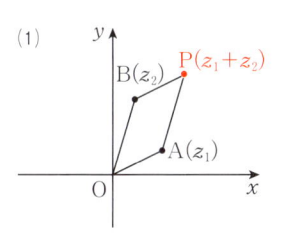

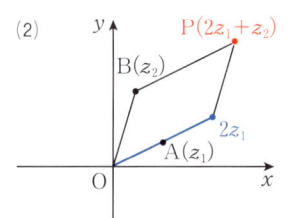

**解答例**

(1) $B(z_2)$，$A(z_1)$，$P(z_1+z_2)$

(2) $B(z_2)$，$A(z_1)$，$2z_1$，$P(2z_1+z_2)$

(3) $P(z_2-2z_1)$，$B(z_2)$，$A(z_1)$，$2z_1$

(4) $B(z_2)$，$A(z_1)$，$\overline{z_2}$，$P(z_1+\overline{z_2})$

← (2)まず $2z_1$ をとる。
(3) $2z_1$ をとり，[図Ⅳ]の方法で。
(4)まず $\overline{z_2}$ をとる。

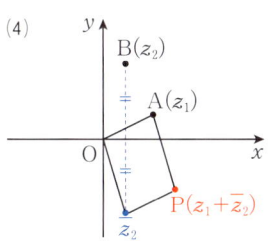

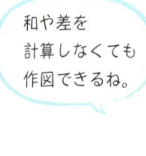

和や差を計算しなくても作図できるね。

**類題 30**　$z_1=-2+i$，$z_2=2+3i$ のとき，次の複素数の和や差を図示せよ。

(1) $z_2-z_1$　　(2) $3z_1+2z_2$　　(3) $-z_2-z_1$　　(4) $\overline{z_2}-z_1$

1　複素数平面

# 3 複素数の極形式

複素数平面上の点 $P(z)$ は，原点 O からの距離 $OP=r$ と，OP と $x$ 軸の正の部分とのなす角 $\theta$ によって決まる。すなわち，

$$z=r\cos\theta+i(r\sin\theta)=r(\cos\theta+i\sin\theta)$$

である。これを複素数 $z$ の **極形式** という。このとき，$r=|z|$ である。また，$\theta$ を $z$ の **偏角** といい，$\arg z$（アーギュメント $z$ と読む）で表す。

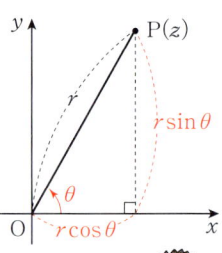

**ポイント** ［複素数の極形式］
$$z=r(\cos\theta+i\sin\theta),\ r=|z|,\ \theta=\arg z$$

$r>0$ だよ

$\theta$ を複素数 $z$ の 1 つの偏角とすると，$\theta+2n\pi$（$n$ は整数）も $z$ の偏角であるが，ふつう $0\leqq\theta<2\pi$ で表すことが多い。場合によって，$-\pi<\theta\leqq\pi$ で表すと便利な場合もある。

たとえば $1-\sqrt{3}i=2\left(\cos\dfrac{5}{3}\pi+i\sin\dfrac{5}{3}\pi\right)$

または $1-\sqrt{3}i=2\left\{\cos\left(-\dfrac{\pi}{3}\right)+i\sin\left(-\dfrac{\pi}{3}\right)\right\}$

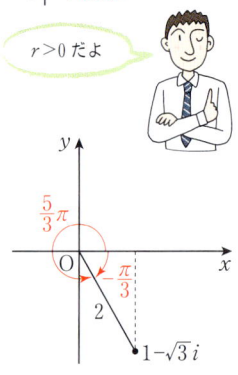

**基本例題 31** 複素数の極形式

次の複素数を極形式で表せ。（偏角 $\theta$ は $0\leqq\theta<2\pi$ とする）

(1) $\sqrt{3}+i$ (2) $3-3i$ (3) $-2\left(\cos\dfrac{\pi}{3}-i\sin\dfrac{\pi}{3}\right)$

**ねらい** 複素数を極形式で表す。

**解法ルール**
1. $z=a+bi$ のとき，絶対値は $|z|=r=\sqrt{a^2+b^2}$
2. 偏角 $\theta$ は $x$ 軸の正の部分とのなす角。
3. 複素数平面上に点をとって考えよう。

**解答例** (1) $|\sqrt{3}+i|=\sqrt{(\sqrt{3})^2+1^2}=2$

$\sqrt{3}+i=2\left(\dfrac{\sqrt{3}}{2}+\dfrac{1}{2}i\right)=2\left(\cos\dfrac{\pi}{6}+i\sin\dfrac{\pi}{6}\right)$ …答

(2) $|3-3i|=\sqrt{3^2+(-3)^2}=3\sqrt{2}$

$3-3i=3\sqrt{2}\left(\dfrac{1}{\sqrt{2}}-\dfrac{1}{\sqrt{2}}i\right)=3\sqrt{2}\left(\cos\dfrac{7}{4}\pi+i\sin\dfrac{7}{4}\pi\right)$ …答

(3) 与式 $=2\left(-\dfrac{1}{2}+\dfrac{\sqrt{3}}{2}i\right)=2\left(\cos\dfrac{2}{3}\pi+i\sin\dfrac{2}{3}\pi\right)$ …答

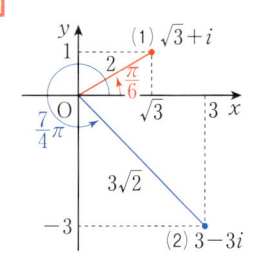

**類題 31** 次の複素数を極形式で表せ。（偏角 $\theta$ は $0\leqq\theta<2\pi$ とする）

(1) $-1+\sqrt{3}i$ (2) $2-2\sqrt{3}i$ (3) $2i$ (4) $-\cos\dfrac{\pi}{4}+i\sin\dfrac{\pi}{4}$

## ● 複素数の積と商

2つの複素数 $z_1$, $z_2$ の極形式を
$$z_1 = r_1(\cos\theta_1 + i\sin\theta_1), \quad z_2 = r_2(\cos\theta_2 + i\sin\theta_2)$$
として，積や商について調べよう。

$$z_1 \cdot z_2 = r_1 r_2(\cos\theta_1 + i\sin\theta_1)(\cos\theta_2 + i\sin\theta_2)$$
$$= r_1 r_2 \{(\cos\theta_1 \cos\theta_2 - \sin\theta_1 \sin\theta_2) + i(\sin\theta_1 \cos\theta_2 + \cos\theta_1 \sin\theta_2)\}$$
$$= r_1 r_2 \{\cos(\theta_1 + \theta_2) + i\sin(\theta_1 + \theta_2)\} \quad \cdots\cdots ①$$

$$\frac{z_1}{z_2} = \frac{r_1(\cos\theta_1 + i\sin\theta_1)}{r_2(\cos\theta_2 + i\sin\theta_2)} = \frac{r_1(\cos\theta_1 + i\sin\theta_1)(\cos\theta_2 - i\sin\theta_2)}{r_2(\cos\theta_2 + i\sin\theta_2)(\cos\theta_2 - i\sin\theta_2)}$$
$$= \frac{r_1}{r_2} \cdot \frac{(\cos\theta_1 \cos\theta_2 + \sin\theta_1 \sin\theta_2) + i(\sin\theta_1 \cos\theta_2 - \cos\theta_1 \sin\theta_2)}{\cos^2\theta_2 + \sin^2\theta_2}$$
$$= \frac{r_1}{r_2} \{\cos(\theta_1 - \theta_2) + i\sin(\theta_1 - \theta_2)\} \quad \cdots\cdots ②$$

三角関数の加法定理による変形だよ

①，②から，積や商の絶対値や偏角については次のことがいえる。

> **ポイント**　[複素数の積と商]　　　　　　　　　　　　　　　　　　　　　覚え得
> 積　$|z_1 \cdot z_2| = |z_1||z_2|$　　　$\arg(z_1 \cdot z_2) = \arg z_1 + \arg z_2$
> 商　$\left|\dfrac{z_1}{z_2}\right| = \dfrac{|z_1|}{|z_2|}$　　　$\arg\left(\dfrac{z_1}{z_2}\right) = \arg z_1 - \arg z_2$

このことから，複素数平面上での積と商は次のようになる。

複素数 $z$ に複素数 $\alpha$ を掛けると，点 $z$ は**原点 O を中心に $\arg\alpha$ だけ回転**し，さらに O からの距離を **$|\alpha|$ 倍に拡大**（または**縮小**）した点に移る。

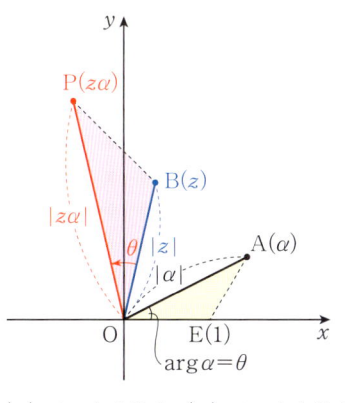

複素数 $z$ を複素数 $\alpha$ で割ると，点 $z$ は**原点 O を中心に $-\arg\alpha$ だけ回転**し，さらに O からの距離を $\dfrac{1}{|\alpha|}$ 倍に拡大（または**縮小**）した点に移る。

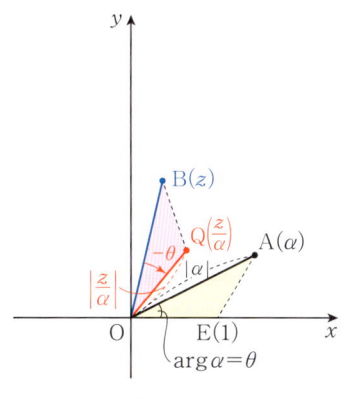

← 複素数 $\alpha$, $z$, 1 を表す点を A, B, E とし，積 $z\alpha$ を表す点を P とすると
　$\triangle\text{OEA} \backsim \triangle\text{OBP}$
商 $\dfrac{z}{\alpha}$ を表す点を Q とすると
　$\triangle\text{OEA} \backsim \triangle\text{OQB}$
となる。

$|\alpha|>1$ のとき拡大，$|\alpha|<1$ のとき縮小　　　　$|\alpha|>1$ のとき縮小，$|\alpha|<1$ のとき拡大

1　複素数平面

**基本例題 32**  複素数の乗法と回転

複素数 $z=2+2i$ を表す点を原点のまわりに $\dfrac{\pi}{3}$，および $\dfrac{\pi}{2}$ だけ回転した点を表す複素数を求めよ。

**ねらい**　複素数平面上の点を原点のまわりに $\theta$ だけ回転した点を表す複素数を求めること。

**解法ルール**　原点のまわりに $\theta$ だけ回転する。
$\iff$ 絶対値 1，偏角 $\theta$ の複素数 $\cos\theta+i\sin\theta$ を掛ける。

**解答例**　絶対値が 1 で偏角が $\dfrac{\pi}{3}$，$\dfrac{\pi}{2}$ である複素数は，それぞれ

$$\cos\dfrac{\pi}{3}+i\sin\dfrac{\pi}{3}=\dfrac{1}{2}+\dfrac{\sqrt{3}}{2}i,\quad \cos\dfrac{\pi}{2}+i\sin\dfrac{\pi}{2}=i\ \text{だから}$$

点 $z$ を $\dfrac{\pi}{3}$ だけ回転した点を表す複素数は

$$(2+2i)\left(\dfrac{1}{2}+\dfrac{\sqrt{3}}{2}i\right)=(1-\sqrt{3})+(1+\sqrt{3})i\ \cdots\text{答}$$

点 $z$ を $\dfrac{\pi}{2}$ だけ回転した点を表す複素数は

$$(2+2i)i=-2+2i\ \cdots\text{答}$$

← $i,\ -1,\ -i$ の絶対値は 1 だから，$zi,\ -z,\ -zi$ は複素数 $z$ をそれぞれ $\dfrac{\pi}{2},\ \pi,\ \dfrac{3}{2}\pi$ だけ回転した点を表す複素数である。

**類題 32**　点 $A(\sqrt{3}-i)$ を原点のまわりに $\dfrac{5}{6}\pi$ だけ回転し，原点を中心に 2 倍した点を表す複素数を求めよ。


**基本例題 33**  複素数の除法と回転

原点 O，点 $A(-1+\sqrt{3}i)$，点 $B(\sqrt{3}+i)$ がある。このとき，$\triangle OAB$ はどのような三角形か。

**ねらい**　$A(z_1)$，$B(z_2)$ のとき，OA，OB の長さの比，$\angle BOA$ から三角形の形状を調べる。

**解法ルール**　$A(z_1)$，$B(z_2)$ のとき

$$\left|\dfrac{z_1}{z_2}\right|=\dfrac{OA}{OB},\quad \angle BOA=\arg z_1-\arg z_2=\arg\dfrac{z_1}{z_2}$$

**解答例**　$\dfrac{z_1}{z_2}=\dfrac{-1+\sqrt{3}i}{\sqrt{3}+i}=\dfrac{(-1+\sqrt{3}i)(\sqrt{3}-i)}{(\sqrt{3}+i)(\sqrt{3}-i)}=\dfrac{4i}{4}=i$

$=1\left(\cos\dfrac{\pi}{2}+i\sin\dfrac{\pi}{2}\right)$ より　$\arg\dfrac{z_1}{z_2}=\dfrac{\pi}{2}$

$\left|\dfrac{z_1}{z_2}\right|=1$ より，$\dfrac{OA}{OB}=1$ だから　$OA=OB$

また　$\angle BOA=\dfrac{\pi}{2}$

したがって，$\triangle OAB$ は **$OA=OB$ の直角二等辺三角形**　$\cdots$答

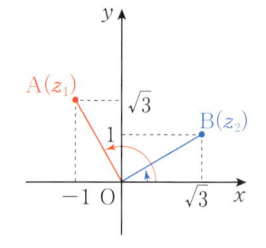

**類題 33**　2 点 $A(1+2i)$，$B(-1+3i)$ がある。原点を O とするとき，$\triangle OAB$ はどのような三角形か。

# 4 ド・モアブルの定理

ここでは，複素数 $z$ の $n$ 乗，つまり $z^n$ について考えよう。複素数 $z$ は極形式で表すと，$z = r(\cos\theta + i\sin\theta)$ だね。
したがって $z^n = r^n(\cos\theta + i\sin\theta)^n$
$r^n$ は問題ない。$(\cos\theta + i\sin\theta)^n$ がどうなるかだ。
$\alpha = \cos\theta + i\sin\theta$ とおいてみると考えやすいだろう。

← 実数 $a$ の $n$ 乗を $a^n$ と書くように，複素数 $z$ の $n$ 乗も $z^n$ と書く。
また，実数 $a$ の累乗では，$a^0 = 1$, $a^{-n} = \dfrac{1}{a^n}$ と約束した。複素数 $z$ の累乗でも
$z^0 = 1$, $z^{-n} = \dfrac{1}{z^n}$
と約束してよい。

つまり，$\alpha^2$, $\alpha^3$, … がどうなるか考えるんですね。
$\alpha^2 = \alpha \cdot \alpha$ ですから，絶対値や偏角を考えるんですか。

きっとそうよ。$\alpha = 1 \cdot (\cos\theta + i\sin\theta)$ だから
$|\alpha| = 1$, $\arg\alpha = \theta$ です。
$\quad |\alpha|^2 = 1^2 = 1$
$\quad \arg\alpha^2 = \arg(\alpha \cdot \alpha) = \arg\alpha + \arg\alpha = 2\arg\alpha = 2\theta$
だから
$\quad \alpha^2 = (\cos\theta + i\sin\theta)^2 = \cos 2\theta + i\sin 2\theta$

● $\alpha$, $\alpha^2$, $\alpha^3$, …, $\alpha^n$ の偏角

その調子。$\alpha^3$ はどうなるかな？

$|\alpha| = 1$ だから，絶対値は何乗しても 1 です。
$\quad \arg\alpha^3 = \arg\alpha + \arg\alpha + \arg\alpha = 3\arg\alpha = 3\theta$
$\quad \alpha^3 = (\cos\theta + i\sin\theta)^3 = \cos 3\theta + i\sin 3\theta$

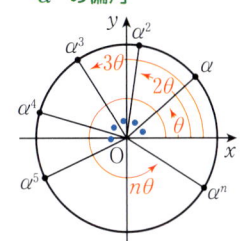

$\alpha$ を 1 つ掛けるごとに偏角が $\theta$ ずつ増えるので，$n$ 回掛けると，偏角は $n\theta$ となる。

$\alpha^n$ も同じように考えられるわ。
$\quad \arg\alpha^n = \underbrace{\arg\alpha + \arg\alpha + \cdots + \arg\alpha}_{n \text{個}} = n\arg\alpha = n\theta$

$\quad \alpha^n = (\cos\theta + i\sin\theta)^n = \cos n\theta + i\sin n\theta$

よくできた。$n = 1, 2, 3, \cdots$ と考えてきたわけだから，$n$ が自然数のときに成り立つということだ。
これを**ド・モアブルの定理**という。

ド・モアブルの定理は $n$ が整数のときも成り立ちます！

**ポイント** 　[ド・モアブルの定理]　　　　　　　　　　　覚え得
　　　　$n$ が整数のとき
　　　　$(\cos\theta + i\sin\theta)^n = \cos n\theta + i\sin n\theta$

1 複素数平面

**基本例題 34** 　複素数の $n$ 乗の値

$(\sqrt{3}+i)^6$ の値を求めよ。

**ねらい**　ド・モアブルの定理を使って，複素数の $n$ 乗が求められるか。

**解法ルール**　複素数を極形式で表してから，ド・モアブルの定理
$(\cos\theta+i\sin\theta)^n=\cos n\theta+i\sin n\theta$ を利用。

**解答例**
$|\sqrt{3}+i|=\sqrt{(\sqrt{3})^2+1^2}=2$

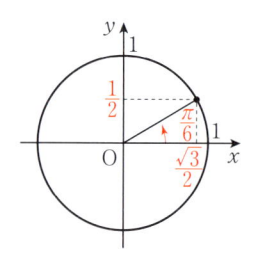

$\sqrt{3}+i=2\left(\dfrac{\sqrt{3}}{2}+\dfrac{1}{2}i\right)=2\left(\cos\dfrac{\pi}{6}+i\sin\dfrac{\pi}{6}\right)$

よって $(\sqrt{3}+i)^6=2^6\left(\cos\dfrac{\pi}{6}+i\sin\dfrac{\pi}{6}\right)^6$

$=2^6(\cos\pi+i\sin\pi)$

$=64(-1+0\cdot i)=\boldsymbol{-64}$　…答

**類題 34**　次の複素数の値を求めよ。

(1) $(1+i)^8$ 　　(2) $(1-\sqrt{3}i)^{-4}$

---

**基本例題 35** 　テストに出るぞ！　1の3乗根

方程式 $z^3=1$ を解け。

**ねらい**　ド・モアブルの定理を使って，1の3乗根を求めること。

**解法ルール**
1. $z=r(\cos\theta+i\sin\theta)$ とおく。
2. 等式に代入して，両辺を比較する。

**解答例**　$z=r(\cos\theta+i\sin\theta)$ とおき，$z^3=1$ に代入すると
$r^3(\cos\theta+i\sin\theta)^3=1$
$r^3(\cos3\theta+i\sin3\theta)=1(\cos0+i\sin0)$

両辺を比較して
- 絶対値は　$r^3=1$　$r>0$ より　$r=1$
- 偏角は　$3\theta=0+2k\pi$（$k$ は整数）

$\theta=\dfrac{2k}{3}\pi$　$0\leqq\theta<2\pi$ より　$k=0,\ 1,\ 2$

$z_0=1\cdot(\cos0+i\sin0)=1$

$z_1=1\cdot\left(\cos\dfrac{2}{3}\pi+i\sin\dfrac{2}{3}\pi\right)=-\dfrac{1}{2}+\dfrac{\sqrt{3}}{2}i$

$z_2=1\cdot\left(\cos\dfrac{4}{3}\pi+i\sin\dfrac{4}{3}\pi\right)=-\dfrac{1}{2}-\dfrac{\sqrt{3}}{2}i$

よって　$\boldsymbol{z=1,\ -\dfrac{1}{2}\pm\dfrac{\sqrt{3}}{2}i}$　…答

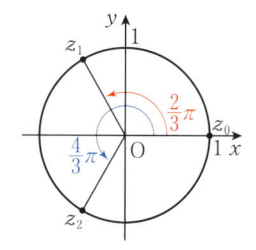

● $z^3=1$ の3つの解は，半径1の円周の三等分点になっている。
● $x^3=1$ の解との比較
$x^3=1$ より
$(x-1)(x^2+x+1)=0$
$x=1,\ \dfrac{-1\pm\sqrt{3}i}{2}$
結果は一致する。

**類題 35**　次の方程式を解け。

(1) $z^3=-1$ 　　(2) $z^4=16$ 　　(3) $z^3=i$

# 5 図形と複素数

複素数平面上では，1つの点に1つの複素数が対応し，原点からの距離は，その複素数の絶対値で表された。
また，点を一定方向に移動するには，複素数を加え，原点のまわりに一定の角だけ回転するには，複素数を掛ければよかった。ここでは，複素数平面上の図形の性質を，複素数の計算と結びつけて考えてみることにしよう。

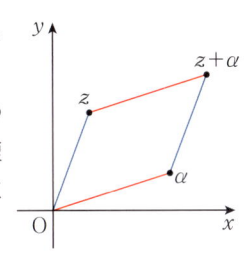

## ● 2点間の距離

2点 $A(z_1)$, $B(z_2)$ 間の距離は次のように考えられる。
$$z_2 = z_1 + (z_2 - z_1)$$
であるから，点Bは点Aを $z_2 - z_1$ だけ移動した点である。
したがって $AB = |z_2 - z_1|$

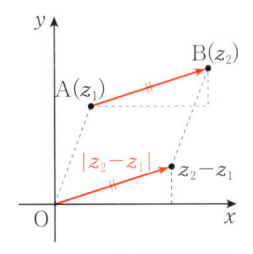

**ポイント** [2点間の距離]
2点 $A(z_1)$, $B(z_2)$ 間の距離
$$AB = |z_2 - z_1|$$

覚え得

## ● 線分の分点

2点 $A(z_1)$, $B(z_2)$ を結ぶ線分 AB を $m:n$ に分ける点 $P(z)$ についても，右の図のように
$$z = z_1 + (z - z_1)$$
$$= z_1 + \frac{m}{m+n}(z_2 - z_1) = \frac{nz_1 + mz_2}{m+n}$$

これは，分点の位置ベクトルに相当している。

$$\vec{p} = \frac{n\vec{a} + m\vec{b}}{m+n} \quad (mn>0 \text{のとき内分}, \ mn<0 \text{のとき外分})$$

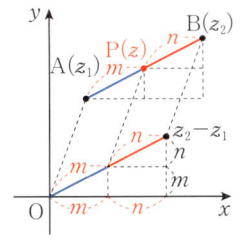

**ポイント** [線分の内分点・外分点]
2点 $z_1$, $z_2$ を結ぶ線分を $m:n$ に分ける点 $P(z)$ は
$$z = \frac{nz_1 + mz_2}{m+n} \quad \begin{pmatrix} mn>0 \text{のとき内分} \\ mn<0 \text{のとき外分} \end{pmatrix}$$

特に中点 $M(z)$ は $\quad z = \dfrac{z_1 + z_2}{2}$

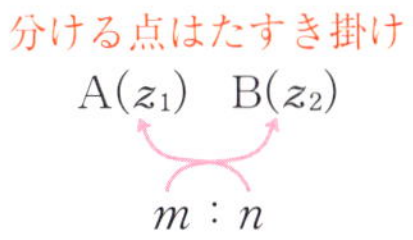

覚え得

分ける点はたすき掛け
$A(z_1) \quad B(z_2)$
$m:n$

**基本例題 36**  2点間の距離

2点 $A(7-2i)$, $B(3+i)$ の間の距離を求めよ。

**ねらい** 複素数平面上の2点間の距離を求めること。

**解法ルール** 2点 $A(z_1)$, $B(z_2)$ 間の距離は $AB=|z_2-z_1|$
$z=a+bi$ のとき $|z|=\sqrt{a^2+b^2}$

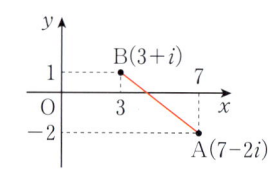

**解答例**
$$AB=|(3+i)-(7-2i)|$$
$$=|-4+3i|$$
$$=\sqrt{(-4)^2+3^2}=5 \quad \cdots\text{答}$$

**類題 36** 次の2点間の距離を求めよ。
(1) $A(3-2i)$, $B(-9+3i)$
(2) $P(2+5i)$, $Q(4-i)$

---

**基本例題 37**  線分の内分点・外分点

2つの複素数 $\alpha=3+i$, $\beta=-2-4i$ を表す複素数平面上の点をそれぞれ A, B とする。線分 AB を $2:3$ の比に内分する点 P と外分する点 Q を表す複素数を求めよ。

**テストに出るぞ！**

**ねらい** 分点の公式を適用して、内分点・外分点を表す複素数を求めること。

**解法ルール** 2点 $z_1$, $z_2$ を結ぶ線分を $m:n$ に分ける点 $P(z)$ は

$$z=\frac{nz_1+mz_2}{m+n}$$

$m:n$ に**外分**するときは、$n$ を $-n$ におき換える。

**解答例** **内分点 P** を表す複素数は

$$\frac{3(3+i)+2(-2-4i)}{2+3}=\frac{5-5i}{5}=1-i \quad \cdots\text{答}$$

**外分点 Q** を表す複素数は

$$\frac{-3(3+i)+2(-2-4i)}{2-3}=-(-13-11i)=13+11i \quad \cdots\text{答}$$

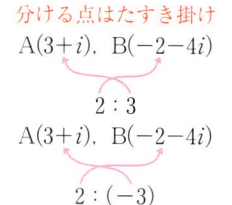

分ける点はたすき掛け
$A(3+i)$, $B(-2-4i)$
$2:3$
$A(3+i)$, $B(-2-4i)$
$2:(-3)$

複素数平面上の $A(3+i)$, $B(-2-4i)$ に対応する位置ベクトルは、$\overrightarrow{OA}=(3, 1)$, $\overrightarrow{OB}=(-2, -4)$ なので

$$\overrightarrow{OP}=\frac{3(3, 1)+2(-2, -4)}{2+3}=\frac{1}{5}(5, -5)=(1, -1)$$

$$\overrightarrow{OQ}=\frac{-3(3, 1)+2(-2, -4)}{2-3}=-(-13, -11)=(13, 11)$$

みんなは、複素数の計算と位置ベクトルの計算とどちらが得意？

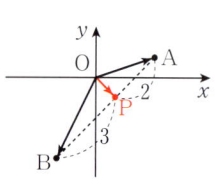

**類題 37** 2点 $P(1+2i)$, $Q(3-i)$ がある。線分 QP を $3:2$ の比に内分する点 A と外分する点 B を表す複素数を求めよ。

**基本例題 38** 　　　　　三角形の重心

3点 A($\alpha$), B($\beta$), C($\gamma$) を頂点とする△ABCの重心Gを表す複素数を求めよ。

**ねらい** 三角形の重心を表す複素数を求めること。

**解法ルール** 辺BCの中点をMとするとき,三角形の重心Gは中線AMを 2:1 の比に内分する。

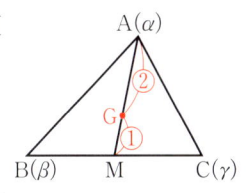

**解答例** 辺BCの中点Mを表す複素数を $z$ とすると $z = \dfrac{\beta + \gamma}{2}$

重心Gは中線AMを 2:1 の比に内分するので,Gを表す複素数は

$$\dfrac{1 \cdot \alpha + 2 \cdot z}{2+1} = \dfrac{1}{3}\left(\alpha + 2 \cdot \dfrac{\beta + \gamma}{2}\right) = \dfrac{1}{3}(\alpha + \beta + \gamma) \quad \cdots \text{答}$$

**類題 38** △ABCがある。辺AB, BC, CA を 1:2 の比に内分する点をそれぞれP, Q, Rとするとき, △ABCと△PQRの重心は一致することを証明せよ。

---

**基本例題 39** 　　　　　絶対値記号を含む方程式の表す図形

次の方程式は,複素数平面上でどのような図形を表すか。
(1) $|z| = 2$　　(2) $|z + 2i| = 3$　　(3) $|z - 2| = |z + 2i|$

**ねらい** 絶対値を含む方程式を満たす $z$ の描く図形が求められるか。

**解法ルール** 点 $z$ を複素数平面上の動点と考え,点 $z$ の描く図形をみつける。$|z - \alpha|$ は点 $\alpha$ と点 $z$ 間の距離を表す。

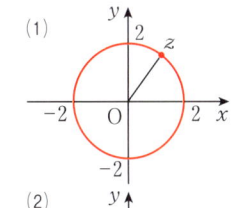

**解答例** (1) $|z| = 2$ は,原点Oから動点 $z$ までの距離が2であることを表すので,点 $z$ はOを中心とする半径2の円を描く。
　　答　原点を中心とする半径2の円

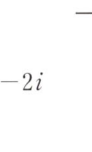

(2) $|z + 2i| = 3$ より $|z - (-2i)| = 3$
点 $-2i$ から動点 $z$ までの距離が3であるので,点 $z$ は点 $-2i$ を中心とする半径3の円を描く。
　　答　点 $-2i$ を中心とする半径3の円

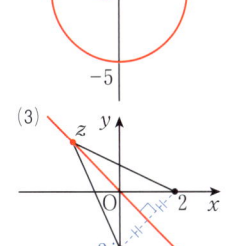

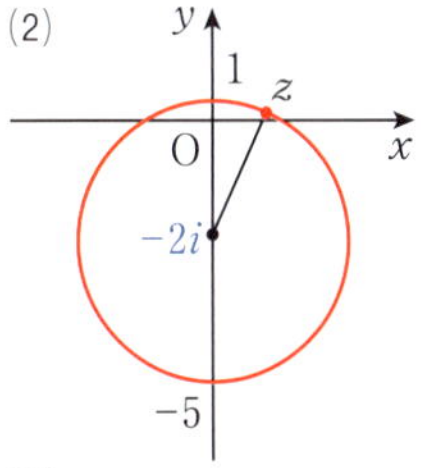

(3) $|z - 2|$ は点2からの距離,$|z + 2i| = |z - (-2i)|$ は,点 $-2i$ からの距離を表すから,点 $z$ は2定点 2, $-2i$ から等距離。したがって,点 $z$ は点2と点 $-2i$ を結ぶ線分の垂直二等分線を描く。
　　答　点2と点 $-2i$ を結ぶ線分の垂直二等分線

**類題 39** 次の方程式は,複素数平面上でどのような図形を表すか。
(1) $|2z + 1 - i| = 4$　　(2) $|\bar{z}| = |z - 1 - i|$

**応用例題 40** 　方程式の表す図形（条件式がある場合）

**ねらい**　条件式があるとき，方程式の表す図形を求めること。

$w=1+2iz$ とする。$|z|=1$ のとき，複素数 $w$ を表す点 P はどのような図形上にあるか。 〔テストに出るぞ！〕

**解法ルール**　点 $P(w)$ を動点とみるとき，P がどんな図形を描くかを調べる。そのためには，$w=1+2iz$ を $z$ について解き，$|z|=1$ に代入すればよい。

**解答例**　$w=1+2iz$ より　$z=\dfrac{w-1}{2i}$

$\left|\dfrac{w-1}{2i}\right|=\dfrac{|w-1|}{|2i|}$ だよ！

これを $|z|=1$ に代入すると

$\left|\dfrac{w-1}{2i}\right|=1$ 　$|w-1|=|2i|$ 　よって　$|w-1|=2$

したがって，複素数 $w$ の表す**点 P は点 1 を中心とする半径 2 の円周上にある**。…答

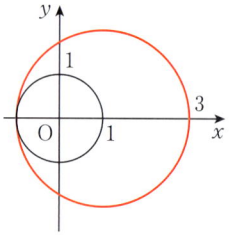

この問題で，$|z|=1$ より点 $z$ は原点を中心とする半径 1 の円周上にあることはわかるね。この円周上の点 $z$ を，$w=1+2iz$ という条件式を満たすように移してやると，それは，点 1 を中心とする半径 2 の円を描くということなのだ。その移動のさせ方は

$w=z\cdot 2i+1$ からわかるように，「**点 $z$ を原点のまわりに $\dfrac{\pi}{2}$ だけ回転し，さらに 2 倍に拡大したあと，実軸方向に 1 だけ移動する**」ということだよ。

**類題 40-1**　$|z|=3$ のとき，複素数 $w=2-iz$ を表す点 P はどのような図形上にあるか。

**類題 40-2**　点 $z$ が原点 O を中心とする半径 1 の円を描くとき，次の式で表される点 $w$ はそれぞれどのような図形を描くか。

(1) $w=\dfrac{1}{z}$ 　　　　(2) $w=\dfrac{1+i}{z}$

## Tea Time　● アポロニウスの円

$m \neq n$ のとき，2 点からの距離の比が $m:n$ である点の軌跡は，2 点を結ぶ線分を $m:n$ に内分，外分する点を直径の両端とする円であることが，アポロニウス（紀元前 262〜200 年頃）によって発見されました。

**（問題）**　$|z-2i|=2|z+i|$ を満たす点は，複素数平面上でどのような図形を表すか。

**（解）**　$\dfrac{|z-2i|}{|z+i|}=\dfrac{2}{1}$ より，点 $z$ は $A(2i)$, $B(-i)$ からの距離の比が $2:1$ なので，AB を $2:1$ の比に内分する点 0，外分する点 $-4i$ を直径の両端とする円を描く。

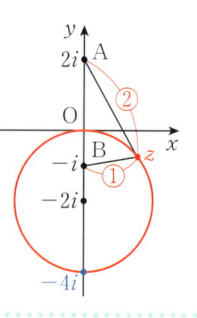

## ● $\dfrac{z_2-z_0}{z_1-z_0}$ の表す図形

複素数平面上に 3 点 A, B, C が与えられたとき，この 3 点で △ABC がつくられる場合はどのような三角形か。また，3 点 A, B, C が一直線上にある場合は，どのような条件になっているかを調べてみましょう。

3 点 $A(z_0)$, $B(z_1)$, $C(z_2)$ が与えられたとき，

(i) **右の図のように △ABC がつくられる場合**

点 A を原点 O に移す平行移動をすると，
点 B は点 $B'(z_1-z_0)$ に，点 C は点 $C'(z_2-z_0)$ に移る。△ABC ≡ △OB'C' だから，△ABC の形は △OB'C' の形を調べればよい。
2 辺 AB, AC の長さはそれぞれ
$$AB = OB' = |z_1-z_0|, \quad AC = OC' = |z_2-z_0|$$
で表される。

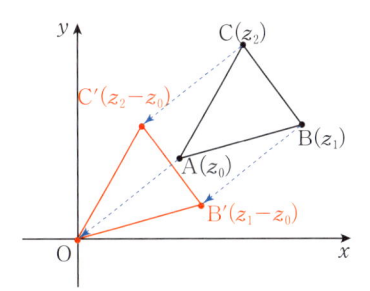

また $\angle BAC = \angle B'OC' = \arg(z_2-z_0) - \arg(z_1-z_0) = \arg\dfrac{z_2-z_0}{z_1-z_0}$

したがって，$\dfrac{z_2-z_0}{z_1-z_0} = r(\cos\theta + i\sin\theta)$ を調べると，2 辺の比は $\dfrac{AC}{AB} = \dfrac{r}{1}$, $\angle BAC = \theta$

よって，2 辺の比とその間の角がわかり，△ABC の形状がわかる。

(ii) **3 点 A, B, C が一直線上にあるとき**

(i)と同様に，点 A を原点 O に移す平行移動をすると，
O, B', C' は同一直線上にある。
よって $\arg(z_2-z_0) = \arg(z_1-z_0)$
または $\arg(z_2-z_0) = \arg(z_1-z_0) + \pi$
よって，$\arg\dfrac{z_2-z_0}{z_1-z_0} = 0, \pi$ だから，$\dfrac{z_2-z_0}{z_1-z_0}$ は実数となる。

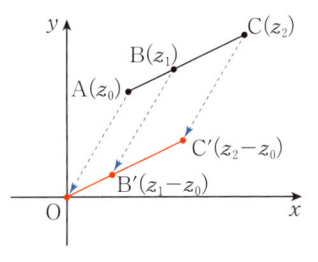

---

**ポイント** [3 点 A, B, C の位置関係]

3 点 $A(z_0)$, $B(z_1)$, $C(z_2)$ の位置関係は

$$w = \dfrac{z_2-z_0}{z_1-z_0} = r(\cos\theta + i\sin\theta) \iff \dfrac{AC}{AB} = r, \ \angle BAC = \theta$$

で判定する。特に，

$w$ が純虚数 $\left(\theta = \dfrac{\pi}{2} + n\pi : n \text{ は整数}\right)$ のとき AB⊥AC

$w$ が実数 ($\theta = n\pi : n$ は整数) のとき，A, B, C は一直線上にある。

**1 複素数平面**

**応用例題 41**　　　　　　　　　　　3点の位置関係

A($z_0$), B($z_1$), C($z_2$) とする。$\dfrac{z_2-z_0}{z_1-z_0}$ が次の複素数で表されるとき，3点 A，B，C の位置関係を調べよ。

(1) $\dfrac{z_2-z_0}{z_1-z_0}=1+\sqrt{3}i$　　(2) $\dfrac{z_2-z_0}{z_1-z_0}=2i$　　(3) $\dfrac{z_2-z_0}{z_1-z_0}=3$

**ねらい**　$\dfrac{z_2-z_0}{z_1-z_0}$ の読み方。

**解法ルール**　$\dfrac{z_2-z_0}{z_1-z_0}=r(\cos\theta+i\sin\theta)$ のとき

$$\dfrac{\mathrm{AC}}{\mathrm{AB}}=r,\ \angle\mathrm{BAC}=\theta$$

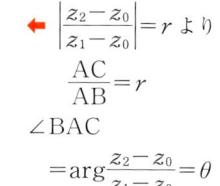

← $\left|\dfrac{z_2-z_0}{z_1-z_0}\right|=r$ より
$\dfrac{\mathrm{AC}}{\mathrm{AB}}=r$
$\angle\mathrm{BAC}$
$=\arg\dfrac{z_2-z_0}{z_1-z_0}=\theta$

**解答例**

(1) $|1+\sqrt{3}i|=\sqrt{1^2+(\sqrt{3})^2}=2$ より

$1+\sqrt{3}i=2\left(\dfrac{1}{2}+\dfrac{\sqrt{3}}{2}i\right)=2\left(\cos\dfrac{\pi}{3}+i\sin\dfrac{\pi}{3}\right)$

$\dfrac{\mathrm{AC}}{\mathrm{AB}}=\dfrac{|z_2-z_0|}{|z_1-z_0|}=2,\ \angle\mathrm{BAC}=\dfrac{\pi}{3}$

したがって，**AB：AC＝1：2，∠BAC＝$\dfrac{\pi}{3}$ の直角三角形をなす。**　…答

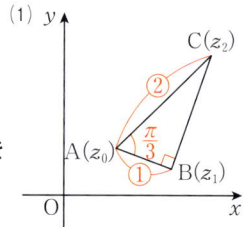

(2) $2i=2\left(\cos\dfrac{\pi}{2}+i\sin\dfrac{\pi}{2}\right)$ より

$\dfrac{\mathrm{AC}}{\mathrm{AB}}=2,\ \angle\mathrm{BAC}=\dfrac{\pi}{2}$

したがって，**AB：AC＝1：2，∠BAC＝$\dfrac{\pi}{2}$ の直角三角形をなす。**　…答

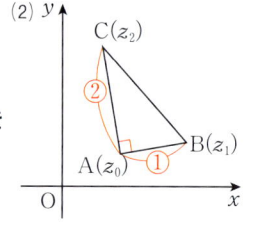

(3) $3=3(\cos 0+i\sin 0)$ より

$\dfrac{\mathrm{AC}}{\mathrm{AB}}=3,\ \angle\mathrm{BAC}=0$

したがって，**A，B，C の順に一直線上にあり AC＝3AB である。**　…答

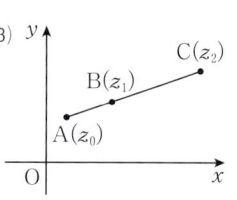

(注意)

(2) AC は AB に純虚数 $2i$ を掛けたもの。

$\iff$ C は，A を中心に B を $\dfrac{\pi}{2}$ だけ回転させ，さらに A からの距離を 2 倍した点。

(3) AC は AB に実数 3 を掛けたもの。$\iff$ C は，AB の延長上 AC＝3AB となる点。

**類題 41**　A($z_0$), B($z_1$), C($z_2$) とする。$\dfrac{z_2-z_0}{z_1-z_0}$ が次の複素数で表されるとき，3点 A，B，C の位置関係を調べよ。

(1) $\dfrac{z_2-z_0}{z_1-z_0}=-1+i$　　(2) $\dfrac{z_2-z_0}{z_1-z_0}=-3i$　　(3) $\dfrac{z_2-z_0}{z_1-z_0}=-2$

# 定期テスト予想問題　解答→p.14〜17

**1** 複素数平面上に，2点 $A(\alpha)$, $B(\beta)$ が右の図のように与えられているとき，次の複素数を表す点を図示せよ。

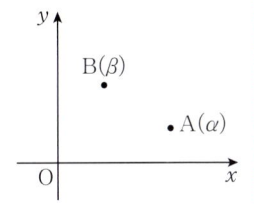

(1) $\alpha + 2\beta$　　(2) $\dfrac{1}{3}(2\alpha - \beta)$

(3) $\overline{\alpha}$

**2** $|\alpha + \beta|^2 + |\alpha - \beta|^2$ を簡単にせよ。

**3** 次の複素数を極形式で表せ。

(1) $-i$　　(2) $1 - i + \dfrac{2(1+i)}{1-i}$

**4** $z = r(\cos\theta + i\sin\theta)$ のとき，次の複素数を極形式で表せ。

(1) $\dfrac{1}{z}$　　(2) $-2z$

**5** $z_1 = \sqrt{3} + i$, $z_2 = 1 + i$ とするとき，$z_1 \cdot z_2$, $\dfrac{z_2}{z_1}$ の偏角を求めよ。

**6** 次の式を計算せよ。

(1) $(1 + \sqrt{3}i)^6$　　(2) $\left(\dfrac{2+2i}{1-\sqrt{3}i}\right)^{12}$

**7** $z + \dfrac{1}{z} = \sqrt{3}$ を満たす複素数 $z$ を極形式で表せ。

**8** $\theta = \dfrac{\pi}{30}$ のとき，$\dfrac{2(\cos 3\theta + i\sin 3\theta)(\cos 5\theta + i\sin 5\theta)}{\cos 2\theta - i\sin 2\theta}$ の値を求めよ。

---

**HINT**

**1** 和を表す点は，平行四辺形の頂点。

**2** $|z|^2 = z \cdot \overline{z}$

**3, 4** $z = a + bi$ のとき $r = \sqrt{a^2 + b^2}$　極形式　$z = r(\cos\theta + i\sin\theta)$

**5** まず，$z_1$, $z_2$ を極形式で表す。

**6** ド・モアブルの定理を利用する。

**7** 両辺に $z$ を掛けてから，方程式を解く。

**8** 与式を1つの極形式で表してから $\theta = \dfrac{\pi}{30}$ を代入する。

**9** 複素数平面上に点 $A(z)$ が右の図のように与えられているとき，次の複素数を表す点を図示せよ。ただし，$|z|=2$ とする。
(1) 点 $B(iz)$ 　　　(2) 点 $C\left(\dfrac{1}{z}\right)$

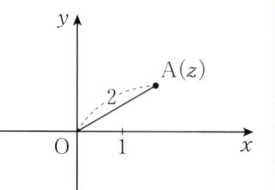

**9** 積，商の絶対値，偏角を考えて図示する。

**10** 次の方程式を解け。また，その解を複素数平面上に図示せよ。
(1) $z^4=-1$ 　　　(2) $z^4=-\dfrac{1}{2}-\dfrac{\sqrt{3}}{2}i$

**10** $z=r(\cos\theta+i\sin\theta)$ とおき，$r$, $\theta$ を求める。

**11** 3点 $A(6-i)$，$B(3+2i)$，$C(x+i)$ がある。次の条件を満たすように $x$ の値を定めよ。
(1) 3点 $A$，$B$，$C$ が一直線上にある。
(2) $AB \perp AC$

**11** $w=\dfrac{z_2-z_0}{z_1-z_0}$ とするとき
(1) $w$ は実数
(2) $w$ は純虚数

**12** 3点 $A(4-i)$，$B(3+2i)$，$C(i)$ があるとき，$\triangle ABC$ はどのような三角形か。

**12, 13** $A(z_0)$，$B(z_1)$，$C(z_2)$ のとき $\dfrac{z_2-z_0}{z_1-z_0}$ を極形式で表す。

**13** 3つの複素数 $(\sqrt{3}+1)+i$，$2+(2+\sqrt{3})i$，$(2+\sqrt{3})+2i$ の表す点をそれぞれ $A$，$B$，$C$ とする。$\triangle ABC$ はどのような三角形か。

**14** 複素数平面上に4点 $A(z_1)$，$B(z_2)$，$C(z_3)$，$D(z_4)$ がある。$z_2-z_1=(1+i)(z_4-z_3)$ であるとき，2直線 $AB$ と $CD$ のなす角を求めよ。

**14** 式 $\dfrac{z_2-z_1}{z_4-z_3}$ のもつ意味を考える。

**15** $\triangle ABC$ の外側に，辺 $AB$，$CA$ を1辺とする正方形 $ABDE$ と正方形 $AGFC$ とを作るとき，
　$CE=BG$，$CE \perp BG$
であることを証明せよ。

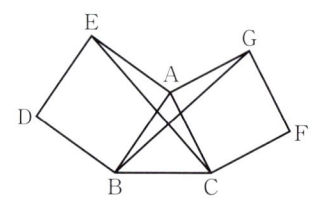

**15** $E$ は $B$ を $A$ のまわりに $-\dfrac{\pi}{2}$ だけ回転，$G$ は $C$ を $A$ のまわりに $\dfrac{\pi}{2}$ だけ回転したものと考えられる。

# 3章 関数と極限

# 1節 いろいろな関数

この章の学習をはじめるにあたって，まずいろいろな関数を知っておきましょう。ここでは，**分数関数，無理関数**と，**逆関数，合成関数**について考えます。

## 1 分数関数のグラフ

$y=\dfrac{3}{x}$ や $y=\dfrac{2x+3}{x+1}$ のように，$x$ についての分数式（分母に $x$ を含む式）で表される関数を，$x$ の**分数関数**という。基本形は $y=\dfrac{k}{x}\ (k \neq 0)$ である。

中学校で学んだように，$y=\dfrac{k}{x}\ (k \neq 0)$ のグラフは反比例のグラフである。このような曲線を**双曲線**という。

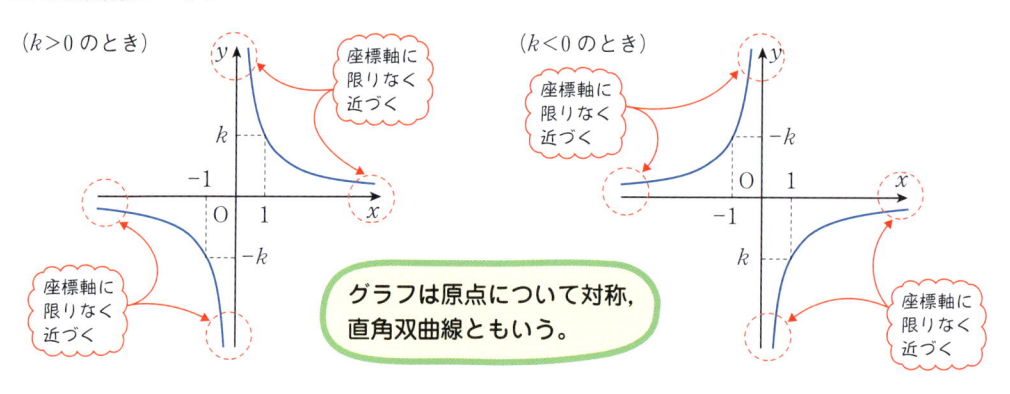

（$k>0$ のとき）　　　　　　　　　　　　　（$k<0$ のとき）

座標軸に限りなく近づく

グラフは原点について対称，直角双曲線ともいう。

上の図の $x$ 軸，$y$ 軸のように，**曲線上の点が限りなく近づく直線**を**漸近線**という。

$y=\dfrac{k}{x-p}+q$ の形のグラフは，**基本形を平行移動したグラフ**である。

ここで，数学 I，数学 II で学んだ**グラフの平行移動**について復習しておこう。

> **ポイント** ［グラフの平行移動］
> $x$ 軸方向に $p$ だけ平行移動　　$x \longrightarrow x-p$
> $y$ 軸方向に $q$ だけ平行移動　　$y \longrightarrow y-q$

3章　関数と極限

関数 $y=\dfrac{cx+d}{ax+b}$ を割り算して，帯分数形 $y=\dfrac{k}{x-p}+q$ の形に変形すれば，そのグラフがかける。

**ポイント** ［分数関数のグラフ］

$y=\dfrac{k}{x-p}+q$ のグラフは，$y=\dfrac{k}{x}$ のグラフを $\begin{cases} x\text{軸方向に } p \\ y\text{軸方向に } q \end{cases}$ だけ平行移動したグラフ

（$k>0$ のとき）　　　　　　　　　　　　　　（$k<0$ のとき）

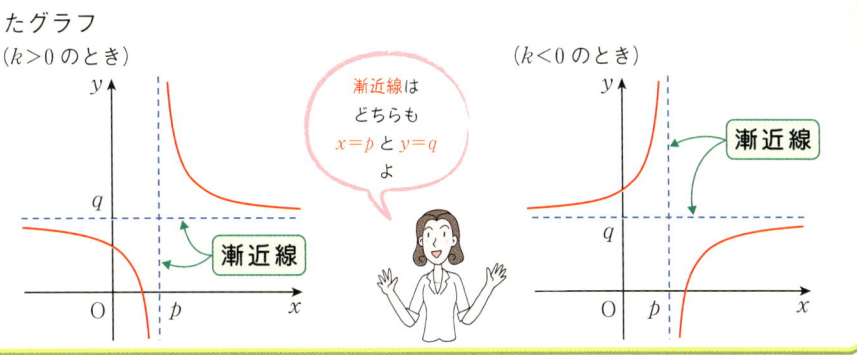

漸近線はどちらも $x=p$ と $y=q$ よ

**覚え得**

---

**基本例題 42**　　　　　分数関数のグラフ

関数 $y=\dfrac{2x+1}{x-1}$ のグラフをかけ。

**ねらい**　分数関数のグラフをかくこと。

**解法ルール**

1. 分子÷分母　　$(2x+1)\div(x-1)=2$ 余り $3$

2. 帯分数形に直す　　$y=\dfrac{3}{x-1}+2$

3. 基本形を知る　　$y=\dfrac{3}{x}$

4. 平行移動をよむ　$\begin{cases} x \text{軸方向に } 1 \\ y \text{軸方向に } 2 \end{cases}$

5. 漸近線の方程式　　$x=1,\ y=2$

● $x$ 軸との交点は，$y=0$ として $x=-\dfrac{1}{2}$

● $y$ 軸との交点は，$x=0$ として $y=-1$

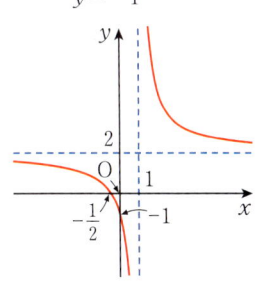

**解答例**　$y=\dfrac{2x+1}{x-1}=\dfrac{3}{x-1}+2$

$y=\dfrac{3}{x}$ のグラフを $x$ 軸方向に $1$，$y$ 軸方向に $2$ だけ平行移動したもの。（漸近線の方程式は $x=1,\ y=2$）

**答** 右の図の赤線

**類題 42**　関数 $y=\dfrac{2x-7}{x-3}$ のグラフをかけ。

1　いろいろな関数

**基本例題 43**　　分数関数のグラフと不等式(1)

**ねらい**　分数関数のグラフを利用して不等式を解くこと。

関数 $y=\dfrac{2x+3}{x+1}$ ……① について，次の問いに答えよ。

(1) 関数①のグラフをかけ。また，漸近線の方程式を求めよ。
(2) この関数の値が $y \geqq 1$ を満たすとき，グラフを利用して $x$ の値の範囲を求めよ。

**解法ルール**　分数関数 $y=\dfrac{cx+d}{ax+b}$ のグラフは

$$\dfrac{cx+d}{ax+b}=\dfrac{\triangle}{x+\dfrac{b}{a}}+\square \text{ の形}$$

帯分数形だよ

に変形してグラフをかけばよい。

このとき，**漸近線の方程式**は　$x=-\dfrac{b}{a}$, $y=\square$

**解答例**　(1) $\dfrac{2x+3}{x+1}=\dfrac{1}{x+1}+2$

$$\begin{array}{r} 2 \\ x+1\overline{)2x+3} \\ 2x+2 \\ \hline 1 \end{array}$$

これより，関数 $y=\dfrac{2x+3}{x+1}$ のグラフは，

関数 $y=\dfrac{1}{x}$ のグラフを $x$ 軸方向に $-1$，

$y$ 軸方向に $2$ だけ平行移動したもの。

　　**圏 右の図の赤線**

このとき，漸近線の方程式は

$$x=-1, \ y=2 \quad \cdots \text{圏}$$

(2) $\dfrac{2x+3}{x+1}=1$ を満たす $x$ の値は　$x=-2$

グラフより，$y \geqq 1$ となる $x$ の値の範囲は

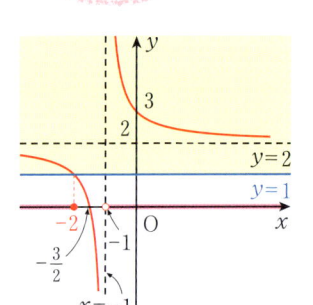

$$x \leqq -2 \text{ または } -1 < x \quad \cdots \text{圏}$$

**類題 43**　関数 $y=f(x)=\dfrac{2x+c}{ax+b}$ のグラフが点 $\left(-2, \dfrac{9}{5}\right)$ を通り，かつ $x=-\dfrac{1}{3}$, $y=\dfrac{2}{3}$ を漸近線にもつとき，

(1) 定数 $a$, $b$, $c$ の値を求めよ。
(2) 関数 $y=f(x)$ の値域が $y \geqq 1$ となるとき，$f(x)$ の定義域を求めよ。

3章　関数と極限

## 応用例題 44 　分数関数のグラフの平行移動

**ねらい**
分数関数のグラフの平行移動については，漸近線の変化に着目することを学ぶ。

$x$ の関数 $y=\dfrac{-2x-6}{x-3}$ ……① について，次の問いに答えよ。

(1) 関数①のグラフは，双曲線 $y=\dfrac{a}{x}$ を $x$ 軸方向に $b$，$y$ 軸方向に $c$ だけ平行移動したものである。$a$，$b$，$c$ の値を求めよ。

(2) 関数①のグラフを，$x$ 軸方向に $-2$，$y$ 軸方向に $3$ だけ平行移動したものをグラフとする関数の式を求めよ。

**解法ルール**　(1) 分数関数 $y=\dfrac{a}{x-b}+c$ ……① のグラフは，

基本形 $y=\dfrac{a}{x}$ のグラフを $x$ 軸方向に $b$，$y$ 軸方向に $c$ だけ平行移動したものである。

(2) ①をさらに平行移動する場合も基本形 $y=\dfrac{a}{x}$ をどのように平行移動するかで対応する。

**解答例**　(1) $y=\dfrac{-2x-6}{x-3}=-\dfrac{12}{x-3}-2$

$$\begin{array}{r}-2\phantom{)}\\x-3\overline{)-2x-6}\\-2x+6\\\hline -12\end{array}$$

よって，関数 $y=\dfrac{-2x-6}{x-3}$ のグラフは，関数 $y=-\dfrac{12}{x}$ のグラフを $x$ 軸方向に $3$，$y$ 軸方向に $-2$ だけ平行移動したもの。

答　$a=-12$，$b=3$，$c=-2$

漸近線でたしかめてみると，よくわかるね。

(2) ①のグラフを $x$ 軸方向に $-2$，$y$ 軸方向に $3$ だけ平行移動することを，基本形 $y=-\dfrac{12}{x}$ を平行移動すると考えると

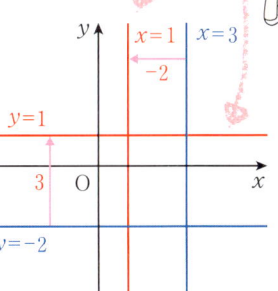

$$\begin{cases}x\text{軸方向に}&\underset{\text{①で}}{3}\longrightarrow\underset{\text{求める曲線}}{3+(-2)=1}\\y\text{軸方向に}&-2\longrightarrow-2+3=1\end{cases}$$

これより　$y=-\dfrac{12}{x-1}+1=\dfrac{x-13}{x-1}$　…答

**(別解)** ①を平行移動するから，$\begin{cases}x\longrightarrow x+2\\y\longrightarrow y-3\end{cases}$ と入れかえる。

$y-3=\dfrac{-2(x+2)-6}{(x+2)-3}$　　$y=\dfrac{-2x-10}{x-1}+3$　　$y=\dfrac{x-13}{x-1}$

**類題 44**　関数 $y=\dfrac{3x-9}{2x+5}$ のグラフは双曲線 $y=\dfrac{\boxed{\phantom{xx}}}{4x}$ を $x$ 軸方向に $\boxed{\phantom{xx}}$，$y$ 軸方向に $\boxed{\phantom{xx}}$ だけ平行移動したものである。

**基本例題 45** 　　　分数関数のグラフと直線との交点　　テストに出るぞ！

関数 $y=\dfrac{5}{x-3}$ のグラフと直線 $y=x+1$ との交点の座標を求めよ。

**ねらい**
分数関数のグラフと直線との交点の座標を求めること。

**解法ルール**
1. $y$ を消去して，$x$ についての方程式を作る。
2. 分母を払って方程式を解く。
3. グラフをかいて，交点であることを確認する。
   （または，分母を 0 にする解を除いておく。）

**解答例**

$y=\dfrac{5}{x-3}$ ……①

$y=x+1$ ……②

①，②から $y$ を消去すると

$$\dfrac{5}{x-3}=x+1$$

（分母を払った）

両辺に $x-3$ を掛けると　$5=(x+1)(x-3)$

整理して　$x^2-2x-8=0$　　$(x+2)(x-4)=0$

よって　$x=-2, 4$

これは，グラフの交点の $x$ 座標である。

②に代入すると，$x=-2$ のとき　$y=-1$，

　　　　　　　　$x=4$ のとき　$y=5$

よって，グラフの交点の座標は　$(-2, -1), (4, 5)$

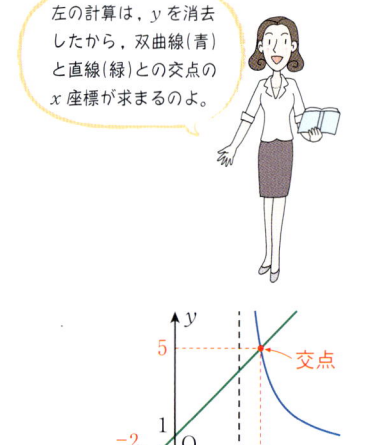

である。　　**答**　$(-2, -1), (4, 5)$

左の計算は，$y$ を消去したから，双曲線（青）と直線（緑）との交点の $x$ 座標が求まるのよ。

解法ルールの 3 がなぜ必要かというと，「分母を払う」という変形が同値変形ではないからなのだ。

つまり，　　$A=B \implies AC=BC$ ……③

は成り立つが，　$AC=BC \implies A=B$ ……④

は必ずしも成り立たないからである。

④が成り立つのは，$C \neq 0$ のときである。そこで，分母を払って（両辺に分母と同じ式を掛けて）得た解のなかから，分母を 0 にする値を除いておくのである。

なお，グラフをかいて，解が交点の座標になっていることを確かめておけば，この作業は必要ない。

**類題 45** 次の問いに答えよ。

(1) 関数 $y=\dfrac{3}{x-2}$ のグラフと直線 $y=x$ との交点の座標を求めよ。

(2) 方程式 $\dfrac{x^2}{x+1}=1+\dfrac{1}{x+1}$ を解け。

**応用例題 46** 　分数関数のグラフと不等式(2)

$x$ の関数 $y=\dfrac{-2x-6}{x-3}$ ……① について，次の問いに答えよ。

(1) 不等式 $\dfrac{-2x-6}{x-3}>-x$ を満たす $x$ の値の範囲を関数①のグラフを利用して求めよ。

(2) 関数①のグラフが直線 $y=kx\ (k\neq 0)$ と共有点をもたないとき，$k$ の値の範囲を求めよ。

**ねらい**

不等式 $\dfrac{cx+d}{ax+b}>px+q$ は，分数関数 $y=\dfrac{cx+d}{ax+b}$ のグラフと，直線 $y=px+q$ の上，下で判断できる。

**解法ルール** $\dfrac{cx+d}{ax+b}>px+q$ を満たす $x$ の値の範囲は，

関数 $y=\dfrac{cx+d}{ax+b}$ のグラフが直線 $y=px+q$ より上にある $x$ の値の範囲を求めればよい。

分数関数 $y=\dfrac{-2x-6}{x-3}$ のグラフ(青)が直線 $y=-x$(緑)より上にある $x$ の値の範囲を求めているのよ。

**解答例** (1) $y=\dfrac{-2x-6}{x-3}=-\dfrac{12}{x-3}-2$

より，グラフは右のようになる。

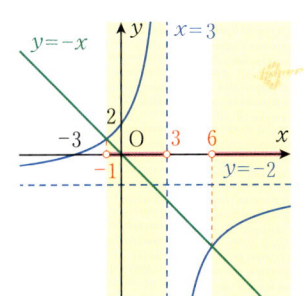

$\dfrac{-2x-6}{x-3}=-x$ を満たす $x$ の値は

$x=-1,\ 6$

したがって，$\dfrac{-2x-6}{x-3}>-x$

を満たす $x$ の値の範囲は

$-1<x<3,\ 6<x$ …答

(2) 曲線 $y=\dfrac{-2x-6}{x-3}$ と直線 $y=kx$ の共有点の $x$ 座標は，

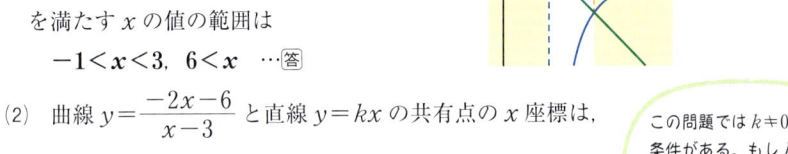

方程式 $\dfrac{-2x-6}{x-3}=kx$ ……②

の実数解として求められる。

分母を払って方程式②を整理すると

$kx^2+(2-3k)x+6=0$ ……③

曲線 $y=\dfrac{-2x-6}{x-3}$ と直線 $y=kx$ が共有点をもたないのは2次方程式 $kx^2+(2-3k)x+6=0\ (k\neq 0)$ が実数解をもたないときである。

すなわち，判別式を $D$ とすると，$D=(2-3k)^2-24k<0$ となる $k$ の値の範囲が求めるもの。

$9k^2-36k+4<0$ より $\dfrac{18-\sqrt{324-36}}{9}<k<\dfrac{18+\sqrt{324-36}}{9}$

$\dfrac{6-4\sqrt{2}}{3}<k<\dfrac{6+4\sqrt{2}}{3}$ …答

この問題では $k\neq 0$ という条件がある。もし $k\neq 0$ という条件がなかったら
ⅰ) $k=0$ のとき
ⅱ) $k\neq 0$ のとき
というように場合分けをして考えなくてはならないね。

1 いろいろな関数

# 2 無理関数のグラフ

## ● 無理関数

$\sqrt{x}$ や $\sqrt{2x-1}$ のように，根号のなかに文字を含む式を **無理式** という。また，$y=\sqrt{x}$ や $y=\sqrt{2x-1}$ のように，$x$ の無理式で表される関数を，$x$ の **無理関数** という。

### ❖ $y=\sqrt{x}$ のグラフ

無理関数 $y=\sqrt{x}$ ……①

の **定義域は $x \geqq 0$，値域は $y \geqq 0$** である。

①の両辺を2乗すると $y^2=x$ これを $x=y^2$ ……②

と考えると，②のグラフは，右の［図Ⅰ］のような放物線である。
ところで，①では $y \geqq 0$ であるから，①のグラフは②のグラフの
上半分である（［図Ⅱ］赤線）。
また，$y=-\sqrt{x}$ では $y \leqq 0$ であるから，そのグラフは②のグラフ
の下半分である（［図Ⅱ］青線）。

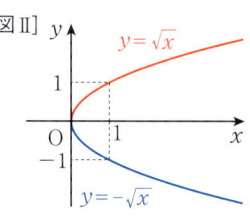

（吹き出し）$x<0$ では $\sqrt{x}$ が実数にならないから $x \geqq 0$

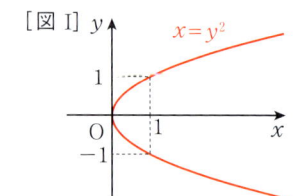

### ❖ $y=\sqrt{-x}$ のグラフ

$y=\sqrt{-x}$ は $y=\sqrt{x}$ の $x$ を $-x$ でおき換えたものであるから，
$y=\sqrt{x}$ のグラフを $y$ 軸に関して対称に移動した右の図の赤線のよ
うな曲線である。また，$y=-\sqrt{-x}$ のグラフは，$y=\sqrt{-x}$ のグラ
フを $x$ 軸に関して対称に移動したものである（右の図の青線）。

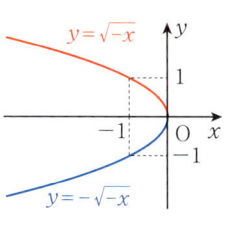

### ❖ $y=\sqrt{ax}\ (a \neq 0)$ のグラフ

一般に，$a \neq 0$ のとき，$y=\sqrt{ax}$ の
グラフは **放物線の上半分**，$y=-\sqrt{ax}$
のグラフは **放物線の下半分** である。

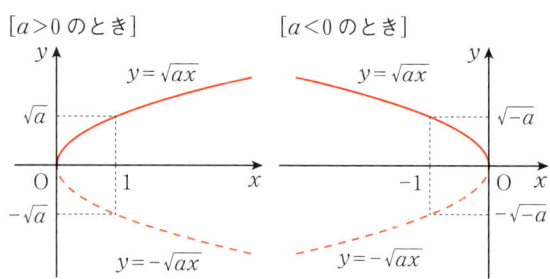

### ❖ $y=\sqrt{ax+b}\ (a \neq 0)$ のグラフ

$\sqrt{ax+b} = \sqrt{a\left(x+\dfrac{b}{a}\right)}$ と変形できるから，次のことが成り立つ。

---

**ポイント** ［無理関数のグラフ］

無理関数 $y=\sqrt{ax+b}$ のグラフは，$y=\sqrt{ax}$ のグラフを，

$x$ 軸方向に $-\dfrac{b}{a}$ だけ **平行移動** したものである。

（覚え得）

**基本例題 47**　　　　　　　　　　　無理関数のグラフ

次の関数のグラフをかけ。
(1) $y=\sqrt{2x+4}$　　　　(2) $y=-\sqrt{3-x}$

**ねらい**　無理関数のグラフをかくこと。

**解法ルール**　$y=\sqrt{ax+b}\ (a\neq 0)$ のグラフは，$y=\sqrt{ax}$ のグラフを，

　　　　　　　　$\underbrace{}_{ax+b=0\ より\ \ x=-\frac{b}{a}}$

$x$ 軸方向に $-\dfrac{b}{a}$ だけ平行移動したものである。

**解答例**
(1)　$y=\sqrt{2x+4}=\sqrt{2(x+2)}$
　　したがって，このグラフは，関数 $y=\sqrt{2x}$ のグラフを，
　　$x$ 軸方向に $-2$ だけ平行移動したものである。
　　　　答　右の図

(2)　$y=-\sqrt{3-x}=-\sqrt{-(x-3)}$
　　したがって，このグラフは，関数 $y=-\sqrt{-x}$ のグラフを，
　　$x$ 軸方向に $3$ だけ平行移動したものである。
　　　　答　右の図

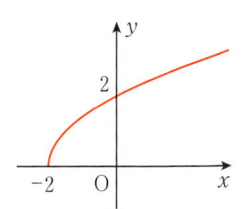

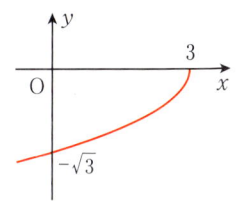

**類題 47**　次の関数のグラフをかけ。
(1) $y=-\sqrt{x+1}$　　　　(2) $y=\sqrt{5-2x}$

---

**基本例題 48**　　　　　　　　無理関数のグラフと直線との交点

関数 $y=-\sqrt{x+3}$ のグラフと直線 $y=x-3$ の交点の座標を求めよ。　　【テストに出るぞ！】

**ねらい**　無理関数のグラフと直線の交点の座標を求めること。

**解法ルール**
1. $y$ を消去して，$x$ についての方程式をつくる。
2. 両辺を 2 乗して，方程式を解く。
3. グラフをかいて，求めた解のうち，交点の座標になっているものを解とする。

**解答例**　$y$ を消去すると　$-\sqrt{x+3}=x-3$
両辺を 2 乗すると　$x+3=(x-3)^2$
整理して　$x^2-7x+6=0$　　$(x-1)(x-6)=0$
よって　$x=1,\ 6$　　グラフより　$x=1$
このとき　$y=-2$
よって，交点の座標は　$(1,\ -2)$　…答

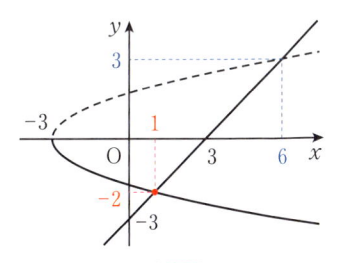

$x=1, 6$ と 2 つでたのは 2 乗したからなのよ。無理関数のグラフと直線の交点の方を答えとするのね。

**類題 48**　関数 $y=\sqrt{x+1}$ のグラフと直線 $y=-x+5$ の交点の座標を求めよ。

**応用例題 49** 　　　無理関数のグラフと不等式

**ねらい** グラフを利用して無理関数を含む不等式を考えること。

次の2つの関数について，次の問いに答えよ。
$$y = x+2 \quad \cdots\cdots ① \qquad y = \sqrt{4x+9} \quad \cdots\cdots ②$$

(1) ②のグラフをかけ。
(2) 方程式 $x+2 = \sqrt{4x+9}$ を満たす $x$ の値を求めよ。
(3) 関数①，②のグラフを利用して，不等式 $x+2 < \sqrt{4x+9}$ を満たす $x$ の値の範囲を求めよ。

**解法ルール** 不等式 $\sqrt{ax+b} > px+q$ を満たす $x$ の値の範囲は，関数 $y = \sqrt{ax+b}$ のグラフが直線 $y = px+q$ より上にある $x$ の値の範囲を求めればよい。

**解答例**

(1) $y = \sqrt{4x+9} = \sqrt{4\left(x+\dfrac{9}{4}\right)}$

より，関数 $y = \sqrt{4x+9}$ のグラフは，関数 $y = \sqrt{4x}$ のグラフを $x$ 軸方向に $-\dfrac{9}{4}$ だけ平行移動したもの。

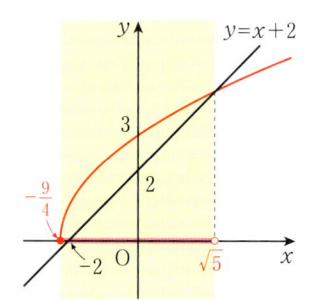

答　右の図の赤線

(2) 方程式 $x+2 = \sqrt{4x+9}$ について

両辺を2乗すると　$(x+2)^2 = 4x+9$

整理すると　$x^2 - 5 = 0$　　$x = \pm\sqrt{5}$

グラフより
$$x = \sqrt{5} \quad \cdots 答$$

もとの方程式に代入して調べてもいいよ。

(3) 不等式 $x+2 < \sqrt{4x+9}$ を満たす $x$ の値の範囲は，$y = x+2$ のグラフが $y = \sqrt{4x+9}$ のグラフより下にある $x$ の値の範囲を求めて
$$-\dfrac{9}{4} \leq x < \sqrt{5} \quad \cdots 答$$

グラフを見て，
● 方程式(2)の解は交点の $x$ 座標を答える。
● (3)の不等式の解は，無理関数のグラフが，直線のグラフより上にある $x$ の値の範囲を答えるんですね。

**類題 49** 2つの関数 $y = 2\sqrt{x-1}$ および $y = \dfrac{1}{2}x+1$ のグラフをかき，不等式 $2\sqrt{x-1} \geq \dfrac{1}{2}x+1$ を解け。

### 応用例題 50  無理関数のグラフと直線との共有点

**ねらい**  グラフを利用して，2つの関数のグラフが2つの共有点をもつ $k$ の値の範囲を求める。

関数 $y=-\sqrt{-4x+1}$ ……① について，次の問いに答えよ。

(1) 関数①のグラフをかけ。

(2) 関数①のグラフと直線 $y=2x-k$ が異なる2つの交点をもつとき，$k$ の値の範囲を求めよ。

**テストに出るぞ！**

**解法ルール**  直線 $y=2x-k$ について，$k$ が変化するとき，直線は傾きが変わらないことから**平行移動**することに着目する。

関数 $y=-\sqrt{-4x+1}$ のグラフは次のようにかいてもいいよ。

**解答例**

(1) $y=-\sqrt{-4x+1}=-\sqrt{-4\left(x-\dfrac{1}{4}\right)}$ より

$x$ 軸方向に $\dfrac{1}{4}$ だけ平行移動　　$x$ 軸に関して対称移動

$y=\sqrt{-4x} \longrightarrow y=\sqrt{-4\left(x-\dfrac{1}{4}\right)} \longrightarrow y=-\sqrt{-4\left(x-\dfrac{1}{4}\right)}$

答　右の図の赤線

(2) 関数 $y=-\sqrt{-4x+1}$ のグラフと，直線 $y=2x-k$ が異なる2つの交点をもつ $k$ の値の範囲を，右の図をもとに求める。

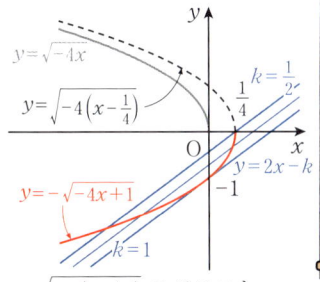

**Step 1** 両辺を2乗する。
$y^2=-4x+1$
**Step 2** $x$ を $y$ で表す。
$x=-\dfrac{y^2}{4}+\dfrac{1}{4}$
**Step 3** $y\leqq 0$ に注意してグラフをかく。

それには，まず，関数 $y=-\sqrt{-4x+1}$ のグラフと直線 $y=2x-k$ が接するときの $k$ の値を求める。

方程式 $-\sqrt{-4x+1}=2x-k$ の両辺を2乗すると

$-4x+1=(2x-k)^2 \iff 4x^2+(4-4k)x+k^2-1=0$

この方程式が重解をもつ $k$ の値は，判別式を $D$ とすると

$\dfrac{D}{4}=(2-2k)^2-4(k^2-1)=0 \quad -8k+8=0$ より　$k=1$

接する場合の $k$ の値は，図からは正確にわからない。そこで解答例のように判別式を利用するのよ。

直線 $y=2x-k$ が点 $\left(\dfrac{1}{4},\ 0\right)$ を通るとき，$k$ の値は　$k=\dfrac{1}{2}$

以上より，求める $k$ の値の範囲は　$\dfrac{1}{2}\leqq k<1$ …答

### 類題 50  次の問いに答えよ。

(1) 方程式 $2\sqrt{x-1}=\dfrac{1}{2}x+k$ が異なる2つの実数解をもつような定数 $k$ の値の範囲を求めよ。

(2) 方程式 $\sqrt{x-2}=a(x-1)$ が異なる2つの実数解をもつのは，定数 $a$ の値がどのような範囲のときか。

1　いろいろな関数

# 3 逆関数と合成関数

## ● 逆 関 数

$x$ の関数 $y=f(x)$ において，**$y$ の値を定めると，$x$ の値がただ 1 つ定まる**とき，つまり，$x$ が $y$ の関数として $x=g(y)$ と表されるとき，変数 $y$ を $x$ で書きかえた関数 $g(x)$ を，$f(x)$ の**逆関数**といい，$f^{-1}(x)$ で表す。

たとえば，関数　　　　$y=2x$

で，$x$ について解くと　　$x=\dfrac{1}{2}y$

となるから，関数 $y=2x$ の逆関数は

$$y=\dfrac{1}{2}x$$

である。

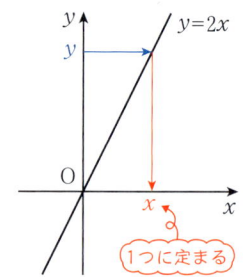

$x$ と $y$ を入れかえる

---

**ポイント　[逆関数の求め方]**
① 関数 $y=f(x)$ で，**$x$ を $y$ で表す**。$(x=f^{-1}(y))$
② **$x$ と $y$ を入れかえる**。$(y=f^{-1}(x))$

覚え得

---

どんな関数でも逆関数があるわけではない。

"**$y$ の値を定めると，$x$ の値がただ 1 つ定まる**" ことに注意してもらいたい。たとえば，関数 $y=x^2$ は，**$y=2$ に対応する $x$ の値は $\sqrt{2}$ と $-\sqrt{2}$ の 2 つあるので，逆関数は存在しない！**

しかし，関数 $y=x^2\ (x\geqq 0)$ については，$y$ の値を定めると，$x$ の値がただ 1 つ定まるので，逆関数が存在する。

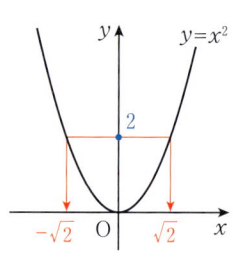

## ● 逆関数のグラフ

関数 $y=2x$ とその逆関数 $y=\dfrac{1}{2}x$ のグラフをかくと，右の図のようになり，2 つのグラフは直線 $y=x$ に関して対称になっている。一般に，逆関数のグラフについて，次のことが成り立つ。

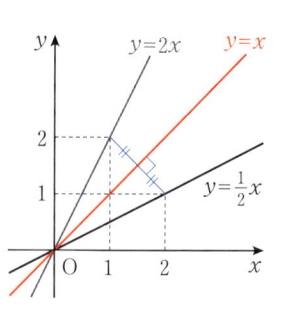

---

**ポイント**　関数 $y=f(x)$ とその逆関数 $y=f^{-1}(x)$ のグラフは，**直線 $y=x$ に関して対称**である。

覚え得

---

当然，関数 $f(x)$ とその逆関数 $f^{-1}(x)$ とでは，**定義域と値域が入れかわっている**。

**基本例題 51**　　　　　　　　　　　　　　逆関数

次の関数の逆関数を求めよ。

(1) $y = 3x - 1$　　　　(2) $y = \dfrac{2}{x+1}$

**ねらい**　1次関数，分数関数の逆関数を求めること。

**解法ルール**　逆関数は次の手順で求められる。

1. $x$ を $y$ で表す。
2. $x$ と $y$ を入れかえる。

**解答例**

(1) $x$ について解くと　$x = \dfrac{1}{3}(y+1) = \dfrac{1}{3}y + \dfrac{1}{3}$

$x$ と $y$ を入れかえて，逆関数は　$y = \dfrac{1}{3}x + \dfrac{1}{3}$　…囵

(2) 分母を払って　$y(x+1) = 2$
　　$xy = -y + 2$

よって　$x = -\dfrac{y-2}{y}$

$x$ と $y$ を入れかえて，逆関数は　$y = -\dfrac{x-2}{x}$　…囵

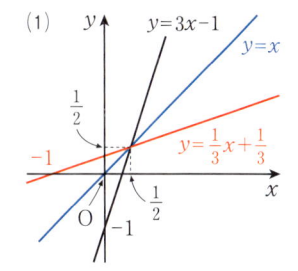

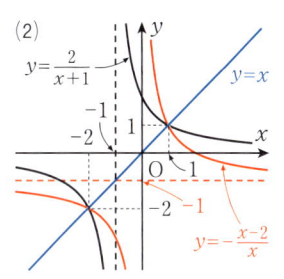

---

**基本例題 52**　　　　　　　　　　逆関数とグラフ(1)

関数 $y = 2x + 1$（$0 \leq x \leq 1$）の逆関数を求めよ。また，そのグラフをかけ。

**テストに出るぞ!**

**ねらい**　定義域が $a \leq x \leq b$ の1次関数の逆関数を求めて，そのグラフをかくこと。

**解法ルール**　逆関数の式を求める手順は上と同じ。

**逆関数の定義域は，もとの関数の値域と同じ**である。

**解答例**　$y = 2x + 1$ を $x$ について解くと　$x = \dfrac{1}{2}y - \dfrac{1}{2}$

$x$ と $y$ を入れかえると　$y = \dfrac{1}{2}x - \dfrac{1}{2}$

もとの関数の値域は　$1 \leq y \leq 3$

よって，逆関数の定義域は　$1 \leq x \leq 3$

囵　逆関数は　$y = \dfrac{1}{2}x - \dfrac{1}{2}$（$1 \leq x \leq 3$），
グラフは右の図の赤の実線

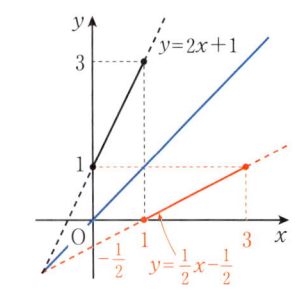

**類題 52**　次の関数の逆関数を求めよ。また，そのグラフをかけ。

(1) $y = \dfrac{1}{2}x - 2$　　(2) $y = x + 2$（$-1 \leq x < 1$）　　(3) $y = \dfrac{x}{x-1}$（$x \leq 0$）

1　いろいろな関数

**応用例題 53** 逆関数とグラフ(2)

次の関数の逆関数を求めよ。また,そのグラフをかけ。
(1) $y=x^2$ $(x\geq 0)$  (2) $y=-x^2$ $(x\geq 0)$
(3) $y=x^2+1$ $(x\leq 0)$

**ねらい** 定義域が $x\geq a$ または $x\leq a$ の2次関数の逆関数を求めること。

**解法ルール** $x$ について解くとき,次の同値関係に注意する。
$$A^2=B\ (A\geq 0) \iff A=\sqrt{B}$$
$$A^2=B\ (A\leq 0) \iff A=-\sqrt{B}$$

**解答例** (1) $y=x^2$ $(x\geq 0)$
$x$ を $y$ で表すと,$x\geq 0$ より $x=\sqrt{y}$
$x$ と $y$ を入れかえて $y=\sqrt{x}$
関数の値域は $y\geq 0$ であるから,逆関数の定義域は $x\geq 0$
  →値域が定義域になる
である。

圏 逆関数は $\boldsymbol{y=\sqrt{x}}$,グラフは右の図

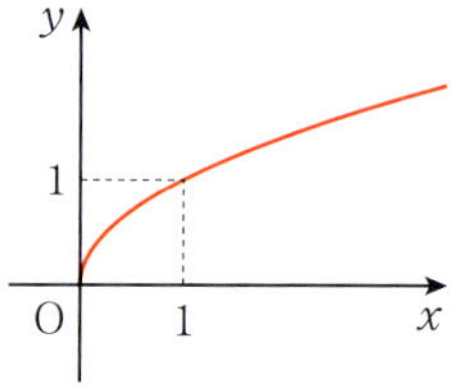

(2) $y=-x^2$ $(x\geq 0)$
$x$ を $y$ で表すと,$x\geq 0$ より $x=\sqrt{-y}$
$x$ と $y$ を入れかえて $y=\sqrt{-x}$
関数の値域は $y\leq 0$ であるから,逆関数の定義域は $x\leq 0$
である。

圏 逆関数は $\boldsymbol{y=\sqrt{-x}}$,グラフは右の図

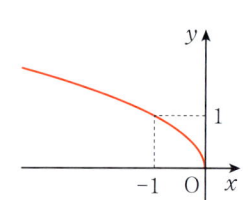

(3) $y=x^2+1$ $(x\leq 0)$
$x$ を $y$ で表すと,$x\leq 0$ より $x=-\sqrt{y-1}$
$x$ と $y$ を入れかえて $y=-\sqrt{x-1}$
関数の値域は $y\geq 1$ であるから,逆関数の定義域は $x\geq 1$
である。

圏 逆関数は $\boldsymbol{y=-\sqrt{x-1}}$,グラフは右の図

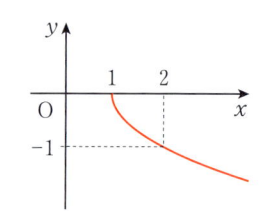

**類題 53-1** 関数 $y=-\sqrt{2-x}$ の逆関数を求めよ。また,逆関数の値域を求めよ。

**類題 53-2** 定義域を $x\leq 0$ としたときの,関数 $y=-\dfrac{1}{2}x^2+2$ の逆関数を $y=g(x)$ とするとき,グラフを利用して,次の問いに答えよ。
(1) $g(x)<x+2$ を満たす $x$ の値の範囲を求めよ。
(2) 関数 $y=g(x)$ のグラフと直線 $y=x-k$ が異なる2つの共有点をもつような定数 $k$ の値の範囲を求めよ。

3章 関数と極限

## 応用例題 54 　逆関数とグラフ(3)

定義域が $x \leqq 0$ である関数 $y = -\dfrac{1}{2}x^2 + 2$ の逆関数を $y = g(x)$ とする。

(1) 関数 $y = g(x)$ を求め，グラフをかけ。

(2) 関数 $y = -\dfrac{1}{2}x^2 + 2$ と $y = g(x)$ のグラフの位置関係を述べよ。

**ねらい**
逆関数の求め方と，ある関数のグラフとその逆関数のグラフの位置関係について学ぶ。

**解法ルール** 逆関数の求め方

1. 定義域に注意して，$x$ を $y$ で表す。
2. $x$ と $y$ の文字を入れかえる。

**解答例**

(1) $y = -\dfrac{1}{2}x^2 + 2$ より $x^2 = -2y + 4$

　$x \leqq 0$ より $x = -\sqrt{-2y+4}$

　$x$ と $y$ を入れかえると $y = -\sqrt{-2x+4}$

　関数 $y = -\sqrt{-2x+4} = -\sqrt{-2(x-2)}$ のグラフは

　$y = \sqrt{-2x} \xrightarrow{x\text{軸方向に2だけ平行移動}} y = \sqrt{-2(x-2)} = \sqrt{-2x+4} \xrightarrow{x\text{軸に関して対称移動}} y = -\sqrt{-2x+4}$

　答 $g(x) = -\sqrt{-2x+4}$，**グラフは右の図の赤線**

← 関数 $y = -\sqrt{-2x+4}$ のグラフは
Step 1.
両辺を2乗する。
$y^2 = -2x + 4$
Step 2.
$x$ を $y$ で表す。
$x = -\dfrac{y^2}{2} + 2 \ (y \leqq 0)$
としてかくこともできる。

(2) 関数 $y = f(x)$ の逆関数が $y = g(x)$ であるとき，点 $(\alpha, \beta)$ が関数 $y = f(x)$ のグラフ上の点とすると

　$\beta = f(\alpha)$ より $\alpha = g(\beta)$

よって，$(\beta, \alpha)$ は関数 $y = g(x)$ 上の点。

2点 $(\alpha, \beta)$，$(\beta, \alpha)$ は直線 $y = x$ に関して対称。

これは，関数 $y = f(x)$ のグラフを直線 $y = x$ について対称移動すると，関数 $y = g(x)$ のグラフになることを示している。

したがって，関数 $y = -\dfrac{1}{2}x^2 + 2$ とその逆関数 $y = g(x)$ のグラフは**直線 $y = x$ に関して対称**となっている。…答

> 関数 $y = f(x)$ のグラフと逆関数 $y = f^{-1}(x)$ のグラフは直線 $y = x$ について対称である。このことは重要なことだから，しっかり覚えておきましょう！

**類題 54** 関数 $f(x) = ax^2 + bx + c \left(a \neq 0,\ x > -\dfrac{b}{2a}\right)$ の逆関数を $f^{-1}(x)$ で表す。

(1) $f^{-1}(0) = \dfrac{4}{3}$，$f^{-1}(2) = 2$，$f^{-1}(10) = 3$ のとき，係数 $a$，$b$，$c$ の値を定めよ。

(2) 係数 $a$，$b$ は(1)で得られた値を用い，係数 $c$ の値だけ変化させることを考える。この場合，関数 $f(x)$ と逆関数 $f^{-1}(x)$ のグラフが1点で接するように係数 $c$ の値を定めよ。

## ● 合成関数

2つの関数 $f(x)$, $g(x)$ について,
$f(x)$ の値域が $g(x)$ の定義域に含まれるとき,関数 $g(f(x))$ を考えることができる。

$$x \xrightarrow{f} f(x) \xrightarrow{g} g(f(x))$$

関数 $g(f(x))$ を関数 $f(x)$ と $g(x)$ の**合成関数**といい

$$(g \circ f)(x)$$

で表す。

$$\boxed{(g \circ f)(x) = g(f(x))}$$

← $f(x) = x+1$, $g(x) = 2x$ とすると
$(g \circ f)(x) = 2(x+1)$
$\qquad = 2x+2$
$(f \circ g)(x) = 2x+1$
となり,一般的には
$(g \circ f)(x) \neq (f \circ g)(x)$
である。
ただし,特別な関数,たとえば
$f(x) = 3x$,
$g(x) = 4x$
をとれば
$(g \circ f)(x) = g(3x)$
$\qquad = 12x$
$(f \circ g)(x) = f(4x)$
$\qquad = 12x$
のように,等しくなることもある。

"合成" という言葉を使うと,写真なんかの "合成" 写真の "合成" の感じを受ける人が多いようだね。
ここでは "合成" 写真の "合成" はひとまず忘れてまっ白な状態で考えて欲しいな。
2つの関数の合成って,要するに

「2種類の対応を続けて行う」

ことなんだ。
だから2つの関数 $f(x)$ と $g(x)$ の合成,つまり $(g \circ f)(x)$ なら

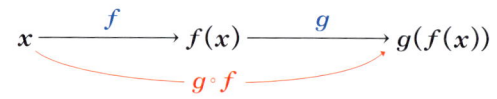

$$x \xrightarrow{f} f(x) \xrightarrow{g} g(f(x))$$
$$\underbrace{\qquad\qquad\qquad}_{g \circ f}$$

の意味だから

**Step 1** まず関数 $f$ によって $x$ を $f(x)$ に写す
**Step 2** 関数 $g$ によって $f(x)$ を $g(f(x))$ に写す

ということだ。
すると

$$h : x \longrightarrow g(f(x))$$

という新しい関数ができるね。
**これが2つの関数 $f$, $g$ よりつくられた関数**,すなわち**合成関数**
ということだよ。
くれぐれも "合成" 写真のように関数 $f(x)$ の上に関数 $g(x)$ を重ねるようなイメージはもたないでほしい!

**基本例題 55**  　　　　　　　　　　　　　　合成関数

次の関数 $f(x)$, $g(x)$ に対して，合成関数 $(g \circ f)(x)$, $(f \circ g)(x)$, $(f \circ f)(x)$ を求めよ。

$$f(x) = \frac{2}{x-1} \qquad g(x) = 2x+1$$

**ねらい** 定義域に注意して，合成関数を求める。

**解法ルール**
- $(g \circ f)(x) = g(f(x))$, $(f \circ g)(x) = f(g(x))$, $(f \circ f)(x) = f(f(x))$
- 定義にもとづいて計算する。

$$x \xrightarrow{\ f\ } f(x) \xrightarrow{\ g\ } g(f(x))$$

↳ $f(x)$ が定義されていない範囲では定義されない

**解答例**

$(g \circ f)(x) = g(f(x)) = g\left(\dfrac{2}{x-1}\right)$

$\phantom{(g \circ f)(x)} = 2\left(\dfrac{2}{x-1}\right) + 1$

$\phantom{(g \circ f)(x)} = \dfrac{4}{x-1} + 1 \quad \cdots$ 答

$(f \circ g)(x) = f(g(x)) = f(2x+1)$

$\phantom{(f \circ g)(x)} = \dfrac{2}{2x+1-1}$

$\phantom{(f \circ g)(x)} = \dfrac{1}{x} \quad \cdots$ 答

$(f \circ f)(x) = f(f(x)) = f\left(\dfrac{2}{x-1}\right)$

$\phantom{(f \circ f)(x)} = \dfrac{2}{\dfrac{2}{x-1} - 1} = \dfrac{2(x-1)}{2 - (x-1)} = \dfrac{2(x-1)}{-x+3}$

$f(x)$ は $x=1$ で定義されないので $(f \circ f)(x)$ も $x=1$ で定義されない。

よって $(f \circ f)(x) = -\dfrac{2(x-1)}{x-3} \quad (x \neq 1) \quad \cdots$ 答

> 一見，$x=3$ 以外の範囲では定義されているように見えるけど，$f(x)$ が $x=1$ で定義されていないから，$(f \circ f)(x)$ も $x=1$ では定義されない。無理関数や，分数関数などを合成する場合には注意が必要だ。

**類題 55** 次の関数 $f(x)$, $g(x)$ に対して，合成関数 $(g \circ f)(x)$, $(f \circ g)(x)$, $(g \circ g)(x)$ を求めよ。

$$f(x) = x+1 \qquad g(x) = \frac{5}{x-2} + 2$$

1 いろいろな関数

## 逆関数と合成関数

**応用例題 56** 　　　　　　　　　　　逆関数の性質

関数 $f(x) = \dfrac{bx+1}{x+a}$ が逆関数をもつための条件と，その逆関数がもとの関数と一致するための条件を求めよ。

> **ねらい**
> 逆関数の意味の確認。$f(x)$ とその逆関数が一致するときの条件を求める。

**解法ルール** 分数関数 $f(x) = \dfrac{k}{x-p} + q$ が逆関数をもつ

$\iff k \neq 0$

**解答例** $f(x) = \dfrac{bx+1}{x+a} = \dfrac{1-ab}{x+a} + b$ ……①

よって，関数 $f(x)$ が逆関数をもつ条件は　$1-ab \neq 0$ …答

$y = \dfrac{bx+1}{x+a}$ の逆関数を求める。

$(x+a)y = bx+1 \qquad x(y-b) = -ay+1$

$y \neq b$ だから　$x = \dfrac{-ay+1}{y-b}$

　$y=b$ とすると，①より $b = \dfrac{1-ab}{x+a} + b \qquad \dfrac{1-ab}{x+a} = 0$
　よって $1-ab = 0$ …矛盾

$x$ と $y$ を入れかえて　$y = \dfrac{-ax+1}{x-b}$ ……②

①と②が等しいから

$$\dfrac{bx+1}{x+a} = \dfrac{-ax+1}{x-b}$$
（等しい）

よって　$a = -b$　すなわち　$a+b = 0$ …答

> 関数 $f(x)$ と，その逆関数が一致するということは
> $(f^{-1} \circ f)(x) = x$
> これを利用する方が計算が楽になる場合もあるので，別解として示しておきましょう。

**（別解）**

$f^{-1}(x) = f(x)$ より，それぞれの定義域で $(f^{-1} \circ f)(x) = (f \circ f)(x) = x$ だから

$(f \circ f)(x) = \dfrac{b \cdot \dfrac{bx+1}{x+a} + 1}{\dfrac{bx+1}{x+a} + a} = \dfrac{b^2x + b + x + a}{bx + 1 + ax + a^2} = \dfrac{(b^2+1)x + a + b}{(a+b)x + a^2 + 1} = x$

$(b^2+1)x + a + b = (a+b)x^2 + (a^2+1)x \qquad (a+b)x^2 + (a^2-b^2)x - (a+b) = 0$

よって　$a+b = 0$ かつ $a^2 - b^2 = (a+b)(a-b) = 0$

したがって　$a+b = 0$

**類題 56** 関数 $f(x) = \dfrac{b}{2x-1} + a$ の逆関数が $g(x) = \dfrac{2}{x-1} + c$ であるとき，定数 $a, b, c$ の値を求めよ。

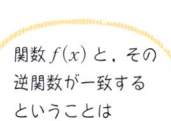

**応用例題 57** 逆関数と合成関数

$f(x)=x^2-5 \ (x \geqq 0)$, $g(x)=2x+3$ のとき,
$(f \circ g)^{-1}(x)=(g^{-1} \circ f^{-1})(x)$ であることを示せ。

**ねらい**
$(f \circ g)^{-1}=g^{-1} \circ f^{-1}$ であることを,具体的な関数で示すこと。

**解法ルール**
1. $(f \circ g)^{-1}(x)$ は $(f \circ g)(x)$ の逆関数。
2. $(g^{-1} \circ f^{-1})(x)$ は $f(x)$ と $g(x)$ の逆関数を求めてから合成する。

**解答例** [証明] $f(x)=x^2-5 \quad g(x)=2x+3$

$(f \circ g)(x)=f(g(x))=(2x+3)^2-5 \ (2x+3 \geqq 0)$ の逆関数を求める。

$y=(2x+3)^2-5$ より
$\quad (2x+3)^2=y+5 \quad (y+5 \geqq 0)$
$2x+3 \geqq 0$ より $\quad 2x+3=\sqrt{y+5}$
よって $\quad x=\dfrac{1}{2}\sqrt{y+5}-\dfrac{3}{2}$

ここで $x$, $y$ を入れかえて
$\quad y=\dfrac{1}{2}\sqrt{x+5}-\dfrac{3}{2}$

よって $(f \circ g)^{-1}(x)=\dfrac{1}{2}\sqrt{x+5}-\dfrac{3}{2}$ ……①

次に $(g^{-1} \circ f^{-1})(x)$ を求める。

$g(x)=2x+3$ の逆関数は,
$y=2x+3$ より $\quad x=\dfrac{1}{2}y-\dfrac{3}{2}$

$x$, $y$ を入れかえて
$\quad y=\dfrac{1}{2}x-\dfrac{3}{2} \quad$ よって $\quad g^{-1}(x)=\dfrac{1}{2}x-\dfrac{3}{2}$

また,$f(x)=x^2-5 \ (x \geqq 0)$ の逆関数は,
$y=x^2-5$ で,$x \geqq 0$ だから $\quad x=\sqrt{y+5}$
$x$, $y$ を入れかえて,$y=\sqrt{x+5}$ より $\quad f^{-1}(x)=\sqrt{x+5}$

よって $(g^{-1} \circ f^{-1})(x)=g^{-1}(f^{-1}(x))=\dfrac{1}{2}\sqrt{x+5}-\dfrac{3}{2}$ ……②

①,②より,$\boldsymbol{(f \circ g)^{-1}(x)=(g^{-1} \circ f^{-1})(x)}$ が示せた。 [終]

● 合成のようすを図で考えてみよう。

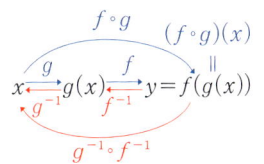

この図から,一般に
$(f \circ g)^{-1}=g^{-1} \circ f^{-1}$
であることがわかるね。

**類題 57** $f(x)=\dfrac{1-2x}{x+1}$, $g(x)=3x+1$ のとき,
$(g \circ f)^{-1}(x)=(f^{-1} \circ g^{-1})(x)$ であることを示せ。

# 2節 数列の極限

## 4 数列の極限

項が限りなく続く数列 $a_1, a_2, a_3, \cdots, a_n, \cdots$ を**無限数列**という。この数列で $a_n$ を**一般項**といい，この数列を $\{a_n\}$ で表す。

さて

「$n$ を限りなく大きくしていったとき，$a_n$ の値がどのようになっていくか」

すなわち

「数列 $\{a_n\}$ の極限」

を調べてみよう。

**example 1** 数列 $\dfrac{3}{2}, \dfrac{4}{3}, \dfrac{5}{4}, \cdots, \dfrac{n+2}{n+1}, \cdots$

の極限は $\dfrac{n+2}{n+1} = 1 + \dfrac{1}{n+1}$ と変形でき，

$n \to \infty$ のとき，$\dfrac{1}{n+1} \to 0$ となることから，

$n \to \infty$ のとき，$\dfrac{n+2}{n+1} = 1 + \dfrac{1}{n+1} \to 1$ となる。

← $\infty$ は無限大と読む。$n \to \infty$ とは，$n$ が限りなく大きくなることを表している。（無限大という数があるのではない。）

**example 2** 数列 $1, -\dfrac{1}{3}, \dfrac{1}{9}, -\dfrac{1}{27}, \dfrac{1}{81}, \cdots, \left(-\dfrac{1}{3}\right)^{n-1}, \cdots$

の極限は，$n \to \infty$ のとき $\left|\left(-\dfrac{1}{3}\right)^{n-1}\right| = \left(\dfrac{1}{3}\right)^{n-1} \to 0$

となる。

example 1, example 2 のように，数列 $\{a_n\}$ において，

$n \to \infty$ のとき，$a_n$ の値が一定の値 $\alpha$ に限りなく近づくならば，

**数列 $\{a_n\}$ は $\alpha$ に収束する**

といい，

$$\lim_{n \to \infty} a_n = \alpha$$

と表す。

このとき，$\alpha$ を数列 $\{a_n\}$ の**極限値**という。

また，数列には一定の値に収束しないものもある。このようなとき，**数列は発散する**という。発散する数列としては，次のようなものがある。

**example 3** 数列 $1,\ 2,\ 3,\ 4,\ \cdots,\ n,\ \cdots$ は，
$n\to\infty$ のとき $a_n$ は限りなく大きくなる。

このとき

　　　**数列 $\{a_n\}$ は正の無限大に発散する**

といい，
$$\lim_{n\to\infty} a_n = \infty$$
と表す。

**example 4** 数列 $-1,\ -2^2,\ -3^2,\ \cdots,\ -n^2,\ \cdots$ は，$n\to\infty$ のとき，$a_n = -n^2$ は負の値をとりながらもその絶対値は限りなく大きくなる。

このとき，

　　　**数列 $\{a_n\}$ は負の無限大に発散する**

といい，
$$\lim_{n\to\infty} a_n = -\infty$$
と表す。

**example 5** 数列 $-1,\ 1,\ -1,\ 1,\ -1,\ \cdots,\ (-1)^n,\ \cdots$ は，$n\to\infty$ のとき，一定の値に収束することなく，また，正の無限大にも負の無限大にも発散しない。

このとき，

　　　**数列 $\{a_n\}$ は振動する**

という。

　以上，無限数列 $\{a_n\}$ の極限は，次のように整理することができる。

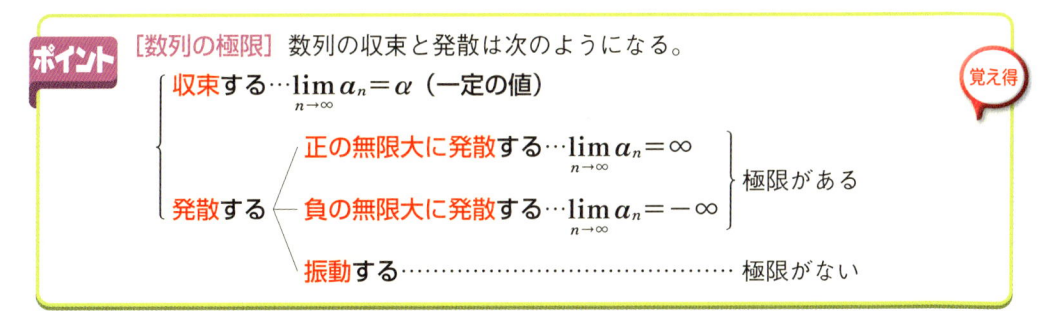

---

**ポイント** [数列の極限] 数列の収束と発散は次のようになる。

$$\begin{cases} \text{収束する} \cdots \lim_{n\to\infty} a_n = \alpha \ (\text{一定の値}) \\ \text{発散する} \begin{cases} \text{正の無限大に発散する} \cdots \lim_{n\to\infty} a_n = \infty \\ \text{負の無限大に発散する} \cdots \lim_{n\to\infty} a_n = -\infty \\ \text{振動する} \cdots\cdots\cdots\cdots\cdots\cdots\cdots \text{極限がない} \end{cases} \end{cases}$$

（正の無限大に発散する，負の無限大に発散する：極限がある）

覚え得

---

$\lim\limits_{n\to\infty} a_n = \alpha$ と「$n\to\infty$ のとき $a_n\to\alpha$」とを混同して，$\lim\limits_{n\to\infty} a_n \to \alpha$ などと書いてはいけません。

なお，「$n\to\infty$ のとき $a_n\to\alpha$」を「$a_n\to\alpha\ (n\to\infty)$」と書くことがあります。

**基本例題 58**　　　　　　　　　　　　　　数列の収束・発散

次の数列の収束，発散を調べよ。

(1) $\left\{1-\dfrac{1}{n}\right\}$　　(2) $\{1-n\}$　　(3) $\{n^2\}$

**ねらい**
一般項で表された数列の収束，発散を調べる。

**解法ルール**　$(n, a_n)$ を座標とする点を座標平面上にとっていくと，変化のようすがよくわかる。
　　　　　　　└─ 一般項

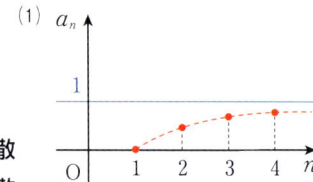

**解答例**
(1) $n\to\infty$ のとき　$1-\dfrac{1}{n}\to 1$　　答　**1に収束**

(2) $n\to\infty$ のとき　$1-n\to -\infty$　　答　**負の無限大に発散**

(3) $n\to\infty$ のとき　$n^2\to\infty$　　答　**正の無限大に発散**

**類題 58**　次の数列の収束，発散を調べよ。

(1) $\{\sqrt{n}\}$　　(2) $\left\{-\dfrac{1}{n}\right\}$　　(3) $\{-2n+100\}$　　(4) $\{2^{-n}\}$

## ● 極限値の性質

収束する数列の極限値については，次の性質が成り立つ。

数列 $\{a_n\}$, $\{b_n\}$ について，$\displaystyle\lim_{n\to\infty}a_n=\alpha$, $\displaystyle\lim_{n\to\infty}b_n=\beta$ であるとき

1. $\displaystyle\lim_{n\to\infty}ka_n=k\alpha$　（$k$ は定数）

2. $\displaystyle\lim_{n\to\infty}(a_n+b_n)=\alpha+\beta$,　$\displaystyle\lim_{n\to\infty}(a_n-b_n)=\alpha-\beta$

3. $\displaystyle\lim_{n\to\infty}a_n b_n=\alpha\beta$

4. $\beta\ne 0$ のとき　$\displaystyle\lim_{n\to\infty}\dfrac{a_n}{b_n}=\dfrac{\alpha}{\beta}$

1. 数列を $k$ 倍すれば，数列が近づく値，すなわち極限も $k$ 倍になるということ。
2. 数列 $\{a_n\}$, $\{b_n\}$ のそれぞれが $n\to\infty$ のとき，$a_n\to\alpha$, $b_n\to\beta$ となれば，
　　　$n\to\infty$ のとき　$a_n+b_n\to\alpha+\beta$
　　　　　　　　　　　　　$a_n-b_n\to\alpha-\beta$
となるのは直観的に受け入れやすいだろう。
3, 4. 2の場合と同様に考えればよい。
　高校の段階では，厳密な証明はしないので，感覚的に納得できればよい。

3章　関数と極限

**基本例題 59**　　　　　　　　　　　数列の極限(1)

次の極限を調べよ。
(1) $\lim_{n\to\infty}(n^2-3n)$
(2) $\lim_{n\to\infty}(2\sqrt{n}-n)$
(3) $\lim_{n\to\infty}\{n^2+(-1)^n n\}$
(4) $\lim_{n\to\infty}(\sqrt{n^2+1}-\sqrt{n})$

**ねらい**
整式や無理式の極限（∞−∞型の極限）の求め方を理解する。

**解法ルール**　$\lim_{n\to\infty}(an^3+bn^2+cn+d)$ 型は，$\lim_{n\to\infty}n^3\left(a+\dfrac{b}{n}+\dfrac{c}{n^2}+\dfrac{d}{n^3}\right)$
のように変形する。
**$n$ の次数の最も高い項をくくりだそう。**

**解答例**
(1) $\lim_{n\to\infty}(n^2-3n)$
$=\lim_{n\to\infty}n^2\left(1-\dfrac{3}{n}\right)$　　→∞　　→1
$=\infty$　…答

(2) $\lim_{n\to\infty}(2\sqrt{n}-n)$
$=\lim_{n\to\infty}n\left(\dfrac{2}{\sqrt{n}}-1\right)$　　→∞　　→−1
$=-\infty$　…答

(3) $\lim_{n\to\infty}\{n^2+(-1)^n n\}$
$=\lim_{n\to\infty}n^2\left\{1+\dfrac{(-1)^n}{n}\right\}$　→∞　→1
$=\infty$　…答

(4) $\lim_{n\to\infty}(\sqrt{n^2+1}-\sqrt{n})$
$=\lim_{n\to\infty}n\left(\sqrt{1+\dfrac{1}{n^2}}-\dfrac{1}{\sqrt{n}}\right)$　→∞　→1
$=\infty$　…答

∞−∞型の極限は，積の型へ変形します。∞−∞＝0としてはいけないんですね！だって，∞というのは数ではなくて状態を表す記号なんですから。

**類題 59**　次の極限を調べよ。
(1) $\lim_{n\to\infty}(3n-n^2)$
(2) $\lim_{n\to\infty}(n-3\sqrt{n})$
(3) $\lim_{n\to\infty}\{n^3-(-1)^n n^2\}$
(4) $\lim_{n\to\infty}(\sqrt{n+1}-\sqrt{n^2-1})$

## 基本例題 60　　　　　　　　　　　　　数列の極限(2)

次の極限を調べよ。

(1) $\displaystyle\lim_{n\to\infty}\frac{n}{n+2}$ 　　(2) $\displaystyle\lim_{n\to\infty}\frac{n^2+2n}{3n^2-n+2}$ 　　(3) $\displaystyle\lim_{n\to\infty}\frac{n+1}{n^2-2}$

(4) $\displaystyle\lim_{n\to\infty}\frac{1-2n}{\sqrt{n^2+1}+n}$ 　　(5) $\displaystyle\lim_{n\to\infty}\frac{(-1)^n}{n}$ 　　(6) $\displaystyle\lim_{n\to\infty}\frac{n^2-1}{2n+1}$

**ねらい**　分数式の極限の求め方を知る。

**解法ルール**
- 分数タイプ $\displaystyle\lim_{n\to\infty}\frac{f(n)}{g(n)}$ の極限を求めるときは，**分母の最高次の項で分母，分子を割る。**
- $n$ の値によって，一般項の正，負が変化するときは，その**絶対値**を考えてみよう。

$\dfrac{\infty}{\infty}$型は変形が必要です！

**解答例**

(1) $\displaystyle\lim_{n\to\infty}\frac{n}{n+2}=\lim_{n\to\infty}\frac{1}{1+\dfrac{2}{n}}=1$ 　…答

(2) $\displaystyle\lim_{n\to\infty}\frac{n^2+2n}{3n^2-n+2}=\lim_{n\to\infty}\frac{1+\dfrac{2}{n}}{3-\dfrac{1}{n}+\dfrac{2}{n^2}}=\frac{1}{3}$ 　…答

(3) $\displaystyle\lim_{n\to\infty}\frac{n+1}{n^2-2}=\lim_{n\to\infty}\frac{\dfrac{1}{n}+\dfrac{1}{n^2}}{1-\dfrac{2}{n^2}}=0$ 　…答

(4) $\displaystyle\lim_{n\to\infty}\frac{1-2n}{\sqrt{n^2+1}+n}=\lim_{n\to\infty}\frac{\dfrac{1}{n}-2}{\sqrt{1+\dfrac{1}{n^2}}+1}=-1$ 　…答

$n>0$ のとき
$\sqrt{n^2+1}=\sqrt{n^2\left(1+\dfrac{1}{n^2}\right)}=n\sqrt{1+\dfrac{1}{n^2}}$
$\sqrt{n^2}=n$ より，$n$ で分母・分子を割ると考えてよい。

(5) $\displaystyle\lim_{n\to\infty}\left|\frac{(-1)^n}{n}\right|=\lim_{n\to\infty}\frac{1}{n}=0$ より

$\displaystyle\lim_{n\to\infty}\frac{(-1)^n}{n}=0$ 　…答

$\displaystyle\lim_{n\to\infty}|a_n|=0 \Longrightarrow \lim_{n\to\infty}a_n=0$ を利用。

(6) $\displaystyle\lim_{n\to\infty}\frac{n^2-1}{2n+1}=\lim_{n\to\infty}\frac{n-\dfrac{1}{n}}{2+\dfrac{1}{n}}=\infty$ 　…答

**類題 60**　次の極限を調べよ。

(1) $\displaystyle\lim_{n\to\infty}\frac{5n-1}{2n+3}$ 　　(2) $\displaystyle\lim_{n\to\infty}\frac{n^2-n+1}{2n^2-1}$ 　　(3) $\displaystyle\lim_{n\to\infty}\frac{n-5}{n^2+n+1}$

(4) $\displaystyle\lim_{n\to\infty}\frac{\sqrt{n}+1}{n-1}$ 　　(5) $\displaystyle\lim_{n\to\infty}\frac{n-2}{\sqrt{n}+2}$

3章　関数と極限

**基本例題 61** 数列の極限(3)

次の極限を調べよ。

(1) $\displaystyle\lim_{n\to\infty}(\sqrt{n^2+3n+2}-n)$   (2) $\displaystyle\lim_{n\to\infty}\dfrac{2}{\sqrt{n^2+n+2}-n}$

テストに出るぞ!

**ねらい**
無理式の極限
$\infty-\infty$ 型は
$\infty+\infty$ 型に直して求めることを知る。

**解法ルール** $\displaystyle\lim_{n\to\infty}(\sqrt{\bigcirc}-\sqrt{\triangle})$ 型は,$\displaystyle\lim_{n\to\infty}\dfrac{\bigcirc-\triangle}{\sqrt{\bigcirc}+\sqrt{\triangle}}$ のように変形する。

また,

$\displaystyle\lim_{n\to\infty}\dfrac{\square}{\sqrt{\bigcirc}-\sqrt{\triangle}}$ 型は,$\displaystyle\lim_{n\to\infty}\dfrac{\square(\sqrt{\bigcirc}+\sqrt{\triangle})}{\bigcirc-\triangle}$ のように変形する。

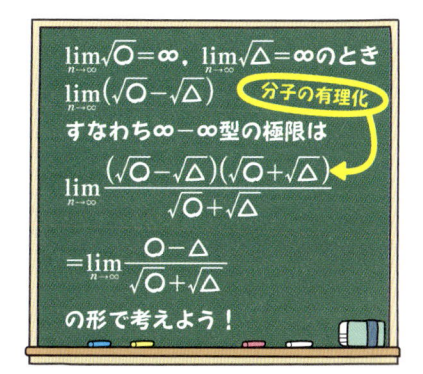

∞−∞型も変形が必要ですね!

**解答例**

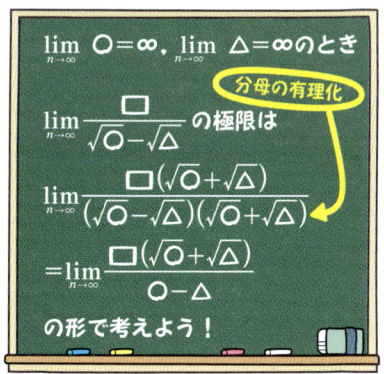

(1) $\displaystyle\lim_{n\to\infty}(\sqrt{n^2+3n+2}-n)$ ← いわゆる($\infty-\infty$)の形

$=\displaystyle\lim_{n\to\infty}\dfrac{(n^2+3n+2)-n^2}{\sqrt{n^2+3n+2}+n}$

$=\displaystyle\lim_{n\to\infty}\dfrac{3n+2}{\sqrt{n^2+3n+2}+n}$

$=\displaystyle\lim_{n\to\infty}\dfrac{3+\dfrac{2}{n}}{\sqrt{1+\dfrac{3}{n}+\dfrac{2}{n^2}}+1}$

$=\dfrac{3}{2}$ …答

(2) $\displaystyle\lim_{n\to\infty}\dfrac{2}{\sqrt{n^2+n+2}-n}$

$=\displaystyle\lim_{n\to\infty}\dfrac{2(\sqrt{n^2+n+2}+n)}{(n^2+n+2)-n^2}$

$=\displaystyle\lim_{n\to\infty}\dfrac{2(\sqrt{n^2+n+2}+n)}{n+2}$

$=\displaystyle\lim_{n\to\infty}\dfrac{2\left(\sqrt{1+\dfrac{1}{n}+\dfrac{2}{n^2}}+1\right)}{1+\dfrac{2}{n}}$

$=4$ …答

---

$\displaystyle\lim_{n\to\infty}\sqrt{\bigcirc}=\infty,\ \lim_{n\to\infty}\sqrt{\triangle}=\infty$ のとき
$\displaystyle\lim_{n\to\infty}(\sqrt{\bigcirc}-\sqrt{\triangle})$ ← 分子の有理化
すなわち $\infty-\infty$ 型の極限は

$\displaystyle\lim_{n\to\infty}\dfrac{(\sqrt{\bigcirc}-\sqrt{\triangle})(\sqrt{\bigcirc}+\sqrt{\triangle})}{\sqrt{\bigcirc}+\sqrt{\triangle}}$

$=\displaystyle\lim_{n\to\infty}\dfrac{\bigcirc-\triangle}{\sqrt{\bigcirc}+\sqrt{\triangle}}$

の形で考えよう!

$\displaystyle\lim_{n\to\infty}\bigcirc=\infty,\ \lim_{n\to\infty}\triangle=\infty$ のとき

$\displaystyle\lim_{n\to\infty}\dfrac{\square}{\sqrt{\bigcirc}-\sqrt{\triangle}}$ の極限は ← 分母の有理化

$\displaystyle\lim_{n\to\infty}\dfrac{\square(\sqrt{\bigcirc}+\sqrt{\triangle})}{(\sqrt{\bigcirc}-\sqrt{\triangle})(\sqrt{\bigcirc}+\sqrt{\triangle})}$

$=\displaystyle\lim_{n\to\infty}\dfrac{\square(\sqrt{\bigcirc}+\sqrt{\triangle})}{\bigcirc-\triangle}$

の形で考えよう!

---

**類題 61** 次の極限を調べよ。

(1) $\displaystyle\lim_{n\to\infty}(\sqrt{n^2+n+2}-n)$

(2) $\displaystyle\lim_{n\to\infty}\dfrac{1}{\sqrt{n^2+5n+2}-n}$

(3) $\displaystyle\lim_{n\to\infty}\sqrt{n+1}(\sqrt{n}-\sqrt{n+1})$

(4) $\displaystyle\lim_{n\to\infty}\dfrac{\sqrt{n+5}-\sqrt{n+3}}{\sqrt{n+1}-\sqrt{n}}$

# 5 無限等比数列 $\{r^n\}$ の極限

ここでは，無限等比数列 $\{r^n\}$ の極限を調べてみよう。
たとえば

- $r=2$ のとき　$2, 4, 8, 16, 32, \cdots, 2^{100}, \cdots$　より　$\displaystyle\lim_{n\to\infty} 2^n = \infty$

- $r=\dfrac{1}{2}$ のとき　$\dfrac{1}{2}, \dfrac{1}{4}, \dfrac{1}{8}, \dfrac{1}{16}, \dfrac{1}{32}, \cdots, \dfrac{1}{2^{100}}, \cdots$　より　$\displaystyle\lim_{n\to\infty} \left(\dfrac{1}{2}\right)^n = 0$

- $r=-\dfrac{1}{2}$ のとき　$-\dfrac{1}{2}, \dfrac{1}{4}, -\dfrac{1}{8}, \dfrac{1}{16}, -\dfrac{1}{32}, \cdots, \left(-\dfrac{1}{2}\right)^{100}, \cdots$

  $\displaystyle\lim_{n\to\infty}\left|\left(-\dfrac{1}{2}\right)^n\right| = \lim_{n\to\infty}\left(\dfrac{1}{2}\right)^n = 0$ より　$\displaystyle\lim_{n\to\infty}\left(-\dfrac{1}{2}\right)^n = 0$

- $r=-1$ のとき　$-1, 1, -1, 1, -1, \cdots, (-1)^{100}, \cdots$　より　**振動する。**

- $r=-2$ のとき　$-2, 4, -8, 16, -32, \cdots, (-2)^{100}, \cdots$　より　**振動する。**

以上をまとめると

- $r=2$ のとき
- $r=\dfrac{1}{2}$ のとき
- $r=-\dfrac{1}{2}$ のとき
- $r=-1$ のとき
- $r=-2$ のとき

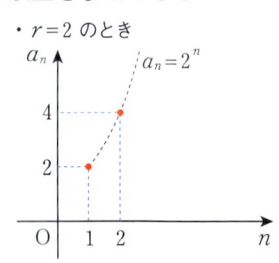

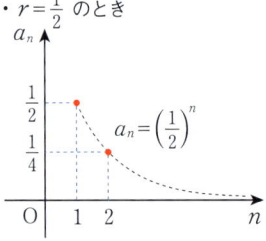

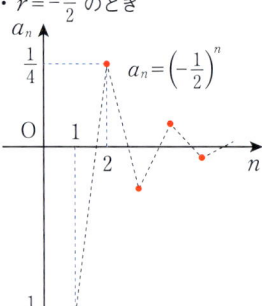

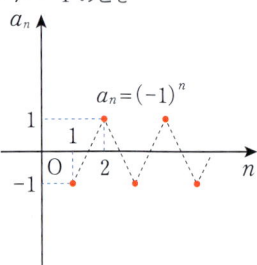

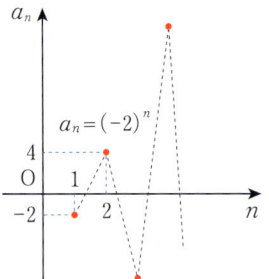

---

**ポイント**　[無限等比数列 $\{r^n\}$ の極限]

- $r>1$ のとき　　$\displaystyle\lim_{n\to\infty} r^n = \infty$ …発散
- $r=1$ のとき　　$\displaystyle\lim_{n\to\infty} r^n = 1$ ⎫
- $|r|<1$ のとき　$\displaystyle\lim_{n\to\infty} r^n = 0$ ⎬ …収束
- $r\leqq -1$ のとき　$\{r^n\}$ は**振動**する…極限はなし

覚え得

前のページではかなり直観的に $\{r^n\}$ の極限について説明したんだけど，もう少し正確に理解したい人のために説明してみましょう。

**$r>1$ のとき，$r=1+h\ (h>0)$ の形で表される。**

このとき
$$r^n=(1+h)^n$$
となるが，二項定理により
$$(1+h)^n=1+{}_nC_1h+\boxed{{}_nC_2h^2+{}_nC_3h^3+\cdots+{}_nC_nh^n}\quad(n\geq 2)$$
とできる。ところで，□で囲んだ部分は，$h>0$ より当然正だから
$$r^n=(1+h)^n>1+{}_nC_1h=1+nh$$
が成り立つ。これより
$$\lim_{n\to\infty}r^n\geq\lim_{n\to\infty}(1+nh)$$
$\displaystyle\lim_{n\to\infty}(1+nh)=\infty$ より
$$\lim_{n\to\infty}r^n=\infty$$
となる。

**$|r|<1$ のとき，$|r|=\dfrac{1}{1+h}\ (h>0)$ とおける。**

すると
$$|r^n|=\left|\left(\dfrac{1}{1+h}\right)^n\right|=\dfrac{1}{(1+h)^n}$$

したがって
$$\lim_{n\to\infty}|r^n|=\lim_{n\to\infty}\dfrac{1}{(1+h)^n}=0$$

$\displaystyle\lim_{n\to\infty}(1+h)^n=\infty$ に着目！

これから
$$\lim_{n\to\infty}r^n=0$$

まあ，以上のようなことになるんだけれど，大事なことは

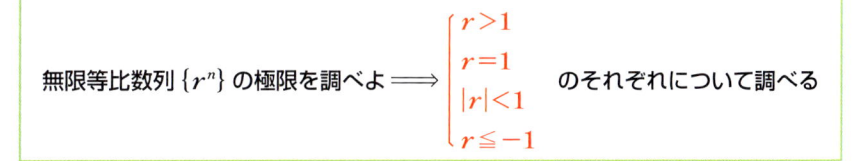

無限等比数列 $\{r^n\}$ の極限を調べよ $\Longrightarrow$ $\begin{cases}r>1\\ r=1\\ |r|<1\\ r\leq -1\end{cases}$ のそれぞれについて調べる

と，即反応できることなんです。

このことから，次のことがいえます。

**ポイント** [$\{r^n\}$ の収束条件]
無限等比数列 $\{r^n\}$ が収束する $\Longleftrightarrow$ $-1<r\leq 1$

覚え得

**基本例題 62**　｛$r^n$｝の極限(1)

次の極限を調べよ。

(1) $\displaystyle\lim_{n\to\infty}\dfrac{2^n+(\sqrt{5})^n}{3^n}$

(2) $\displaystyle\lim_{n\to\infty}\dfrac{3^{n+1}-2^{2n+2}}{3^n-2^{2n}}$

(3) $\displaystyle\lim_{n\to\infty}\dfrac{(0.3)^n-(0.5)^n}{(0.3)^n+(0.5)^n}$

(4) $\displaystyle\lim_{n\to\infty}(3^n-2^{2n})$

**テストに出るぞ！**

**ねらい**　$|r|<1$ のとき $\displaystyle\lim_{n\to\infty}r^n=0$ であることを用いて極限を求める。

**解法ルール**　いくつかの $r^n$ の形が登場する場合，たとえば，

$$\lim_{n\to\infty}\dfrac{2^n-3^n}{2^n+3^n} \text{ では }\quad \lim_{n\to\infty}\dfrac{\dfrac{2^n-3^n}{3^n}}{\dfrac{2^n+3^n}{3^n}}=\lim_{n\to\infty}\dfrac{\left(\dfrac{2}{3}\right)^n-1}{\left(\dfrac{2}{3}\right)^n+1}$$

と変形する。

$$\lim_{n\to\infty}(2^n-3^n) \text{ では }\quad \lim_{n\to\infty}3^n\left(\dfrac{2^n}{3^n}-1\right)=\lim_{n\to\infty}3^n\left\{\left(\dfrac{2}{3}\right)^n-1\right\}$$

というように，**$|r|$ が最大のものに着目して変形**しよう。

$|r|$ が最大のものに着目！

**解答例**

(1) $\displaystyle\lim_{n\to\infty}\dfrac{2^n+(\sqrt{5})^n}{3^n}$

$=\displaystyle\lim_{n\to\infty}\left\{\left(\dfrac{2}{3}\right)^n+\left(\dfrac{\sqrt{5}}{3}\right)^n\right\}$

$=\mathbf{0}$　…答

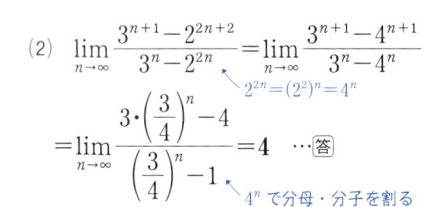

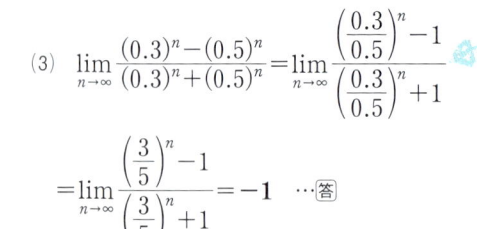

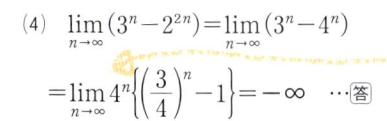

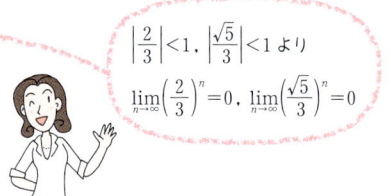

$\left|\dfrac{2}{3}\right|<1,\ \left|\dfrac{\sqrt{5}}{3}\right|<1$ より
$\displaystyle\lim_{n\to\infty}\left(\dfrac{2}{3}\right)^n=0,\ \lim_{n\to\infty}\left(\dfrac{\sqrt{5}}{3}\right)^n=0$

(2) $\displaystyle\lim_{n\to\infty}\dfrac{3^{n+1}-2^{2n+2}}{3^n-2^{2n}}=\lim_{n\to\infty}\dfrac{3^{n+1}-4^{n+1}}{3^n-4^n}$

　　　　　$2^{2n}=(2^2)^n=4^n$

$=\displaystyle\lim_{n\to\infty}\dfrac{3\cdot\left(\dfrac{3}{4}\right)^n-4}{\left(\dfrac{3}{4}\right)^n-1}=\mathbf{4}$　…答

　　$4^n$ で分母・分子を割る

分数型では $r^n$，しかも $|r|<1$ の形をつくるように工夫するんだ。すると $\displaystyle\lim_{n\to\infty}r^n=0$ を利用できる。

(3) $\displaystyle\lim_{n\to\infty}\dfrac{(0.3)^n-(0.5)^n}{(0.3)^n+(0.5)^n}=\lim_{n\to\infty}\dfrac{\left(\dfrac{0.3}{0.5}\right)^n-1}{\left(\dfrac{0.3}{0.5}\right)^n+1}$

$=\displaystyle\lim_{n\to\infty}\dfrac{\left(\dfrac{3}{5}\right)^n-1}{\left(\dfrac{3}{5}\right)^n+1}=\mathbf{-1}$　…答

$|r|$ が最大のものは $(0.5)^n$ だから，分母・分子を $(0.5)^n$ で割ります。

(4) $\displaystyle\lim_{n\to\infty}(3^n-2^{2n})=\lim_{n\to\infty}(3^n-4^n)$

$=\displaystyle\lim_{n\to\infty}4^n\left\{\left(\dfrac{3}{4}\right)^n-1\right\}=\mathbf{-\infty}$　…答

$|r|$ が最大のものは $4^n$ だから，$4^n$ でくくります。

**類題 62** 次の極限を調べよ。

(1) $\displaystyle\lim_{n\to\infty}\frac{2^n}{4^n-3^n}$

(2) $\displaystyle\lim_{n\to\infty}\frac{2^{n+1}}{2^n+1}$

(3) $\displaystyle\lim_{n\to\infty}\frac{2^{2n}+1}{3^n+2^n}$

(4) $\displaystyle\lim_{n\to\infty}\frac{3^n-4^n}{2^{2n}+1}$

---

**基本例題 63** 　　　　　　　　　　　　　$\{r^n\}$ の極限(2)

$a_n = \dfrac{r^{n+2}+2r+2}{r^n+1}$ （ただし $r \neq -1$）であるとき，次の場合について，数列 $\{a_n\}$ の極限を調べよ。

(1) $|r|<1$ 　　(2) $r=1$ 　　(3) $|r|>1$

**ねらい** $\displaystyle\lim_{n\to\infty}r^n$ については $r>1$, $r=1$, $|r|<1$, $r\leq-1$ の各場合について考えればよいことを知る。

**解法ルール** $r^n$ を含む極限を調べるときは
$$r>1,\ r=1,\ |r|<1,\ r\leq-1$$
の場合に分けて考えていこう。

**解答例** (1) $|r|<1$ のとき
$$\lim_{n\to\infty}\frac{r^{n+2}+2r+2}{r^n+1} = 2r+2 \quad \cdots\text{答}$$

（$n\to\infty$ ならば $n+2\to\infty$ は当然。したがって，$|r|<1$ のとき $\displaystyle\lim_{n\to\infty}r^{n+2}=0$）

(2) $r=1$ のとき
$$\lim_{n\to\infty}\frac{r^{n+2}+2r+2}{r^n+1} = \frac{1+2+2}{1+1} = \frac{5}{2} \quad \cdots\text{答}$$

(3) $|r|>1$ のとき
$$\lim_{n\to\infty}\frac{r^{n+2}+2r+2}{r^n+1}$$
$$=\lim_{n\to\infty}\frac{r^2+\dfrac{2}{r^{n-1}}+\dfrac{2}{r^n}}{1+\dfrac{1}{r^n}} = r^2 \quad \cdots\text{答}$$

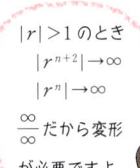

（$|r|>1$ のとき $|r^{n+2}|\to\infty$, $|r^n|\to\infty$ $\dfrac{\infty}{\infty}$ だから変形が必要ですよ。）

---

**類題 63** $n$ が自然数で $x\geq 0$ であるとき，次の問いに答えよ。

(1) 極限値 $\displaystyle\lim_{n\to\infty}\frac{x^{n+3}-2x+3}{x^n+1}$ を求めよ。

(2) 上の極限値を $f(x)$ とするとき，$y=f(x)$ のグラフをかけ。

# 6 極限と大小関係

2つの収束する数列 $\{a_n\}$, $\{b_n\}$ について，大小関係 $a_n \leq b_n$ が成り立っているとき，それぞれの数列の極限の大小関係は次のようになる。

1. $a_n \leq b_n\ (n=1,\ 2,\ 3,\ \cdots)$ のとき
 $\lim\limits_{n\to\infty} a_n = \alpha$, $\lim\limits_{n\to\infty} b_n = \beta$ **ならば** $\alpha \leq \beta$

2. $a_n \leq c_n \leq b_n\ (n=1,\ 2,\ 3,\ \cdots)$ のとき
 $\lim\limits_{n\to\infty} a_n = \lim\limits_{n\to\infty} b_n = \alpha$ **ならば** $\lim\limits_{n\to\infty} c_n = \alpha$

**1** の性質は「数列の極限の追い越し禁止」をいっています。
すなわち，

> 常に $a_n \leq b_n$ ならば，その極限も $\lim\limits_{n\to\infty} a_n \leq \lim\limits_{n\to\infty} b_n$

極限だけが追い越して $\lim\limits_{n\to\infty} b_n < \lim\limits_{n\to\infty} a_n$ となることはないといっているのです。

**2** は**「はさみうちの原理」**といわれるものです。
数列 $\{c_n\}$ が2つの数列 $\{a_n\}$, $\{b_n\}$ ではさまれている，すなわち $a_n \leq c_n \leq b_n$ であるとき，$\lim\limits_{n\to\infty} a_n = \lim\limits_{n\to\infty} b_n = \alpha$ ならば，**1** より $\lim\limits_{n\to\infty} a_n \leq \lim\limits_{n\to\infty} c_n \leq \lim\limits_{n\to\infty} b_n$ となり，$\lim\limits_{n\to\infty} c_n$ は前後からはさみうちになり，$\lim\limits_{n\to\infty} c_n = \alpha$ となるという意味です。

少しくわしく説明すると，次のようになる。

---

$a_n \leq b_n$ で，$\lim\limits_{n\to\infty} a_n = \alpha$, $\lim\limits_{n\to\infty} b_n = \beta$ のとき，$\alpha > \beta$ がおこったとする。

$\lim\limits_{n\to\infty} a_n = \alpha$ とは，$n$ を十分大きくすれば $a_n$ は $\alpha$ に限りなく近づくということ。

 $n$ を十分大きくすると，$\dfrac{\alpha+\beta}{2} < \alpha$ より $\dfrac{\alpha+\beta}{2} < a_n$ ……①

同じように，$\lim\limits_{n\to\infty} b_n = \beta$ より，

 $n$ を十分大きくすると，$\beta < \dfrac{\alpha+\beta}{2}$ より $b_n < \dfrac{\alpha+\beta}{2}$ ……②

①，②より，$b_n < a_n$ となり，これは矛盾。
したがって，$a_n \leq b_n$ **の条件では** $\lim\limits_{n\to\infty} a_n \leq \lim\limits_{n\to\infty} b_n$ となる。

$b_n < a_n$ となってしまう！

3章 関数と極限

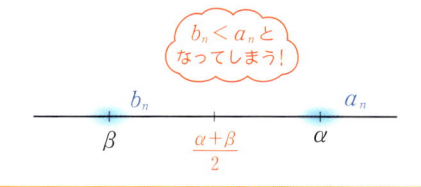

**基本例題 64** はさみうちの原理

**ねらい**
$a_n \leqq b_n$ であるとき, $\lim_{n\to\infty} a_n \leqq \lim_{n\to\infty} b_n$ であることを利用して極限を調べる。

次の問いに答えよ。

(1) $\lim_{n\to\infty} \dfrac{\sin n\theta}{n}$ を求めよ。

(2) $h>0$ のとき, 自然数 $n$ $(n \geqq 3)$ について
$(1+h)^n > 1 + nh + \dfrac{n(n-1)}{2}h^2$ が成り立つことを用いて, $r = \dfrac{1}{1+h}$ $(h>0)$ のとき, $\lim_{n\to\infty} nr^n = 0$ であることを示せ。

(3) $2(\sqrt{n+1}-1) < \dfrac{1}{\sqrt{1}} + \dfrac{1}{\sqrt{2}} + \dfrac{1}{\sqrt{3}} + \cdots + \dfrac{1}{\sqrt{n}}$ が成り立つことを用いて, $\lim_{n\to\infty}\left(\dfrac{1}{\sqrt{1}} + \dfrac{1}{\sqrt{2}} + \cdots + \dfrac{1}{\sqrt{n}}\right)$ を調べよ。

← $a_n > b_n$ であるとき, $\lim_{n\to\infty} a_n \geqq \lim_{n\to\infty} b_n$ が成り立つことに着目しよう。

**解法ルール** (1) $\lim_{n\to\infty} \dfrac{\sin n\theta}{n}$ の極限は $\lim_{n\to\infty}\left|\dfrac{\sin n\theta}{n}\right|$ を考えてみよう。

**解答例** (1) $-1 \leqq \sin n\theta \leqq 1$ より $0 \leqq |\sin n\theta| \leqq 1$

よって, $0 \leqq \left|\dfrac{\sin n\theta}{n}\right| \leqq \dfrac{1}{n}$ より $0 \leqq \lim_{n\to\infty}\left|\dfrac{\sin n\theta}{n}\right| \leqq \lim_{n\to\infty}\dfrac{1}{n} = 0$

よって $\lim_{n\to\infty} \dfrac{\sin n\theta}{n} = 0$ …答

● $\lim_{n\to\infty} f(n)$ について
㋐ $f(n)$ の値が正, 負をとる。
㋑ $\lim_{n\to\infty} f(n) = 0$ が予想される。
こんなとき, $\lim_{n\to\infty} |f(n)|$ を調べる。

(2) $r^n = \left(\dfrac{1}{1+h}\right)^n = \dfrac{1}{(1+h)^n} < \dfrac{1}{1+nh+\dfrac{n(n-1)}{2}h^2}$

$0 < nr^n < \dfrac{n}{1+nh+\dfrac{n(n-1)}{2}h^2}$ より

$0 \leqq \lim_{n\to\infty} nr^n \leqq \lim_{n\to\infty} \dfrac{n}{1+nh+\dfrac{n(n-1)}{2}h^2}$

$= \lim_{n\to\infty} \dfrac{\dfrac{1}{n}}{\dfrac{1}{n^2}+\dfrac{h}{n}+\dfrac{1}{2}\left(1-\dfrac{1}{n}\right)h^2} = 0$

よって $\lim_{n\to\infty} nr^n = 0$ 終

$(1+h)^n = 1 + {}_nC_1 h + {}_nC_2 h^2 + \boxed{{}_nC_3 h^3 + \cdots + {}_nC_n h^n}$
これ, 二項定理というんだけど覚えている…？
$n \geqq 3$ だから, $h>0$ のとき □ の部分は当然正。
したがって
$(1+h)^n > 1 + {}_nC_1 h + {}_nC_2 h^2$ が成り立つのよ！

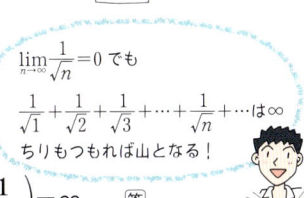

(2)で $0 < r < 1$ のとき $\lim_{n\to\infty} nr^n = 0$ であることが示せたよ。

(3) $2(\sqrt{n+1}-1) < \dfrac{1}{\sqrt{1}} + \dfrac{1}{\sqrt{2}} + \dfrac{1}{\sqrt{3}} + \cdots + \dfrac{1}{\sqrt{n}}$

$\lim_{n\to\infty} 2(\sqrt{n+1}-1) \leqq \lim_{n\to\infty}\left(\dfrac{1}{\sqrt{1}} + \dfrac{1}{\sqrt{2}} + \cdots + \dfrac{1}{\sqrt{n}}\right)$

$\lim_{n\to\infty} 2(\sqrt{n+1}-1) = \infty$ より $\lim_{n\to\infty}\left(\dfrac{1}{\sqrt{1}} + \dfrac{1}{\sqrt{2}} + \cdots + \dfrac{1}{\sqrt{n}}\right) = \infty$ …答

$\lim_{n\to\infty}\dfrac{1}{\sqrt{n}}=0$ でも
$\dfrac{1}{\sqrt{1}} + \dfrac{1}{\sqrt{2}} + \dfrac{1}{\sqrt{3}} + \cdots + \dfrac{1}{\sqrt{n}} + \cdots$ は∞
ちりもつもれば山となる！

**類題 64** $-1 < r < 0$ のとき, 基本例題64(2)の結果を用いて $\lim_{n\to\infty} nr^n = 0$ であることを示せ。

## 応用例題 65　隣接2項間の漸化式と数列の極限

次のように定義される数列 $\{a_n\}$ について，$\lim\limits_{n\to\infty} a_n$ を求めよ。

$$a_1=2,\ a_{n+1}=-\frac{1}{2}a_n+\frac{1}{2}\quad (n=1,\ 2,\ 3,\ \cdots)$$

**ねらい**　隣接2項間の漸化式で定義される数列の極限値を求める。

**解法ルール**　漸化式 $a_{n+1}=pa_n+q$, $a_1=a$ で定められる数列の極限は

**Step 1**　まず，$a_n$ を求める。

$$\begin{array}{r}a_{n+1}=pa_n+q\\ -)\quad \alpha=p\alpha+q\\ \hline a_{n+1}-\alpha=p(a_n-\alpha)\end{array}$$

よって　$a_n-\alpha=p^{n-1}(a_1-\alpha)$

**Step 2**　$\lim\limits_{n\to\infty} a_n = \lim\limits_{n\to\infty}\{(a_1-\alpha)p^{n-1}+\alpha\}$

**解答例**

$$\begin{array}{r}a_{n+1}=-\dfrac{1}{2}a_n+\dfrac{1}{2}\\ -)\quad \alpha=-\dfrac{1}{2}\alpha+\dfrac{1}{2}\\ \hline a_{n+1}-\alpha=-\dfrac{1}{2}(a_n-\alpha)\end{array}$$

$\alpha=-\dfrac{1}{2}\alpha+\dfrac{1}{2}$ を満たす $\alpha$ は　$\alpha=\dfrac{1}{3}$

以上より，漸化式 $a_{n+1}=-\dfrac{1}{2}a_n+\dfrac{1}{2}$ は

$$a_{n+1}-\frac{1}{3}=-\frac{1}{2}\left(a_n-\frac{1}{3}\right)$$

と変形できる。

このとき　$a_n-\dfrac{1}{3}=\left(a_1-\dfrac{1}{3}\right)\left(-\dfrac{1}{2}\right)^{n-1}$

$$=\frac{5}{3}\cdot\left(-\frac{1}{2}\right)^{n-1}$$

よって　$a_n=\dfrac{5}{3}\cdot\left(-\dfrac{1}{2}\right)^{n-1}+\dfrac{1}{3}$

$$\lim_{n\to\infty} a_n = \lim_{n\to\infty}\left\{\frac{5}{3}\cdot\left(-\frac{1}{2}\right)^{n-1}+\frac{1}{3}\right\}$$

$$=\frac{1}{3}\quad \cdots\text{答}$$

$a_{n+1}=-\dfrac{1}{2}a_n+\dfrac{1}{2}$ …①　で表される数列は，等比数列でも等差数列でもない。では $\alpha$ だけずらした数列 $\{a_n-\alpha\}$ はどうかな？　つまり
$a_{n+1}-\alpha=-\dfrac{1}{2}(a_n-\alpha)$ …②
となる $\alpha$ があると都合がいい。この $\alpha$ は，①-②より導いた方程式 $\alpha=-\dfrac{1}{2}\alpha+\dfrac{1}{2}$ の解として求められる。この方程式は①の $a_{n+1}$, $a_n$ を $\alpha$ でおき換えたものになっているんだ。

$a_{n+1}-\dfrac{1}{3}=-\dfrac{1}{2}\left(a_n-\dfrac{1}{3}\right)$ が成り立つということは，数列 $\left\{a_n-\dfrac{1}{3}\right\}$ は，初項 $a_1-\dfrac{1}{3}=\dfrac{5}{3}$，公比 $-\dfrac{1}{2}$ の等比数列になるということね。

**類題 65**　$a_1=2,\ 2a_{n+1}=a_n+1\ (n=1,\ 2,\ 3,\ \cdots)$ で定められる数列 $\{a_n\}$ について，$\lim\limits_{n\to\infty} a_n$, $\lim\limits_{n\to\infty}\sum\limits_{k=1}^{n}(a_k-1)$ を求めよ。

**応用例題 66**  隣接3項間の漸化式と数列の極限

$a_1=0$, $a_2=1$, $a_{n+2}=\dfrac{1}{4}(a_{n+1}+3a_n)$ $(n=1, 2, 3, \cdots)$ で定義される数列 $\{a_n\}$ について，次の問いに答えよ。

(1) $b_n=a_{n+1}-a_n$ $(n=1, 2, 3, \cdots)$ とおくとき，数列 $\{b_n\}$ の一般項 $b_n$ を $n$ を用いて表せ。

(2) 数列 $\{a_n\}$ の一般項 $a_n$ を $n$ を用いて表せ。

(3) 極限値 $\displaystyle\lim_{n\to\infty} a_n$ を求めよ。

**ねらい** 隣接3項間の漸化式で定義される数列の極限値を求める。

**解法ルール** 隣接3項間の漸化式 $a_{n+2}=pa_{n+1}+qa_n$ $(p+q=1)$ については，**両辺から $a_{n+1}$ を引く**と
$$a_{n+2}-a_{n+1}=(p-1)a_{n+1}+qa_n=(p-1)(a_{n+1}-a_n)$$
と変形できる。

**解答例** (1) $a_{n+2}=\dfrac{1}{4}a_{n+1}+\dfrac{3}{4}a_n$ より

$a_{n+2}-a_{n+1}=\dfrac{1}{4}a_{n+1}+\dfrac{3}{4}a_n-a_{n+1}=-\dfrac{3}{4}(a_{n+1}-a_n)$

$b_n=a_{n+1}-a_n$ より　$b_{n+1}=-\dfrac{3}{4}b_n$

したがって　$b_n=b_1\left(-\dfrac{3}{4}\right)^{n-1}$

ところで　$b_1=a_2-a_1=1$

以上より　$b_n=\left(-\dfrac{3}{4}\right)^{n-1}$ …答

$b_{n+1}=-\dfrac{3}{4}b_n$ より，数列 $\{b_n\}$ は公比 $-\dfrac{3}{4}$ の等比数列であることがわかるね

数列 $\{b_n\}$ は $\{a_n\}$ の階差数列
$a_1+(b_1+b_2+b_3+\cdots+b_{n-1})$
$=a_1+(a_2-a_1)+(a_3-a_2)$
$\quad+(a_4-a_3)+\cdots+(a_n-a_{n-1})$
$=a_n$

(2) $n\geqq 2$ のとき

$a_n=a_1+\displaystyle\sum_{k=1}^{n-1}b_k=0+\sum_{k=1}^{n-1}\left(-\dfrac{3}{4}\right)^{k-1}=\dfrac{1-\left(-\dfrac{3}{4}\right)^{n-1}}{1-\left(-\dfrac{3}{4}\right)}$

$=\dfrac{4}{7}\left\{1-\left(-\dfrac{3}{4}\right)^{n-1}\right\}$ …答

$a_1=0$ より，これは，$n=1$ のときも成り立つ。

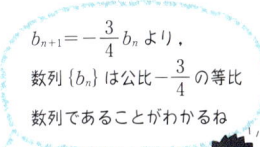

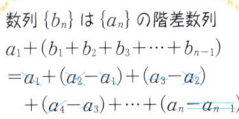

初項 $\left(-\dfrac{3}{4}\right)^0=1$，公比 $-\dfrac{3}{4}$，項数 $n-1$ の等比数列の和。

(3) $\displaystyle\lim_{n\to\infty}a_n=\lim_{n\to\infty}\dfrac{4}{7}\left\{1-\left(-\dfrac{3}{4}\right)^{n-1}\right\}=\dfrac{4}{7}$ …答

**類題 66** $a_1=1$, $a_2=3$, $4a_{n+2}=5a_{n+1}-a_n$ $(n=1, 2, 3, \cdots)$ で定められる数列 $\{a_n\}$ について，次の問いに答えよ。

(1) $b_n=a_{n+1}-a_n$ $(n=1, 2, 3, \cdots)$ とおくとき，数列 $\{b_n\}$ の一般項 $b_n$ を $n$ を用いて表せ。

(2) 数列 $\{a_n\}$ の一般項 $a_n$ を $n$ を用いて表し，極限値 $\displaystyle\lim_{n\to\infty}a_n$ を求めよ。

# 7 無限級数

無限数列 $\{a_n\}$ の各項を順に加えていった式，すなわち $a_1+a_2+a_3+\cdots+a_n+\cdots$ を **無限級数** という。

$\Sigma$ を用いて $a_1+a_2+\cdots+a_n+\cdots = \displaystyle\sum_{n=1}^{\infty} a_n$ とかく。

無限級数の和は次のように定める。

**Step 1** 無限級数の初項から第 $n$ 項までの和
$$S_n = a_1 + a_2 + \cdots + a_n$$
（これを **部分和** という）を考える。

**Step 2** $\displaystyle\lim_{n\to\infty} S_n$ が有限な値であるとき，この無限級数は **収束** するといい，$\displaystyle\lim_{n\to\infty} S_n$ を **無限級数の和** と定める。

$\displaystyle\lim_{n\to\infty} S_n$ が有限な値でないときは，この無限級数は **発散** するという。

Step 1 の $S_n$ を求める部分は，要するに数列の和を求めればいいんだ。
これって，数学 B で扱ったことだよ，覚えているかな？
異なる点といえば，

　　数学 B では $S_n$ を求める。
　　数学Ⅲでは $\displaystyle\lim_{n\to\infty} S_n$ を求める。

すなわち，**和を求める項の数が有限か無限か** という点になるね。

---

**基本例題 67** 　　　　　　　　　　　　　　　　　　　　　無限級数

級数 $\displaystyle\sum_{n=1}^{\infty} \frac{1}{(n+1)^2-1}$ について，

$$S_n = \frac{1}{2^2-1} + \frac{1}{3^2-1} + \cdots + \frac{1}{(n+1)^2-1}$$

とおくとき，次の問いに答えよ。

(1) $\dfrac{1}{(k+1)^2-1} = \dfrac{1}{2}\left(\dfrac{1}{k} - \dfrac{1}{k+2}\right)$ を利用して，$S_n$ を $n$ の式で表せ。

(2) 級数 $\displaystyle\sum_{n=1}^{\infty} \frac{1}{(n+1)^2-1}$ の和を求めよ。

**ねらい**

無限級数 $\displaystyle\sum_{n=1}^{\infty} a_n$ の和の求め方

1. 部分和 $S_n = \displaystyle\sum_{k=1}^{n} a_k$ を求める。
2. $\displaystyle\lim_{n\to\infty} S_n$ を求める。
　すなわち
　　$\displaystyle\sum_{n=1}^{\infty} a_n = \lim_{n\to\infty} S_n$
　を知る。

**解法ルール** 無限級数の和の求め方

**Step 1** 初項から第 $n$ 項までの和 $S_n$ を求める。

**Step 2** $\lim\limits_{n\to\infty} S_n$ を計算する。

**解答例** (1)

$$\frac{1}{2^2-1} = \frac{1}{2}\left(1-\frac{1}{3}\right)$$

$$\frac{1}{3^2-1} = \frac{1}{2}\left(\frac{1}{2}-\frac{1}{4}\right)$$

$$\frac{1}{4^2-1} = \frac{1}{2}\left(\frac{1}{3}-\frac{1}{5}\right)$$

$$\frac{1}{5^2-1} = \frac{1}{2}\left(\frac{1}{4}-\frac{1}{6}\right)$$

$$\vdots$$

$$\frac{1}{(n-1)^2-1} = \frac{1}{2}\left(\frac{1}{n-2}-\frac{1}{n}\right)$$

$$\frac{1}{n^2-1} = \frac{1}{2}\left(\frac{1}{n-1}-\frac{1}{n+1}\right)$$

$$+)\ \frac{1}{(n+1)^2-1} = \frac{1}{2}\left(\frac{1}{n}-\frac{1}{n+2}\right)$$

$$S_n = \frac{1}{2}\left(1+\frac{1}{2}-\frac{1}{n+1}-\frac{1}{n+2}\right)$$

よって $S_n = \dfrac{3}{4} - \dfrac{1}{2}\left(\dfrac{1}{n+1}+\dfrac{1}{n+2}\right)$ …答

$\dfrac{1}{(k+1)^2-1} = \dfrac{1}{2}\left(\dfrac{1}{k}-\dfrac{1}{k+2}\right)$ に

$k=1$ を代入する。
$k=2$ 〃
$k=3$ 〃
$\vdots$
$k=n-2$ 〃
$k=n-1$ 〃
$k=n$ 〃

(2) $\displaystyle\sum_{n=1}^{\infty}\frac{1}{(n+1)^2-1} = \lim_{n\to\infty} S_n$

$$= \lim_{n\to\infty}\left\{\frac{3}{4}-\frac{1}{2}\left(\frac{1}{n+1}+\frac{1}{n+2}\right)\right\}$$

$$= \frac{3}{4} \quad \text{…答}$$

> よく，最初と最後をいくつずつ書けばいいんですかって質問されるんだけれど，消し合うものがでるところまで書けばいいんだ。
> 今回は，最初に消す $\dfrac{1}{3}$ が3つ目ででてきたので，最初の3つ，最後の3つを書いている。互いに消し合う感じがわかればいいんだ。

**類題 67** $a_n = 3n+2$ $(n=1, 2, 3, \cdots)$ で与えられる数列 $\{a_n\}$ がある。

(1) 数列 $\{a_n\}$ は等差数列であることを示し，初項と公差を求めよ。

(2) $b_n = \dfrac{1}{a_n a_{n+1}}$ $(n=1, 2, 3, \cdots)$ で与えられる数列 $\{b_n\}$ の初項から第 $n$ 項までの和を求めよ。

(3) 無限級数 $\dfrac{1}{40}+\dfrac{1}{88}+\cdots+\dfrac{1}{(3n+2)(3n+5)}+\cdots$ の和を求めよ。

**応用例題 68**  無限級数の収束・発散

**ねらい**　無限級数の収束・発散について考察すること。

次の問いに答えよ。

(1) 無限級数 $a_1+a_2+\cdots+a_n+\cdots$ が収束するならば，$\lim\limits_{n\to\infty}a_n=0$ であることを示せ。

(2) 次の無限級数の収束・発散を調べ，収束するときはその和を求めよ。

① $2+(-4)+6+(-8)+10+(-12)+\cdots$

② $\dfrac{1}{2}+\dfrac{2}{3}+\dfrac{3}{4}+\dfrac{4}{5}+\cdots$

**解法ルール**　$S_n=a_1+a_2+\cdots+a_n$ とするとき

$$a_n=S_n-S_{n-1}\ (n\geq 2),\ a_1=S_1$$

$$\lim_{n\to\infty}a_n=\lim_{n\to\infty}(S_n-S_{n-1})$$

**解答例**

(1) $S_n=a_1+a_2+\cdots+a_n$ とすると　$\sum\limits_{n=1}^{\infty}a_n=\lim\limits_{n\to\infty}S_n$

いま，$\lim\limits_{n\to\infty}S_n=S$ とするとき，$\lim\limits_{n\to\infty}S_{n-1}=S$ が成立する。

$a_n=S_n-S_{n-1}$ より

$\lim\limits_{n\to\infty}a_n=\lim\limits_{n\to\infty}(S_n-S_{n-1})=\lim\limits_{n\to\infty}S_n-\lim\limits_{n\to\infty}S_{n-1}=S-S=\mathbf{0}$　【終】

$\lim\limits_{n\to\infty}S_n=\lim\limits_{n\to\infty}S_{n-1}$ であることは大丈夫かな？どちらも $\sum\limits_{n=1}^{\infty}a_n$ を表しているものね。

(2) (1)は「無限級数 $\sum\limits_{n=1}^{\infty}a_n$ が収束するとき　$\lim\limits_{n\to\infty}a_n=0$」が成り立つことを示しているので，この命題の**対偶**

「$\lim\limits_{n\to\infty}a_n\neq 0$ ならば，無限級数 $\sum\limits_{n=1}^{\infty}a_n$ は発散する」が成り立つ。

① $a_n=(-1)^{n-1}(2n)$ と表され　$\lim\limits_{n\to\infty}a_n\neq 0$　【答】**発散する**

② $a_n=\dfrac{n}{n+1}$ と表され　$\lim\limits_{n\to\infty}a_n=1\neq 0$　【答】**発散する**

『無限級数 $\sum\limits_{n=1}^{\infty}a_n$ が収束するならば $\lim\limits_{n\to\infty}a_n=0$』は成立するが，この逆は必ずしも成り立つとは限らない。次の問いを考えることでこのことを確かめてほしい。

**類題 68**　無限級数 $\sum\limits_{n=1}^{\infty}(\sqrt{n+1}-\sqrt{n})$ について，次の問いに答えよ。

(1) $a_n=\sqrt{n+1}-\sqrt{n}$ とするとき，$\lim\limits_{n\to\infty}a_n$ を求めよ。

(2) $S_m=\sum\limits_{n=1}^{m}(\sqrt{n+1}-\sqrt{n})$ を，$m$ を用いて表し，$\lim\limits_{m\to\infty}S_m$ を求めよ。

3章　関数と極限

# 8 無限等比級数

初項 $a$, 公比 $r$ の無限等比数列を次々に加えていって得られる**無限級数**

$$a+ar+ar^2+\cdots+ar^{n-1}+\cdots=\sum_{n=1}^{\infty}ar^{n-1}$$

を

**初項 $a$, 公比 $r$ の無限等比級数**

という。

無限等比級数の収束・発散は，$a \neq 0$ なら

$r=1$ のとき

Step 1 部分和 $S_n=a_1+\cdots+a_n=a+\cdots+a=na$

Step 2 $\lim_{n\to\infty}S_n=\lim_{n\to\infty}na$

$a>0$ ならば $\lim_{n\to\infty}na=\infty$

$a<0$ ならば $\lim_{n\to\infty}na=-\infty$

より，**発散**する。

$r \neq 1$ のとき

Step 1 部分和 $S_n=a+ar+\cdots+ar^{n-1}=\dfrac{a(1-r^n)}{1-r}$

Step 2 $\lim_{n\to\infty}S_n=\lim_{n\to\infty}\dfrac{a(1-r^n)}{1-r}$

$r \neq 1$ のときで $\lim_{n\to\infty}r^n$ が収束するのは $|r|<1$ のとき。

すなわち，$|r|<1$ のとき $\lim_{n\to\infty}S_n=\dfrac{a}{1-r}$

← $a \neq 0$ のとき，等比数列 $\{ar^{n-1}\}$ の収束条件は
$-1 < r \leq 1$ 注意
であるが，
無限等比級数 $\sum_{n=1}^{\infty}ar^{n-1}$ の収束条件は
$-1 < r < 1$
である。

以上をまとめると

---

**ポイント** [無限等比級数の収束・発散]

$a \neq 0$ のとき，無限等比級数 $a+ar+\cdots+ar^{n-1}+\cdots=\sum_{n=1}^{\infty}ar^{n-1}$ は

$|r|<1$ のとき 収束し，その和は $\dfrac{a}{1-r}$

$|r| \geq 1$ のとき 発散する

覚え得

**基本例題 69** 　　　　　　　　　　　　　無限等比級数

無限等比級数 $1-\dfrac{1}{5}+\dfrac{1}{5^2}-\dfrac{1}{5^3}+\cdots$ の和を $S$，第 $n$ 項までの部分和を $S_n$ とするとき

(1) $S_n$, $S$ を求めよ。

(2) $|S-S_n|<\dfrac{1}{10^5}$ となる最小の自然数 $n$ を求めよ。

**ねらい** 無限等比級数の和を求めるときは，まずは公比に注目することを理解する！

**解法ルール** 初項 $a$，公比 $r$ の無限等比級数 $a+ar+ar^2+\cdots+ar^{n-1}+\cdots$ は

$r\neq 1$ のとき　$S_n=\dfrac{a(1-r^n)}{1-r}$

$|r|<1$ のとき　$\displaystyle\lim_{n\to\infty}S_n=\dfrac{a}{1-r}$

**解答例** (1) $1-\dfrac{1}{5}+\dfrac{1}{5^2}-\dfrac{1}{5^3}+\cdots$ は初項 $1$，公比 $-\dfrac{1}{5}$ の無限等比級数。

したがって　$S_n=\dfrac{1-\left(-\dfrac{1}{5}\right)^n}{1-\left(-\dfrac{1}{5}\right)}=\dfrac{5}{6}\left\{1-\left(-\dfrac{1}{5}\right)^n\right\}$　…答

$S=\displaystyle\lim_{n\to\infty}S_n=\lim_{n\to\infty}\dfrac{5}{6}\left\{1-\left(-\dfrac{1}{5}\right)^n\right\}=\dfrac{5}{6}$　…答

(2) $|S-S_n|=\left|\dfrac{5}{6}-\dfrac{5}{6}\left\{1-\left(-\dfrac{1}{5}\right)^n\right\}\right|=\left|\dfrac{5}{6}\left(-\dfrac{1}{5}\right)^n\right|$

$=\dfrac{5}{6}\left(\dfrac{1}{5}\right)^n=\dfrac{1}{6}\cdot\dfrac{1}{5^{n-1}}$

$|S-S_n|<\dfrac{1}{10^5}\iff\dfrac{1}{6}\cdot\dfrac{1}{5^{n-1}}<\dfrac{1}{10^5}$

したがって，$6\cdot 5^{n-1}>10^5$ を満たす最小の自然数 $n$ を求めればよい。$10^5=(5\cdot 2)^5=5^5\cdot 2^5$ より

$6\cdot 5^{n-1}>5^5\cdot 2^5\iff 5^{n-6}>\dfrac{2^5}{6}=\dfrac{2^4}{3}=5.3\cdots$

$n-6\geqq 2$ を満たす最小の自然数だから　$n=8$　…答

●無限等比級数
$a+ar+ar^2+\cdots$ の和
$|r|<1$ のとき
$\displaystyle\lim_{n\to\infty}\dfrac{a(1-r^n)}{1-r}=\dfrac{a}{1-r}$
つまり
① 初項，公比を確認
② $|r|<1$ ならばその和は $\dfrac{a}{1-r}$
といった手順で求められる。

この部分何か理屈っぽくやっているけれど
$6\cdot 5^{n-1}>10^5=100000$
$5^{n-1}>\dfrac{100000}{6}=16666.\cdots$
$5, 5^2, 5^3, 5^4, 5^5, 5^6, \cdots$
と順に調べていっても大丈夫！

**類題 69-1** 初項 $r^2$，公比 $r$ の無限等比級数の和 $S$ が $\dfrac{9}{10}$ であるとき

(1) $r$ の値を求めよ。

(2) 初項から第 $n$ 項までの和を $S_n$ とするとき，$|S-S_n|<\dfrac{1}{10}$ を満たす最小の $n$ の値を求めよ。

3章　関数と極限

**類題 69-2** 自然数 $n$ に対して $S_n = \sum_{k=0}^{n} \left(\frac{1}{2}\right)^k \cos k\pi$ とおくとき，次の問いに答えよ。

(1) $S_n$ はどのような数列の和になっているか述べよ。

(2) $S_n$ および $\sum_{k=0}^{\infty} \left(\frac{1}{2}\right)^k \cos k\pi$ を求めよ。

## ● 循環小数

循環小数は無限等比級数の考え方を用いて分数に直すことができる。

**基本例題 70** 　循環小数

次の循環小数を分数で表せ。

(1) $0.\dot{3}$ 　　(2) $0.\dot{2}3\dot{4}$ 　　(3) $1.1\dot{2}\dot{3}$

**ねらい** 循環小数を分数に直すこと。

**解法ルール**
1. 循環小数を，具体的に和の形に書く。
2. それが無限等比級数になっていることを確認する。
3. 初項 $a$，公比 $r$ を調べる。
4. $-1 < r < 1$ なら収束して，和は $S = \dfrac{a}{1-r}$

数学Ⅰ+Aの p.276 で，別の方法で循環小数を分数に直したことを覚えていますか。

**解答例**

(1) $0.\dot{3} = 0.3 + 0.03 + 0.003 + \cdots$

初項 $0.3$，公比 $0.1$ の無限等比級数。
$-1 < 0.1 < 1$ より，収束して和をもつ。
よって　$0.\dot{3} = \dfrac{0.3}{1-0.1} = \dfrac{0.3}{0.9} = \dfrac{1}{3}$　…[答]

(2) $0.\dot{2}3\dot{4} = 0.234 + 0.000234 + 0.000000234 + \cdots$

初項 $0.234$，公比 $0.001$ の無限等比級数。
$-1 < 0.001 < 1$ より，収束して和をもつ。
よって　$0.\dot{2}3\dot{4} = \dfrac{0.234}{1-0.001} = \dfrac{234}{999} = \dfrac{\mathbf{26}}{\mathbf{111}}$　…[答]

(3) $1.1\dot{2}\dot{3} = 1.1 + 0.023 + 0.00023 + 0.0000023 + \cdots$

$1.1$ をのぞいて，初項 $0.023$，公比 $0.01$ の無限等比級数。
$-1 < 0.01 < 1$ より，収束して和をもつ。
よって　$1.1\dot{2}\dot{3} = 1.1 + \dfrac{0.023}{1-0.01} = \dfrac{11}{10} + \dfrac{23}{990}$
$= \dfrac{1089}{990} + \dfrac{23}{990} = \dfrac{1112}{990} = \dfrac{\mathbf{556}}{\mathbf{495}}$　…[答]

**類題 70** $0.\dot{3}\dot{6} \times 0.\dot{6}$ を循環小数で表せ。

**応用例題 71** 　無限等比級数の収束条件

$c$ を $0$ でない定数とする。$a_1=6$, $a_{n+1}=\dfrac{5}{c}a_n$ $(n=1, 2, 3, \cdots)$
で定義された数列がある。
次の問いに答えよ。

(1) この数列が収束するような $c$ の値の範囲を求めよ。

(2) $\displaystyle\sum_{n=1}^{\infty} a_n = 21$ となるとき，$c$ の値を求めよ。

**ねらい** 等比数列が収束する条件，無限等比級数が収束する条件を考える。

**解法ルール** 初項 $a$，公比 $r$ の等比数列 $\{a_n\}$ について，$a \neq 0$ なら

$\displaystyle\lim_{n\to\infty} a_n$ が収束するのは　$-1 < r \leq 1$

$\displaystyle\sum_{n=1}^{\infty} a_n$ が収束するのは　$-1 < r < 1$

分数式の不等式はグラフを用いると一目で解ける。

**解答例** (1) 初項 $6$，公比 $\dfrac{5}{c}$ の等比数列より　$a_n = 6 \cdot \left(\dfrac{5}{c}\right)^{n-1}$

この数列が収束するのは　$\boxed{-1 < \dfrac{5}{c} \leq 1}$

右の図のグラフより　$c \geq 5$, $c < -5$ …**答**

(2) 初項 $6$，公比 $\dfrac{5}{c}$ の無限等比級数 $\displaystyle\sum_{n=1}^{\infty} a_n$ が

収束するのは

$\left|\dfrac{5}{c}\right| < 1$ の場合　$\left|\dfrac{5}{c}\right| < 1 \Longleftrightarrow -1 < \dfrac{5}{c} < 1$

したがって　$c < -5$ または $c > 5$ ……①

このとき　$\displaystyle\sum_{n=1}^{\infty} a_n = \dfrac{6}{1-\dfrac{5}{c}} = \dfrac{6c}{c-5}$

条件より　$\dfrac{6c}{c-5} = 21$

$6c = 21c - 105$ より　$c = 7$ （①に適する）

**答** $c = 7$

**類題 71** $0 \leq x < \dfrac{\pi}{2}$ のとき，無限級数

$$\tan x + (\tan x)^3 + (\tan x)^5 + \cdots + (\tan x)^{2n-1} + \cdots \quad \cdots\cdots ①$$

について

(1) 無限級数①が収束するような $x$ の値の範囲を求めよ。

(2) 級数の和が $\dfrac{\sqrt{3}}{2}$ となるように $x$ の値を定めよ。

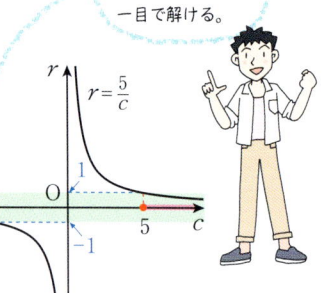

**応用例題 72** 　　　　　無限等比級数で表される関数

**ねらい** 無限等比級数で定義される関数のグラフをかく。

実数 $x$ に対して，無限等比級数
$$x+x(x^2-x+1)+x(x^2-x+1)^2+\cdots+x(x^2-x+1)^{n-1}+\cdots$$
……① がある。

(1) 無限級数①が収束するような実数 $x$ の値の範囲を求めよ。
(2) ①の和を $f(x)$ として，関数 $f(x)$ のグラフをかけ。

**解法ルール** 初項 $a(x)$，公比 $r(x)$ の無限等比級数
$$a(x)+a(x)r(x)+a(x)\{r(x)\}^2+\cdots+a(x)\{r(x)\}^{n-1}+\cdots$$
が収束するのは
$$a(x)=0 \quad \text{または} \quad |r(x)|<1 \;(a(x)\neq 0)$$
の場合であることに着目しよう。

**解答例** (1) (i) $x=0$ のとき　明らかに収束する。

(ii) $x\neq 0$ のとき　①は初項 $x$，公比 $x^2-x+1$ の無限等比級数であり，$|x^2-x+1|<1$ のときに収束する。

$|x^2-x+1|<1 \iff -1<x^2-x+1<1$

- $-1<x^2-x+1 \iff x^2-x+2>0$　については常に成立する。
- $x^2-x+1<1 \iff x^2-x<0 \iff x(x-1)<0$

よって　$0<x<1$

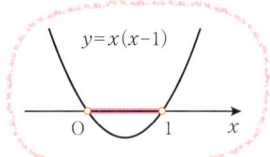

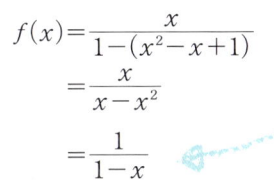

以上より　$\mathbf{0\leq x<1}$ 　…答

(2) $x=0$ のとき　$f(0)=0$

$x\neq 0$ のとき　$0<x<1$ において
$$f(x)=\frac{x}{1-(x^2-x+1)}$$
$$=\frac{x}{x-x^2}$$
$$=\frac{1}{1-x}$$

答　**右の図**

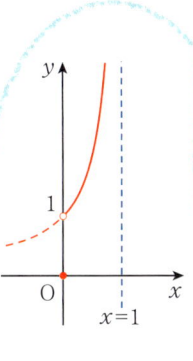

$x\neq 0$ のとき
$$\frac{x}{x-x^2}=\frac{1}{1-x}$$
一般には $f(x)=\dfrac{x}{x-x^2}$ と $g(x)=\dfrac{1}{1-x}$ は同じ関数ではない。
$f(x)$ は $x=0$ では定義されない。
$g(x)$ は $x=0$ で定義される。

**類題 72-1** $x$ は $x=-1$ 以外の実数，$n$ は自然数として，
$$S_n(x)=1+\frac{x}{1+x}+\left(\frac{x}{1+x}\right)^2+\cdots+\left(\frac{x}{1+x}\right)^{n-1}$$
とおく。

(1) $n\to\infty$ のとき，$S_n(x)$ が収束するように $x$ の値の範囲を定めよ。
(2) $S_n(x)$ の $n\to\infty$ での極限を $S(x)$ とおくとき，関数 $y=S(x)$ のグラフをかけ。

**類題 72-2** 無限等比級数 $\displaystyle\sum_{n=1}^{\infty}(1-\cos\theta-\cos 2\theta)^n$ （ただし $0\leq\theta<2\pi$）が収束するための必要十分条件を求めよ。

**基本例題 73**  無限等比級数と図形(1)

**ねらい** 無限等比級数の和で表される動点の座標を求める。

図のように，点 P が原点 O から出発して $P_1$, $P_2$, $P_3$, $\cdots$ と進んでいく。ただし，$OP_1 = a$, $P_1P_2 = \dfrac{1}{2}OP_1$, $P_2P_3 = \dfrac{1}{2}P_1P_2$, $\cdots$, $P_{n-1}P_n = \dfrac{1}{2}P_{n-2}P_{n-1}$

$OP_1 + P_1P_2 + \cdots + P_{n-1}P_n + \cdots = 10$

(1) $a$ の値を求めよ。
(2) 点 P が近づいていく点の座標を求めよ。

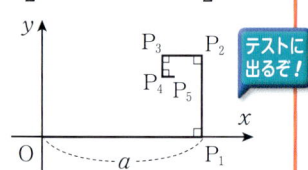

**解法ルール**　点 P の $x$ 座標，$y$ 座標はそれぞれ，無限級数の和で表されることに着目しよう。

**解答例**　(1) $OP_1 + P_1P_2 + \cdots + P_{n-1}P_n + \cdots$ は初項 $a$, 公比 $\dfrac{1}{2}$ の無限等比級数で，和が 10 であるから　$\dfrac{a}{1-\dfrac{1}{2}} = 10$　**答** $a = 5$

(2) まず，点 P の $x$ 軸方向の変化に着目すると

$$a - \left(\dfrac{1}{2}\right)^2 a + \left(\dfrac{1}{2}\right)^4 a - \left(\dfrac{1}{2}\right)^6 a + \cdots \quad \cdots\cdots ①$$

① は初項 $a$, 公比 $-\dfrac{1}{4}$ の無限等比級数より，その和は

$$\sum_{n=1}^{\infty} a\left(-\dfrac{1}{4}\right)^{n-1} = \dfrac{a}{1-\left(-\dfrac{1}{4}\right)} = \dfrac{4}{5}a = 4 \quad \leftarrow a=5 \text{ だから}$$

点 P の $y$ 軸方向の変化に着目すると

$$\dfrac{1}{2}a - \left(\dfrac{1}{2}\right)^3 a + \left(\dfrac{1}{2}\right)^5 a - \left(\dfrac{1}{2}\right)^7 a + \cdots \quad \cdots\cdots ②$$

② は初項 $\dfrac{1}{2}a$, 公比 $-\dfrac{1}{4}$ の無限等比級数より，その和は

$$\sum_{n=1}^{\infty} \dfrac{1}{2}a\left(-\dfrac{1}{4}\right)^{n-1} = \dfrac{\dfrac{1}{2}a}{1-\left(-\dfrac{1}{4}\right)} = \dfrac{2}{5}a = 2 \quad \textbf{答} \ (4, \ 2)$$

平面上を動く点の座標に関する問題では，
・$x$ 軸方向の変化
・$y$ 軸方向の変化
に分けて考えていくことが Point。解答例のように具体的に書いてみるとわかりやすいよ。

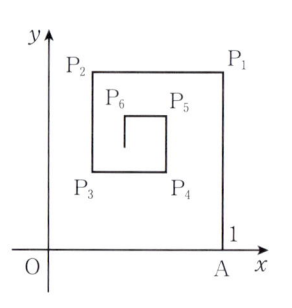

**類題 73**　座標平面上で点 P が $A(1, 0)$ を出発して右の図のように $90°$ ずつ向きを変えながら $P_1$, $P_2$, $P_3$, $\cdots$ と動くとき，点 P はどのような点に近づくか。ただし $AP_1 = 1$, $P_1P_2 = \dfrac{3}{4}AP_1$, $P_2P_3 = \dfrac{3}{4}P_1P_2$, $P_3P_4 = \dfrac{3}{4}P_2P_3$, $\cdots$ とする。

## 応用例題 74 　無限等比級数と図形(2)

面積が 2 の $\triangle P_1Q_1R_1$ がある。$\triangle P_1Q_1R_1$ の辺 $P_1Q_1$, $Q_1R_1$, $R_1P_1$ をそれぞれ 2：1 に内分する点を $R_2$, $P_2$, $Q_2$ として $\triangle P_2Q_2R_2$ を作る。以下同様にして作られた三角形

$$\triangle P_1Q_1R_1, \ \triangle P_2Q_2R_2, \ \triangle P_3Q_3R_3, \ \cdots, \ \triangle P_nQ_nR_n, \ \cdots$$

について，各三角形の面積の総和を求めよ。

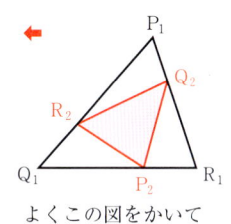

**ねらい** 無限等比級数の図形への応用を考える。

**テストに出るぞ！**

**解法ルール** $\triangle P_1Q_1R_1 + \triangle P_2Q_2R_2 + \cdots + \triangle P_nQ_nR_n + \cdots$ は無限等比級数になっている。**初項は $\triangle P_1Q_1R_1$ の面積より 2**

これより公比を求めればよい。

**解答例** 右の図より

$$\triangle P_nR_{n+1}Q_{n+1} = \frac{2}{3} \times \frac{1}{3} \times \triangle P_nQ_nR_n$$

$$\triangle Q_nP_{n+1}R_{n+1} = \frac{2}{3} \times \frac{1}{3} \times \triangle P_nQ_nR_n$$

$$\triangle R_nQ_{n+1}P_{n+1} = \frac{2}{3} \times \frac{1}{3} \times \triangle P_nQ_nR_n$$

$$\triangle P_{n+1}Q_{n+1}R_{n+1} = \triangle P_nQ_nR_n - (\triangle P_nR_{n+1}Q_{n+1}$$
$$+ \triangle Q_nP_{n+1}R_{n+1} + \triangle R_nQ_{n+1}P_{n+1})$$
$$= \triangle P_nQ_nR_n - 3 \times \frac{2}{9}\triangle P_nQ_nR_n$$
$$= \frac{1}{3}\triangle P_nQ_nR_n$$

$\triangle P_1Q_1R_1 + \triangle P_2Q_2R_2 + \cdots + \triangle P_nQ_nR_n + \cdots$ は初項 2，公比 $\frac{1}{3}$ の無限等比級数。

これより，この和は

$$\sum_{n=1}^{\infty} \triangle P_nQ_nR_n = \frac{2}{1-\frac{1}{3}} = 3 \quad \cdots \text{答}$$

よくこの図をかいて
$$\triangle P_2Q_2R_2 = \frac{1}{3}\triangle P_1Q_1R_1$$
を求め，すぐに
$$\triangle P_1Q_1R_1 + \cdots + \triangle P_nQ_nR_n + \cdots$$
は初項 2，公比 $\frac{1}{3}$ の無限等比級数と結論づけている人がいるけれどこれはダメ。なぜなら，一般に
$$\triangle P_{n+1}Q_{n+1}R_{n+1} = \frac{1}{3}\triangle P_nQ_nR_n$$
が成り立つことが示されていないから。

**類題 74** 面積が 1 の $\triangle P_1Q_1R_1$ がある。$\triangle P_1Q_1R_1$ の辺 $P_1Q_1$, $Q_1R_1$, $R_1P_1$ の中点を $R_2$, $P_2$, $Q_2$ として $\triangle P_2Q_2R_2$ を作る。以下同様に作られた三角形

$$\triangle P_1Q_1R_1, \ \triangle P_2Q_2R_2, \ \triangle P_3Q_3R_3, \ \cdots, \ \triangle P_nQ_nR_n, \ \cdots$$

について，各三角形の面積の総和を求めよ。

2 数列の極限

**応用例題 75** 漸化式と無限等比級数

**ねらい** 漸化式を用いて無限等比級数を求める。

半直線 $y=\sqrt{3}x$ $(x\geqq 0)$ と $x$ 軸に接する円の列 $O_n$ $(n=1, 2, 3, \cdots)$ が図のように互いに接しながら並んでいる。円 $O_n$ の中心の座標を $(x_n, y_n)$ とし，面積を $S_n$ とする。

(1) $x_1=5$ のとき，$y_1$ の値を求めよ。
(2) 円 $O_n$ と円 $O_{n+1}$ の位置関係に着目して，$y_{n+1}$ を $y_n$ で表せ。
(3) 無限級数 $\displaystyle\sum_{n=1}^{\infty} S_n$ の和を求めよ。

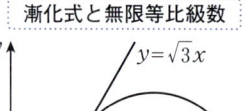

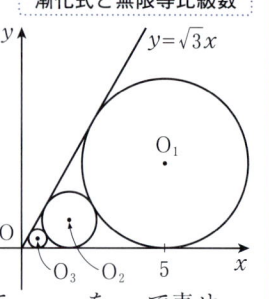

**解法ルール** 円 $O_n$ の半径 $r_n$ は $r_n=y_n$ 右の図より，$\triangle O_n O_{n+1} H$ は直角三角形。よって $\dfrac{O_n H}{O_n O_{n+1}}=\sin 30°$

**解答例**

(1) 半直線 $y=\sqrt{3}x$ と $x$ 軸の正方向とのなす角 $\theta$ は傾きが $\sqrt{3}$ より
$\tan\theta=\sqrt{3}$ これより $\theta=60°$
よって，図で $\angle O_1 OP=30°$
$O_1 P=OP\times \tan 30°$ より
$y_1=5\times\dfrac{1}{\sqrt{3}}=\dfrac{5\sqrt{3}}{3}$ …答

(2) 右の図より $\dfrac{O_n H}{O_n O_{n+1}}=\dfrac{y_n-y_{n+1}}{y_n+y_{n+1}}$
$\sin 30°=\dfrac{1}{2}$ より $\dfrac{y_n-y_{n+1}}{y_n+y_{n+1}}=\dfrac{1}{2}$
これより $y_{n+1}=\dfrac{1}{3}y_n$ …答

(3) $\displaystyle\sum_{n=1}^{\infty} S_n$ は初項 $\left(\dfrac{5}{\sqrt{3}}\right)^2 \pi=\dfrac{25}{3}\pi$，公比 $\dfrac{1}{9}$ の無限等比級数より

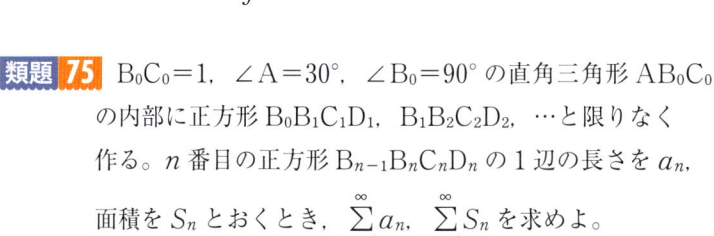

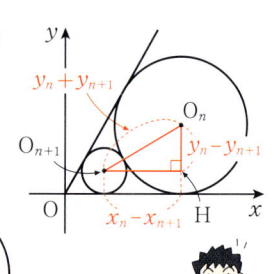

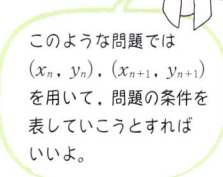

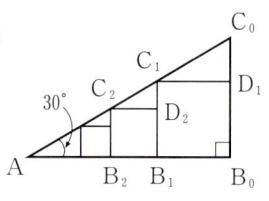

← 面積比=(相似比)$^2$

$\displaystyle\sum_{n=1}^{\infty} S_n=\dfrac{\dfrac{25}{3}\pi}{1-\dfrac{1}{9}}=\dfrac{75}{8}\pi$ …答

このような問題では $(x_n, y_n)$，$(x_{n+1}, y_{n+1})$ を用いて，問題の条件を表していこうとすればいいよ。

**類題 75** $B_0 C_0=1$，$\angle A=30°$，$\angle B_0=90°$ の直角三角形 $AB_0 C_0$ の内部に正方形 $B_0 B_1 C_1 D_1$，$B_1 B_2 C_2 D_2$，…と限りなく作る。$n$ 番目の正方形 $B_{n-1}B_n C_n D_n$ の1辺の長さを $a_n$，面積を $S_n$ とおくとき，$\displaystyle\sum_{n=1}^{\infty} a_n$，$\displaystyle\sum_{n=1}^{\infty} S_n$ を求めよ。

3章 関数と極限

# 3節 関数の極限

## 9 関数の極限

関数 $f(x)$ において

「$x(\neq a)$ が限りなく $a$ に近づくとき，$f(x)$ の値が限りなく一定の値 $\alpha$ に近づく」

ことを

「$x \to a$ のとき，$f(x)$ は $\alpha$ に収束する」

といい，

「$\lim_{x \to a} f(x) = \alpha$」

と表す。

このとき，$\alpha$ を $x \to a$ のときの $f(x)$ の **極限値** という。

> 極限値は，有限な数値で確定した値なのよ。

関数の極限値についても，数列の極限値と同様のことが成り立つ。

**ポイント** 　[関数の極限]

$\lim_{x \to a} f(x) = \alpha$, $\lim_{x \to a} g(x) = \beta$ のとき　　覚え得

① $\lim_{x \to a} k f(x) = k\alpha$ 　（$k$ は定数）

② $\lim_{x \to a} \{f(x) \pm g(x)\} = \alpha \pm \beta$ 　（複号同順）

③ $\lim_{x \to a} f(x) g(x) = \alpha\beta$

④ $\beta \neq 0$ のとき　$\lim_{x \to a} \dfrac{f(x)}{g(x)} = \dfrac{\alpha}{\beta}$

⑤ $a$ の近くで，$f(x) \leq g(x)$ ならば
$\lim_{x \to a} f(x) \leq \lim_{x \to a} g(x)$ すなわち $\alpha \leq \beta$

⑥ $a$ の近くで，$f(x) \leq h(x) \leq g(x)$ かつ $\lim_{x \to a} f(x) = \lim_{x \to a} g(x) = \alpha$ ならば
$\lim_{x \to a} h(x) = \alpha$

**基本例題 76** 　　　　　　　　　　　関数の極限(1)

**ねらい** $\lim_{x\to\infty} f(x)$, $\lim_{x\to-\infty} f(x)$ の極限を調べる。

次の極限を調べよ。

(1) $\lim_{x\to\infty} \dfrac{2x-3}{x+2}$

(2) $\lim_{x\to-\infty} \dfrac{x^2-3x+2}{2x^2+1}$

(3) $\lim_{x\to\infty} \dfrac{x^2+1}{2x^3+1}$

(4) $\lim_{x\to-\infty} \left(1-\dfrac{2}{x}\right)\left(2+\dfrac{1}{x^2}\right)$

(5) $\lim_{x\to\infty} (x^3-2x+3)$

(6) $\lim_{x\to-\infty} (x^3+3x-1)$

**解法ルール** $\lim_{x\to\infty} \dfrac{k}{x^n}=0$, $\lim_{x\to-\infty} \dfrac{k}{x^n}=0$ 　($n=1, 2, 3, \cdots$)

**解答例**

(1) $\lim_{x\to\infty} \dfrac{2x-3}{x+2} = \lim_{x\to\infty} \dfrac{2-\dfrac{3}{x}}{1+\dfrac{2}{x}} = \mathbf{2}$ 　…答
　　　　　　　　└── 分母・分子を $x$ で割る

(2) $\lim_{x\to-\infty} \dfrac{x^2-3x+2}{2x^2+1} = \lim_{x\to-\infty} \dfrac{1-\dfrac{3}{x}+\dfrac{2}{x^2}}{2+\dfrac{1}{x^2}} = \dfrac{\mathbf{1}}{\mathbf{2}}$ 　…答

(3) $\lim_{x\to\infty} \dfrac{x^2+1}{2x^3+1} = \lim_{x\to\infty} \dfrac{\dfrac{1}{x}+\dfrac{1}{x^3}}{2+\dfrac{1}{x^3}} = \mathbf{0}$ 　…答

(4) $\lim_{x\to-\infty} \left(1-\dfrac{2}{x}\right)\left(2+\dfrac{1}{x^2}\right) = \mathbf{2}$ 　…答

(5) $\lim_{x\to\infty} (x^3-2x+3) = \lim_{x\to\infty} x^3\left(1-\dfrac{2}{x^2}+\dfrac{3}{x^3}\right) = \infty \cdot 1 = \mathbf{\infty}$ 　…答

(6) $\lim_{x\to-\infty} (x^3+3x-1) = \lim_{x\to-\infty} x^3\left(1+\dfrac{3}{x^2}-\dfrac{1}{x^3}\right)$
　　　　$= -\infty \cdot 1 = \mathbf{-\infty}$ 　…答

基本的な考え方は数列の極限と同じだわ。

**類題 76** 次の極限を調べよ。

(1) $\lim_{x\to-\infty} \dfrac{1}{x+2}$

(2) $\lim_{x\to\infty} \dfrac{1}{1-x^2}$

(3) $\lim_{x\to-\infty} \dfrac{1-x^2}{x^2}$

(4) $\lim_{x\to\infty} (x^3-x^2-2)$

(5) $\lim_{x\to-\infty} (x^3+2x^2-1)$

**基本例題 77** 　　　　　　　　　　　　関数の極限(2)

次の極限を調べよ。

(1) $\displaystyle\lim_{x\to 3}\frac{x^2-9}{x-3}$ 　　(2) $\displaystyle\lim_{x\to 0}\frac{1}{x}\left(1-\frac{2}{x+2}\right)$

(3) $\displaystyle\lim_{x\to 1}\frac{\sqrt{x+3}-2}{x-1}$ 　　(4) $\displaystyle\lim_{x\to 2}\frac{x-2}{\sqrt{x+7}-3}$

(5) $\displaystyle\lim_{x\to\infty}(\sqrt{x^2+x+2}-x)$ 　　(6) $\displaystyle\lim_{x\to -\infty}(\sqrt{x^2+x+1}+x)$

**ねらい**
$\frac{0}{0}$型, $0\times\infty$型, $\infty-\infty$型の極限を調べる。

**解法ルール**
- $\displaystyle\lim_{x\to a}\frac{f(x)}{g(x)}$ の極限は, $\displaystyle\lim_{x\to a}g(x)=0$ でも $\displaystyle\lim_{x\to a}f(x)=0$ となるときは有限な値に定まることがある。
- $\displaystyle\lim_{x\to\infty}f(x)=\infty$, $\displaystyle\lim_{x\to\infty}g(x)=\infty$ の場合でも, $\displaystyle\lim_{x\to\infty}\{f(x)-g(x)\}$ の極限が有限になる場合がある。

← $\displaystyle\lim_{x\to a}\frac{f(x)}{g(x)}$ で
$\displaystyle\lim_{x\to a}f(x)=0$,
$\displaystyle\lim_{x\to a}g(x)=0$
のときの計算は
$f(x)=(x-a)f_1(x)$
$g(x)=(x-a)g_1(x)$
と表されて
$\displaystyle\lim_{x\to a}\frac{f(x)}{g(x)}$
$=\displaystyle\lim_{x\to a}\frac{(x-a)f_1(x)}{(x-a)g_1(x)}$
$=\displaystyle\lim_{x\to a}\frac{f_1(x)}{g_1(x)}$

**解答例**

(1) $\displaystyle\lim_{x\to 3}\frac{x^2-9}{x-3}=\lim_{x\to 3}\frac{(x+3)(x-3)}{x-3}=\lim_{x\to 3}(x+3)=6$ …答

(2) $\displaystyle\lim_{x\to 0}\frac{1}{x}\left(1-\frac{2}{x+2}\right)=\lim_{x\to 0}\frac{1}{x}\cdot\frac{(x+2)-2}{x+2}=\lim_{x\to 0}\frac{1}{x+2}=\frac{1}{2}$ …答

(3) $\displaystyle\lim_{x\to 1}\frac{\sqrt{x+3}-2}{x-1}=\lim_{x\to 1}\frac{(x+3)-4}{(x-1)(\sqrt{x+3}+2)}=\lim_{x\to 1}\frac{1}{\sqrt{x+3}+2}=\frac{1}{4}$ …答

(4) $\displaystyle\lim_{x\to 2}\frac{x-2}{\sqrt{x+7}-3}=\lim_{x\to 2}\frac{(x-2)(\sqrt{x+7}+3)}{(x+7)-9}=\lim_{x\to 2}(\sqrt{x+7}+3)=6$ …答

(5) $\displaystyle\lim_{x\to\infty}(\sqrt{x^2+x+2}-x)=\lim_{x\to\infty}\frac{x^2+x+2-x^2}{\sqrt{x^2+x+2}+x}=\lim_{x\to\infty}\frac{1+\frac{2}{x}}{\sqrt{1+\frac{1}{x}+\frac{2}{x^2}}+1}=\frac{1}{2}$ …答

(6) $t=-x$ とおく。$x\to -\infty$ のとき $t\to\infty$

$\displaystyle\lim_{x\to -\infty}(\sqrt{x^2+x+1}+x)=\lim_{t\to\infty}(\sqrt{t^2-t+1}-t)=\lim_{t\to\infty}\frac{(t^2-t+1)-t^2}{\sqrt{t^2-t+1}+t}$

$=\displaystyle\lim_{t\to\infty}\frac{-1+\frac{1}{t}}{\sqrt{1-\frac{1}{t}+\frac{1}{t^2}}+1}=-\frac{1}{2}$ …答

極限を求めるとき, $x\to -\infty$ と $\sqrt{\phantom{x}}$ が同時に出現したときは, $t=-x\,(>0)$ とおき換えるのがコツ！

**類題 77** 次の極限を調べよ。

(1) $\displaystyle\lim_{x\to 0}\frac{1}{x}\left(1-\frac{1}{x+1}\right)$ 　　(2) $\displaystyle\lim_{x\to 3}\frac{\sqrt{x+6}-3}{x-3}$ 　　(3) $\displaystyle\lim_{x\to 2}\frac{x-2}{\sqrt{x+2}-\sqrt{2x}}$

(4) $\displaystyle\lim_{x\to\infty}(\sqrt{x+1}-\sqrt{x})$ 　　(5) $\displaystyle\lim_{x\to -\infty}\{\sqrt{x(x-3)}+x+1\}$

## ● 右側極限・左側極限

$x$ が $a$ に限りなく近づくといっても，その近づき方はいろいろである。
そこで

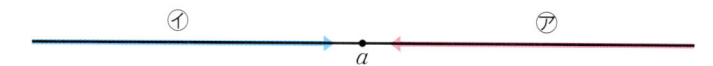

```
────────────────①──────────●──────────⑦────────────
                            a
```

- $x$ が $a$ より大きい値をとりながら近づく，すなわち
  ⑦のように，数直線上で $a$ の右側から $a$ に近づくとき，$x \to a+0$ と表す。
- $x$ が $a$ より小さい値をとりながら近づく，すなわち
  ①のように，数直線上で $a$ の左側から $a$ に近づくとき，$x \to a-0$ と表す。

そこで

$\lim_{x \to a+0} f(x)$ は $x$ が $a$ に右側から近づいたときの極限ということで **右側極限**，

$\lim_{x \to a-0} f(x)$ は $x$ が $a$ に左側から近づいたときの極限ということで **左側極限** という。

---

**ポイント** ［右側極限・左側極限］

一般に

$$\left. \begin{array}{l} \lim_{x \to a+0} f(x) = \alpha \\ \lim_{x \to a-0} f(x) = \alpha \end{array} \right\} \iff \lim_{x \to a} f(x) = \alpha$$

（覚え得）

---

要するに

「$\lim_{x \to a} f(x) = \alpha$」と表すことは「**右側極限** $\lim_{x \to a+0} f(x)$ も **左側極限** $\lim_{x \to a-0} f(x)$ も存在して，これらの極限値がともに $\alpha$ である」

ということをいっていることになる。

> 「$\lim_{x \to a} f(x) = \alpha$」は，実は「$x$ が限りなく $a$ に近づくとき，その近づき方に関係なく関数 $f(x)$ の値は限りなく $\alpha$ に近づく」ことをいっているんだ。

> 先生，でも $x \to a+0$，$x \to a-0$ の2つの場合だけしか調べていませんが？

> いい質問だ！ でも，右側極限と左側極限の2つの場合を調べる，すなわち
> $\lim_{x \to a+0} f(x) = \alpha$，$\lim_{x \to a-0} f(x) = \alpha$ ならば $\lim_{x \to a} f(x) = \alpha$
> としてよいという定理があるんだ。これも大学でのお楽しみだね。
> また，$\lim_{x \to a+0} f(x) \neq \lim_{x \to a-0} f(x)$ ならば $\lim_{x \to a} f(x)$ は極限をもたないんだ。

**基本例題 78**　　　　　　　　　　　　右側極限・左側極限

**ねらい**　右側極限・左側極限の求め方を練習する。

次の極限を求めよ。

(1) $\displaystyle\lim_{x \to 2+0} \frac{x}{x-2}$  　(2) $\displaystyle\lim_{x \to 2-0} \frac{x}{x-2}$  　(3) $\displaystyle\lim_{x \to 2} \frac{x}{x-2}$

(4) $\displaystyle\lim_{x \to 1+0} \frac{2}{(x-1)^2}$  　(5) $\displaystyle\lim_{x \to 1-0} \frac{2}{(x-1)^2}$  　(6) $\displaystyle\lim_{x \to 1} \frac{2}{(x-1)^2}$

**解法ルール**　右側極限 $\displaystyle\lim_{x \to a+0} f(x)$ の考え方

**1**　関数 $y=f(x)$ の $x=a$ 周辺のグラフを考える。

**2**　$x$ が $x>a$ の値をとりながら $a$ に限りなく近づくときの $f(x)$ の極限を考える。

左側極限 $\displaystyle\lim_{x \to a-0} f(x)$ については上の**2**で $(x>a)$ の部分を $(x<a)$ に変えて考えればよい。

$\displaystyle\lim_{x \to a} f(x)$ は右側極限と左側極限が一致すれば極限があり，一致しなければ「極限なし」と答える。

← $a=0$ のとき，つまり
$x \to 0+0$ を $x \to +0$
$x \to 0-0$ を $x \to -0$
と書く。

**解答例**

(1) $\displaystyle\lim_{x \to 2+0} \frac{x}{x-2}^{\nearrow 2}_{\searrow +0} = \infty$ …**答**

(2) $\displaystyle\lim_{x \to 2-0} \frac{x}{x-2}^{\nearrow 2}_{\searrow -0} = -\infty$ …**答**

(3) (1)，(2)で異なる極限をもつから　**極限なし** …**答**

(4) $\displaystyle\lim_{x \to 1+0} \frac{2}{(x-1)^2}_{\searrow +0} = \infty$ …**答**

(5) $\displaystyle\lim_{x \to 1-0} \frac{2}{(x-1)^2}_{\searrow +0} = \infty$ …**答**

(6) (4)，(5)で同じ極限をもつから
$\displaystyle\lim_{x \to 1} \frac{2}{(x-1)^2} = \infty$ …**答**

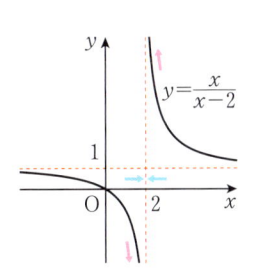

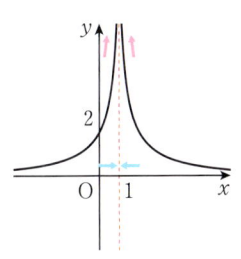

**類題 78**　次の極限を求めよ。

(1) $\displaystyle\lim_{x \to +0} \frac{x^2+x}{|x|}$  　(2) $\displaystyle\lim_{x \to -0} \frac{x^2+x}{|x|}$  　(3) $\displaystyle\lim_{x \to 0} \frac{x^2+x}{|x|}$

(4) $\displaystyle\lim_{x \to -2+0} \frac{x}{x+2}$  　(5) $\displaystyle\lim_{x \to -2-0} \frac{x}{x+2}$  　(6) $\displaystyle\lim_{x \to -2} \frac{x}{x+2}$

3　関数の極限

**応用例題 79** 極限と係数の決定(1)

次の等式が成り立つように，定数 $a$, $b$ の値を定めよ。
$$\lim_{x \to 4} \frac{a\sqrt{x}+b}{x-4}=2$$

テストに出るぞ！

**ねらい**
$\lim_{x \to a} \frac{f(x)}{g(x)}$ が $\lim_{x \to a} g(x)=0$ のときに有限な極限値をもつ場合を考える。

**解法ルール** $\lim_{x \to a} \frac{f(x)}{g(x)}=\alpha$（有限な値）の場合では

$$\lim_{x \to a} g(x)=0 \text{ ならば } \lim_{x \to a} f(x)=0$$

**解答例** $\lim_{x \to 4}(x-4)=0$ のとき，

$\lim_{x \to 4} \dfrac{a\sqrt{x}+b}{x-4}=2$ となるためには

$\lim_{x \to 4}(a\sqrt{x}+b)=2a+b=0$

であることが必要。

ゆえに $b=-2a$

このとき $\lim_{x \to 4} \dfrac{a\sqrt{x}+b}{x-4}$

$=\lim_{x \to 4} \dfrac{a\sqrt{x}-2a}{x-4}$

$=\lim_{x \to 4} \dfrac{a(\sqrt{x}-2)}{x-4}$

$=\lim_{x \to 4} \dfrac{a(x-4)}{(x-4)(\sqrt{x}+2)}$

$=\lim_{x \to 4} \dfrac{a}{\sqrt{x}+2}$

$=\dfrac{a}{4}$

条件より $\dfrac{a}{4}=2$ よって $a=8$

$b=-2a$ より $b=-16$

逆に，$a=8$, $b=-16$ のとき与式は成り立つ。

**答** $a=8$, $b=-16$

> なぜ $\lim_{x \to 4}(a\sqrt{x}+b)=0$ とならなくてはいけないの？とよくきかれるんだけれど，こんな疑問がでてきたら，$\lim_{x \to 4}(a\sqrt{x}+b)\neq 0$ のとき $\lim_{x \to 4} \dfrac{a\sqrt{x}+b}{x-4}$ がどのようになるか考えてみるといいよ。**分母→0 でも分子→$\alpha$ ($\alpha \neq 0$) になると $\dfrac{a\sqrt{x}+b}{x-4}$ の極限は有限な値にならない**よね。ということは，まず，$\lim_{x \to 4}(a\sqrt{x}+b)=0$ **が成り立っていなくてはならない**んだ。

**類題 79-1** $\lim_{x \to 1} \dfrac{x^2+ax+b}{x^2-3x+2}=2$ となるように，定数 $a$, $b$ の値を定めよ。

**類題 79-2** 定数 $a$, $b$ が等式 $\lim_{x \to 3} \dfrac{ax-b\sqrt{x+1}}{x-3}=5$ を満たすように，定数 $a$, $b$ の値を定めよ。

**応用例題 80**  極限と係数の決定(2)

次の等式が成り立つように，定数 $a$, $b$ の値を定めよ。
$$\lim_{x\to\infty}\{\sqrt{x^2-1}-(ax+b)\}=2$$

**ねらい** $\infty-\infty$ 型の極限を考える。

**解法ルール** $\displaystyle\lim_{x\to\infty}(\sqrt{\bigcirc}-\triangle)$ 型の極限は $\displaystyle\lim_{x\to\infty}\frac{(\sqrt{\bigcirc}-\triangle)(\sqrt{\bigcirc}+\triangle)}{\sqrt{\bigcirc}+\triangle}$ として考えよう。

**解答例**
$$\lim_{x\to\infty}\{\sqrt{x^2-1}-(ax+b)\}=\lim_{x\to\infty}\frac{(x^2-1)-(ax+b)^2}{\sqrt{x^2-1}+ax+b}$$
$$=\lim_{x\to\infty}\frac{(1-a^2)x^2-2abx-(1+b^2)}{\sqrt{x^2-1}+ax+b}$$
$$=\lim_{x\to\infty}\frac{(1-a^2)x-2ab-\dfrac{1+b^2}{x}}{\sqrt{1-\dfrac{1}{x^2}}+a+\dfrac{b}{x}}$$

分母に $\sqrt{x^2-1}$ があるので分母・分子を $x$ で割ればいいんだ。
$$\frac{\sqrt{x^2-1}}{x}=\sqrt{1-\frac{1}{x^2}}$$
となる。

分子の極限を考える。
$$\lim_{x\to\infty}\left\{(1-a^2)x-2ab-\frac{1+b^2}{x}\right\}$$

これが有限な値になることが必要だから，$1-a^2=0$ が成り立つ。
これより，$a=\pm 1$ であることが必要。

$x\to\infty$ のとき
$\sqrt{x^2-1}\to\infty$
$x-b\to\infty$

$a=-1$ のとき $\displaystyle\lim_{x\to\infty}(\sqrt{x^2-1}+x-b)=\infty$ となり適さない。

$a=1$ のとき $\displaystyle\lim_{x\to\infty}\frac{-2b-\dfrac{1+b^2}{x}}{\sqrt{1-\dfrac{1}{x^2}}+1+\dfrac{b}{x}}=-b$

$x\to\infty$ のとき
$\dfrac{1+b^2}{x}\to 0$
$\dfrac{1}{x^2}\to 0$
$\dfrac{b}{x}\to 0$

したがって，$-b=2$ より $b=-2$
逆に，$a=1$, $b=-2$ のとき与式は成り立つ。

**答** $a=1$, $b=-2$

**類題 80-1** $\displaystyle\lim_{x\to\infty}\{\sqrt{2x^2-3x+4}-(ax+b)\}=0$ となるように，定数 $a$, $b$ の値を定めよ。

**類題 80-2** $\displaystyle\lim_{x\to-\infty}(\sqrt{x^2+ax+2}-\sqrt{x^2+2x+3})=3$ が成り立つとき，定数 $a$ の値を求めよ。

3 関数の極限

# 10 いろいろな関数の極限

## ● 指数関数・対数関数の極限

指数関数・対数関数の極限については，次のようにグラフで考えるとわかりやすい。

### ❖ 指数関数の極限のまとめ

$a>1$ のとき　$\lim_{x\to\infty} a^x = \infty$

　　　　　　　$\lim_{x\to-\infty} a^x = 0$

$0<a<1$ のとき　$\lim_{x\to\infty} a^x = 0$

　　　　　　　　$\lim_{x\to-\infty} a^x = \infty$

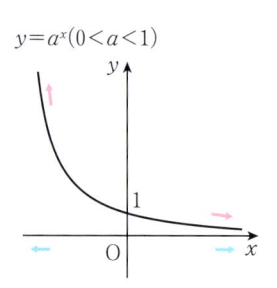

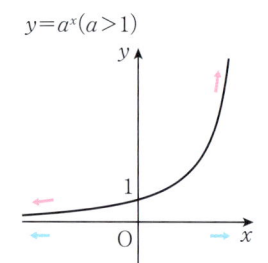

### ❖ 対数関数の極限のまとめ

$a>1$ のとき　$\lim_{x\to\infty} \log_a x = \infty$

　　　　　　　$\lim_{x\to+0} \log_a x = -\infty$

$0<a<1$ のとき　$\lim_{x\to\infty} \log_a x = -\infty$

　　　　　　　　$\lim_{x\to+0} \log_a x = \infty$

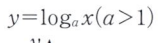

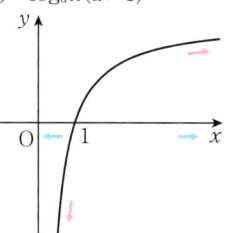

---

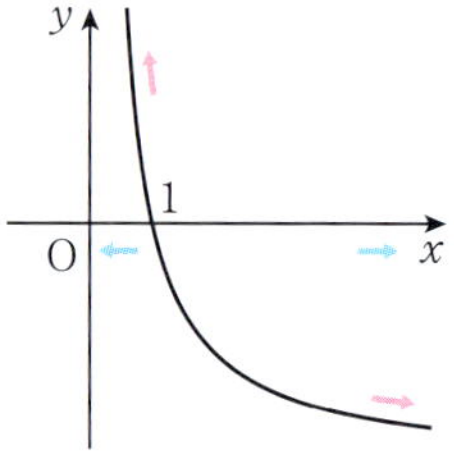

**基本例題 81**　　　　　　　　指数関数・対数関数の極限

次の極限を求めよ。

(1) $\lim_{x\to-\infty} 2^x$　　(2) $\lim_{x\to\infty} 3^{-x^2}$　　(3) $\lim_{x\to\infty} \log_2 \dfrac{1}{x}$

**ねらい**　指数関数・対数関数の極限の求め方。

**解法ルール**　上のまとめやグラフを考え，極限を求める。

**解答例**
(1) $\lim_{x\to-\infty} 2^x = 0$　…[答]

　　$t=-x$ とすると
　　$\lim_{x\to-\infty} 2^x = \lim_{t\to\infty} 2^{-t} = \lim_{t\to\infty} \dfrac{1}{2^t} = 0$

(2) $\lim_{x\to\infty} 3^{-x^2} = 0$　…[答]

　　$\lim_{x\to\infty} 3^{-x^2} = \lim_{x\to\infty} \dfrac{1}{3^{x^2}} = 0$

(3) $\lim_{x\to\infty} \log_2 \dfrac{1}{x} = \lim_{x\to\infty} (-\log_2 x) = -\infty$　…[答]

**類題 81**　次の極限を求めよ。

(1) $\lim_{x\to\infty} \left(\dfrac{1}{2}\right)^x$　　(2) $\lim_{x\to\infty} \log_{\frac{1}{2}} x$　　(3) $\lim_{x\to\infty} \log_3 \dfrac{3x+1}{x}$

## ● 三角関数の極限(1)

三角関数の極限を調べる場合もグラフを参考にする。

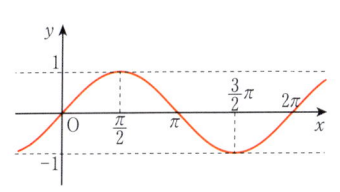

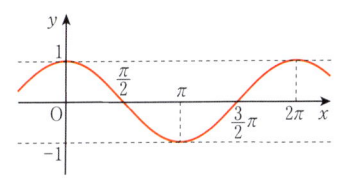

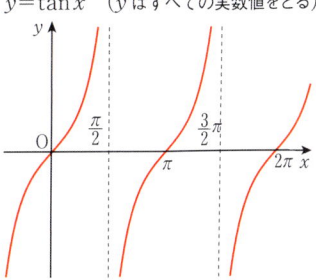

$y=\sin x$ （$-1 \leq y \leq 1$）　　　$y=\cos x$ （$-1 \leq y \leq 1$）　　　$y=\tan x$ （$y$ はすべての実数値をとる）

---

**基本例題 82**　　　　　　　　　　　　　　三角関数の極限(1)

次の極限を求めよ。

(1) $\displaystyle\lim_{x \to -\infty} \sin \frac{1}{x}$　　(2) $\displaystyle\lim_{x \to -\infty} \cos \frac{1}{x}$　　(3) $\displaystyle\lim_{x \to \frac{\pi}{2}} \tan x$

**ねらい**　三角関数の極限の求め方。

**解法ルール**　上のグラフを参考にして極限を求める。

**解答例**
(1) $\displaystyle\lim_{x \to -\infty} \sin \frac{1}{x} = 0$　…答
(2) $\displaystyle\lim_{x \to -\infty} \cos \frac{1}{x} = 1$　…答
(3) $\displaystyle\lim_{x \to \frac{\pi}{2}+0} \tan x = -\infty$, $\displaystyle\lim_{x \to \frac{\pi}{2}-0} \tan x = \infty$ より　極限なし　…答

← $x \to -\infty$
$\Rightarrow \dfrac{1}{x} \to -0$
よって　$\sin \dfrac{1}{x} \to 0$
$\cos \dfrac{1}{x} \to 1$

**類題 82**　次の極限を求めよ。

(1) $\displaystyle\lim_{x \to \pi} \sin x$　　(2) $\displaystyle\lim_{x \to \pi} \cos x$　　(3) $\displaystyle\lim_{x \to \pi} \tan x$

---

**基本例題 83**　　　　　　　　　　　　　　はさみうちの原理

極限 $\displaystyle\lim_{x \to \infty} \frac{\sin x}{x}$ を求めよ。

**ねらい**　はさみうちの原理の使い方。

**解法ルール**　$a$ の近くで $f(x) \leq h(x) \leq g(x)$ かつ
$$\lim_{x \to a} f(x) = \lim_{x \to a} g(x) = \alpha \implies \lim_{x \to a} h(x) = \alpha$$

← p.103 参照

**解答例**　$0 \leq |\sin x| \leq 1$ より　$0 \leq \left|\dfrac{1}{x}\right| |\sin x| \leq \left|\dfrac{1}{x}\right|$

$\left|\dfrac{1}{x}\right| |\sin x| = \left|\dfrac{\sin x}{x}\right|$ ですよ。

ここで $\displaystyle\lim_{x \to \infty} \left|\dfrac{1}{x}\right| = 0$ だから　$\displaystyle\lim_{x \to \infty} \frac{\sin x}{x} = 0$　…答

**類題 83**　次の極限を求めよ。

(1) $\displaystyle\lim_{x \to 0} x \sin \frac{1}{x}$　　　　　(2) $\displaystyle\lim_{x \to -\infty} \frac{\cos x}{x}$

## ● 三角関数の極限(2)

三角関数の極限では,$\lim_{x \to 0} \dfrac{\sin x}{x} = 1$ という公式が重要になる。まずは証明からだ!

右の図で,$0 < x < \dfrac{\pi}{2}$ のとき

$\triangle \text{OPQ} = \dfrac{1}{2} \cdot 1 \cdot 1 \cdot \sin x = \dfrac{1}{2} \sin x$

扇形 $\text{OPQ} = \dfrac{1^2 \cdot x}{2} = \dfrac{1}{2} x$

$\triangle \text{OTQ} = \dfrac{1}{2} \cdot 1 \cdot \tan x = \dfrac{1}{2} \tan x$

で,面積を比べると

$\triangle \text{OPQ} < $ 扇形$\text{OPQ} < \triangle \text{OTQ}$

だから

$\sin x < x < \tan x$

各辺を $\sin x$ で割り,逆数をとると

$1 > \dfrac{\sin x}{x} > \cos x$

$x \to +0$ のとき,$\cos x \to 1$ だから

$\lim_{x \to +0} \dfrac{\sin x}{x} = 1$ ……①

$x \to -0$ のとき,$h = -x$ とおくと $h \to +0$

よって $\lim_{x \to -0} \dfrac{\sin x}{x} = \lim_{h \to +0} \dfrac{\sin(-h)}{-h} = \lim_{h \to +0} \dfrac{\sin h}{h} = 1$ ……②

①,②より,$\lim_{x \to 0} \dfrac{\sin x}{x} = 1$ が導ける。

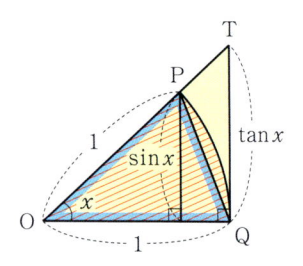

← 扇形の弧の長さと面積
中心角 $\theta$ に対する弧の長さ $l$ は,弧度法の定義より
$l = r\theta$
扇形の面積 $S$ は,中心角に比例することから
$S = \pi r^2 \times \dfrac{\theta}{2\pi}$
$= \dfrac{r^2 \theta}{2} = \dfrac{lr}{2}$

← はさみうちの原理
$f(x) \leqq h(x) \leqq g(x)$
$\lim_{x \to a} f(x) = \alpha$,
$\lim_{x \to a} g(x) = \alpha$
ならば
$\lim_{x \to a} h(x) = \alpha$

**ポイント** [三角関数の極限]
$$\lim_{x \to 0} \dfrac{\sin x}{x} = 1$$
覚え得

もちろん $\lim_{x \to 0} \dfrac{x}{\sin x} = 1$ ですよ。

**基本例題 84** 　　　　　　　　　　三角関数の極限(2)

次の極限を求めよ。

(1) $\displaystyle\lim_{x\to 0}\frac{\sin 3x}{x}$ 　　(2) $\displaystyle\lim_{x\to 0}\frac{\sin 2x}{\sin 3x}$ 　　(3) $\displaystyle\lim_{x\to 0}\frac{\tan x}{2x}$

(4) $\displaystyle\lim_{x\to 0}\frac{\sin x°}{x}$ 　　(5) $\displaystyle\lim_{x\to 0}\frac{1-\cos x}{x^2}$

**ねらい**　$\displaystyle\lim_{x\to 0}\frac{\sin x}{x}=1$ の結果を用いて極限を求める。

**解法ルール**　$\displaystyle\lim_{x\to 0}\frac{\sin x}{x}=1$ が利用できるように与式を変形する。

**解答例**

(1) $\displaystyle\lim_{x\to 0}\frac{\sin 3x}{x}=\lim_{x\to 0}\frac{\sin 3x}{3x}\cdot 3=3$ 　…答

(2) $\displaystyle\lim_{x\to 0}\frac{\sin 2x}{\sin 3x}=\lim_{x\to 0}\frac{\sin 2x}{2x}\cdot\frac{3x}{\sin 3x}\cdot\frac{2}{3}=\frac{2}{3}$ 　…答

(3) $\displaystyle\lim_{x\to 0}\frac{\tan x}{2x}=\lim_{x\to 0}\frac{1}{2x}\cdot\frac{\sin x}{\cos x}=\lim_{x\to 0}\frac{\sin x}{x}\cdot\frac{1}{2\cos x}$
$=\dfrac{1}{2}$ 　…答

(4) $\displaystyle\lim_{x\to 0}\frac{\sin x°}{x}=\lim_{x\to 0}\frac{\sin\frac{\pi}{180}x}{x}=\lim_{x\to 0}\frac{\sin\frac{\pi}{180}x}{\frac{\pi}{180}x}\cdot\frac{\pi}{180}$
$=\dfrac{\pi}{180}$ 　…答

(5) $\displaystyle\lim_{x\to 0}\frac{1-\cos x}{x^2}=\lim_{x\to 0}\cdot\frac{1-\cos^2 x}{x^2}\cdot\frac{1}{1+\cos x}$
$=\displaystyle\lim_{x\to 0}\left(\frac{\sin x}{x}\right)^2\cdot\frac{1}{1+\cos x}=\frac{1}{2}$ 　…答

● $\displaystyle\lim_{x\to 0}\frac{\sin x}{x}=1$ の使い方
$\sin\bigcirc x$ に対して $\dfrac{\sin\bigcirc x}{\bigcirc x}$ の形をつくる。

$\sin\bigcirc x$ の($\bigcirc x$)部分は変えようがないからまず優先。

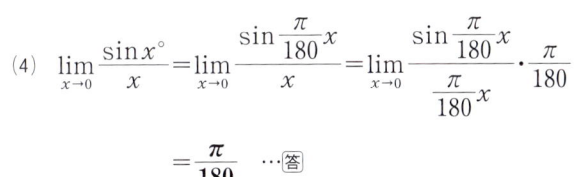

$\displaystyle\lim_{x\to 0}\frac{\sin x}{x}=1$ が成り立つのは $x$ がラジアンで表されているときだということを忘れないで！もし度数で表されていたら，ラジアンに直さなくてはならないよ。
$1°=\dfrac{\pi}{180}$ ラジアン
でしたね。

**類題 84**　次の極限を求めよ。

(1) $\displaystyle\lim_{x\to 0}\frac{\sin 3x}{2x}$ 　　(2) $\displaystyle\lim_{x\to 0}\frac{\sin 2x}{\sin 5x}$ 　　(3) $\displaystyle\lim_{x\to 0}\frac{x+\sin x}{\sin 2x}$

(4) $\displaystyle\lim_{x\to 0}\frac{x\sin x}{1-\cos x}$ 　　(5) $\displaystyle\lim_{x\to 0}\frac{\tan x°}{x}$

**基本例題 85** 　三角関数の極限(3)

次の極限を求めよ。

(1) $\displaystyle\lim_{x\to\frac{\pi}{2}}\frac{\cos x}{2x-\pi}$ 　　(2) $\displaystyle\lim_{x\to\pi}\frac{1+\cos x}{(x-\pi)^2}$ 　　(3) $\displaystyle\lim_{x\to\infty}x\sin\frac{1}{x}$

**テストに出るぞ！**

**ねらい** 適当に変数を置換して、$\displaystyle\lim_{x\to 0}\frac{\sin x}{x}=1$ を利用する。

**解法ルール** $x\to a$ のとき $t=x-a$ とおき換えて、$\displaystyle\lim_{t\to 0}\frac{\sin t}{t}=1$ を利用する。

**解答例**

(1) $x-\dfrac{\pi}{2}=t$ とおく。

$$\lim_{x\to\frac{\pi}{2}}\frac{\cos x}{2x-\pi}=\lim_{t\to 0}\frac{\cos\left(t+\frac{\pi}{2}\right)}{2t}$$
$$=\lim_{t\to 0}\frac{-\sin t}{2t}$$
$$=\lim_{t\to 0}\frac{\sin t}{t}\cdot\frac{-1}{2}=-\frac{1}{2}\quad\cdots\boxed{答}$$

> 変数の置換のコツは、深く考えないで $t\to 0$ となるように $t$ を決めればいいんだ。$\displaystyle\lim_{x\to a}f(x)$ の場合は $t=x-a$ となるね。

(2) $x-\pi=t$ とおく。

$$\lim_{x\to\pi}\frac{1+\cos x}{(x-\pi)^2}=\lim_{t\to 0}\frac{1+\cos(t+\pi)}{t^2}$$
$$=\lim_{t\to 0}\frac{1-\cos t}{t^2}$$
$$=\lim_{t\to 0}\frac{1-\cos^2 t}{t^2}\cdot\frac{1}{1+\cos t}$$
$$=\lim_{t\to 0}\left(\frac{\sin t}{t}\right)^2\cdot\frac{1}{1+\cos t}=\frac{1}{2}\quad\cdots\boxed{答}$$

> なぜ $t\to 0$ となるようにするんですか？

> $t\to 0$ とすることで、$\displaystyle\lim_{t\to 0}\frac{\sin t}{t}=1$ を使いたいからだよ。

(3) $\dfrac{1}{x}=t$ とおく。

$$\lim_{x\to\infty}x\sin\frac{1}{x}=\lim_{t\to+0}\frac{\sin t}{t}=1\quad\cdots\boxed{答}$$

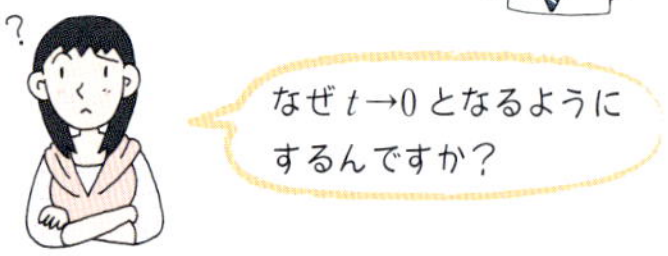

**類題 85** 次の極限を求めよ。

(1) $\displaystyle\lim_{x\to\frac{\pi}{2}}\frac{1-\sin x}{(2x-\pi)^2}$ 　　(2) $\displaystyle\lim_{x\to\frac{\pi}{2}}(\pi-2x)\tan x$

3章　関数と極限

# 11 連続関数

## ● 関数の連続性

関数 $y=f(x)$ の定義域に属する値 $a$ において

「関数 $y=f(x)$ は $x=a$ で連続である」

とは

$$\lim_{x \to a+0} f(x) = \lim_{x \to a-0} f(x)$$

すなわち

$\lim_{x \to a} f(x)$ が存在し，かつ $f(a)$ も存在して $\lim_{x \to a} f(x) = f(a)$

が成り立つことである。

**ポイント**　[関数の連続性]

関数 $f(x)$ が $x=a$ で連続であるとは

① $x=a$ が関数 $f(x)$ の定義域に属する。すなわち $f(a)$ が存在する。

② $\lim_{x \to a+0} f(x) = \lim_{x \to a-0} f(x)$　すなわち $\lim_{x \to a} f(x)$ が存在する。

③ $\lim_{x \to a} f(x) = f(a)$ が成立する。

の3つの条件がすべて成立していることである。

①は $f(a)$ が存在することを，

②は $y=f(x)$ のグラフにおいて，点 $(x, f(x))$ が右側そして左側から同じ点に近づいていくことを，

③は，点 $(x, f(x))$ が $y=f(x)$ のグラフ上の点 $(a, f(a))$ の左右から $(a, f(a))$ に限りなく近づくことを

主張しています。

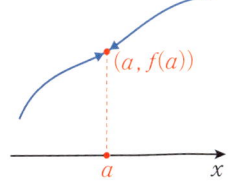

なお，$x=a$ が定義域の端であるときは，$\lim_{x \to a} f(x)$ は $\lim_{x \to a+0} f(x)$ または $\lim_{x \to a-0} f(x)$ のどちらかになります。

## 連続関数の性質

### ❖ 区 間

$a \leqq x \leqq b$ を**閉区間**，$a < x < b$ を**開区間**といい，それぞれ，記号 $[a, b]$，$(a, b)$ で表す。また，区間 $a < x \leqq b$ は $(a, b]$，$a \leqq x$ は $[a, \infty)$ と表す。つまり，$(-\infty, a)$ と表される区間は，$x < a$ である。さらに，実数全体も区間と考え，$(-\infty, \infty)$ と表す。

連続関数の性質として

「$f(x)$ が閉区間 $[a, b]$ で連続で $f(a)$ と $f(b)$ が異符号ならば，
$a$ と $b$ の間に $f(c) = 0$ となる $c$ が少なくとも1つある」

がある。

これは，$y = f(x)$ のグラフで，
たとえば $f(a) < 0$，$f(b) > 0$ とすると，
点 $(a, f(a))$ は $x$ 軸より下，点 $(b, f(b))$ は
$x$ 軸より上にある。
いま $y = f(x)$ のグラフはつながっているから
区間 $[a, b]$ の間で $y = f(x)$ のグラフは $x$ 軸の
下から上へ行く，つまり $x$ 軸を通過することになるよね。
すなわち，$a$ と $b$ の間に $f(c) = 0$ となる $c$ があるということになるね。

一般に，次の**中間値の定理**がよく知られている。

---

**ポイント**　[中間値の定理]

関数 $f(x)$ が閉区間 $[a, b]$ で連続で $f(a) \neq f(b)$ のとき，
　$f(a)$ と $f(b)$ の間の任意の値 $k$ に対して　$f(c) = k$ $(a < c < b)$
となる $c$ が少なくとも1つ存在する。
とくに，$f(a)$ と $f(b)$ が異符号のとき，$f(c) = 0$ となる $c$ が $a$ と
$b$ の間に少なくとも1つ存在する。

覚え得

---

この定理は，関数 $f(x)$ が連続ならば，$f(x)$ は $f(a)$ と $f(b)$ の中間の値を，区間 $[a, b]$ の間で必ずとるといっているんです。$y = f(x)$ が連続ならグラフはつながっているわけで，点 $(a, f(a))$ から $(b, f(b))$ までグラフをつなげてかこうとすれば，関数 $f(x)$ が $a \leqq x \leqq b$ の間で $f(a)$ から $f(b)$ の間の値をすべてとるのは直観的に理解できるでしょう。でもね，この定理はきちんと示そうとするとやっかいなんです。きちんと証明するのは大学生になってからの楽しみとしておきましょう。

**基本例題 86** 　　　　　　　　　　　　　　関数の連続性

次の関数の連続性を調べよ。

(1) $f(x)=\begin{cases} \dfrac{x^2}{|x|} & (x \neq 0) \\ 0 & (x=0) \end{cases}$ の $x=0$ における連続性

(2) $f(x)=\begin{cases} \dfrac{x}{|x|} & (x \neq 0) \\ 0 & (x=0) \end{cases}$ の $x=0$ における連続性

(3) $f(x)=\begin{cases} x^2+1 & (x \neq 0) \\ 0 & (x=0) \end{cases}$ の $x=0$ における連続性

**ねらい** 関数の連続性の確認の仕方について考える。

**解法ルール** 関数 $f(x)$ が $x=a$ で連続であるとは

1. 関数 $f(x)$ が $x=a$ で定義されている。
2. $\lim\limits_{x \to a+0} f(x)$, $\lim\limits_{x \to a-0} f(x)$ が存在する。
3. $\lim\limits_{x \to a+0} f(x) = \lim\limits_{x \to a-0} f(x) = f(a)$

のすべての条件を満たしていることである。

$f(a)$ と $\lim\limits_{x \to a} f(x)$ が存在して，$\lim\limits_{x \to a} f(x) = f(a)$ であれば，$x=a$ で連続。

**解答例**

(1) $\lim\limits_{x \to +0} \dfrac{x^2}{|x|} = \lim\limits_{x \to +0} \dfrac{x^2}{x} = \lim\limits_{x \to +0} x = 0$

$\lim\limits_{x \to -0} \dfrac{x^2}{|x|} = \lim\limits_{x \to -0} \dfrac{x^2}{-x} = \lim\limits_{x \to -0} (-x) = 0$

以上より，$\lim\limits_{x \to 0} f(x) = f(0)$ が成立する。

したがって，関数 $f(x)$ は **$x=0$ で連続**である。　…答

$x \to -0$ 　　　 $x \to +0$
左　　　 0 　　　右
$x \to +0$ のとき $x>0$
$x \to -0$ のとき $x<0$

(2) $\lim\limits_{x \to +0} \dfrac{x}{|x|} = \lim\limits_{x \to +0} \dfrac{x}{x} = 1$

$\lim\limits_{x \to -0} \dfrac{x}{|x|} = \lim\limits_{x \to -0} \dfrac{x}{-x} = -1$

以上より $\lim\limits_{x \to +0} f(x) \neq \lim\limits_{x \to -0} f(x)$

したがって，関数 $f(x)$ は **$x=0$ で不連続**である。　…答

(3) $\lim\limits_{x \to +0} (x^2+1) = 1$, $\lim\limits_{x \to -0} (x^2+1) = 1$, $f(0) = 0$

以上より $\lim\limits_{x \to 0} f(x) = 1 \neq f(0)$

したがって，関数 $f(x)$ は **$x=0$ で不連続**である。　…答

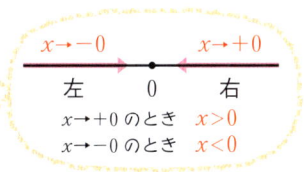

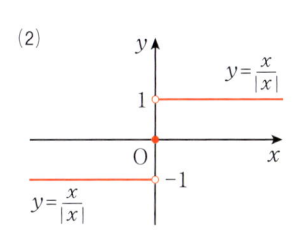

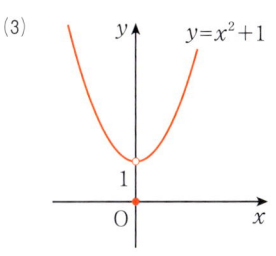

**類題 86** 実数 $a$ に対して $a$ を超えない最大の整数を $[a]$ と書く。

このとき，次の関数の連続性を調べよ。

(1) $f(x) = [x]$ 　$(-1 < x < 1)$ 　　　　(2) $f(x) = [\sin x]$ 　$(0 \leq x \leq \pi)$

**基本例題 87**  　　　　　　　　　　　　中間値の定理

次の方程式は，（　）内の区間に少なくとも1つの実数解をもつことを示せ。

(1) $x^3-3x+1=0$ 　$(-1<x<1)$

(2) $\sin x+x-1=0$ 　$\left(0<x<\dfrac{\pi}{2}\right)$

**ねらい**　中間値の定理の活用の仕方を学ぶ。

**解法ルール**
1. $f(x)$ が閉区間 $[a,b]$ で連続であることを示す。
2. $f(a)$ と $f(b)$ が異符号であることを示す。
3. 1, 2 が示せれば，$a$ と $b$ の間に $f(c)=0$ なる $c$ が少なくとも1つあり，$x=c$ が解である。

**解答例**

(1) $f(x)=x^3-3x+1$ とおくと，
$f(x)$ は $-1 \leq x \leq 1$ で連続である。
$f(-1)=-1+3+1=3>0$
$f(1)=1-3+1=-1<0$
中間値の定理により，
**方程式 $x^3-3x+1=0$ は，**
**$-1<x<1$ に少なくとも1つの実数解をもつ。** 終

$x^3,-3x,1$ は連続関数だから，その和 $x^3-3x+1$ も連続関数ですよ。

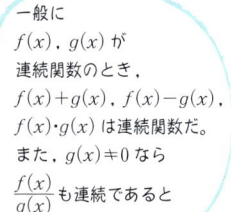

(2) $f(x)=\sin x+x-1$ とおくと，
$f(x)$ は $0 \leq x \leq \dfrac{\pi}{2}$ で連続である。
$f(0)=-1<0$
$f\left(\dfrac{\pi}{2}\right)=1+\dfrac{\pi}{2}-1=\dfrac{\pi}{2}>0$
中間値の定理により，
**方程式 $\sin x+x-1=0$ は，**
**$0<x<\dfrac{\pi}{2}$ に少なくとも1つの実数解をもつ。** 終

一般に $f(x),g(x)$ が連続関数のとき，$f(x)+g(x),f(x)-g(x),f(x)\cdot g(x)$ は連続関数だ。また，$g(x)\neq 0$ なら $\dfrac{f(x)}{g(x)}$ も連続であるといえるよ。

**類題 87** 次の方程式は（　）内の区間に少なくとも1つの実数解をもつことを示せ。

(1) $x^4-4x^3+2=0$ 　$(0<x<1)$

(2) $x\sin x-\cos x=0$ 　$(0<x<\pi)$

**応用例題 88** 極限で表された関数

**ねらい** 関数の極限で定義された関数を求め,その連続性を調べる。

$a$ を定数とする。$f(x)=\lim\limits_{n\to\infty}\dfrac{2x^{2n+1}+ax+1}{x^{2n+2}+4x^{2n+1}+5}$ で定義される関数について,次の問いに答えよ。

(1) (i) $x>1$  (ii) $0<x<1$ のそれぞれの場合について,関数を求めよ。

(2) 関数 $f(x)$ が $x>0$ で連続であるように,定数 $a$ の値を定めよ。

**解法ルール** 関数 $f(x)$ が $x>0$ で連続であるためには,"つなぎ目"すなわち,$x=1$ で連続であればよい。

**解答例** (1) (i) $x>1$ のとき $\lim\limits_{n\to\infty}x^n=\infty$

分母・分子を $x^{2n+1}$ で割る。

$$f(x)=\lim_{n\to\infty}\frac{2x^{2n+1}+ax+1}{x^{2n+2}+4x^{2n+1}+5}=\lim_{n\to\infty}\frac{2+\dfrac{a}{x^{2n}}+\dfrac{1}{x^{2n+1}}}{x+4+\dfrac{5}{x^{2n+1}}}$$

$$=\frac{2}{x+4} \quad \cdots\text{答}$$

(ii) $0<x<1$ のとき $\lim\limits_{n\to\infty}x^n=0$

$$f(x)=\lim_{n\to\infty}\frac{2x^{2n+1}+ax+1}{x^{2n+2}+4x^{2n+1}+5}=\frac{ax+1}{5}=\frac{a}{5}x+\frac{1}{5} \quad \cdots\text{答}$$

$f(x)=\dfrac{2}{x+4}$ は $x>1$ で,また $f(x)=\dfrac{a}{5}x+\dfrac{1}{5}$ は $0<x<1$ で連続であることは明らかだろう? したがってこれら2つの関数の"つなぎ目"の $x=1$ での連続性を調べればいいんだ。

(2) (1)より,$f(x)$ は $x>1$,$0<x<1$ でそれぞれ連続であるから,関数 $f(x)$ が $x>0$ で連続であるための条件は,$f(x)$ が $x=1$ で連続,すなわち $\lim\limits_{x\to 1+0}f(x)=\lim\limits_{x\to 1-0}f(x)=f(1)$ であることである。ゆえに

$$\lim_{x\to 1+0}f(x)=\lim_{x\to 1+0}\frac{2}{x+4}=\frac{2}{5}$$

$$\lim_{x\to 1-0}f(x)=\lim_{x\to 1-0}\left(\frac{a}{5}x+\frac{1}{5}\right)=\frac{a}{5}+\frac{1}{5}$$

$$f(1)=\lim_{n\to\infty}\frac{2+a+1}{1+4+5}=\frac{a+3}{10}$$

したがって $\dfrac{2}{5}=\dfrac{a}{5}+\dfrac{1}{5}=\dfrac{a+3}{10}$ これより $a=1$  $\cdots$答

**類題 88** $a$,$b$ を定数とする。$f(x)=\lim\limits_{n\to\infty}\dfrac{2x^{2n+1}+ax+b}{x^{2n+2}+4x^{2n+1}+5}$ で定義される関数について,次の問いに答えよ。

(1) (i) $|x|>1$  (ii) $|x|<1$ のそれぞれの場合について関数 $f(x)$ を求めよ。

(2) 関数 $f(x)$ が定義域で連続であるように,定数 $a$,$b$ の値を定めよ。

## 応用例題 89  無限級数で表された関数

$f(x) = \sum_{n=0}^{\infty} \dfrac{x^2}{(1+x^2)^n}$ で定義される関数について，

(1) 関数 $y = f(x)$ を求め，そのグラフをかけ。
(2) 関数 $y = f(x)$ は $x = 0$ で連続かどうか調べよ。

**ねらい** 無限級数で定義された関数を求め，その連続性を調べる。

**解法ルール** $\sum_{n=0}^{\infty} \dfrac{x^2}{(1+x^2)^n} = x^2 + \dfrac{x^2}{1+x^2} + \dfrac{x^2}{(1+x^2)^2} + \cdots$

は初項 $x^2$，公比 $\dfrac{1}{1+x^2}$ の無限等比級数になっている。

一般に，初項 $a(x)$，公比 $r(x)$ の無限等比級数の収束条件は

$a(x) = 0$ または $|r(x)| < 1\ (a(x) \neq 0)$

**解答例** (1) $f(x) = \sum_{n=0}^{\infty} \dfrac{x^2}{(1+x^2)^n}$ は初項 $x^2$，公比 $\dfrac{1}{1+x^2}$ の無限等比級数である。

(i) $x = 0$ のとき $f(0) = 0$

(ii) $x \neq 0$ のとき $\left| \dfrac{1}{1+x^2} \right| < 1$ より，この無限等比級数は収束し

$f(x) = \dfrac{x^2}{1 - \dfrac{1}{1+x^2}} = 1 + x^2$

← 初項 $a$，公比 $r$ の無限等比級数
$a + ar + ar^2 + \cdots + ar^{n-1} + \cdots$
$|r| < 1$ のとき収束し，その和は
$\dfrac{a}{1-r}$

(i), (ii) より

$f(x) = \begin{cases} 1 + x^2 & (x \neq 0) \\ 0 & (x = 0) \end{cases}$ …答

答 グラフは右の図

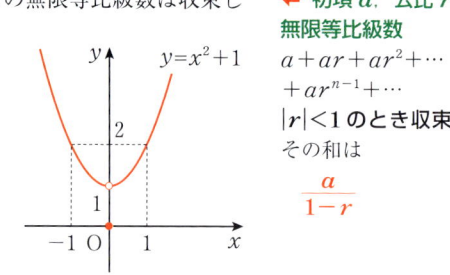

(2) $\lim_{x \to +0} (1 + x^2) = 1$, $\lim_{x \to -0} (1 + x^2) = 1$, $f(0) = 0$

以上より $\lim_{x \to 0} f(x) = 1 \neq f(0)$

したがって，関数 $f(x)$ は $x = 0$ で不連続である。…答

← 関数 $f(x)$ が $x = a$ で連続
$\Updownarrow$
$\lim_{x \to a+0} f(x) = \lim_{x \to a-0} f(x) = f(a)$

**類題 89** 無限級数 $\sum_{n=0}^{\infty} \dfrac{x}{(1-x)^n}$ ……① について，次の問いに答えよ。

(1) 無限級数①が収束する $x$ の値の範囲を求めよ。

(2) 無限級数①が収束するとき，$f(x) = \sum_{n=0}^{\infty} \dfrac{x}{(1-x)^n}$ とする。

  (i) 関数 $f(x)$ を求め，このグラフをかけ。
  (ii) 関数 $f(x)$ の連続性を調べよ。

# 定期テスト予想問題

解答 → p.32~35

**1** 関数 $y=\dfrac{x-1}{x-3}$ ……① について，次の問いに答えよ。

(1) 関数①のグラフをかけ。また，漸近線の方程式を求めよ。

(2) 関数①の逆関数を求めよ。

(3) 関数①のグラフを平行移動したグラフの漸近線の方程式が $x=2$，$y=-3$ であるグラフを表す関数を求めよ。

(4) 方程式 $\dfrac{x-1}{x-3}=-2x+n$ の異なる実数解の個数が 2 個であるとき，$n$ の値の範囲を求めよ。

**2** 関数 $y=\sqrt{-2x+4}$ ……① について，次の問いに答えよ。

(1) 関数①のグラフをかけ。また，関数①のグラフと $y$ 軸に関して対称なグラフを表す関数を求めよ。

(2) 不等式 $\sqrt{-2x+4}>-x+1$ を解け。

**3** 第 $n$ 項が次の式で表される数列の収束・発散を調べよ。

(1) $\dfrac{2n^2-n}{3n^2+1}$ 　　(2) $\dfrac{(-2)^n(n+3)}{2n}$

(3) $\dfrac{\sqrt{n^2-n+1}+\sqrt{2n-1}}{\sqrt{n^2+n+1}-\sqrt{2n+1}}$ 　(4) $\sqrt{n^2+n}-n$ 　(5) $\log_2\dfrac{1}{4^n}$

(6) $\cos\dfrac{n\pi}{2}$ 　(7) $\dfrac{\sin\dfrac{n}{2}\pi}{n+1}$ 　(8) $\dfrac{1+2+3+\cdots+n}{n^2}$

(9) $\log_2(2n^2+1)-\log_2(n^2+3)$ 　(10) $\dfrac{3^n-2^{2n+2}}{4^n+2^n}$

**4** 次の無限級数の収束・発散について調べよ。収束するときはその和を求めよ。

(1) $\dfrac{1}{2\cdot4}+\dfrac{1}{4\cdot6}+\dfrac{1}{6\cdot8}+\cdots+\dfrac{1}{2n(2n+2)}+\cdots$

(2) $\dfrac{1}{\sqrt{3}+1}+\dfrac{1}{\sqrt{5}+\sqrt{3}}+\dfrac{1}{\sqrt{7}+\sqrt{5}}+\cdots+\dfrac{1}{\sqrt{2n+1}+\sqrt{2n-1}}+\cdots$

(3) $\displaystyle\sum_{n=1}^{\infty}\dfrac{2^n+3^{n+1}}{5^n}$

**5** 次の無限等比級数が収束するような実数 $x$ の値の範囲を求めよ。また，そのときの和を求めよ。

$x+x(x^2-3)+x(x^2-3)^2+\cdots+x(x^2-3)^{n-1}+\cdots$

---

**HINT**

**1** $y-q=\dfrac{a}{x-p}$ は $y=\dfrac{a}{x}$ のグラフを
$\begin{cases} x\text{軸方向に }p \\ y\text{軸方向に }q \end{cases}$
だけ平行移動したグラフで，漸近線の方程式は $x=p$, $y=q$ である。

**2** (2) グラフを利用して不等式を解く。

**3** (7) $0\leqq\left|\sin\dfrac{n}{2}\pi\right|\leqq1$ を活用。
(8) まず分子の和を求める。

**4** (1), (2) 部分和 $S_n$ を求め，$\displaystyle\lim_{n\to\infty}S_n$ を計算する。

**5** 無限等比級数が収束する条件は
初項 $=0$
または　|公比|$<1$

定期テスト予想問題　121

**6** 右の図のように，半直線 OX, OY 上に，それぞれ点 $A_1$, $A_2$, $A_3$, …，点 $B_1$, $B_2$, $B_3$, …をとると，直角三角形 $S_1$, $S_2$, $S_3$, …が限りなく並ぶ。これらの三角形の面積の総和を求めよ。ただし $A_1B_1=2$ とする。

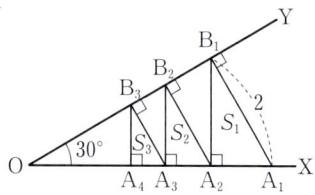

**6** $A_nB_n=a_n$ とし，$a_{n+1}$ と $a_n$ の関係式を求める。

**7** $\lim_{x\to 1}\dfrac{6\sqrt{x+a}+b}{x-1}=3$ となるように定数 $a$, $b$ の値を定めよ。

**7** $x\to 1$ のとき分母 $\to 0$ なら極限値をもつ条件は分子 $\to 0$

**8** 次の極限値を求めよ。

(1) $\lim_{x\to 1}\dfrac{x^3-x^2-2x+2}{x^2-3x+2}$

(2) $\lim_{x\to 0}\dfrac{1-\cos x}{x^2}$

(3) $\lim_{x\to 0}\dfrac{x}{\tan 3x}$

(4) $\lim_{x\to\infty}x\sin\dfrac{2}{x}$

(5) $\lim_{x\to 1}\log_2|x-1|$

(6) $\lim_{x\to\infty}\dfrac{2^{2x+1}+3^x}{4^x+3^{x+1}}$

(7) $\lim_{x\to 0}3^{\frac{1}{x}}$

(8) $\lim_{x\to\frac{\pi}{2}}\left(x-\dfrac{\pi}{2}\right)\tan x$

(9) $\lim_{x\to 1}\dfrac{x+1}{x^2-1}$

**8** (2), (3), (4) $\lim_{x\to 0}\dfrac{\sin x}{x}=1$

(5), (7) グラフを利用する。

(8) $x-\dfrac{\pi}{2}=t$ とおく。$x\to\dfrac{\pi}{2}$ なら $t\to 0$

**9** $f(x)=\lim_{n\to\infty}\dfrac{x^n-x}{x^n+1}$ $(x\neq -1)$ のグラフをかけ。

**9** $n\to\infty$ のとき
・$|x|<1$ のとき $x^n\to 0$
・$x=1$ のとき $x^n\to 1$
・$|x|>1$ のとき $x^n\to\pm\infty$ より $\dfrac{1}{x^n}\to 0$

**10** $a_1=1$, $2a_{n+1}+a_n=1$ $(n=1, 2, 3, …)$ で定まる数列 $\{a_n\}$ の一般項 $a_n$ を求めよ。また，$\lim_{n\to\infty}a_n$ を求めよ。

**10** 漸化式の解法は数学Bで学んだ。

# 4章 微分法とその応用

# 1節 微分法

## 1 微分可能と連続

「関数 $f(x)$ が $x=a$ で微分可能である」とは「微分係数 $f'(a)=\lim\limits_{h\to 0}\dfrac{f(a+h)-f(a)}{h}$ が存在する」ことである。

$\dfrac{f(a+h)-f(a)}{h}$ は右の図のように，$y=f(x)$ のグラフ上の2点 A，B を通る直線 AB の傾きを表しています。

さて，$h\to 0$ のとき点 B は点 A に限りなく近づき，直線 AB は点 A における接線に限りなく近づくことをイメージできるかな。

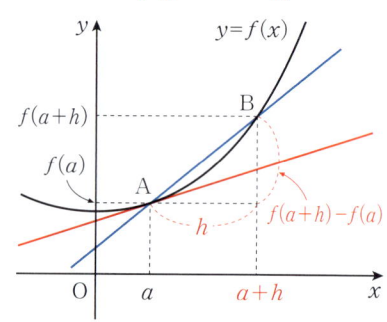

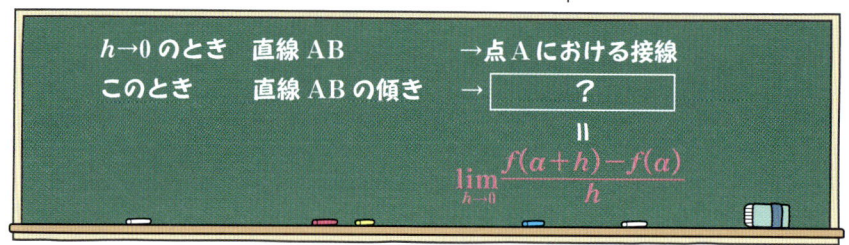

$h\to 0$ のとき 　直線 AB 　→点 A における接線
このとき　　　直線 AB の傾き　→ 　?　
$$\parallel$$
$$\lim_{h\to 0}\dfrac{f(a+h)-f(a)}{h}$$

というわけで，微分係数 $f'(a)=\lim\limits_{h\to 0}\dfrac{f(a+h)-f(a)}{h}$ は，$y=f(x)$ のグラフ上の点 $(a,\ f(a))$ における接線の傾きを表しているんです。

> **ポイント** ［微分可能と連続］
> $f(x)$ が $x=a$ において微分可能ならば，$f(x)$ は $x=a$ において連続である。
> しかし，$x=a$ において連続であっても，微分可能とは限らない。
>
> 覚え得

これは，「関数 $y=f(x)$ のグラフ上の点 $(a,\ f(a))$ で，接線が存在すればグラフは連続であるけれども，グラフが連続であるからといって必ず接線が存在するわけではない」といっているんだ。

たとえば，$y=|x|$ のグラフは $x=0$ で連続だけれども，この点で接線は存在しないだろう？

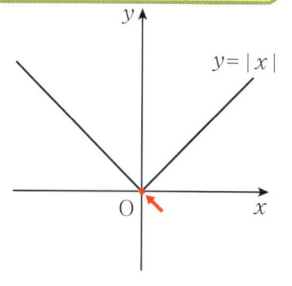

4章　微分法とその応用

## 接線って何？

先生，右のような $l$ って接線ではないんですか。

え！　どうしてそう思うの？

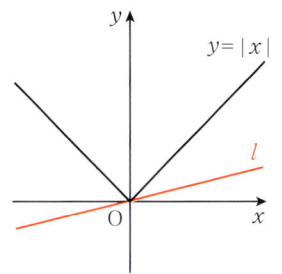

だって，$l$ は $y=|x|$ のグラフと共有点を1つしかもってないでしょう。

共有点が1つだったら，接線といっていいの？

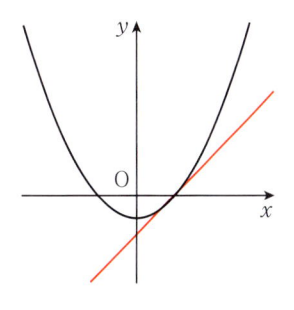

2次関数のグラフと直線の関係のときは，共有点が1つのとき，接線でしたよ。

確かに，2次関数のグラフと直線の場合，接線となるのは共有点が1つのときなんだけど，一般的にはそうではないんです。

"接線"ってどんな直線のことを言うんですか。

たとえば，$y=f(x)$ のグラフ上の点 $A(a, f(a))$ の近くで2点 $P(a-h, f(a-h))$，$Q(a+h, f(a+h))$ を考えてみましょう。いま，$h$ を限りなく0に近づけると，曲線PQはどうなるかな？　グラフがどんなに曲がっていても，短く短くしていくとまっすぐな直線になっていくでしょう？　点Aにおける接線って，$y=f(x)$ のグラフが点Aの十分近くではどんな直線になっているかを表しているといえるんです。

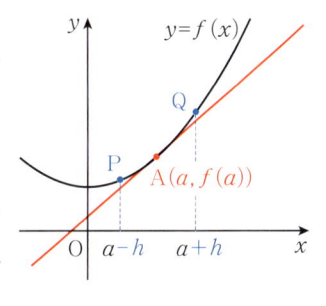

ということは共有点の数だけでは接線かどうかは決められないんですね。

なるほど $y=|x|$ のグラフだと $x=0$ の近くでは，どんなに短くしても ⋁ となって直線にはならないわ。だから，接線は存在しないわけね。

わかってくれたかな？　接線って，少し乱暴な言い方をすれば，感じとしては，**「どんなに曲がっている曲線でも短くなれば直線だ。さてどんな直線か？」**ということなんです。

1　微分法　125

**基本例題 90** 　　　　　　　　　関数の微分可能性

**ねらい**
関数 $f(x)$ が $x=a$ で微分可能であることはどういうことかを知る。

関数 $f(x)$ を次のように定める。
$$f(x)=\begin{cases} ax^2+bx & (x\geqq 1) \\ x^3+2ax^2 & (x<1) \end{cases}$$
関数 $f(x)$ が $x=1$ で微分可能となるように $a$, $b$ の値を定めよ。

**解法ルール**
● 関数 $f(x)$ が $x=1$ で微分可能であるとは

$$\lim_{h\to 0}\frac{f(1+h)-f(1)}{h} \text{ が存在する}$$

$$\iff \lim_{h\to +0}\frac{f(1+h)-f(1)}{h} = \lim_{h\to -0}\frac{f(1+h)-f(1)}{h}$$

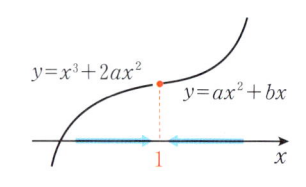

● 微分可能であれば連続であるが，連続であっても微分可能とは限らない。

**解答例**
$$\lim_{h\to +0}\frac{f(1+h)-f(1)}{h}$$
$$=\lim_{h\to +0}\frac{a(1+h)^2+b(1+h)-(a+b)}{h}$$
$$=\lim_{h\to +0}(2a+b+ah)=2a+b \quad \cdots\cdots ①$$

$$\lim_{h\to -0}\frac{f(1+h)-f(1)}{h}$$
$$=\lim_{h\to -0}\frac{(1+h)^3+2a(1+h)^2-(a+b)}{h}$$
$$=\lim_{h\to -0}\left\{4a+3+(2a+3)h+h^2+\frac{a-b+1}{h}\right\} \quad \cdots\cdots ②$$

②が極限値をもつことより
　$a-b+1=0$ 　……③

①と②が等しいことより
　$2a+b=4a+3 \iff 2a-b+3=0$ 　……④

③，④より $\boxed{a=-2, \ b=-1}$ …答

$a(1+h)^2+b(1+h)-(a+b)$
$=a(1+2h+h^2)+b+bh-a-b$
$=2ah+ah^2+bh$
$=h(2a+ah+b)$

$(1+h)^3+2a(1+h)^2-(a+b)$
$=1+3h+3h^2+h^3$
　$+2a(1+2h+h^2)-a-b$
$=h^3+(2a+3)h^2$
　$+(4a+3)h+a-b+1$
$=h\{(4a+3)+(2a+3)h$
　$+h^2\}+a-b+1$

**類題 90** 関数 $f(x)=\begin{cases} x^2+1 & (x\leqq 1) \\ \dfrac{ax+b}{x+1} & (x>1) \end{cases}$ が $x=1$ で微分可能であるとき，定数 $a$, $b$ の値を求めよ。

## 2 導関数の計算

関数 $y=f(x)$ の導関数とは

　$x$ の値 $a$ に対して，微分係数 $f'(a)$ を対応させる関数

であって

$$f'(x)=\lim_{h\to 0}\frac{f(x+h)-f(x)}{h}$$

のことである。関数 $f(x)$ の導関数を求めることを，$f(x)$ を**微分**するという。

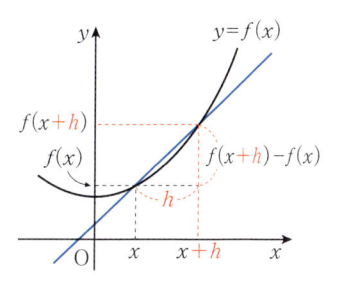

---

**基本例題 91**　　　　　　　　　　　定義による微分

定義に従って，次の関数を微分せよ。

(1) $y=\sqrt{x}$　　　　　(2) $y=\dfrac{x}{x+1}$

**ねらい**　定義による微分の方法を学ぶ。

---

**解法ルール**　●導関数の定義　　$y'=\lim\limits_{h\to 0}\dfrac{f(x+h)-f(x)}{h}$

(1) $f(x)=\sqrt{x}$ のとき　　$f(x+h)=\sqrt{x+h}$

(2) $f(x)=\dfrac{x}{x+1}$ のとき　　$f(x+h)=\dfrac{x+h}{(x+h)+1}$

**解答例**

(1) $y'=\lim\limits_{h\to 0}\dfrac{\sqrt{x+h}-\sqrt{x}}{h}$

　　$=\lim\limits_{h\to 0}\dfrac{(\sqrt{x+h}-\sqrt{x})(\sqrt{x+h}+\sqrt{x})}{h(\sqrt{x+h}+\sqrt{x})}$　　←分子の有理化

　　$=\lim\limits_{h\to 0}\dfrac{x+h-x}{h(\sqrt{x+h}+\sqrt{x})}=\lim\limits_{h\to 0}\dfrac{1}{\sqrt{x+h}+\sqrt{x}}=\dfrac{1}{2\sqrt{x}}$　…答

(2) $y'=\lim\limits_{h\to 0}\dfrac{\dfrac{x+h}{x+h+1}-\dfrac{x}{x+1}}{h}$

　　$=\lim\limits_{h\to 0}\dfrac{(x+h)(x+1)-x(x+h+1)}{h(x+h+1)(x+1)}$

　　$=\lim\limits_{h\to 0}\dfrac{h}{h(x+h+1)(x+1)}$

　　$=\lim\limits_{h\to 0}\dfrac{1}{(x+h+1)(x+1)}=\dfrac{1}{(x+1)^2}$　…答

「微分せよ」という問題で，「定義に従って」とあれば，公式による微分でなく，必ず左のような極限の計算で導関数を求めること。

---

**類題 91**　定義に従って，次の関数を微分せよ。

(1) $y=\sqrt{2x-1}$　　(2) $y=\dfrac{1}{x^2}$　　(3) $y=\dfrac{1}{\sqrt{x}}$　　(4) $y=\dfrac{x^2}{x-1}$

1 微分法

関数を微分するとき，いつも定義に従って計算するのは大変なので，ここでは，簡単に微分できるようにいくつかの公式を紹介しましょう。

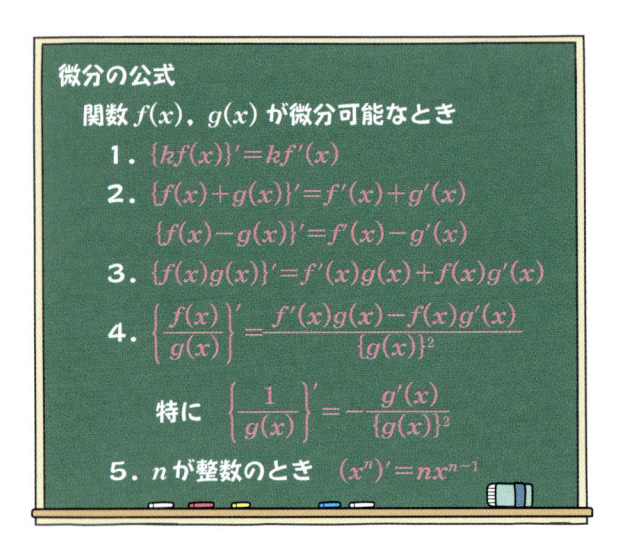

> **微分の公式**
> 関数 $f(x)$, $g(x)$ が微分可能なとき
> 1. $\{kf(x)\}' = kf'(x)$
> 2. $\{f(x) + g(x)\}' = f'(x) + g'(x)$
>    $\{f(x) - g(x)\}' = f'(x) - g'(x)$
> 3. $\{f(x)g(x)\}' = f'(x)g(x) + f(x)g'(x)$
> 4. $\left\{\dfrac{f(x)}{g(x)}\right\}' = \dfrac{f'(x)g(x) - f(x)g'(x)}{\{g(x)\}^2}$
>
>    特に $\left\{\dfrac{1}{g(x)}\right\}' = -\dfrac{g'(x)}{\{g(x)\}^2}$
> 5. $n$ が整数のとき $(x^n)' = nx^{n-1}$

微分の公式って，導関数の求め方なんだけれど，**1** と **2** はすでに使っているよね。ここに新しく **3** と **4** が登場したことになる。

なぜこのようになるかは，導関数の定義，すなわち

$$f'(x) = \lim_{h \to 0} \frac{f(x+h) - f(x)}{h}$$

にもどって考えていかなくてはならないんだ。

**3** については，$F(x) = f(x)g(x)$ ($f(x)$, $g(x)$ は微分可能な関数) とおくと

$$\{f(x)g(x)\}' = \lim_{h \to 0} \frac{F(x+h) - F(x)}{h}$$

$$= \lim_{h \to 0} \frac{f(x+h)g(x+h) - f(x)g(x)}{h}$$

（$f(x)g(x+h)$ を引いて足す）

$$= \lim_{h \to 0} \frac{\{f(x+h) - f(x)\}g(x+h) + f(x)\{g(x+h) - g(x)\}}{h}$$

$$= \lim_{h \to 0} \left\{\frac{f(x+h) - f(x)}{h} \cdot g(x+h) + f(x) \cdot \frac{g(x+h) - g(x)}{h}\right\}$$

（上の式中，$\dfrac{f(x+h)-f(x)}{h}$ が $f'(x)$，$g(x+h)$ が $g(x)$，$\dfrac{g(x+h)-g(x)}{h}$ が $g'(x)$）

$$= f'(x)g(x) + f(x)g'(x)$$

覚え方！
一方を微分して加える。

**4**については，$F(x)=\dfrac{f(x)}{g(x)}$（$f(x)$, $g(x)$ は微分可能な関数）とおくと

$$\left\{\dfrac{f(x)}{g(x)}\right\}' = \lim_{h\to 0}\dfrac{F(x+h)-F(x)}{h} = \lim_{h\to 0}\dfrac{\dfrac{f(x+h)}{g(x+h)}-\dfrac{f(x)}{g(x)}}{h}$$

$$= \lim_{h\to 0}\dfrac{\dfrac{f(x+h)g(x)-f(x)g(x+h)}{g(x+h)g(x)}}{h}$$

$$= \lim_{h\to 0}\dfrac{1}{h}\cdot\dfrac{\{f(x+h)-f(x)\}g(x)-f(x)\{g(x+h)-g(x)\}}{g(x+h)g(x)}$$

$$= \lim_{h\to 0}\dfrac{1}{g(x+h)g(x)}\cdot\left\{\dfrac{f(x+h)-f(x)}{h}\cdot g(x)-f(x)\cdot\dfrac{g(x+h)-g(x)}{h}\right\}$$

$$= \dfrac{f'(x)g(x)-f(x)g'(x)}{\{g(x)\}^2}$$

覚え方！
$\dfrac{(分子)'(分母)-(分子)(分母)'}{(分母)^2}$
…少し楽？

**5**については，$n$ が自然数のときはすでに使っている。さて，$n$ が負の整数のときなんだけれど，このときは $n=-m$（$m$ は自然数）とおける。すると

$$x^n = x^{-m} = \dfrac{1}{x^m}$$

ここで **4** の公式を用いると

$$\left(\dfrac{1}{x^m}\right)' = -\dfrac{(x^m)'}{(x^m)^2} = -\dfrac{mx^{m-1}}{x^{2m}} = -mx^{m-1-2m} = -mx^{-m-1}$$

$-m=n$ より　$-mx^{-m-1}=nx^{n-1}$

要するに，「$x^n$ の導関数は，$n$ が負の整数のときでも正の整数と同様に

$$(x^n)' = nx^{n-1}$$

である。」といっているんだ。

---

**ポイント**　[$x^n$ の導関数]

$x^n$ の導関数は，
$n$ が整数のとき　$(x^n)' = nx^{n-1}$

覚え得

**基本例題 92** 　　　　　　　　　　　関数の積の導関数

次の関数を微分せよ。
(1) $y=(x+1)(2x-1)$
(2) $y=(x^2-x)(x+3)$
(3) $y=(x+1)(2x-1)(3x+1)$
(4) $y=(x^2+x+1)^2$

**ねらい**　積の微分の仕方を学習する。

**解法ルール**

● $F(x)=f(x)g(x)$ であるとき
$$F'(x)=f'(x)g(x)+f(x)g'(x)$$

● $F(x)=f(x)g(x)h(x)$ であるとき
$$F'(x)=f'(x)g(x)h(x)+f(x)g'(x)h(x)$$
$$+f(x)g(x)h'(x)$$

**解答例**

(1) $y'=(x+1)'(2x-1)+(x+1)(2x-1)'$
$\phantom{y'}=2x-1+2(x+1)$
$\phantom{y'}=\boldsymbol{4x+1}$ …答

(2) $y'=(x^2-x)'(x+3)+(x^2-x)(x+3)'$
$\phantom{y'}=(2x-1)(x+3)+(x^2-x)$
$\phantom{y'}=2x^2+5x-3+x^2-x$
$\phantom{y'}=\boldsymbol{3x^2+4x-3}$ …答

(3) $y'=(x+1)'(2x-1)(3x+1)+(x+1)(2x-1)'(3x+1)$
$\phantom{y'=}+(x+1)(2x-1)(3x+1)'$
$\phantom{y'}=(2x-1)(3x+1)+2(x+1)(3x+1)+3(x+1)(2x-1)$
$\phantom{y'}=6x^2-x-1+6x^2+8x+2+6x^2+3x-3$
$\phantom{y'}=\boldsymbol{18x^2+10x-2}$ …答

(4) $y'=\{(x^2+x+1)^2\}'$
$\phantom{y'}=2(x^2+x+1)(x^2+x+1)'$
$\phantom{y'}=\boldsymbol{2(x^2+x+1)(2x+1)}$ …答

● $F(x)=f(x)g(x)h(x)$ の形の微分
$F(x)$ が $\{f(x)g(x)\}$ と $h(x)$ の2つの関数の積と考えると
$F'(x)$
$=\{f(x)g(x)\}'h(x)$
$\phantom{=}+\{f(x)g(x)\}h'(x)$
$=\{f'(x)g(x)$
$\phantom{=\{}+f(x)g'(x)\}h(x)$
$\phantom{=}+f(x)g(x)h'(x)$
$=f'(x)g(x)h(x)$
$\phantom{=}+f(x)g'(x)h(x)$
$\phantom{=}+f(x)g(x)h'(x)$

● $F(x)=\{f(x)\}^2$ の形の微分
$F(x)=f(x)f(x)$
と考えると
$F'(x)=f'(x)f(x)$
$\phantom{F'(x)=}+f(x)f'(x)$
$\phantom{F'(x)}=2f(x)f'(x)$

**類題 92** 次の関数を微分せよ。
(1) $y=(x-1)(2x+3)$
(2) $y=(x^2-1)(x^2+3x-2)$
(3) $y=(x^2-x-1)^2$
(4) $y=(x+1)(x+2)(x-3)$
(5) $y=(x-1)^2(x^2+2)$

**基本例題 93** 　　　　　　　　　関数の商の導関数

**ねらい** 商の微分の仕方を学習する。

次の関数を微分せよ。

(1) $y = \dfrac{1}{x+2}$ 　　(2) $y = \dfrac{2x+1}{x^2+2}$ 　　(3) $y = x + \dfrac{1}{x}$

(4) $y = \dfrac{x-1}{x}$ 　　(5) $y = \dfrac{3x+2}{x+1}$

**解法ルール**　$F(x) = \dfrac{1}{g(x)}$ のとき

$$F'(x) = -\dfrac{g'(x)}{\{g(x)\}^2}$$

$F(x) = \dfrac{f(x)}{g(x)}$ のとき

$$F'(x) = \dfrac{f'(x)g(x) - f(x)g'(x)}{\{g(x)\}^2}$$

● $F(x) = \dfrac{f(x)}{g(x)}$ の微分の仕方の覚え方

$$F'(x) = \dfrac{(分子)'分母 - 分子(分母)'}{(分母)^2}$$

と言葉で覚える。
すなわち

$$F'(x) = \dfrac{f'(x)g(x) - f(x)g'(x)}{\{g(x)\}^2}$$

分子の微分・分母 − 分子・分母の微分。

**解答例**

(1) $y' = -\dfrac{(x+2)'}{(x+2)^2} = -\dfrac{1}{(x+2)^2}$ 　…【答】

(2) $y' = \dfrac{(2x+1)'(x^2+2) - (2x+1)(x^2+2)'}{(x^2+2)^2}$

$= \dfrac{2(x^2+2) - 2x(2x+1)}{(x^2+2)^2}$

$= \dfrac{-2x^2 - 2x + 4}{(x^2+2)^2}$

$= -\dfrac{2x^2 + 2x - 4}{(x^2+2)^2}$ 　…【答】

(3) $y' = \left(x + \dfrac{1}{x}\right)' = 1 - \dfrac{1}{x^2}$ 　…【答】

(4) $y' = \left(\dfrac{x-1}{x}\right)' = \left(1 - \dfrac{1}{x}\right)' = \dfrac{1}{x^2}$ 　…【答】

そのまま計算すると
$y' = \dfrac{(x-1)'x - (x-1)x'}{x^2}$

(5) $y' = \left(\dfrac{3x+2}{x+1}\right)' = \left(3 - \dfrac{1}{x+1}\right)'$

$= \dfrac{(x+1)'}{(x+1)^2}$

$= \dfrac{1}{(x+1)^2}$ 　…【答】

そのまま計算すると
$y' = \dfrac{(3x+2)'(x+1) - (3x+2)(x+1)'}{(x+1)^2}$

← (分子の次数)≧(分母の次数) の場合は計算して**帯分数の形に直す**とよい。

$\dfrac{cx+d}{ax+b}$ の場合

$\dfrac{cx+d}{ax+b} = \dfrac{c}{a} + \dfrac{d - \dfrac{bc}{a}}{ax+b}$

　　　　　　　　定数

商の微分では，分子をできるだけ簡単にすると微分が楽になる。

**類題 93**　次の関数を微分せよ。

(1) $y = \dfrac{1}{x+1}$ 　　(2) $y = \dfrac{x}{x^2+2}$ 　　(3) $y = x^2 - \dfrac{1}{x}$

(4) $y = \dfrac{x^2+3}{2x}$ 　　(5) $y = \dfrac{(x+1)^2}{x-1}$

# 3 合成関数の導関数

❖ **合成関数の導関数**

合成関数の微分法について考えてみよう。
合成関数 $y=f(g(x))$ を，2つの関数 $y=f(u)$ と $u=g(x)$ との合成とみる。
関数 $y=f(u)$ と $u=g(x)$ がともに微分可能であるとき，
$x$ の増分 $\Delta x$ に対する $u$ の増分を $\Delta u$，また，$u$ の増分 $\Delta u$ に対する $y$ の増分を $\Delta y$ とすると，$\dfrac{\Delta y}{\Delta x}=\dfrac{\Delta y}{\Delta u}\cdot\dfrac{\Delta u}{\Delta x}$ と表せるから

$$\dfrac{dy}{dx}=\lim_{\Delta x\to 0}\dfrac{\Delta y}{\Delta x}=\lim_{\Delta x\to 0}\left(\dfrac{\Delta y}{\Delta u}\cdot\dfrac{\Delta u}{\Delta x}\right)$$

$\Delta x\to 0$ のとき $\Delta u\to 0$ だから

$$=\lim_{\Delta u\to 0}\dfrac{\Delta y}{\Delta u}\cdot\lim_{\Delta x\to 0}\dfrac{\Delta u}{\Delta x}=\dfrac{dy}{du}\cdot\dfrac{du}{dx}$$ が成り立つ。

---

**ポイント** [合成関数の導関数]

一般に，関数 $y=f(u)$，$u=g(x)$ の合成関数 $y=f(g(x))$ において，2つの関数 $f$，$g$ が微分可能であるとき

$$\dfrac{dy}{dx}=\dfrac{dy}{du}\cdot\dfrac{du}{dx}$$

特に $y=\{f(x)\}^n$ （$n$：整数）の導関数は $y'=n\{f(x)\}^{n-1}\cdot f'(x)$

覚え得

---

**基本例題 94** 合成関数の導関数(1)

次の関数を微分せよ。

(1) $y=(2x+1)^4$  (2) $y=\dfrac{1}{(3x+1)^3}$

**ねらい**
$y=\{f(x)\}^n$ タイプの微分の計算をする。

**解法ルール** $y=\{f(x)\}^n$ （$n$：整数）のとき
$$y'=n\{f(x)\}^{n-1}\cdot f'(x)$$

**解答例** (1) $y=(2x+1)^4$
$y'=4(2x+1)^3\cdot(2x+1)'=8(2x+1)^3$ …〔答〕

(2) $y=(3x+1)^{-3}$
$y'=-3(3x+1)^{-4}\cdot(3x+1)'=-\dfrac{9}{(3x+1)^4}$ …〔答〕

慣れないうちはおき換えればいいよ。
慣れてくるとかかなくても頭に浮かぶようになる。
頭にいきなり浮かべようとするのはあわてすぎ！
とにかく最初のうちはかいてみよう。

**類題 94** 次の関数を微分せよ。

(1) $y=(1-2x)^4$  (2) $y=\dfrac{1}{(3x-1)^2}$

## ❖ $x^r$ の導関数

いままで，微分の公式

$$(x^n)' = nx^{n-1}$$

が成り立つのは $n$ が整数の場合だけだったけれど，実は $n$ が有理数のときも成り立つ．

> **ポイント** [$x^r$ の導関数]
> $r$ が有理数のとき
> $$(x^r)' = rx^{r-1} \quad (x > 0)$$
>
> 覚え得

微分の公式 $(x^\triangle)' = \triangle x^{\triangle-1}$ の適用される範囲がどんどん拡大してきましたね．簡単に説明しておきましょう．

$r$ が有理数だから，$r = \dfrac{n}{m}$ （$m$, $n$ は整数）と表される．

$y = x^r = x^{\frac{n}{m}}$ について，両辺を $m$ 乗すると

$$y^m = x^n$$

両辺を $x$ で微分する．

左辺 $y^m$ は $x \longrightarrow y \longrightarrow y^m$ といった合成関数であると考えると

$$\dfrac{dy^m}{dx} = \dfrac{dy^m}{dy} \cdot \dfrac{dy}{dx} = my^{m-1} \cdot \dfrac{dy}{dx} \quad (m \text{ は整数より } (y^\triangle)' = \triangle y^{\triangle-1} \text{ が使用できる})$$

右辺の $x^n$ は，$n$ が整数より $(x^n)' = nx^{n-1}$

したがって $my^{m-1} \cdot \dfrac{dy}{dx} = nx^{n-1}$

これより
$$\dfrac{dy}{dx} = \dfrac{nx^{n-1}}{my^{m-1}}$$

$$= \dfrac{n}{m} \cdot \dfrac{x^{n-1}}{(x^{\frac{n}{m}})^{m-1}}$$

$$= \dfrac{n}{m} \cdot x^{n-1-\frac{n}{m}(m-1)}$$

$$= \dfrac{n}{m} x^{\frac{n}{m}-1} = rx^{r-1}$$

ここでは**合成関数の微分**を知ることで，微分公式 $(x^\triangle)' = \triangle x^{\triangle-1}$ の適用範囲が有理数まで拡大されましたね．

実は，実数まで拡大されるんです．$(x^{\sqrt{3}})' = \sqrt{3} x^{\sqrt{3}-1}$ も可能となります．

しかし，これを示すにはもう少し道具が必要なんです．お楽しみに！

関数 $y=\{f(x)\}^r$ についても，$r$ が有理数でも整数の場合と同様に微分できます。

$y=\{f(x)\}^r$ で $u=f(x)$ とおくと $y=u^r$

よって，$\dfrac{dy}{du}=ru^{r-1}$, $\dfrac{du}{dx}=f'(x)$ だから

$$\dfrac{dy}{dx}=\dfrac{dy}{du}\cdot\dfrac{du}{dx}=ru^{r-1}\cdot u'=r\{f(x)\}^{r-1}\cdot f'(x)$$

$u=f(x)$ とおいたとき $u'$ を忘れずに！

**ポイント** $[y=\{f(x)\}^r$ の導関数$]$

$y=\{f(x)\}^r$ （$r$：有理数）のとき

$$y'=r\{f(x)\}^{r-1}\cdot f'(x)$$

---

**基本例題 95** 　　　　　　　　　　　合成関数の導関数(2)

次の関数を微分せよ。

(1) $y=\sqrt{2x-3}$ 　　　　(2) $y=\dfrac{1}{\sqrt{1+x^2}}$

**ねらい** $F(x)=\sqrt{f(x)}$ のタイプの微分の仕方を学ぶ。

**解法ルール** $y=\{f(x)\}^n$ のとき，$u=f(x)$ とおくと $y=u^n$

$$\dfrac{dy}{dx}=nu^{n-1}\cdot\dfrac{du}{dx}$$

$n$ は整数でも分数でも $(u^n)'=nu^{n-1}\cdot u'$ と覚えよう！

**解答例** (1) $y=\sqrt{2x-3}$ で $u=2x-3$ とおくと

$y=\sqrt{u}=u^{\frac{1}{2}}$ 　　$\sqrt[n]{a^m}=a^{\frac{m}{n}}$

$\dfrac{dy}{dx}=\dfrac{1}{2}\cdot u^{-\frac{1}{2}}\cdot\dfrac{du}{dx}=\dfrac{1}{2\sqrt{2x-3}}\cdot(2x-3)'$

$=\dfrac{2}{2\sqrt{2x-3}}=\dfrac{1}{\sqrt{2x-3}}$ …答

(2) $y=\dfrac{1}{\sqrt{1+x^2}}$ で $u=1+x^2$ とおくと

$y=\dfrac{1}{\sqrt{u}}=u^{-\frac{1}{2}}$ 　　$\dfrac{1}{a^n}=a^{-n}$

$\dfrac{dy}{dx}=-\dfrac{1}{2}u^{-\frac{3}{2}}\cdot\dfrac{du}{dx}=-\dfrac{1}{2\sqrt{(1+x^2)^3}}\cdot(1+x^2)'$

$=-\dfrac{2x}{2\sqrt{(1+x^2)^3}}=-\dfrac{x}{\sqrt{(1+x^2)^3}}$ …答

---

**類題 95** 次の関数を微分せよ。

(1) $y=\sqrt{2-x}$ 　　(2) $y=\sqrt{5-x^2}$ 　　(3) $y=\sqrt{(2x+3)^3}$

(4) $y=\dfrac{1}{\sqrt{2x^2+3}}$ 　　(5) $y=\sqrt{\dfrac{1-x}{1+x}}$

4章 微分法とその応用

## 4 逆関数の導関数

ここでは逆関数の微分を考えよう。

関数 $y=f(x)$ の逆関数を $x=g(y)$ とする。

$x=g(y)$ の両辺を $x$ で微分すると $\quad 1=\dfrac{dg(y)}{dy}\cdot\dfrac{dy}{dx}$

ここで, $x=g(y)$ だから $\quad 1=\dfrac{dx}{dy}\cdot\dfrac{dy}{dx}$

したがって $\quad \dfrac{dy}{dx}=\dfrac{1}{\dfrac{dx}{dy}} \quad$ が成り立つ。

実際に, 逆関数の導関数を使って $y=\sqrt[3]{x}$ を $x$ で微分してみると,

両辺を3乗して $\quad x=y^3 \quad \dfrac{dx}{dy}=3y^2$

よって $\quad \dfrac{dy}{dx}=\dfrac{1}{\dfrac{dx}{dy}}=\dfrac{1}{3y^2}=\dfrac{1}{3\sqrt[3]{x^2}}$

---

**ポイント** [逆関数の導関数]

$$\dfrac{dy}{dx}=\dfrac{1}{\dfrac{dx}{dy}}$$

覚え得

---

上の説明は, まあ証明の outline だけれど, まず流れをつかむことって大切だよ。

さて, ここで何をおさえるかなんだけれど

$\dfrac{dy}{dx}$ と $\dfrac{dx}{dy}$ の関係

ということになるかな。

高校の段階では $\quad \dfrac{dy}{dx}=\dfrac{1}{\dfrac{dx}{dy}} \quad$ を用いることが多いね。

でもね, このことは, たとえば $y=f(x)$ の逆関数 $x=g(y)$ の微分可能性については, **逆関数を具体的に求めなくても判定できる**といっているんだ。

すなわち $\quad x_0 \underset{g}{\overset{f}{\rightleftarrows}} f(x_0)$

「$f'(x_0)\neq 0$ ならば, $f$ の逆関数 $g$ は $f(x_0)$ で微分可能で

$g'(f(x_0))=\dfrac{1}{f'(x_0)} \quad$ であることを示している」

と考えられないかな。

**基本例題 96** 　　　　　　　　　　　　逆関数の導関数

**ねらい** 逆関数の微分の仕方を学ぶ。

関数 $y=\sqrt[3]{x+3}$ について，次の問いに答えよ。

(1) $\dfrac{dy}{dx}$ を求めよ。

(2) $x$ を $y$ で表し，$\dfrac{dx}{dy}$ を求めよ。

(3) (1), (2)より，$\dfrac{dy}{dx}=\dfrac{1}{\dfrac{dx}{dy}}$ であることを示せ。

**解法ルール** 逆関数の微分　$\dfrac{dy}{dx}=\dfrac{1}{\dfrac{dx}{dy}}$

← $\dfrac{dx}{dy}$ を求めるために $x$ を $y$ で表すことは必ずしも必要ではない。
$\dfrac{dx}{dy}=\dfrac{1}{\dfrac{dy}{dx}}$ が成り立つので，逆関数の導関数 $\dfrac{dx}{dy}$ は導関数 $\dfrac{dy}{dx}$ が存在すれば求められる。

**解答例**

(1) $u=x+3$ とおくと　$y=u^{\frac{1}{3}}$

$$\dfrac{dy}{dx}=\dfrac{dy}{du}\cdot\dfrac{du}{dx}=\dfrac{1}{3}u^{-\frac{2}{3}}\cdot 1$$
$$=\dfrac{1}{3}(x+3)^{-\frac{2}{3}} \quad \cdots \text{答}$$

(2) $y=\sqrt[3]{x+3}$ より，両辺を3乗すると　$y^3=x+3$

したがって　$x=y^3-3$

両辺を $y$ で微分すると

$$\dfrac{dx}{dy}=3y^2=3\{(x+3)^{\frac{1}{3}}\}^2=3(x+3)^{\frac{2}{3}} \quad \cdots \text{答}$$

(3) $\dfrac{dy}{dx}=\dfrac{1}{3}(x+3)^{-\frac{2}{3}}$，$\dfrac{dx}{dy}=3(x+3)^{\frac{2}{3}}$ より

$$\dfrac{dy}{dx}\cdot\dfrac{dx}{dy}=\dfrac{1}{3}(x+3)^{-\frac{2}{3}}\cdot 3(x+3)^{\frac{2}{3}}=(x+3)^0=1$$

$$\Longleftrightarrow \dfrac{dy}{dx}=\dfrac{1}{\dfrac{dx}{dy}} \quad \text{終}$$

**類題 96** 関数 $x=\sqrt[3]{y^2-3}\ (y>0)$ について，次の方法で $\dfrac{dy}{dx}$ を求め，$y$ の式で表せ。

(1) $y$ の式に直してから求めよ。

(2) 逆関数の微分を利用して求めよ。

4章　微分法とその応用

## 5 三角関数の導関数

ここでは，三角関数の導関数を考えるよ。
結論から示すと，次のようになる。

**ポイント** ［三角関数の導関数］
① $(\sin x)' = \cos x$　　② $(\cos x)' = -\sin x$
③ $(\tan x)' = \dfrac{1}{\cos^2 x}$

覚え得

ほとんどの場合，この結果を用いればいいんだけど，理由もわからずに使うのは気持ちが悪いので，簡単に説明しよう。

① $(\sin x)' = \lim\limits_{h \to 0} \dfrac{\sin(x+h) - \sin x}{h}$　　　$f'(x) = \lim\limits_{h \to 0} \dfrac{f(x+h) - f(x)}{h}$

$= \lim\limits_{h \to 0} \dfrac{2\cos\left(x + \dfrac{h}{2}\right) \sin \dfrac{h}{2}}{h}$　　　$\sin A - \sin B = 2\cos \dfrac{A+B}{2} \sin \dfrac{A-B}{2}$

$= \lim\limits_{h \to 0} \dfrac{\sin \dfrac{h}{2}}{\dfrac{h}{2}} \cdot \cos\left(x + \dfrac{h}{2}\right)$　　　$\lim\limits_{x \to 0} \dfrac{\sin x}{x} = 1$

$= \cos x$

② $(\cos x)' = \lim\limits_{h \to 0} \dfrac{\cos(x+h) - \cos x}{h}$　　　$\cos A - \cos B = -2\sin \dfrac{A+B}{2} \sin \dfrac{A-B}{2}$

$= \lim\limits_{h \to 0} \dfrac{-2\sin\left(x + \dfrac{h}{2}\right) \sin \dfrac{h}{2}}{h}$

$= \lim\limits_{h \to 0} \dfrac{\sin \dfrac{h}{2}}{\dfrac{h}{2}} \cdot \left\{-\sin\left(x + \dfrac{h}{2}\right)\right\}$

$= -\sin x$

③ $(\tan x)' = \left(\dfrac{\sin x}{\cos x}\right)'$

$= \dfrac{(\sin x)' \cos x - \sin x (\cos x)'}{\cos^2 x}$　　　$\left\{\dfrac{f(x)}{g(x)}\right\}' = \dfrac{f'(x)g(x) - f(x)g'(x)}{\{g(x)\}^2}$

$= \dfrac{\cos^2 x + \sin^2 x}{\cos^2 x}$

$= \dfrac{1}{\cos^2 x}$

1 微分法

**基本例題 97** 　　　　　　　　　　　三角関数の導関数

**ねらい** 三角関数の微分について学習する。

次の関数を微分せよ。
(1) $y=\sin(2x+1)$ 　　　(2) $y=\tan 3x$
(3) $y=\cos^3 2x$
(4) $y=(1-\sin x)\cos x$ 　　　(5) $y=\dfrac{\sin x}{3+\cos x}$

**解法ルール** $(\sin x)'=\cos x$, $(\cos x)'=-\sin x$, $(\tan x)'=\dfrac{1}{\cos^2 x}$

$y=\sin(ax+b)$ の微分は，
$u=ax+b$ とおくと，$y=\sin u$ だから
$$\dfrac{dy}{dx}=\cos u \cdot \dfrac{du}{dx}=a\cos(ax+b)$$

**解答例**
(1) $u=2x+1$ とおくと，$y=\sin u$ だから
$$\dfrac{dy}{dx}=\dfrac{dy}{du}\cdot\dfrac{du}{dx}=(\cos u)\cdot 2=\mathbf{2\cos(2x+1)} \quad \cdots\text{答}$$

(2) $u=3x$ とおくと，$y=\tan u$ だから
$$\dfrac{dy}{dx}=\dfrac{dy}{du}\cdot\dfrac{du}{dx}=\dfrac{1}{\cos^2 u}\cdot 3=\mathbf{\dfrac{3}{\cos^2 3x}} \quad \cdots\text{答}$$

(3) $u=2x$, $v=\cos u$ とおくと，$y=v^3$ だから
$$\dfrac{dy}{dx}=\dfrac{dy}{dv}\cdot\dfrac{dv}{du}\cdot\dfrac{du}{dx}$$
$$=3v^2\cdot(-\sin u)\cdot 2$$
$$=\mathbf{-6\cos^2 2x\sin 2x} \quad \cdots\text{答}$$

$y=v^3$ より $\dfrac{dy}{dv}=3v^2$
$v=\cos u$ より $\dfrac{dv}{du}=-\sin u$
$u=2x$ より $\dfrac{du}{dx}=2$

(4) $y'=(1-\sin x)'\cos x+(1-\sin x)(\cos x)'$
$=-\cos x\cdot(\cos x)+(1-\sin x)(-\sin x)$ ←$\cos^2 x=1-\sin^2 x$
$=\mathbf{2\sin^2 x-\sin x-1} \quad \cdots\text{答}$

(5) $y'=\dfrac{(\sin x)'(3+\cos x)-\sin x(3+\cos x)'}{(3+\cos x)^2}$
$=\dfrac{\cos x(3+\cos x)-\sin x(-\sin x)}{(3+\cos x)^2}$ ←$\cos^2 x+\sin^2 x=1$
$=\mathbf{\dfrac{3\cos x+1}{(3+\cos x)^2}} \quad \cdots\text{答}$

← 三角関数の微分では
$\sin(ax+b)$
$\cos(ax+b)$
$\tan(ax+b)$
$\sin^n(ax+b)$
$\cos^n(ax+b)$
$\tan^n(ax+b)$
がよく登場するのでしっかり練習しておこう。いずれも**合成関数の微分**になる。

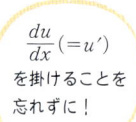

$\dfrac{du}{dx}(=u')$ を掛けることを忘れずに！

**類題 97** 次の関数を微分せよ。
(1) $y=\cos(3x+1)$ 　　(2) $y=\tan 2x$ 　　(3) $y=\sin^3 x$
(4) $y=\tan^2 x$ 　　(5) $y=\sin^3 2x$ 　　(6) $y=\dfrac{1}{1+\sin x}$

## 6 対数関数の導関数

対数関数 $f(x)=\log_a x$ の導関数を考えてみよう。
まずは導関数の定義に基づいて

$$f'(x)=\lim_{h \to 0}\frac{f(x+h)-f(x)}{h}$$ より

$$\lim_{h \to 0}\frac{\log_a(x+h)-\log_a x}{h}=\lim_{h \to 0}\frac{1}{h}\log_a\left(\frac{x+h}{x}\right)=\lim_{h \to 0}\frac{1}{h}\log_a\left(1+\frac{h}{x}\right)$$

$$=\lim_{h \to 0}\frac{1}{x}\log_a\left(1+\frac{h}{x}\right)^{\frac{x}{h}} \quad \cdots\cdots ①$$

ここで，実は $\lim_{t \to 0}(1+t)^{\frac{1}{t}}$ は確定した極限値をもつことがわかっている。その極限値を $e$ とすると，**$e$ は無理数で，その値は $2.71828\cdots$ である。**

すなわち $\lim_{t \to 0}(1+t)^{\frac{1}{t}}=e$

①で $\log_a\left(1+\frac{h}{x}\right)^{\frac{x}{h}}=\log_a\left(1+\frac{h}{x}\right)^{\frac{1}{\frac{h}{x}}}$  $\lim_{h \to 0}\left(1+\frac{h}{x}\right)^{\frac{x}{h}}=\lim_{t \to 0}(1+t)^{\frac{1}{t}}=e$

以上より $\lim_{h \to 0}\frac{1}{x}\log_a\left(1+\frac{h}{x}\right)^{\frac{x}{h}}=\frac{1}{x}\log_a e$ 　　$\frac{h}{x}=t$ とおく。$h \to 0$ のとき $\frac{h}{x} \to 0$

すなわち $f(x)=\log_a x$ の導関数 $f'(x)$ は $f'(x)=\frac{1}{x}\log_a e=\frac{1}{x\log a}$

微分法では**自然対数**（底を $e$ とする対数）を使う。
**自然対数 $\log_e x$ では底の $e$ を省略して $\log x$ と書く。**

特に，**$a=e$ のとき** $\log a=\log_e e=1$ だから $(\log x)'=\frac{1}{x}$ となる。

また，$y=\log|x|$ の導関数は

(i) $x>0$ のとき $y'=(\log|x|)'=(\log x)'=\frac{1}{x}$

(ii) $x<0$ のとき $y=\log|x|=\log(-x)$ で $u=-x$ とおくと

$y=\log u$ より $\frac{dy}{dx}=\frac{1}{u}\cdot\frac{du}{dx}=\frac{1}{-x}\cdot(-1)=\frac{1}{x}$

(i), (ii)より $(\log|x|)'=\frac{1}{x}$

**ポイント** [対数関数の導関数]

① $(\log x)'=\frac{1}{x}$ 　また 　$(\log|x|)'=\frac{1}{x}$

② $(\log_a x)'=\left(\frac{\log_e x}{\log_e a}\right)'=\frac{1}{x\log a}$ 　$(a>0, \ a\neq 1)$

**基本例題 98** 　　　　　　　　　　　対数関数の導関数

次の関数を微分せよ。

(1) $y = \log(3x+2)$ 　　　　(2) $y = \log|2x+3|$
(3) $y = (\log x)^3$ 　　　　　(4) $y = \log_{10} 2x$
(5) $y = x \log x$ 　　　　　(6) $y = \log\left|\dfrac{x+2}{1-x}\right|$

**ねらい** 対数関数の微分について学習する。

**解法ルール** $(\log x)' = \dfrac{1}{x}$, $(\log|x|)' = \dfrac{1}{x}$

$(\log_a x)' = \left(\dfrac{\log x}{\log a}\right)' = \dfrac{1}{x \log a}$

**解答例**

(1) $u = 3x+2$ とおくと，$y = \log u$ だから
$$\dfrac{dy}{dx} = \dfrac{1}{u} \cdot \dfrac{du}{dx} = \dfrac{1}{u} \cdot (3x+2)' = \dfrac{3}{3x+2} \quad \cdots \text{答}$$

(2) $u = 2x+3$ とおくと，$y = \log|u|$ だから
$$\dfrac{dy}{dx} = \dfrac{1}{u} \cdot \dfrac{du}{dx} = \dfrac{1}{u} \cdot (2x+3)' = \dfrac{2}{2x+3} \quad \cdots \text{答}$$

(3) $u = \log x$ とおくと，$y = u^3$ だから
$$\dfrac{dy}{dx} = 3u^2 \cdot \dfrac{du}{dx} = 3u^2 \cdot (\log x)' = \dfrac{3}{x} (\log x)^2 \quad \cdots \text{答}$$

(4) $y = \log_{10} 2x = \dfrac{\log 2x}{\log 10}$ より

$$y' = \dfrac{1}{\log 10} \cdot (\log 2x)' = \dfrac{1}{\log 10} \cdot \dfrac{(2x)'}{2x} = \dfrac{1}{x \log 10} \quad \cdots \text{答}$$

(5) $y' = (x \log x)' = (x)' \log x + x (\log x)'$
$= \log x + x \cdot \dfrac{1}{x} = \log x + 1 \quad \cdots \text{答}$

(6) $y = \log\left|\dfrac{x+2}{1-x}\right| = \log|x+2| - \log|1-x|$

$y' = \dfrac{(x+2)'}{x+2} - \dfrac{(1-x)'}{1-x} = \dfrac{1}{x+2} + \dfrac{1}{1-x}$
$= \dfrac{3}{(x+2)(1-x)} \quad \cdots \text{答}$

底の変換公式より，
$y = \log_a x = \dfrac{\log x}{\log a}$
として微分すると
$y' = \dfrac{1}{\log a}(\log x)'$
$= \dfrac{1}{x \log a}$

● $y = \log\left|\dfrac{f(x)}{g(x)}\right|$ の微分

$\log\left|\dfrac{f(x)}{g(x)}\right|$
$= \log|f(x)| - \log|g(x)|$
として微分すると，商の微分をさけることができる。

**類題 98** 次の関数を微分せよ。

(1) $y = \log 2x$ 　　　(2) $y = \log|3x-2|$ 　　　(3) $y = (\log x)^2$
(4) $y = \log_2(x^2+1)$ 　(5) $y = \dfrac{\log x}{x}$ 　　　(6) $y = \log\left|\dfrac{1+x}{1-x}\right|$

**基本例題 99** 　　　　　　　　　　　　　　　対数微分法

次の関数を微分せよ。

(1) $y = \dfrac{x}{(x+1)(x+2)^3}$ 　　　(2) $y = x^{\log x}$

**ねらい**　対数微分法（両辺の対数をとる）を学習する。

**解法ルール**　$y = \dfrac{(x+c)^r}{(x+a)^p(x+b)^q}$ の導関数を求めるには，

両辺の絶対値の対数をとって

$$\log|y| = \log\left|\dfrac{(x+c)^r}{(x+a)^p(x+b)^q}\right|$$
$$= r\log|x+c| - p\log|x+a| - q\log|x+b|$$

として**両辺を $x$ について微分**すればよい。

**解答例**　(1) 両辺の絶対値の自然対数をとると

$$\log|y| = \log\left|\dfrac{x}{(x+1)(x+2)^3}\right|$$
$$= \log|x| - \log|x+1| - 3\log|x+2|$$

両辺を $x$ で微分すると

$$\dfrac{y'}{y} = \dfrac{1}{x} - \dfrac{1}{x+1}\cdot(x+1)' - \dfrac{3}{x+2}\cdot(x+2)'$$
$$= \dfrac{-3x^2 - 2x + 2}{x(x+1)(x+2)}$$

よって　$y' = y \cdot \dfrac{-3x^2 - 2x + 2}{x(x+1)(x+2)}$

$$= \dfrac{x}{(x+1)(x+2)^3} \cdot \dfrac{-3x^2 - 2x + 2}{x(x+1)(x+2)}$$
$$= \dfrac{-3x^2 - 2x + 2}{(x+1)^2(x+2)^4} \quad \cdots \text{答}$$

> $y = \dfrac{x}{(x+1)(x+2)^3}$ は商の微分で微分することもできるけれどやる気しないよね。とっても面倒…。そこでこの方法なの。

> $z = \log y$ と考えて $x$ で微分する。
> $\dfrac{dz}{dx} = \dfrac{dz}{dy} \cdot \dfrac{dy}{dx} = \dfrac{1}{y} \cdot y' = \dfrac{y'}{y}$

(2) 両辺の自然対数をとると
$$\log y = \log x^{\log x} = (\log x)^2$$

両辺を $x$ で微分すると
$$\dfrac{y'}{y} = 2\log x \cdot (\log x)' = 2\log x \cdot \dfrac{1}{x}$$

よって　$y' = y \cdot 2\log x \cdot \dfrac{1}{x} = x^{\log x} \cdot 2\log x \cdot \dfrac{1}{x}$

$$= 2x^{\log x - 1}\log x \quad \cdots \text{答}$$

> この場合は明らかに $x > 0$ だから，両辺の絶対値の対数をとらなくても大丈夫ですよ。

**類題 99**　次の関数を微分せよ。

(1) $y = x^3\sqrt{1+x^2}$ 　　　(2) $y = x^x$ 　　　(3) $y = \sqrt{\dfrac{1-x}{1+x}}$

# 7 指数関数の導関数

指数関数 $f(x)=a^x$ の導関数を求めよう。

$y=a^x$ として両辺の自然対数をとると

$$\log y = \log a^x = x\log a$$

$\log y = x\log a$ の両辺を $x$ で微分すると

$$\frac{y'}{y}=\log a$$

よって　$y'=y\log a = a^x \log a$

特に，$a=e$ のとき　$(e^x)'=e^x \log e = e^x$

まとめると，次のようになる。

---

**ポイント**　［指数関数の導関数］　　　　　　　　　　　　　　　　覚え得
① $(e^x)'=e^x$
② $(a^x)'=a^x\log a$ 　$(a>0, a\neq 0)$

---

指数関数と対数関数の微分法について，本書では $\lim_{h\to 0}(1+h)^{\frac{1}{h}}=e$ を用いて，対数関数，そして指数関数といった順に説明したけれど，教科書によっては指数関数，そして対数関数の順に説明していることもある。

いずれにしても，それぞれの流れで理解すればいいんだ。納得したあとはしっかり結果を覚えて使っていこう。

さて，$(x^r)'=rx^{r-1}$ の公式が $r$ が実数でも使用可能になるって話，覚えているかな。いま，その時がきたんだ。

$y=x^r$（$r$ は実数）とする。両辺の自然対数をとると　$\log y = r\log x$

両辺を $x$ で微分すると　$\dfrac{y'}{y}=r\cdot\dfrac{1}{x}$

これより　$y'=r\cdot\dfrac{y}{x}=r\cdot\dfrac{x^r}{x}=rx^{r-1}$

すなわち，$y=x^r$ のとき，$y'=rx^{r-1}$（$r$ は実数）が成り立つ。

**微分公式 $(x^\triangle)'=\triangle x^{\triangle-1}$ が自然数，整数，有理数，実数と適用範囲が拡張されて**きた道筋は描けるかな？　拡大への旅はひとまずここで終着点！

## 基本例題 100 　　指数関数の導関数

**ねらい**　指数関数の微分について学習する。

次の関数を微分せよ。
(1) $y = e^{2x}$ 　　(2) $y = 3^{-x}$ 　　(3) $y = e^{-x^2}$
(4) $y = x^2 e^{-x}$ 　　(5) $y = e^{-x} \sin x$

**解法ルール** 　$(e^x)' = e^x$, 　$(a^x)' = a^x \log a$

$y = e^{f(x)}$ の微分は,
$u = f(x)$ とおくと, $y = e^u$ だから
$$\frac{dy}{dx} = e^u \cdot \frac{du}{dx} = e^{f(x)} \cdot f'(x)$$

**解答例**
(1) $u = 2x$ とおくと, $y = e^u$ だから
$$\frac{dy}{dx} = e^u \cdot \frac{du}{dx} = e^{2x} \cdot (2x)' = \mathbf{2e^{2x}} \quad \cdots \text{答}$$

(2) $u = -x$ とおくと, $y = 3^u$ だから
$$\frac{dy}{dx} = 3^u \log 3 \cdot \frac{du}{dx} = 3^{-x} \log 3 \cdot (-x)' = \mathbf{-3^{-x} \log 3} \quad \cdots \text{答}$$

(3) $u = -x^2$ とおくと, $y = e^u$ だから
$$\frac{dy}{dx} = e^u \cdot \frac{du}{dx} = e^{-x^2} \cdot (-x^2)' = \mathbf{-2xe^{-x^2}} \quad \cdots \text{答}$$

(4) $y' = (x^2 e^{-x})' = (x^2)' e^{-x} + x^2 (e^{-x})'$
$\phantom{y'} = 2xe^{-x} + x^2 e^{-x} \cdot (-x)'$
$\phantom{y'} = 2xe^{-x} - x^2 e^{-x}$
$\phantom{y'} = (2x - x^2) e^{-x}$
$\phantom{y'} = \mathbf{-x(x-2)e^{-x}} \quad \cdots \text{答}$

(5) $y' = (e^{-x} \sin x)' = (e^{-x})' \sin x + e^{-x} (\sin x)'$
$\phantom{y'} = -e^{-x} \cdot \sin x + e^{-x} \cdot \cos x$
$\phantom{y'} = (-\sin x + \cos x) e^{-x}$
$\phantom{y'} = \mathbf{(\cos x - \sin x) e^{-x}} \quad \cdots \text{答}$

● 指数関数の微分でよく登場するもの

1. $e^{f(x)}$ タイプの微分
$u = f(x)$ とおく。
$\{e^{f(x)}\}' = \frac{dy}{du} \cdot \frac{du}{dx}$
$= e^{f(x)} \cdot f'(x)$
忘れないように

2. $g(x) e^{f(x)}$ タイプの微分
$\{g(x) e^{f(x)}\}'$
$= g'(x) e^{f(x)}$
$\phantom{=} + g(x) e^{f(x)} \cdot f'(x)$
$= \{g'(x) + g(x) f'(x)\} e^{f(x)}$
$e^{f(x)}$ でくくることができるのが特徴。

**類題 100** 次の関数を微分せよ。
(1) $y = e^{3x}$ 　　(2) $y = 2^{-3x+1}$ 　　(3) $y = (e^x - e^{-x})^2$
(4) $y = e^{-x} \cos x$ 　　(5) $y = (3x - 2x^2) e^{-x}$

# 8 高次導関数

関数 $y=f(x)$ の導関数 $f'(x)$ が微分可能であるとき，$f'(x)$ をさらに微分して得られる導関数を $f(x)$ の**第2次導関数**といい，$y''$, $f''(x)$, $\dfrac{d^2y}{dx^2}$, $\dfrac{d^2}{dx^2}f(x)$ などの記号で表す。

また，$f''(x)$ が微分可能であるとき，$f''(x)$ をさらに微分して得られる導関数を $f(x)$ の**第3次導関数**といい，$y'''$, $f'''(x)$, $\dfrac{d^3y}{dx^3}$, $\dfrac{d^3}{dx^3}f(x)$ などで表す。

一般に，**関数 $y=f(x)$ を $n$ 回微分して得られる導関数を第 $n$ 次導関数**といい，$y^{(n)}$, $f^{(n)}(x)$, $\dfrac{d^ny}{dx^n}$, $\dfrac{d^n}{dx^n}f(x)$ などの記号で表す。

このとき，第2次以上の導関数を**高次導関数**という。

**基本例題 101** 〔第2次導関数〕

次の関数の第2次導関数を求めよ。
(1) $y=\cos x$ 　　(2) $y=e^{-x}$

**ねらい** 第2次導関数を求めること。

**解法ルール** 第1次導関数 $f'(x)$ をさらに微分して，第2次導関数 $f''(x)$ を求める。

**解答例**
(1) $y=\cos x$ を微分して　$y'=-\sin x$
　　したがって　$y''=-\cos x$ …答
(2) $y=e^{-x}$ を微分して　$y'=-e^{-x}$
　　したがって　$y''=e^{-x}$ …答

さらに微分すると第3次導関数ですよ
(1) $y'''=\sin x$
(2) $y'''=-e^{-x}$

**類題 101** 次の関数の第3次導関数を求めよ。
(1) $y=\sin x$ 　　(2) $y=\log x$

**基本例題 102** 〔第 $n$ 次導関数〕

次の関数の第 $n$ 次導関数を求めよ。
(1) $y=x^n$（$n$：自然数）　　(2) $y=e^{ax}$

**ねらい** 第 $n$ 次導関数を求めること。

**解法ルール** $n$ 回微分する。$y^{(n)}$ で表す。

**解答例**
(1) $y=x^n$ より　$y'=nx^{n-1}$, $y''=n(n-1)x^{n-2}$
　　$n$ 回繰り返すと　$y^{(n)}=n!$ …答
(2) $y=e^{ax}$ より　$y'=ae^{ax}$, $y''=a^2e^{ax}$
　　$n$ 回繰り返すと　$y^{(n)}=a^ne^{ax}$ …答

数学的帰納法を使って証明すればよいのですが，今回は推測の段階までにしましょう。

4章　微分法とその応用

**類題 102** 次の関数の第 $n$ 次導関数を求めよ。

(1) $y = \sin x$   (2) $y = e^{-x}$

---

**基本例題 103**　関数 $F(x, y) = 0$ の導関数

次の方程式で定められる $x$ の関数 $y$ の導関数 $\dfrac{dy}{dx}$ を $x$ と $y$ で表せ。

(1) $x^2 + 2y^2 = 4$　(2) $y^2 = x + 1$　(3) $\sqrt{x} + \sqrt{y} = 1$

**ねらい** 方程式 $F(x, y) = 0$ で表される関数の微分について学ぶ。

**解法ルール** $ax^n + by^n = c$ について両辺を $x$ で微分する。

$by^n$ を $x$ で微分するには，$y$ は $x$ の関数より，$z = y^n$ と考えて

$$\frac{dz}{dx} = \frac{dz}{dy} \cdot \frac{dy}{dx} = ny^{n-1} \cdot \frac{dy}{dx}$$

$$anx^{n-1} + bny^{n-1} \cdot \frac{dy}{dx} = 0$$

これより，$\dfrac{dy}{dx}$ を求めればよい。

**解答例**

(1) $x^2 + 2y^2 = 4$ の両辺を $x$ で微分すると

$$2x + 4y \cdot \frac{dy}{dx} = 0$$

これより $\dfrac{dy}{dx} = -\dfrac{x}{2y}$ …答

$z = y^2$ と考えて $x$ で微分する。 $\dfrac{dz}{dx} = 2y \cdot \dfrac{dy}{dx}$

(2) $y^2 = x + 1$ の両辺を $x$ で微分すると

$$2y \cdot \frac{dy}{dx} = 1$$

これより $\dfrac{dy}{dx} = \dfrac{1}{2y}$ …答

(3) $\sqrt{x} + \sqrt{y} = 1$ の両辺を $x$ で微分すると

$$\frac{1}{2} x^{-\frac{1}{2}} + \frac{1}{2} y^{-\frac{1}{2}} \cdot \frac{dy}{dx} = 0$$

$z = \sqrt{y} = y^{\frac{1}{2}}$ と考えて $x$ で微分する。 $\dfrac{dz}{dx} = \dfrac{1}{2} y^{-\frac{1}{2}} \cdot \dfrac{dy}{dx}$

これより $\dfrac{dy}{dx} = \dfrac{-\dfrac{1}{2} x^{-\frac{1}{2}}}{\dfrac{1}{2} y^{-\frac{1}{2}}}$

$= -\sqrt{\dfrac{y}{x}}$ …答

関数 $F(x, y) = 0$ の導関数 $\dfrac{dy}{dx}$ を求めるのに，$y = f(x)$ の形で表す必要はないことがわかったかな？ $\dfrac{dy}{dx}$ を求めるときに割り算をしているから，「0 でない」ことの check が気になるかもしれないけれど，ここではおおらかに「0 でない」として $\dfrac{dy}{dx}$ を求めていくことにしよう。

---

**類題 103** 次の方程式で定められる $x$ の関数 $y$ の導関数を求めよ。

(1) $\dfrac{x^2}{4} + y^2 = 1$　(2) $y^2 = 4x$　(3) $x^2 + y^2 - 2x + 2 = 0$

(4) $xy + x - y = 0$　(5) $x^{\frac{1}{3}} + y^{\frac{1}{3}} = 1$

1 微分法

# 9 媒介変数で表された関数の導関数

平面上の曲線が，1つの変数 $t$ を用いて

$$\begin{cases} x = f(t) \\ y = g(t) \end{cases}$$

の形に表されたとき，これを曲線の**媒介変数表示**といい，$t$ を**媒介変数**という。ここで，$x$ の値が決まれば，$t$ を媒介として $y$ の値が定まり，$y$ は $x$ の関数となる。

このとき $\dfrac{dy}{dx}$ を求めてみよう。

合成関数の微分法により，$\dfrac{dy}{dx} = \dfrac{dy}{dt} \cdot \dfrac{dt}{dx} = \dfrac{dy}{dt} \cdot \left(\dfrac{1}{\dfrac{dx}{dt}}\right)$ がいえる。

したがって，$\dfrac{dy}{dx} = \dfrac{\dfrac{dy}{dt}}{\dfrac{dx}{dt}} = \dfrac{g'(t)}{f'(t)}$ が成り立つ。

---

**基本例題 104**　媒介変数表示された関数の導関数

次の関数について，$\dfrac{dy}{dx}$ を $\theta$ で表せ。($\theta$ は媒介変数とする)

(1) $x = \theta - \sin\theta$, $y = 1 - \cos\theta$　　(2) $x = \cos^3\theta$, $y = \sin^3\theta$

**ねらい**　媒介変数で表示された関数を微分する。

---

**解法ルール**　$x = f(t)$, $y = g(t)$ のとき $\dfrac{dy}{dx} = \dfrac{\dfrac{dy}{dt}}{\dfrac{dx}{dt}}$

**解答例**

(1) $\dfrac{dy}{dx} = \dfrac{\dfrac{dy}{d\theta}}{\dfrac{dx}{d\theta}} = \dfrac{\sin\theta}{1 - \cos\theta}$　…【答】

(2) $\dfrac{dy}{dx} = \dfrac{\dfrac{dy}{d\theta}}{\dfrac{dx}{d\theta}} = \dfrac{3\sin^2\theta\cos\theta}{3\cos^2\theta(-\sin\theta)} = -\dfrac{\sin\theta}{\cos\theta} = -\tan\theta$　…【答】

$\dfrac{dy}{dx} = \dfrac{dy}{d\theta} \cdot \dfrac{d\theta}{dx} = \dfrac{\dfrac{dy}{d\theta}}{\dfrac{dx}{d\theta}}$

$\dfrac{d\theta}{dx} = \dfrac{1}{\dfrac{dx}{d\theta}}$

---

**類題 104**　次の関数について，$\dfrac{dy}{dx}$ を媒介変数 $t$ で表せ。

(1) $x = 4\cos t$, $y = \sin 2t$　　(2) $x = \cos t + \sin t$, $y = \cos t \sin t$

(3) $x = 3\cos t + \cos 3t$, $y = 3\sin t - \sin 3t$

(4) $x = e^{-t}\cos\pi t$, $y = e^{-t}\sin\pi t$

4章　微分法とその応用

# 2節 微分法の応用

## 10 接線と法線

曲線 $y=f(x)$ 上の点 $P(t, f(t))$ における**接線の方程式**は，
$$y-f(t)=f'(t)(x-t)$$ で与えられる。

また点 P を通り点 P における接線と垂直に交わる直線を，曲線 $y=f(x)$ 上の点 P における**法線**という。

点 $P(t, f(t))$ における**法線の方程式**は
$$y-f(t)=-\frac{1}{f'(t)}(x-t) \quad (f'(t)\neq 0)$$ で与えられる。

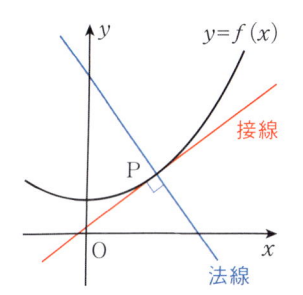

### 基本例題 105 [接線と法線]

曲線 $y=x+\dfrac{2}{x}$ 上の点 $(1, 3)$ における，接線と法線の方程式を求めよ。

**ねらい** 曲線上の点での接線と法線の方程式を求める。

**解法ルール** 曲線 $y=f(x)$ 上の点 $(t, f(t))$ における**接線の方程式**は
$$y-f(t)=f'(t)(x-t)$$
また，**法線の方程式**は
$$y-f(t)=-\frac{1}{f'(t)}(x-t) \quad (f'(t)\neq 0)$$

← 2直線 $y=m_1x+n_1$, $y=m_2x+n_2$ が垂直 $\iff m_1 \cdot m_2 = -1$

**解答例** $f(x)=x+\dfrac{2}{x}$ とおくと，$f'(x)=1-\dfrac{2}{x^2}$ より $f'(1)=-1$

したがって，**接線の方程式**は
$$y-3=(-1)(x-1) \iff y=-x+4 \quad \cdots\text{答}$$
また，**法線の方程式**は
$$y-3=1\cdot(x-1) \iff y=x+2 \quad \cdots\text{答}$$

### 類題 105
次の曲線上の点 P における，接線と法線の方程式を求めよ。

(1) $y=\dfrac{x+1}{2x-1}$  $P(1, 2)$

(2) $y=\sin 2x$  $P\left(\dfrac{\pi}{6}, \dfrac{\sqrt{3}}{2}\right)$

(3) $y=x\log x$  $P(e, e)$

(4) $y=e^{-x^2}$  $P\left(1, \dfrac{1}{e}\right)$

**基本例題 106** 　　　　　　　　曲線外の点を通る接線

原点から曲線 $y=\log x$ に引いた接線の方程式を求めよ。

**テストに出るぞ！**

**ねらい**　曲線の外の点から曲線に引いた接線の方程式の求め方を知る。

**解法ルール** 曲線 $y=\log x$ 上の点を $(t,\ \log t)$ とする。

**Step 1** $(t,\ \log t)$ における接線の方程式を求める。

**Step 2** 接線が原点を通るように $t$ の値を定める。

**解答例** 曲線 $y=\log x$ 上の接点を $(t,\ \log t)$ とする。

$y'=\dfrac{1}{x}$ より,

点 $(t,\ \log t)$ における接線の傾きは $\dfrac{1}{t}$

よって，接線の方程式は

$$y-\log t=\dfrac{1}{t}(x-t)$$

$$\iff y=\dfrac{1}{t}x+\log t-1$$

この接線が原点を通るとき　　　$1=\log_e e$

$$0=\log t-1 \iff \log t=1$$

すなわち　$t=e$

以上より，求める接線の方程式は $\boldsymbol{y=\dfrac{1}{e}x}$ …**答**

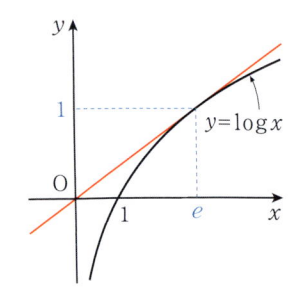

● 曲線外の点を通る接線の方程式の求め方
1. 接点を $(t,\ f(t))$ とおく。
2. 点 $(t,\ f(t))$ における接線の方程式を求める。
3. 条件に適する $t$ の値を求める。
4. $t$ の値を 2 の方程式に代入して接線の方程式を求める。

**類題 106** 点 $(3,\ 0)$ から曲線 $y=e^{-\frac{x^2}{4}}$ に引いた接線の方程式と，その接点の座標を求めよ。

**基本例題 107** 媒介変数表示された曲線の接線と法線

曲線 $C$ が，$\theta$ を媒介変数として $x=a(\theta-\sin\theta)$，$y=a(1-\cos\theta)$（ただし $a>0$）と表されているとき，$C$ 上の $\theta=\dfrac{\pi}{3}$ に対応する点における接線と法線の方程式を求めよ。

**テストに出るぞ！**

**ねらい** 媒介変数表示された曲線の接線と法線の方程式を求めること。

**解法ルール** $x=f(t)$，$y=g(t)$ で表される曲線の $t=\alpha$ における**接線の傾き**は，

**Step 1** $\dfrac{dy}{dx}=\dfrac{\dfrac{dy}{dt}}{\dfrac{dx}{dt}}$ を求める。

**Step 2** $\dfrac{dy}{dx}$ の $t=\alpha$ における値を求める。

で求められる。

あたりまえのことなんだけれど，「接線の傾きを求めるには $\dfrac{dy}{dx}$ を求める。」ことを忘れないこと。変数がたくさん出てくると何を何で微分したものが接線の傾きを表すのか，忘れる人がときどきいるみたいだよ。注意！

**解答例** $\dfrac{dy}{dx}=\dfrac{\dfrac{dy}{d\theta}}{\dfrac{dx}{d\theta}}=\dfrac{a\sin\theta}{a(1-\cos\theta)}=\dfrac{\sin\theta}{1-\cos\theta}$

これより，$\theta=\dfrac{\pi}{3}$ における**接線の傾き**は

$$\dfrac{\sin\dfrac{\pi}{3}}{1-\cos\dfrac{\pi}{3}}=\sqrt{3}$$

また，接点は $\left(a\left(\dfrac{\pi}{3}-\sin\dfrac{\pi}{3}\right),\ a\left(1-\cos\dfrac{\pi}{3}\right)\right)=\left(a\left(\dfrac{\pi}{3}-\dfrac{\sqrt{3}}{2}\right),\ \dfrac{a}{2}\right)$

以上より，**接線の方程式**は

$$y-\dfrac{a}{2}=\sqrt{3}\left\{x-\left(\dfrac{\pi}{3}-\dfrac{\sqrt{3}}{2}\right)a\right\}$$

すなわち $\boldsymbol{y=\sqrt{3}x+\left(2-\dfrac{\sqrt{3}}{3}\pi\right)a}$ …答

また，**法線の方程式**は，傾きが $-\dfrac{1}{\sqrt{3}}$ より

$$y-\dfrac{a}{2}=-\dfrac{1}{\sqrt{3}}\left\{x-\left(\dfrac{\pi}{3}-\dfrac{\sqrt{3}}{2}\right)a\right\}=-\dfrac{1}{\sqrt{3}}x+\dfrac{\sqrt{3}}{9}\pi a-\dfrac{1}{2}a$$

すなわち $\boldsymbol{y=-\dfrac{\sqrt{3}}{3}x+\dfrac{\sqrt{3}}{9}\pi a}$ …答

**類題 107** 曲線 $C$ が $t$ を媒介変数として $x=4\cos t$，$y=\sin 2t$ と表されているとき，曲線 $C$ 上の $t=\dfrac{\pi}{6}$ に対応する点における接線の傾きを求めよ。

**2 微分法の応用**

**基本例題 108** 　　　　　　　　　楕円の接線

楕円 $\dfrac{x^2}{a^2}+\dfrac{y^2}{b^2}=1$ 上の点 $(x_0, y_0)$ における接線の方程式を求めよ。

**ねらい**
楕円の接線を求めること。

**解法ルール** $ax^n+by^n=c$ の両辺を $x$ で微分すると

$$anx^{n-1}+bny^{n-1}\cdot\dfrac{dy}{dx}=0$$

これを利用して接線の傾きを求める。

p.145 で学んだ $F(x, y)=0$ の微分法を思い出そう。

**解答例** $\dfrac{x^2}{a^2}+\dfrac{y^2}{b^2}=1$ の両辺を $x$ で微分すると

$$\dfrac{2x}{a^2}+\dfrac{2y}{b^2}\cdot\dfrac{dy}{dx}=0$$

(i) $y\neq 0$ のとき

$\dfrac{dy}{dx}=-\dfrac{b^2x}{a^2y}$ だから，楕円上の点 $(x_0, y_0)$ における接線の傾きは $-\dfrac{b^2x_0}{a^2y_0}$

よって，求める接線の方程式は

$$y-y_0=-\dfrac{b^2x_0}{a^2y_0}(x-x_0)$$

両辺に $\dfrac{y_0}{b^2}$ を掛けて　$\dfrac{y_0y}{b^2}-\dfrac{y_0^2}{b^2}=-\dfrac{x_0x}{a^2}+\dfrac{x_0^2}{a^2}$

移項して　$\dfrac{x_0x}{a^2}+\dfrac{y_0y}{b^2}=\dfrac{x_0^2}{a^2}+\dfrac{y_0^2}{b^2}$

ここで $(x_0, y_0)$ は楕円上の点だから　$\dfrac{x_0^2}{a^2}+\dfrac{y_0^2}{b^2}=1$

接線の方程式は　$\dfrac{x_0x}{a^2}+\dfrac{y_0y}{b^2}=1$ ……①

p.25 の楕円の接線の求め方と比較してみてください。

同様にすれば，双曲線 $\dfrac{x^2}{a^2}-\dfrac{y^2}{b^2}=\pm 1$ 上の点 $(x_0, y_0)$ における接線の方程式は

$$\dfrac{x_0x}{a^2}-\dfrac{y_0y}{b^2}=\pm 1$$

(ii) $y=0$ のとき

接点は $(\pm a, 0)$ で，接線は $y$ 軸に平行となる。

よって　$x=\pm a$

これは，①で $x_0=\pm a$, $y_0=0$ とした場合である。

(i), (ii) より，求める接線の方程式は　$\dfrac{x_0x}{a^2}+\dfrac{y_0y}{b^2}=1$ …**答**

**類題 108** 放物線 $y^2=4px$ 上の点 $(x_0, y_0)$ における接線の方程式を求めよ。

**基本例題 109**　　曲線 $x^α+y^α=1$ の接線の方程式

曲線 $x^{\frac{2}{3}}+y^{\frac{2}{3}}=1$ 上の点を $(x_0, y_0)$ とする。ただし $x_0 y_0 \neq 0$ である。このとき，次の問いに答えよ。

(1) 点 $(x_0, y_0)$ における接線の方程式を求めよ。

(2) (1)の接線と $x$ 軸，$y$ 軸との交点をそれぞれ P，Q とするとき，線分 PQ の長さを求めよ。

**ねらい**　関数 $F(x, y)=0$ で表された曲線の接線の方程式の求め方。

**解法ルール**　点 $(x_0, y_0)$ における**接線の傾き**を求めるには

**Step 1**　$\dfrac{dy}{dx}$ を $x$ と $y$ で表す。

**Step 2**　$x=x_0$，$y=y_0$ のときの $\dfrac{dy}{dx}$ の値を求める。

とすればよい。

**解答例**　(1) $x^{\frac{2}{3}}+y^{\frac{2}{3}}=1$ の両辺を $x$ で微分すると，

$$\frac{2}{3}x^{-\frac{1}{3}}+\frac{2}{3}y^{-\frac{1}{3}}\cdot\frac{dy}{dx}=0 \text{ より }\quad \frac{dy}{dx}=-\frac{x^{-\frac{1}{3}}}{y^{-\frac{1}{3}}}=-\frac{y^{\frac{1}{3}}}{x^{\frac{1}{3}}}=-\left(\frac{y}{x}\right)^{\frac{1}{3}}$$

したがって，点 $(x_0, y_0)$ における**接線の傾き**は　$-\left(\dfrac{y_0}{x_0}\right)^{\frac{1}{3}}$

以上より，接線の方程式は

$$y-y_0=-\left(\frac{y_0}{x_0}\right)^{\frac{1}{3}}(x-x_0) \Longleftrightarrow y=-\left(\frac{y_0}{x_0}\right)^{\frac{1}{3}}x+x_0^{\frac{2}{3}}y_0^{\frac{1}{3}}+y_0$$

$$=-\left(\frac{y_0}{x_0}\right)^{\frac{1}{3}}x+y_0^{\frac{1}{3}}(x_0^{\frac{2}{3}}+y_0^{\frac{2}{3}})$$

点 $(x_0, y_0)$ は曲線 $x^{\frac{2}{3}}+y^{\frac{2}{3}}=1$ 上の点であるから　$x_0^{\frac{2}{3}}+y_0^{\frac{2}{3}}=1$

よって　$\boldsymbol{y=-\left(\dfrac{y_0}{x_0}\right)^{\frac{1}{3}}x+y_0^{\frac{1}{3}}}$ …**答**

← $y_0^{\frac{1}{3}}x+x_0^{\frac{1}{3}}y$
$=(x_0 y_0)^{\frac{1}{3}}$　または，
$\dfrac{x}{x_0^{\frac{1}{3}}}+\dfrac{y}{y_0^{\frac{1}{3}}}=1$
の形に変形すると，もとの曲線の式と比較しやすい。

(2) 点 P は $x$ 軸との交点より　$0=-\left(\dfrac{y_0}{x_0}\right)^{\frac{1}{3}}x+y_0^{\frac{1}{3}}$

よって　$x=x_0^{\frac{1}{3}}$　したがって，点 P の座標は　$(x_0^{\frac{1}{3}}, 0)$

点 Q は $y$ 軸との交点より　$y=-\left(\dfrac{y_0}{x_0}\right)^{\frac{1}{3}}\times 0+y_0^{\frac{1}{3}}$

よって　$y=y_0^{\frac{1}{3}}$　したがって，点 Q の座標は　$(0, y_0^{\frac{1}{3}})$

$$PQ^2=(x_0^{\frac{1}{3}})^2+(y_0^{\frac{1}{3}})^2=x_0^{\frac{2}{3}}+y_0^{\frac{2}{3}}=1$$

**答**　**線分 PQ の長さは　1**

**類題 109**　曲線 $\sqrt{x}+\sqrt{y}=1$ 上の点 $(x_0, y_0)$ $(0<x_0<1)$ における接線が $x$ 軸，$y$ 軸と交わる点をそれぞれ A，B とするとき，原点 O からの距離の和 OA＋OB は点 $(x_0, y_0)$ に関係なく一定であることを示せ。

# 11 平均値の定理

ここでは，いきなり結論から示そう。

**ポイント** [平均値の定理]

関数 $f(x)$ が，閉区間 $[a, b]$ で連続で，
開区間 $(a, b)$ で微分可能ならば，
$$\frac{f(b)-f(a)}{b-a}=f'(c) \quad (a<c<b)$$
を満たす $c$ が存在する。

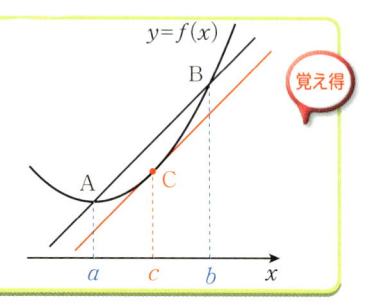

また，平均値の定理の特別な場合として，次の**ロルの定理**が成り立つ。

**ポイント** [ロルの定理]

関数 $f(x)$ が，閉区間 $[a, b]$ で連続で，
開区間 $(a, b)$ で微分可能で，$f(a)=f(b)$
ならば，
$$f'(c)=0 \quad (a<c<b)$$
を満たす $c$ が存在する。
（平均値の定理で，$f(a)=f(b)$ となる場合。）

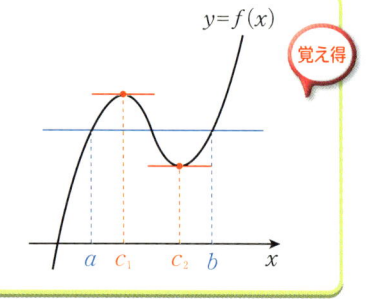

平均値の定理は，上の図でもわかるように，「$y=f(x)$ のグラフの曲線 AB 上のどこかで，少なくとも 1 つは直線 AB に平行な接線が存在する」ぐらいに理解していればいいよ。
このような感じで理解した方が
$$\frac{f(b)-f(a)}{b-a}=f'(c)$$
も覚えやすいしね。
この定理を使わなくては解けない問題というのはそれほど多くなくて，まあ，ある種の不等式の証明なんかに用いられるくらいだ。
この定理を用いる不等式って結構それらしき（？）形をしているので，1～2 回練習すると感じがわかるよ。

## 基本例題 110　平均値の定理の利用

$t>0$ のとき，不等式
$$\frac{1}{t+1} < \log(t+1) - \log t < \frac{1}{t}$$
を示せ。

**ねらい**　平均値の定理の不等式への応用の学習。

**解法ルール**　$\log(t+1) - \log t = \dfrac{\log(t+1) - \log t}{(t+1) - t}$ より

平均値の定理　$\dfrac{f(b)-f(a)}{b-a} = f'(c) \quad (a<c<b)$

を利用する。

**解答例**　$f(x) = \log x$ とすると，$f(x)$ は $x>0$ で微分可能な関数である。したがって

関数 $f(x)$ は，閉区間 $[t,\ t+1]\ (t>0)$ で連続であり，また開区間 $(t,\ t+1)$ で微分可能であることから

$$\frac{f(t+1) - f(t)}{(t+1) - t} = f'(c) \quad (t<c<t+1)$$

を満たす実数 $c$ が存在する。

$f'(x) = \dfrac{1}{x}$ より　$f'(c) = \dfrac{1}{c}$

すなわち

$$f(t+1) - f(t) = \frac{1}{c} \quad (t<c<t+1) \quad \cdots\cdots ①$$

ところで，$t>0$ より　$\dfrac{1}{t+1} < \dfrac{1}{c} < \dfrac{1}{t}$　……②

①，②より　$\dfrac{1}{t+1} < f(t+1) - f(t) < \dfrac{1}{t}$

すなわち　$\dfrac{1}{t+1} < \log(t+1) - \log t < \dfrac{1}{t}$

が成り立つ。　［終］

> この部分は，何かくどい感じをもつ人がいるかもしれないけれど，定理を用いるとき一番大事なことは「定理が成り立つための条件を満たしていることを確認する」ことなんですよ。だから必ず明記すること！薬でいう使用上の注意，みたいなものですね。

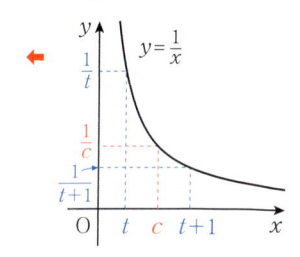

**類題 110**　平均値の定理を利用して，次のことを示せ。

(1) $0<a<c<b$ のとき　$\dfrac{\log c - \log a}{c-a} > \dfrac{\log b - \log c}{b-c}$

(2) $0<a<c<b<\pi$ のとき　$\dfrac{\sin c - \sin a}{c-a} > \dfrac{\sin b - \sin c}{b-c}$

# 12 関数の値の増減

関数の値の増減と，その導関数 $f'(x)$ の符号の関係は，

　区間 $a<x<b$ で　$f'(x)>0$　ならば　$f(x)$ の値は区間 $a\leqq x \leqq b$ で増加する

　区間 $a<x<b$ で　$f'(x)<0$　ならば　$f(x)$ の値は区間 $a\leqq x \leqq b$ で減少する

となる。

## ❖ 関数の極大・極小

連続な関数 $f(x)$ の値が $x=a$ を境に

● 増加から減少に変わるとき

　関数 $f(x)$ は $x=a$ で極大になるといい，

　そのときの値 $f(a)$ を極大値という。

● 減少から増加に変わるとき

　関数 $f(x)$ は $x=a$ で極小になるといい，

　そのときの値 $f(a)$ を極小値という。

極大値と極小値をあわせて極値という。

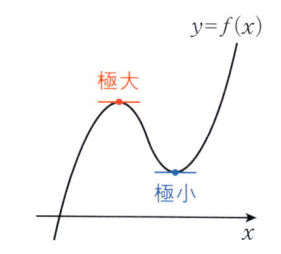

## ❖ 極値をとるための条件

関数 $f(x)$ が $x=a$ で極値をとり，かつ $x=a$ で微分可能ならば　$f'(a)=0$

数学Ⅱでごく当然のようにやっていたことをわざわざいま，どうしてと思う人がいるかもしれませんね。
数学Ⅱでは扱う関数が整関数 $y=ax^3+bx^2+cx+d$ だけだったので，言うまでもなく微分可能な関数だったんです。でも，数学Ⅲでは関数について，連続であるとか，微分可能であるとかといった性質を扱うようになりました。
すると，極大・極小の考え方と関数の連続性，微分可能性といった性質の間の関係を明確にする必要がでてきたわけ。この意味でもう1度上の本文を読んでほしいな。
「$x=a$ で関数 $f(x)$ が極値をとる」ということと
「$x=a$ で関数 $f(x)$ が微分可能である」ということは，まあ，他人同志といった感じがわかってもらえるかな。

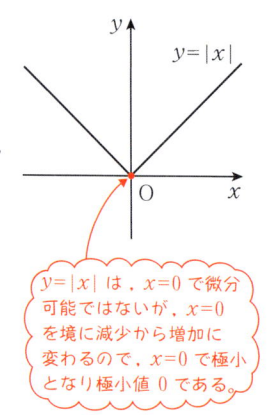

$y=|x|$ は，$x=0$ で微分可能ではないが，$x=0$ を境に減少から増加に変わるので，$x=0$ で極小となり極小値 0 である。

　$x=a$ で関数 $f(x)$ が極値をとる

　　……$x=a$ を境に関数 $f(x)$ の増加，減少が入れかわる

　$x=a$ で関数 $f(x)$ が微分可能である

　　……$y=f(x)$ のグラフ上の点 $(a, f(a))$ において接線が引ける

## 基本例題 111 関数の値の増減と極値(1)

**ねらい**: 分数関数の増減と極値を求める。

次の関数について,増減を調べ,極値を求めよ。

(1) $y = \dfrac{x^2+3}{2x}$   (2) $y = \dfrac{1}{x-3} - \dfrac{1}{x-1}$   (3) $y = \dfrac{2x+1}{x^2+2}$

**解法ルール** $\left\{\dfrac{f(x)}{g(x)}\right\}' = \dfrac{f'(x)g(x) - f(x)g'(x)}{\{g(x)\}^2}$

**解答例**

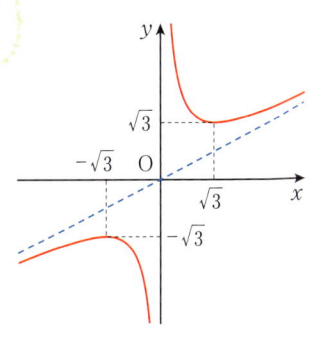

(1) $y = \dfrac{x^2+3}{2x} = \dfrac{x^2}{2x} + \dfrac{3}{2x} = \dfrac{x}{2} + \dfrac{3}{2x}$

$y' = \dfrac{1}{2} - \dfrac{3}{2} \cdot \dfrac{1}{x^2} = \dfrac{x^2-3}{2x^2}$

（$y'$ の分子または分母が0となる $x$ の値）

| $x$ | $\cdots$ | $-\sqrt{3}$ | $\cdots$ | $0$ | $\cdots$ | $\sqrt{3}$ | $\cdots$ |
|---|---|---|---|---|---|---|---|
| $y'$ | $+$ | $0$ | $-$ | | $-$ | $0$ | $+$ |
| $y$ | ↗ | 極大 $-\sqrt{3}$ | ↘ | | ↘ | 極小 $\sqrt{3}$ | ↗ |

**答** 極大値 $-\sqrt{3}$ ($x=-\sqrt{3}$), 極小値 $\sqrt{3}$ ($x=\sqrt{3}$)

(2) $y' = -\dfrac{1}{(x-3)^2} + \dfrac{1}{(x-1)^2} = -\dfrac{4(x-2)}{(x-1)^2(x-3)^2}$

| $x$ | $\cdots$ | $1$ | $\cdots$ | $2$ | $\cdots$ | $3$ | $\cdots$ |
|---|---|---|---|---|---|---|---|
| $y'$ | $+$ | | $+$ | $0$ | $-$ | | $-$ |
| $y$ | ↗ | | ↗ | 極大 $-2$ | ↘ | | ↘ |

**答** 極大値 $-2$ ($x=2$), 極小値 なし

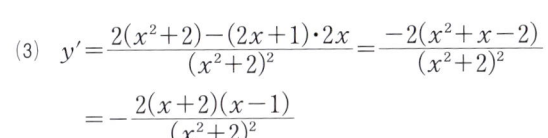

(3) $y' = \dfrac{2(x^2+2) - (2x+1) \cdot 2x}{(x^2+2)^2} = \dfrac{-2(x^2+x-2)}{(x^2+2)^2}$

$= -\dfrac{2(x+2)(x-1)}{(x^2+2)^2}$

| $x$ | $\cdots$ | $-2$ | $\cdots$ | $1$ | $\cdots$ |
|---|---|---|---|---|---|
| $y'$ | $-$ | $0$ | $+$ | $0$ | $-$ |
| $y$ | ↘ | 極小 $-\dfrac{1}{2}$ | ↗ | 極大 $1$ | ↘ |

**答** 極大値 $1$ ($x=1$), 極小値 $-\dfrac{1}{2}$ ($x=-2$)

---

**類題 111** 次の関数について,増減を調べ,極値を求めよ。

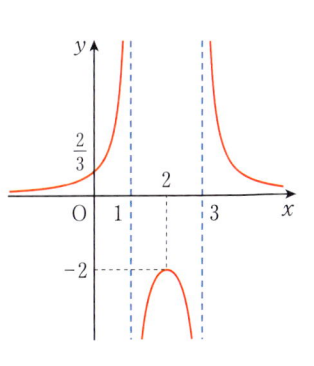

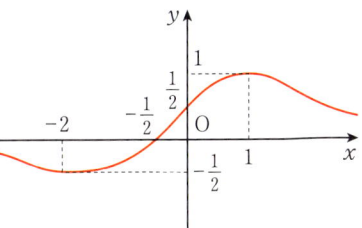

(1) $y = \dfrac{x^2+3x+6}{x+1}$   (2) $y = \dfrac{x}{x^2-2x+2}$

**基本例題 112** 関数の値の増減と極値(2)

次の関数について，増減を調べ，極値を求めよ。
(1) $y = x + 2\cos x$ $(0 \leqq x \leqq 2\pi)$
(2) $y = \dfrac{1}{2}\sin 2x + \sin x$ $(0 \leqq x \leqq 2\pi)$

**ねらい** 三角関数を含む関数の増減と極値を求める。

**解法ルール** 極値の調べ方

**Step 1** $f'(x) = 0$ となる $x$ の値を求める。

**Step 2** $f'(x) = 0$ となる $x$ の値の前後で，$f'(x)$ の符号が変化しているかを増減表で調べる。

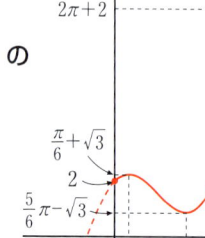

**解答例** (1) $y' = 1 - 2\sin x$　$y' = 0 \iff \sin x = \dfrac{1}{2}$

$0 \leqq x \leqq 2\pi$ で，$y' = 0$ となるのは　$x = \dfrac{\pi}{6},\ \dfrac{5}{6}\pi$

| $x$ | 0 | $\cdots$ | $\dfrac{\pi}{6}$ | $\cdots$ | $\dfrac{5}{6}\pi$ | $\cdots$ | $2\pi$ |
|---|---|---|---|---|---|---|---|
| $y'$ | | $+$ | $0$ | $-$ | $0$ | $+$ | |
| $y$ | $2$ | ↗ | 極大 $\dfrac{\pi}{6}+\sqrt{3}$ | ↘ | 極小 $\dfrac{5}{6}\pi-\sqrt{3}$ | ↗ | $2\pi+2$ |

**答** 極大値 $\dfrac{\pi}{6}+\sqrt{3}$ $\left(x=\dfrac{\pi}{6}\right)$，極小値 $\dfrac{5}{6}\pi-\sqrt{3}$ $\left(x=\dfrac{5}{6}\pi\right)$

(2) $y' = \cos 2x + \cos x = 2\cos^2 x + \cos x - 1$

$0 \leqq x \leqq 2\pi$ において，$y' = 0$ となる $x$ の値を求める。

$2\cos^2 x + \cos x - 1$
$= (2\cos x - 1)(\cos x + 1)$ より

$\cos x = \dfrac{1}{2}$ または $\cos x = -1$

よって

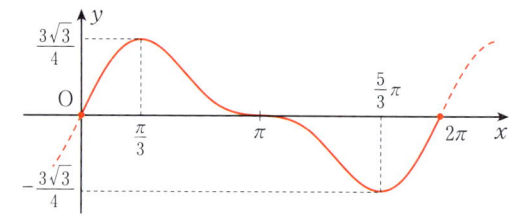

$x = \dfrac{\pi}{3},\ \dfrac{5}{3}\pi$ または $x = \pi$

| $x$ | 0 | $\cdots$ | $\dfrac{\pi}{3}$ | $\cdots$ | $\pi$ | $\cdots$ | $\dfrac{5}{3}\pi$ | $\cdots$ | $2\pi$ |
|---|---|---|---|---|---|---|---|---|---|
| $y'$ | | $+$ | $0$ | $-$ | $0$ | $-$ | $0$ | $+$ | |
| $y$ | $0$ | ↗ | 極大 $\dfrac{3\sqrt{3}}{4}$ | ↘ | $0$ | ↘ | 極小 $-\dfrac{3\sqrt{3}}{4}$ | ↗ | $0$ |

**答** 極大値 $\dfrac{3\sqrt{3}}{4}$ $\left(x=\dfrac{\pi}{3}\right)$，極小値 $-\dfrac{3\sqrt{3}}{4}$ $\left(x=\dfrac{5}{3}\pi\right)$

**類題 112** 次の関数について,増減を調べ,極値を求めよ。

(1) $y = x - 2\sin x \ (0 \leq x \leq 2\pi)$　　(2) $y = (1-\sin x)\cos x \ (0 \leq x \leq 2\pi)$

---

**基本例題 113**　　関数の値の増減と極値(3)

次の関数について,増減を調べ,極値を求めよ。

(1) $y=(x^2-3)e^x$　(2) $y=e^x+e^{-x}$　(3) $y=\dfrac{\log x}{x} \ (x>0)$

**ねらい** 指数関数,対数関数を含む関数の増減と極値を求める。

**解法ルール** 増減表を利用する。

$$(e^x)'=e^x, \quad \{e^{f(x)}\}'=e^{f(x)}f'(x), \quad (\log x)'=\dfrac{1}{x}$$

**解答例**

(1) $y'=2xe^x+(x^2-3)e^x=(x^2+2x-3)e^x$
$\quad =(x+3)(x-1)e^x$

| $x$ | $\cdots$ | $-3$ | $\cdots$ | $1$ | $\cdots$ |
|---|---|---|---|---|---|
| $y'$ | $+$ | $0$ | $-$ | $0$ | $+$ |
| $y$ | ↗ | 極大 $6e^{-3}$ | ↘ | 極小 $-2e$ | ↗ |

**答** 極大値 $6e^{-3}$ $(x=-3)$,極小値 $-2e$ $(x=1)$

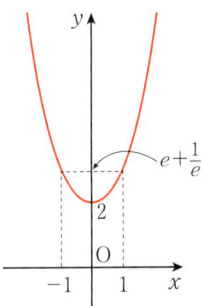

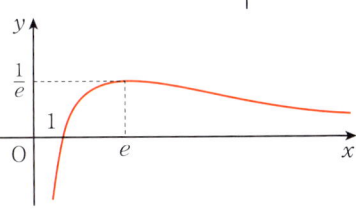

(2) $y'=e^x-e^{-x}=e^x-\dfrac{1}{e^x}=\dfrac{e^{2x}-1}{e^x}=\dfrac{(e^x+1)(e^x-1)}{e^x}$

$y'=0$ となるのは $e^x=1$,すなわち $x=0$ のとき。

| $x$ | $\cdots$ | $0$ | $\cdots$ |
|---|---|---|---|
| $y'$ | $-$ | $0$ | $+$ |
| $y$ | ↘ | 極小 $2$ | ↗ |

**答** 極小値 $2$ $(x=0)$
　　極大値　なし

(3) $y'=\dfrac{\dfrac{1}{x}\cdot x - \log x}{x^2}=\dfrac{1-\log x}{x^2}$

$y'=0$ となるのは,$1-\log x=0$ より $x=e$ のとき。

| $x$ | $0$ | $\cdots$ | $e$ | $\cdots$ |
|---|---|---|---|---|
| $y'$ |  | $+$ | $0$ | $-$ |
| $y$ | $-\infty$ | ↗ | 極大 $\dfrac{1}{e}$ | ↘ |

**答** 極大値 $\dfrac{1}{e}$ $(x=e)$
　　極小値　なし

---

**類題 113** 次の関数について,増減を調べ,極値を求めよ。

(1) $y=(x^2-1)e^x$　　(2) $y=x\log x$

**応用例題 114** 極値をもつ条件

関数 $f(x) = \dfrac{e^x}{1+ax^2}$ について，次の問いに答えよ。
ただし，$a > 0$ とする。

(1) $f'(x)$ を求めよ。
(2) $f(x)$ が極値をもつ $a$ の値の範囲を求めよ。

**ねらい** 関数が極値をもつ条件について考える。

**解法ルール** 微分可能な関数 $f(x)$ が極値をもつ条件は

1 $f'(x) = 0$ が実数解をもつ
2 1の解の前後で $f'(x)$ の符号が変わる

の2つである。

**解答例**

(1) $f'(x) = \dfrac{(e^x)'(1+ax^2) - e^x(1+ax^2)'}{(1+ax^2)^2}$

$= \dfrac{(ax^2 - 2ax + 1)e^x}{(1+ax^2)^2}$ …答

(2) $f(x)$ が極値をもつためには，$f'(x) = 0$ が実数解をもち，その解の前後で導関数 $f'(x)$ の符号が変わればよい。

$f'(x) = \dfrac{(ax^2 - 2ax + 1)e^x}{(1+ax^2)^2}$ について，

$(1+ax^2)^2 > 0$，$e^x > 0$ より，

2次方程式 $ax^2 - 2ax + 1 = 0$ が異なる2つの実数解をもてばよい。したがって，判別式を $D$ とすると，$D > 0$ を満たす $a$ の値の範囲が求めるもの。

$\dfrac{D}{4} = a^2 - a = a(a-1) > 0$ より $a < 0$ または $a > 1$

いま，条件より $a > 0$   ゆえに $\boldsymbol{a > 1}$ …答

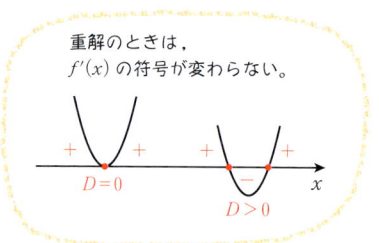

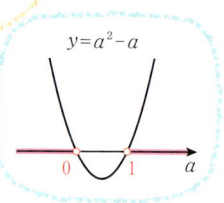

重解のときは，$f'(x)$ の符号が変わらない。

$D = 0$   $D > 0$

$y = a^2 - a$

**類題 114** 関数 $f(x) = (x^2 + ax + 3)e^x$ が極値をもたないような，定数 $a$ の値の範囲を求めよ。

**基本例題 115**　　　　　　　　　　　関数の最大・最小

関数 $f(x)=\cos x+\cos^2 x$ $(0\leqq x\leqq \pi)$ を考える。
(1) $f(x)$ の導関数を求めよ。
(2) $f(x)$ の増減を調べ，そのグラフをかけ。
(3) $f(x)$ の最大値と最小値を求めよ。

**ねらい**　グラフをかいて，最大値と最小値を求める。

**解法ルール**　関数 $f(x)$ の最大・最小については
　**1** 導関数 $f'(x)$ を求める
　**2** 関数 $f(x)$ の増減を調べる
　**3** 極値と端点での値を調べる
で解決する。

**解答例**
(1) $f'(x)=-\sin x+2\cos x(-\sin x)$
　　　　$=-\sin x(2\cos x+1)$ …答

(2) $f'(x)=0$ となるのは　$\sin x=0$　または　$\cos x=-\dfrac{1}{2}$

$0\leqq x\leqq \pi$ で $\sin x=0$ となるのは $x=0, \pi$

$\cos x=-\dfrac{1}{2}$ となるのは $x=\dfrac{2}{3}\pi$

これより，$y=f(x)$ の増減表は

| $x$ | $0$ | $\cdots$ | $\dfrac{2}{3}\pi$ | $\cdots$ | $\pi$ |
|---|---|---|---|---|---|
| $y'$ | $0$ | $-$ | $0$ | $+$ | $0$ |
| $y$ | $2$ | ↘ | 極小 $-\dfrac{1}{4}$ | ↗ | $0$ |

答　右の図

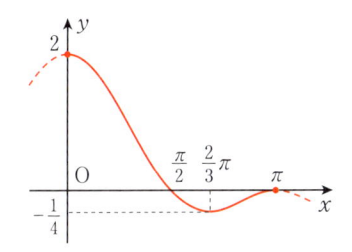

(3) (2)の結果より　最大値 $2$ $(x=0)$
　　　　　　　　　最小値 $-\dfrac{1}{4}\left(x=\dfrac{2}{3}\pi\right)$ …答

**類題 115**　次の問いに答えよ。

(1) 関数 $f(x)=\dfrac{x-1}{x^2+1}$ のグラフをかき，最大値と最小値を求めよ。

(2) 関数 $f(x)=(3x-2x^2)e^{-x}$ $(x\geqq 0)$ のグラフをかき，最大値と最小値を求めよ。
ただし，必要ならば $\lim\limits_{x\to\infty}xe^{-x}=0$, $\lim\limits_{x\to\infty}x^2e^{-x}=0$ を用いよ。

(3) 関数 $f(x)=x^3\sqrt{1-x^2}$ $(|x|\leqq 1)$ のグラフをかき，最大値と最小値を求めよ。

# 13 第2次導関数の応用

❖ グラフの凹凸

ここでは，第2次導関数 $f''(x)$ の値の正，負が関数 $f(x)$ のグラフの凹凸とどのような関係があるか考えてみよう。

- **下に凸なグラフ** 例 $y=x^2$ のグラフ
  接線の傾きに着目すると，
  負から正へ増加している。
  ($l_1 \to l_2 \to l_3 \to l_4$)

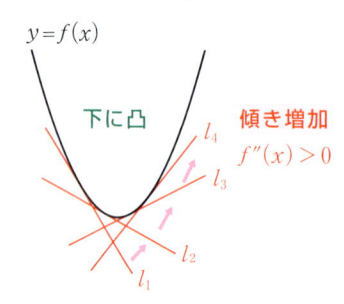

- **上に凸なグラフ** 例 $y=-x^2$ のグラフ
  接線の傾きに着目すると，
  正から負へ減少している。
  ($l_1 \to l_2 \to l_3 \to l_4$)

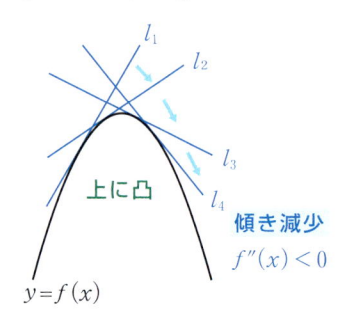

まとめると，

> **ポイント** ［グラフの凹凸］
> 関数 $y=f(x)$ が区間 $a<x<b$ で第2次導関数 $f''(x)$ をもつとき，
> $y=f(x)$ のグラフは，区間 $a<x<b$ において
> 　　　$f''(x)>0$ 　ならば　下に凸
> 　　　$f''(x)<0$ 　ならば　上に凸
> である。

グラフで**凹凸が入れかわる境の点**を，**変曲点**という。

グラフの凹凸については，少し説明が簡略すぎる感もあるけれど，結果をどんどん使ってグラフをかいていきましょう。
変曲点というのは，グラフの凹凸の入れかわる境の点だから，この点の前後で第2次導関数の符号が変わることに着目するといいよ。

> **ポイント** ［変曲点の見つけ方］
> ① $f''(x)=0$ となる $x$ の値を求める。
> ② ①で求められた点の前後で $f''(x)$ の符号が変わるかどうかを確認する。

どこか，極値となる点の見つけ方と似ていると思いませんか？

**基本例題 116** 　　　　　　　　　　　関数のグラフ

次の関数の極値，グラフの変曲点を調べて，そのグラフをかけ。

(1) $y = e^{-\frac{1}{2}x^2}$

(2) $y = \dfrac{\log x}{x^2}$ （必要ならば $\displaystyle\lim_{x \to \infty} \dfrac{\log x}{x^2} = 0$ を用いてもよい。）

**ねらい** 複雑な曲線の凹凸の確認。

**解法ルール** 関数 $y = f(x)$ について，$f'(x)$, $f''(x)$ の符号の変化を調べてグラフをかく。

教科書では極値と変曲点を1つの表にまとめてあるようだけれど，解答例のように2つの表にした方が楽だよ。

**解答例**

(1) $y' = (e^{-\frac{1}{2}x^2})' = -xe^{-\frac{1}{2}x^2}$ 　 $y' = 0$ となる $x$ の値は $x = 0$

$y'' = (-x)'e^{-\frac{1}{2}x^2} + (-x)(e^{-\frac{1}{2}x^2})'$
$= (x^2 - 1)e^{-\frac{1}{2}x^2} = (x+1)(x-1)e^{-\frac{1}{2}x^2}$

$y'' = 0$ となる $x$ の値は $x = \pm 1$

これより，増減および曲線の凹凸は下の通り。

| $x$ | $\cdots$ | $0$ | $\cdots$ |
|---|---|---|---|
| $y'$ | $+$ | $0$ | $-$ |
| $y$ | ↗ | $1$ | ↘ |

| $x$ | $\cdots$ | $-1$ | $\cdots$ | $1$ | $\cdots$ |
|---|---|---|---|---|---|
| $y''$ | $+$ | $0$ | $-$ | $0$ | $+$ |
| $y$ | ⌣ | $e^{-\frac{1}{2}}$ | ⌢ | $e^{-\frac{1}{2}}$ | ⌣ |

← ⌢：上に凸
　⌣：下に凸
を表す。

また $\displaystyle\lim_{x \to \infty} e^{-\frac{1}{2}x^2} = 0$, $\displaystyle\lim_{x \to -\infty} e^{-\frac{1}{2}x^2} = 0$ 　**答** グラフは下の図

(2) $y' = \dfrac{\dfrac{1}{x} \cdot x^2 - 2x \cdot \log x}{x^4} = \dfrac{1 - 2\log x}{x^3}$

$y' = 0$ となる $x$ の値は，$1 - 2\log x = 0$ より $x = e^{\frac{1}{2}}$

$y'' = \dfrac{-\dfrac{2}{x} \cdot x^3 - (1 - 2\log x) \cdot 3x^2}{x^6} = \dfrac{6\log x - 5}{x^4}$

$y'' = 0$ となる $x$ の値は，$6\log x - 5 = 0$ より $x = e^{\frac{5}{6}}$

これより，増減および曲線の凹凸は右の通り。

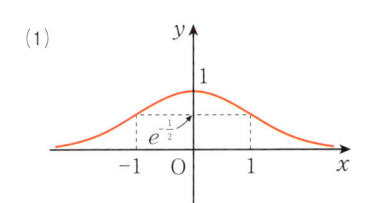

| $x$ | $0$ | $\cdots$ | $e^{\frac{1}{2}}$ | $\cdots$ |
|---|---|---|---|---|
| $y'$ | / | $+$ | $0$ | $-$ |
| $y$ | $-\infty$ | ↗ | $\dfrac{1}{2e}$ | ↘ |

| $x$ | $0$ | $\cdots$ | $e^{\frac{5}{6}}$ | $\cdots$ |
|---|---|---|---|---|
| $y''$ | / | $-$ | $0$ | $+$ |
| $y$ | $-\infty$ | ⌢ | $\dfrac{5}{6}e^{-\frac{5}{3}}$ | ⌣ |

また $\displaystyle\lim_{x \to +0} \dfrac{\log x}{x^2} = -\infty$, $\displaystyle\lim_{x \to \infty} \dfrac{\log x}{x^2} = 0$ 　**答** グラフは下の図

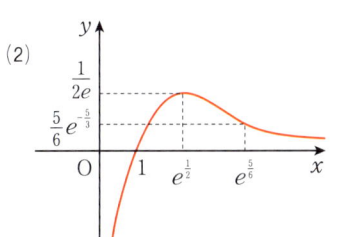

**類題 116** 次の関数の極値およびグラフの変曲点を調べて，そのグラフをかけ。

(1) $y = xe^{-x^2}$ （必要ならば $\displaystyle\lim_{x \to \infty} xe^{-x^2} = 0$, $\displaystyle\lim_{x \to -\infty} xe^{-x^2} = 0$ を用いよ）

(2) $y = \log(x^2 + 1)$ 　　　　　　　　(3) $y = (\log x)^2$

**2 微分法の応用**

**応用例題 117** 　　　　　　　　　　グラフの凹凸

関数 $f(x)=e^{-x}\sin x\ (0 \leqq x \leqq 2\pi)$ について，次の問いに答えよ。
(1) $f'(x)$, $f''(x)$ を求めよ。
(2) 関数 $f(x)$ の増減を調べ，極値を求めよ。
(3) 曲線 $y=f(x)$ の凹凸を調べ，変曲点の座標を求めよ。

**ねらい** 減衰曲線の増減と凹凸について学ぶ。

**解法ルール** 増減は $f'(x)$ の正，負の変化を，
凹凸は $f''(x)$ の正，負の変化を調べる。

(2)のように，$f'(x)=0$ となる $x$ の値を求めるために三角関数の合成を用いるものもある。この部分さえクリアすればあとは同じ。

**解答例** (1) $f'(x)=(e^{-x})'\sin x+e^{-x}(\sin x)'$
$=-e^{-x}\sin x+e^{-x}\cos x=e^{-x}(-\sin x+\cos x)$ …答

$f''(x)=(e^{-x})'(-\sin x+\cos x)+e^{-x}(-\sin x+\cos x)'$
$=-e^{-x}(-\sin x+\cos x)+e^{-x}(-\cos x-\sin x)$
$=-2e^{-x}\cos x$ …答

(2) $f'(x)=e^{-x}(-\sin x+\cos x)=\sqrt{2}e^{-x}\sin\left(x+\dfrac{3}{4}\pi\right)$ ←三角関数の合成

$0 \leqq x \leqq 2\pi$ より　$\dfrac{3}{4}\pi \leqq x+\dfrac{3}{4}\pi \leqq 2\pi+\dfrac{3}{4}\pi$

この範囲で $\sin\left(x+\dfrac{3}{4}\pi\right)=0$ となるのは　$x+\dfrac{3}{4}\pi=\pi,\ 2\pi$

これより　$x=\dfrac{\pi}{4},\ \dfrac{5}{4}\pi$　　増減表は下の通り。

$-\sin x+\cos x = \sqrt{2}\left(-\dfrac{1}{\sqrt{2}}\sin x+\dfrac{1}{\sqrt{2}}\cos x\right)$
　　　　　　　　　　$\cos\dfrac{3}{4}\pi$ 　$\sin\dfrac{3}{4}\pi$
$=\sqrt{2}\left(\sin x\cos\dfrac{3}{4}\pi+\cos x\sin\dfrac{3}{4}\pi\right)$
$=\sqrt{2}\sin\left(x+\dfrac{3}{4}\pi\right)$

| $x$ | 0 | … | $\dfrac{\pi}{4}$ | … | $\dfrac{5}{4}\pi$ | … | $2\pi$ |
|---|---|---|---|---|---|---|---|
| $f'(x)$ |  | + | 0 | − | 0 | + |  |
| $f(x)$ | 0 | ↗ | $\dfrac{\sqrt{2}}{2}e^{-\frac{\pi}{4}}$ | ↘ | $-\dfrac{\sqrt{2}}{2}e^{-\frac{5}{4}\pi}$ | ↗ | 0 |

**答** 極大値 $\dfrac{\sqrt{2}}{2}e^{-\frac{\pi}{4}}\left(x=\dfrac{\pi}{4}\right)$,
極小値 $-\dfrac{\sqrt{2}}{2}e^{-\frac{5}{4}\pi}\left(x=\dfrac{5}{4}\pi\right)$

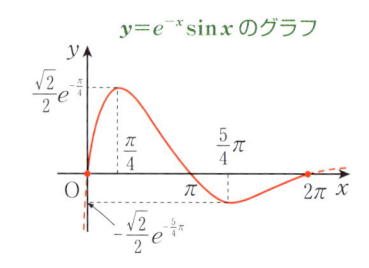

(3) $f''(x)=-2e^{-x}\cos x$ より，$0 \leqq x \leqq 2\pi$ で $f''(x)=0$ となるのは　$x=\dfrac{\pi}{2},\ \dfrac{3}{2}\pi$

このとき，曲線 $y=f(x)$ の凹凸は

| $x$ | … | $\dfrac{\pi}{2}$ | … | $\dfrac{3}{2}\pi$ | … |
|---|---|---|---|---|---|
| $f''(x)$ | − | 0 | + | 0 | − |
| $f(x)$ | ⌢ | $e^{-\frac{\pi}{2}}$ | ⌣ | $-e^{-\frac{3}{2}\pi}$ | ⌢ |

$y=e^{-x}\sin x$ のグラフ

**答** 変曲点の座標は $\left(\dfrac{\pi}{2},\ e^{-\frac{\pi}{2}}\right),\ \left(\dfrac{3}{2}\pi,\ -e^{-\frac{3}{2}\pi}\right)$

**類題 117** $f(x)=e^x\sin x\ (0 \leqq x \leqq 2\pi)$ とするとき，次の問いに答えよ。
(1) $f'(x)$, $f''(x)$ を求めよ。　　(2) 関数 $f(x)$ の増減を調べ，極値を求めよ。
(3) 曲線 $y=f(x)$ の凹凸を調べ，変曲点の座標を求めよ。

## 第 2 次導関数と極大・極小の判定

関数 $f(x)$ の第 2 次導関数 $f''(x)$ が連続のとき，$f''(x)$ の符号で関数の極大・極小を判定する方法を紹介しておこう。

(i) $f'(a)=0$, $f''(a)>0$ のとき　　(ii) $f'(a)=0$, $f''(a)<0$ のとき

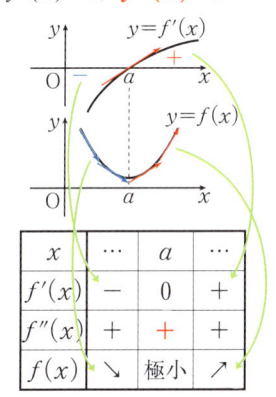

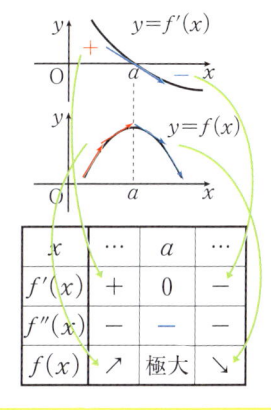

| $x$ | $\cdots$ | $a$ | $\cdots$ |
|---|---|---|---|
| $f'(x)$ | $-$ | $0$ | $+$ |
| $f''(x)$ | $+$ | $+$ | $+$ |
| $f(x)$ | $\searrow$ | 極小 | $\nearrow$ |

| $x$ | $\cdots$ | $a$ | $\cdots$ |
|---|---|---|---|
| $f'(x)$ | $+$ | $0$ | $-$ |
| $f''(x)$ | $-$ | $-$ | $-$ |
| $f(x)$ | $\nearrow$ | 極大 | $\searrow$ |

**ポイント** [極大・極小の判定]
第 2 次導関数が連続のとき
(i) $f'(a)=0$, $f''(a)>0 \implies x=a$ で極小
(ii) $f'(a)=0$, $f''(a)<0 \implies x=a$ で極大

### 基本例題 118　第 2 次導関数の活用

関数 $y=x+2\sin x\ (0 \leqq x \leqq 2\pi)$ の極値を求めよ。

**ねらい** 第 2 次導関数を利用して極値を求めること。

**解法ルール**
1. まず $f'(x)=0$ を満たす $x$ の値を求める。
2. $f'(a)=0$ のとき $f''(a)$ の正負を調べる。

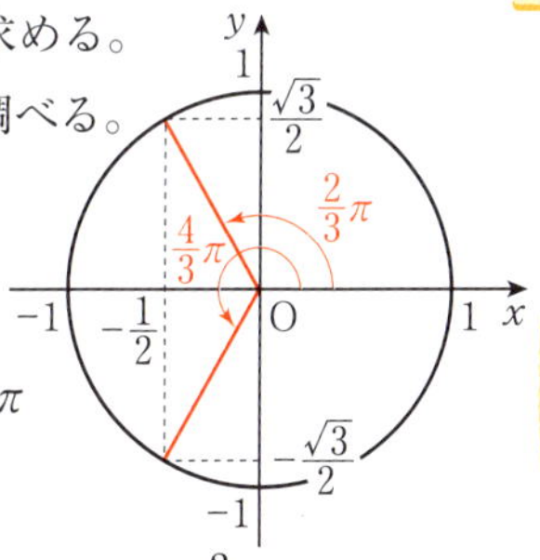

**解答例** $f(x)=x+2\sin x$ とおく。
$f'(x)=1+2\cos x$
$f'(x)=0$ となる $x$ の値は $x=\dfrac{2}{3}\pi,\ \dfrac{4}{3}\pi$
また，$f''(x)=-2\sin x$ より
$f''\left(\dfrac{2}{3}\pi\right)=-2\sin\dfrac{2}{3}\pi=-\sqrt{3}<0$　よって　$x=\dfrac{2}{3}\pi$ で極大
$f''\left(\dfrac{4}{3}\pi\right)=-2\sin\dfrac{4}{3}\pi=\sqrt{3}>0$　よって　$x=\dfrac{4}{3}\pi$ で極小

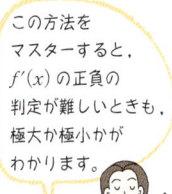

圏 極大値 $\dfrac{2}{3}\pi+\sqrt{3}\ \left(x=\dfrac{2}{3}\pi\right)$, 極小値 $\dfrac{4}{3}\pi-\sqrt{3}\ \left(x=\dfrac{4}{3}\pi\right)$

この方法をマスターすると，$f'(x)$ の正負の判定が難しいときも，極大か極小かがわかります。

**類題 118** 関数 $y=x-2\cos x\ (0 \leqq x \leqq 2\pi)$ の極値を求めよ。

2 微分法の応用

# 14 グラフのかき方

グラフのかき方をまとめておこう。

> ① 対称性を調べる（$x$ 軸対称，$y$ 軸対称，原点対称）
> ② 定義域の確認（主に無理関数，対数関数）
> ③ 周期性を調べる（主に三角関数）
> ④ 増減表作成（$f'(x)$ の符号を調べる）
> ⑤ 曲線の凹凸と変曲点（$f''(x)$ の符号を調べる）
> ⑥ 漸近線の存在（主に分数関数，指数関数，対数関数）
> ⑦ 座標軸との交点の座標

**基本例題 119**　関数のグラフ(1)

関数 $y=x\sqrt{4-x^2}$ のグラフをかけ。

**ねらい** グラフのかき方の手順を覚える。

**解法ルール**　上記のかき方の①対称性，②定義域，④増減表，⑤凹凸と変曲点，⑦座標軸との交点の座標

**解答例**　$f(x)=x\sqrt{4-x^2}$ とおくと，
$f(-x)=-x\sqrt{4-x^2}=-f(x)$ だから原点対称。
$4-x^2\geqq 0$ より，定義域は　$-2\leqq x\leqq 2$
よって，$f(x)=x\sqrt{4-x^2}$ $(0\leqq x\leqq 2)$ のグラフを原点対称にする。

$$f'(x)=\sqrt{4-x^2}-\frac{x^2}{\sqrt{4-x^2}}=\frac{4-x^2-x^2}{\sqrt{4-x^2}}=\frac{2(2-x^2)}{\sqrt{4-x^2}}$$

$f'(x)=0$ $(0\leqq x\leqq 2)$ の解は　$x=\sqrt{2}$

$$f''(x)=\frac{-4x\sqrt{4-x^2}-2(2-x^2)\cdot\dfrac{-x}{\sqrt{4-x^2}}}{4-x^2}$$

$$=\frac{4x(x^2-4)-2x(x^2-2)}{(4-x^2)\sqrt{4-x^2}}=\frac{2x(x^2-6)}{(4-x^2)\sqrt{4-x^2}}$$

← $f'(x)=x'\cdot\sqrt{4-x^2}$
　　　$+x\{(4-x^2)^{\frac{1}{2}}\}'$
　　　$=\sqrt{4-x^2}$
　　　$+x\cdot\dfrac{1}{2}(4-x^2)^{-\frac{1}{2}}\cdot(-2x)$
　　　$=\sqrt{4-x^2}-x^2\cdot\dfrac{1}{\sqrt{4-x^2}}$

増減表を作成する。

| $x$ | 0 | … | $\sqrt{2}$ | … | 2 |
|---|---|---|---|---|---|
| $f'(x)$ | + | + | 0 | − | |
| $f''(x)$ | 0 | − | − | − | |
| $f(x)$ | 0 | ↗ | 極大 2 | ↘ | 0 |

*p.161 や p.162 のように，増減表は分けてかいてもいいよ。*

変曲点／原点対称のグラフ

**答**　右の図

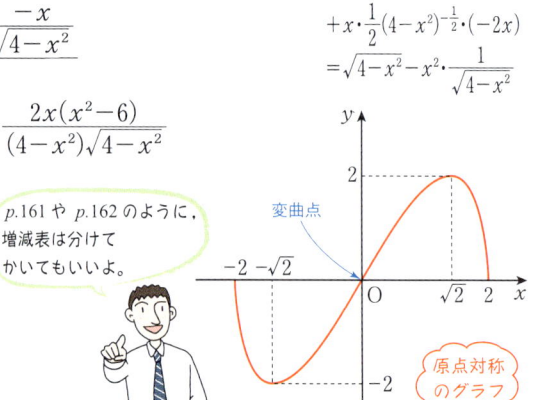

**類題 119**　次の関数の増減，極値，グラフの凹凸および変曲点を調べてグラフをかけ。

(1) $y=x^4-6x^2$ 　　　(2) $y=x+2\sin x$ $(-2\pi\leqq x\leqq 2\pi)$

**応用例題 120**　　　関数のグラフ(2)

**ねらい**　分数関数のグラフをかくこと。

$f(x) = \dfrac{x^3}{x^2-1}$ とするとき，次の問いに答えよ。

(1) $f'(x)$, $f''(x)$ を求めよ。
(2) 曲線 $f(x)$ の漸近線の方程式を求めよ。
(3) 関数 $f(x)$ の増減表を作成し，そのグラフをかけ。

**解法ルール** (3) グラフは p.164 のかき方より

①対称性，②定義域，④増減表，⑤凹凸と変曲点，
⑥漸近線，⑦座標軸との交点
を調べてかく。

点 $(a, f(a))$ が変曲点 $\Longrightarrow f''(a)=0$

●分数関数において
$y = ax + b + \dfrac{k}{x-p}$
のときの漸近線は
① $x$ 軸に垂直なもの
　$x = p$
② $x$ 軸に垂直でないもの
　$y = ax + b$

**解答例** (1) $f'(x) = \dfrac{3x^2(x^2-1) - x^3 \cdot 2x}{(x^2-1)^2} = \dfrac{x^2(x^2-3)}{(x^2-1)^2}$　…答

$f''(x) = \dfrac{(4x^3-6x)(x^2-1)^2 - (x^4-3x^2)\{2(x^2-1) \cdot 2x\}}{(x^2-1)^4}$

$= \dfrac{2x(x^2+3)}{(x^2-1)^3}$　…答

(2) $\dfrac{x^3}{x^2-1} = x + \dfrac{x}{x^2-1}$

$\lim\limits_{x \to -1-0} f(x) = -\infty$　$\lim\limits_{x \to -1+0} f(x) = \infty$　$\lim\limits_{x \to 1-0} f(x) = -\infty$　$\lim\limits_{x \to 1+0} f(x) = \infty$

$\lim\limits_{x \to \pm\infty} \{f(x) - x\} = \lim\limits_{x \to \pm\infty} \dfrac{x}{x^2-1} = \lim\limits_{x \to \pm\infty} \dfrac{1}{x - \dfrac{1}{x}} = 0$

漸近線の方程式は　$y = x$, $x = \pm 1$　…答

(3) $f(-x) = \dfrac{(-x)^3}{(-x)^2-1} = -f(x)$ だから，原点対称。

よって，$x \geqq 0$ の範囲のグラフを原点対称にする。
(1)より増減表を作成する。

$x \geqq 0$ の範囲のグラフを原点対称にしたから凹凸も原点対称。$(0, 0)$ は変曲点です。

| $x$ | 0 | $\cdots$ | 1 | $\cdots$ | $\sqrt{3}$ | $\cdots$ |
|---|---|---|---|---|---|---|
| $f'(x)$ | 0 | $-$ | / | $-$ | 0 | $+$ |
| $f''(x)$ | 0 | $-$ | / | $+$ | $+$ | $+$ |
| $f(x)$ | 0 | ↘ | $-\infty$ ∞ | ↘ | $\dfrac{3\sqrt{3}}{2}$ | ↗ |

↑変曲点　　↑極小

答　グラフは右の図

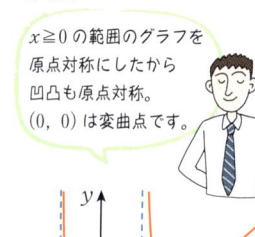

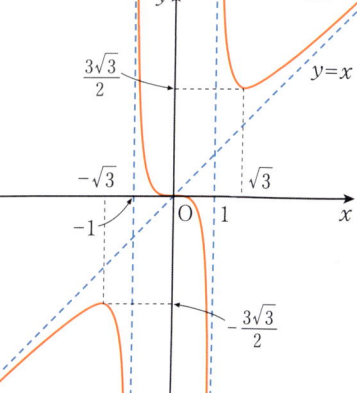

**類題 120**　関数 $f(x) = \dfrac{x}{1+x^2}$ の増減，極値，グラフの凹凸および変曲点を調べてグラフをかけ。

**基本例題 121**  方程式への応用

方程式 $x^3 = ke^x$ ……① $(k>0)$ について,次の問いに答えよ。

(1) 関数 $f(x) = x^3 e^{-x}$ の増減を調べ,グラフをかけ。(必要ならば $\lim_{x \to \infty} x^3 e^{-x} = 0$ を用いよ)

(2) (1)の結果を利用して,方程式①の異なる実数解の個数を調べよ。

**ねらい** グラフを利用して方程式の実数解の個数を調べる。

**解法ルール** $x^3 = ke^x \iff \dfrac{x^3}{e^x} = k$

方程式 $\dfrac{x^3}{e^x} = k$ の実数解は,曲線 $y = \dfrac{x^3}{e^x}$ と直線 $y = k$ の共有点の $x$ 座標であることに着目。

**解答例**

(1) $f(x) = x^3 e^{-x}$ より
$f'(x) = 3x^2 e^{-x} + x^3(-e^{-x})$
$= (3x^2 - x^3)e^{-x}$
$= x^2(3-x)e^{-x}$

これより,増減表は右の通り。

また $\lim_{x \to \infty} x^3 e^{-x} = 0$, $\lim_{x \to -\infty} x^3 e^{-x} = -\infty$

| $x$ | $\cdots$ | $0$ | $\cdots$ | $3$ | $\cdots$ |
|---|---|---|---|---|---|
| $f'(x)$ | $+$ | $0$ | $+$ | $0$ | $-$ |
| $f(x)$ | ↗ | $0$ | ↗ | $\dfrac{27}{e^3}$ | ↘ |

**答** 右の図の赤線

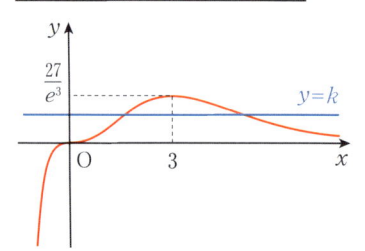

(2) 方程式 $x^3 = ke^x \iff$ 方程式 $\dfrac{x^3}{e^x} = k$

方程式 $x^3 e^{-x} = k$ の実数解は,曲線 $y = x^3 e^{-x}$ と直線 $y = k$ の共有点の $x$ 座標を表すことから,方程式①の実数解の個数を調べるには,曲線 $y = x^3 e^{-x}$ と直線 $y = k$ の共有点の個数を調べればよい。

(1)のグラフより

$\begin{cases} k > \dfrac{27}{e^3} \text{ のとき } 0 \text{ 個}, k = \dfrac{27}{e^3} \text{ のとき } 1 \text{ 個}, \\ 0 < k < \dfrac{27}{e^3} \text{ のとき } 2 \text{ 個} \end{cases}$ …**答**

「増減を調べてグラフをかけ。」と指示されているときは,凹凸まで調べる必要はないよ。要するに,この問題の解決にはグラフの凹凸は関係ない,ということですね。

**類題 121** 関数 $f(x) = x + 2\cos x$ $(0 \leqq x \leqq 2\pi)$ について

(1) $y = f(x)$ の増減を調べて,そのグラフの概形をかけ。

(2) $m$ が定数のとき,方程式 $x + 2\cos x = m$ の $0 \leqq x \leqq 2\pi$ における異なる実数解の個数を調べよ。

**応用例題 122**　　　　　　　　　　不等式への応用

**ねらい**　関数のグラフを用いて不等式が成り立つことを示す。

次の問いに答えよ。

(1) $x>0$ のとき，$e^x > \dfrac{x^2}{2}$ が成り立つことを示せ。

(2) (1)の結果を利用して，$\displaystyle\lim_{x\to\infty} x^2 e^{-x^2} = 0$ を示せ。

**解法ルール**　「$x>0$ において $p(x) > q(x)$」を示すには
「$x>0$ における $f(x) = p(x) - q(x)$ の最小値 $>0$」を示す。

**解答例**

(1) $f(x) = e^x - \dfrac{x^2}{2}$ とおく。

$f'(x) = e^x - x$

$f''(x) = e^x - 1$

$x > 0$ より $e^x > e^0 = 1$　これより $f''(x) > 0$

ゆえに，$x > 0$ において $f'(x)$ は常に増加する　……①

かつ　$f'(0) = e^0 - 0 = 1 > 0$　……②

①，②より，$x > 0$ で $f'(x) > 0$

ゆえに，$x > 0$ において $f(x)$ は常に増加する　……③

かつ　$f(0) = e^0 - 0 = 1 > 0$　……④

③，④より，$x > 0$ で $f(x) > 0$

以上より，$x > 0$ において

$$e^x - \dfrac{x^2}{2} > 0 \iff e^x > \dfrac{x^2}{2} \quad \text{終}$$

$e^x > \dfrac{x^2}{2}$ は $e^{\triangle} > \dfrac{\triangle^2}{2}$ と考えられる。そこで $\triangle = x^2$ とすれば…

(2) (1)の結果より，$e^{x^2} > \dfrac{(x^2)^2}{2} = \dfrac{x^4}{2}$ が成り立つ。

これより，$x^2 e^{-x^2} = \dfrac{x^2}{e^{x^2}} < \dfrac{x^2}{\dfrac{x^4}{2}} = \dfrac{2}{x^2}$ を得る。

$x > 0$ より　$0 < x^2 e^{-x^2} < \dfrac{2}{x^2}$

**はさみうちの原理**
$f(x) < h(x) < g(x)$ のとき
$\displaystyle\lim_{x\to\infty} f(x) \leq \lim_{x\to\infty} h(x) \leq \lim_{x\to\infty} g(x)$

このとき

$0 \leq \displaystyle\lim_{x\to\infty} x^2 e^{-x^2} \leq \lim_{x\to\infty} \dfrac{2}{x^2} = 0$

したがって　$\displaystyle\lim_{x\to\infty} x^2 e^{-x^2} = 0$　終

● ∞ になる速さ

$\displaystyle\lim_{x\to\infty} x^2 e^{-x^2}$
$= \displaystyle\lim_{x\to\infty} \dfrac{x^2}{e^{x^2}} = 0$

これは

$\displaystyle\lim_{x\to\infty} x^2 = \infty$,
$\displaystyle\lim_{x\to\infty} e^{x^2} = \infty$

でも ∞ になる速さは $x^2$ より $e^{x^2}$ の方がずっと大きいということ。

例　$\displaystyle\lim_{x\to\infty} \dfrac{\log x}{x} = 0$,

$\displaystyle\lim_{x\to\infty} \dfrac{x}{e^x} = 0$

これらより，∞ になる速さは

$\log x < x < e^x$

ということになる。

**類題 122**　次の問いに答えよ。ただし，対数は自然対数とする。

(1) 関数 $f(x) = ax - \log x \ (a > 0)$ の増減を調べよ。

(2) $x$ についての不等式 $ax \geq \log x \ (a > 0)$ が $x > 0$ を満たすすべての $x$ について成り立つような $a$ の値の範囲を求めよ。

**2 微分法の応用**

# 15 速度・加速度

## ● 速度と加速度

### ❖ 直線上の点の運動

数直線上を運動する点 P の時刻 $t$ の座標が $x=f(t)$ であるとき，この導関数が何を表すか考えてみよう。

導関数の定義より $\quad f'(t)=\displaystyle\lim_{h\to 0}\dfrac{f(t+h)-f(t)}{h}$

ここで，$\dfrac{f(t+h)-f(t)}{h}$ は位置の変化量を経過した時間で割っているわけだから

時刻 $t$ から $t+h$ までの点 P の平均速度になる。すると

$$\dfrac{f(t+h)-f(t)}{h}=\text{平均速度}$$
$$\downarrow \qquad\qquad \downarrow$$
$$\lim_{h\to 0}\dfrac{f(t+h)-f(t)}{h}=\text{時刻 }t\text{ における瞬間の速度}$$

となる。すなわち $f'(t)$ は時刻 $t$ における点 P の速度を表している。

同じように考えると，$f'(t)$ の導関数 $f''(t)$ は点 P の時刻 $t$ における加速度を表している。

> $y=f(x)$ の導関数 $f'(x)$ は $y=f(x)$ のグラフの接線の傾きを表しているんだけど，それだけではないことに注意！

### ❖ 平面上の点の運動

座標平面上を動く点 P の時刻 $t$ の座標 $(x, y)$ が $x=f(t)$，$y=g(t)$ であるとき，この点の時刻 $t$ における速度，加速度を求めてみよう。

$\dfrac{dx}{dt}=\displaystyle\lim_{h\to 0}\dfrac{f(t+h)-f(t)}{h}$ ……時刻 $t$ における点 P の $x$ 軸方向の速度

$\dfrac{dy}{dt}=\displaystyle\lim_{h\to 0}\dfrac{g(t+h)-g(t)}{h}$ ……時刻 $t$ における点 P の $y$ 軸方向の速度

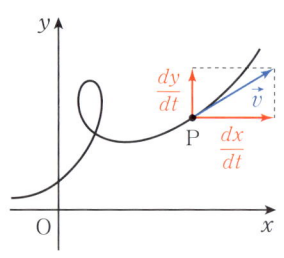

そこで

$\vec{v}=\left(\dfrac{dx}{dt},\ \dfrac{dy}{dt}\right)$ を時刻 $t$ における点 P の速度といい，

速度の大きさ，すなわち速さを $|\vec{v}|=\sqrt{\left(\dfrac{dx}{dt}\right)^2+\left(\dfrac{dy}{dt}\right)^2}$ と定める。

また，$\vec{\alpha}=\left(\dfrac{d^2x}{dt^2},\ \dfrac{d^2y}{dt^2}\right)$ を時刻 $t$ における点 P の加速度といい，

加速度の大きさを $|\vec{\alpha}|=\sqrt{\left(\dfrac{d^2x}{dt^2}\right)^2+\left(\dfrac{d^2y}{dt^2}\right)^2}$ と定める。

**基本例題 123** 　　等速円運動の速度・加速度

動点 P が原点 O を中心とする半径 $r$ の円周上を点 $A(r\cos\theta, r\sin\theta)$ から出発して，OP が 1 秒間に角 $\omega$ の割合で回転するように等速円運動をするとき，動点 P の速度，加速度とそれぞれの大きさを求めよ。

**ねらい**
平面上を運動する点の速度・加速度を求める。

**解法ルール** 点 $(x, y)$ が時刻 $t$ の関数として $(x, y) = (f(t), g(t))$ で与えられているとき

速度 $\vec{v} = \left(\dfrac{dx}{dt}, \dfrac{dy}{dt}\right) = (f'(t), g'(t))$

加速度 $\vec{\alpha} = \left(\dfrac{d^2x}{dt^2}, \dfrac{d^2y}{dt^2}\right) = (f''(t), g''(t))$

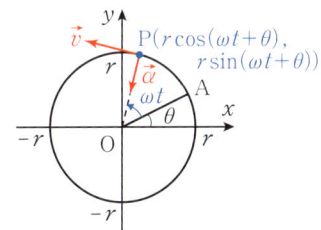

**解答例** $t$ 秒後の点 P の座標は
$$(r\cos(\omega t+\theta), r\sin(\omega t+\theta))$$

点 P の **速度 $\vec{v}$** は
$$\vec{v} = \left(\dfrac{dx}{dt}, \dfrac{dy}{dt}\right)$$
$$= (-r\omega\sin(\omega t+\theta), r\omega\cos(\omega t+\theta)) \quad \cdots\text{答}$$

速さ $|\vec{v}|$ は
$$|\vec{v}| = \sqrt{r^2\omega^2\sin^2(\omega t+\theta) + r^2\omega^2\cos^2(\omega t+\theta)}$$
$$= \sqrt{r^2\omega^2\{\sin^2(\omega t+\theta) + \cos^2(\omega t+\theta)\}}$$
$$= r|\omega| \quad \cdots\text{答}$$

点 P の **加速度 $\vec{\alpha}$** は
$$\vec{\alpha} = \left(\dfrac{d^2x}{dt^2}, \dfrac{d^2y}{dt^2}\right)$$
$$= (-r\omega^2\cos(\omega t+\theta), -r\omega^2\sin(\omega t+\theta)) \quad \cdots\text{答}$$

加速度の大きさ $|\vec{\alpha}|$ は
$$|\vec{\alpha}| = \sqrt{r^2\omega^4\cos^2(\omega t+\theta) + r^2\omega^4\sin^2(\omega t+\theta)}$$
$$= \sqrt{r^2\omega^4\{\cos^2(\omega t+\theta) + \sin^2(\omega t+\theta)\}}$$
$$= r\omega^2 \quad \cdots\text{答}$$

$\overrightarrow{OP} = (r\cos(\omega t+\theta), r\sin(\omega t+\theta))$
$\vec{v}\cdot\overrightarrow{OP}$
$= -r^2\omega\cos(\omega t+\theta)$
　　$\times\sin(\omega t+\theta)$
$+ r^2\omega\cos(\omega t+\theta)$
　　$\times\sin(\omega t+\theta)$
$= 0 \iff \vec{v}\perp\overrightarrow{OP}$

これより，速度の向きは点 P の接線の方向であることがわかる。

$\vec{\alpha} = (-r\omega^2\cos(\omega t+\theta), -r\omega^2\sin(\omega t+\theta))$
$= -\omega^2(r\cos(\omega t+\theta), r\sin(\omega t+\theta))$
$= -\omega^2\overrightarrow{OP}$

これより，加速度の向きは点 P から中心の方向であることがわかる。

これらはすでに物理で学んだことだね。覚えているかい？

**類題 123-1** $e$ を自然対数の底とし，座標平面上を運動する点 P の時刻 $t$ における座標 $(x, y)$ が $x = e^{-2t}\cos t$, $y = e^{-2t}\sin t$ であるとき，点 P の時刻 $t = t_0$ における速度 $\vec{v}$ とその大きさ $|\vec{v}|$ を求めよ。

**類題 123-2** 点 $P(x, y)$ が時刻 $t$ を媒介変数として $x = a(t-\sin t)$, $y = a(1-\cos t)$ で表されるサイクロイドを描くとき，点 P の加速度 $\vec{\alpha}$ の大きさは一定であることを示せ。ただし，$a > 0$ とする。

2　微分法の応用

# 16 関数の近似式

関数 $y=f(x)$ のグラフ上で

**点 $(a, f(a))$ における接線 ≒ $(a, f(a))$ 周辺のグラフ**

と考えてよい。

点 $(a, f(a))$ における接線の方程式は

$$y-f(a)=f'(a)(x-a) \iff y=f'(a)(x-a)+f(a)$$

さて、$x$ が十分 $a$ に近いとき

$$\underbrace{f(x)}_{曲線} \fallingdotseq \underbrace{f'(a)(x-a)+f(a)}_{直線}$$

$x=a+h$ とおくと（$h$ が十分 0 に近い）

$$f(a+h) \fallingdotseq f'(a)h + f(a)$$

（$f(a+h)$ の値を1次式で近似する式）

関数 $f(x)$ について、$h$ が十分小さいときの $f(a+h)$ の値の近似値は

**Step 1** 関数 $y=f(x)$ のグラフ上の**点 $(a, f(a))$ における接線**の方程式を求める。
→ $y=f'(a)(x-a)+f(a)$

**Step 2** 点 $(a, f(a))$ の十分近くでは、**グラフはほぼ接線**だと考える。
→ $f(x) \fallingdotseq f'(a)(x-a)+f(a)$
$x=a+h$ とすると $f(a+h) \fallingdotseq f'(a)h + f(a)$

の手順で求められる。

特に、$a=0$ のとき、点 $(0, f(0))$ における接線の方程式は

$$y-f(0)=f'(0)(x-0) \iff y=f'(0)x+f(0)$$

したがって、$x$ が十分 0 に近いときの $f(x)$ の近似値は、

$$f(x) \fallingdotseq f'(0)x + f(0)$$

と表せる。

---

**ポイント** ［関数の近似式］

① $x$ が十分 $a$ に近いとき $f(x) \fallingdotseq f'(a)(x-a)+f(a)$
特に、$x$ が十分 0 に近いとき $f(x) \fallingdotseq f'(0)x + f(0)$
② $h$ が十分 0 に近いとき $f(a+h) \fallingdotseq f'(a)h + f(a)$

覚え得

---

近似式の"こころ"は、「関数 $y=f(x)$ のグラフは短く切れば接線だ」といえます。接線というのは単に曲線に接する直線ということだけではなくて、区間は短いけれど、それぞれの区間の曲線とほぼ同じものを表しているといえるんですよ。

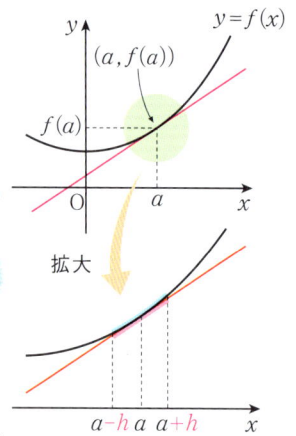

**基本例題 124** 近似式

$x$ が十分 0 に近いとき，次の関数について，1次の近似式を作れ。

(1) $(1+x)^5$
(2) $\dfrac{1}{1+x}$
(3) $\sqrt{1+x}$
(4) $\sin x$

> **ねらい**
> 関数の，1次の近似式を作る方法について考える。

**解法ルール** 関数 $y=f(x)$ について，$x$ が 0 に十分近いとき，点 $(0, f(0))$ における接線の方程式は，
$y-f(0)=f'(0)(x-0)$ より，$y=f'(0)x+f(0)$ だから
$$f(x) \fallingdotseq f'(0)x+f(0)$$

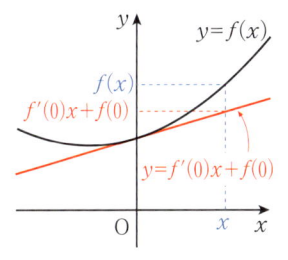

**解答例**

(1) $f(x)=(1+x)^5$ とする。$f'(x)=5(1+x)^4$
点 $(0, f(0))$ における接線の方程式は，
$f(0)=1$, $f'(0)=5$ より $y=5x+1$
$|x|$ が十分小さいとき $(1+x)^5 \fallingdotseq 5x+1$ …答

(2) $f(x)=\dfrac{1}{1+x}$ とする。$f'(x)=-\dfrac{1}{(1+x)^2}$
点 $(0, f(0))$ における接線の方程式は，
$f(0)=1$, $f'(0)=-1$ より $y=-x+1$
$|x|$ が十分小さいとき $\dfrac{1}{1+x} \fallingdotseq -x+1$ …答

(3) $f(x)=\sqrt{1+x}$ とする。$f'(x)=\dfrac{1}{2\sqrt{1+x}}$
点 $(0, f(0))$ における接線の方程式は，
$f(0)=1$, $f'(0)=\dfrac{1}{2}$ より $y=\dfrac{1}{2}x+1$
$|x|$ が十分小さいとき $\sqrt{1+x} \fallingdotseq \dfrac{1}{2}x+1$ …答

(4) $f(x)=\sin x$ とする。$f'(x)=\cos x$
点 $(0, f(0))$ における接線の方程式は，
$f(0)=0$, $f'(0)=1$ より $y=x$
$|x|$ が十分小さいとき $\sin x \fallingdotseq x$ …答

> 曲線 $y=f(x)$ と点 $(0, f(0))$ におけるこの曲線の接線は，$x=0$ の十分近くでは区別がつかないほど重なっている。したがって，関数の値もほぼ同じというわけだ！

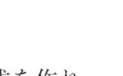

**類題 124-1** $x$ が $\dfrac{\pi}{4}$ に十分近い値のとき，$\tan x$ について，1次の近似式を作れ。

**類題 124-2** $|x|$ が十分小さいとき，関数 $f(x)=\tan\left(\dfrac{x}{2}-\dfrac{\pi}{4}\right)$ について，1次の近似式を作れ。

**応用例題 125**　近似値

1次の近似式を用いて，次の数の近似値を小数第3位まで求めよ。
ただし，$\sqrt{3}=1.73$，$\pi=3.14$ とする。
(1) $\sqrt{1.01}$　　　　(2) $\sin 61°$

**ねらい**
近似式を利用して，近似値を求めること。

**解法ルール**　$x$ が十分小さいとき　$f(a+h) \fallingdotseq f'(a)(x-a)+f(a)$

(1) $f(x)=\sqrt{1+x}$　(2) $f(x)=\sin\left(\dfrac{\pi}{3}+x\right)$

とする。

← 三角関数の変数は弧度法で表す。

**解答例**
(1) $\sqrt{1.01}=\sqrt{1+0.01}$
そこで，$f(x)=\sqrt{1+x}$ とおくと
$$f'(x)=\dfrac{1}{2}(1+x)^{-\frac{1}{2}}=\dfrac{1}{2\sqrt{1+x}}$$
$x$ が0に近いとき　$f(x) \fallingdotseq f'(0)x+f(0)=\dfrac{1}{2}x+1$
したがって　$\sqrt{1.01} \fallingdotseq \dfrac{1}{2}\times 0.01+1=1.005$

**答**　**1.005**

(2) $\sin 61°=\sin(60°+1°)=\sin\left(\dfrac{\pi}{3}+\dfrac{\pi}{180}\right)$
そこで，$f(x)=\sin\left(\dfrac{\pi}{3}+x\right)$ とおくと
$$f'(x)=\cos\left(\dfrac{\pi}{3}+x\right)$$
$x$ が0に近いとき　$f(x) \fallingdotseq f'(0)x+f(0)=\dfrac{1}{2}x+\dfrac{\sqrt{3}}{2}$
したがって　$\sin 60° \fallingdotseq \dfrac{1}{2}\times\dfrac{\pi}{180}+\dfrac{\sqrt{3}}{2}=\dfrac{3.14}{360}+\dfrac{1.73}{2}$
　　　　　　　　　　$=0.8737$

**答**　**0.874**

●**有効数字**
(2)のように，概数を使って近似値を求める場合，どの位まで求めるという指示がない場合は，問題に与えられた数と同じ有効数字で答えるのが一般的である。つまり，この場合の有効数字は3桁。

**類題 125**　1次の近似式を用いて，次の数の近似値を小数第3位まで求めよ。
ただし，$e=2.718$ とする。
(1) $\sqrt{4.02}$　　　　　　　　(2) $\log 2.8$

## 定期テスト予想問題　解答→p.50～54

**1** 定義に従って，関数 $f(x)=\sqrt{3x}$ を微分せよ。

**2** 関数 $f(x)=[x]$ は $x=3$ で連続か。ただし，実数 $x$ に対して，$x$ を超えない最大の整数を $[x]$ で表す。

**3** 次の関数を微分せよ。

(1) $y=(x-1)(2x^2+3x+1)$　　(2) $y=(x+1)(x+2)(x+3)$

(3) $y=(3x^2+1)^5$　(4) $y=\dfrac{1}{x\sqrt[3]{x}}$　(5) $y=\dfrac{x^3+1}{x^2+1}$

(6) $y=\dfrac{1}{(x^2+x)^3}$　　(7) $y=\sin x \cos x$

(8) $y=\cos 2x$　(9) $y=\tan^3 x$　(10) $y=\log_2(3x+1)$

(11) $y=\log|\cos x|$　(12) $y=e^{2x}\log x$　(13) $y=3^{2x+1}$

(14) $y=\dfrac{(x-1)^2}{(x+2)^3}$　　(15) $y=\sqrt{\dfrac{(x+1)(x+2)}{x}}$

**4** 次の方程式で定められる $x$ の関数 $y$ について，$\dfrac{dy}{dx}$ を求めよ。

(1) $\dfrac{x^2}{4}+\dfrac{y^2}{9}=1$　(2) $\dfrac{x^2}{9}-\dfrac{y^2}{25}=1$　(3) $y^2=4x+1$

**5** 次の関数について，$\dfrac{dy}{dx}$ を $t$ の式で表せ。

(1) $\begin{cases} x=\dfrac{1}{2}t^2 \\ y=t^4-t^2 \end{cases}$　(2) $\begin{cases} x=\sin 2t \\ y=\cos 2t \end{cases}$　(3) $\begin{cases} x=\log t \\ y=t+\dfrac{1}{t} \end{cases}$

**6** $y=xe^{-x}$ について，等式 $xy''+xy'+y=0$ が成り立つことを示せ。

**7** $y=e^x$ について，原点 $(0,0)$ から引いた接線の方程式を求めよ。また，接点における法線の方程式を求めよ。

**8** 楕円 $\dfrac{x^2}{4}+y^2=1$ 上の点 $P\left(\sqrt{2},\dfrac{1}{\sqrt{2}}\right)$ における接線の方程式を求めよ。

### HINT

**1** 定義
$f'(x)=\lim\limits_{h\to 0}\dfrac{f(x+h)-f(x)}{h}$

**2** $n$ は整数で $n \le x < n+1$ のとき $[x]=n$

**3** 積，商，合成関数の微分法を使う。
(14)，(15)は対数微分法を用いる。

**4** $Ax^n+By^n=C$ のとき 両辺を $x$ で微分すると
$Anx^{n-1}+Bny^{n-1}\cdot\dfrac{dy}{dx}=0$

**5** $\dfrac{dy}{dx}=\dfrac{\dfrac{dy}{dt}}{\dfrac{dx}{dt}}$

**7** 曲線 $y=f(x)$ 上の点 $(x_1, y_1)$ における接線の方程式は
$y-y_1=f'(x_1)(x-x_1)$
法線の方程式は
$y-y_1=-\dfrac{1}{f'(x_1)}(x-x_1)$
$(f'(x_1)\neq 0)$

**9** $y=\log x$ と $y=ax^2$ $(a\neq 0)$ のグラフが共有点をもち，この点で共通の接線をもつとき
(1) $a$ の値を求めよ。
(2) 2つのグラフの共通の接線の方程式を求めよ。

**10** 次の関数のグラフをかけ。
(1) $y=\dfrac{(x-1)^2}{x^2+1}$
(2) $y=\dfrac{x^2}{x-1}$
(3) $y=x+\sqrt{1-x^2}$

**11** 次の関数の $f''(x)$ の符号を調べて，極値と変曲点の座標を求めよ。
(1) $f(x)=xe^{-x}$
(2) $f(x)=\dfrac{\log x}{x}$

**12** 不等式 $\log(x+1)\geqq \dfrac{x}{x+1}$ を証明せよ。

**13** 方程式 $\cos x-x=0$ は $0<x<\dfrac{\pi}{2}$ にただ1つの実数解をもつことを示せ。

**14** $x\fallingdotseq 0$ のとき，$f(x)\fallingdotseq f(0)+f'(0)x$ である。
このことを用いて，$x$ が0に十分近い値のとき，次の関数について，1次の近似式を求めよ。
(1) $\dfrac{1}{\sqrt{x+1}}$
(2) $\log(x+1)$
(3) $e^x$

**15** 座標平面上を運動する点 $P(x, y)$ の，時刻 $t$ における座標が $x=\cos 3t+2$，$y=\sin 3t+1$ で与えられているとき，次の問いに答えよ。
(1) 時刻 $t$ における速度ベクトル $\vec{v}$ を求めよ。
(2) 速度の大きさを求めよ。
(3) 時刻 $t$ における加速度ベクトル $\vec{\alpha}$ を求めよ。
(4) 加速度の大きさを求めよ。
(5) $\vec{v}$ と $\vec{\alpha}$ は垂直であることを示せ。

---

**9** $f(x)=\log x$, $g(x)=ax^2$ とおく。$x=t$ で共有点をもつとき
$f(t)=g(t)$
$f'(t)=g'(t)$

**10** グラフのかき方
①対称性，②定義域，③増減，④凹凸，⑤漸近線
などを調べる。

**11** $f'(a)=0$ で
$f''(a)>0$ なら 極小値 $f(a)$
$f''(a)<0$ なら 極大値 $f(a)$

**12** $f(x)=\log(x+1)-\dfrac{x}{x+1}$ の最小値を考える。

**13** $f(x)=\cos x-x$ とおき，$f(x)$ の連続性と $f(0)$，$f\left(\dfrac{\pi}{2}\right)$ の正負から中間値の定理を用いる。

**15** 速度ベクトル
$\vec{v}=\left(\dfrac{dx}{dt},\ \dfrac{dy}{dt}\right)$
加速度ベクトル
$\vec{\alpha}=\left(\dfrac{d^2x}{dt^2},\ \dfrac{d^2y}{dt^2}\right)$

# 5章
# 積分法とその応用

# 1節 積分法

## 1 不定積分

$x$ の関数 $f(x)$ が与えられているとき，$F'(x)=f(x)$ となる関数 $F(x)$ を，$f(x)$ の**原始関数**という。

関数 $f(x)$ の**原始関数は無数にある**が，その1つを $F(x)$ とすると，**どの原始関数も $F(x)+C$（$C$ は定数）の形で表される**。この定数 $C$ を含んだ $F(x)+C$ を $f(x)$ の**不定積分**といい，$\int f(x)dx$ で表す。つまり

（以下のこの $C$ は積分定数としてことわりなく用いる）

$$\int f(x)dx = F(x)+C \quad (C \text{ は積分定数})$$

$f(x)$ の不定積分を求めることを，$f(x)$ を**積分する**という。積分は微分の逆の演算だから，次の公式が成り立つ。

無数にあるといっても，**定数項の部分が異なる**，という意味だよ。だって**定数を微分するとすべて0になる**からね。

**ポイント** [$x^\alpha$（$\alpha$ は実数）の不定積分]　　覚え得

① $\alpha \neq -1$ のとき　　$\int x^\alpha dx = \dfrac{1}{\alpha+1}x^{\alpha+1}+C$

② $\alpha = -1$ のとき　　$\int \dfrac{1}{x}dx = \log|x|+C$

---

**基本例題 126**　　不定積分の計算(1)

次の不定積分を求めよ

(1) $\displaystyle\int x^3 dx$　　(2) $\displaystyle\int \dfrac{1}{x^3}dx$　　(3) $\displaystyle\int \dfrac{1}{\sqrt{x}}dx$

**ねらい** $f(x)=x^\triangle$ の形の不定積分を求める。

**解法ルール** $r$ が $r \neq -1$ の有理数のとき　$\displaystyle\int x^r dx = \dfrac{1}{r+1}x^{r+1}+C$　←　$\displaystyle\int x^\triangle dx = \boxed{\dfrac{1}{\boxed{\triangle+1}}} x^{\boxed{\triangle+1}} + \boxed{C}$

①，②，③の順にすればよい。

**解答例**

(1) $\displaystyle\int x^3 dx = \dfrac{1}{4}x^4 + C$　…答

(2) $\displaystyle\int \dfrac{1}{x^3}dx = \int x^{-3}dx = -\dfrac{1}{2}x^{-2}+C = -\dfrac{1}{2x^2}+C$　…答

(3) $\displaystyle\int \dfrac{1}{\sqrt{x}}dx = \int x^{-\frac{1}{2}}dx = 2x^{\frac{1}{2}}+C = 2\sqrt{x}+C$　…答

**基本例題 127**  不定積分の計算(2)

次の不定積分を求めよ。

(1) $\int x^3(x^2-x)\,dx$

(2) $\int \left(1-\dfrac{1}{x}+\dfrac{1}{x^2}\right)dx$

(3) $\int \dfrac{(x-1)^2}{x^3}\,dx$

(4) $\int \dfrac{(\sqrt{x}+1)^2}{x}\,dx$

**ねらい** $f(x)=x^\alpha$ の形に直してから不定積分を求める。( )^ のタイプは展開してから積分しよう。

**解法ルール**

$\alpha \neq -1$ のとき $\displaystyle\int x^\alpha\,dx = \dfrac{1}{\alpha+1}x^{\alpha+1}+C$

$\alpha = -1$ のとき $\displaystyle\int x^{-1}\,dx = \log|x|+C$

$$\int\{kf(x)\pm lg(x)\}\,dx = k\int f(x)\,dx \pm l\int g(x)\,dx$$

（複号同順）

**解答例**

(1) $\displaystyle\int x^3(x^2-x)\,dx = \int(x^5-x^4)\,dx$
$= \dfrac{x^6}{6}-\dfrac{x^5}{5}+C$ …答

(2) $\displaystyle\int\left(1-\dfrac{1}{x}+\dfrac{1}{x^2}\right)dx = \int\left(1-\dfrac{1}{x}+x^{-2}\right)dx$ ← $\int\dfrac{1}{x}dx=\log|x|+C$
$= x-\log|x|-x^{-1}+C$
$= x-\log|x|-\dfrac{1}{x}+C$ …答

$\dfrac{1}{x}$ の顔を見たら $\log|x|$ と反応できるようにしよう！

(3) $\displaystyle\int\dfrac{(x-1)^2}{x^3}\,dx = \int\dfrac{x^2-2x+1}{x^3}\,dx = \int\left(\dfrac{1}{x}-\dfrac{2}{x^2}+\dfrac{1}{x^3}\right)dx$
$= \displaystyle\int\left(\dfrac{1}{x}-2x^{-2}+x^{-3}\right)dx$
$= \log|x|+2x^{-1}-\dfrac{1}{2}x^{-2}+C$
$= \log|x|+\dfrac{2}{x}-\dfrac{1}{2x^2}+C$ …答

基本は, 和の形にして1つずつ積分するのがコツよ。

(4) $\displaystyle\int\dfrac{(\sqrt{x}+1)^2}{x}\,dx = \int\dfrac{x+2\sqrt{x}+1}{x}\,dx = \int\left(1+2x^{-\frac{1}{2}}+\dfrac{1}{x}\right)dx$
$= x+4x^{\frac{1}{2}}+\log|x|+C$
$= x+4\sqrt{x}+\log|x|+C$ …答

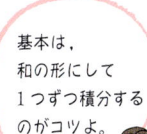

**類題 127** 次の不定積分を求めよ。

(1) $\displaystyle\int\dfrac{x^2+x}{x^3}\,dx$

(2) $\displaystyle\int\dfrac{(x+1)^2}{x}\,dx$

(3) $\displaystyle\int\dfrac{x+1}{\sqrt{x}}\,dx$

(4) $\displaystyle\int\dfrac{\sqrt{x}+1}{x^2}\,dx$

**基本例題 128**　　　　　　　　　　　$(ax+b)^α$ の不定積分

次の不定積分を求めよ。

(1) $\int (2x+1)^2 dx$　　(2) $\int \dfrac{1}{(1-x)^2} dx$　　(3) $\int \sqrt{4x+1}\, dx$

(4) $\int \dfrac{dx}{\sqrt{1-x}}$　　(5) $\int \dfrac{dx}{1-x}$

**ねらい**　合成関数の微分の手順を思い浮かべながら積分できるか。

**解法ルール**　$α \ne -1$ のとき　$\int (ax+b)^α dx = \dfrac{1}{a(α+1)}(ax+b)^{α+1}+C$　← $y=(ax+b)^{α+1}$ を微分する。

$α = -1$ のとき　$\int (ax+b)^{-1} dx = \dfrac{1}{a}\log|ax+b|+C$

$u=ax+b$ とおくと $y=u^{α+1}$ だから
$y'=(α+1)u^α \cdot u'$
$\phantom{y'}=(α+1) \times (ax+b)^α \cdot a$

**解答例**

(1) $\int (2x+1)^2 dx = \dfrac{1}{2\cdot 3}(2x+1)^3 + C$

$= \dfrac{1}{6}(2x+1)^3 + C$　…**答**

(2) $\int \dfrac{1}{(1-x)^2} dx = \int (1-x)^{-2} dx$

$= \dfrac{1}{(-1)\cdot(-1)}(1-x)^{-1} + C$

$= (1-x)^{-1} + C$

$= \dfrac{1}{1-x} + C$　…**答**

(3) $\int \sqrt{4x+1}\, dx = \int (4x+1)^{\frac{1}{2}} dx = \dfrac{1}{4\cdot \dfrac{3}{2}}\cdot (4x+1)^{\frac{3}{2}} + C$

$= \dfrac{1}{6}(4x+1)\sqrt{4x+1} + C$　…**答**

● $\int(ax+b)^n dx$ の求め方
① まず次数を1上げ $(ax+b)^{n+1}$
② 次に係数を求めて $\dfrac{1}{n+1}\cdot \dfrac{1}{(ax+b)'} = \dfrac{1}{a(n+1)}$
③ 最後に積分定数をつける。
$\dfrac{1}{a(n+1)}(ax+b)^{n+1} + C$

(4) $\int \dfrac{dx}{\sqrt{1-x}} = \int (1-x)^{-\frac{1}{2}} dx$

$= \dfrac{1}{(-1)\cdot \dfrac{1}{2}}(1-x)^{\frac{1}{2}} + C$

$= -2(1-x)^{\frac{1}{2}} + C$

$= -2\sqrt{1-x} + C$　…**答**

(5) $\int \dfrac{dx}{1-x} = -\log|1-x| + C$　…**答**

**類題 128**　次の不定積分を求めよ。

(1) $\int (2x-1)^3 dx$　　(2) $\int \dfrac{1}{(1-2x)^2} dx$　　(3) $\int \dfrac{dx}{1+2x}$

(4) $\int \sqrt{1-3x}\, dx$　　(5) $\int \dfrac{dx}{\sqrt{2x+1}}$

## ● 三角関数の不定積分

**ポイント** [三角関数の不定積分]

① $\displaystyle\int \sin x\, dx = -\cos x + C$　　② $\displaystyle\int \cos x\, dx = \sin x + C$

③ $\displaystyle\int \frac{1}{\cos^2 x}\, dx = \tan x + C$

覚え得

### 基本例題 129　　三角関数の不定積分

次の不定積分を求めよ。

(1) $\displaystyle\int \sin 3x\, dx$　　(2) $\displaystyle\int \cos(2x+3)\, dx$　　(3) $\displaystyle\int \frac{dx}{\cos^2 2x}$

(4) $\displaystyle\int \sin^2 x\, dx$　　(5) $\displaystyle\int \sin x \cos x\, dx$　　(6) $\displaystyle\int \tan^2 x\, dx$

**ねらい** 基本的な三角関数の不定積分を求める。

**解法ルール** $\displaystyle\int \sin(ax+b)\, dx = -\frac{1}{a}\cos(ax+b) + C$

$\displaystyle\int \cos(ax+b)\, dx = \frac{1}{a}\sin(ax+b) + C$

**解答例**

(1) $\displaystyle\int \sin 3x\, dx = -\frac{1}{3}\cos 3x + C$　…答

(2) $\displaystyle\int \cos(2x+3)\, dx = \frac{1}{2}\sin(2x+3) + C$　…答

(3) $\displaystyle\int \frac{1}{\cos^2 2x}\, dx = \frac{1}{2}\tan 2x + C$　…答

(4) $\displaystyle\int \sin^2 x\, dx = \int \frac{1-\cos 2x}{2}\, dx = \frac{x}{2} - \frac{1}{4}\sin 2x + C$　…答

(5) $\displaystyle\int \sin x \cos x\, dx = \int \frac{1}{2}\sin 2x\, dx$
$= -\frac{1}{4}\cos 2x + C$　…答

(6) $\displaystyle\int \tan^2 x\, dx = \int \left(\frac{1}{\cos^2 x} - 1\right) dx = \tan x - x + C$　…答

(4), (5), (6)の変形は「この形を見るとコレ！」といった感じで覚えておくしかないんです。即反応できるように慣れましょう！

● $\displaystyle\int \sin(ax+b)\, dx$ の求め方
① 導関数が $\sin(ax+b)$ のスタイルになるのは $-\cos(ax+b)$
② $\{-\cos(ax+b)\}'$ を求めると
$\{-\cos(ax+b)\}'$
$= \sin(ax+b)$
$\times (ax+b)' \leftarrow a$
$= a\sin(ax+b)$
この部分に注意！
③ 係数を調整する。
$\displaystyle\int \sin(ax+b)\, dx$
$= -\frac{1}{a} \times \cos(ax+b) + C$

### 類題 129　次の不定積分を求めよ。

(1) $\displaystyle\int \sin(1-2x)\, dx$　　(2) $\displaystyle\int \cos 3x\, dx$　　(3) $\displaystyle\int \cos^2 x\, dx$

## ● 指数関数の不定積分

**ポイント** [指数関数の不定積分]  **覚え得**

① $\int e^x dx = e^x + C$

② $\int a^x dx = \dfrac{1}{\log a} a^x + C$ （$a \neq 1$, $a > 0$）

①は $(e^x)' = e^x$，②は $(a^x)' = a^x \log a$ だから，それぞれ上の公式が導ける。

**基本例題 130** 　　　　　　　　　　指数関数の不定積分

**ねらい** 基本的な指数関数の不定積分を求める。

次の不定積分を求めよ。

(1) $\int e^{3x} dx$ 　　　　(2) $\int (e^x + e^{-x})^2 dx$

(3) $\int 3^x dx$ 　　　　(4) $\int (2^x - 2^{-x})^2 dx$

**解法ルール** $\int e^x dx = e^x + C$ 　　$\int a^x dx = \dfrac{1}{\log a} a^x + C$

**解答例**

(1) $\int e^{3x} dx = \dfrac{1}{3} e^{3x} + C$ …答

(2) $\int (e^x + e^{-x})^2 dx = \int (e^{2x} + 2 + e^{-2x}) dx$

$= \dfrac{1}{2} e^{2x} + 2x - \dfrac{1}{2} e^{-2x} + C$

$= \dfrac{1}{2}(e^{2x} - e^{-2x}) + 2x + C$ …答

(3) $\int 3^x dx = \dfrac{1}{\log 3} \cdot 3^x + C$ …答

(4) $\int (2^x - 2^{-x})^2 dx = \int (2^{2x} - 2 + 2^{-2x}) dx$

$= \int (4^x + 4^{-x} - 2) dx$

$= \dfrac{1}{\log 4}(4^x - 4^{-x}) - 2x + C$ …答

● $\int e^{ax+b} dx$ の求め方

① $y = e^{ax+b}$ を微分する。
 $u = ax + b$ とおくと
 $y = e^u$
 $y' = (e^u)' \cdot u'$
 $= e^{ax+b} \cdot (ax+b)'$
 $= a e^{ax+b}$

② $\int e^{ax+b} dx$
 $= \dfrac{1}{a} \cdot e^{ax+b} + C$

**類題 130** 次の不定積分を求めよ。

(1) $\int e^{-2x} dx$ 　　(2) $\int (e^x + e^{-x})^3 dx$ 　　(3) $\int (2^x + 2^{-x}) dx$

## 2 置換積分法

**置換積分法**というのは，「**変数をおき換えて，積分しやすい形**に変えよう」という積分の仕方といえる。

たとえば

$$\int f(x)\,dx$$

というのは，

**$x$ で微分したら $f(x)$ になる関数 $F(x)$**

のことである。

この不定積分を，たとえば $x=v(t)$ であるような変数 $t$ に変更したい。すなわち

$$\int f(x)\,dx = \int \boxed{\phantom{XXXX}}\,dt$$

としたいとき，$\boxed{\phantom{XXXX}}$ の部分は $\boxed{F(x) \text{ を } t \text{ で微分した関数}}$ にならなくてはならない。

ここで，$x=v(t)$ とおくと

$$\boxed{\frac{dF(x)}{dt}} = \frac{dF(x)}{dx} \cdot \frac{dx}{dt} = \boxed{f(x)\frac{dx}{dt}}$$

これから $\int f(x)\,dx = \boxed{\int f(x) \cdot \frac{dx}{dt}\,dt} = \int f(v(t))v'(t)\,dt$ がいえる。

---

**ポイント** ［置換積分法］ 覚え得

$x=v(t)$ とすれば

$$\int f(x)\,dx = \int f(x) \cdot \frac{dx}{dt}\,dt = \int f(v(t))v'(t)\,dt$$

---

このように，**不定積分では，積分する変数を変えて積分しやすい形にする**ことが多い。ただ，実際の問題では，上で扱った形よりも $u=g(x)$ とおいて変数を $u$ に変換するパターンが多いので，次のページでこのタイプについて調べてみよう。

1 積分法

$u = g(x)$ とする。

$$\int f(x)\,dx = \int \boxed{\dfrac{dF(x)}{du}}\,du \quad \text{としたいとき}$$

$$f(x) = \dfrac{dF(x)}{dx} = \dfrac{dF(x)}{du} \cdot \dfrac{du}{dx}$$

が導ける。

これより

$$\int f(x)\,dx = \int \dfrac{dF(x)}{du} \cdot \dfrac{du}{dx}\,dx$$

ところで

$$\int f(x)\,dx = \int \dfrac{dF(x)}{du}\,du \quad \text{だから}$$

$$\int \underbrace{\dfrac{dF(x)}{du}}_{共通} \dfrac{du}{dx}\,dx = \int \underbrace{\dfrac{dF(x)}{du}}_{共通}\,du \quad \text{を比較すると,}$$

形の上では $\dfrac{du}{dx}\,dx$ を $du$ に変えればいいことになる。

それでは具体的な計算の手順を整理しよう。$u = g(x)$ とおけたとき

置換積分ではほとんどこのStep 1〜3の方法で機械的に計算しているよ。

**Step 1** $\dfrac{du}{dx} = g'(x)$ を計算する。

**Step 2** $\dfrac{du}{dx}$ をまるで分数のように考えて，$du = g'(x)\,dx$ とする。

**Step 3** $\int f(x)\,dx$ で $g'(x)\,dx$ の部分を $du$ に入れ換える。

となる。

**Step 2** で分数でもないのに，$\dfrac{du}{dx}$ を分数のように扱っている。

このように，本来意味のないことでも。

- **正しい結果**が得られる。
- **計算の手順が容易**になる。

とき，形式的に分数のように扱うことがある。

この置換積分がこのような例の代表的なものなんだ。

**基本例題 131**  $ax+b=t$ と置換する不定積分

次の不定積分を求めよ。

(1) $\int x(2-x)^3 dx$　　(2) $\int x\sqrt{1-x}\, dx$　　(3) $\int \dfrac{x}{(x+2)^3} dx$

**ねらい**
$ax+b=t$ とおいて置換する，置換積分の練習。

**解法ルール**　$ax+b=t\ (a\neq 0)$ とするとき　$x=\dfrac{1}{a}t-\dfrac{b}{a}$

このとき　$\dfrac{dx}{dt}=\dfrac{1}{a}$　　$dx=\dfrac{1}{a}dt$　← p.182 の Step2 を有効に使おう！

$$\int f(x)\, dx = \int f\left(\dfrac{1}{a}t-\dfrac{b}{a}\right)\cdot \dfrac{1}{a}\, dt$$

置換積分で何を置換すればよいかを考える。

**解答例**　(1) $2-x=t$ とおく。$x=2-t$ より $\dfrac{dx}{dt}=-1$　$dx=(-1)dt$

$\int x(2-x)^3 dx = \int (2-t)t^3(-1)dt = \int (t-2)t^3 dt$

$= \int (t^4-2t^3)dt = \dfrac{t^5}{5} - \dfrac{t^4}{2} + C$

$= \dfrac{1}{10}t^4(2t-5) + C$

$= -\dfrac{1}{10}(2x+1)(2-x)^4 + C$　…[答]

(2) $1-x=t$ とおく。

$x=1-t$ より $\dfrac{dx}{dt}=-1$　$dx=(-1)dt$

$\int x\sqrt{1-x}\, dx = \int (1-t)\sqrt{t}(-1)dt = \int (t-1)\sqrt{t}\, dt$

$= \int (t^{\frac{3}{2}}-t^{\frac{1}{2}})dt = \dfrac{2}{5}t^{\frac{5}{2}} - \dfrac{2}{3}t^{\frac{3}{2}} + C$

$= \dfrac{2}{15}t^{\frac{3}{2}}(3t-5) + C$

$= -\dfrac{2}{15}(3x+2)(1-x)\sqrt{1-x} + C$　…[答]

(3) $x+2=t$ とおく。$x=t-2$ より $\dfrac{dx}{dt}=1$　$dx=dt$

$\int \dfrac{x}{(x+2)^3}dx = \int \dfrac{t-2}{t^3}dt = \int (t^{-2}-2t^{-3})dt$

$= -t^{-1} + t^{-2} + C$

$= -\dfrac{1}{x+2} + \dfrac{1}{(x+2)^2} + C$　…[答]

$\int x(2-x)^3 dx$ の場合は
$\int x\underline{(2-x)}^3 dx$
$\int x\sqrt{1-x}\, dx$ の場合は
$\int x\sqrt{\underline{1-x}}\, dx$
$\int \dfrac{x}{(x+2)^3}dx$ の場合は
$\int \dfrac{x}{\underline{(x+2)}^3}dx$

というように，積分(微分の逆演算)しにくい部分が簡単な形になるようにする方向で考えればよい(～部)。ここで"簡単"というのは，$ax+b=t$ とおくと $(ax+b)^n=t^n$ となって積分が楽になるという意味。

**類題 131**　次の不定積分を求めよ。

(1) $\int x(2x-1)^3 dx$　　(2) $\int x\sqrt{1+3x}\, dx$　　(3) $\int \dfrac{x}{(1-2x)^2}dx$

## 基本例題 132

$\int \dfrac{f'(x)}{f(x)} dx$ 型の不定積分

次の不定積分を求めよ。

(1) $\displaystyle\int \dfrac{2x}{x^2+2} dx$　　(2) $\displaystyle\int \tan x\, dx$　　(3) $\displaystyle\int \dfrac{e^x}{e^x+2} dx$

**ねらい**
$\{\log|f(x)|\}' = \dfrac{f'(x)}{f(x)}$ を利用して不定積分 $\displaystyle\int \dfrac{f'(x)}{f(x)} dx$ を求める。

**解法ルール** $\displaystyle\int \dfrac{f'(x)}{f(x)} dx = \log|f(x)| + C$

**解答例**

(1) $\displaystyle\int \dfrac{2x}{x^2+2} dx = \int \dfrac{(x^2+2)'}{x^2+2} dx$
$= \log(x^2+2) + C$　…〔答〕

　　$x^2+2>0$ より
　　$\log|x^2+2|$
　　$= \log(x^2+2)$

(2) $\displaystyle\int \tan x\, dx = \int \dfrac{\sin x}{\cos x} dx$
$= \displaystyle\int \dfrac{-(\cos x)'}{\cos x} dx$
$= -\log|\cos x| + C$　…〔答〕

(3) $\displaystyle\int \dfrac{e^x}{e^x+2} dx = \int \dfrac{(e^x+2)'}{e^x+2} dx$
$= \log(e^x+2) + C$　…〔答〕

　　$e^x+2>0$ より
　　$\log|e^x+2|$
　　$= \log(e^x+2)$

← $\displaystyle\int \dfrac{g(x)}{f(x)} dx$ 型（分数関数）の不定積分

最初にする check は「分母を微分して分子にならないか」すなわち
「$\dfrac{f'(x)}{f(x)}$ となっていないか」

**類題 132** 次の不定積分を求めよ。

(1) $\displaystyle\int \dfrac{2x+1}{x^2+x+1} dx$　　(2) $\displaystyle\int \dfrac{x^2}{x^3+1} dx$　　(3) $\displaystyle\int \dfrac{1}{\tan x} dx$

(4) $\displaystyle\int \dfrac{e^x-e^{-x}}{e^x+e^{-x}} dx$　　(5) $\displaystyle\int \dfrac{1+\cos x}{x+\sin x} dx$

---

## 基本例題 133

$\int f(g(x))g'(x) dx$ 型の不定積分

次の不定積分を求めよ。

(1) $\displaystyle\int x(x^2-1)^3 dx$　　(2) $\displaystyle\int \sin^3 x \cos x\, dx$　　(3) $\displaystyle\int \sin^3 x\, dx$

(4) $\displaystyle\int \dfrac{\log x}{x} dx$　　(5) $\displaystyle\int x^2 e^{x^3} dx$

**ねらい**
$\displaystyle\int f(g(x))g'(x) dx$ 型の不定積分のマスター。

**解法ルール** $\displaystyle\int f(g(x))g'(x) dx$ タイプは $g(x)=t$ とおく。

$g'(x) = \dfrac{dt}{dx}$ より　$g'(x) dx = dt$

$\displaystyle\int f(g(x)) \boxed{g'(x) dx} = \int f(t) \boxed{dt}$

5章　積分法とその応用

**解答例** (1) $x^2-1=t$ とおく。$2x=\dfrac{dt}{dx}$ より $2xdx=dt$

$$\int x(x^2-1)^3 dx = \frac{1}{2}\int (x^2-1)^3 \cdot 2xdx$$
$$= \frac{1}{2}\int t^3 dt$$
$$= \frac{1}{8}t^4+C = \frac{1}{8}(x^2-1)^4+C \quad \cdots \text{答}$$

(2) $\sin x=t$ とおく。$\cos x=\dfrac{dt}{dx}$ より $\cos x dx=dt$

$$\int \sin^3 x \cos x dx = \int t^3 dt$$
$$= \frac{t^4}{4}+C = \frac{\sin^4 x}{4}+C \quad \cdots \text{答}$$

(3) $\cos x=t$ とおく。$-\sin x=\dfrac{dt}{dx}$ より $-\sin x dx=dt$

$$\int \sin^3 x dx = \int \sin^2 x \cdot \sin x dx$$
$$= \int (\cos^2 x - 1)(-\sin x)dx$$
$$= \int (t^2-1)dt = \frac{t^3}{3}-t+C$$
$$= \frac{\cos^3 x}{3}-\cos x+C \quad \cdots \text{答}$$

(4) $\log x=t$ とおく。$\dfrac{1}{x}=\dfrac{dt}{dx}$ より $\dfrac{1}{x}dx=dt$

$$\int \frac{\log x}{x}dx = \int \log x \cdot \frac{1}{x}dx = \int t dt = \frac{t^2}{2}+C$$
$$= \frac{1}{2}(\log x)^2+C \quad \cdots \text{答}$$

(5) $x^3=t$ とおく。$3x^2=\dfrac{dt}{dx}$ より $3x^2 dx=dt$

$$\int x^2 e^{x^3}dx = \frac{1}{3}\int e^{x^3}\cdot 3x^2 dx = \frac{1}{3}\int e^t dt = \frac{e^t}{3}+C$$
$$= \frac{e^{x^3}}{3}+C \quad \cdots \text{答}$$

- $\int f(g(x))g'(x)dx$ タイプで $g(x)=t$ とおくと，$g'(x)=\dfrac{dt}{dx}$ より，形式的に $g'(x)dx=dt$ と表せるから，

$$\int f(t)dt$$

と変換できる。ポイントは，何を $g(x)$ にすればよいのか。

- $\int \boxed{\phantom{x}} dx$ の $\boxed{\phantom{x}}$ の部分は高々2〜3個の関数しかない。そこで，適当に「$g(x)=\triangle$ として $g'(x)$ が $\boxed{\phantom{x}}$ のなかにあるか」を check し，あればその関数を $t$ でおき換えればよい。

**類題 133** 次の不定積分を求めよ。

(1) $\displaystyle\int x^2(x^3+1)^3 dx$   (2) $\displaystyle\int \cos^2 x \sin x dx$   (3) $\displaystyle\int x\sqrt{x^2+1}\,dx$

(4) $\displaystyle\int e^x(e^x+1)^3 dx$   (5) $\displaystyle\int xe^{-x^2}dx$

**1 積分法**

# 3 部分積分法

2つの関数 $f(x)$, $g(x)$ の積の導関数は
$$\{f(x)g(x)\}' = f'(x)g(x) + f(x)g'(x)$$
これを利用して $f(x)g'(x)$ タイプの不定積分を
$$\int f(x)g'(x)\,dx = \int \{f(x)g(x)\}'\,dx - \int f'(x)g(x)\,dx$$
$$= f(x)g(x) - \int f'(x)g(x)\,dx$$
として求める方法を**部分積分法**という。

この積分をする。"ココロ" は「型に当てはめていく。」というところかな？

**ポイント** ［部分積分法］
$$\int f(x)g'(x)\,dx = f(x)g(x) - \int f'(x)g(x)\,dx$$
覚え得

---

**基本例題 134** 部分積分法(1)

次の不定積分を求めよ。

(1) $\displaystyle\int x \sin x\,dx$ (2) $\displaystyle\int \log x\,dx$ (3) $\displaystyle\int x e^x\,dx$

**ねらい** 基本的な部分積分法をマスターする。

**解法ルール** $\displaystyle\int f(x)g'(x)\,dx = f(x)g(x) - \int f'(x)g(x)\,dx$
　　　↑積分しやすいものを選ぶ

**解答例**

(1) $\displaystyle\int x \sin x\,dx = \int x(-\cos x)'\,dx$
$= x(-\cos x) - \int (x)'(-\cos x)\,dx$
$= -x\cos x + \int \cos x\,dx = \boldsymbol{-x\cos x + \sin x + C}$ …答

$\displaystyle\int \underset{f(x)}{x}\,\underset{g'(x)}{\sin x}\,dx$
$g(x) = -\cos x$

(2) $\displaystyle\int \log x\,dx = \int (x)' \log x\,dx = x\log x - \int x(\log x)'\,dx$
$= x\log x - \int x \cdot \dfrac{1}{x}\,dx = \boldsymbol{x\log x - x + C}$ …答

$\displaystyle\int \log x\,dx = \int \underset{f(x)}{\log x} \cdot \underset{g'(x)}{1}\,dx$
$g(x) = x$

(3) $\displaystyle\int x e^x\,dx = \int x(e^x)'\,dx = xe^x - \int (x)' e^x\,dx$
$= xe^x - \int e^x\,dx = xe^x - e^x + C = \boldsymbol{(x-1)e^x + C}$ …答

$\displaystyle\int \underset{f(x)}{x}\,\underset{g'(x)}{e^x}\,dx$
$g(x) = e^x$

**類題 134** 次の不定積分を求めよ。

(1) $\displaystyle\int x \cos x\,dx$ (2) $\displaystyle\int (x+1)\log x\,dx$ (3) $\displaystyle\int (x+1) e^x\,dx$

5章　積分法とその応用

**応用例題 135**  部分積分法(2)

次の不定積分を求めよ。

(1) $\displaystyle\int x^2 \sin x \, dx$  (2) $\displaystyle\int (\log x)^2 \, dx$  (3) $\displaystyle\int x^2 e^x \, dx$

**ねらい**  部分積分をくり返すことで不定積分を求める。

**解法ルール**  1回の部分積分で解決しないときは，**部分積分をくり返すことで積分できる形に変形する。**

**解答例**

(1) $\displaystyle\int x^2 \sin x \, dx = \int x^2(-\cos x)' \, dx$

$\qquad = x^2(-\cos x) - \int (x^2)'(-\cos x) \, dx$

$\qquad = -x^2 \cos x + 2\int x \cos x \, dx$

$\displaystyle\int x \cos x \, dx = \int x(\sin x)' \, dx = x\sin x - \int (x)' \sin x \, dx$

$\qquad = x \sin x + \cos x + C_1$

よって $\displaystyle\int \boldsymbol{x^2 \sin x} \, d\boldsymbol{x} = -x^2 \cos x + 2x \sin x + 2\cos x + C$

$\qquad\qquad = \boldsymbol{(-x^2+2)\cos x + 2x\sin x + C}$ …答

(2) $\displaystyle\int (\log x)^2 \, dx = \int (x)'(\log x)^2 \, dx$

$\qquad = x(\log x)^2 - \int x\{(\log x)^2\}' \, dx$

$\qquad = x(\log x)^2 - \int x \cdot 2(\log x) \dfrac{1}{x} \, dx$

$\qquad = x(\log x)^2 - 2\int \log x \, dx$

$\displaystyle\int \log x \, dx = \int (x)' \log x \, dx = x\log x - \int x(\log x)' \, dx$

$\qquad = x\log x - x + C_1$

よって $\displaystyle\int \boldsymbol{(\log x)^2} \, d\boldsymbol{x} = x(\log x)^2 - 2x\log x + 2x + C$

$\qquad\qquad = \boldsymbol{x\{(\log x)^2 - 2\log x + 2\} + C}$ …答

(3) $\displaystyle\int x^2 e^x \, dx = \int x^2(e^x)' \, dx = x^2 e^x - \int (x^2)' e^x \, dx$

$\qquad = x^2 e^x - 2\int x e^x \, dx$

$\displaystyle\int x e^x \, dx = \int x(e^x)' \, dx = x e^x - \int (x)' e^x \, dx$

$\qquad = (x-1)e^x + C_1$

よって $\displaystyle\int \boldsymbol{x^2 e^x} \, d\boldsymbol{x} = x^2 e^x - 2(x-1)e^x + C$

$\qquad\qquad = \boldsymbol{(x^2 - 2x + 2)e^x + C}$ …答

← $\displaystyle\int x^2 \sin x \, dx$ と $\displaystyle\int x^2 e^x \, dx$ は，$x^2$ があるので積分しにくい。そこで，$x^2$ を消去する方向，すなわち

$\displaystyle\int \underset{f(x)}{x^2}\ \underset{g'(x)}{\sin x}\, dx$

$\displaystyle\int \underset{f(x)}{x^2}\ \underset{g'(x)}{e^x}\, dx$

と考えればよい。

$\sin x$ は

$\sin x \xrightarrow{微分} \cos x$

$\xrightarrow{微分} -\sin x$

$\xrightarrow{微分} -\cos x$

$e^x$ は

$e^x \xrightarrow{微分} e^x \xrightarrow{微分} e^x$

のように微分しても簡単にならない。

しかし

$x^2 \xrightarrow{微分} 2x \xrightarrow{微分} 2$

のように $x^n$ は何回か微分すると定数になってしまうことに注目している。

$f(x)$，$g(x)$ の決め方がわからないという声をよく聞くけど，$\displaystyle\int f(x)g'(x)dx$ の部分が積分しやすいように $f(x)$，$g(x)$ を決めればいいんだ。

**類題 135**  $I = \displaystyle\int e^x \sin x \, dx$ について2回部分積分をすることで $I$ を求めよ。

# 4 いろいろな不定積分

**基本例題 136**　　　分数関数の不定積分

次の不定積分を求めよ。

(1) $\displaystyle\int \frac{2x^2+3x}{x+1}dx$　　　(2) $\displaystyle\int \frac{x+4}{x^2-x-2}dx$

**ねらい**　分数関数を積分すること。

**解法ルール**　(1) (分子の次数)≧(分母の次数) のときは
割り算実行。(帯分数化する)

(2) 分数の和や差の形に直す。(部分分数に分解する)

**解答例**　(1) 割り算をして，整式＋分数式 にする。

$$\frac{2x^2+3x}{x+1}=2x+1-\frac{1}{x+1}$$

よって　$\displaystyle\int \frac{2x^2+3x}{x+1}dx=\int\left(2x+1-\frac{1}{x+1}\right)dx$

$$=\boldsymbol{x^2+x-\log|x+1|+C}\quad\cdots\text{答}$$

$$\begin{array}{r}2x\phantom{)}+1\phantom{x}\\x+1\overline{\smash{)}2x^2+3x\phantom{)}}\\2x^2+2x\phantom{)}\\\hline x\phantom{)}\\x+1\\\hline -1\end{array}$$

(2) $\displaystyle\frac{x+4}{x^2-x-2}=\frac{x+4}{(x-2)(x+1)}$

$$=\frac{a}{x-2}+\frac{b}{x+1}=\frac{(a+b)x+a-2b}{(x-2)(x+1)}$$

係数を比較して　$a+b=1,\ a-2b=4$

これを解いて

$$a=2,\ b=-1$$

よって

$$\int \frac{x+4}{x^2-x-2}dx=\int\left(\frac{2}{x-2}-\frac{1}{x+1}\right)dx$$

$$=2\log|x-2|-\log|x+1|+C$$

$$=\boldsymbol{\log\frac{(x-2)^2}{|x+1|}+C}\quad\cdots\text{答}$$

$\displaystyle\frac{a}{x-2}+\frac{b}{x+1}$
と部分分数に分解できるとして，$a,\ b$ を求める。

$$\begin{array}{r}a+\phantom{2}b=1\\-)\ a-2b=4\\\hline 3b=-3\\b=-1\ \text{より}\\a=2\end{array}$$

**類題 136**　次の不定積分を求めよ。

(1) $\displaystyle\int \frac{3x^2-5x+4}{x-1}dx$　　　(2) $\displaystyle\int \frac{1}{x^2-1}dx$

**基本例題 137**  三角関数の積の不定積分

次の不定積分を求めよ。

(1) $\displaystyle\int \sin 2x \cos x \, dx$  (2) $\displaystyle\int \sin 4x \sin 2x \, dx$

(3) $\displaystyle\int \cos x \cos 3x \, dx$

**ねらい**  三角関数の積を和に変える公式を用いて不定積分を求める。

**解法ルール**
$$\sin\alpha\cos\beta = \frac{1}{2}\{\sin(\alpha+\beta)+\sin(\alpha-\beta)\}$$

$$\cos\alpha\sin\beta = \frac{1}{2}\{\sin(\alpha+\beta)-\sin(\alpha-\beta)\}$$

$$\cos\alpha\cos\beta = \frac{1}{2}\{\cos(\alpha+\beta)+\cos(\alpha-\beta)\}$$

$$\sin\alpha\sin\beta = -\frac{1}{2}\{\cos(\alpha+\beta)-\cos(\alpha-\beta)\}$$

**解答例**

(1) $\displaystyle\int \sin 2x \cos x \, dx = \int \frac{1}{2}\{\sin(2x+x)+\sin(2x-x)\}dx$
$\displaystyle = \frac{1}{2}\int(\sin 3x + \sin x)dx$
$\displaystyle = -\frac{1}{6}\cos 3x - \frac{1}{2}\cos x + C$  …答

(2) $\displaystyle\int \sin 4x \sin 2x \, dx$
$\displaystyle = \int\left[-\frac{1}{2}\{\cos(4x+2x)-\cos(4x-2x)\}\right]dx$
$\displaystyle = -\frac{1}{2}\int(\cos 6x - \cos 2x)dx$
$\displaystyle = -\frac{1}{12}\sin 6x + \frac{1}{4}\sin 2x + C$  …答

(3) $\displaystyle\int \cos x \cos 3x \, dx = \int \cos 3x \cos x \, dx$
$\displaystyle = \int \frac{1}{2}\{\cos(3x+x)+\cos(3x-x)\}dx$
$\displaystyle = \frac{1}{2}\int(\cos 4x + \cos 2x)dx$
$\displaystyle = \frac{1}{8}\sin 4x + \frac{1}{4}\sin 2x + C$  …答

● $\displaystyle\int \sin 3x \, dx$ の求め方

① まず，おおまかに微分して $\sin 3x$ になる関数，すなわち $-\cos 3x$ を考える。

② $(-\cos 3x)'$ を求める。
$u=3x$ とおくと
$(-\cos u)'$
$= \sin u \cdot u'$
$= \sin 3x \cdot (3x)'$
$= 3\sin 3x$

③ ②の結果をもとにして
$\displaystyle\int \sin 3x \, dx$
$\displaystyle = \frac{1}{3}(-\cos 3x) + C$
$\displaystyle = -\frac{1}{3}\cos 3x + C$

$\displaystyle\int \cos 6x \, dx$, $\displaystyle\int \cos 2x \, dx$, $\displaystyle\int \cos 4x \, dx$

も，すべて同様に求められる。

**類題 137**  次の不定積分を求めよ。

(1) $\displaystyle\int \sin 2x \cos 3x \, dx$  (2) $\displaystyle\int \cos 2x \cos 4x \, dx$  (3) $\displaystyle\int \sin x \sin 3x \, dx$

## 応用例題 138　部分分数分解を利用した不定積分

**ねらい**　分数関数を部分分数に分解して不定積分を求める。

次の問いに答えよ。

(1) 等式 $\dfrac{1}{x(x-1)^2}=\dfrac{a}{x}+\dfrac{b}{x-1}+\dfrac{c}{(x-1)^2}$ がすべての実数 $x$ について成立するように，$a$，$b$，$c$ の値を定めよ。

(2) 不定積分 $\displaystyle\int\dfrac{dx}{x(x-1)^2}$ を求めよ。

**解法ルール**　$\dfrac{1}{x(x-1)^2}=\dfrac{a}{x}+\dfrac{b}{x-1}+\dfrac{c}{(x-1)^2}$ が恒等式となるように $a$，$b$，$c$ の値を定めればよい。

**解答例**

(1) 　　　　　　　　　　　　　　　　　等式の右辺を通分する

$\dfrac{a}{x}+\dfrac{b}{x-1}+\dfrac{c}{(x-1)^2}=\dfrac{a(x-1)^2+bx(x-1)+cx}{x(x-1)^2}$

分子 $=(a+b)x^2+(-2a-b+c)x+a$

$\dfrac{1}{x(x-1)^2}=\dfrac{a}{x}+\dfrac{b}{x-1}+\dfrac{c}{(x-1)^2}$ が $x$ に関する恒等式となることより　$a+b=0$，$-2a-b+c=0$，$a=1$

答　$a=1$，$b=-1$，$c=1$

(2) $\displaystyle\int\dfrac{dx}{x(x-1)^2}=\int\left\{\dfrac{1}{x}-\dfrac{1}{x-1}+\dfrac{1}{(x-1)^2}\right\}dx$

$=\log|x|-\log|x-1|-\dfrac{1}{x-1}+C$

$=\log\left|\dfrac{x}{x-1}\right|-\dfrac{1}{x-1}+C$　…答

• $\displaystyle\int\dfrac{1}{(x-1)^r}dx$　（$(x-1)^{-r}$）

（$r\neq 1$）の求め方

① $(x-1)^{-r+1}$ を考える。

② $\{(x-1)^{-r+1}\}'$ は，$x-1=u$ と考えて暗算すると
$(-r+1)(x-1)^{-r}\times\underbrace{(x-1)'}_{=1}$
$=(-r+1)(x-1)^{-r}$

③ $\displaystyle\int\dfrac{1}{(x-1)^r}dx$
$=\dfrac{1}{-r+1}(x-1)^{-r+1}+C$

**類題 138-1**　次の問いに答えよ。

(1) 恒等式 $\dfrac{1}{t^2(t+1)}=\dfrac{A}{t}+\dfrac{B}{t^2}+\dfrac{C}{t+1}$ がすべての $t$ の値について成り立つように，定数 $A$，$B$，$C$ の値を定めよ。

(2) 不定積分 $\displaystyle\int\dfrac{1}{t^2(t+1)}dt$ を求めよ。

**類題 138-2**　$f(x)=\dfrac{5x^3-x^2+3x-3}{x^3+x^2-x-1}$ とする。

(1) $f(x)$ は，定数 $a$，$b$，$c$，$d$ を用いて，$f(x)=a+\dfrac{b}{x-1}+\dfrac{c}{x+1}+\dfrac{d}{(x+1)^2}$ と表せる。定数 $a$，$b$，$c$，$d$ の値を求めよ。

(2) 不定積分 $\displaystyle\int f(x)dx$ を求めよ。

# 5 定積分

## ● 定積分の定義

**ポイント** $f(x)$ の原始関数の1つを $F(x)$ とすると
$$\int_a^b f(x)\,dx = \Big[F(x)\Big]_a^b = F(b)-F(a)$$

> 『$\int_a^b f(x)\,dx$ を求めよ。』といわれたときは，『$F(b)-F(a)$ を求めよ。』といわれていると思えばいいんです。これを忘れてしまうと，定積分を求められなくなりますよ。くれぐれも忘れないように!!

定積分については次のような性質がある。

① $\int_a^a f(x)\,dx = 0$

② $\int_a^b f(x)\,dx = -\int_b^a f(x)\,dx$

③ $\int_a^c f(x)\,dx = \int_a^b f(x)\,dx + \int_b^c f(x)\,dx$

### 基本例題 139  定積分の計算

次の定積分を求めよ。

(1) $\int_0^1 \sqrt{x}\,dx$ 　　(2) $\int_1^3 \frac{1}{x}\,dx$ 　　(3) $\int_1^2 \frac{2x^3-1}{x^2}\,dx$

**ねらい** 基本的な定積分の計算をする。

**解法ルール** 連続な関数 $f(x)$ の原始関数の1つを $F(x)$ とするとき
$$\int_a^b f(x)\,dx = \Big[F(x)\Big]_a^b = F(b)-F(a)$$

**解答例**

(1) $\int_0^1 \sqrt{x}\,dx = \left[\frac{2}{3}x^{\frac{3}{2}}\right]_0^1 = \frac{2}{3}$ …答

(2) $\int_1^3 \frac{1}{x}\,dx = \Big[\log|x|\Big]_1^3 = \log 3$ …答

(3) $\int_1^2 \frac{2x^3-1}{x^2}\,dx = \int_1^2 \left(2x - \frac{1}{x^2}\right)dx = \left[x^2 + \frac{1}{x}\right]_1^2$
$\phantom{(3)\int_1^2 \frac{2x^3-1}{x^2}\,dx}= \left(4+\frac{1}{2}\right)-(1+1) = \frac{5}{2}$ …答

● 不定積分 $\int x^r\,dx$

$r \neq -1$ のとき
$$\int x^r\,dx = \frac{1}{r+1}x^{r+1}+C$$

$r = -1$ のとき
$$\int \frac{1}{x}\,dx = \log|x|+C$$

> $\int_1^3 \frac{1}{x}\,dx$ では，$1 \leq x \leq 3$ より
> $\int_1^3 \frac{1}{x}\,dx = \Big[\log x\Big]_1^3$ とできる
> ↑ 絶対値記号がない
> けれど，$\int \frac{1}{x}\,dx = \log|x|+C$ ですべて対応してもよい。

### 類題 139  次の定積分を求めよ。

(1) $\int_1^3 \frac{x+1}{x^2}\,dx$ 　　(2) $\int_0^1 \frac{x^2}{x+1}\,dx$

(3) $\int_1^2 \frac{x+1}{\sqrt{x}}\,dx$ 　　(4) $\int_1^2 (\sqrt{x}+1)^2\,dx$

**基本例題 140**　　　　　　　　　　三角関数の定積分

次の定積分を求めよ。

(1) $\displaystyle\int_0^{\frac{\pi}{4}} \frac{dx}{\cos^2 x}$

(2) $\displaystyle\int_0^{\pi} (\sin x + \cos x)^2 \, dx$

(3) $\displaystyle\int_0^{\frac{\pi}{4}} \cos^2 x \, dx$

(4) $\displaystyle\int_{-\frac{\pi}{4}}^{\frac{\pi}{2}} |\sin x| \, dx$

**ねらい**　三角関数の基本的な定積分の求め方を理解する。

**解法ルール**　連続な関数 $f(x)$ の原始関数の 1 つを $F(x)$ とするとき

$$\int_a^b f(x)\,dx = \Big[F(x)\Big]_a^b = F(b) - F(a)$$

**解答例**

(1) $\displaystyle\int_0^{\frac{\pi}{4}} \frac{1}{\cos^2 x} dx = \Big[\tan x\Big]_0^{\frac{\pi}{4}}$

　　　　$= \tan\dfrac{\pi}{4} - \tan 0 = \mathbf{1}$　…答

(2) $\displaystyle\int_0^{\pi} (\sin x + \cos x)^2 \, dx$

　$= \displaystyle\int_0^{\pi} (\sin^2 x + 2\sin x \cos x + \cos^2 x) \, dx$

　$= \displaystyle\int_0^{\pi} (1 + \sin 2x) \, dx = \Big[x - \dfrac{1}{2}\cos 2x\Big]_0^{\pi}$

　$= \Big(\pi - \dfrac{1}{2}\cos 2\pi\Big) - \Big(0 - \dfrac{1}{2}\cos 0\Big) = \boldsymbol{\pi}$　…答

$\sin 2x = 2\sin x \cos x$
$\displaystyle\int_\alpha^\beta 2\sin x\cos x\,dx = \int_\alpha^\beta \sin 2x\,dx$

(3) $\displaystyle\int_0^{\frac{\pi}{4}} \cos^2 x \, dx = \int_0^{\frac{\pi}{4}} \dfrac{1+\cos 2x}{2} dx$

　$= \Big[\dfrac{1}{2}x + \dfrac{1}{4}\sin 2x\Big]_0^{\frac{\pi}{4}}$

　$= \dfrac{\pi}{8} + \dfrac{1}{4}\sin\dfrac{\pi}{2} = \dfrac{\boldsymbol{\pi}}{\mathbf{8}} + \dfrac{\mathbf{1}}{\mathbf{4}}$　…答

$\cos 2x = 2\cos^2 x - 1 = 1 - 2\sin^2 x$
$\displaystyle\int_\alpha^\beta \cos^2 x\,dx = \int_\alpha^\beta \dfrac{1+\cos 2x}{2}\,dx$
$\displaystyle\int_\alpha^\beta \sin^2 x\,dx = \int_\alpha^\beta \dfrac{1-\cos 2x}{2}\,dx$

(4) $\displaystyle\int_{-\frac{\pi}{4}}^{\frac{\pi}{2}} |\sin x|\, dx = \int_{-\frac{\pi}{4}}^{0} (-\sin x)\, dx + \int_0^{\frac{\pi}{2}} \sin x\, dx$

　$= \Big[\cos x\Big]_{-\frac{\pi}{4}}^{0} + \Big[-\cos x\Big]_0^{\frac{\pi}{2}}$

　$= \cos 0 - \cos\Big(-\dfrac{\pi}{4}\Big) + \Big(-\cos\dfrac{\pi}{2}\Big) - (-\cos 0)$

　$= 1 - \dfrac{\sqrt{2}}{2} + 0 + 1 = \mathbf{2} - \dfrac{\boldsymbol{\sqrt{2}}}{\mathbf{2}}$　…答

・$-\dfrac{\pi}{4} \leq x \leq 0$ のとき
　$|\sin x| = -\sin x$
・$0 \leq x \leq \dfrac{\pi}{2}$ のとき
　$|\sin x| = \sin x$

**類題 140**　次の定積分を求めよ。

(1) $\displaystyle\int_0^{\frac{\pi}{2}} \cos 3x \, dx$

(2) $\displaystyle\int_0^{\pi} \sin^2 x \, dx$

(3) $\displaystyle\int_0^{\frac{\pi}{2}} (1-\cos x)\sin x \, dx$

(4) $\displaystyle\int_0^{\pi} |\cos x| \, dx$

**基本例題 141** 指数関数の定積分・部分分数分解の利用

**ねらい** 指数関数の基本的な定積分の計算をする。部分分数に分解して定積分を計算する。

次の定積分を求めよ。

(1) $\displaystyle\int_0^1 e^{3x}dx$

(2) $\displaystyle\int_0^2 3^x dx$

(3) $\displaystyle\int_0^1 (e^t-e^{-t})^2 dt$

(4) $\displaystyle\int_1^2 \frac{dx}{x(x+1)}$

**解法ルール** $\displaystyle\int e^x dx = e^x + C$, $\displaystyle\int a^x dx = \frac{a^x}{\log a} + C$,

$\displaystyle\int \frac{1}{x}dx = \log|x| + C$

を利用する。

**解答例**

(1) $\displaystyle\int_0^1 e^{3x}dx = \left[\frac{1}{3}e^{3x}\right]_0^1$

$= \dfrac{1}{3}e^3 - \dfrac{1}{3} = \dfrac{e^3-1}{3}$ …答

$\displaystyle\int e^{ax+b}dx = \frac{1}{a}e^{ax+b}+C$

(2) $\displaystyle\int_0^2 3^x dx = \left[\frac{3^x}{\log 3}\right]_0^2 = \frac{9-1}{\log 3} = \frac{8}{\log 3}$ …答

(3) $\displaystyle\int_0^1 (e^t-e^{-t})^2 dt = \int_0^1 (e^{2t}-2+e^{-2t})dt$ 　　　$2e^t\cdot e^{-t}=2e^0=2$

$= \left[\dfrac{1}{2}e^{2t}-2t-\dfrac{1}{2}e^{-2t}\right]_0^1$

$= \dfrac{1}{2}e^2 - 2 - \dfrac{1}{2}e^{-2} - \left(\dfrac{1}{2}-0-\dfrac{1}{2}\right)$

$= \dfrac{1}{2}(e^2-e^{-2})-2$ …答

(4) $\displaystyle\int_1^2 \frac{1}{x(x+1)}dx = \int_1^2 \left(\frac{1}{x}-\frac{1}{x+1}\right)dx$

$= \left[\log|x|-\log|x+1|\right]_1^2$

$= (\log 2 - \log 3) - (\log 1 - \log 2)$

$= 2\log 2 - \log 3$

$= \log 2^2 - \log 3$

$= \log \dfrac{4}{3}$ …答

← $(\log|x|)' = \dfrac{1}{x}$

$(\log|x+1|)' = \dfrac{(x+1)'}{x+1} = \dfrac{1}{x+1}$

**類題 141** 次の定積分を求めよ。

(1) $\displaystyle\int_0^1 (e^x + e^{-x})dx$

(2) $\displaystyle\int_0^2 2^x dx$

(3) $\displaystyle\int_0^2 \frac{dx}{e^x}$

(4) $\displaystyle\int_1^2 \frac{dx}{4x^2-1}$

# 6 定積分の置換積分法

**$x=u(t)$ とおいたとき**

定積分 $\int_a^b f(x)dx = \int_a^b \dfrac{d}{dx}F(x)dx$ は

$\dfrac{dF(x)}{dt} = \dfrac{dF(x)}{dx} \cdot \dfrac{dx}{dt}$

$\int f(x)dx = \int f(x)\dfrac{dx}{dt}dt$ となるから，次の手順で積分する。

step1〜3の要領で機械的に $t$ で積分できる式におき換える！

**Step 1** 積分区間の変更
$a=u(\alpha)$，$b=u(\beta)$

| $x$ | $a$ | → | $b$ |
|---|---|---|---|
| $t$ | $\alpha$ | → | $\beta$ |

**Step 2** 積分変数の変更

$x=u(t)$ のとき $\dfrac{dx}{dt}=u'(t)$

$dx=u'(t)dt$ より，$dx$ を $u'(t)dt$ におき換える。

$\dfrac{d}{dx}F(x):x$ で微分したもの

**Step 3** $\int_a^b \underbrace{f(x)}dx = \int_\alpha^\beta \underbrace{f(x)u'(t)}dt$

$\dfrac{d}{dt}F(x):t$ で微分したもの

**$u=g(x)$ とおき換えたとき**

定積分 $\int_a^b f(x)dx = \int_a^b \dfrac{dF(x)}{du} \cdot \dfrac{du}{dx}dx$ は

**Step 1** 積分区間の変更
$\alpha=g(a)$，$\beta=g(b)$

| $x$ | $a$ | → | $b$ |
|---|---|---|---|
| $u$ | $\alpha$ | → | $\beta$ |

**Step 2** 積分変数の変更

$\dfrac{du}{dx}=g'(x)$ より $du=g'(x)dx$

$g'(x)dx$ を $du$ におき換える。

$\dfrac{dF(x)}{dx} = \dfrac{dF(x)}{du} \cdot \dfrac{du}{dx}$

$\dfrac{d}{du}F(x):u$ で微分したもの

**Step 3** $\int_a^b f(x)dx = \int_\alpha^\beta \underbrace{\dfrac{dF(x)}{du}}du$

最初に少しとまどうかもしれないけれど，ひとつひとつあせらずにやってごらん！ゆっくりと使い慣れていくことって，大事なことだよ。新しいくつだって，すぐには自分のものにはならないだろう。それと同じなんだ。自分の頭にしみこませるつもりでやってみよう。

**基本例題 142**　　　　　　　$ax+b=t$ とおく置換積分

次の定積分を求めよ。

(1) $\int_0^1 (3x-1)^3 dx$ 　　　(2) $\int_{-1}^0 \dfrac{dx}{(2x+3)^2}$

(3) $\int_{-1}^2 (x-2)(x+1)^2 dx$

> **ねらい**
> $ax+b=t$ とおき換えることで積分しやすい形になることを確かめる。

**解法ルール**　$ax+b=t\ (a\neq 0)$ とすると

| $x$ | $x_1$ | $\longrightarrow$ | $x_2$ |
|---|---|---|---|
| $t$ | $ax_1+b$ | $\longrightarrow$ | $ax_2+b$ |

$x=\dfrac{t-b}{a}$

$\dfrac{dx}{dt}=\dfrac{1}{a}$ より　$dx=\dfrac{1}{a}dt$

$$\int_{x_1}^{x_2} f(x)\,dx = \int_{ax_1+b}^{ax_2+b} f(x)\cdot\dfrac{1}{a}dt$$

**解答例**　(1) $3x-1=t$ とおくと　$x=\dfrac{t+1}{3}$

| $x$ | $0 \to 1$ |
|---|---|
| $t$ | $-1 \to 2$ |

$\dfrac{dx}{dt}=\dfrac{1}{3}$ より　$dx=\dfrac{1}{3}dt$

$\int_0^1 (3x-1)^3 dx = \int_{-1}^2 t^3 \cdot \dfrac{1}{3}dt = \left[\dfrac{t^4}{12}\right]_{-1}^2$

$=\dfrac{2^4}{12}-\dfrac{(-1)^4}{12}=\dfrac{5}{4}$ …答

(2) $2x+3=t$ とおくと　$x=\dfrac{t-3}{2}$

| $x$ | $-1 \to 0$ |
|---|---|
| $t$ | $1 \to 3$ |

$\dfrac{dx}{dt}=\dfrac{1}{2}$ より　$dx=\dfrac{1}{2}dt$

$\int_{-1}^0 \dfrac{dx}{(2x+3)^2} = \int_1^3 \dfrac{1}{t^2}\cdot\dfrac{1}{2}dt = \left[-\dfrac{1}{2}t^{-1}\right]_1^3$

$=-\dfrac{1}{6}+\dfrac{1}{2}=\dfrac{1}{3}$ …答

(3) $x+1=t$ とおくと　$x=t-1$

| $x$ | $-1 \to 2$ |
|---|---|
| $t$ | $0 \to 3$ |

$\dfrac{dx}{dt}=1$ より　$dx=dt$

$\int_{-1}^2 (x-2)(x+1)^2 dx = \int_0^3 (t-3)t^2 dt = \int_0^3 (t^3-3t^2)dt$

$=\left[\dfrac{t^4}{4}-t^3\right]_0^3 = \dfrac{81}{4}-27 = -\dfrac{27}{4}$ …答

← $\int_{-1}^2 (x-2)(x+1)^2 dx$
$=\int_{-1}^2 \{(x+1)-3\}(x+1)^2 dx$
$=\int_{-1}^2 \{(x+1)^3-3(x+1)^2\}dx$
$=\left[\dfrac{1}{4}(x+1)^4\right]_{-1}^2 - \left[(x+1)^3\right]_{-1}^2$
といった方法で計算することもできる。

**類題 142**　次の定積分を求めよ。

(1) $\int_0^1 (2-x)^3 dx$　　(2) $\int_{-1}^0 \dfrac{dx}{(3x-1)^2}$　　(3) $\int_{-1}^1 (2x-1)(x+1)^3 dx$

**基本例題 143**   $\sqrt[n]{ax+b}=t$ とおく置換積分

次の定積分を求めよ。

(1) $\displaystyle\int_0^1 x\sqrt{1-x}\,dx$    (2) $\displaystyle\int_0^1 \frac{x}{\sqrt[3]{x+1}}\,dx$

**ねらい**
$\sqrt[n]{ax+b}=t$ とおき換えることで積分しやすい形をつくる。

**解法ルール** $\sqrt[n]{ax+b}=t$ とおくとき $ax+b=t^n$ だから

| $x$ | $x_1$ | $\longrightarrow$ | $x_2$ |
|---|---|---|---|
| $t$ | $\sqrt[n]{ax_1+b}$ | $\longrightarrow$ | $\sqrt[n]{ax_2+b}$ |

$$\begin{cases} x = \dfrac{t^n - b}{a} \\ dx = \dfrac{1}{a}nt^{n-1}dt \end{cases}$$

と区間と積分変数をおき換え，定積分を求める。

**解答例**

(1) $\sqrt{1-x}=t$ とおく。

| $x$ | 0 | $\to$ | 1 |
|---|---|---|---|
| $t$ | 1 | $\to$ | 0 |

$1-x=t^2$ より $x=-t^2+1$

$\dfrac{dx}{dt}=-2t$ より $dx=-2t\,dt$

$\displaystyle\int_0^1 x\sqrt{1-x}\,dx = \int_1^0 (-t^2+1)t(-2t)\,dt$

$\displaystyle = \int_1^0 (2t^4-2t^2)\,dt = \left[\frac{2}{5}t^5-\frac{2}{3}t^3\right]_1^0$

$= 0-\left(\dfrac{2}{5}-\dfrac{2}{3}\right)=\dfrac{4}{15}$ …答

(2) $\sqrt[3]{x+1}=t$ とおく。

| $x$ | 0 | $\to$ | 1 |
|---|---|---|---|
| $t$ | 1 | $\to$ | $\sqrt[3]{2}$ |

$x+1=t^3$ より $x=t^3-1$

$\dfrac{dx}{dt}=3t^2$ より $dx=3t^2\,dt$

$\displaystyle\int_0^1 \frac{x}{\sqrt[3]{x+1}}\,dx = \int_1^{\sqrt[3]{2}} \frac{t^3-1}{t}(3t^2)\,dt$

$\displaystyle = \int_1^{\sqrt[3]{2}}(3t^4-3t)\,dt = \left[\frac{3}{5}t^5-\frac{3}{2}t^2\right]_1^{\sqrt[3]{2}}$

$= \dfrac{3}{5}(\sqrt[3]{2})^5 - \dfrac{3}{2}(\sqrt[3]{2})^2 - \left(\dfrac{3}{5}-\dfrac{3}{2}\right) = \dfrac{3(3-\sqrt[3]{4})}{10}$ …答

**（別解）** $ax+b=t$ とおく方法

(1) $1-x=t$ とおく。
$dx=(-1)dt$

$\displaystyle\int_0^1 x\sqrt{1-x}\,dx$
$\displaystyle = \int_1^0 (1-t)\sqrt{t}(-1)\,dt$
$\displaystyle = \int_1^0 (t^{\frac{3}{2}}-t^{\frac{1}{2}})\,dt$
$\displaystyle = \left[\frac{2}{5}t^{\frac{5}{2}}-\frac{2}{3}t^{\frac{3}{2}}\right]_1^0$
$= \dfrac{4}{15}$

(2) $x+1=t$ とおく。
$dx=dt$

$\displaystyle\int_0^1 \frac{x}{\sqrt[3]{x+1}}\,dx$
$\displaystyle = \int_1^2 \frac{t-1}{\sqrt[3]{t}}\,dt$
$\displaystyle = \int_1^2 (t^{\frac{2}{3}}-t^{-\frac{1}{3}})\,dt$
$\displaystyle = \left[\frac{3}{5}t^{\frac{5}{3}}-\frac{3}{2}t^{\frac{2}{3}}\right]_1^2$
$\displaystyle = \frac{3}{5}\cdot 2^{\frac{5}{3}}-\frac{3}{2}\cdot 2^{\frac{2}{3}} -\left(\frac{3}{5}-\frac{3}{2}\right)$
$= \dfrac{3(3-\sqrt[3]{4})}{10}$

**類題 143** 次の定積分を求めよ。

(1) $\displaystyle\int_1^2 x\sqrt[3]{x-1}\,dx$    (2) $\displaystyle\int_0^1 \frac{x}{\sqrt{x+1}}\,dx$

**基本例題 144**　　　　$f(g(x))\cdot g'(x)$ 型の置換積分

**ねらい**　$g(x)=t$ と置換して定積分を求める。この $g(x)$ を見つけることがポイント。

次の定積分を求めよ。

(1) $\displaystyle\int_0^{\sqrt{2}} xe^{x^2}\,dx$ 　　(2) $\displaystyle\int_0^{\frac{\pi}{2}} \sin^3 x\cos x\,dx$

(3) $\displaystyle\int_0^1 x\sqrt{x^2+1}\,dx$ 　　(4) $\displaystyle\int_e^{e^2} \frac{\log x}{x}\,dx$

**解法ルール**　$\displaystyle\int_a^b f(g(x))g'(x)\,dx = \int_\alpha^\beta f(t)\,dt$

　　$g(x)=t,\ g(a)=\alpha,\ g(b)=\beta$

**解答例**

(1) $x^2=t$ とおくと，$2x=\dfrac{dt}{dx}$ より $2x\,dx=dt$

| $x$ | $0$ | $\to$ | $\sqrt{2}$ |
|---|---|---|---|
| $t$ | $0$ | $\to$ | $2$ |

$\displaystyle\int_0^{\sqrt{2}} xe^{x^2}\,dx = \frac{1}{2}\int_0^{\sqrt{2}} e^{x^2}\cdot 2x\,dx = \frac{1}{2}\int_0^2 e^t\,dt$

　　$= \left[\dfrac{1}{2}e^t\right]_0^2 = \dfrac{e^2-1}{2}$　…答

(2) $\sin x=t$ とおくと，$\cos x=\dfrac{dt}{dx}$ より $\cos x\,dx=dt$

| $x$ | $0$ | $\to$ | $\dfrac{\pi}{2}$ |
|---|---|---|---|
| $t$ | $0$ | $\to$ | $1$ |

$\displaystyle\int_0^{\frac{\pi}{2}} \sin^3 x\cos x\,dx = \int_0^1 t^3\,dt = \left[\dfrac{t^4}{4}\right]_0^1 = \dfrac{1}{4}$　…答

(3) $x^2+1=t$ とおくと，$2x=\dfrac{dt}{dx}$ より $2x\,dx=dt$

| $x$ | $0$ | $\to$ | $1$ |
|---|---|---|---|
| $t$ | $1$ | $\to$ | $2$ |

$\displaystyle\int_0^1 x\sqrt{x^2+1}\,dx = \frac{1}{2}\int_0^1 \sqrt{x^2+1}\cdot 2x\,dx = \frac{1}{2}\int_1^2 \sqrt{t}\,dt$

　　$= \left[\dfrac{1}{3}t^{\frac{3}{2}}\right]_1^2 = \dfrac{2\sqrt{2}-1}{3}$　…答

(4) $\log x=t$ とおくと，$\dfrac{1}{x}=\dfrac{dt}{dx}$ より $\dfrac{1}{x}dx=dt$

| $x$ | $e$ | $\to$ | $e^2$ |
|---|---|---|---|
| $t$ | $1$ | $\to$ | $2$ |

$\displaystyle\int_e^{e^2} \frac{\log x}{x}\,dx = \int_e^{e^2} (\log x)\frac{1}{x}\,dx = \int_1^2 t\,dt$

　　$= \left[\dfrac{t^2}{2}\right]_1^2 = \dfrac{3}{2}$　…答

**類題 144**　次の定積分を求めよ。

(1) $\displaystyle\int_0^{\sqrt{2}} xe^{-x^2}\,dx$ 　　(2) $\displaystyle\int_0^1 x\sqrt{5x^2+4}\,dx$

(3) $\displaystyle\int_1^e \frac{(\log x)^2}{x}\,dx$ 　　(4) $\displaystyle\int_0^{\frac{\pi}{2}} \sin^3 x\,dx$

**基本例題 145**

次の定積分を求めよ。

$\int_\alpha^\beta \dfrac{f'(x)}{f(x)} dx$ 型の置換積分

(1) $\displaystyle\int_1^2 \dfrac{x}{x^2+1} dx$

(2) $\displaystyle\int_0^1 \dfrac{e^x - e^{-x}}{e^x + e^{-x}} dx$

(3) $\displaystyle\int_e^{e^2} \dfrac{dx}{x \log x}$

**ねらい**

$\int \dfrac{f'(x)}{f(x)} dx = \log|f(x)| + C$
を利用して定積分を計算する。

**解法ルール** $\displaystyle\int_\alpha^\beta \dfrac{f'(x)}{f(x)} dx = \Big[\log|f(x)|\Big]_\alpha^\beta$ を利用して，即計算する。

**解答例**

(1) $\displaystyle\int_1^2 \dfrac{x}{x^2+1} dx = \int_1^2 \dfrac{1}{2} \cdot \dfrac{(x^2+1)'}{x^2+1} dx$

$= \Big[\dfrac{1}{2} \log|x^2+1|\Big]_1^2$

$= \dfrac{1}{2}(\log 5 - \log 2)$

$= \boldsymbol{\dfrac{1}{2} \log \dfrac{5}{2}}$ …答

(2) $\displaystyle\int_0^1 \dfrac{e^x - e^{-x}}{e^x + e^{-x}} dx = \int_0^1 \dfrac{(e^x + e^{-x})'}{e^x + e^{-x}} dx$

$= \Big[\log|e^x + e^{-x}|\Big]_0^1$

$= \log\Big(e + \dfrac{1}{e}\Big) - \log 2$

$= \boldsymbol{\log \dfrac{e^2+1}{2e}}$ …答

(3) $\displaystyle\int_e^{e^2} \dfrac{dx}{x \log x} = \int_e^{e^2} \dfrac{1}{x} \cdot \dfrac{1}{\log x} dx = \int_e^{e^2} \dfrac{(\log x)'}{\log x} dx$

$= \Big[\log|\log x|\Big]_e^{e^2}$

$= \log|\log e^2| - \log|\log e|$

$= \log 2 - \log 1$

$= \boldsymbol{\log 2}$ …答

← $\displaystyle\int_\alpha^\beta \dfrac{g(x)}{f(x)} dx$ 型では，まず，$g(x) = kf'(x)$（$k$ は定数）の形になっていないかを調べる。
ここまでは小問などの誘導がなくてもできるようにしたい。

**類題 145** 次の定積分を求めよ。

(1) $\displaystyle\int_0^1 \dfrac{2x+1}{x^2+x+2} dx$

(2) $\displaystyle\int_0^{\frac{\pi}{4}} \tan x \, dx$

(3) $\displaystyle\int_1^2 \dfrac{e^x}{e^x - 1} dx$

**基本例題 146** $\int_\alpha^\beta \sqrt{a^2-x^2}\,dx$ 型の置換積分

次の定積分を求めよ。

(1) $\displaystyle\int_0^{\frac{\sqrt{2}}{2}} \sqrt{1-x^2}\,dx$  (2) $\displaystyle\int_0^{\frac{\sqrt{3}}{2}} \sqrt{3-x^2}\,dx$

(3) $\displaystyle\int_{-1}^{\sqrt{3}} \frac{1}{\sqrt{4-x^2}}\,dx$

**ねらい** $\sqrt{a^2-x^2}$ の形があれば $x=a\sin\theta$ と置換して求めることを学ぶ。

**解法ルール** $\displaystyle\int_\alpha^\beta \sqrt{a^2-x^2}\,dx,\ \int_\alpha^\beta \frac{k}{\sqrt{a^2-x^2}}\,dx$ タイプは

$x=a\sin\theta$ とおいてみるとよい。

**解答例** (1) $x=\sin\theta$ とおくと

| $x$ | $0$ | $\to$ | $\frac{\sqrt{2}}{2}$ |
|---|---|---|---|
| $\theta$ | $0$ | $\to$ | $\frac{\pi}{4}$ |

$\dfrac{dx}{d\theta}=\cos\theta$ より $dx=\cos\theta\,d\theta$

$\displaystyle\int_0^{\frac{\sqrt{2}}{2}} \sqrt{1-x^2}\,dx = \int_0^{\frac{\pi}{4}} \sqrt{1-\sin^2\theta}\cos\theta\,d\theta$

$\displaystyle = \int_0^{\frac{\pi}{4}} \sqrt{\cos^2\theta}\cos\theta\,d\theta = \int_0^{\frac{\pi}{4}} \cos^2\theta\,d\theta = \int_0^{\frac{\pi}{4}} \frac{1+\cos 2\theta}{2}\,d\theta$

$\displaystyle = \left[\frac{\theta}{2} + \frac{\sin 2\theta}{4}\right]_0^{\frac{\pi}{4}} = \boldsymbol{\dfrac{\pi}{8} + \dfrac{1}{4}}$ …**答**

← $\sqrt{\cos^2\theta}=|\cos\theta|$
積分区間が
$0\leqq\theta\leqq\dfrac{\pi}{4}$ より
$\cos\theta\geqq 0$
これより
$\sqrt{\cos^2\theta}=\cos\theta$

(2) $x=\sqrt{3}\sin\theta$ とおくと

| $x$ | $0$ | $\to$ | $\frac{\sqrt{3}}{2}$ |
|---|---|---|---|
| $\theta$ | $0$ | $\to$ | $\frac{\pi}{6}$ |

$\dfrac{dx}{d\theta}=\sqrt{3}\cos\theta$ より $dx=\sqrt{3}\cos\theta\,d\theta$

$\displaystyle\int_0^{\frac{\sqrt{3}}{2}} \sqrt{3-x^2}\,dx = \int_0^{\frac{\pi}{6}} \sqrt{3-3\sin^2\theta}\,\sqrt{3}\cos\theta\,d\theta = \int_0^{\frac{\pi}{6}} 3\cos^2\theta\,d\theta$

$\displaystyle = \int_0^{\frac{\pi}{6}} \frac{3}{2}(1+\cos 2\theta)\,d\theta = \left[\frac{3}{2}\theta + \frac{3}{4}\sin 2\theta\right]_0^{\frac{\pi}{6}} = \boldsymbol{\dfrac{\pi}{4} + \dfrac{3\sqrt{3}}{8}}$ …**答**

← $\sqrt{3(1-\sin^2\theta)}$
$=\sqrt{3\cos^2\theta}$
$=\sqrt{3}|\cos\theta|$
$\left(\begin{array}{l}0\leqq\theta\leqq\dfrac{\pi}{6}\text{ より}\\ \cos\theta\geqq 0\text{ だから}\end{array}\right)$
$=\sqrt{3}\cos\theta$

(3) $x=2\sin\theta$ とおくと

| $x$ | $-1$ | $\to$ | $\sqrt{3}$ |
|---|---|---|---|
| $\theta$ | $-\frac{\pi}{6}$ | $\to$ | $\frac{\pi}{3}$ |

$\dfrac{dx}{d\theta}=2\cos\theta$ より $dx=2\cos\theta\,d\theta$

$\displaystyle\int_{-1}^{\sqrt{3}} \frac{1}{\sqrt{4-x^2}}\,dx = \int_{-\frac{\pi}{6}}^{\frac{\pi}{3}} \frac{2\cos\theta}{\sqrt{4-4\sin^2\theta}}\,d\theta = \int_{-\frac{\pi}{6}}^{\frac{\pi}{3}} d\theta = \left[\theta\right]_{-\frac{\pi}{6}}^{\frac{\pi}{3}} = \boldsymbol{\dfrac{\pi}{2}}$ …**答**

← $\sqrt{4(1-\sin^2\theta)}$
$=\sqrt{4\cos^2\theta}$
$=2|\cos\theta|$
$\left(\begin{array}{l}-\dfrac{\pi}{6}\leqq\theta\leqq\dfrac{\pi}{3}\text{ より}\\ \cos\theta\geqq 0\text{ だから}\end{array}\right)$
$=2\cos\theta$

**類題 146** 次の定積分を求めよ。

(1) $\displaystyle\int_{-\sqrt{3}}^{1} \sqrt{4-x^2}\,dx$  (2) $\displaystyle\int_0^{\frac{1}{2}} \frac{dx}{\sqrt{1-x^2}}$  (3) $\displaystyle\int_{-\frac{1}{2}}^{\frac{\sqrt{2}}{2}} \frac{x^2}{\sqrt{1-x^2}}\,dx$

1 積分法

**基本例題 147**　$\int_\alpha^\beta \dfrac{1}{a^2+x^2}dx$ 型の置換積分

次の定積分を求めよ。

(1) $\displaystyle\int_0^{\sqrt{3}} \dfrac{dx}{1+x^2}$　　(2) $\displaystyle\int_0^2 \dfrac{dx}{x^2+4}$　　(3) $\displaystyle\int_0^1 \dfrac{x^2}{(1+x^2)^2}dx$

**ねらい**　$\int_\alpha^\beta \dfrac{1}{x^2+a^2}dx$ 型では $x=a\tan\theta$ と置換してみる。

**解法ルール**　$\displaystyle\int_\alpha^\beta \dfrac{1}{a^2+x^2}dx$ タイプは $x=a\tan\theta$ とおく。

**解答例**

(1) $x=\tan\theta$ とおくと

| $x$ | $0$ | $\to$ | $\sqrt{3}$ |
|---|---|---|---|
| $\theta$ | $0$ | $\to$ | $\dfrac{\pi}{3}$ |

$\dfrac{dx}{d\theta}=\dfrac{1}{\cos^2\theta}$ より　$dx=\dfrac{1}{\cos^2\theta}d\theta$

$\displaystyle\int_0^{\sqrt{3}}\dfrac{dx}{1+x^2}=\int_0^{\frac{\pi}{3}}\dfrac{1}{1+\tan^2\theta}\cdot\dfrac{1}{\cos^2\theta}d\theta$

$=\displaystyle\int_0^{\frac{\pi}{3}}\cos^2\theta\cdot\dfrac{1}{\cos^2\theta}d\theta=\int_0^{\frac{\pi}{3}}d\theta=\Big[\theta\Big]_0^{\frac{\pi}{3}}=\dfrac{\pi}{3}$　…[答]

← $1+\tan^2\theta=\dfrac{1}{\cos^2\theta}$

(2) $x=2\tan\theta$ とおくと

| $x$ | $0$ | $\to$ | $2$ |
|---|---|---|---|
| $\theta$ | $0$ | $\to$ | $\dfrac{\pi}{4}$ |

$\dfrac{dx}{d\theta}=\dfrac{2}{\cos^2\theta}$ より　$dx=\dfrac{2}{\cos^2\theta}d\theta$

$\displaystyle\int_0^2\dfrac{dx}{x^2+4}=\int_0^{\frac{\pi}{4}}\dfrac{1}{4\tan^2\theta+4}\cdot\dfrac{2}{\cos^2\theta}d\theta=\int_0^{\frac{\pi}{4}}\dfrac{1}{2}d\theta$

$=\Big[\dfrac{1}{2}\theta\Big]_0^{\frac{\pi}{4}}=\dfrac{\pi}{8}$　…[答]

$\displaystyle\int_0^{\frac{1}{\sqrt{3}}}\dfrac{1}{x^2+3}dx$ のときどうする？ そう，$x=\sqrt{3}\tan\theta$ とおけばいいんですよ。雑な言い方だけれど，分母に $x^2+a^2$ の形があるとき，$x=a\tan\theta$ とおいてみるといいよ。

(3) $x=\tan\theta$ とおくと

| $x$ | $0$ | $\to$ | $1$ |
|---|---|---|---|
| $\theta$ | $0$ | $\to$ | $\dfrac{\pi}{4}$ |

$\dfrac{dx}{d\theta}=\dfrac{1}{\cos^2\theta}$ より　$dx=\dfrac{1}{\cos^2\theta}d\theta$

$\displaystyle\int_0^1\dfrac{x^2}{(1+x^2)^2}dx=\int_0^{\frac{\pi}{4}}\dfrac{\tan^2\theta}{(1+\tan^2\theta)^2}\cdot\dfrac{1}{\cos^2\theta}d\theta$

$=\displaystyle\int_0^{\frac{\pi}{4}}\tan^2\theta\cdot(\cos^2\theta)^2\cdot\dfrac{1}{\cos^2\theta}d\theta=\int_0^{\frac{\pi}{4}}\sin^2\theta\,d\theta$

$=\displaystyle\int_0^{\frac{\pi}{4}}\dfrac{1-\cos 2\theta}{2}d\theta=\Big[\dfrac{\theta}{2}-\dfrac{\sin 2\theta}{4}\Big]_0^{\frac{\pi}{4}}=\dfrac{\pi}{8}-\dfrac{1}{4}$　…[答]

**類題 147**　次の定積分を求めよ。

(1) $\displaystyle\int_{-\sqrt{3}}^3 \dfrac{dx}{x^2+9}$　　(2) $\displaystyle\int_{-\frac{\sqrt{2}}{2}}^{\frac{\sqrt{2}}{2}} \dfrac{dx}{2x^2+1}$　　(3) $\displaystyle\int_0^{\sqrt{3}} \dfrac{x^2}{1+x^2}dx$

**応用例題 148** 部分分数分解を利用した定積分

次の問いに答えよ。

(1) 等式 $\dfrac{1}{t^2(t+1)} = \dfrac{a}{t} + \dfrac{b}{t^2} + \dfrac{c}{t+1}$ がすべての実数 $t$ について成り立つように定数 $a, b, c$ の値を定めよ。

(2) 定積分 $\displaystyle\int_0^1 \dfrac{dx}{e^x(1+e^x)}$ の値を求めよ。

**ねらい** 部分分数分解を利用して定積分の値を求めることができるか。

**解法ルール** **恒等式の性質の利用**。分母を通分して（分母を同じ形にして），分子の係数を比較する。

**解答例**

(1) $\dfrac{a}{t} + \dfrac{b}{t^2} + \dfrac{c}{t+1} = \dfrac{at(t+1) + b(t+1) + ct^2}{t^2(t+1)}$

分子 $= (a+c)t^2 + (a+b)t + b$

$\dfrac{1}{t^2(t+1)} = \dfrac{a}{t} + \dfrac{b}{t^2} + \dfrac{c}{t+1}$ が $t$ についての恒等式だから

$a+c=0,\ a+b=0,\ b=1$

答 $a=-1,\ b=1,\ c=1$

同じ形ではないけれど，$\dfrac{1}{e^x(1+e^x)}$ を $\dfrac{1}{t^2(t+1)}$ の形へと考えれば，$e^x=t$ とおいてみる気が起こらないかな？

(2) $\displaystyle\int_0^1 \dfrac{dx}{e^x(1+e^x)}$ について，$e^x=t$ とおくと

| $x$ | $0$ | $\to$ | $1$ |
|---|---|---|---|
| $t$ | $1$ | $\to$ | $e$ |

また，$e^x = \dfrac{dt}{dx}$ より $e^x dx = dt$

以上から $\displaystyle\int_0^1 \dfrac{dx}{e^x(1+e^x)} = \int_0^1 \dfrac{e^x dx}{(e^x)^2(1+e^x)}$

$= \displaystyle\int_1^e \dfrac{dt}{t^2(1+t)}$

(1)の結果より

$\displaystyle\int_1^e \dfrac{dt}{t^2(1+t)} = \int_1^e \left(-\dfrac{1}{t} + \dfrac{1}{t^2} + \dfrac{1}{t+1}\right) dt$

$= \left[-\log|t| - \dfrac{1}{t} + \log|t+1|\right]_1^e$

$= \left\{-1 - \dfrac{1}{e} + \log(e+1)\right\} - (-1 + \log 2)$

$= \log\dfrac{e+1}{2} - \dfrac{1}{e}$ …答

この問題のように小問(1), (2)と並んでいるとき，(2)は(1)の結果を用いることと考えていいよ。

**類題 148** 次の問いに答えよ。

(1) $\dfrac{4x-1}{2x^2+5x+2} = \dfrac{a}{x+2} + \dfrac{b}{2x+1}$ となる定数 $a, b$ の値を求めよ。

(2) 定積分 $\displaystyle\int_0^1 \dfrac{4x-1}{2x^2+5x+2} dx$ の値を求めよ。

1 積分法

# 7 定積分の部分積分法

$$\int f(x)g'(x)\,dx = f(x)g(x) - \int f'(x)g(x)\,dx$$

であるから

$$\int_a^b f(x)g'(x)\,dx = \Big[f(x)g(x)\Big]_a^b - \int_a^b f'(x)g(x)\,dx$$

で求めることができる。

**基本例題 149** 　　　　　　　　　　　定積分の部分積分法

次の定積分を求めよ。
(1) $\displaystyle\int_0^{\frac{\pi}{2}} x\cos x\,dx$ 　　(2) $\displaystyle\int_1^2 xe^x\,dx$ 　　(3) $\displaystyle\int_1^e x\log x\,dx$

**ねらい** 部分積分法を用いて定積分を求める。

**解法ルール** $\displaystyle\int_\alpha^\beta xf'(x)\,dx$ タイプは

$$\int_\alpha^\beta xf'(x)\,dx = \Big[xf(x)\Big]_\alpha^\beta - \int_\alpha^\beta f(x)\,dx$$

$\displaystyle\leftarrow \int_\alpha^\beta (x)'f(x)\,dx$

**解答例**

(1) $\displaystyle\int_0^{\frac{\pi}{2}} x\cos x\,dx = \int_0^{\frac{\pi}{2}} x(\sin x)'\,dx$

$\displaystyle= \Big[x\sin x\Big]_0^{\frac{\pi}{2}} - \int_0^{\frac{\pi}{2}} \sin x\,dx = \frac{\pi}{2} + \Big[\cos x\Big]_0^{\frac{\pi}{2}}$

$\displaystyle\leftarrow \int_0^{\frac{\pi}{2}} (x)'\sin x\,dx$

$\displaystyle= \frac{\pi}{2} - 1$ …答

(2) $\displaystyle\int_1^2 xe^x\,dx = \int_1^2 x(e^x)'\,dx$

$\displaystyle= \Big[xe^x\Big]_1^2 - \int_1^2 e^x\,dx = 2e^2 - e - \Big[e^x\Big]_1^2$

$\displaystyle\leftarrow \int_1^2 (x)'e^x\,dx$

$= e^2$ …答

(3) $\displaystyle\int_1^e x\log x\,dx = \int_1^e \left(\frac{1}{2}x^2\right)'\log x\,dx$

$\displaystyle= \left[\frac{1}{2}x^2\log x\right]_1^e - \int_1^e \frac{1}{2}x\,dx = \frac{1}{2}e^2 - \left[\frac{1}{4}x^2\right]_1^e$

$\displaystyle= \frac{1}{4}e^2 + \frac{1}{4}$ …答 　　$\displaystyle\leftarrow \int_1^e \frac{1}{2}x^2\cdot(\log x)'\,dx = \int_1^e \frac{1}{2}x^2\cdot\frac{1}{x}\,dx$

**類題 149** 次の定積分を求めよ。

(1) $\displaystyle\int_0^{\frac{\pi}{2}} x\sin x\,dx$ 　　(2) $\displaystyle\int_1^e \log x\,dx$ 　　(3) $\displaystyle\int_1^2 x^2 e^x\,dx$

**基本例題 150** 　　　　　　　　　　奇関数・偶関数の定積分

次の定積分を求めよ。

(1) $\displaystyle\int_{-1}^{1} x^3 \, dx$ 　　　　(2) $\displaystyle\int_{-2}^{2} (x^4 + x + 1) \, dx$

(3) $\displaystyle\int_{-\frac{\pi}{2}}^{\frac{\pi}{2}} (\sin x + \cos x) \, dx$ 　　(4) $\displaystyle\int_{-\frac{\pi}{3}}^{\frac{\pi}{3}} x \cos x \, dx$

(5) $\displaystyle\int_{-\pi}^{\pi} x \sin x \, dx$

**ねらい**
関数 $f(x)$ が奇関数のとき
$$\int_{-a}^{a} f(x) \, dx = 0$$
関数 $f(x)$ が偶関数のとき
$$\int_{-a}^{a} f(x) \, dx = 2\int_{0}^{a} f(x) \, dx$$
を利用して定積分の計算をする。

**解法ルール** $f(-x) = -f(x)$（奇関数）ならば
$$\int_{-a}^{a} f(x) \, dx = 0$$
$f(-x) = f(x)$（偶関数）ならば
$$\int_{-a}^{a} f(x) \, dx = 2\int_{0}^{a} f(x) \, dx$$

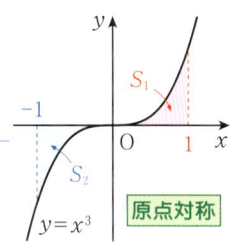

**解答例**

(1) $\displaystyle\int_{-1}^{1} x^3 \, dx = 0$ …答

(2) $\displaystyle\int_{-2}^{2} (x^4 + x + 1) \, dx = 2\int_{0}^{2} (x^4 + 1) \, dx$
$\qquad = 2\left[\dfrac{1}{5}x^5 + x\right]_{0}^{2} = \dfrac{84}{5}$ …答

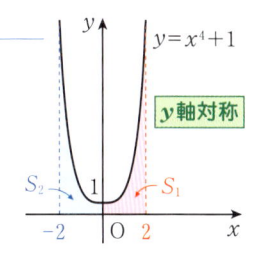

(3) $\displaystyle\int_{-\frac{\pi}{2}}^{\frac{\pi}{2}} (\sin x + \cos x) \, dx = 2\int_{0}^{\frac{\pi}{2}} \cos x \, dx$
$\qquad = 2\Big[\sin x\Big]_{0}^{\frac{\pi}{2}} = 2$ …答

(4) $\displaystyle\int_{-\frac{\pi}{3}}^{\frac{\pi}{3}} x \cos x \, dx = 0$ …答

(5) $\displaystyle\int_{-\pi}^{\pi} x \sin x \, dx = 2\int_{0}^{\pi} x \sin x \, dx$
$\qquad = 2\left\{\Big[x \cdot (-\cos x)\Big]_{0}^{\pi} - \int_{0}^{\pi} (-\cos x) \, dx\right\}$
$\qquad = 2\Big(\pi + \Big[\sin x\Big]_{0}^{\pi}\Big)$
$\qquad = 2\pi$ …答

$\int_{0}^{\pi} x'(-\cos x) \, dx$ に注意

← $f(x) = x$：奇関数
$f(x) = \sin x$：奇関数
$f(x) = \cos x$：偶関数
● 奇関数×偶関数 ＝奇関数
● 奇関数×奇関数 ＝偶関数

原点対称　$y = x^3$

$y$軸対称　$y = x^4 + 1$

**類題 150** 次の定積分を求めよ。

(1) $\displaystyle\int_{-1}^{1} (2x^3 + x^2 - x + 1) \, dx$ 　　(2) $\displaystyle\int_{-\frac{\pi}{4}}^{\frac{\pi}{4}} (\sin 2x + \cos 2x) \, dx$

(3) $\displaystyle\int_{-\frac{\pi}{6}}^{\frac{\pi}{6}} \sin x \cos x \, dx$ 　　(4) $\displaystyle\int_{-1}^{1} \dfrac{1-x}{1+x^2} \, dx$

1 積分法

# 8 定積分と微分

関数 $f(t)$ の原始関数の1つを $F(t)$ とするとき

$$\int_a^x f(t)\,dt = F(x) - F(a)$$

である。

これから，$a$ が定数のとき，$\int_a^x f(t)\,dt$ は $x$ の関数であることがわかる。

この式の両辺を $x$ で微分すると

$$\frac{d}{dx}\int_a^x f(t)\,dt = \frac{d}{dx}\{F(x) - F(a)\} = F'(x) = f(x)$$

まとめると，次のようになる。

**ポイント** ［積分と微分の関係］

$$\frac{d}{dx}\int_a^x f(t)\,dt = f(x) \quad (a \text{ は定数})$$

覚え得

$\dfrac{d}{dx}\left\{\int_a^x f(t)\,dt\right\}$ の形にとまどう人が多いようだけれど

$$\int_a^x f(t)\,dt = F(x) - F(a)$$

であることを思い出せば，

$$\left\{\int_a^x f(t)\,dt\right\}' = \{F(x) - F(a)\}'$$

だね。
ところで，$F'(x) = f(x)$，$F(a)$ は定数だから

$$\left\{\int_a^x f(t)\,dt\right\}' = F'(x) = f(x)$$

といった順に考えていくとわかると思うよ。

ポイントは，$\int_a^x f(t)\,dt$ の部分を実際に $F(x) - F(a)$ と書き換えることだね。

慣れるまでは実際に書いてもいいけれど，慣れるにつれて実際に書かなくても頭で思い浮かべることができるようになるんだ。

頭で思い浮かべるには，まず実際に書くことだよ。

**基本例題 151**  定積分で定義された関数(1)

次の関数を $x$ で微分せよ。

(1) $\displaystyle\int_0^x \sin 2t\, dt$ 　　(2) $\displaystyle\int_0^{2x} \log t\, dt$ 　　(3) $\displaystyle\int_{-x^2}^{x^2} e^t\, dt$

**ねらい** 定積分で表された関数を微分する。

**解法ルール** (1) 区間 $[a,\ x]$ のときは

$$\frac{d}{dx}\int_a^x f(t)\,dt = f(x)$$

(2) 区間 $[g(x),\ h(x)]$ のときは
$F'(t)=f(t)$ とすると

$$\int_{g(x)}^{h(x)} f(t)\,dt = \Big[F(t)\Big]_{g(x)}^{h(x)}$$
$$= F(h(x)) - F(g(x))$$

微分すると

$$\frac{d}{dx}\int_{g(x)}^{h(x)} f(t)\,dt = F'(h(x))\cdot h'(x) - F'(g(x))\cdot g'(x)$$

← $\displaystyle\int_a^x f(t)\,dt$ を $x$ で微分するということを感覚的に理解するのが難しければ，
$$\int_a^x f(t)\,dt$$
$$= F(x) - F(a)$$
のように，右辺の形に直すと考えやすい。

**解答例** (1) $\displaystyle\frac{d}{dx}\int_0^x \sin 2t\, dt = \boldsymbol{\sin 2x}$ …答

(2) $F'(t) = \log t$ とすると

$$\int_0^{2x} \log t\, dt = \Big[F(t)\Big]_0^{2x} = F(2x) - F(0)$$

$$\left(\int_0^{2x} \log t\, dt\right)' = \{F(2x) - F(0)\}'$$
$$= F'(2x)\cdot(2x)' = \boldsymbol{2\log 2x} \quad\cdots\text{答}$$

(3) $F'(t) = e^t$ とすると

$$\int_{-x^2}^{x^2} e^t\, dt = \Big[F(t)\Big]_{-x^2}^{x^2} = F(x^2) - F(-x^2)$$

$$\left(\int_{-x^2}^{x^2} e^t\, dt\right)' = \{F(x^2) - F(-x^2)\}'$$
$$= F'(x^2)\cdot(x^2)' - F'(-x^2)\cdot(-x^2)'$$
$$= e^{x^2}\cdot(2x) - e^{-x^2}\cdot(-2x)$$
$$= \boldsymbol{2x(e^{x^2} + e^{-x^2})} \quad\cdots\text{答}$$

← $y = F(2x)$ を微分する。
$u = 2x$ とおくと
　$y = F(u)$
ここで
　$y' = F'(u)\cdot u'$
　　$= F'(2x)\cdot(2x)'$

← (1)のように，$\displaystyle\int_a^x f(t)\,dt$ のときは公式を適用するが，(2)，(3)のように，区間が $[a,\ x]$ になっていない場合は，
(2)は $\Big[F(t)\Big]_0^{2x}$
(3)は $\Big[F(t)\Big]_{-x^2}^{x^2}$ を計算して，$x$ で微分する。

**類題 151** 次の関数 $f(x)$ について，あとの問いに答えよ。

$$f(x) = \int_{-x}^{x} t\cos\left(\frac{\pi}{4} - t\right) dt$$

(1) $f(x)$ の導関数 $f'(x)$ を求めよ。

(2) $0 \leq x \leq 2\pi$ における $f(x)$ の最大値と最小値を求めよ。

**応用例題 152**  定積分で定義された関数(2)

関数 $f(x)=\int_1^x (xt+t^2)e^t dt$ の導関数を求めよ。

テストに出るぞ!

**ねらい**
定積分 $\int_\triangle^\circ \square dt$ については，$t$ 以外の文字は定数と考えて扱う練習。すなわち
$\int_\triangle^\circ x\square dt = x\int_\triangle^\circ \square dt$
の利用。

**解法ルール** $\int_a^x xf(t)dt = x\int_a^x f(t)dt$ と変形できる。

$x\int_a^x f(t)dt = g(x)\cdot h(x)$ のように，2つの $x$ の関数の積になっていることに注意。

**解答例**
$f(x)=\int_1^x (xt+t^2)e^t dt$
$=\int_1^x xte^t dt + \int_1^x t^2 e^t dt$
$= x\int_1^x te^t dt + \int_1^x t^2 e^t dt$

→ 2つの関数 $g(x)=x$ と $h(x)=\int_1^x te^t dt$ の積と考える

$f'(x)=(x)'\int_1^x te^t dt + x\left(\int_1^x te^t dt\right)' + \left(\int_1^x t^2 e^t dt\right)'$
$=\int_1^x te^t dt + x\cdot(xe^x) + x^2 e^x$
$=\int_1^x te^t dt + 2x^2 e^x$

$\int_1^x te^t dt = \int_1^x t(e^t)' dt$
$= \left[te^t\right]_1^x - \int_1^x e^t dt$
$= xe^x - e - \left[e^t\right]_1^x$
$= (x-1)e^x$

答  $f'(x)=(2x^2+x-1)e^x$

**類題 152-1** 関数 $f(x)=xe^{-x^2}$ とし，$F(x)=\int_0^x xf(t)dt$ とする。このとき，$F(x)$ の $x=1$ における微分係数を求めよ。

**類題 152-2** 次の問いに答えよ。

(1) 関数 $f(x)=\int_0^x e^t \sin t\, dt$ を求めよ。

(2) 関数 $g(x)=\int_0^x e^t \sin(t-x)dt$ を微分せよ。

**応用例題 153** 　　　部分積分法の活用

2つの定積分 $I=\int_0^{\frac{\pi}{2}} e^x \sin x\, dx$, $J=\int_0^{\frac{\pi}{2}} e^x \cos x\, dx$ について，$I$, $J$ の値を求めよ．

**ねらい**
$e^x \sin x$, $e^x \cos x$ を定積分すること．

**解法ルール** 部分積分の公式

$$\int_0^{\frac{\pi}{2}} f(x)g'(x)\, dx = \Big[f(x)g(x)\Big]_0^{\frac{\pi}{2}} - \int_0^{\frac{\pi}{2}} f'(x)g(x)\, dx$$

の活用

1 $I$ は $f(x)=\sin x$, $g'(x)=e^x$ と考えて
　　　$f'(x)=\cos x$, $g(x)=e^x$
2 $J$ は $f(x)=\cos x$, $g'(x)=e^x$ と考えて
　　　$f'(x)=-\sin x$, $g(x)=e^x$

**解答例**

$I = \int_0^{\frac{\pi}{2}} e^x \sin x\, dx = \int_0^{\frac{\pi}{2}} (e^x)' \sin x\, dx$

$= \Big[e^x \sin x\Big]_0^{\frac{\pi}{2}} - \int_0^{\frac{\pi}{2}} e^x \cos x\, dx$

$= e^{\frac{\pi}{2}} - 0 - J$

よって　$I+J = e^{\frac{\pi}{2}}$　……①

また

$J = \int_0^{\frac{\pi}{2}} e^x \cos x\, dx = \int_0^{\frac{\pi}{2}} (e^x)' \cos x\, dx$

$= \Big[e^x \cos x\Big]_0^{\frac{\pi}{2}} + \int_0^{\frac{\pi}{2}} e^x \sin x\, dx$

$= 0 - e^0 + I$

よって　$I - J = 1$　……②

①，②を解いて

$$I = \frac{1}{2}(e^{\frac{\pi}{2}}+1),\quad J = \frac{1}{2}(e^{\frac{\pi}{2}}-1) \quad \cdots\text{答}$$

$\int \sin x \cdot e^x\, dx$
　　∥　　∥
　　$f(x)$　$g'(x)$
　　　　$g(x)=e^x$

$\int \cos x \cdot e^x\, dx$
　　∥　　∥
　　$f(x)$　$g'(x)$
　　　　$g(x)=e^x$

どちらを積分するか，しっかり考えよう．

**類題 153** 2つの定積分 $A=\int_0^{\frac{\pi}{2}} e^{-x}\sin x\, dx$, $B=\int_0^{\frac{\pi}{2}} e^{-x}\cos x\, dx$ について $A$, $B$ の値を求めよ．

# 9 区分求積法と定積分

まず，区間 $[0, 1]$ を $n$ 等分して，各分点から $x$ 軸に垂線を立て，図Ⅰ，Ⅱのように外側と内側から長方形を作ってみましょう。
さて，それぞれの場合の長方形の面積の和を求められるかな？

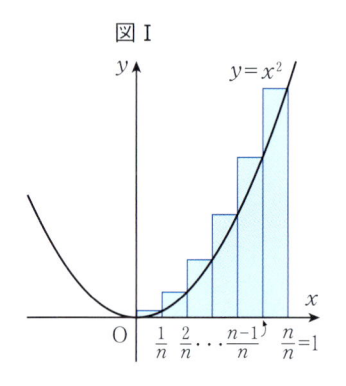

先生，長方形の面積ぐらいまかせてください。
まず図Ⅰの場合

それぞれの長方形の**底辺の長さはすべて** $\dfrac{1}{n}$

**高さは**というと，左から順に，

$$\left(\dfrac{1}{n}\right)^2, \left(\dfrac{2}{n}\right)^2, \left(\dfrac{3}{n}\right)^2, \cdots, \left(\dfrac{n}{n}\right)^2$$

この場合，**$n$ 個の長方形の面積の和**だから

$$\dfrac{1}{n}\left(\dfrac{1}{n}\right)^2 + \dfrac{1}{n}\left(\dfrac{2}{n}\right)^2 + \cdots + \dfrac{1}{n}\left(\dfrac{n}{n}\right)^2$$

$$= \dfrac{1}{n}\left\{\left(\dfrac{1}{n}\right)^2 + \left(\dfrac{2}{n}\right)^2 + \cdots + \left(\dfrac{n}{n}\right)^2\right\} となります。$$

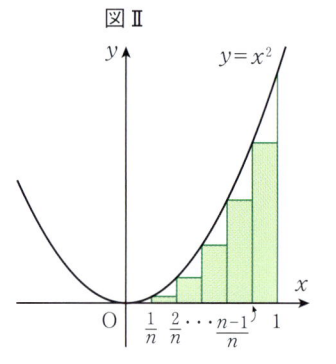

なかなか快調ね。では，図Ⅱの場合はどうかな？

図Ⅱの場合はというと

**底辺の長さはすべて $\dfrac{1}{n}$** で図Ⅰの場合と同じ。

**高さは**というと，左から順に

$$\left(\dfrac{1}{n}\right)^2, \left(\dfrac{2}{n}\right)^2, \cdots, \left(\dfrac{n-1}{n}\right)^2$$

この場合 **$n-1$ 個の長方形の面積の和**だから

$$\dfrac{1}{n}\left(\dfrac{1}{n}\right)^2 + \dfrac{1}{n}\left(\dfrac{2}{n}\right)^2 + \cdots + \dfrac{1}{n}\left(\dfrac{n-1}{n}\right)^2$$

$$= \dfrac{1}{n}\left\{\left(\dfrac{1}{n}\right)^2 + \left(\dfrac{2}{n}\right)^2 + \cdots + \left(\dfrac{n-1}{n}\right)^2\right\} となります。$$

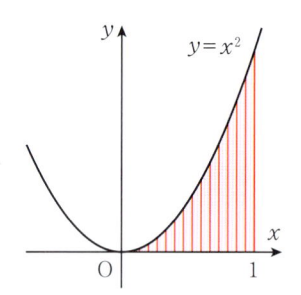

では，$\displaystyle\lim_{n\to\infty} \dfrac{1}{n}\left\{\left(\dfrac{1}{n}\right)^2 + \left(\dfrac{2}{n}\right)^2 + \cdots + \left(\dfrac{n}{n}\right)^2\right\}$ はどの部分の面積を表すかな？

$n \to \infty$ となると $\dfrac{1}{n} \to 0$ となるわけで，すると線のような長方形の集まりの面積の和…。
あっ，**つまり放物線 $y = x^2$ と $x$ 軸と直線 $x = 1$ とで囲まれた部分の面積です。**

そうね。すると，$\displaystyle\lim_{n\to\infty}\frac{1}{n}\left\{\left(\frac{1}{n}\right)^2+\left(\frac{2}{n}\right)^2+\cdots+\left(\frac{n}{n}\right)^2\right\}=\int_0^1 x^2\,dx$ で表されることは大丈夫かな？

はい。

では，$\displaystyle\lim_{n\to\infty}\frac{1}{n}\left\{\left(\frac{1}{n}\right)^2+\left(\frac{2}{n}\right)^2+\cdots+\left(\frac{n-1}{n}\right)^2\right\}$ はどの部分の面積を表すかな？

これも**放物線 $y=x^2$ と $x$ 軸と直線 $x=1$** とで囲まれた部分の面積です。ということは
$$\lim_{n\to\infty}\frac{1}{n}\left\{\left(\frac{1}{n}\right)^2+\left(\frac{2}{n}\right)^2+\cdots+\left(\frac{n-1}{n}\right)^2\right\}=\int_0^1 x^2\,dx$$
ここで，$\displaystyle\int_0^1 x^2\,dx=\left[\frac{x^3}{3}\right]_0^1=\frac{1}{3}$ だから
$$\lim_{n\to\infty}\frac{1}{n}\left\{\left(\frac{1}{n}\right)^2+\left(\frac{2}{n}\right)^2+\cdots+\left(\frac{n-1}{n}\right)^2\right\}=\frac{1}{3}$$ となります。

さえているね。では，まとめにはいりましょう。
$$\lim_{n\to\infty}\frac{1}{n}\left\{f\left(\frac{1}{n}\right)+f\left(\frac{2}{n}\right)+\cdots+f\left(\frac{n}{n}\right)\right\}$$
または
$$\lim_{n\to\infty}\frac{1}{n}\left\{f(0)+f\left(\frac{1}{n}\right)+f\left(\frac{2}{n}\right)+\cdots+f\left(\frac{n-1}{n}\right)\right\}$$
の極限は，それぞれがどの部分の面積を表すかに着目して，その部分の面積を定積分を用いて求めることで，求めることができるんです。

$$\lim_{n\to\infty}\frac{1}{n}\left\{f\left(\frac{1}{n}\right)+f\left(\frac{2}{n}\right)+\cdots+f\left(\frac{n}{n}\right)\right\}=\int_0^1 f(x)\,dx$$

$$\lim_{n\to\infty}\frac{1}{n}\left\{f(0)+f\left(\frac{1}{n}\right)+f\left(\frac{2}{n}\right)+\cdots+f\left(\frac{n-1}{n}\right)\right\}=\int_0^1 f(x)\,dx$$

**応用例題 154** 　　　　　　　　　定積分と級数

$S_n = \dfrac{1}{n+1} + \dfrac{1}{n+2} + \dfrac{1}{n+3} + \cdots + \dfrac{1}{2n}$ について,

(1) $S_n = \dfrac{1}{n}\left(\dfrac{1}{1+\dfrac{1}{n}} + \dfrac{1}{1+\dfrac{2}{n}} + \cdots + \dfrac{1}{1+\dfrac{n}{n}}\right)$ と変形する。$S_n$ は曲線 $y = \dfrac{1}{1+x}$ に対し,どんな部分の面積を表すか図示せよ。

(2) $\lim\limits_{n\to\infty} S_n$ が曲線 $y = \dfrac{1}{1+x}$ のどの部分の面積を表すかに着目し,定積分を用いて $\lim\limits_{n\to\infty} S_n$ を求めよ。

**ねらい** $\lim\limits_{n\to\infty} S_n$ が,どの部分の面積を表すかを考えて,その部分の面積を定積分で求める。

**解法ルール** $\lim\limits_{n\to\infty}\sum\limits_{k=1}^{n}\dfrac{1}{n}f\left(\dfrac{k}{n}\right) = \int_0^1 f(x)\,dx$ の利用。

← 与えられた級数を
$\dfrac{1}{n}\left\{f\left(\dfrac{1}{n}\right) + f\left(\dfrac{2}{n}\right) + f\left(\dfrac{3}{n}\right) + \cdots + f\left(\dfrac{n}{n}\right)\right\}$
の形に変形すること。とりあえず $\dfrac{1}{n} \times (\ \ )$ の形にしよう。

**解答例** (1) $S_n = \dfrac{1}{n} \cdot \dfrac{1}{1+\dfrac{1}{n}}$ 

　$1$ を $n$ 等分したもの(横) 　　$x = \dfrac{1}{n}$ のときの $y$ の値(縦)
　長方形の面積

$+ \dfrac{1}{n} \cdot \dfrac{1}{1+\dfrac{2}{n}} + \cdots + \dfrac{1}{n} \cdot \dfrac{1}{1+\dfrac{n}{n}}$

$n$ 個の長方形の面積の和

**答** 右の図の色の部分

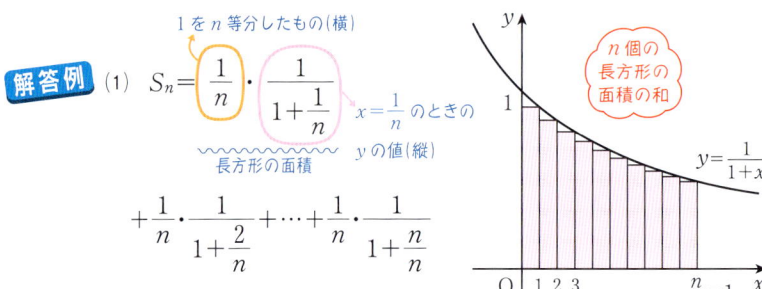

(2) (1)で求めた通り,$S_n$ は閉区間 $[0, 1]$ を $n$ 等分した長さ $\dfrac{1}{n}$ の区間を横,$\dfrac{1}{1+\dfrac{k}{n}}$ $(k = 1, 2, \cdots, n)$ を縦とする $n$ 個の長方形の面積の和を表す。

ここで $n$ を限りなく大きくすると長方形は"線"のように細くなり $x$ 軸, $y$ 軸, $y = \dfrac{1}{1+x}$, $x = 1$ で囲まれる面積に等しくなることがわかる。

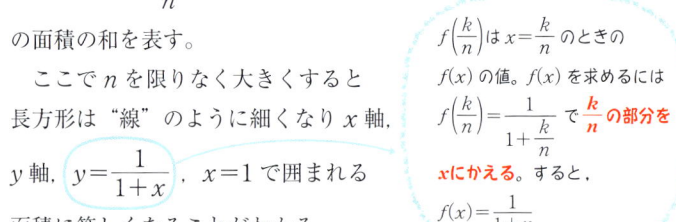

$f\left(\dfrac{k}{n}\right)$ は $x = \dfrac{k}{n}$ のときの $f(x)$ の値。$f(x)$ を求めるには $f\left(\dfrac{k}{n}\right) = \dfrac{1}{1+\dfrac{k}{n}}$ で $\dfrac{k}{n}$ の部分を $x$ にかえる。すると,$f(x) = \dfrac{1}{1+x}$

よって $\lim\limits_{n\to\infty} S_n = \int_0^1 \dfrac{1}{1+x}\,dx = \Big[\log|1+x|\Big]_0^1 = \boldsymbol{\log 2}$ …**答**

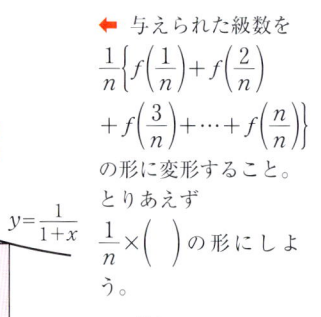

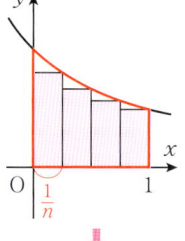

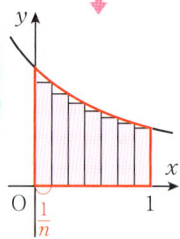

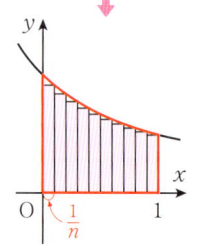

**類題 154** 定積分を利用して,次の極限値を求めよ。

(1) $\lim\limits_{n\to\infty} \dfrac{1}{n^2}\{\sqrt{n^2-1} + \sqrt{n^2-4} + \sqrt{n^2-9} + \cdots + \sqrt{n^2-(n-1)^2}\}$

(2) $\lim\limits_{n\to\infty} \sum\limits_{k=1}^{n} \dfrac{n}{4n^2-k^2}$

(3) $\lim\limits_{n\to\infty} \dfrac{1}{n}\sum\limits_{k=1}^{n} \dfrac{k}{\sqrt{3n^2+k^2}}$

**応用例題 155**　定積分と不等式(1)

**ねらい**　曲線と $x$ 軸とで囲まれた部分の面積と，$n$ 個の長方形の面積の和の大小を利用して，不等式を示す。

関数 $y=\dfrac{1}{x}$ のグラフを利用して，次の問いに答えよ。

(1) 定積分 $\displaystyle\int_1^{n+1}\dfrac{1}{x}dx$ を求めよ。

(2) $1+\dfrac{1}{2}+\dfrac{1}{3}+\cdots+\dfrac{1}{n}$ ……①，$\log(n+1)$ ……② が，それぞれ曲線 $y=\dfrac{1}{x}$ に対しどのような部分の面積を表すかに着目し，不等式 $\log(n+1)<1+\dfrac{1}{2}+\dfrac{1}{3}+\cdots+\dfrac{1}{n}$ が成り立つことを示せ。

(3) $\displaystyle\sum_{k=1}^{\infty}\dfrac{1}{k}$ が発散することを示せ。

**解法ルール**　曲線 $y=\dfrac{1}{x}$ について，$1+\dfrac{1}{2}+\cdots+\dfrac{1}{n}$ が $n$ 個の長方形の面積の和を表していることに着目し，面積の大小を比較。

**解答例**

(1) $\displaystyle\int_1^{n+1}\dfrac{1}{x}dx=\Big[\log x\Big]_1^{n+1}=\log(n+1)$ …答

(2) $\dfrac{1}{k}=1\times\dfrac{1}{k}$ は，曲線 $y=\dfrac{1}{x}$ に対し図Ⅰのような面積を表す。したがって，①は図Ⅱのような $n$ 個の長方形の面積の和（色の部分）を表す。

一方，(1)より　$\log(n+1)=\displaystyle\int_1^{n+1}\dfrac{1}{x}dx$

これは，曲線 $y=\dfrac{1}{x}$，$x$ 軸，$x=1$，$x=n+1$ によって，囲まれる面積（図Ⅱの斜線部分）を表すので
$\log(n+1)<1+\dfrac{1}{2}+\dfrac{1}{3}+\cdots+\dfrac{1}{n}$ 　終

(3) (2)より　$\log(n+1)<1+\dfrac{1}{2}+\dfrac{1}{3}+\cdots+\dfrac{1}{n}=\displaystyle\sum_{k=1}^{n}\dfrac{1}{k}$

よって　$\displaystyle\lim_{n\to\infty}\log(n+1)\leqq\lim_{n\to\infty}\sum_{k=1}^{n}\dfrac{1}{k}=\sum_{k=1}^{\infty}\dfrac{1}{k}$

$\displaystyle\lim_{n\to\infty}\log(n+1)=\infty$ より　$\displaystyle\sum_{k=1}^{\infty}\dfrac{1}{k}=\infty$　つまり，**発散する**。　終

図Ⅰ

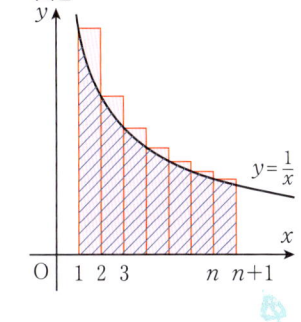

図Ⅱ

$1+\dfrac{1}{2}+\dfrac{1}{3}+\cdots+\dfrac{1}{n}$ は $n$ 個の長方形が集まった階段状の部分の面積を表すことに気づくのがポイント！

**類題 155**

(1) $n$ を自然数とする。$\displaystyle\int_1^n\log x\,dx$ を求めよ。

(2) $\log 1+\log 2+\cdots+\log n$ と $\displaystyle\int_1^n\log x\,dx$ の大小を比較せよ。

(3) 不等式 $\dfrac{\log 1+\log 2+\cdots+\log n}{n}-\log n+1>0$ が成り立つことを示せ。

**応用例題 156** 定積分と不等式(2)

次の問いに答えよ。

(1) 定積分 $\int_0^1 \dfrac{1}{1+x^2} dx$ の値を求めよ。

(2) $0 \leqq x \leqq 1$ において $1 \leqq 1+x^4 \leqq 1+x^2$ が成り立つことを利用し，不等式 $\dfrac{\pi}{4} < \int_0^1 \dfrac{1}{1+x^4} dx < 1$ が成り立つことを示せ。

**ねらい** 区間 $[a, b]$ で $f(x) \geqq g(x)$ ならば $\int_a^b f(x)dx \geqq \int_a^b g(x)dx$ であることを理解する。

**解法ルール** $[a, b]$ で，$f(x) \geqq 0$ ならば $\int_a^b f(x)dx \geqq 0$

$[a, b]$ で，$f(x) \geqq g(x)$ ならば $\int_a^b f(x)dx \geqq \int_a^b g(x)dx$

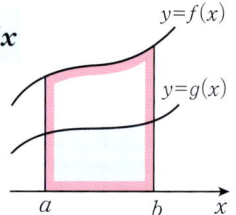

**解答例** (1) $x = \tan\theta$ とおくと

| $x$ | $0$ | $\to$ | $1$ |
|---|---|---|---|
| $\theta$ | $0$ | $\to$ | $\dfrac{\pi}{4}$ |

$\dfrac{dx}{d\theta} = \dfrac{1}{\cos^2\theta}$ より $dx = \dfrac{1}{\cos^2\theta}d\theta$

$\int_0^1 \dfrac{1}{1+x^2} dx = \int_0^{\frac{\pi}{4}} \dfrac{1}{1+\tan^2\theta} \cdot \dfrac{1}{\cos^2\theta} d\theta = \int_0^{\frac{\pi}{4}} d\theta = \dfrac{\pi}{4}$ …答

(2) $0 \leqq x \leqq 1$ において $1 \leqq 1+x^4 \leqq 1+x^2$ が成立することから，

$0 \leqq x \leqq 1$ において $\dfrac{1}{1+x^2} \leqq \dfrac{1}{1+x^4} \leqq 1$ が成立する。

このとき $\int_0^1 \dfrac{1}{1+x^2} dx < \int_0^1 \dfrac{1}{1+x^4} dx < \int_0^1 dx$

(1)より $\int_0^1 \dfrac{1}{1+x^2} dx = \dfrac{\pi}{4}$ また $\int_0^1 dx = 1$

以上より $\dfrac{\pi}{4} < \int_0^1 \dfrac{1}{1+x^4} dx < 1$ 終

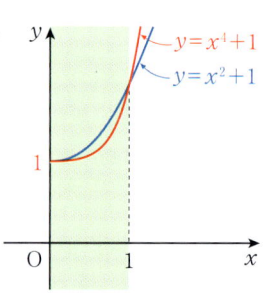

関数 $f(x)$ の不定積分を，$F(x) = \int f(x) dx$ と書くが，**$F(x)$ を具体的に求めることのできる関数は意外に少ない**。上の例題も求められない関数の1つである。$F'(x) = f(x)$ となる関数 $F(x)$ が『存在する』が，『どんな形』かわからない。そこで，上のように不定積分 $\int f(x)dx$ が具体的に求められるものでは**はさみうち**をして**積分の近似値を調べる**。

**類題 156** 次の問いに答えよ。

(1) $0 \leqq x \leqq 1$ のとき $0 \leqq x^2 \leqq x$ であることを用いて，

不等式 $2\left(1 - \dfrac{1}{\sqrt{e}}\right) < \int_0^1 e^{-\frac{x^2}{2}} dx < 1$ を示せ。

(2) $0 \leqq x \leqq 1$ のとき $1 - x^2 \leqq 1 - x^4 \leqq 1$ であることを用いて，

不等式 $\dfrac{\pi}{4} < \int_0^1 \sqrt{1-x^4} dx < 1$ を示せ。

5章 積分法とその応用

**発展例題 157** 　　　　　漸化式と定積分

**ねらい** 漸化式を利用して定積分の値を求める。

$I_n = \int_0^{\frac{\pi}{2}} \sin^n x \, dx$ とするとき，次の問いに答えよ。

(1) $I_0$, $I_1$, $I_2$ を求めよ。

(2) 漸化式 $I_n = \dfrac{n-1}{n} I_{n-2}$ ($n \geqq 2$) が成り立つことを示せ。

(3) (2)の結果を利用して，定積分 $\int_0^{\frac{\pi}{2}} \sin^4 x \, dx$ を求めよ。

**解法ルール** 　$\displaystyle\int_0^{\frac{\pi}{2}} \sin^n x \, dx = \int_0^{\frac{\pi}{2}} \sin^{n-1} x \cdot \sin x \, dx = \int_0^{\frac{\pi}{2}} \sin^{n-1} x (-\cos x)' \, dx$

と考えていくとよい。

**解答例**

(1) $I_0 = \displaystyle\int_0^{\frac{\pi}{2}} \sin^0 x \, dx = \int_0^{\frac{\pi}{2}} dx = \Big[x\Big]_0^{\frac{\pi}{2}} = \dfrac{\pi}{2}$ …答

$I_1 = \displaystyle\int_0^{\frac{\pi}{2}} \sin x \, dx = \Big[-\cos x\Big]_0^{\frac{\pi}{2}} = 1$ …答

$I_2 = \displaystyle\int_0^{\frac{\pi}{2}} \sin^2 x \, dx = \int_0^{\frac{\pi}{2}} \dfrac{1 - \cos 2x}{2} \, dx$

　$= \left[\dfrac{x}{2} - \dfrac{1}{4} \sin 2x \right]_0^{\frac{\pi}{2}} = \dfrac{\pi}{4}$ …答

(2) $I_n = \displaystyle\int_0^{\frac{\pi}{2}} \sin^n x \, dx = \int_0^{\frac{\pi}{2}} \sin^{n-1} x \cdot (-\cos x)' \, dx$

$= \Big[\sin^{n-1} x \cdot (-\cos x)\Big]_0^{\frac{\pi}{2}}$

　　$- \displaystyle\int_0^{\frac{\pi}{2}} (n-1) \sin^{n-2} x \cdot (\sin x)'(-\cos x) \, dx$

$= (n-1) \displaystyle\int_0^{\frac{\pi}{2}} \sin^{n-2} x \cos^2 x \, dx$

$= (n-1) \displaystyle\int_0^{\frac{\pi}{2}} \sin^{n-2} x (1 - \sin^2 x) \, dx$

$= (n-1) \left( \displaystyle\int_0^{\frac{\pi}{2}} \sin^{n-2} x \, dx - \int_0^{\frac{\pi}{2}} \sin^n x \, dx \right)$

$= (n-1)(I_{n-2} - I_n)$

よって　$nI_n = (n-1) I_{n-2}$　ゆえに　$I_n = \dfrac{n-1}{n} I_{n-2}$ 　終

(3) $\displaystyle\int_0^{\frac{\pi}{2}} \sin^4 x \, dx = I_4 = \dfrac{3}{4} I_2 = \dfrac{3}{4} \cdot \dfrac{\pi}{4} = \dfrac{3}{16} \pi$ …答

← 定積分 $\displaystyle\int_0^{\frac{\pi}{2}} \cos^n x \, dx$ ($n \geqq 2$) も同じやり方で求められる。

$I_n = \displaystyle\int_0^{\frac{\pi}{2}} \cos^n x \, dx$ とおく。

$I_n = \displaystyle\int_0^{\frac{\pi}{2}} \cos^n x \, dx$

$= \displaystyle\int_0^{\frac{\pi}{2}} \cos^{n-1} x \cdot \cos x \, dx$

$= \displaystyle\int_0^{\frac{\pi}{2}} \cos^{n-1} x \cdot (\sin x)' \, dx$

$= \Big[\cos^{n-1} x \cdot \sin x \Big]_0^{\frac{\pi}{2}}$

　$- \displaystyle\int_0^{\frac{\pi}{2}} (n-1) \cos^{n-2} x$

　$\times (\cos x)' \sin x \, dx$

$= \displaystyle\int_0^{\frac{\pi}{2}} (n-1) \cos^{n-2} x \sin^2 x \, dx$

$= \displaystyle\int_0^{\frac{\pi}{2}} (n-1) \cos^{n-2} x$

　$\times (1 - \cos^2 x) \, dx$

$= \displaystyle\int_0^{\frac{\pi}{2}} (n-1) \cos^{n-2} x \, dx$

　$- \displaystyle\int_0^{\frac{\pi}{2}} (n-1) \cos^n x \, dx$

$= (n-1) I_{n-2} - (n-1) I_n$

よって　$I_n = \dfrac{n-1}{n} I_{n-2}$

**類題 157** 　定積分 $I_n$, $J_n$ ($n = 0, 1, 2, \cdots$) を $I_n = \displaystyle\int_0^{\pi} x^n \cos x \, dx$, $J_n = \displaystyle\int_0^{\pi} x^n \sin x \, dx$ とする。

(1) $n \geqq 1$ のとき $I_n$ を $J_{n-1}$ で表せ。　　(2) $n \geqq 1$ のとき $J_n$ を $I_{n-1}$ で表せ。

(3) (1), (2)の結果を利用して，$\displaystyle\int_{-\pi}^{\pi} x^4 \cos x \, dx$ の値を求めよ。

**1 積分法**

# 2節 積分法の応用

## 10 面積と定積分

$a \leqq x \leqq b$ で $f(x) \geqq 0$ のとき
曲線 $y=f(x)$ と $x$ 軸および 2 直線 $x=a$, $x=b$ とで囲まれた部分の面積 $S$ は

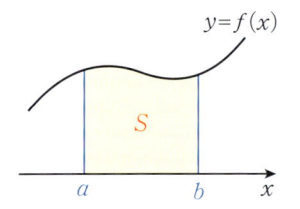

**ポイント** ［曲線と $x$ 軸間の面積①］ 覚え得
$$S=\int_a^b f(x)\,dx$$

$a \leqq x \leqq b$ で $f(x) \geqq g(x)$ のとき
2 つの曲線 $y=f(x)$, $y=g(x)$ と 2 直線 $x=a$, $x=b$ とで囲まれた部分の面積 $S$ は

**ポイント** ［2 曲線間の面積］ 覚え得
$$S=\int_a^b \{f(x)-g(x)\}\,dx$$
　　　　　　上　　　下

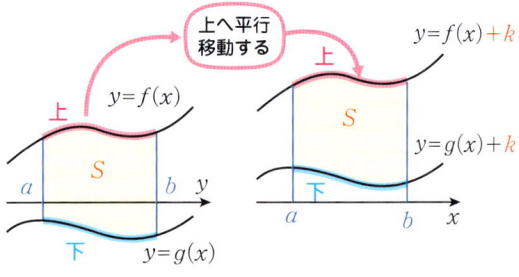

$$S=\int_a^b [\{f(x)+k\}-\{g(x)+k\}]\,dx=\int_a^b \{f(x)-g(x)\}\,dx$$

$a \leqq x \leqq b$ で $f(x) \leqq 0$ のとき
曲線 $y=f(x)$ と $x$ 軸および 2 直線 $x=a$, $x=b$ とで囲まれた部分の面積 $S$ は

**ポイント** ［曲線と $x$ 軸間の面積②］ 覚え得
$$S=-\int_a^b f(x)\,dx$$

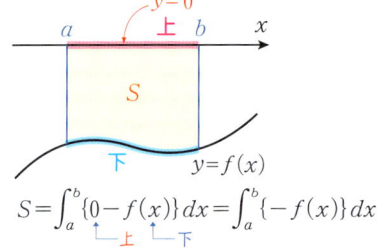

$$S=\int_a^b \{0-f(x)\}\,dx=\int_a^b \{-f(x)\}\,dx$$
　　　　上　　下

定積分 $\int_a^b f(x)\,dx$ を用いて面積を求める際の重要な check は「区間 $[a,\ b]$ で $f(x) \geqq 0$ である」ことの確認なんだ。
実際には関数 $y=f(x)$ のグラフを簡単にかいて
**グラフが区間 $[a,\ b]$ で $x$ 軸より上か下か**を見ればいいよ。

> グラフが $x$ 軸より上にあるか下にあるかわかる程度でOK！

**基本例題 158** 　　　　　　　面積と定積分

次の曲線や直線で囲まれた図形の面積を求めよ。

(1) $y=\sqrt{x}$, $y=x^2$ 　　　(2) $y=x$, $y=\dfrac{1}{x}$, $x=2$

(3) $y=\log x$, $x=e$, $x$軸　(4) $y=\sin 2x$, $y=\sin x$ ($0\leqq x\leqq \pi$)

**ねらい** 定積分を用いていろいろな部分の面積を求めてみる。

**解法ルール** 区間 $[a, b]$ で 2 つの曲線 $y=f(x)$, $y=g(x)$ で囲まれた部分の面積 $S$ は, $f(x)\geqq g(x)$ のとき

$$S=\int_a^b \{f(x)-g(x)\}\,dx$$

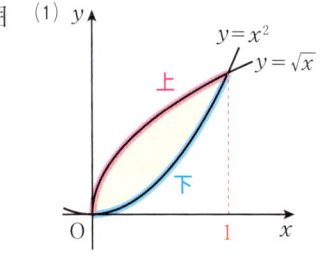

**解答例**

(1) $y=\sqrt{x}$, $y=x^2$ の共有点の $x$ 座標は,
$\sqrt{x}=x^2$ より $x=x^4$
$x^4-x=x(x^3-1)=x(x-1)(x^2+x+1)=0$
よって $x=0, 1$
求める面積は
$$\int_0^1 (\sqrt{x}-x^2)\,dx=\left[\dfrac{2}{3}x^{\frac{3}{2}}-\dfrac{x^3}{3}\right]_0^1=\dfrac{1}{3} \cdots \text{答}$$

(2) $x=\dfrac{1}{x}$ すなわち, $x^2=1$ より $x=\pm 1$
求める面積は
$$\int_1^2 \left(x-\dfrac{1}{x}\right)dx=\left[\dfrac{x^2}{2}-\log|x|\right]_1^2=\dfrac{3}{2}-\log 2 \cdots \text{答}$$

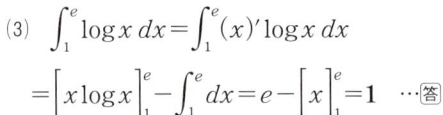

(3) $\displaystyle\int_1^e \log x\,dx=\int_1^e (x)'\log x\,dx$
$=\left[x\log x\right]_1^e-\int_1^e dx=e-\left[x\right]_1^e=1 \cdots \text{答}$

(4) $\sin 2x=\sin x$ より $2\sin x\cos x=\sin x$
$\sin x(2\cos x-1)=0$
これより $\sin x=0$ または $\cos x=\dfrac{1}{2}$
$0\leqq x\leqq \pi$ であることから $x=0, \pi, \dfrac{\pi}{3}$
以上より
$$\int_0^{\frac{\pi}{3}}(\sin 2x-\sin x)\,dx+\int_{\frac{\pi}{3}}^{\pi}(\sin x-\sin 2x)\,dx$$
$$=\left[-\dfrac{1}{2}\cos 2x+\cos x\right]_0^{\frac{\pi}{3}}+\left[-\cos x+\dfrac{1}{2}\cos 2x\right]_{\frac{\pi}{3}}^{\pi}$$
$$=\left(\dfrac{1}{4}+\dfrac{1}{2}+\dfrac{1}{2}-1\right)+\left(1+\dfrac{1}{2}+\dfrac{1}{2}+\dfrac{1}{4}\right)=\dfrac{5}{2} \cdots \text{答}$$

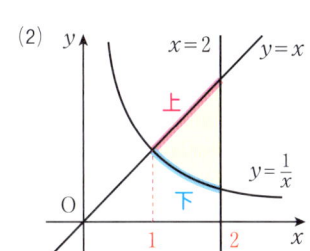

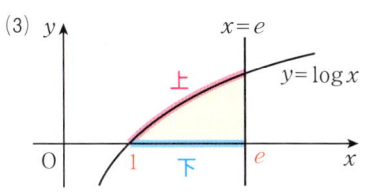

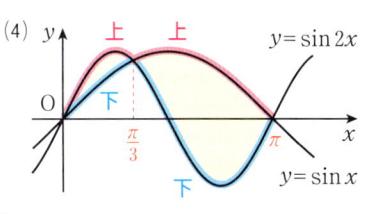

**類題 158** $xy$ 平面において, $a>1$ に対し曲線 $y=(a-x)\log x$ と $x$ 軸によって囲まれた図形の面積 $S(a)$ を求めよ。

**基本例題 159**　曲線とその接線で囲まれた部分の面積

**ねらい**：接線と曲線とで囲まれた部分の面積を求める。

曲線 $C: y = x^3$ の接線 $l$ が点 $(0, 2)$ を通るとする。
(1) 曲線 $C$ 上の点 $(t, t^3)$ における接線の方程式を求めよ。
(2) 接線 $l$ の方程式を求めよ。
(3) 曲線 $C$ と接線 $l$ とで囲まれた図形の面積を求めよ。

**解法ルール**
- 曲線 $y = f(x)$ 上の点 $(t, f(t))$ における**接線の方程式**は
$$y - f(t) = f'(t)(x - t)$$
- 区間 $[a, b]$ で 2 つの曲線 $y = f(x)$, $y = g(x)$ で囲まれた部分の面積 $S$ は
$f(x) \geqq g(x)$ のとき　$S = \int_a^b \{f(x) - g(x)\} dx$

**解答例**
(1) $y' = 3x^2$ より，点 $(t, t^3)$ における接線の方程式は
$y - t^3 = 3t^2(x - t)$　よって　$\boldsymbol{y = 3t^2 x - 2t^3}$ …答

(2) 点 $(t, t^3)$ における接線が点 $(0, 2)$ を通るとき
$2 = -2t^3$
すなわち　$t^3 + 1 = 0$
$(t + 1)(t^2 - t + 1) = 0$
したがって　$t = -1$
これを(1)で求めた式に代入すればよい。
答　$\boldsymbol{y = 3x + 2}$

(3) 接線 $l$ と曲線 $C$ の共有点の $x$ 座標を求める。
$x^3 = 3x + 2$ より　$x^3 - 3x - 2 = 0$
$(x + 1)^2 (x - 2) = 0$　よって　$x = -1, 2$
したがって，曲線 $C$ と接線 $l$ とで囲まれる図形の面積は
$$\int_{-1}^{2} \{(3x + 2) - x^3\} dx = \left[\frac{3}{2}x^2 + 2x - \frac{1}{4}x^4\right]_{-1}^{2}$$
$$= (6 + 4 - 4) - \left(\frac{3}{2} - 2 - \frac{1}{4}\right)$$
$$= \frac{27}{4} \text{ …答}$$

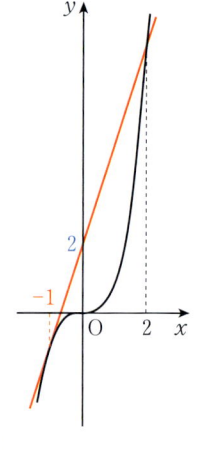

← 直線 $y = 3x + 2$ は曲線 $y = x^3$ の点 $(-1, -1)$ における接線だから，方程式 $x^3 = 3x + 2$ が $x = -1$ を重解としてもつことは明らか。
よって，$x^3 - 3x - 2 = (x + 1)^2 (x + \square)$
まではすぐにわかる。$\square$ の部分は，両辺の定数項を比較すると，$-2 = 1 \cdot \square$ となるから
$x^3 - 3x - 2 = (x + 1)^2 (x - 2)$
と因数分解できる。

**類題 159**　曲線 $y = e^{2x}$ について，次の問いに答えよ。
(1) 原点 O よりこの曲線に引いた接線の方程式を求めよ。
(2) この曲線と $y$ 軸および(1)で引いた接線によって囲まれる図形の面積を求めよ。

**応用例題 160** 　部分積分法と面積

関数 $y = \log x - 1$ の表す曲線を $C$ とする。
(1) 原点から曲線 $C$ に接線 $l$ を引く。$l$ の方程式を求めよ。
(2) 曲線 $C$ と接線 $l$ および $x$ 軸で囲まれた部分の面積を求めよ。

**ねらい**　部分積分法を用いて面積を求める。

**解法ルール**　接点の座標を $(t, \log t - 1)$ とおき，条件を満たす $t$ の値を求めればよい。

**解答例** (1) 接点の座標を $(t, \log t - 1)$ とする。

$y' = \dfrac{1}{x}$ より，この点における接線の方程式は

$$y - (\log t - 1) = \dfrac{1}{t}(x - t) \qquad y = \dfrac{1}{t}x + \log t - 2$$

この接線が原点を通るとき　$\log t - 2 = 0$

よって　$t = e^2$　　答　$y = \dfrac{1}{e^2}x$

面積を求める問題では，2つの曲線の上下がわかる図をかくことがポイント。

(2) 求める図形の面積を右の図のように2つに分けて考える。

$S_1 = \dfrac{1}{2} e \cdot \dfrac{1}{e^2} \cdot e = \dfrac{1}{2}$

$S_2 = \displaystyle\int_e^{e^2} \left\{ \dfrac{1}{e^2}x - (\log x - 1) \right\} dx$

$= \displaystyle\int_e^{e^2} \left( \dfrac{1}{e^2}x + 1 \right) dx - \int_e^{e^2} \log x \, dx$

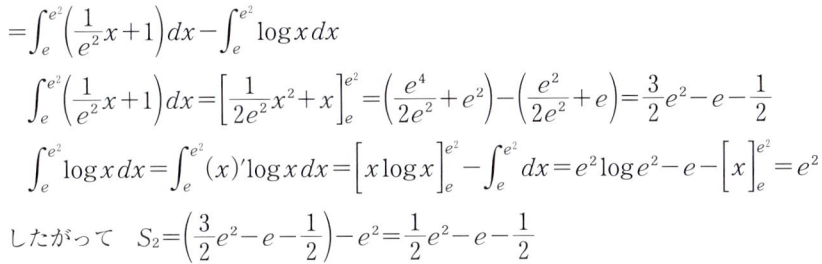

$\displaystyle\int_e^{e^2} \left( \dfrac{1}{e^2}x + 1 \right) dx = \left[ \dfrac{1}{2e^2}x^2 + x \right]_e^{e^2} = \left( \dfrac{e^4}{2e^2} + e^2 \right) - \left( \dfrac{e^2}{2e^2} + e \right) = \dfrac{3}{2}e^2 - e - \dfrac{1}{2}$

$\displaystyle\int_e^{e^2} \log x \, dx = \int_e^{e^2} (x)' \log x \, dx = \left[ x \log x \right]_e^{e^2} - \int_e^{e^2} dx = e^2 \log e^2 - e - \left[ x \right]_e^{e^2} = e^2$

したがって　$S_2 = \left( \dfrac{3}{2}e^2 - e - \dfrac{1}{2} \right) - e^2 = \dfrac{1}{2}e^2 - e - \dfrac{1}{2}$

以上より，求める図形の面積は　$S_1 + S_2 = \dfrac{1}{2}e^2 - e$　…答

**類題 160-1**　関数 $f(x) = xe^{-x}$ について，次の問いに答えよ。$e$ は自然対数の底とし，必要であれば $\displaystyle\lim_{x \to \infty} f(x) = 0$ を用いてもよい。

(1) $f(x)$ の増減，曲線の凹凸を調べ，$xy$ 平面上に曲線 $y = f(x)$ のグラフをかけ。
(2) 曲線 $y = f(x)$，直線 $x = a \,(a > 0)$ と $x$ 軸とで囲まれた部分の面積 $S(a)$ を求め，$\displaystyle\lim_{a \to \infty} S(a)$ を求めよ。

**類題 160-2**　関数 $y = 1 - (\log x)^2 \,(x > 0)$ の増減を調べ，グラフをかけ。また，このグラフと $x$ 軸とで囲まれた図形の面積を求めよ。

2　積分法の応用

**応用例題 161** 　不等式で表された領域の面積

**ねらい**　不等式で表された領域の面積を求めること。

次の問いに答えよ。

(1) 不等式 $\dfrac{x^2}{3}+y^2 \leqq 1$ を満たす部分の面積を求めよ。

(2) 連立不等式 $x^2+\dfrac{y^2}{3} \leqq 1$, $\dfrac{x^2}{3}+y^2 \leqq 1$ を満たす部分 $D$ の面積を求めよ。

**解法ルール**　楕円 $\dfrac{x^2}{a^2}+\dfrac{y^2}{b^2}=1\ (a>0,\ b>0)$ で囲まれた部分の面積は

$$2\int_{-a}^{a} y\,dx = 2\int_{-a}^{a} \dfrac{b}{a}\sqrt{a^2-x^2}\,dx = 4\int_{0}^{a} \dfrac{b}{a}\sqrt{a^2-x^2}\,dx$$

**解答例**　(1) 　$2\displaystyle\int_{-\sqrt{3}}^{\sqrt{3}} y\,dx = 2\int_{-\sqrt{3}}^{\sqrt{3}} \sqrt{1-\dfrac{x^2}{3}}\,dx$

$= 4\displaystyle\int_{0}^{\sqrt{3}} \sqrt{\dfrac{3-x^2}{3}}\,dx$

$= \dfrac{4}{\sqrt{3}} \displaystyle\int_{0}^{\sqrt{3}} \sqrt{3-x^2}\,dx$

$= \dfrac{4}{\sqrt{3}} \cdot \dfrac{1}{4}(\sqrt{3})^2 \pi$

$= \sqrt{3}\pi$ 　…答

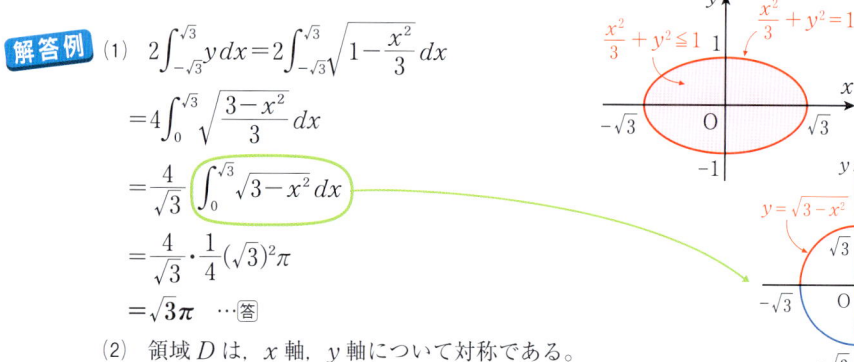

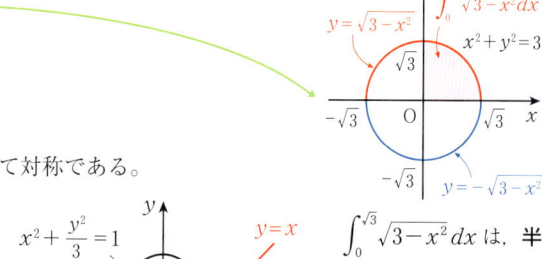

$\displaystyle\int_{0}^{\sqrt{3}} \sqrt{3-x^2}\,dx$ は，半径 $\sqrt{3}$ の円の面積の $\dfrac{1}{4}$ を表していることに着目すれば，積分することなく値が求められる。

(2) 領域 $D$ は，$x$ 軸，$y$ 軸について対称である。

また，楕円 $x^2+\dfrac{y^2}{3}=1$ と $\dfrac{x^2}{3}+y^2=1$ が直線 $y=x$ について対称であるから，領域 $D$ は直線 $y=x$ についても対称となっている。

したがって，領域 $D$ の面積を求めるには，図の斜線の部分の面積を求めて 8 倍すればよい。

まず，2 つの楕円 $x^2+\dfrac{y^2}{3}=1$ と $\dfrac{x^2}{3}+y^2=1$ の第 1 象限の交点の座標を求める。

$x^2+\dfrac{y^2}{3}=1$ 　……①　　$\dfrac{x^2}{3}+y^2=1$ 　……②

①より　$y^2=3-3x^2$ 　　②に代入して　$\dfrac{x^2}{3}+3-3x^2=1$

$x^2=\dfrac{3}{4}$ 　　したがって　$x=\dfrac{\sqrt{3}}{2}$ 　$(x>0$ より$)$

これより，図の斜線の部分の面積 $S$ は

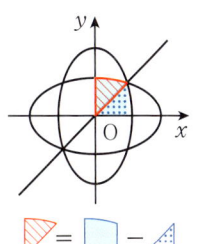

$$S = \int_0^{\frac{\sqrt{3}}{2}} \sqrt{1 - \frac{x^2}{3}} \, dx - \frac{1}{2} \cdot \frac{\sqrt{3}}{2} \times \frac{\sqrt{3}}{2}$$

$$\int_0^{\frac{\sqrt{3}}{2}} \sqrt{\frac{3-x^2}{3}} \, dx = \frac{1}{\sqrt{3}} \int_0^{\frac{\sqrt{3}}{2}} \sqrt{3-x^2} \, dx$$

$x = \sqrt{3} \sin\theta$ とおくと

| $x$ | $0$ | $\to$ | $\frac{\sqrt{3}}{2}$ |
|---|---|---|---|
| $\theta$ | $0$ | $\to$ | $\frac{\pi}{6}$ |

$\dfrac{dx}{d\theta} = \sqrt{3} \cos\theta$ より　$dx = \sqrt{3} \cos\theta \, d\theta$

以上より

$$\frac{1}{\sqrt{3}} \int_0^{\frac{\sqrt{3}}{2}} \sqrt{3-x^2} \, dx = \frac{1}{\sqrt{3}} \int_0^{\frac{\pi}{6}} \sqrt{3 - 3\sin^2\theta} \cdot \sqrt{3} \cos\theta \, d\theta$$

$$= \frac{1}{\sqrt{3}} \int_0^{\frac{\pi}{6}} 3\cos^2\theta \, d\theta = \sqrt{3} \int_0^{\frac{\pi}{6}} \cos^2\theta \, d\theta$$

$$= \sqrt{3} \int_0^{\frac{\pi}{6}} \frac{1 + \cos 2\theta}{2} \, d\theta$$

$$= \sqrt{3} \left[ \frac{\theta}{2} + \frac{\sin 2\theta}{4} \right]_0^{\frac{\pi}{6}}$$

$$= \sqrt{3} \left( \frac{\pi}{12} + \frac{\sqrt{3}}{8} \right) = \frac{3}{8} + \frac{\sqrt{3}}{12}\pi$$

したがって　$S = \left(\dfrac{3}{8} + \dfrac{\sqrt{3}}{12}\pi\right) - \dfrac{3}{8} = \dfrac{\sqrt{3}}{12}\pi$

以上より，領域 $D$ の面積は $8S$ で求められるから

$$8 \times \frac{\sqrt{3}}{12}\pi = \frac{2\sqrt{3}}{3}\pi \quad \cdots \text{答}$$

← $\int_0^{\frac{\sqrt{3}}{2}} \sqrt{3-x^2} \, dx$ については，$x = \sqrt{3} \sin\theta$ とおいて，置換積分で求める．

← $0 \leqq \theta \leqq \dfrac{\pi}{6}$ より
$\sqrt{1-\sin^2\theta} = \sqrt{\cos^2\theta}$
$= |\cos\theta|$
$= \cos\theta$
と区間を考えて絶対値をはずす．

← 領域 $D$ は $x$ 軸，$y$ 軸および直線 $y = x$ について対称であることより，その面積は $8S$

**類題 161-1** 次の問いに答えよ．
(1) 関数 $f(x) = x\sqrt{2-x}$ の増減を調べ，そのグラフをかけ．
(2) $2 - x = t$ とおき，置換積分することで，(1)の曲線 $y = f(x)$ と $x$ 軸とで囲まれた部分の面積を求めよ．

**類題 161-2** $f(x) = xe^{-x^2}$ とする．次の問いに答えよ．
(1) $f(x)$ の導関数 $f'(x)$ を求めよ．
(2) 関数 $y = f(x)$ の増減，極値を調べ，グラフをかけ．必要であれば，$\lim_{x \to \infty} xe^{-x^2} = 0$，$\lim_{x \to -\infty} xe^{-x^2} = 0$ を用いてもよい．
(3) $0 \leqq x \leqq a$ の範囲で，曲線 $y = f(x)$ と $x$ 軸ではさまれる部分の面積 $S$ を $a$ で表せ．
(4) $\lim_{a \to \infty} S$ を求めよ．

2　積分法の応用

## 応用例題 162 　媒介変数表示された曲線と面積

$\theta$ を媒介変数とする曲線 $\begin{cases} x = \theta - \sin\theta \\ y = 1 - \cos\theta \end{cases}$ $(0 \leq \theta \leq 2\pi)$

を $C$ とする。$C$ 上の点 P における接線の傾きが 1 であるとき，

(1) 点 P の座標を求めよ。
(2) 曲線 $C$ と $x$ 軸とで囲まれた部分の面積を求めよ。

**テストに出るぞ！**

**ねらい**
媒介変数表示された曲線と $x$ 軸とで囲まれた部分の面積の求め方。

**解法ルール** 曲線 $x = f(\theta)$, $y = g(\theta)$ と $x$ 軸，$x = a$ および $x = b$
($a < b$) で囲まれた部分の面積は

$$\frac{dx}{d\theta} = f'(\theta) \text{ より } dx = f'(\theta)d\theta \quad a = f(\theta_1), b = f(\theta_2) \text{ であるとき}$$

$$\int_a^b y\,dx = \int_{\theta_1}^{\theta_2} y \cdot f'(\theta)\,d\theta = \int_{\theta_1}^{\theta_2} g(\theta)f'(\theta)\,d\theta$$

**解答例** (1) $\dfrac{dy}{dx} = \dfrac{\dfrac{dy}{d\theta}}{\dfrac{dx}{d\theta}} = \dfrac{\sin\theta}{1 - \cos\theta}$ $(1 - \cos\theta \neq 0)$

接線の傾きは $\dfrac{dy}{dx}$ で求められる。くれぐれも $\dfrac{dx}{d\theta}$ ではないことに注意！

$\dfrac{\sin\theta}{1 - \cos\theta} = 1$ より $\sin\theta + \cos\theta = 1$

$\sin\theta + \cos\theta = \sqrt{2}\left(\dfrac{1}{\sqrt{2}}\sin\theta + \dfrac{1}{\sqrt{2}}\cos\theta\right) = \sqrt{2}\sin\left(\theta + \dfrac{\pi}{4}\right)$

上の2式より $\sin\left(\theta + \dfrac{\pi}{4}\right) = \dfrac{1}{\sqrt{2}}$ 　$\theta = 0, \dfrac{\pi}{2}, 2\pi$

$1 - \cos\theta \neq 0$ より $\theta = \dfrac{\pi}{2}$

以上より，**点 P の座標は** $\left(\dfrac{\pi}{2} - 1, 1\right)$ …答

← $\theta + \dfrac{\pi}{4} = t$ とおくと
$\sin t = \dfrac{1}{\sqrt{2}}$
$0 \leq \theta \leq 2\pi$ より
$\dfrac{\pi}{4} \leq t \leq \dfrac{9}{4}\pi$ だから
$t = \dfrac{\pi}{4}, \dfrac{3}{4}\pi, \dfrac{9}{4}\pi$

(2) 曲線 $C$ と $x$ 軸とで囲まれた部分の面積は，$y \geq 0$ より $\int_0^{2\pi} y\,dx$ で求められる。

$\dfrac{dx}{d\theta} = 1 - \cos\theta$ より $dx = (1 - \cos\theta)d\theta$

| $x$ | $0 \to 2\pi$ |
|---|---|
| $\theta$ | $0 \to 2\pi$ |

以上より $\int_0^{2\pi} y\,dx = \int_0^{2\pi}(1 - \cos\theta)(1 - \cos\theta)\,d\theta$

$= \int_0^{2\pi}(1 - 2\cos\theta + \cos^2\theta)\,d\theta = \int_0^{2\pi}\left(1 - 2\cos\theta + \dfrac{1 + \cos 2\theta}{2}\right)d\theta$

$= \left[\dfrac{3}{2}\theta - 2\sin\theta + \dfrac{\sin 2\theta}{4}\right]_0^{2\pi} = \boldsymbol{3\pi}$ …答

**類題 162** 応用例題 162 で，点 P を通り P における $C$ の接線に垂直な直線を $l$ とするとき，$C$ と $x$ 軸で囲まれた図形で，$l$ より下の部分の面積 $S$ を求めよ。

# 11 体積と定積分

　区間 $a \leqq x \leqq b$ において，$x$ 軸に垂直な 2 平面 $A$，$B$ にはさまれた右の図のような立体の体積 $V$ は，次のように求められる。

　$x$ 座標が $x$ の点を通り，$x$ 軸に垂直な平面 $X$ による立体の切り口の面積を $S(x)$ とすると

**ポイント** ［断面積が与えられた立体の体積］ 覚え得

$$V = \int_a^b S(x)\,dx$$

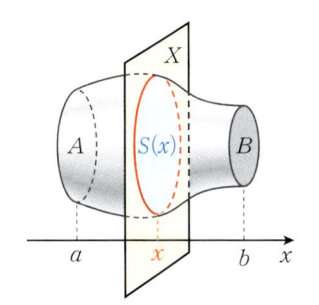

　特に，$a \leqq x \leqq b$ において，**曲線 $y=f(x)$ と $x$ 軸および 2 直線 $x=a$，$x=b$ とで囲まれた図形を $x$ 軸のまわりに 1 回転させてできる回転体の体積 $V$ は，切り口の面積 $S(x)$ が**

$$S(x) = \pi y^2 = \pi \{f(x)\}^2$$

だから

**ポイント** ［回転体の体積（$x$ 軸のまわり）］ 覚え得

$$V = \pi \int_a^b y^2\,dx = \pi \int_a^b \{f(x)\}^2\,dx$$

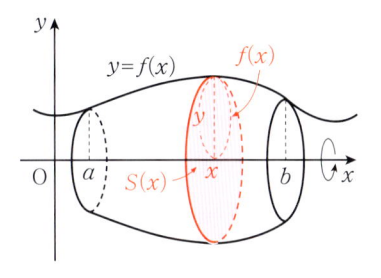

　また，**曲線 $x=g(y)$ と $y$ 軸および 2 直線 $y=c$，$y=d$ とで囲まれた図形を $y$ 軸のまわりに 1 回転させてできる回転体の体積 $V$ は，回転体の $y$ 軸に垂直な平面で切った切り口の面積 $S(y)$ が**

$$S(y) = \pi x^2 = \pi \{g(y)\}^2$$

だから

回転軸方向に積分している

**ポイント** ［回転体の体積（$y$ 軸のまわり）］ 覚え得

$$V = \pi \int_c^d x^2\,dy = \pi \int_c^d \{g(y)\}^2\,dy$$

で求めることができる。

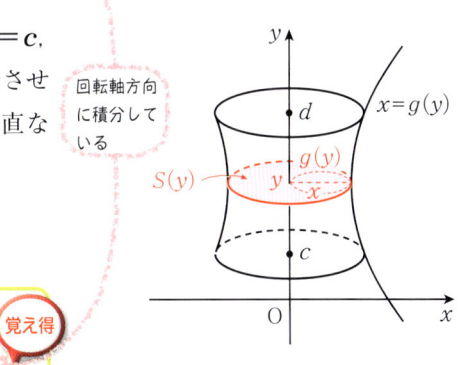

**基本例題 163**　　　　　　　　　　　　　　　　　立体の体積

**ねらい**　立体図形の体積を求める。

底面の半径が $a$，高さが $a$ の直円柱がある。底面の直径を含み，底面と $45°$ の角をなす平面でこの直円柱を 2 つの部分に分けるとき，小さい方の立体の体積を求めよ。

**解法ルール**　$x$ 座標が $x$ の点を通り，$x$ 軸に垂直な平面で立体を切ったときの切り口の面積を $S(x)$ とするとき，2 平面 $x=a$，$x=b$ で囲まれる立体の体積 $V$ は

$$V = \int_a^b S(x)\,dx$$

**解答例**　右の図のように，直円柱の底面の直径を $x$ 軸にとる。底面の円の中心を O とする。$x$ 軸上の点 A($x$) における $x$ 軸に垂直な平面による切り口は，直角二等辺三角形 ABC となる。△ABC の面積を $S(x)$ とすると

$$S(x) = \frac{1}{2}\mathrm{AB}\cdot\mathrm{BC} = \frac{1}{2}\mathrm{AB}^2$$

$$= \frac{1}{2}(\sqrt{a^2-x^2})^2 = \frac{1}{2}(a^2-x^2)$$

したがって，求める体積 $V$ は

$$V = \int_{-a}^{a} \frac{1}{2}(a^2-x^2)\,dx$$

$$= \int_0^a (a^2-x^2)\,dx$$

$$= \left[a^2 x - \frac{x^3}{3}\right]_0^a$$

$$= \frac{2}{3}a^3 \quad \cdots \text{答}$$

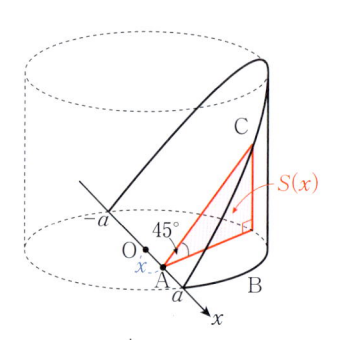

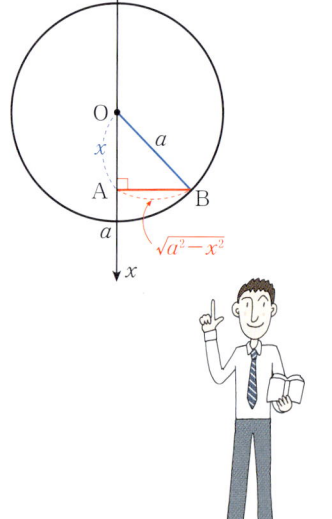

**類題 163**　底面が 1 辺の長さ $a$ の正方形で，高さが $h$ の正四角錐の体積を，積分を使って求めよ。

**基本例題 164**　　　　　　　　　　　　　回転体の体積

次の図形を $x$ 軸のまわりに 1 回転してできる立体の体積 $V$ を求めよ。

(1) 曲線 $y=\dfrac{1}{x}$ と $x=1$，$x=2$ および $x$ 軸とで囲まれた部分。

(2) 曲線 $y=\cos x\ (0\leqq x\leqq \pi)$ と $x$ 軸，$y$ 軸および直線 $x=\pi$ とで囲まれた部分。

(3) 曲線 $y=e^x$ と $y$ 軸，$x=1$ および $x$ 軸とで囲まれた部分。

**ねらい**　定積分を用いて $x$ 軸を回転軸とする回転体の体積を求める。

**解法ルール**　$a<b$ のとき，曲線 $y=f(x)$ と $x$ 軸および 2 直線 $x=a$，$x=b$ とで囲まれた図形を，$x$ 軸のまわりに 1 回転してできる立体の体積 $V$ は

$$V=\pi\int_a^b y^2\,dx=\pi\int_a^b \{f(x)\}^2\,dx$$

●回転体の体積の求め方
① 回転軸に垂直な平面で切った切り口（円）の面積（$\pi y^2$）を求める。
② 切り口の面積を積分する。

**解答例**

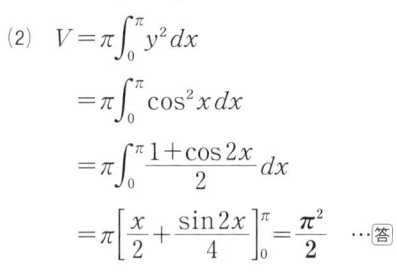

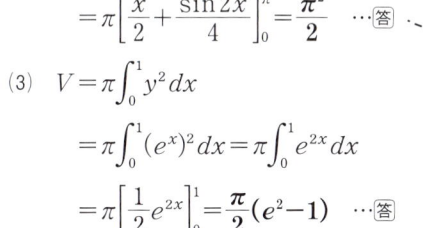

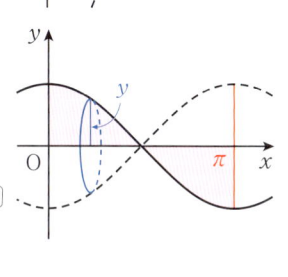

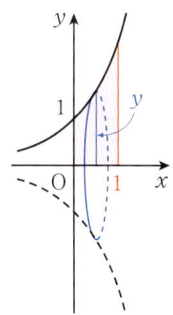

(1) $V=\pi\displaystyle\int_1^2 y^2\,dx$
$=\pi\displaystyle\int_1^2 \left(\dfrac{1}{x}\right)^2 dx$
$=\pi\left[-\dfrac{1}{x}\right]_1^2=\dfrac{\pi}{2}$　…答

(2) $V=\pi\displaystyle\int_0^\pi y^2\,dx$
$=\pi\displaystyle\int_0^\pi \cos^2 x\,dx$
$=\pi\displaystyle\int_0^\pi \dfrac{1+\cos 2x}{2}\,dx$
$=\pi\left[\dfrac{x}{2}+\dfrac{\sin 2x}{4}\right]_0^\pi=\dfrac{\pi^2}{2}$　…答

(3) $V=\pi\displaystyle\int_0^1 y^2\,dx$
$=\pi\displaystyle\int_0^1 (e^x)^2\,dx=\pi\displaystyle\int_0^1 e^{2x}\,dx$
$=\pi\left[\dfrac{1}{2}e^{2x}\right]_0^1=\dfrac{\pi}{2}(e^2-1)$　…答

**類題 164-1**　曲線 $\sqrt{x}+\sqrt{y}=1$ と $x$ 軸，$y$ 軸とで囲まれた部分を，$x$ 軸のまわりに 1 回転してできる立体の体積を求めよ。

**類題 164-2**　直線 $y=x$ と $y=-x$ が放物線 $y=x^2+a$ に接している。

(1) $a$ の値を求めよ。

(2) 上の 2 つの直線と放物線とで囲まれた図形を，$y$ 軸のまわりに 1 回転してできる立体の体積を求めよ。

2 積分法の応用

**基本例題 165** 　　　　　楕円の回転体の体積

**ねらい**
$x$軸, $y$軸のそれぞれを回転軸とする回転体の体積の求め方を理解する。

楕円 $\dfrac{x^2}{4}+y^2=1$ で囲まれた図形を, $x$軸のまわりに1回転してできる立体の体積 $V_x$ と, $y$軸のまわりに1回転してできる立体の体積 $V_y$ をそれぞれ求めよ。

**解法ルール** $c<d$ のとき, 曲線 $x=g(y)$ と $y$軸および2直線 $y=c$, $y=d$ とで囲まれた図形を, $y$軸のまわりに1回転してできる立体の体積 $V$ は
$$V=\pi\int_c^d x^2 dy = \pi\int_c^d \{g(y)\}^2 dy$$

**解答例** ● $x$軸のまわりに1回転してできる立体の体積について

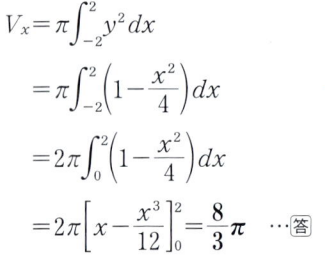

$$V_x = \pi\int_{-2}^{2} y^2 dx$$
$$= \pi\int_{-2}^{2}\left(1-\dfrac{x^2}{4}\right)dx$$
$$= 2\pi\int_0^2\left(1-\dfrac{x^2}{4}\right)dx$$
$$= 2\pi\left[x-\dfrac{x^3}{12}\right]_0^2 = \dfrac{8}{3}\pi \quad \cdots 答$$

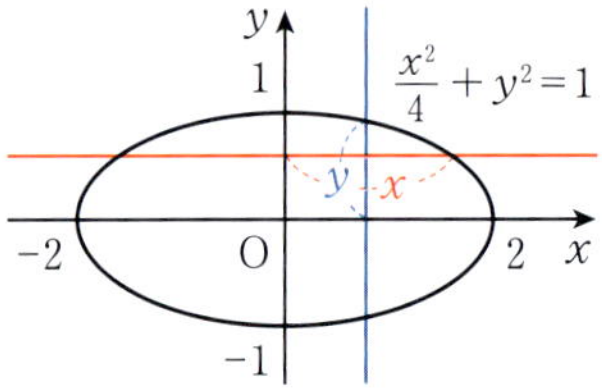

← $x$軸が回転軸

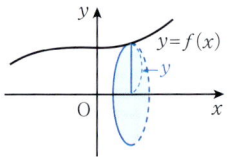

切り口は半径 $|y|$ の円だから, 面積は $\pi y^2$

● $y$軸のまわりに1回転してできる立体の体積について

$$V_y = \pi\int_{-1}^{1} x^2 dy = \pi\int_{-1}^{1}(4-4y^2)dy = 2\pi\int_0^1(4-4y^2)dy$$
$$= 2\pi\left[4y-\dfrac{4}{3}y^3\right]_0^1 = \dfrac{16}{3}\pi \quad \cdots 答$$

← $y$軸が回転軸

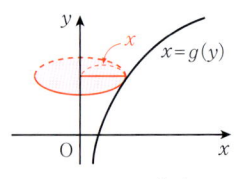

切り口は半径 $|x|$ の円だから, 面積は $\pi x^2$

楕円 $\dfrac{x^2}{4}+y^2=1$ を $x$軸のまわりに1回転しても $y$軸のまわりに1回転しても同じ形だと思っている人はいないでしょうね。

● $x$軸のまわりに1回転すると

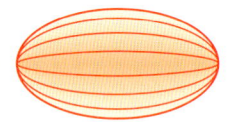

$x$軸に垂直な面で切ると, 切り口は円。
$y$軸に垂直な面で切ると, 切り口は楕円。

● $y$軸のまわりに1回転すると

$x$軸に垂直な面で切ると, 切り口は楕円
$y$軸に垂直な面で切ると, 切り口は円

**類題 165** 双曲線 $x^2-\dfrac{y^2}{3}=1$ と2直線 $y=3$, $y=-3$ で囲まれた部分を $x$軸, $y$軸のまわりに1回転してできる立体の体積をそれぞれ $V_1$, $V_2$ とする。$\dfrac{V_1}{V_2}$ を求めよ。

**基本例題 166**  円の回転体の体積

次の問いに答えよ。
(1) 円 $x^2+y^2=r^2$ を $x$ 軸のまわりに1回転してできる立体の体積 $V$ を求めよ。
(2) 円 $x^2+(y-2)^2=1$ を $x$ 軸のまわりに1回転してできる立体の体積 $V$ を求めよ。

**ねらい** 円板を回転してできる回転体の体積について考える。

**解法ルール** $a<b$ のとき2曲線 $y=f(x)$, $y=g(x)$ と2直線 $x=a$, $x=b$ とで囲まれた図形を $x$ 軸のまわりに1回転してできる立体の体積 $V$ は, $f(x)>g(x)>0$ であるとき

$$V=\pi\int_a^b \{f(x)\}^2 dx - \pi\int_a^b \{g(x)\}^2 dx$$
$$=\pi\int_a^b [\{f(x)\}^2-\{g(x)\}^2] dx$$

**解答例**
(1) $x^2+y^2=r^2$ より  $y^2=r^2-x^2$

$$V=\pi\int_{-r}^r y^2 dx$$
$$=2\pi\int_0^r (r^2-x^2) dx$$
$$=2\pi\left[r^2x-\frac{x^3}{3}\right]_0^r$$
$$=\frac{4}{3}\pi r^3 \quad \cdots \text{答}$$

円 $x^2+y^2=r^2$ を $x$ 軸のまわりに1回転してできる立体は, 当然, 半径 $r$ の球!

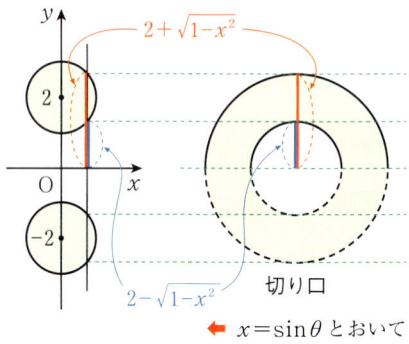

(2) $x^2+(y-2)^2=1$ より  $(y-2)^2=1-x^2$
したがって  $y=2\pm\sqrt{1-x^2}$

$$V=\pi\int_{-1}^1 (2+\sqrt{1-x^2})^2 dx$$
$$\quad -\pi\int_{-1}^1 (2-\sqrt{1-x^2})^2 dx$$
$$=\pi\int_{-1}^1 \{(2+\sqrt{1-x^2})^2-(2-\sqrt{1-x^2})^2\} dx$$
$$=8\pi\int_{-1}^1 \sqrt{1-x^2} dx$$
$$=16\pi\int_0^1 \sqrt{1-x^2} dx$$
$$=16\pi\times\frac{\pi}{4}=4\pi^2 \quad \cdots \text{答}$$

← $x=\sin\theta$ とおいて置換積分するよりも, **半径1の円の面積の $\frac{1}{4}$** と考えて求める方が楽。(p.218 参照)

**類題 166** 区間 $[0, \pi]$ において, 直線 $y=x$, $x=0$, $x=\pi$ と曲線 $y=x+\cos x$ で囲まれた図形を $x$ 軸のまわりに1回転してできる回転体の体積を求めよ。

**応用例題 167** 媒介変数表示された曲線の回転体の体積

サイクロイド $x=a(\theta-\sin\theta)$, $y=a(1-\cos\theta)$ ($a$ は正の定数) の $0\leq\theta\leq 2\pi$ の部分を, $x$ 軸のまわりに1回転してできる立体の体積を求めよ。

**ねらい** 媒介変数表示された曲線の回転体の体積について考える。

**解法ルール** 曲線 $x=f(\theta)$, $y=g(\theta)$ の $a\leq x\leq b$ の部分を $x$ 軸のまわりに1回転してできる回転体の体積 $V$ は

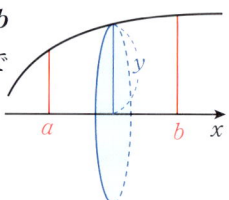

$$V=\pi\int_a^b y^2\,dx \text{ で求められる。}$$

**解答例** $0\leq\theta\leq 2\pi$ におけるサイクロイドは右の図のようになる。

この部分を $x$ 軸のまわりに1回転してできる回転体の体積は

$$V=\pi\int_0^{2\pi a} y^2\,dx$$

で求められる。

これを $\theta$ に置換すると,

$x=a(\theta-\sin\theta)$ より

$\dfrac{dx}{d\theta}=a(1-\cos\theta)$   これより   $dx=a(1-\cos\theta)d\theta$

| $\theta$ | 0 | $\to$ | $2\pi$ |
|---|---|---|---|
| $x$ | 0 | $\to$ | $2\pi a$ |

$$V=\pi\int_0^{2\pi a} y^2\,dx$$
$$=\pi\int_0^{2\pi}\{a(1-\cos\theta)\}^2\cdot a(1-\cos\theta)\,d\theta$$
$$=\pi a^3\int_0^{2\pi}(1-\cos\theta)^3\,d\theta$$
$$=\pi a^3\int_0^{2\pi}(1-3\cos\theta+3\cos^2\theta-\cos^3\theta)\,d\theta$$
$$=\pi a^3\int_0^{2\pi}(1+3\cos^2\theta)\,d\theta$$
$$=\pi a^3\int_0^{2\pi}\left\{1+\dfrac{3(1+\cos 2\theta)}{2}\right\}d\theta$$
$$=\pi a^3\int_0^{2\pi}\left(\dfrac{5}{2}+\dfrac{3}{2}\cos 2\theta\right)d\theta=\pi a^3\left[\dfrac{5}{2}\theta+\dfrac{3}{4}\sin 2\theta\right]_0^{2\pi}$$
$$=5\pi^2 a^3 \quad \cdots \text{答}$$

$\displaystyle\int_0^{2\pi}\cos x\,dx$
$=S_1-S_2-S_3+S_4$
$=0$
同じように
$\cos^3\theta=\dfrac{1}{4}(\cos 3\theta+3\cos\theta)$
より
$\displaystyle\int_0^{2\pi}\cos^3 x\,dx=0$
となる。
このように, 定積分を計算するときに, 関数のグラフを考えることで, 計算が楽になることがある。

**類題 167** 曲線 $x=\sin\theta$, $y=\sin 2\theta$ $\left(0\leq\theta\leq\dfrac{\pi}{2}\right)$ と $x$ 軸とで囲まれた部分を $x$ 軸のまわりに1回転してできる回転体の体積を求めよ。

**発展例題 168**  部分積分法と面積

**ねらい** $\int_a^b e^{-x}\sin x\,dx$ タイプの定積分の扱い方をマスターする。

$a$, $b$ をある実数とし，$I=\int_a^b e^{-x}\sin x\,dx$, $J=\int_a^b e^{-x}\cos x\,dx$ とする。また，$n$ は正の整数とする。

(1) 2つの等式 $I-J=e^{-a}\sin a-e^{-b}\sin b$,
 $I+J=e^{-a}\cos a-e^{-b}\cos b$ が成り立つことを示せ。

(2) 区間 $[(n-1)\pi,\ n\pi]$ において，関数 $y=e^{-x}\sin x$ のグラフと $x$ 軸とで囲まれた部分の面積 $S_n$ を求めよ。

(3) $S=\sum_{n=1}^{\infty} S_n$ を求めよ。

**解法ルール**
$I=\int_a^b e^{-x}\sin x\,dx=\int_a^b (-e^{-x})'\sin x\,dx$
$J=\int_a^b e^{-x}\cos x\,dx=\int_a^b (-e^{-x})'\cos x\,dx$

**解答例**

(1) $I=\int_a^b e^{-x}\sin x\,dx=\int_a^b (-e^{-x})'\sin x\,dx$

$=\Big[-e^{-x}\sin x\Big]_a^b-\int_a^b (-e^{-x}\cos x)\,dx$

$=-e^{-b}\sin b+e^{-a}\sin a+J$

これより $I-J=e^{-a}\sin a-e^{-b}\sin b$ ……① 終

$J=\int_a^b e^{-x}\cos x\,dx=\int_a^b (-e^{-x})'\cos x\,dx$

$=\Big[-e^{-x}\cos x\Big]_a^b-\int_a^b \{(-e^{-x})(-\sin x)\}\,dx$

$=-e^{-b}\cos b+e^{-a}\cos a-I$

これより $I+J=e^{-a}\cos a-e^{-b}\cos b$ ……② 終

(2) ①+② より $I=\dfrac{e^{-a}(\sin a+\cos a)-e^{-b}(\sin b+\cos b)}{2}$

← $a=(n-1)\pi$, $b=n\pi$ と考える。

$\int_{(n-1)\pi}^{n\pi} e^{-x}\sin x\,dx=\dfrac{e^{-(n-1)\pi}\{\sin(n-1)\pi+\cos(n-1)\pi\}-e^{-n\pi}(\sin n\pi+\cos n\pi)}{2}$

$=\dfrac{e^{-(n-1)\pi}\cos(n-1)\pi-e^{-n\pi}\cos n\pi}{2}$

これより $S_n=\dfrac{e^{-(n-1)\pi}+e^{-n\pi}}{2}=\dfrac{e^{-(n-1)\pi}(1+e^{-\pi})}{2}$ …答

(3) $\sum_{n=1}^{\infty} S_n$ は，初項 $\dfrac{1+e^{-\pi}}{2}$，公比 $e^{-\pi}$ の無限等比級数。

$e^{-\pi}=\dfrac{1}{e^\pi}$ より $0<e^{-\pi}<1$

したがって $\sum_{n=1}^{\infty} S_n=\dfrac{\dfrac{1+e^{-\pi}}{2}}{1-e^{-\pi}}=\dfrac{e^\pi+1}{2(e^\pi-1)}$ …答

$n$ が奇数のとき
$\cos(n-1)\pi=1$, $\cos n\pi=-1$
$n$ が偶数のとき
$\cos(n-1)\pi=-1$, $\cos n\pi=1$
かつ，$S_n=\left|\int_{(n-1)\pi}^{n\pi} e^{-x}\sin x\,dx\right|$
であることを考えるとこうなる。

## 発展例題 169　減衰曲線の回転体の体積

**ねらい**　減衰曲線の回転体の体積について考える。

区間 $[(k-1)\pi, k\pi]$ において，曲線 $y=e^{-x}\sin x$ と $x$ 軸で囲まれた図形を $x$ 軸のまわりに1回転してできる立体の体積を $V_k$ とする。ただし，$k$ は自然数，$\pi$ は円周率とする。

(1) $\displaystyle\int e^{-2x}\cos 2x\, dx = \frac{1}{4}e^{-2x}(\sin 2x - \cos 2x) + C$　（$C$ は定数）

であることを示せ。

(2) (1)の結果を用いて，$V_k$ を $k$ を用いて表せ。

(3) $\dfrac{V_{k+1}}{V_k}$ を求めよ。

(4) $\displaystyle\sum_{k=1}^{\infty} V_k$ を求めよ。

**解法ルール**　$x$ 軸を回転軸とする回転体の体積 $V$ は

$$V = \pi \int_a^b \{f(x)\}^2 dx$$

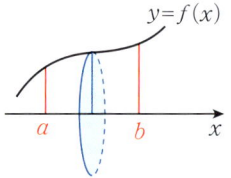

**解答例**

(1) $f(x) = \dfrac{1}{4}e^{-2x}(\sin 2x - \cos 2x) + C$ とおく。

$$f'(x) = \frac{1}{4}(e^{-2x})'(\sin 2x - \cos 2x) + \frac{1}{4}e^{-2x}(\sin 2x - \cos 2x)'$$

$$= -\frac{1}{2}e^{-2x}(\sin 2x - \cos 2x) + \frac{1}{4}e^{-2x}(2\cos 2x + 2\sin 2x)$$

$$= e^{-2x}\left(-\frac{1}{2}\sin 2x + \frac{1}{2}\cos 2x + \frac{1}{2}\cos 2x + \frac{1}{2}\sin 2x\right)$$

$$= e^{-2x}\cos 2x$$

以上より　$\displaystyle\int e^{-2x}\cos 2x\, dx = \frac{1}{4}e^{-2x}(\sin 2x - \cos 2x) + C$　**終**

←　示す内容は
「$e^{-2x}\cos 2x$ の不定積分が
$\dfrac{1}{4}e^{-2x}(\sin 2x - \cos 2x) + C$」
であるから，不定積分の意味を思い出して
$\left\{\dfrac{1}{4}e^{-2x}(\sin 2x - \cos 2x) + C\right\}'$
$= e^{-2x}\cos 2x$
をいえばよい。

(2) $\displaystyle V_k = \pi \int_{(k-1)\pi}^{k\pi} (e^{-x}\sin x)^2 dx$

$\displaystyle = \pi \int_{(k-1)\pi}^{k\pi} e^{-2x}\sin^2 x\, dx$

$\displaystyle = \pi \int_{(k-1)\pi}^{k\pi} e^{-2x} \cdot \frac{1-\cos 2x}{2} dx$　←$\cos 2x = 1 - 2\sin^2 x$ より　$\sin^2 x = \dfrac{1-\cos 2x}{2}$

$\displaystyle = \frac{\pi}{2}\int_{(k-1)\pi}^{k\pi} e^{-2x} dx - \frac{\pi}{2}\int_{(k-1)\pi}^{k\pi} e^{-2x}\cos 2x\, dx$

$\displaystyle = \frac{\pi}{2}\left[-\frac{1}{2}e^{-2x}\right]_{(k-1)\pi}^{k\pi} - \frac{\pi}{2}\left[\frac{1}{4}e^{-2x}(\sin 2x - \cos 2x)\right]_{(k-1)\pi}^{k\pi}$

$$= \frac{\pi}{2}\left\{-\frac{1}{2}e^{-2k\pi}+\frac{1}{2}e^{-2(k-1)\pi}\right\}-\frac{\pi}{2}\left[\frac{1}{4}e^{-2k\pi}(\underbrace{\sin 2k\pi}_{=0}-\underbrace{\cos 2k\pi}_{=1})\right.$$

$$\left.-\frac{1}{4}e^{-2(k-1)\pi}\{\underbrace{\sin 2(k-1)\pi}_{=0}-\underbrace{\cos 2(k-1)\pi}_{=1}\}\right]$$

> $n$ が整数のとき
> $\sin 2n\pi = 0$
> $\cos 2n\pi = 1$

$$= \frac{\pi}{2}\left\{-\frac{1}{2}e^{-2k\pi}+\frac{1}{2}e^{-2(k-1)\pi}+\frac{1}{4}e^{-2k\pi}-\frac{1}{4}e^{-2(k-1)\pi}\right\}$$

$$= \frac{\pi}{8}\{e^{-2(k-1)\pi}-e^{-2k\pi}\} = \frac{\pi e^{-2k\pi}}{8}(e^{2\pi}-1) \quad \cdots \text{答}$$

(3) $V_{k+1} = \frac{\pi e^{-2(k+1)\pi}}{8}(e^{2\pi}-1)$ より

$$\frac{V_{k+1}}{V_k} = \frac{\dfrac{\pi e^{-2(k+1)\pi}}{8}(e^{2\pi}-1)}{\dfrac{\pi e^{-2k\pi}}{8}(e^{2\pi}-1)} = \frac{e^{-2(k+1)\pi}}{e^{-2k\pi}} = e^{-2\pi} \quad \cdots \text{答}$$

(4) $\displaystyle\sum_{k=1}^{\infty} V_k$ は，初項 $V_1 = \dfrac{\pi e^{-2\pi}(e^{2\pi}-1)}{8}$，公比 $e^{-2\pi}$ の無限等比級数である。いま，公比が $e^{-2\pi}$ で，$0 < e^{-2\pi} < 1$ である。

したがって，無限等比級数 $\displaystyle\sum_{k=1}^{\infty} V_k$ は収束し，和は

$$\frac{\dfrac{\pi e^{-2\pi}(e^{2\pi}-1)}{8}}{1-e^{-2\pi}} = \frac{\dfrac{\pi}{8e^{2\pi}}(e^{2\pi}-1)}{\dfrac{e^{2\pi}-1}{e^{2\pi}}} = \frac{\pi}{8} \quad \cdots \text{答}$$

← $|r|<1$ のとき無限等比級数 $\displaystyle\sum_{k=1}^{\infty} ar^{k-1}$ は収束し，和は
$$\sum_{k=1}^{\infty} ar^{k-1} = \frac{a}{1-r}$$

曲線 $y = e^{-x}\sin x$ のグラフを $0 \leqq x \leqq 2\pi$ で考えてみましょう。

$$y' = (e^{-x}\sin x)' = -e^{-x}\sin x + e^{-x}\cos x$$
$$= -e^{-x}(\sin x - \cos x)$$
$$= -\sqrt{2}e^{-x}\sin\left(x-\frac{\pi}{4}\right)$$

これより，増減表は右の通り。
さて，$2k\pi \leqq t < 2(k+1)\pi$ とするとき，$t + 2\pi$ は次の区間
$2(k+1)\pi \leqq t + 2\pi < 2(k+2)\pi$ に入る。
$f(x) = e^{-x}\sin x$ とすると

| $x$ | 0 | $\cdots$ | $\dfrac{\pi}{4}$ | $\cdots$ | $\dfrac{5}{4}\pi$ | $\cdots$ | $2\pi$ |
|---|---|---|---|---|---|---|---|
| $y'$ | | + | 0 | − | 0 | + | |
| $y$ | 0 | ↗ | $\dfrac{\sqrt{2}}{2}e^{-\frac{\pi}{4}}$ | ↘ | $-\dfrac{\sqrt{2}}{2}e^{-\frac{5}{4}\pi}$ | ↗ | 0 |

$$f(t+2\pi) = e^{-(t+2\pi)} \cdot \sin(t+2\pi) = e^{-2\pi} \cdot e^{-t}\sin t = e^{-2\pi}f(t)$$

これより，関数 $f(x)$ の値は区間 $[2k\pi, 2(k+1)\pi]$ と $[2(k+1)\pi, 2(k+2)\pi]$ で $e^{-2\pi} = \dfrac{1}{e^{2\pi}}$ 倍に縮小されていることがわかるでしょう？
だから減衰曲線と呼ばれているんです。

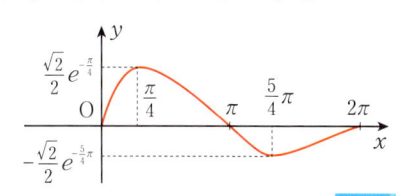

# 12 曲線の長さ・道のり

まず平面上の曲線の長さを求めてみよう。

曲線が媒介変数 $t$ を用いて
$$x = f(t),\ y = g(t) \quad (\alpha \leq t \leq \beta)$$
で表されるとき，この曲線の長さ $L$ は，次の式で求められる。

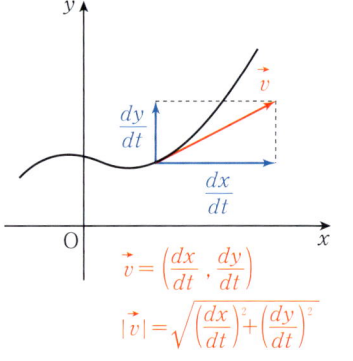

**ポイント** ［曲線 $x = f(t),\ y = g(t)\ (\alpha \leq t \leq \beta)$ の長さ］
$$L = \int_\alpha^\beta \sqrt{\left(\frac{dx}{dt}\right)^2 + \left(\frac{dy}{dt}\right)^2}\, dt$$

$$\vec{v} = \left(\frac{dx}{dt},\ \frac{dy}{dt}\right)$$
$$|\vec{v}| = \sqrt{\left(\frac{dx}{dt}\right)^2 + \left(\frac{dy}{dt}\right)^2}$$

特に，曲線 $y = f(x)\ (a \leq x \leq b)$ の長さは
$$x = t,\ y = f(t)\ (a \leq t \leq b)$$
と考えれば，$\dfrac{dx}{dt} = 1$，$\dfrac{dy}{dt} = \dfrac{dy}{dx}$ より
$$L = \int_\alpha^\beta \sqrt{\left(\frac{dx}{dt}\right)^2 + \left(\frac{dy}{dt}\right)^2}\, dt = \int_a^b \sqrt{1 + \left(\frac{dy}{dx}\right)^2}\, dx$$
で求められる。

**ポイント** ［曲線 $y = f(x)\ (a \leq x \leq b)$ の長さ］
$$L = \int_a^b \sqrt{1 + \left(\frac{dy}{dx}\right)^2}\, dx$$

次に，運動する点 P の動いた道のりについて考えよう。
数直線上を運動する点 P は，時刻 $t$ の関数として $x = f(t)\ (\alpha \leq t \leq \beta)$ で表される。
　速度 $v$ は　$v = \dfrac{dx}{dt} = f'(t)$

したがって，この点 P が動いた道のり $L$ は次の式で求められる。

**ポイント** ［数直線上を運動する点が動いた道のり］
$$L = \int_\alpha^\beta |v|\, dt = \int_\alpha^\beta |f'(t)|\, dt$$

また，座標平面上を運動する点 P の座標 $(x,\ y)$ が時刻 $t$ の関数として
$$x = f(t),\ y = g(t) \quad (\alpha \leq t \leq \beta)$$
で表されるとき，この式は $t$ を媒介変数とする曲線の式とみることができる。

したがって，点 P が $t=\alpha$ から $t=\beta$ までに動いた道のり $L$ は

曲線 $x=f(t), y=g(t) \ (\alpha \leq t \leq \beta)$ の長さ

だから，次の式で求められる。

**ポイント** ［座標平面上を運動する点が動いた道のり］

$$L=\int_\alpha^\beta \sqrt{\left(\frac{dx}{dt}\right)^2+\left(\frac{dy}{dt}\right)^2}\,dt$$

### 基本例題 170　曲線の長さ(1)

$\theta$ を媒介変数とする曲線 $x=\theta-\sin\theta,\ y=1-\cos\theta$ の $0\leq\theta\leq\dfrac{\pi}{3}$ の部分の長さを求めよ。

**ねらい** 媒介変数表示された曲線の長さについて考える。

**解法ルール** 曲線 $x=f(\theta),\ y=g(\theta)\ (\theta_1\leq\theta\leq\theta_2)$ の長さ $L$ は

$$L=\int_{\theta_1}^{\theta_2}\sqrt{\left(\frac{dx}{d\theta}\right)^2+\left(\frac{dy}{d\theta}\right)^2}\,d\theta$$
$$=\int_{\theta_1}^{\theta_2}\sqrt{\{f'(\theta)\}^2+\{g'(\theta)\}^2}\,d\theta$$

で求められる。

**解答例** $x=\theta-\sin\theta,\ y=1-\cos\theta$ より

$\dfrac{dx}{d\theta}=1-\cos\theta,\ \dfrac{dy}{d\theta}=\sin\theta$

これより $\sqrt{\left(\dfrac{dx}{d\theta}\right)^2+\left(\dfrac{dy}{d\theta}\right)^2}=\sqrt{(1-\cos\theta)^2+\sin^2\theta}$
$=\sqrt{2(1-\cos\theta)}$

$\cos\theta=1-2\sin^2\dfrac{\theta}{2}$ より $1-\cos\theta=2\sin^2\dfrac{\theta}{2}$

したがって $\sqrt{\left(\dfrac{dx}{d\theta}\right)^2+\left(\dfrac{dy}{d\theta}\right)^2}=\sqrt{2(1-\cos\theta)}=\sqrt{4\sin^2\dfrac{\theta}{2}}$

$L=\int_0^{\frac{\pi}{3}}\sqrt{\left(\dfrac{dx}{d\theta}\right)^2+\left(\dfrac{dy}{d\theta}\right)^2}\,d\theta=\int_0^{\frac{\pi}{3}}\sqrt{4\sin^2\dfrac{\theta}{2}}\,d\theta$

$=\int_0^{\frac{\pi}{3}}2\sin\dfrac{\theta}{2}\,d\theta=\left[-4\cos\dfrac{\theta}{2}\right]_0^{\frac{\pi}{3}}$

$=4-2\sqrt{3}$　…答

← $\sqrt{4\sin^2\dfrac{\theta}{2}}=\left|2\sin\dfrac{\theta}{2}\right|$

$0\leq\theta\leq\dfrac{\pi}{3}$ の範囲では

$\sin\dfrac{\theta}{2}\geq 0$

$\int_\alpha^\beta\sqrt{\{f(x)\}^2}\,dx$ タイプは積分区間に注意して $\sqrt{\{f(x)\}^2}$ の部分を扱うこと！

**類題 170** 曲線 $C$ 上の座標が媒介変数 $\theta$ を用いて，$x=\cos^3\theta,\ y=\sin^3\theta$ で表されるとき，$0\leq\theta\leq\dfrac{\pi}{3}$ における曲線 $C$ の長さを求めよ。

**応用例題 171** 　　　曲線の長さ(2)

正の定数 $a$ に対して，関数 $f(x)=\dfrac{a}{2}(e^{\frac{x}{a}}+e^{-\frac{x}{a}})$ を考える。曲線 $C: y=f(x)$ 上の2点 $P(0, a)$，$Q(b, f(b))$ $(b>0)$ 間の弧の長さは $af'(b)$ に等しいことを示せ。

**ねらい** 曲線 $y=f(x)$ の長さについて考える。

**解法ルール** 曲線 $y=f(x)$ $(a \leqq x \leqq b)$ の長さ $L$ は

$$L=\int_a^b \sqrt{1+\left(\dfrac{dy}{dx}\right)^2}\,dx$$
$$=\int_a^b \sqrt{1+\{f'(x)\}^2}\,dx$$

●曲線 $y=f(x)$ の長さ
$x=t$, $y=f(t)$ で表されると考えれば
$\dfrac{dx}{dt}=1$, $\dfrac{dy}{dt}=f'(t)$
$\int_\alpha^\beta \sqrt{\left(\dfrac{dx}{dt}\right)^2+\left(\dfrac{dy}{dt}\right)^2}\,dt$
$=\int_\alpha^\beta \sqrt{1+\{f'(t)\}^2}\,dt$
$=\int_a^b \sqrt{1+\{f'(x)\}^2}\,dx$

**解答例** $f(x)=\dfrac{a}{2}(e^{\frac{x}{a}}+e^{-\frac{x}{a}})$ より

$f'(x)=\dfrac{a}{2}\left(\dfrac{1}{a}e^{\frac{x}{a}}-\dfrac{1}{a}e^{-\frac{x}{a}}\right)=\dfrac{1}{2}(e^{\frac{x}{a}}-e^{-\frac{x}{a}})$

このとき $\sqrt{1+\{f'(x)\}^2}=\sqrt{1+\left(\dfrac{e^{\frac{x}{a}}-e^{-\frac{x}{a}}}{2}\right)^2}$

$$=\sqrt{\dfrac{(e^{\frac{x}{a}})^2+2+(e^{-\frac{x}{a}})^2}{4}}$$
$$=\sqrt{\left(\dfrac{e^{\frac{x}{a}}+e^{-\frac{x}{a}}}{2}\right)^2}$$
$$=\dfrac{e^{\frac{x}{a}}+e^{-\frac{x}{a}}}{2}$$

弧の長さを $L$ とすると

$L=\int_0^b \sqrt{1+\{f'(x)\}^2}\,dx=\int_0^b \dfrac{e^{\frac{x}{a}}+e^{-\frac{x}{a}}}{2}\,dx$
$=\left[\dfrac{a}{2}e^{\frac{x}{a}}-\dfrac{a}{2}e^{-\frac{x}{a}}\right]_0^b = \dfrac{a}{2}\left(e^{\frac{b}{a}}-e^{-\frac{b}{a}}\right)$

$f'(b)=\dfrac{1}{2}(e^{\frac{b}{a}}-e^{-\frac{b}{a}})$ より　$L=af'(b)$　　終

$1+\left(\dfrac{e^{\frac{x}{a}}-e^{-\frac{x}{a}}}{2}\right)^2$
$=1+\dfrac{(e^{\frac{x}{a}})^2-2\,e^{\frac{x}{a}}\cdot e^{-\frac{x}{a}}+(e^{-\frac{x}{a}})^2}{4}$
$=2\cdot e^{\frac{x}{a}}\cdot e^{-\frac{x}{a}}$
$=\dfrac{(e^{\frac{x}{a}})^2+4-2+(e^{-\frac{x}{a}})^2}{4}$
$=\dfrac{(e^{\frac{x}{a}})^2+2e^{\frac{x}{a}}\cdot e^{-\frac{x}{a}}+(e^{-\frac{x}{a}})^2}{4}$
$=\left(\dfrac{e^{\frac{x}{a}}+e^{-\frac{x}{a}}}{2}\right)^2$

**類題 171** $y=\dfrac{e^x+e^{-x}}{2}$ で表される曲線を $C$ とするとき，次の問いに答えよ。

(1) 曲線 $C$ の $a \leqq x \leqq a+1$ の部分の長さ $S(a)$ を求めよ。

(2) $S(a)$ の最小値を求めよ。

5章　積分法とその応用

**基本例題 172** 　　　　　　　　　　　　　　道のり

次の問いに答えよ。

(1) 数直線上を動く点 P の速度が $v=6-2t$ で与えられている。時刻 $t=0$ から $5$ までの点 P の動く道のり $S$ を求めよ。

(2) 座標平面上を動く点 P の時刻 $t$ における座標が $x=e^{-2t}\cos t$, $y=e^{-2t}\sin t$ で与えられている。時刻 $t=0$ から $u\,(u>0)$ までの点 P の動く道のり $L(u)$ を求めよ。

**ねらい** 道のりの求め方。

**解法ルール** (1)は，$S=\int_\alpha^\beta |v|\,dt$ で求められる。

(2)は，$L=\int_\alpha^\beta \sqrt{\left(\dfrac{dx}{dt}\right)^2+\left(\dfrac{dy}{dt}\right)^2}\,dt$ で求められる。

**解答例**

(1) $S=\int_0^5 |6-2t|\,dt$

$=\int_0^3 (6-2t)\,dt + \int_3^5 (2t-6)\,dt$

$=\Big[6t-t^2\Big]_0^3 + \Big[t^2-6t\Big]_3^5 = \mathbf{13}$ …答

(2) 道のり $L(u)$ は $\int_0^u \sqrt{\left(\dfrac{dx}{dt}\right)^2+\left(\dfrac{dy}{dt}\right)^2}\,dt$ で求められる。

$\left(\dfrac{dx}{dt}\right)^2+\left(\dfrac{dy}{dt}\right)^2 = (-2\cos t-\sin t)^2 (e^{-2t})^2$
$\qquad\qquad\qquad\qquad + (-2\sin t+\cos t)^2 (e^{-2t})^2$
$= 5(\sin^2\theta+\cos^2\theta)e^{-4t} = 5e^{-4t}$

これより

$\sqrt{\left(\dfrac{dx}{dt}\right)^2+\left(\dfrac{dy}{dt}\right)^2} = \sqrt{5e^{-4t}} = \sqrt{5}\,e^{-2t}$

以上より

$L(u)=\int_0^u \sqrt{\left(\dfrac{dx}{dt}\right)^2+\left(\dfrac{dy}{dt}\right)^2}\,dt = \int_0^u \sqrt{5}\,e^{-2t}\,dt$

$=\left[-\dfrac{\sqrt{5}}{2}e^{-2t}\right]_0^u$

$= \dfrac{\sqrt{5}}{2}(1-e^{-2u})$ …答

① $\int_0^u \sqrt{\left(\dfrac{dx}{dt}\right)^2+\left(\dfrac{dy}{dt}\right)^2}\,dt$ を計算するとき $\left(\dfrac{dx}{dt}\right)^2+\left(\dfrac{dy}{dt}\right)^2$ を求める。

② $\sqrt{\left(\dfrac{dx}{dt}\right)^2+\left(\dfrac{dy}{dt}\right)^2}$ を求める。

③ $\int_0^u \sqrt{\left(\dfrac{dx}{dt}\right)^2+\left(\dfrac{dy}{dt}\right)^2}\,dt$ を計算する。

このように計算を細かく区切ることで計算まちがいを減らせる。

**類題 172** 時刻 $t$ における動点 P の座標が $x=e^{-t}\cos t$, $y=e^{-t}\sin t$ で与えられているとき，次の問いに答えよ。

(1) $t=n$ から $t=2n$ までに点 P が動いた道のり $S_n$ を求めよ。ただし，$n$ は自然数とする。

(2) 無限級数 $\sum_{n=1}^{\infty} S_n$ の収束，発散を調べ，収束するならば，その和を求めよ。

# 13 微分方程式

未知の関数の導関数を含む方程式を**微分方程式**という。その微分方程式を満たす関数をその**微分方程式の解**といい，解を求めることを，その**微分方程式を解く**という。

**ポイント**

[微分方程式の解き方]

微分方程式 $f(y)\dfrac{dy}{dx}=g(x)$ の解は

$\displaystyle\int f(y)\,dy=\int g(x)\,dx$ から求める。

$f(y)dy=g(x)dx$ に $\int$ をつけて
$\displaystyle\int f(y)dy=\int g(x)dx$
と覚えると便利。

**基本例題 173**　　　　　　　　　　微分方程式

次の微分方程式を解け。

(1) $\dfrac{dy}{dx}=\dfrac{x}{2y}$ 　($x=2$, $y=1$ を満たす)

(2) $\dfrac{dy}{dx}=2xy$ 　($x=0$, $y=1$ を満たす)

**ねらい**　微分方程式を解く。

**解法ルール**　$f(y)dy=g(x)dx$ の形が作れれば

$\displaystyle\int f(y)dy=\int g(x)dx$ を解く。

**解答例** (1) $\dfrac{dy}{dx}=\dfrac{x}{2y}$ より，$2y\,dy=x\,dx$ と変形できる。

$\displaystyle\int 2y\,dy=\int x\,dx$ より　$y^2=\dfrac{1}{2}x^2+C$

$x=2$, $y=1$ を代入して，$1=2+C$ より　$C=-1$

したがって　$y^2=\dfrac{1}{2}x^2-1$

よって　$\dfrac{x^2}{2}-y^2=1$ …答

$f(y)dy=g(x)dx$ と変形できるタイプの微分方程式を**変数分離形**の微分方程式という。

(2) $\dfrac{dy}{dx}=2xy$ より，$\dfrac{1}{y}dy=2x\,dx$ と変形できる。

$\displaystyle\int \dfrac{1}{y}dy=\int 2x\,dx$ より　$\log|y|=x^2+C$

よって，$|y|=e^{x^2+C}$ より　$y=\pm e^C\cdot e^{x^2}$

ここで $\pm e^C=A$ とおくと　$y=Ae^{x^2}$

$x=0$, $y=1$ を代入して，$1=Ae^0$ より　$A=1$

したがって　$y=e^{x^2}$ …答

$y=Ae^{x^2}$ を**一般解**といい，答えのように $y=e^{x^2}$ を**特殊解**という。

**類題 173** 次の微分方程式を解け。

(1) $\dfrac{dy}{dx} = 2x$  (2) $\dfrac{dy}{dx} = y$

---

**基本例題 174**　　　　　　　　　　　　　　曲線の決定

原点を O とする座標平面上に曲線 $C$ がある。
この曲線 $C$ 上の任意の点 $P(x, y)$ における接線の傾きが OP と垂直であるという。この曲線が点 $(2, 3)$ を通るとき，この曲線 $C$ の方程式を求めよ。

**ねらい** 微分方程式を作り，それを解く。

**解法ルール** 接線と OP が垂直だから，接線の傾き $\dfrac{dy}{dx}$ と，OP の傾き $\dfrac{y}{x}$ の積は $-1$ になる。

**解答例** 点 P における接線の傾きは $\dfrac{dy}{dx}$

また，OP の傾きは $\dfrac{y}{x}$ $(x \neq 0)$

垂直である条件から $\dfrac{dy}{dx} \cdot \dfrac{y}{x} = -1$

よって，$y\,dy = -x\,dx$ より

$$\int y\,dy = \int (-x)\,dx$$

よって

$$\dfrac{1}{2}y^2 = -\dfrac{1}{2}x^2 + C$$

$$x^2 + y^2 = 2C$$

ここで $x = 2$，$y = 3$ を代入して

　$4 + 9 = 2C$ より　$2C = 13$

したがって

　$x^2 + y^2 = 13$

この円は $x = 0$ のときも条件を満たすから

　$\boldsymbol{x^2 + y^2 = 13}$　…答

---

**類題 174** 点 $(1, 2)$ を通る曲線 $y = f(x)$ $(x > 0)$ がある。この曲線上の任意の点 $P(x, y)$ における接線が $x$ 軸，$y$ 軸と交わる点をそれぞれ Q，R とするとき，点 P が線分 QR を常に $2 : 1$ に内分するという。この曲線の方程式を求めよ。

2 積分法の応用

## 定期テスト予想問題　解答→p.71~77

**1** 次の不定積分を求めよ。

(1) $\displaystyle\int\left(x^3+\dfrac{1}{\sqrt[3]{x^2}}\right)dx$
(2) $\displaystyle\int\dfrac{1-\cos^3 x}{1-\sin^2 x}dx$
(3) $\displaystyle\int\dfrac{(x+1)^3}{x^2}dx$
(4) $\displaystyle\int\cos^2 3x\,dx$
(5) $\displaystyle\int 2^{3x}dx$
(6) $\displaystyle\int(2x+1)^3 dx$
(7) $\displaystyle\int\sin 4x\,dx$
(8) $\displaystyle\int e^{-3x}dx$

**2** 置換積分法を用いて，次の不定積分を求めよ。

(1) $\displaystyle\int\dfrac{1}{\sqrt[3]{2x+1}}dx$
(2) $\displaystyle\int\dfrac{3x^2+1}{x^3+x}dx$
(3) $\displaystyle\int\dfrac{1}{x}\sqrt{\log x}\,dx$
(4) $\displaystyle\int\dfrac{e^x}{e^x+1}dx$

**3** 部分積分法を用いて，次の不定積分を求めよ。

(1) $\displaystyle\int x\sin 2x\,dx$
(2) $\displaystyle\int\log(x+1)dx$
(3) $\displaystyle\int xe^{2x}dx$
(4) $\displaystyle\int x^2\cos x\,dx$

**4** 次の不定積分を求めよ。

(1) $\displaystyle\int\dfrac{x+3}{(x+1)(x+2)}dx$
(2) $\displaystyle\int\dfrac{2x+3}{4x^2-1}dx$
(3) $\displaystyle\int\cos 2x\sin 3x\,dx$
(4) $\displaystyle\int\sin 4x\sin 2x\,dx$

**5** 次の定積分を求めよ。

(1) $\displaystyle\int_0^1(e^x+e^{-x})dx$
(2) $\displaystyle\int_0^\pi\sin^2 3x\,dx$
(3) $\displaystyle\int_0^2\dfrac{2x-1}{x^2-x+1}dx$
(4) $\displaystyle\int_0^{\frac{1}{2}}\dfrac{1}{\sqrt{2x+1}}dx$

### HINT

**1** (4), (5), (6), (7), (8)
$F'(x)=f(x)$ とする
$\displaystyle\int f(ax+b)dx$
$=\dfrac{1}{a}F(ax+b)+C$
└忘れずに

**2** どの式を $t$ とおくか考える。

**3** $\displaystyle\int f(x)g'(x)dx$
$=f(x)g(x)$
$-\displaystyle\int f'(x)g(x)dx$

**4** (1), (2)は部分分数に分ける。
(3), (4)積を和に直す。

**6** 置換積分法を用いて，次の定積分を求めよ。

(1) $\int_0^1 \dfrac{x}{\sqrt{2x+1}}\,dx$  (2) $\int_0^{\frac{\pi}{2}} \sin^2 x \cos x\,dx$

(3) $\int_0^1 \dfrac{1}{\sqrt{4-x^2}}\,dx$  (4) $\int_0^{\sqrt{2}} \dfrac{1}{2+x^2}\,dx$

**7** 部分積分法を用いて，次の定積分を求めよ。

(1) $\int_1^e x^3 \log x\,dx$  (2) $\int_1^e \sqrt{x} \log x\,dx$

(3) $\int_0^{\frac{\pi}{4}} x \sin 2x\,dx$  (4) $\int_0^1 x e^{-x}\,dx$

**8** 関数 $G(x)=\int_x^{x^2} t \log t\,dt\ (x>0)$ について $G'(x)$ を求めよ。

**9** 関数 $G(x)=\int_a^x (2x-t)\sin 2t\,dt$ について $G''(x)$ を求めよ。ただし，$a$ は定数とする。

**10** 関数 $f(x)=\int_0^x t\sin t\,dt\ (0\leqq x\leqq 2\pi)$ の最大値，最小値を求めよ。

**11** 曲線 $\sqrt{x}+\sqrt{y}=1$ と $x$ 軸，$y$ 軸で囲まれた部分の面積を求めよ。

**12** 2曲線 $y=\sin 2x$，$y=\cos x\left(0\leqq x\leqq \dfrac{\pi}{2}\right)$ で囲まれた部分の面積を求めよ。

---

**6** (3) $x=2\sin\theta$
(4) $x=\sqrt{2}\tan\theta$

**7** **3** と同様に部分積分を考える。

**8** $F'(t)=t\log t$ とすると
$G(x)=\Big[F(t)\Big]_x^{x^2}$
$=F(x^2)-F(x)$

**9** $G(x)$
$=2x\int_a^x \sin 2t\,dt$
$-\int_a^x t\sin 2t\,dt$
として微分する。

**10** $f(x)$ は部分積分法で求めておく。
$f'(x)=x\sin x$ を活用する。

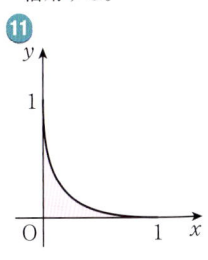

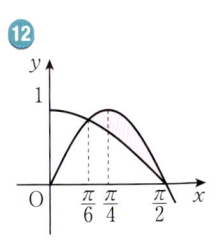

**13** 不等式 $x^2+\dfrac{y^2}{4} \leqq 1$ を満たす部分の面積を求めよ。

**14** 曲線 $y=e\log x$ 上の点 $\mathrm{A}(e,\ e)$ における接線の方程式を求めよ。また，この接線と曲線 $y=e\log x$ および $x$ 軸で囲まれた部分の面積を求めよ。

**15** 2 曲線 $y=\sin x$, $y=\cos x\left(0 \leqq x \leqq \dfrac{\pi}{4}\right)$ と $y$ 軸で囲まれた図形を $x$ 軸のまわりに 1 回転してできる回転体の体積を求めよ。

**16** 曲線 $y=\sqrt{x}$ 上の点 $(1,\ 1)$ における接線と $y$ 軸および $y=\sqrt{x}$ で囲まれた図形を $y$ 軸のまわりに 1 回転してできる回転体の体積を求めよ。

**17** 次の曲線の長さ $L$ を求めよ。
(1) アステロイド $x=\cos^3\theta$, $y=\sin^3\theta$ $(0 \leqq \theta \leqq 2\pi)$ の全長 $L$
(2) 曲線 $y=\dfrac{1}{2}(e^x+e^{-x})$ $(-1 \leqq x \leqq 1)$ の長さ $L$

**18** 次の微分方程式を解け。
(1) $\dfrac{dy}{dx}=2y$
(2) $\dfrac{dy}{dx}=\dfrac{y}{x}$ （ただし，$x=1$ のとき $y=2$）

---

**13** 不等式を表す領域を図示し，対称を利用して面積を求める。

**14** 点 $\mathrm{A}(a,\ f(a))$ における接線の方程式
$y-f(a)=f'(a)(x-a)$
$a \leqq x \leqq b$ で $f(x) \geqq g(x)$ のとき，2 曲線間の面積
$S=\displaystyle\int_a^b \{\underset{下}{\underset{上}{f(x)}}-\underset{下}{g(x)}\}dx$ （大−小）

**15** 回転体の体積（$x$ 軸のまわり）
$V=\pi\displaystyle\int_a^b y^2 dx$
$=\pi\displaystyle\int_a^b \{f(x)\}^2 dx$

**16** 回転体の体積（$y$ 軸のまわり）
$V=\pi\displaystyle\int_c^d x^2 dy$
$=\pi\displaystyle\int_c^d \{g(y)\}^2 dy$

**17** (1) $L=\displaystyle\int_\alpha^\beta \sqrt{\left(\dfrac{dx}{dt}\right)^2+\left(\dfrac{dy}{dt}\right)^2}\,dt$
(2) $L=\displaystyle\int_a^b \sqrt{1+\left(\dfrac{dy}{dx}\right)^2}\,dx$

**18** 変数分離形の微分方程式
(1) $\displaystyle\int\dfrac{1}{y}dy=\int 2dx$
(2) $\displaystyle\int\dfrac{1}{y}dy=\int\dfrac{1}{x}dx$

# さくいん

## あ

- アポロニウスの円 …………… 54
- 一般解 ………………………… 234
- $x^r$ ($r$ は有理数) の導関数 …… 133
- $x^n$ ($n$ は整数) の導関数 …… 129

## か

- 開区間 ………………………… 116
- 回転体の体積 ………………… 224
- 加速度 ………………………… 168
- 関数の極限 …………………… 103
- 関数の近似式 ………………… 170
- 関数の連続 …………………… 115
- 逆関数 ………………………… 70
- 逆関数の導関数 ……………… 135
- 共役複素数 …………………… 43
- 極 ……………………………… 32
- 極形式 ………………………… 46
- 極限値 ………………… 78, 103
- 極限値の性質 ………………… 80
- 極座標 ………………………… 32
- 極小 …………………………… 154
- 極小値 ………………………… 154
- 曲線の長さ …………………… 230
- 極大 …………………………… 154
- 極大値 ………………………… 154
- 極方程式 ……………………… 35
- 虚軸 …………………………… 42
- 区間 …………………………… 116
- 区分求積法 …………………… 208
- グラフの凹凸 ………………… 160
- グラフのかき方 ……………… 164
- グラフの平行移動 …………… 60
- 減少 …………………………… 154
- 高次導関数 …………………… 144
- 合成関数 ……………………… 74
- 合成関数の導関数 …………… 132

## さ

- サイクロイド ………………… 31
- 三角関数の極限 ………… 111, 112
- 三角関数の積の不定積分 …… 189
- 三角関数の定積分 …………… 192
- 三角関数の導関数 …………… 137
- 三角関数の不定積分 ………… 179
- 指数関数の極限 ……………… 110
- 指数関数の定積分 …………… 193
- 指数関数の導関数 …………… 142
- 指数関数の不定積分 ………… 180
- 始線 …………………………… 32
- 自然対数 ……………………… 139
- 実軸 …………………………… 42
- 収束 …………………… 78, 92
- 主軸 …………………………… 12
- 循環小数 ……………………… 97
- 瞬間の速度 …………………… 168
- 準線 ……………………………… 7
- 焦点 …………………… 7, 10, 16
- 振動 …………………………… 79
- 数列の極限 …………… 78, 79
- 図形の平行移動 ……………… 22
- 積分と微分の関係 …………… 204
- 接線 …………………… 38, 125
- 接線の傾き …………………… 124
- 接線の方程式 ………………… 147
- 漸近線 ………………… 19, 60, 61
- 線分の外分点 ………………… 51
- 線分の内分点 ………………… 51
- 増加 …………………………… 154
- 双曲線 ……… 16, 17, 18, 26, 27, 60
- 速度 …………………………… 168

## た・な

- 第 $n$ 次導関数 ………………… 144
- 第 3 次導関数 ………………… 144
- 対数関数の極限 ……………… 110
- 対数関数の導関数 …………… 139
- 体積と定積分 ………………… 221
- 第 2 次導関数 ………………… 144
- 楕円 …………………… 10, 12, 26, 27
- 短軸 …………………………… 12
- 置換積分法 …………… 181, 194
- 中間値の定理 ………………… 116
- 長軸 …………………………… 12
- 直線上の点の運動 …………… 168
- 直交座標 ……………………… 32
- 定積分 ………………………… 191
- ド・モアブルの定理 ………… 49
- 導関数の計算 ………………… 127
- 特殊解 ………………………… 234
- 2 点間の距離 ………………… 51

## は

- 媒介変数で表された関数の導関数 ………………………… 146
- 媒介変数表示 ………………… 28
- 媒介変数表示された曲線と面積 ………………………… 220
- 媒介変数表示された曲線の回転体の体積 …………………… 226
- はさみうちの原理 …………… 88
- 発散 …………………… 78, 79, 92
- 半直線 ………………………… 32
- 左側極限 ……………………… 106
- 微分 …………………………… 127
- 微分可能 ……………………… 124
- 微分係数 ……………………… 124
- 微分方程式 …………………… 234
- 微分方程式の解 ……………… 234

| | | |
|---|---|---|
| 複素数の差 …………… 45 | 分数関数の不定積分 …… 188 | 無限級数 …………… 92 |
| 複素数の実数倍 ………… 44 | 平均速度 ……………… 168 | 無限級数の和 ………… 92 |
| 複素数の商 …………… 47 | 平均値の定理 ………… 152 | 無限数列 ……………… 78 |
| 複素数の積 …………… 47 | 閉区間 ………………… 116 | 無限等比級数 ………… 95 |
| 複素数の絶対値 ………… 43 | 平面上の点の運動 …… 168 | 無限等比級数の和 …… 96 |
| 複素数の和 …………… 45 | 偏角 ………………… 32, 46 | 無限等比数列の極限 … 84 |
| 複素数平面 …………… 42 | 変曲点 ………………… 160 | 無理関数 ……………… 66 |
| 不定積分 ……………… 176 | 変数分離形 …………… 234 | |
| 部分積分法 ………… 186, 202 | 法線の方程式 ………… 147 | **ら** |
| 部分分数分解を利用した定積分 ………………… 193, 201 | 放物線 ………… 6, 7, 26, 27 | 面積と定積分 ………… 214 |
| 部分分数分解を利用した不定積分 ………………… 190 | **ま** | 離心率 ………………… 26 |
| 部分和 ………………… 92 | 右側極限 ……………… 106 | 立体の体積 …………… 222 |
| 分数関数 …………… 60, 61 | 道のり …………… 230, 231 | 連続 …………………… 124 |
| | | ロルの定理 …………… 152 |

■ 本書を作るにあたって，次の方々にたいへんお世話になりました。
● 執筆　飯田俊雄　堀内秀紀　松田親典
● 図版　ふるはしひろみ　㈲Y-Yard

シグマベスト
## これでわかる数学Ⅲ

本書の内容を無断で複写(コピー)・複製・転載することは，著作者および出版社の権利の侵害となり，著作権法違反となりますので，転載等を希望される場合は前もって小社あて許諾を求めてください。

編　者　文英堂編集部
発行者　益井英郎
印刷所　日本写真印刷株式会社
発行所　株式会社　文英堂
〒601-8121　京都市南区上鳥羽大物町28
〒162-0832　東京都新宿区岩戸町17
(代表)03-3269-4231

Ⓒ松田親典　2014　　Printed in Japan　　● 落丁・乱丁はおとりかえします。

# これでわかる
# 数学Ⅲ

## 正解答集

文英堂

☆類題番号のデザインの区別は下記の通りです。
　■…対応する本冊の例題が，基本例題のもの。
　■…対応する本冊の例題が，応用例題のもの。
　□…対応する本冊の例題が，発展例題のもの。

# 1章 式と曲線

**類題 の解答** ──── 本冊→p.8〜37

**1** (1) 焦点 $(4, 0)$, 準線 $x=-4$

(2) 焦点 $\left(0, -\dfrac{3}{4}\right)$, 準線 $y=\dfrac{3}{4}$

概形は下の図

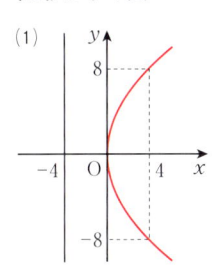

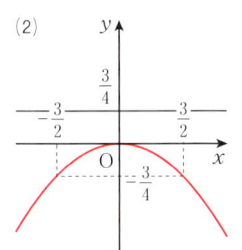

**2** (1) $y^2=-2x$ (2) $x^2=12y$

概形は下の図

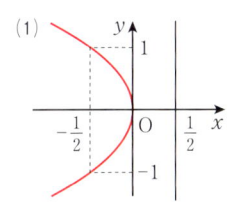

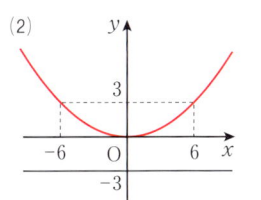

**3** 放物線 $x^2=12y$

[解き方] $P(x, y)$ とすると
$$\sqrt{(x-0)^2+(y-3)^2}=|y-(-3)|$$
両辺を平方して $x^2+(y-3)^2=(y+3)^2$
よって $x^2=12y$

**4** 放物線 $x^2=4y$ (ただし, 原点を除く)

[解き方] 求める円の中心を $P(x, y)$ とすると, Pと点 $(0, 1)$ との距離は, Pと直線 $y=-1$ との距離に等しい。ただし, Pが原点にあるときは, 半径が0になり円を表さない。
よって $\sqrt{(x-0)^2+(y-1)^2}=|y-(-1)|$
両辺を平方して整理すると $x^2=4y$

**5** (1) 焦点 $(\pm 4, 0)$, 長軸の長さ 10, 短軸の長さ 6

(2) 焦点 $(0, \pm 1)$, 長軸の長さ 4, 短軸の長さ $2\sqrt{3}$

(3) 焦点 $(\pm\sqrt{3}, 0)$, 長軸の長さ 4, 短軸の長さ 2

概形は下の図

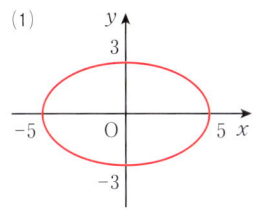

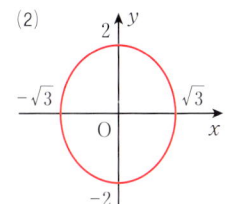

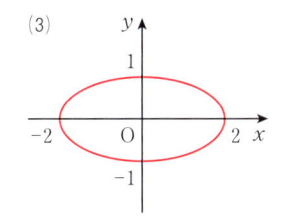

**6** 円 $C_1$ と円 $P$ の接点を Q, 円 $C_2$ と円 $P$ の接点を R とすると
$$OP+PA$$ 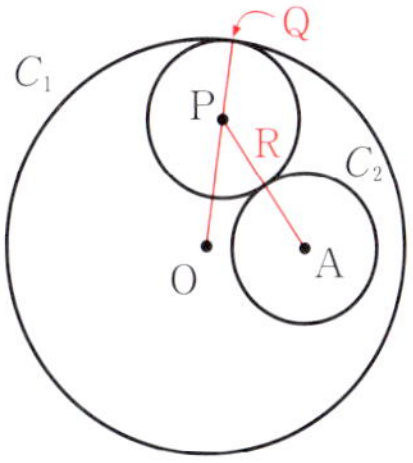
$$=OP+PR+RA$$
$$=(OP+PQ)+RA$$
$$=OQ+RA=一定$$
2定点 O, A からの距離の和が一定だから, 点 P の軌跡は O, A を焦点とする楕円である。

**7** $x^2+\dfrac{y^2}{10}=1$

[解き方] 求める楕円の方程式を $\dfrac{x^2}{a^2}+\dfrac{y^2}{b^2}=1$ とすると, 焦点の座標が $(0, \pm 3)$ より $b^2-a^2=9$
点 $(1, 0)$ を通ることから $a^2=1$
よって $b^2=10$

**8-1** (1) $\dfrac{x^2}{25}+\dfrac{y^2}{36}=1$ (2) $\dfrac{x^2}{16}+\dfrac{y^2}{25}=1$

**解き方** (1) 円周上の点を $(u, v)$ とすると
$$u^2+v^2=5^2 \quad \cdots ①$$
$x=u$, $y=\dfrac{6}{5}v$ より, $u=x$, $v=\dfrac{5}{6}y$ を①に代入して $x^2+\left(\dfrac{5}{6}y\right)^2=5^2$

よって $\dfrac{x^2}{5^2}+\dfrac{y^2}{6^2}=1$

(2) (1)と同様におくと, $x=\dfrac{4}{5}u$, $y=v$ より, $u=\dfrac{5}{4}x$, $v=y$ を①に代入して
$$\left(\dfrac{5}{4}x\right)^2+y^2=5^2$$
よって $\dfrac{x^2}{4^2}+\dfrac{y^2}{5^2}=1$

**8-2** (1) $\dfrac{x^2}{16}+\dfrac{y^2}{9}=1$ (2) $\dfrac{x^2}{16}+\dfrac{y^2}{36}=1$

**解き方** $P(u, v)$ とすると $u^2+v^2=16$ …①

(1) $x=u$, $y=\dfrac{3}{4}v$ より, $u=x$, $v=\dfrac{4}{3}y$ を①に代入して $x^2+\left(\dfrac{4}{3}y\right)^2=16$

よって $\dfrac{x^2}{16}+\dfrac{y^2}{9}=1$

(2) $x=u$, $y=\dfrac{3v}{-1+3}=\dfrac{3}{2}v$ より, $u=x$, $v=\dfrac{2}{3}y$ を①に代入して $x^2+\left(\dfrac{2}{3}y\right)^2=16$

よって $\dfrac{x^2}{16}+\dfrac{y^2}{36}=1$

**9** $\dfrac{x^2}{5}-\dfrac{y^2}{4}=-1$

**解き方** 求める双曲線の方程式を $\dfrac{x^2}{a^2}-\dfrac{y^2}{b^2}=-1$ とする。

焦点の座標から $a^2+b^2=9$ …①
焦点からの距離の差が 4 であることより
$2b=4$ $b=2$ ①より $a^2=9-4=5$

よって $\dfrac{x^2}{5}-\dfrac{y^2}{4}=-1$

**10** 頂点 $\left(\pm\dfrac{3}{2}, 0\right)$, 焦点 $\left(\pm\dfrac{3\sqrt{5}}{2}, 0\right)$,

漸近線 $y=\pm 2x$

概形は右の図

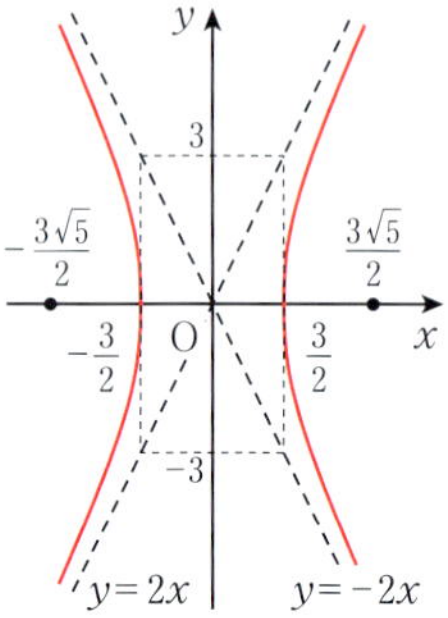

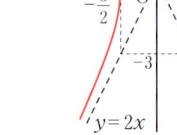

**解き方** 頂点は, $y=0$ とおいて $4x^2=9$ より求められる。
また, 標準形にすると
$$\dfrac{x^2}{\left(\dfrac{3}{2}\right)^2}-\dfrac{y^2}{3^2}=1$$

焦点は $\left(\dfrac{3}{2}\right)^2+3^2=\dfrac{45}{4}$ より,

漸近線は $\dfrac{x^2}{\left(\dfrac{3}{2}\right)^2}-\dfrac{y^2}{3^2}=0$ よりわかる。

**11** 頂点 $(0, \pm 2)$, 焦点 $(0, \pm\sqrt{13})$,

漸近線 $y=\pm\dfrac{2}{3}x$

概形は右の図

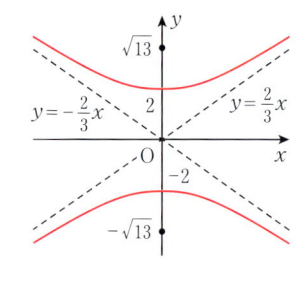

**解き方** 頂点は, $x=0$ とおいて求める。

標準形にすると
$$\dfrac{x^2}{3^2}-\dfrac{y^2}{2^2}=-1$$

焦点は $3^2+2^2=13$ より, 漸近線は $\dfrac{x^2}{3^2}-\dfrac{y^2}{2^2}=0$ よりわかる。

**12** $\dfrac{x^2}{8}-y^2=-1$

**解き方** 求める双曲線の方程式を $\dfrac{x^2}{a^2}-\dfrac{y^2}{b^2}=-1$ とすると, 焦点の座標から $a^2+b^2=9$
焦点からの距離の差が 2 だから
$2b=2$ $b=1$
$a^2=9-1=8$ よって $\dfrac{x^2}{8}-y^2=-1$

**13** 点 P を $(x_1, y_1)$ として，2つの漸近線
$bx - ay = 0$,
$bx + ay = 0$
までの距離を求めると

$PQ = \dfrac{|bx_1 - ay_1|}{\sqrt{b^2 + a^2}}$, $PR = \dfrac{|bx_1 + ay_1|}{\sqrt{b^2 + a^2}}$

よって $PQ \cdot PR = \dfrac{|b^2 x_1^2 - a^2 y_1^2|}{b^2 + a^2}$ …①

点 $P(x_1, y_1)$ は双曲線上にあるので
$\dfrac{x_1^2}{a^2} - \dfrac{y_1^2}{b^2} = 1$

よって $b^2 x_1^2 - a^2 y_1^2 = a^2 b^2$ …②

①，② より $PQ \cdot PR = \dfrac{a^2 b^2}{a^2 + b^2}$ （一定）

**14** 焦点 $(-3, 0)$，準線 $y = 2$

解き方 $(x+3)^2 = -4(y-1)$ …①

これは，放物線 $x^2 = -4y$ …② を
$x$ 軸方向に $-3$，$y$ 軸方向に 1 だけ平行移動したものである。
②の焦点は $(0, -1)$，準線は $y = 1$ であるから，
①の焦点は $(0-3, -1+1)$，準線は $y = 1+1$

**15** 双曲線 $\dfrac{x^2}{4} - y^2 = 1$ を $x$ 軸方向に $-1$，
$y$ 軸方向に $-1$ だけ平行移動した図形

解き方 $x^2 + 2x - 4y^2 - 8y = 7$
$(x+1)^2 - 1 - 4(y^2 + 2y) = 7$
$(x+1)^2 - 4\{(y+1)^2 - 1\} = 8$
$(x+1)^2 - 4(y+1)^2 = 4$　　$\dfrac{(x+1)^2}{4} - (y+1)^2 = 1$

**16** (1) $\left(\dfrac{3}{5}, \dfrac{8}{5}\right)$, $(-1, 0)$

(2) $\left(\dfrac{\sqrt{2}}{2}, \sqrt{2}\right)$

解き方 $4x^2 + y^2 = 4$ …①
(1) $y = x + 1$ …②
①，② から $y$ を消去して $4x^2 + (x+1)^2 = 4$

$5x^2 + 2x - 3 = 0$　　$(5x-3)(x+1) = 0$
よって $x = \dfrac{3}{5}, -1$　これを②に代入して，
$x = \dfrac{3}{5}$ のとき $y = \dfrac{8}{5}$, $x = -1$ のとき $y = 0$

(2) $y = -2x + 2\sqrt{2}$ …③
①，③ から $y$ を消去して
$4x^2 + (-2x + 2\sqrt{2})^2 = 4$　　$x^2 + (x - \sqrt{2})^2 = 1$
$2x^2 - 2\sqrt{2}x + 1 = 0$　　$(\sqrt{2}x - 1)^2 = 0$
よって $x = \dfrac{\sqrt{2}}{2}$ （重解）
これを③に代入して $y = \sqrt{2}$

**17** $y = -\dfrac{1}{2}x \pm \sqrt{10}$

解き方 求める直線の方程式を $y = -\dfrac{1}{2}x + k$ …① とする。①を $9x^2 + 4y^2 = 36$ に代入すると
$9x^2 + 4\left(-\dfrac{1}{2}x + k\right)^2 = 36$
$5x^2 - 2kx + 2k^2 - 18 = 0$
$\dfrac{D}{4} = k^2 - 5(2k^2 - 18) = 0$　　よって $k = \pm\sqrt{10}$

**18** (1) 放物線 $y^2 = 4x$

(2) 楕円 $\dfrac{(x-3)^2}{8} + \dfrac{y^2}{4} = 1$

解き方 $PF = \sqrt{(x-1)^2 + y^2}$, $PH = |x+1|$
(1) $PF^2 = PH^2$ であるから
$(x-1)^2 + y^2 = (x+1)^2$　　よって $y^2 = 4x$
(2) $2PF^2 = PH^2$ であるから
$2(x-1)^2 + 2y^2 = (x+1)^2$　　$x^2 - 6x + 2y^2 = -1$
よって $(x-3)^2 + 2y^2 = 8$

**19** (1) $x = 2\cos\theta$, $y = 2\sin\theta$

(2) $x = 3\cos\theta$, $y = 3\sin\theta$

解き方 基本例題 19 の結果を公式として使う。

**20** (1) $x = 3\cos\theta$, $y = 2\sin\theta$

(2) $x = 3\cos\theta$, $y = 4\sin\theta$

解き方 基本例題 20 の結果を公式として使う。

**21** (1) 円 $(x-3)^2+(y-1)^2=4$

(2) 楕円 $\dfrac{(x-1)^2}{4}+\dfrac{(y+2)^2}{9}=1$

**解き方** (1) $x-3=2\cos\theta$ …①
$\qquad y-1=2\sin\theta$ …②
①²+②² より
$\qquad (x-3)^2+(y-1)^2=4$

(2) $\dfrac{x-1}{2}=\cos\theta$ …①

$\dfrac{y+2}{3}=\sin\theta$ …②

①²+②² より
$\qquad \dfrac{(x-1)^2}{4}+\dfrac{(y+2)^2}{9}=1$

**22** $x=a(2\cos\theta-\cos 2\theta)$
$\quad y=a(2\sin\theta-\sin 2\theta)$

**解き方**

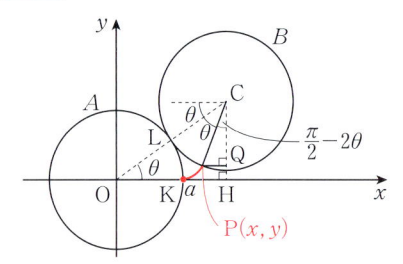

図のように,円 $B$ の中心を C,K$(a, 0)$,2 円の接点を L とし,C から $x$ 軸へ垂線 CH を下ろし,P から CH へ垂線 PQ を下ろす。
$\angle$KOL$=\theta$ とおくと,$\overset{\frown}{\text{KL}}=\overset{\frown}{\text{PL}}$ より
$\quad \angle$LCP$=\theta$

よって,$\angle$PCQ$=\dfrac{\pi}{2}-2\theta$ だから

$\quad$PQ$=a\sin\left(\dfrac{\pi}{2}-2\theta\right)=a\cos 2\theta$

$\quad$CQ$=a\cos\left(\dfrac{\pi}{2}-2\theta\right)=a\sin 2\theta$

したがって
$\quad x=$OH$-$PQ$=2a\cos\theta-a\cos 2\theta$
$\quad y=$CH$-$CQ$=2a\sin\theta-a\sin 2\theta$

**23** (1) $(-2, 0)$ (2) $(0, 1)$

(3) $(-1, 1)$

**解き方** (1) $x=2\cos\pi=-2$
$\quad y=2\sin\pi=0$ よって $(-2, 0)$

(2) $x=1\cdot\cos\dfrac{\pi}{2}=0$ $\quad y=1\cdot\sin\dfrac{\pi}{2}=1$

よって $(0, 1)$

(3) $x=\sqrt{2}\cdot\cos\dfrac{3}{4}\pi=\sqrt{2}\cdot\left(-\dfrac{\sqrt{2}}{2}\right)=-1$

$\quad y=\sqrt{2}\cdot\sin\dfrac{3}{4}\pi=\sqrt{2}\cdot\dfrac{\sqrt{2}}{2}=1$

よって $(-1, 1)$

**24** (1) $(1, \pi)$ (2) $\left(1, \dfrac{3}{2}\pi\right)$

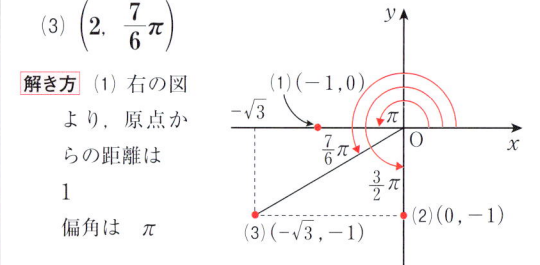

(3) $\left(2, \dfrac{7}{6}\pi\right)$

**解き方** (1) 右の図より,原点からの距離は 1
偏角は $\pi$

(2) 原点からの距離は 1

偏角は $\dfrac{3}{2}\pi$

(3) 原点からの距離は $\sqrt{(-\sqrt{3})^2+(-1)^2}=2$

偏角は $\dfrac{7}{6}\pi$

**25** (1) $r\sin\left(\theta+\dfrac{\pi}{4}\right)=\dfrac{1}{\sqrt{2}}$

(2) $r=\sqrt{2}\sin\left(\theta+\dfrac{\pi}{4}\right)$ (3) $r^2\cos 2\theta=-1$

**解き方** (1) $x=r\cos\theta$,$y=r\sin\theta$ より
$\quad r\cos\theta+r\sin\theta=1$
したがって $r(\cos\theta+\sin\theta)=1$

$r(\cos\theta+\sin\theta)=\sqrt{2}r\left(\dfrac{1}{\sqrt{2}}\cos\theta+\dfrac{1}{\sqrt{2}}\sin\theta\right)$

$\qquad\qquad\qquad\quad =\sqrt{2}r\sin\left(\theta+\dfrac{\pi}{4}\right)$

よって,求める方程式は $r\sin\left(\theta+\dfrac{\pi}{4}\right)=\dfrac{1}{\sqrt{2}}$

(2) $x=r\cos\theta$, $y=r\sin\theta$ を
$x^2+y^2-x-y=0$ に代入する。
$r^2(\cos^2\theta+\sin^2\theta)-r(\cos\theta+\sin\theta)=0$
$\cos^2\theta+\sin^2\theta=1$ より $r\{r-(\cos\theta+\sin\theta)\}=0$
よって $r=0$
または $r=\cos\theta+\sin\theta=\sqrt{2}\sin\left(\theta+\dfrac{\pi}{4}\right)$
$\theta=-\dfrac{\pi}{4}$ のとき $r=0$ だから,$r=0$ はあとの式に含まれる。

(3) $x=r\cos\theta$, $y=r\sin\theta$ を $x^2-y^2=-1$ に代入すると $r^2\cos^2\theta-r^2\sin^2\theta=-1$
$r^2(\cos^2\theta-\sin^2\theta)=r^2\cos2\theta$ より
$r^2\cos2\theta=-1$

**26** (1) $x=2$  (2) $y-\sqrt{3}x=2$
(3) $x^2+y^2-2y=0$  (4) $x^2+y^2-2x-2y=0$
(5) $x^2-y^2=2$

**解き方** (1) $r\cos\theta=2$ より $x=2$

(2) $r\sin\left(\theta-\dfrac{\pi}{3}\right)=r\left(\sin\theta\cos\dfrac{\pi}{3}-\cos\theta\sin\dfrac{\pi}{3}\right)$
$=\dfrac{1}{2}r\sin\theta-\dfrac{\sqrt{3}}{2}r\cos\theta=\dfrac{1}{2}y-\dfrac{\sqrt{3}}{2}x$
したがって,$\dfrac{1}{2}y-\dfrac{\sqrt{3}}{2}x=1$ より $y-\sqrt{3}x=2$

(3) $r=2\sin\theta$ より $r^2=2r\sin\theta$
これより $x^2+y^2=2y$  $x^2+y^2-2y=0$

(4) $r=2\cos\theta+2\sin\theta$ より
$r^2=2r\cos\theta+2r\sin\theta$
したがって $x^2+y^2=2x+2y$
すなわち $x^2+y^2-2x-2y=0$

(5) $r^2\cos2\theta=r^2(\cos^2\theta-\sin^2\theta)$
$=(r\cos\theta)^2-(r\sin\theta)^2=x^2-y^2$
$r^2\cos2\theta=2$ より $x^2-y^2=2$

**27** $a=\dfrac{1}{2}$, $b=1$

**解き方** $x=\dfrac{4}{3}\cos t$, $y=\dfrac{2\sqrt{3}}{3}\sin t$ で表される曲線は,$\cos t=\dfrac{3}{4}x$, $\sin t=\dfrac{\sqrt{3}}{2}y$ より
$\cos^2 t+\sin^2 t=\dfrac{9}{16}x^2+\dfrac{3}{4}y^2=1$

この曲線を $x$ 軸方向に $\dfrac{2}{3}$ だけ平行移動した曲線の
方程式は $\dfrac{9}{16}\left(x-\dfrac{2}{3}\right)^2+\dfrac{3}{4}y^2=1$ …①

また,極方程式 $r=\dfrac{b}{1-a\cos\theta}$ で表される曲線を直交座標の方程式に直すと
$r(1-a\cos\theta)=b$   $r-ar\cos\theta=b$
$\sqrt{x^2+y^2}-ax=b$ より $\sqrt{x^2+y^2}=ax+b$
両辺を平方すると $x^2+y^2=(ax+b)^2$
$x^2+y^2=a^2x^2+2abx+b^2$
整理すると
$(1-a^2)x^2-2abx+y^2-b^2=0$ …②
方程式①を②と比較できるように整理すると,
①は $\dfrac{3}{4}x^2-x+y^2-1=0$ …③

②,③の方程式で表される曲線が一致することから,係数を比較して
$1-a^2=\dfrac{3}{4}$   $2ab=1$   $b^2=1$

$0<a<1$ より $a=\dfrac{1}{2}$   このとき $b=1$

よって $a=\dfrac{1}{2}$, $b=1$

**定期テスト予想問題 の解答** —— 本冊→p.39〜40

**❶** (1) $(y-2)^2=12(x-1)$

(2) 楕円 $\dfrac{x^2}{16}+\dfrac{y^2}{9}=1$

(3) 双曲線 $\dfrac{x^2}{9}-\dfrac{y^2}{16}=-1$

**解き方** (1) 焦点 $F(4, 2)$,準線が $x=-2$
$P(x, y)$ から準線に垂線 $PH$ を下ろす。
条件は $PF=PH$ より
$\sqrt{(x-4)^2+(y-2)^2}=|x+2|$
両辺を2乗して
$x^2-8x+16+(y-2)^2=x^2+4x+4$
$(y-2)^2=12x-12$
$=12(x-1)$

(2) 点 Q$(u, v)$, 点 P$(x, y)$ とおくと
QH：PH$=4:3$ より
$x=u$ …①
$y=\dfrac{3}{4}v$ …②

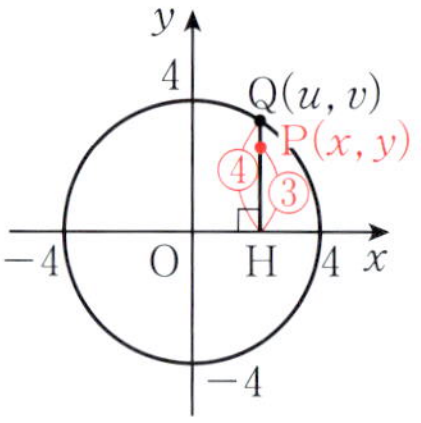

また Q は円周上にあるから
$u^2+v^2=16$ …③

①, ② より $u=x$, $v=\dfrac{4}{3}y$ を③に代入して
$x^2+\left(\dfrac{4}{3}y\right)^2=16$ 　$\dfrac{x^2}{16}+\dfrac{y^2}{9}=1$

(3) A$(0, 5)$, B$(0, -5)$, P$(x, y)$ のとき
$|\text{AP}-\text{BP}|=8$ より
$\sqrt{x^2+(y-5)^2}-\sqrt{x^2+(y+5)^2}=\pm 8$
$\sqrt{x^2+(y-5)^2}=\sqrt{x^2+(y+5)^2}\pm 8$

両辺を2乗して
$x^2+y^2-10y+25=x^2+y^2+10y+25$
$\qquad\qquad\pm 16\sqrt{x^2+(y+5)^2}+64$
$-20y-64=\pm 16\sqrt{x^2+(y+5)^2}$
$-5y-16=\pm 4\sqrt{x^2+(y+5)^2}$

両辺を2乗して
$25y^2+160y+256=16(x^2+y^2+10y+25)$
$16x^2-9y^2=-144$
$\dfrac{x^2}{9}-\dfrac{y^2}{16}=-1$

**(別解)** 2定点からの距離の差が一定である点の軌跡は双曲線であり，焦点が $y$ 軸上にあるから，
$\dfrac{x^2}{a^2}-\dfrac{y^2}{b^2}=-1$ とおける。$(a>0, b>0)$
$2b=8$ より　$b=4$
$a^2+b^2=5^2$ より　$a^2=5^2-4^2=9$　　$a=3$
よって　$\dfrac{x^2}{9}-\dfrac{y^2}{16}=-1$

❷ (1) $(\sqrt{7}-2, 1)$, $(-\sqrt{7}-2, 1)$

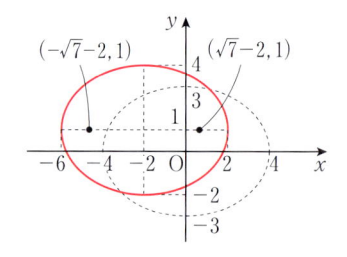

(2) $(\sqrt{2}+1, 0)$, $(-\sqrt{2}+1, 0)$

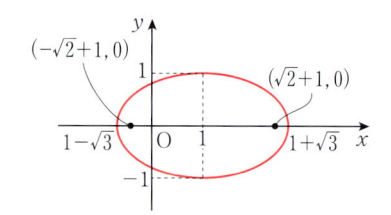

**解き方** (1) $\dfrac{x^2}{16}+\dfrac{y^2}{9}=1$ の楕円を $x$ 軸方向に $-2$, $y$ 軸方向に1だけ平行移動した楕円だから，
移動前の焦点は，$c=\pm\sqrt{16-9}=\pm\sqrt{7}$ より
$(\sqrt{7}, 0)$, $(-\sqrt{7}, 0)$
これを平行移動して　$(\sqrt{7}-2, 1)$, $(-\sqrt{7}-2, 1)$

(2) $x^2+3y^2-2x=2$
$(x-1)^2+3y^2=3$
$\dfrac{(x-1)^2}{3}+\dfrac{y^2}{1}=1$
$\dfrac{x^2}{3}+\dfrac{y^2}{1}=1$ の焦点は，$c=\pm\sqrt{3-1}=\pm\sqrt{2}$ より
$(\sqrt{2}, 0)$, $(-\sqrt{2}, 0)$
このグラフを $x$ 軸方向に1だけ平行移動すると，焦点は　$(\sqrt{2}+1, 0)$, $(-\sqrt{2}+1, 0)$

❸ (1) 焦点 $(\sqrt{13}, 0)$, $(-\sqrt{13}, 0)$
漸近線 $y=\dfrac{3}{2}x$, $y=-\dfrac{3}{2}x$

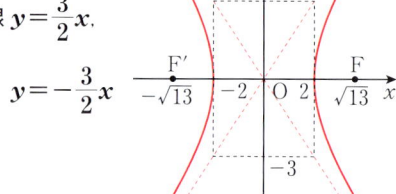

(2) 焦点 $(2, \sqrt{5}-1)$, $(2, -\sqrt{5}-1)$
漸近線 $y=\dfrac{1}{2}x-2$, $y=-\dfrac{1}{2}x$

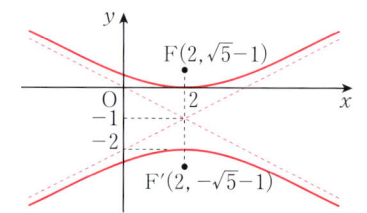

**解き方** (1) $\dfrac{x^2}{4}-\dfrac{y^2}{9}=1$

$c^2=4+9=13 \quad c=\pm\sqrt{13}$ より，

焦点は $(\sqrt{13},\ 0),\ (-\sqrt{13},\ 0)$

$\dfrac{x^2}{4}-\dfrac{y^2}{9}=0$ より，漸近線は $y=\pm\dfrac{3}{2}x$

(2) $(x-2)^2-4(y+1)^2=-4$

$\dfrac{(x-2)^2}{4}-\dfrac{(y+1)^2}{1}=-1$

$\dfrac{x^2}{4}-\dfrac{y^2}{1}=-1$ の焦点は $(0,\ \sqrt{5}),\ (0,\ -\sqrt{5})$

$x$ 軸方向に 2，$y$ 軸方向に $-1$ だけ平行移動して，

焦点は $(2,\ \sqrt{5}-1),\ (2,\ -\sqrt{5}-1)$

$\dfrac{(x-2)^2}{4}-\dfrac{(y+1)^2}{1}=0$ より，漸近線は

$y=\dfrac{1}{2}x-2,\ y=-\dfrac{1}{2}x$

**❹** $k<-\sqrt{3},\ k>\sqrt{3}$ のとき，共有点は 2 個

$k=\pm\sqrt{3}$ のとき，共有点は 1 個

$-\sqrt{3}<k<\sqrt{3}$ のとき，共有点は 0 個

接線が $y=2x+\sqrt{3}$ のとき，

接点は $\left(-\dfrac{2\sqrt{3}}{3},\ -\dfrac{\sqrt{3}}{3}\right)$

接線が $y=2x-\sqrt{3}$ のとき，接点は $\left(\dfrac{2\sqrt{3}}{3},\ \dfrac{\sqrt{3}}{3}\right)$

**解き方** $\begin{cases} x^2-y^2=1 & \cdots ① \\ y=2x+k & \cdots ② \end{cases}$

② を ① に代入して $x^2-(2x+k)^2=1$

$3x^2+4kx+(k^2+1)=0 \quad \cdots ③$

③ の判別式を $D$ とすると

$\dfrac{D}{4}=4k^2-3(k^2+1)=k^2-3$

$k^2-3>0$ のとき，

つまり $k<-\sqrt{3},\ k>\sqrt{3}$ のとき 2 個

$k^2-3=0$ のとき，つまり $k=\pm\sqrt{3}$ のとき 1 個

$k^2-3<0$ のとき，つまり $-\sqrt{3}<k<\sqrt{3}$ のとき 0 個

接する場合は $k=\pm\sqrt{3}$，接線は $y=2x\pm\sqrt{3}$

③ に代入して $3x^2\pm4\sqrt{3}x+4=0$ $(\sqrt{3}x\pm2)^2=0$

よって $x=\mp\dfrac{2}{\sqrt{3}}=\mp\dfrac{2\sqrt{3}}{3}$

このとき $y=2\cdot\left(\mp\dfrac{2\sqrt{3}}{3}\right)\pm\sqrt{3}=\mp\dfrac{\sqrt{3}}{3}$ (複号同順)

接線 $y=2x+\sqrt{3}$，接点 $\left(-\dfrac{2\sqrt{3}}{3},\ -\dfrac{\sqrt{3}}{3}\right)$

接線 $y=2x-\sqrt{3}$，接点 $\left(\dfrac{2\sqrt{3}}{3},\ \dfrac{\sqrt{3}}{3}\right)$

**❺** 双曲線 $\dfrac{(x+2)^2}{4}-\dfrac{y^2}{12}=1$

**解き方** P から直線 $x=-1$ へ垂線 PH を下ろす。

条件は，

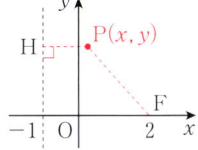

PF : PH $=2:1$ より

$\sqrt{(x-2)^2+y^2}=2|x+1|$

両辺を 2 乗して

$x^2-4x+4+y^2=4(x^2+2x+1)$

$3x^2+12x-y^2=0$

$3(x+2)^2-y^2=12$

$\dfrac{(x+2)^2}{4}-\dfrac{y^2}{12}=1$

**❻** (1) 楕円 $\dfrac{(x-1)^2}{9}+\dfrac{(y+2)^2}{4}=1$

(2) 双曲線 $\dfrac{x^2}{4}-\dfrac{y^2}{16}=1$

(3) 円 $\left(x-\dfrac{1}{2}\right)^2+y^2=\dfrac{1}{4}\quad(x\neq 0)$

(4) 双曲線 $\dfrac{x^2}{a^2}-\dfrac{y^2}{b^2}=1$

**解き方** (1) $\cos\theta=\dfrac{x-1}{3},\ \sin\theta=\dfrac{y+2}{2}$ を

$\cos^2\theta+\sin^2\theta=1$ に代入して

$\dfrac{(x-1)^2}{9}+\dfrac{(y+2)^2}{4}=1$

(2) $x=t+\dfrac{1}{t}\ \cdots ①,\ \dfrac{y}{2}=t-\dfrac{1}{t}\ \cdots ②$

$①^2-②^2$ より $x^2-\dfrac{y^2}{4}=4$

よって $\dfrac{x^2}{4}-\dfrac{y^2}{16}=1$

(3) $x=\dfrac{1}{1+t^2}$ …①, $y=\dfrac{t}{1+t^2}$ …②

①を②に代入して $y=tx$

$x\neq 0$ だから $t=\dfrac{y}{x}$ …③

③を①に代入して $x\left(1+\dfrac{y^2}{x^2}\right)=1$

$x^2+y^2=x$ より $\left(x-\dfrac{1}{2}\right)^2+y^2=\left(\dfrac{1}{2}\right)^2$ $(x\neq 0)$

(4) $\dfrac{1}{\cos\theta}=\dfrac{x}{a}$, $\tan\theta=\dfrac{y}{b}$

$1+\tan^2\theta=\dfrac{1}{\cos^2\theta}$ に代入して

$1+\dfrac{y^2}{b^2}=\dfrac{x^2}{a^2}$ よって $\dfrac{x^2}{a^2}-\dfrac{y^2}{b^2}=1$

❼ 楕円 $\dfrac{x^2}{\left(\dfrac{4a}{3}\right)^2}+\dfrac{y^2}{\left(\dfrac{2a}{3}\right)^2}=1$

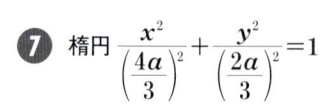

**解き方** $\angle AOB=\theta$ とし,
点 $P(x, y)$ を $\theta$ で表すと,
図より

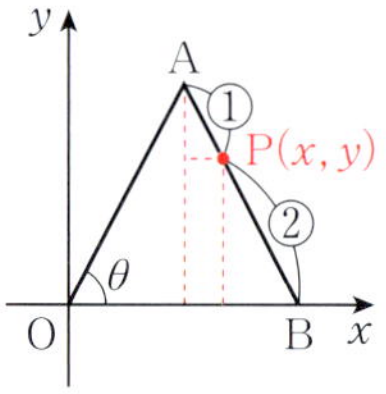

$x=a\cos\theta+\dfrac{1}{3}a\cos\theta$
$=\dfrac{4a}{3}\cos\theta$

$y=a\sin\theta-\dfrac{1}{3}a\sin\theta$
$=\dfrac{2a}{3}\sin\theta$

$\cos\theta=\dfrac{x}{\dfrac{4a}{3}}$, $\sin\theta=\dfrac{y}{\dfrac{2a}{3}}$ だから,

$\cos^2\theta+\sin^2\theta=1$ に代入して

$\dfrac{x^2}{\left(\dfrac{4a}{3}\right)^2}+\dfrac{y^2}{\left(\dfrac{2a}{3}\right)^2}=1$

(参考) $A(a\cos\theta, a\sin\theta)$, $B(2a\cos\theta, 0)$
また,$P(x, y)$ は線分 AB を $1:2$ の比に内分する
点だから

$x=\dfrac{2\cdot a\cos\theta+1\cdot 2a\cos\theta}{3}=\dfrac{4a}{3}\cos\theta$

$y=\dfrac{2a\sin\theta}{3}=\dfrac{2a}{3}\sin\theta$

として,$P(x, y)$ の座標を求めることもできる。

❽ (1) $x^2+y^2=2$

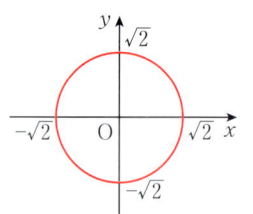

(2) $X^2=2(Y+1)$
$(-2\leqq X\leqq 2)$

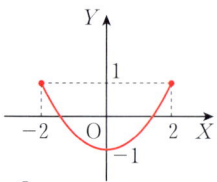

**解き方** (1) $x=\sin\theta+\cos\theta$ …①
$y=\sin\theta-\cos\theta$ …②

①²+②² より
$x^2=1+2\sin\theta\cos\theta$
$-)\ y^2=1-2\sin\theta\cos\theta$
$\overline{x^2+y^2=2}$

(2) $X=x+y=2\sin\theta$ …③
$Y=xy=(\sin\theta+\cos\theta)(\sin\theta-\cos\theta)$
$=\sin^2\theta-\cos^2\theta=2\sin^2\theta-1$ …④

③より,$\sin\theta=\dfrac{X}{2}$ を④に代入して

$Y=2\cdot\left(\dfrac{X}{2}\right)^2-1$

$X^2=2(Y+1)$

③より $-2\leqq X\leqq 2$

❾ (1) $x^2+y^2-2x=0$ (2) $xy=\dfrac{1}{2}$

(3) $x+\sqrt{3}y=4$ (4) $3x^2+4y^2-6x=9$

**解き方** (1) $r=2\cos\theta$ の両辺に $r$ を掛けて
$r^2=2r\cos\theta$ より $x^2+y^2=2x$
よって $x^2+y^2-2x=0$

(2) $r^2\sin 2\theta=1$ $2r^2\sin\theta\cos\theta=1$
よって $2xy=1$

(3) $r\cos\left(\theta-\dfrac{\pi}{3}\right)=2$

$r\left(\cos\theta\cos\dfrac{\pi}{3}+\sin\theta\sin\dfrac{\pi}{3}\right)=2$

$r\cos\theta\cdot\dfrac{1}{2}+r\sin\theta\cdot\dfrac{\sqrt{3}}{2}=2$ より

$\dfrac{1}{2}x+\dfrac{\sqrt{3}}{2}y=2$

よって $x+\sqrt{3}y=4$

(4) $r = \dfrac{3}{2-\cos\theta}$

　　$2r - r\cos\theta = 3$

　　$2r - x = 3$ より　$2r = x + 3$

　　両辺を 2 乗して　$4r^2 = (x+3)^2$

　　$4(x^2 + y^2) = x^2 + 6x + 9$

　　$3x^2 + 4y^2 - 6x = 9$

**❿** (1) $\sqrt{25 - 12\sqrt{3}}$　　(2) $3$

**解き方** (1) 余弦定理により

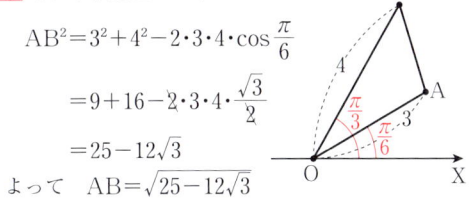

　　$AB^2 = 3^2 + 4^2 - 2\cdot 3\cdot 4\cdot\cos\dfrac{\pi}{6}$

　　　　$= 9 + 16 - 2\cdot 3\cdot 4\cdot\dfrac{\sqrt{3}}{2}$

　　　　$= 25 - 12\sqrt{3}$

　　よって　$AB = \sqrt{25 - 12\sqrt{3}}$

(2) $S = \dfrac{1}{2}\cdot 3\cdot 4\cdot\sin\dfrac{\pi}{6} = \dfrac{1}{2}\cdot 3\cdot 4\cdot\dfrac{1}{2} = 3$

**⓫** $r = \dfrac{a}{1+\cos\theta}$

**解き方**　P から OX に垂線 PB を下ろす。

　　$OP = r$

　　$PH = OA - OB$

　　　　$= a - r\cos\theta$

　　したがって，$OP = PH$ より

　　$r = a - r\cos\theta$

　　$(1 + \cos\theta)r = a$

　　よって　$r = \dfrac{a}{1+\cos\theta}$

# 2章 複素数平面

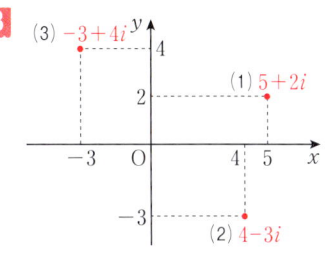

**類題 の解答**　　　　　　　　　　本冊→p. 42〜56

**28** (3) $-3 + 4i$　(1) $5 + 2i$　(2) $4 - 3i$

**29** (1) ① $5 + 3i$　② $3 - 6i$　③ $7 - 3i$
　　(2) ① $\sqrt{34}$　② $3\sqrt{5}$　③ $\sqrt{58}$

**解き方** (1) ③ $(1-i)(2+5i) = 2 + 3i - 5i^2 = 7 + 3i$

　　$\overline{7+3i} = 7 - 3i$

(別解) $\overline{(1-i)(2+5i)} = \overline{(1-i)}\,\overline{(2+5i)}$

　　　　$= (1+i)(2-5i) = 7 - 3i$

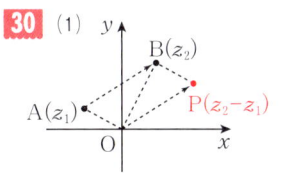

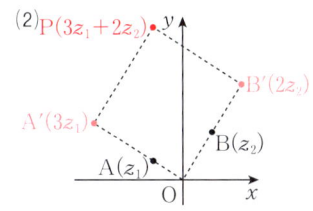

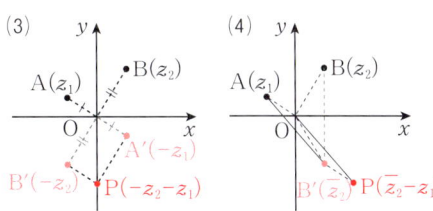

**30** (1) $P(z_2 - z_1)$

(2) $P(3z_1 + 2z_2)$，$A'(3z_1)$，$B'(2z_2)$

(3) $A'(-z_1)$，$B'(-z_2)$，$P(-z_2 - z_1)$

(4) $B'(\overline{z_2})$，$P(\overline{z_2} - z_1)$

**解き方**　$A(z_1)$, $B(z_2)$ とする。

(1) $P(z_2 - z_1)$ は $\overrightarrow{OP} = \overrightarrow{AB}$ を満たす点である。

(2) $A'(3z_1)$，$B'(2z_2)$ をとると，$P(3z_1 + 2z_2)$ は $OA'$，$OB'$ を 2 辺とする平行四辺形の第 4 の頂点である。

(3) A'$(-z_1)$, B'$(-z_2)$ をとると,
  $-z_2-z_1=(-z_2)+(-z_1)$ と考えて,
  P$(-z_2-z_1)$ は OA', OB' を 2 辺とする平行四辺形の第 4 の頂点である。
(4) B'$(\overline{z_2})$ をとると, P$(\overline{z_2}-z_1)$ は $\overrightarrow{OP}=\overrightarrow{AB'}$ を満たす点である。

**31** (1) $2\left(\cos\dfrac{2}{3}\pi+i\sin\dfrac{2}{3}\pi\right)$

(2) $4\left(\cos\dfrac{5}{3}\pi+i\sin\dfrac{5}{3}\pi\right)$

(3) $2\left(\cos\dfrac{\pi}{2}+i\sin\dfrac{\pi}{2}\right)$

(4) $\cos\dfrac{3}{4}\pi+i\sin\dfrac{3}{4}\pi$

**解き方** (1) $|-1+\sqrt{3}i|=\sqrt{(-1)^2+(\sqrt{3})^2}=2$
  $-1+\sqrt{3}i=2\left(-\dfrac{1}{2}+\dfrac{\sqrt{3}}{2}i\right)$ より, 偏角は $\dfrac{2}{3}\pi$
(2) $|2-2\sqrt{3}i|=\sqrt{2^2+(-2\sqrt{3})^2}=4$
  $2-2\sqrt{3}i=4\left(\dfrac{1}{2}-\dfrac{\sqrt{3}}{2}i\right)$ より, 偏角は $\dfrac{5}{3}\pi$
(3) $|2i|=2$   偏角は $\dfrac{\pi}{2}$
(4) 与式 $=-\dfrac{1}{\sqrt{2}}+\dfrac{1}{\sqrt{2}}i$   絶対値は 1, 偏角は $\dfrac{3}{4}\pi$

**32** $-2+2\sqrt{3}i$

**解き方** $\sqrt{3}-i$ に, 絶対値 2, 偏角 $\dfrac{5}{6}\pi$ の複素数
$2\left(\cos\dfrac{5}{6}\pi+i\sin\dfrac{5}{6}\pi\right)=-\sqrt{3}+i$ を掛けるとよい。
$(\sqrt{3}-i)(-\sqrt{3}+i)=-2+2\sqrt{3}i$

**33** $\angle\mathrm{OAB}=\dfrac{\pi}{2}$ の直角二等辺三角形

**解き方** $\dfrac{-1+3i}{1+2i}=\dfrac{(-1+3i)(1-2i)}{(1+2i)(1-2i)}$
$=\dfrac{5+5i}{5}=1+i=\sqrt{2}\left(\cos\dfrac{\pi}{4}+i\sin\dfrac{\pi}{4}\right)$
よって $\dfrac{\mathrm{OB}}{\mathrm{OA}}=\sqrt{2}$, $\angle\mathrm{AOB}=\dfrac{\pi}{4}$
ゆえに OA=AB, $\angle\mathrm{OAB}=\dfrac{\pi}{2}$

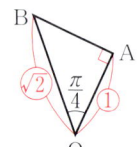

したがって, $\angle\mathrm{OAB}=\dfrac{\pi}{2}$ の直角二等辺三角形。

**(参考)** A$(z_1)$, B$(z_2)$ のとき
$\dfrac{z_2}{z_1}=r(\cos\theta+i\sin\theta)$ を読むと,
$\dfrac{|z_2|}{|z_1|}=\dfrac{\mathrm{OB}}{\mathrm{OA}}=r$, $\angle\mathrm{AOB}=\theta$ だから,
点 B は点 O を中心に点 A を $\theta$ だけ回転し, さらに O からの距離を $r$ 倍した点である。

**34** (1) 16   (2) $-\dfrac{1}{32}-\dfrac{\sqrt{3}}{32}i$

**解き方** (1) $1+i=\sqrt{2}\left(\cos\dfrac{\pi}{4}+i\sin\dfrac{\pi}{4}\right)$
$(1+i)^8=(\sqrt{2})^8\left(\cos\dfrac{\pi}{4}+i\sin\dfrac{\pi}{4}\right)^8$
$=16\left\{\cos\left(8\times\dfrac{\pi}{4}\right)+i\sin\left(8\times\dfrac{\pi}{4}\right)\right\}$
$=16(\cos 2\pi+i\sin 2\pi)=16$
(2) $(1-\sqrt{3}i)^{-1}=\dfrac{1+\sqrt{3}i}{(1-\sqrt{3}i)(1+\sqrt{3}i)}$
$=\dfrac{2}{4}\left(\cos\dfrac{\pi}{3}+i\sin\dfrac{\pi}{3}\right)$
よって $(1-\sqrt{3}i)^{-4}=\{(1-\sqrt{3}i)^{-1}\}^4$
$=\left(\dfrac{1}{2}\right)^4\left(\cos\dfrac{\pi}{3}+i\sin\dfrac{\pi}{3}\right)^4$
$=\dfrac{1}{16}\left(\cos\dfrac{4}{3}\pi+i\sin\dfrac{4}{3}\pi\right)=\dfrac{1}{16}\left(-\dfrac{1}{2}-\dfrac{\sqrt{3}}{2}i\right)$

**(参考)**
$(1-\sqrt{3}i)^{-4}=\left[2\left\{\cos\left(-\dfrac{\pi}{3}\right)+i\sin\left(-\dfrac{\pi}{3}\right)\right\}\right]^{-4}$
$=2^{-4}\left(\cos\dfrac{4}{3}\pi+i\sin\dfrac{4}{3}\pi\right)=\dfrac{1}{16}\left(-\dfrac{1}{2}-\dfrac{\sqrt{3}}{2}i\right)$
このように, ド・モアブルの定理は $n$ が負の整数のときも成り立つ。

**35** (1) $z=-1$, $\dfrac{1}{2}\pm\dfrac{\sqrt{3}}{2}i$   (2) $z=\pm 2$, $\pm 2i$

(3) $z=\pm\dfrac{\sqrt{3}}{2}+\dfrac{1}{2}i$, $-i$

**解き方** $z=r(\cos\theta+i\sin\theta)$ …① とおく。
(1) $z^3=-1$ より $r^3(\cos\theta+i\sin\theta)^3=-1$
  $r^3(\cos 3\theta+i\sin 3\theta)=1(\cos\pi+i\sin\pi)$
  よって $r^3=1$   $r>0$ だから $r=1$

$3\theta = \pi + 2k\pi$ より $\theta = \dfrac{\pi + 2k\pi}{3}$ $(k=0, 1, 2)$

よって $\theta = \dfrac{\pi}{3}, \pi, \dfrac{5}{3}\pi$

①に代入して解を得る。

(2) $z^4 = 16$ より

$r^4(\cos 4\theta + i\sin 4\theta) = 2^4(\cos 0 + i\sin 0)$

よって $r^4 = 2^4$  $r>0$ だから $r=2$

$4\theta = 0 + 2k\pi$ より $\theta = \dfrac{k\pi}{2}$ $(k=0, 1, 2, 3)$

よって $\theta = 0, \dfrac{\pi}{2}, \pi, \dfrac{3}{2}\pi$

①に代入して解を得る。

(3) $z^3 = i$ より

$r^3(\cos 3\theta + i\sin 3\theta) = 1\left(\cos\dfrac{\pi}{2} + i\sin\dfrac{\pi}{2}\right)$

よって $r^3 = 1$  $r>0$ だから $r=1$

$3\theta = \dfrac{\pi}{2} + 2k\pi$ より $\theta = \dfrac{\pi}{6} + \dfrac{2}{3}k\pi$ $(k=0, 1, 2)$

よって $\theta = \dfrac{\pi}{6}, \dfrac{5}{6}\pi, \dfrac{3}{2}\pi$

①に代入して解を得る。

(参考) 複素数平面上では，(1)，(3) の解は O を中心とする半径 1 の円周の三等分点，(2) の解は O を中心とする半径 2 の円周の四等分点である。

**36** (1) 13  (2) $2\sqrt{10}$

解き方 (1) $AB = |(-9+3i) - (3-2i)| = |-12+5i|$
$= \sqrt{(-12)^2 + 5^2} = \sqrt{169} = 13$

(2) $PQ = |(4-i) - (2+5i)| = |2-6i|$
$= \sqrt{2^2 + (-6)^2} = \sqrt{40} = 2\sqrt{10}$

**37** A : $\dfrac{9}{5} + \dfrac{4}{5}i$, B : $-3+8i$

解き方 内分点 $\dfrac{2(3-i) + 3(1+2i)}{3+2} = \dfrac{9+4i}{5}$

外分点 $\dfrac{-2(3-i) + 3(1+2i)}{3-2} = -3+8i$

**38** $A(\alpha)$, $B(\beta)$, $C(\gamma)$ とおくと

$P\left(\dfrac{2\alpha+\beta}{3}\right)$, $Q\left(\dfrac{2\beta+\gamma}{3}\right)$, $R\left(\dfrac{2\gamma+\alpha}{3}\right)$

よって，△PQR の重心を表す複素数は

$\dfrac{1}{3}\left(\dfrac{2\alpha+\beta}{3} + \dfrac{2\beta+\gamma}{3} + \dfrac{2\gamma+\alpha}{3}\right)$

$= \dfrac{1}{3}(\alpha + \beta + \gamma)$

これは △ABC の重心を表す複素数であるから，△ABC の重心と △PQR の重心は一致する。

**39** (1) 点 $\dfrac{-1+i}{2}$ を中心とする半径 2 の円

(2) 原点と点 $1+i$ を結ぶ線分の垂直二等分線

解き方 (1) 与式より $\left|2\left(z - \dfrac{-1+i}{2}\right)\right| = 4$

$2\left|z - \dfrac{-1+i}{2}\right| = 4$  $\left|z - \dfrac{-1+i}{2}\right| = 2$

(2) $|\bar{z}| = |z|$ であるから，与式は
$|z| = |z - (1+i)|$

よって，点 $z$ は，原点と点 $1+i$ を結ぶ線分の垂直二等分線を描く。

**40-1** 点 2 を中心とする半径 3 の円周上

解き方 $w = 2 - iz$ より $z = \dfrac{w-2}{-i}$

$|z| = 3$ に代入して $\left|\dfrac{w-2}{-i}\right| = 3$  $\dfrac{|w-2|}{|-i|} = 3$

よって $|w-2| = 3$

**40-2** (1) 原点 O を中心とする半径 1 の円

(2) 原点 O を中心とする半径 $\sqrt{2}$ の円

解き方 $|z| = 1$

(1) $w = \dfrac{1}{z}$ より $|w| = \left|\dfrac{1}{z}\right| = \dfrac{1}{|z|}$

よって $|w| = 1$

(2) $w = \dfrac{1+i}{z}$ より $|w| = \left|\dfrac{1+i}{z}\right| = \dfrac{\sqrt{2}}{|z|}$

よって $|w| = \sqrt{2}$

(別解) (1) $w = \dfrac{1}{z}$ のとき，$w = \dfrac{\bar{z}}{z\bar{z}} = \dfrac{\bar{z}}{|z|^2} = \bar{z}$ より，$w$ と $z$ は実軸に関して対称となっているから，点 $w$ の描く図形は $z$ の描く図形を実軸に関して対称移動したもの。

(2) $w = \dfrac{1+i}{z} = \sqrt{2}\left(\cos\dfrac{\pi}{4} + i\sin\dfrac{\pi}{4}\right) \cdot \dfrac{1}{z}$

これより点 $w$ の描く図形は，点 $\dfrac{1}{z}$ の描く図形を原点 O のまわりに $\dfrac{\pi}{4}$ だけ回転し，O を中心に $\sqrt{2}$ 倍に拡大したものとなる．

**41** (1) $AB:AC = 1:\sqrt{2}$, $\angle BAC = \dfrac{3}{4}\pi$ の三角形

(2) $AB:AC = 1:3$, $\angle BAC = \dfrac{\pi}{2}$ の直角三角形

(3) 3 点は C, A, B の順に一直線上にあり，$AB:AC = 1:2$

**解き方** (1) $|-1+i| = \sqrt{(-1)^2+1^2} = \sqrt{2}$ より

$-1+i = \sqrt{2}\left(-\dfrac{1}{\sqrt{2}} + \dfrac{1}{\sqrt{2}}i\right)$
$= \sqrt{2}\left(\cos\dfrac{3}{4}\pi + i\sin\dfrac{3}{4}\pi\right)$

$\dfrac{AC}{AB} = \sqrt{2}$, $\angle BAC = \dfrac{3}{4}\pi$

したがって，$AB:AC = 1:\sqrt{2}$, $\angle BAC = \dfrac{3}{4}\pi$ の三角形．

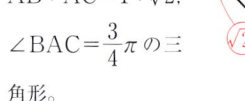

(2) $-3i = 3\left(\cos\dfrac{3}{2}\pi + i\sin\dfrac{3}{2}\pi\right)$ より

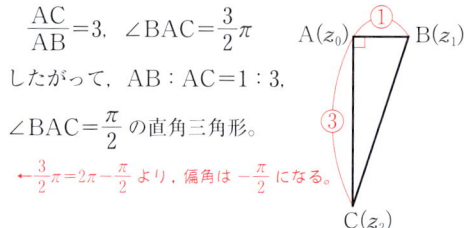

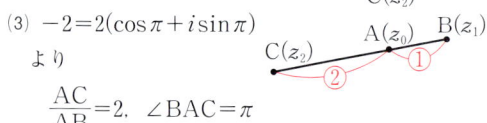

$\dfrac{AC}{AB} = 3$, $\angle BAC = \dfrac{3}{2}\pi$

したがって，$AB:AC = 1:3$, $\angle BAC = \dfrac{\pi}{2}$ の直角三角形．

←$\dfrac{3}{2}\pi = 2\pi - \dfrac{\pi}{2}$ より，偏角は $-\dfrac{\pi}{2}$ になる．

(3) $-2 = 2(\cos\pi + i\sin\pi)$ より

$\dfrac{AC}{AB} = 2$, $\angle BAC = \pi$

したがって，3 点は C, A, B の順に一直線上にあり $AB:AC = 1:2$  ←C は AB を 2:3 に外分する点

---

**定期テスト予想問題 の解答** ──本冊→p. 57〜58

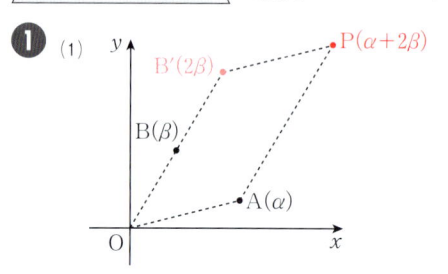

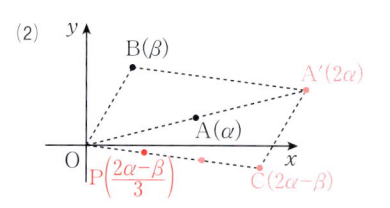

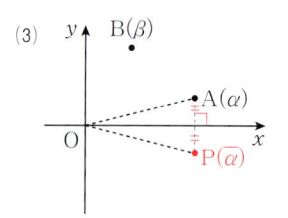

**❶** (1), (2), (3) 図

**❷** $2(|\alpha|^2 + |\beta|^2)$

**解き方** $|\alpha+\beta|^2 + |\alpha-\beta|^2$
$= (\alpha+\beta)\overline{(\alpha+\beta)} + (\alpha-\beta)\overline{(\alpha-\beta)}$
$= (\alpha+\beta)(\bar{\alpha}+\bar{\beta}) + (\alpha-\beta)(\bar{\alpha}-\bar{\beta})$
$= \alpha\bar{\alpha} + \alpha\bar{\beta} + \beta\bar{\alpha} + \beta\bar{\beta} + \alpha\bar{\alpha} - \alpha\bar{\beta} - \beta\bar{\alpha} + \beta\bar{\beta}$
$= 2(|\alpha|^2 + |\beta|^2)$

**❸** (1) $\cos\dfrac{3}{2}\pi + i\sin\dfrac{3}{2}\pi$

(2) $\sqrt{2}\left(\cos\dfrac{\pi}{4} + i\sin\dfrac{\pi}{4}\right)$

**解き方** (1) $-i = 1 \cdot (0 - 1 \cdot i)$
$= 1 \cdot \left(\cos\dfrac{3}{2}\pi + i\sin\dfrac{3}{2}\pi\right)$

(2) $1-i + \dfrac{2(1+i)}{1-i} = 1-i + \dfrac{2(1+i)^2}{1^2-i^2}$
$= 1-i + (1+2i+i^2)$
$= 1+i = \sqrt{2}\left(\dfrac{1}{\sqrt{2}} + \dfrac{1}{\sqrt{2}}i\right)$
$= \sqrt{2}\left(\cos\dfrac{\pi}{4} + i\sin\dfrac{\pi}{4}\right)$

**❹** (1) $\dfrac{1}{r}\{\cos(-\theta)+i\sin(-\theta)\}$

(2) $2r\{\cos(\pi+\theta)+i\sin(\pi+\theta)\}$

解き方 (1) $\dfrac{1}{z}=\dfrac{1}{r(\cos\theta+i\sin\theta)}$

$=\dfrac{1}{r}\cdot\dfrac{\cos\theta-i\sin\theta}{\cos^2\theta+\sin^2\theta}$

$=\dfrac{1}{r}\{\cos(-\theta)+i\sin(-\theta)\}$

(2) $-2z=-2r(\cos\theta+i\sin\theta)$
$=2r(\cos\pi+i\sin\pi)(\cos\theta+i\sin\theta)$
$=2r\{\cos(\pi+\theta)+i\sin(\pi+\theta)\}$

**❺** $\arg z_1\cdot z_2=\dfrac{5}{12}\pi$, $\arg\dfrac{z_2}{z_1}=\dfrac{\pi}{12}$

解き方 $z_1=\sqrt{3}+i=2\left(\dfrac{\sqrt{3}}{2}+\dfrac{1}{2}i\right)$

$=2\left(\cos\dfrac{\pi}{6}+i\sin\dfrac{\pi}{6}\right)$

$z_2=1+i=\sqrt{2}\left(\dfrac{1}{\sqrt{2}}+\dfrac{1}{\sqrt{2}}i\right)$

$=\sqrt{2}\left(\cos\dfrac{\pi}{4}+i\sin\dfrac{\pi}{4}\right)$

$\arg z_1\cdot z_2=\arg z_1+\arg z_2=\dfrac{\pi}{6}+\dfrac{\pi}{4}=\dfrac{5}{12}\pi$

$\arg\dfrac{z_2}{z_1}=\arg z_2-\arg z_1=\dfrac{\pi}{4}-\dfrac{\pi}{6}=\dfrac{\pi}{12}$

**❻** (1) $64$ (2) $-64$

解き方 (1) $1+\sqrt{3}i=2\left(\dfrac{1}{2}+\dfrac{\sqrt{3}}{2}i\right)$

$=2\left(\cos\dfrac{\pi}{3}+i\sin\dfrac{\pi}{3}\right)$

$(1+\sqrt{3}i)^6=2^6\left\{\cos\left(6\cdot\dfrac{\pi}{3}\right)+i\sin\left(6\cdot\dfrac{\pi}{3}\right)\right\}$

$=64(\cos 2\pi+i\sin 2\pi)=64$

(2) $\dfrac{2+2i}{1-\sqrt{3}i}=\dfrac{2\sqrt{2}\left(\cos\dfrac{\pi}{4}+i\sin\dfrac{\pi}{4}\right)}{2\left\{\cos\left(-\dfrac{\pi}{3}\right)+i\sin\left(-\dfrac{\pi}{3}\right)\right\}}$

$=\sqrt{2}\left\{\cos\left(\dfrac{\pi}{4}+\dfrac{\pi}{3}\right)+i\sin\left(\dfrac{\pi}{4}+\dfrac{\pi}{3}\right)\right\}$

$=\sqrt{2}\left(\cos\dfrac{7}{12}\pi+i\sin\dfrac{7}{12}\pi\right)$

$\left(\dfrac{2+2i}{1-\sqrt{3}i}\right)^{12}$

$=(\sqrt{2})^{12}\left\{\cos\left(12\times\dfrac{7}{12}\pi\right)+i\sin\left(12\times\dfrac{7}{12}\pi\right)\right\}$

$=(\sqrt{2})^{12}(\cos 7\pi+i\sin 7\pi)$

$=64(-1+0i)=-64$

**❼** $\cos\left(\pm\dfrac{\pi}{6}\right)+i\sin\left(\pm\dfrac{\pi}{6}\right)$ (複号同順)

解き方 $z+\dfrac{1}{z}=\sqrt{3}$

$z^2-\sqrt{3}z+1=0$

$z=\dfrac{\sqrt{3}\pm\sqrt{3-4}}{2}=\dfrac{\sqrt{3}}{2}\pm\dfrac{1}{2}i$

$=\cos\left(\pm\dfrac{\pi}{6}\right)+i\sin\left(\pm\dfrac{\pi}{6}\right)$

**❽** $1+\sqrt{3}i$

解き方 

与式$=\dfrac{2(\cos 3\theta+i\sin 3\theta)(\cos 5\theta+i\sin 5\theta)}{\cos(-2\theta)+i\sin(-2\theta)}$

$=2\{\cos(3\theta+5\theta+2\theta)+i\sin(3\theta+5\theta+2\theta)\}$

$=2(\cos 10\theta+i\sin 10\theta)$

$\theta=\dfrac{\pi}{30}$ を代入して

$2\left(\cos\dfrac{\pi}{3}+i\sin\dfrac{\pi}{3}\right)=2\left(\dfrac{1}{2}+\dfrac{\sqrt{3}}{2}i\right)$

$=1+\sqrt{3}i$

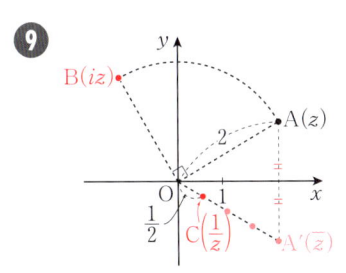

**❾**

解き方 (1) $iz=z\left(\cos\dfrac{\pi}{2}+i\sin\dfrac{\pi}{2}\right)$ だから,原点を中心に,点 A を $\dfrac{\pi}{2}$ だけ回転した点が B となる。

(2) $\dfrac{1}{z}=\dfrac{1}{r(\cos\theta+i\sin\theta)}$

$=\dfrac{1}{r}\{\cos(-\theta)+i\sin(-\theta)\}$

よって，点 A と実軸に関して対称な点 A′ をとり，OA′ 上に OC $=\dfrac{1}{r}$ となる点 C をとればよい。

この図では $r=2$ なので，$\left|\dfrac{1}{z}\right|=\dfrac{1}{2}$ になる。

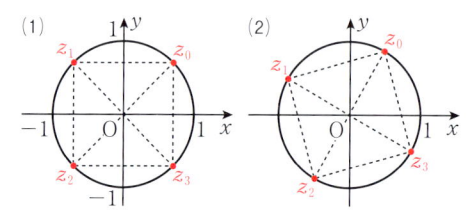

**❿** (1) $z=\dfrac{\sqrt{2}}{2}\pm\dfrac{\sqrt{2}}{2}i,\ -\dfrac{\sqrt{2}}{2}\pm\dfrac{\sqrt{2}}{2}i$

(2) $z=\pm\dfrac{1}{2}\pm\dfrac{\sqrt{3}}{2}i,\ \mp\dfrac{\sqrt{3}}{2}\pm\dfrac{1}{2}i$（複号同順）

**解き方** $z=r(\cos\theta+i\sin\theta)$ とおく。

(1) $z^4=-1$ より

$r^4(\cos4\theta+i\sin4\theta)=1(\cos\pi+i\sin\pi)$

$r^4=1$ で，$r>0$ より $r=1$

$4\theta=\pi+2k\pi$ より

$\theta=\dfrac{\pi}{4}+\dfrac{k\pi}{2}\ (k=0,\ 1,\ 2,\ 3)$

$\theta=\dfrac{\pi}{4},\ \dfrac{3}{4}\pi,\ \dfrac{5}{4}\pi,\ \dfrac{7}{4}\pi$

$z_0=1\left(\cos\dfrac{\pi}{4}+i\sin\dfrac{\pi}{4}\right)=\dfrac{\sqrt{2}}{2}+\dfrac{\sqrt{2}}{2}i$

$z_1=1\left(\cos\dfrac{3}{4}\pi+i\sin\dfrac{3}{4}\pi\right)=-\dfrac{\sqrt{2}}{2}+\dfrac{\sqrt{2}}{2}i$

$z_2=1\left(\cos\dfrac{5}{4}\pi+i\sin\dfrac{5}{4}\pi\right)=-\dfrac{\sqrt{2}}{2}-\dfrac{\sqrt{2}}{2}i$

$z_3=1\left(\cos\dfrac{7}{4}\pi+i\sin\dfrac{7}{4}\pi\right)=\dfrac{\sqrt{2}}{2}-\dfrac{\sqrt{2}}{2}i$

(2) $z^4=-\dfrac{1}{2}-\dfrac{\sqrt{3}}{2}i$ より

$r^4(\cos4\theta+i\sin4\theta)=1\left(\cos\dfrac{4}{3}\pi+i\sin\dfrac{4}{3}\pi\right)$

$r^4=1$ で，$r>0$ より $r=1$

$4\theta=\dfrac{4}{3}\pi+2k\pi$ より

$\theta=\dfrac{\pi}{3}+\dfrac{k\pi}{2}\ (k=0,\ 1,\ 2,\ 3)$

$\theta=\dfrac{\pi}{3},\ \dfrac{5}{6}\pi,\ \dfrac{4}{3}\pi,\ \dfrac{11}{6}\pi$

$z_0=1\left(\cos\dfrac{\pi}{3}+i\sin\dfrac{\pi}{3}\right)=\dfrac{1}{2}+\dfrac{\sqrt{3}}{2}i$

$z_1=1\left(\cos\dfrac{5}{6}\pi+i\sin\dfrac{5}{6}\pi\right)=-\dfrac{\sqrt{3}}{2}+\dfrac{1}{2}i$

$z_2=1\left(\cos\dfrac{4}{3}\pi+i\sin\dfrac{4}{3}\pi\right)=-\dfrac{1}{2}-\dfrac{\sqrt{3}}{2}i$

$z_3=1\left(\cos\dfrac{11}{6}\pi+i\sin\dfrac{11}{6}\pi\right)=\dfrac{\sqrt{3}}{2}-\dfrac{1}{2}i$

（参考）

(1)，(2)とも $r=1$ だから，解はすべて半径 1 の円周上にあり，また，$z_0,\ z_1,\ z_2,\ z_3$ は正方形の各頂点となる。

**⓫** (1) $x=4$  (2) $x=8$

**解き方** $A(z_0),\ B(z_1),\ C(z_2)$ とするとき

$\dfrac{z_2-z_0}{z_1-z_0}=\dfrac{(x+i)-(6-i)}{(3+2i)-(6-i)}=\dfrac{(x-6)+2i}{-3+3i}$

$=\dfrac{\{(x-6)+2i\}(1+i)}{-3(1-i)(1+i)}$

$=\dfrac{(x-6+2i^2)+(x-6+2)i}{-3(1-i^2)}$

$=\dfrac{(x-8)+(x-4)i}{-6}=\dfrac{8-x}{6}+\dfrac{4-x}{6}i$ …①

(1) A，B，C が一直線上にあるのは偏角が 0 か $\pi$ のときだから①が実数となる。

したがって $x=4$

(2) AB⊥AC となるのは偏角が $\dfrac{\pi}{2}$ か $\dfrac{3}{2}\pi$ のときだから①が純虚数となる。したがって $x=8$

**⓬** AB＝BC の直角二等辺三角形

**解き方** $A(z_0),\ B(z_1),\ C(z_2)$ とするとき

$\dfrac{z_2-z_0}{z_1-z_0}=\dfrac{i-(4-i)}{3+2i-(4-i)}=\dfrac{-4+2i}{-1+3i}$

$=\dfrac{(-4+2i)(-1-3i)}{(-1+3i)(-1-3i)}$

$=\dfrac{4+12i-2i-6i^2}{1-9i^2}=\dfrac{10+10i}{10}=1+i$

$=\sqrt{2}\left(\cos\dfrac{\pi}{4}+i\sin\dfrac{\pi}{4}\right)$

$\dfrac{|z_2-z_0|}{|z_1-z_0|}=\sqrt{2}$ より $\dfrac{\mathrm{AC}}{\mathrm{AB}}=\sqrt{2}$

$\arg\dfrac{z_2-z_0}{z_1-z_0}=\dfrac{\pi}{4}$ より

$\angle \mathrm{BAC}=\dfrac{\pi}{4}$

三角形の2辺の比とその間の角から，AB=BC の直角二等辺三角形。

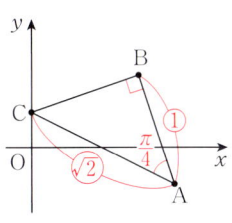

❶❸ $\angle \mathrm{A}=60°$，$\angle \mathrm{B}=30°$，$\angle \mathrm{C}=90°$ の直角三角形

解き方 $\mathrm{A}(z_0)$，$\mathrm{B}(z_1)$，$\mathrm{C}(z_2)$ とする。
$z_0=(\sqrt{3}+1)+i$　$z_1=2+(2+\sqrt{3})i$
$z_2=(2+\sqrt{3})+2i$

$\dfrac{z_2-z_0}{z_1-z_0}=\dfrac{(2+\sqrt{3})+2i-\{(\sqrt{3}+1)+i\}}{2+(2+\sqrt{3})i-\{(\sqrt{3}+1)+i\}}$

$=\dfrac{1+i}{(1-\sqrt{3})+(1+\sqrt{3})i}$

$=\dfrac{(1+i)\{(1-\sqrt{3})-(1+\sqrt{3})i\}}{\{(1-\sqrt{3})+(1+\sqrt{3})i\}\{(1-\sqrt{3})-(1+\sqrt{3})i\}}$

$=\dfrac{1-\sqrt{3}-(1+\sqrt{3})i+(1-\sqrt{3})i-(1+\sqrt{3})i^2}{(1-\sqrt{3})^2-(1+\sqrt{3})^2i^2}$

$=\dfrac{2-2\sqrt{3}i}{8}=\dfrac{1-\sqrt{3}i}{4}$

$=\dfrac{1}{2}\left(\dfrac{1}{2}-\dfrac{\sqrt{3}}{2}i\right)=\dfrac{1}{2}\left\{\cos\left(-\dfrac{\pi}{3}\right)+i\sin\left(-\dfrac{\pi}{3}\right)\right\}$

$\left|\dfrac{z_2-z_0}{z_1-z_0}\right|=\dfrac{\mathrm{AC}}{\mathrm{AB}}=\dfrac{1}{2}$ より　$\mathrm{AB}:\mathrm{AC}=2:1$

$\arg\dfrac{z_2-z_0}{z_1-z_0}=-\dfrac{\pi}{3}$ より

$\angle \mathrm{BAC}=\dfrac{\pi}{3}$

このことを図で表すと，右の図のようになる。

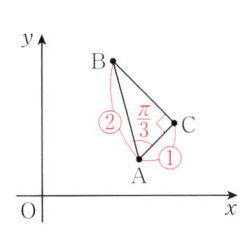

❶❹ $\dfrac{\pi}{4}$

解き方 $\dfrac{z_2-z_1}{z_4-z_3}=1+i=\sqrt{2}\left(\cos\dfrac{\pi}{4}+i\sin\dfrac{\pi}{4}\right)$

$\arg\dfrac{z_2-z_1}{z_4-z_3}=\dfrac{\pi}{4}$

$\arg(z_2-z_1)-\arg(z_4-z_3)=\dfrac{\pi}{4}$ だから

2直線 AB と CD のなす角は $\dfrac{\pi}{4}$

(参考)
右の図の位置関係から
$\overrightarrow{\mathrm{OP}}=\overrightarrow{\mathrm{AB}}$
$\overrightarrow{\mathrm{OQ}}=\overrightarrow{\mathrm{CD}}$
AB と CD のなす角 $\theta$ は $\angle \mathrm{QOP}$ を求めればよい。

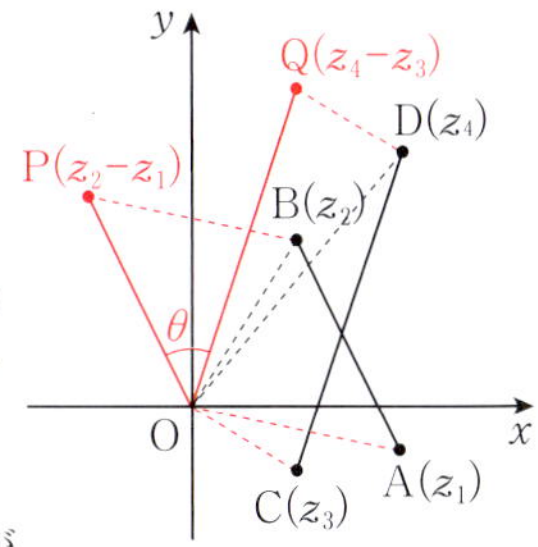

よって，$\arg\dfrac{z_2-z_1}{z_4-z_3}$ が求める角 $\theta$ である。

❶❺ 点 $\mathrm{A}(0)$，$\mathrm{B}(z_1)$，$\mathrm{C}(z_2)$ とおくと，点 E は点 A を中心に点 B を $-\dfrac{\pi}{2}$ だけ回転した点だから $\mathrm{E}(-z_1 i)$ と表せる。

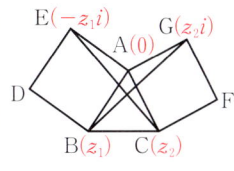

点 G は点 A を中心に点 C を $\dfrac{\pi}{2}$ だけ回転した点だから $\mathrm{G}(z_2 i)$ と表せる。

$\dfrac{-z_1 i-z_2}{z_2 i-z_1}=\dfrac{-(z_2+z_1 i)}{i(z_2+z_1 i)}=-\dfrac{1}{i}=i$

$=1\left(\cos\dfrac{\pi}{2}+i\sin\dfrac{\pi}{2}\right)$

$\left|\dfrac{-z_1 i-z_2}{z_2 i-z_1}\right|=1$ より $\dfrac{\mathrm{CE}}{\mathrm{BG}}=1$ だから

$\mathrm{CE}=\mathrm{BG}$

また，$\arg\dfrac{-z_1 i-z_2}{z_2 i-z_1}=\dfrac{\pi}{2}$ より

$\arg(-z_1 i-z_2)-\arg(z_2 i-z_1)=\dfrac{\pi}{2}$ だから

$\mathrm{CE}\perp\mathrm{BG}$　　　　　　　　　[証明終]

# 3章 関数と極限

**類題** の解答 　　　　　　本冊→p.61〜120

**42** 右の図

**解き方** $y=\dfrac{2x-7}{x-3}$

$=-\dfrac{1}{x-3}+2$ ←帯分数形

したがって，求めるグラフは関数 $y=-\dfrac{1}{x}$

のグラフを，$x$ 軸方向に 3，$y$ 軸方向に 2 だけ平行移動したもの。（漸近線の方程式は　$x=3$，$y=2$）

**43** (1) $a=3$，$b=1$，$c=-5$

(2) $-6\leqq x<-\dfrac{1}{3}$

**解き方** (1) $\dfrac{2x+c}{ax+b}=\dfrac{c-\dfrac{2b}{a}}{ax+b}+\dfrac{2}{a}=\dfrac{c-\dfrac{2b}{a}}{a\left(x+\dfrac{b}{a}\right)}+\dfrac{2}{a}$

したがって，漸近線の方程式は

$x=-\dfrac{b}{a}$，$y=\dfrac{2}{a}$

条件より，漸近線の方程式は　$x=-\dfrac{1}{3}$，$y=\dfrac{2}{3}$

よって　$a=3$，$b=1$

また，点 $\left(-2,\ \dfrac{9}{5}\right)$ を通るから

$\dfrac{2\cdot(-2)+c}{3\cdot(-2)+1}=\dfrac{9}{5}$　　よって　$c=-5$

(2) 関数 $y=\dfrac{2x-5}{3x+1}=\dfrac{-\dfrac{17}{3}}{3x+1}+\dfrac{2}{3}=\dfrac{-\dfrac{17}{3}}{3\left(x+\dfrac{1}{3}\right)}+\dfrac{2}{3}$

のグラフは右の図のようになる。

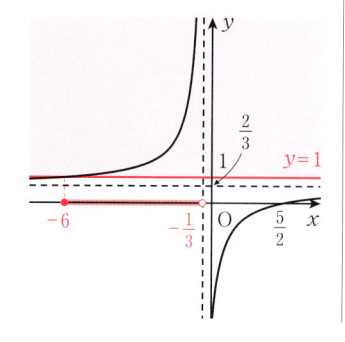

$\dfrac{2x-5}{3x+1}=1$ となるのは $x=-6$ のとき。

したがって，関数 $y=f(x)$ の値域が $y\geqq 1$ となるとき，この関数の定義域は　$-6\leqq x<-\dfrac{1}{3}$

**44** 順に $-33$，$-\dfrac{5}{2}$，$\dfrac{3}{2}$

**解き方** $y=\dfrac{3x-9}{2x+5}=\dfrac{-\dfrac{33}{2}}{2x+5}+\dfrac{3}{2}$

$=\dfrac{-\dfrac{33}{2}}{2\left(x+\dfrac{5}{2}\right)}+\dfrac{3}{2}=\dfrac{-\dfrac{33}{4}}{x+\dfrac{5}{2}}+\dfrac{3}{2}$

したがって，関数 $y=\dfrac{3x-9}{2x+5}$ のグラフは，

双曲線 $y=\dfrac{-33}{4x}$ を，$x$ 軸方向に $-\dfrac{5}{2}$，$y$ 軸方向に

$\dfrac{3}{2}$ だけ平行移動したもの。

**45** (1) $(-1,\ -1)$，$(3,\ 3)$　　(2) $x=2$

**解き方** (1) 関数 $y=\dfrac{3}{x-2}$ のグラフと直線 $y=x$ との

交点の $x$ 座標は，方程式 $\dfrac{3}{x-2}=x$　…①

の解として求められる。

①を整理すると

$x^2-2x-3=0 \iff (x-3)(x+1)=0$

よって，交点の座標は　$(-1,\ -1)$，$(3,\ 3)$

(2) $\dfrac{x^2}{x+1}=1+\dfrac{1}{x+1} \iff \dfrac{x^2}{x+1}=\dfrac{x+2}{x+1}$

$\iff \dfrac{x^2-x-2}{x+1}=0$

$x^2-x-2=(x-2)(x+1)$ より，

$x^2-x-2=0$ となるのは　$x=2$，$x=-1$

分母：$x+1\neq 0$ より　$x=2$

**47** 下の図の赤線

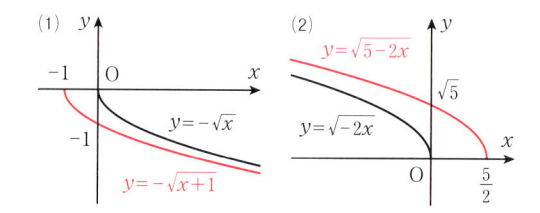

**解き方** (1) 関数 $y=-\sqrt{x+1}$ のグラフは，関数 $y=-\sqrt{x}$ のグラフを，$x$ 軸方向に $-1$ だけ平行移動したもの。

(2) 関数 $y=\sqrt{5-2x}$ のグラフは，関数 $y=\sqrt{-2x}$ のグラフを，$x$ 軸方向に $\dfrac{5}{2}$ だけ平行移動したもの。

**48** $(3, 2)$

**解き方** 関数 $y=\sqrt{x+1}$ のグラフと直線 $y=-x+5$ の交点の $x$ 座標は，方程式 $\sqrt{x+1}=-x+5$ …①
の解として求められる。
①を整理すると
$$x+1=(-x+5)^2 \iff x^2-11x+24=0$$
$$\iff (x-8)(x-3)=0$$
右のグラフより
$x=3$ のとき $y=2$
よって $(3, 2)$

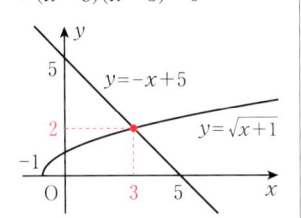

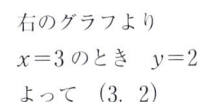

**49** グラフは右の図．
$2 \leq x \leq 10$

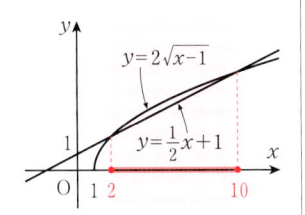

**解き方** 関数 $y=2\sqrt{x-1}$ のグラフは，$y=2\sqrt{x}$ のグラフを $x$ 軸方向に 1 だけ平行移動したもの。関数 $y=2\sqrt{x-1}$ のグラフと直線 $y=\dfrac{1}{2}x+1$ の交点の $x$ 座標を求める。

$2\sqrt{x-1}=\dfrac{1}{2}x+1$ の両辺を 2 乗して

$$4(x-1)=\left(\dfrac{1}{2}x+1\right)^2$$
$$\iff x^2-12x+20=0$$
$$\iff (x-2)(x-10)=0$$

よって $x=2, 10$ （グラフで確認）
グラフより，$2\sqrt{x-1} \geq \dfrac{1}{2}x+1$ を満たす $x$ の範囲は $2 \leq x \leq 10$

**50** (1) $-\dfrac{1}{2} \leq k < \dfrac{3}{2}$  (2) $0 < a < \dfrac{1}{2}$

**解き方** (1) 関数 $y=2\sqrt{x-1}$ のグラフと直線 $y=\dfrac{1}{2}x+k$ が異なる 2 つの交点をもつような $k$ の値の範囲を求める。 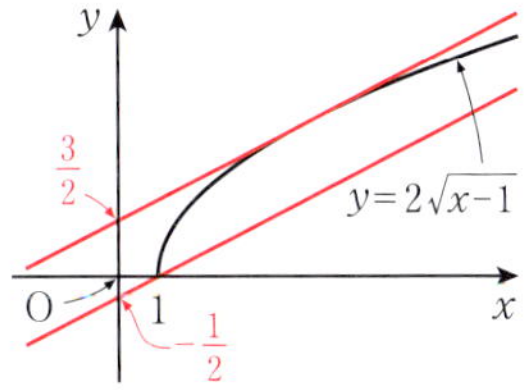
$y=2\sqrt{x-1}$ のグラフと $y=\dfrac{1}{2}x+k$ が接するとき，
$2\sqrt{x-1}=\dfrac{1}{2}x+k$ の両辺を 2 乗して
$$4(x-1)=\left(\dfrac{1}{2}x+k\right)^2$$
$$\iff x^2+4(k-4)x+4k^2+16=0 \quad \cdots ①$$
①の判別式を $D$ とすると，①が重解をもつから
$$\dfrac{D}{4}=\{2(k-4)\}^2-(4k^2+16)=-16(2k-3)=0$$
よって $k=\dfrac{3}{2}$

また，直線 $y=\dfrac{1}{2}x+k$ が点 $(1, 0)$ を通るとき
$k=-\dfrac{1}{2}$

以上より $-\dfrac{1}{2} \leq k < \dfrac{3}{2}$

(2) 関数 $y=\sqrt{x-2}$ のグラフと直線 $y=a(x-1)$ が異なる 2 つの交点をもつような $a$ の値の範囲を求める。 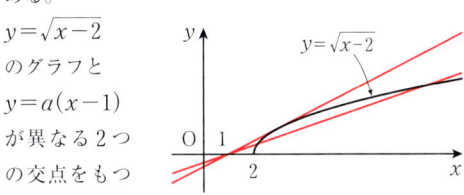
$y=\sqrt{x-2}$ のグラフと $y=a(x-1)$ が異なる 2 つの交点をもつとき，$\sqrt{x-2}=a(x-1)$ の両辺を 2 乗して
$$x-2=a^2(x-1)^2$$
$$\iff a^2x^2-(2a^2+1)x+a^2+2=0 \quad \cdots ②$$
$a \neq 0$ で，②の判別式を $D$ とすると，②が重解をもつ $a$ の値は
$$D=(2a^2+1)^2-4a^2(a^2+2)=-4a^2+1=0$$
よって $a^2=\dfrac{1}{4}$ $a=\pm\dfrac{1}{2}$

グラフより，$a=\dfrac{1}{2}$ が適する。

ゆえに $0<a<\dfrac{1}{2}$

(注意) $y=a(x-1)$ は点 $(1, 0)$ を通り，傾き $a$ の直線である。

**52** (1) $y=2x+4$

(2) $y=x-2$ $(1\leqq x<3)$

(3) $y=\dfrac{x}{x-1}$ $(0\leqq x<1)$

グラフは次の図

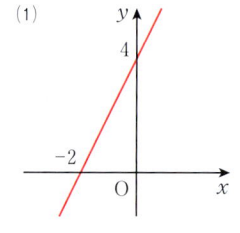

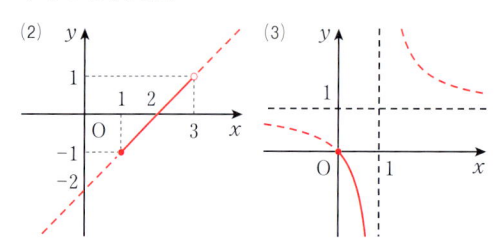

解き方 (1) $y=\dfrac{1}{2}x-2$ より $x=2(y+2)=2y+4$

$x$ と $y$ を入れかえると $y=2x+4$

(2) $y=x+2$ より $x=y-2$

$x$ と $y$ を入れかえると $y=x-2$

関数 $y=x+2$ の定義域が $-1\leqq x<1$ だから，値域は $1\leqq y<3$

よって，逆関数の定義域は $1\leqq x<3$

(3) $y=\dfrac{x}{x-1}$ より $x=\dfrac{y}{y-1}$

$x$ と $y$ を入れかえると $y=\dfrac{x}{x-1}$

関数 $y=\dfrac{x}{x-1}$ の定義域が $x\leqq 0$ だから，値域は右のグラフより $0\leqq y<1$

よって，逆関数の定義域は $0\leqq x<1$

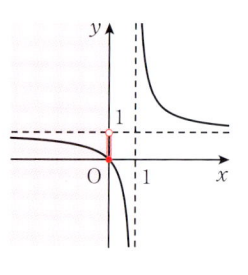

**53-1** $y=2-x^2$ $(x\leqq 0)$

値域は $y\leqq 2$

解き方 $y=-\sqrt{2-x}$ より $y^2=2-x$

これより $x=2-y^2$

$x$ と $y$ を入れかえると $y=2-x^2$

関数 $y=-\sqrt{2-x}$ の値域は $y\leqq 0$ だから，逆関数の定義域は $x\leqq 0$，値域は $y\leqq 2$

**53-2** (1) $-6<x\leqq 2$  (2) $2\leqq k<\dfrac{5}{2}$

解き方 (1) $y=-\dfrac{1}{2}x^2+2$ より $x^2=2(2-y)$

$x\leqq 0$ より $x=-\sqrt{2(2-y)}$

$x$ と $y$ を入れかえると

$y=-\sqrt{4-2x}$

問題の不等式を満たす $x$ の値の範囲は，右のグラフで示した部分。

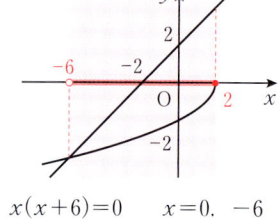

$-\sqrt{4-2x}=x+2$

$4-2x=(x+2)^2$

$\iff x^2+6x=0$  $x(x+6)=0$  $x=0,\ -6$

グラフより $-6<x\leqq 2$

(2) 右のグラフの色の部分に $y=x-k$ があるとき題意を満たす。

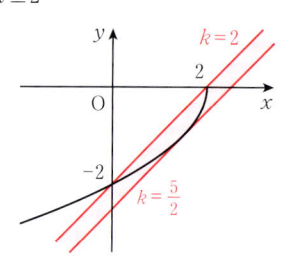

$-\sqrt{4-2x}=x-k$

$4-2x=(x-k)^2$

$\iff x^2+2(1-k)x+k^2-4=0$ …①

①の判別式を $D$ とすると，①が重解をもつとき

$\dfrac{D}{4}=(1-k)^2-(k^2-4)=-2k+5=0$

よって $k=\dfrac{5}{2}$  グラフより $2\leqq k<\dfrac{5}{2}$

**54** (1) $a=3$, $b=-7$, $c=4$　(2) $c=\dfrac{16}{3}$

解き方 (1) $f(x)=ax^2+bx+c$ について

$f^{-1}(0)=\dfrac{4}{3}$ より　$f\left(\dfrac{4}{3}\right)=0$

$f^{-1}(2)=2$ より　$f(2)=2$

$f^{-1}(10)=3$ より　$f(3)=10$

よって　$f\left(\dfrac{4}{3}\right)=\dfrac{16}{9}a+\dfrac{4}{3}b+c=0$

$\qquad f(2)=4a+2b+c=2$

$\qquad f(3)=9a+3b+c=10$

したがって　$a=3$, $b=-7$, $c=4$

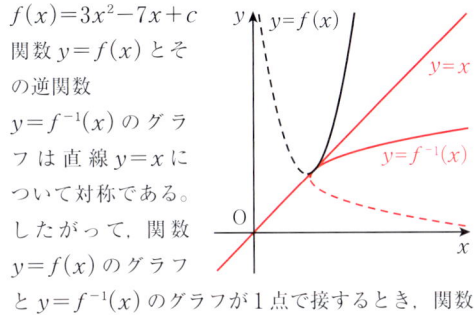

(2) (1)より，$a=3$, $b=-7$ だから

$f(x)=3x^2-7x+c$

関数 $y=f(x)$ とその逆関数 $y=f^{-1}(x)$ のグラフは直線 $y=x$ について対称である。したがって，関数 $y=f(x)$ のグラフと $y=f^{-1}(x)$ のグラフが1点で接するとき，関数 $y=f(x)$ のグラフは直線 $y=x$ に接している。

したがって，関数 $y=3x^2-7x+c$ のグラフが直線 $y=x$ に接するときの $c$ の値を求めればよい。

$3x^2-7x+c=x \iff 3x^2-8x+c=0$ …①

①の判別式を $D$ とすると，①が重解をもつとき

$\dfrac{D}{4}=16-3c=0$　よって　$c=\dfrac{16}{3}$

**55** $(g \circ f)(x)=\dfrac{5}{x-1}+2$

$(f \circ g)(x)=\dfrac{5}{x-2}+3$

$(g \circ g)(x)=x$　$(x \neq 2)$

解き方 $(g \circ f)(x)=g(f(x))=g(x+1)$

$\qquad =\dfrac{5}{x+1-2}+2=\dfrac{5}{x-1}+2$

$(f \circ g)(x)=f(g(x))=f\left(\dfrac{5}{x-2}+2\right)$

$\qquad =\dfrac{5}{x-2}+2+1=\dfrac{5}{x-2}+3$

$(g \circ g)(x)=g(g(x))=g\left(\dfrac{5}{x-2}+2\right)$

$\qquad =\dfrac{5}{\dfrac{5}{x-2}+2-2}+2=x$

$g(x)$ は $x=2$ で定義されないので除く。

**56** $a=1$, $b=4$, $c=\dfrac{1}{2}$

解き方 $y=\dfrac{b}{2x-1}+a$ の逆関数を求める。

$y-a=\dfrac{b}{2x-1}$ より　$\dfrac{2x-1}{b}=\dfrac{1}{y-a}$

よって　$x=\dfrac{b}{2(y-a)}+\dfrac{1}{2}$

$x$ と $y$ を入れかえると　$y=\dfrac{\dfrac{b}{2}}{x-a}+\dfrac{1}{2}$ …①

条件より，①が $g(x)=\dfrac{2}{x-1}+c$ だから

$a=1$, $\dfrac{b}{2}=2$, $c=\dfrac{1}{2}$　よって　$b=4$

(別解) $(f \circ g)(x)=x$ だから

$(f \circ g)(x)=\dfrac{b}{2\left(\dfrac{2}{x-1}+c\right)-1}+a$

$\qquad =\dfrac{bx-b}{2(2+cx-c)-x+1}+a$

$\qquad =\dfrac{bx-b}{(2c-1)x-2c+5}+a=x$

$bx-b+a\{(2c-1)x-2c+5\}$
$=x\{(2c-1)x-2c+5\}$

$(2c-1)x^2-(2c-5)x-bx+b-a(2c-1)x$
$\quad +2ac-5a=0$

$(2c-1)x^2-(2c-5+b+2ac-a)x$
$\quad +2ac-5a+b=0$

よって　$2c-1=0$, $2c-5+b+2ac-a=0$,
$\quad 2ac-5a+b=0$

したがって　$c=\dfrac{1}{2}$

$1-5+b+a-a=0$　よって　$b=4$
$a-5a+4=0$　よって　$a=1$

**57** $(g \circ f)(x) = g(f(x))$
$$= 3 \cdot \frac{1-2x}{x+1} + 1$$
$$= \frac{3(1-2x)+x+1}{x+1}$$
$$= \frac{-5x+4}{x+1}$$

の逆関数を求める。

$y = \dfrac{-5x+4}{x+1}$ とおく。

$y(x+1) = -5x+4$

$(y+5)x = -y+4$

$x = \dfrac{-y+4}{y+5}$

$x$ と $y$ を入れかえて $y = \dfrac{-x+4}{x+5}$

よって $(g \circ f)^{-1}(x) = \dfrac{-x+4}{x+5}$ …①

一方,$f^{-1}(x)$ を求める。

$y = \dfrac{1-2x}{x+1}$ より

$xy+y = 1-2x$

$(y+2)x = 1-y$

$x = \dfrac{1-y}{y+2}$

$x$ と $y$ を入れかえて $y = \dfrac{1-x}{x+2}$

よって $f^{-1}(x) = \dfrac{1-x}{x+2}$

次に,$g^{-1}(x)$ を求める。

$y = 3x+1$ より $x = \dfrac{1}{3}y - \dfrac{1}{3}$

$x$ と $y$ を入れかえて

$y = \dfrac{1}{3}x - \dfrac{1}{3}$

よって $g^{-1}(x) = \dfrac{1}{3}x - \dfrac{1}{3}$

したがって $(f^{-1} \circ g^{-1})(x) = f^{-1}(g^{-1}(x))$
$$= \frac{1-\left(\dfrac{1}{3}x - \dfrac{1}{3}\right)}{\left(\dfrac{1}{3}x - \dfrac{1}{3}\right)+2} = \frac{-x+4}{x+5} \quad \cdots ②$$

①,②より

$(g \circ f)^{-1}(x) = (f^{-1} \circ g^{-1})(x)$

**58** (1) 正の無限大に発散　(2) 0 に収束
(3) 負の無限大に発散　(4) 0 に収束

**解き方** (4) $2^{-n} = \dfrac{1}{2^n}$ だから,

$n \to \infty$ のとき $2^{-n} \to 0$

**59** (1) $-\infty$　(2) $\infty$　(3) $\infty$　(4) $-\infty$

**解き方** (1) $\lim\limits_{n \to \infty}(3n - n^2) = \lim\limits_{n \to \infty} n^2 \left(\dfrac{3}{n} - 1\right) = -\infty$

(2) $\lim\limits_{n \to \infty}(n - 3\sqrt{n}) = \lim\limits_{n \to \infty} n\left(1 - \dfrac{3}{\sqrt{n}}\right) = \infty$

(3) $\lim\limits_{n \to \infty}\{n^3 - (-1)^n n^2\} = \lim\limits_{n \to \infty} n^3 \left\{1 - \dfrac{(-1)^n}{n}\right\} = \infty$

(4) $\lim\limits_{n \to \infty}(\sqrt{n+1} - \sqrt{n^2-1})$
$= \lim\limits_{n \to \infty} n\left(\sqrt{\dfrac{1}{n} + \dfrac{1}{n^2}} - \sqrt{1 - \dfrac{1}{n^2}}\right) = -\infty$

**60** (1) $\dfrac{5}{2}$　(2) $\dfrac{1}{2}$　(3) $0$　(4) $0$　(5) $\infty$

**解き方** (1) $\lim\limits_{n \to \infty} \dfrac{5n-1}{2n+3} = \lim\limits_{n \to \infty} \dfrac{5 - \dfrac{1}{n}}{2 + \dfrac{3}{n}} = \dfrac{5}{2}$

(2) $\lim\limits_{n \to \infty} \dfrac{n^2 - n + 1}{2n^2 - 1} = \lim\limits_{n \to \infty} \dfrac{1 - \dfrac{1}{n} + \dfrac{1}{n^2}}{2 - \dfrac{1}{n^2}} = \dfrac{1}{2}$

(3) $\lim\limits_{n \to \infty} \dfrac{n-5}{n^2 + n + 1} = \lim\limits_{n \to \infty} \dfrac{\dfrac{1}{n} - \dfrac{5}{n^2}}{1 + \dfrac{1}{n} + \dfrac{1}{n^2}} = 0$

(4) $\lim\limits_{n \to \infty} \dfrac{\sqrt{n}+1}{n-1} = \lim\limits_{n \to \infty} \dfrac{\dfrac{1}{\sqrt{n}} + \dfrac{1}{n}}{1 - \dfrac{1}{n}} = 0$

(5) $\displaystyle\lim_{n\to\infty}\frac{n-2}{\sqrt{n}+2}=\lim_{n\to\infty}\frac{\sqrt{n}-\frac{2}{\sqrt{n}}}{1+\frac{2}{\sqrt{n}}}=\infty$

**61** (1) $\dfrac{1}{2}$  (2) $\dfrac{2}{5}$  (3) $-\dfrac{1}{2}$  (4) $2$

解き方 (1) $\displaystyle\lim_{n\to\infty}(\sqrt{n^2+n+2}-n)$

$=\displaystyle\lim_{n\to\infty}\frac{(n^2+n+2)-n^2}{\sqrt{n^2+n+2}+n}$

$=\displaystyle\lim_{n\to\infty}\frac{n+2}{\sqrt{n^2+n+2}+n}$

$=\displaystyle\lim_{n\to\infty}\frac{1+\frac{2}{n}}{\sqrt{1+\frac{1}{n}+\frac{2}{n^2}}+1}=\frac{1}{2}$

(2) $\displaystyle\lim_{n\to\infty}\frac{1}{\sqrt{n^2+5n+2}-n}$

$=\displaystyle\lim_{n\to\infty}\frac{\sqrt{n^2+5n+2}+n}{(n^2+5n+2)-n^2}$

$=\displaystyle\lim_{n\to\infty}\frac{\sqrt{n^2+5n+2}+n}{5n+2}$

$=\displaystyle\lim_{n\to\infty}\frac{\sqrt{1+\frac{5}{n}+\frac{2}{n^2}}+1}{5+\frac{2}{n}}=\frac{2}{5}$

(3) $\displaystyle\lim_{n\to\infty}\sqrt{n+1}(\sqrt{n}-\sqrt{n+1})$

$=\displaystyle\lim_{n\to\infty}\frac{\sqrt{n+1}\{n-(n+1)\}}{\sqrt{n}+\sqrt{n+1}}$

$=\displaystyle\lim_{n\to\infty}\frac{-\sqrt{n+1}}{\sqrt{n}+\sqrt{n+1}}$

$=\displaystyle\lim_{n\to\infty}\frac{-\sqrt{1+\frac{1}{n}}}{\sqrt{1}+\sqrt{1+\frac{1}{n}}}=-\frac{1}{2}$

(4) $\displaystyle\lim_{n\to\infty}\frac{\sqrt{n+5}-\sqrt{n+3}}{\sqrt{n+1}-\sqrt{n}}$

$=\displaystyle\lim_{n\to\infty}\frac{\{(n+5)-(n+3)\}\times(\sqrt{n+1}+\sqrt{n})}{\{(n+1)-n\}\times(\sqrt{n+5}+\sqrt{n+3})}$

$=\displaystyle\lim_{n\to\infty}\frac{2(\sqrt{n+1}+\sqrt{n})}{\sqrt{n+5}+\sqrt{n+3}}$

$=\displaystyle\lim_{n\to\infty}\frac{2\left(\sqrt{1+\frac{1}{n}}+\sqrt{1}\right)}{\sqrt{1+\frac{5}{n}}+\sqrt{1+\frac{3}{n}}}=2$

**62** (1) $0$  (2) $2$  (3) $\infty$  (4) $-1$

解き方 (1) $\displaystyle\lim_{n\to\infty}\frac{2^n}{4^n-3^n}=\lim_{n\to\infty}\frac{\left(\frac{2}{4}\right)^n}{1-\left(\frac{3}{4}\right)^n}=0$

(2) $\displaystyle\lim_{n\to\infty}\frac{2^{n+1}}{2^n+1}=\lim_{n\to\infty}\frac{2}{1+\frac{1}{2^n}}=2$

(3) $\displaystyle\lim_{n\to\infty}\frac{2^{2n}+1}{3^n+2^n}=\lim_{n\to\infty}\frac{4^n+1}{3^n+2^n}$

$=\displaystyle\lim_{n\to\infty}\frac{\left(\frac{4}{3}\right)^n+\frac{1}{3^n}}{1+\left(\frac{2}{3}\right)^n}=\infty$

(4) $\displaystyle\lim_{n\to\infty}\frac{3^n-4^n}{2^{2n}+1}=\lim_{n\to\infty}\frac{3^n-4^n}{4^n+1}$

$=\displaystyle\lim_{n\to\infty}\frac{\left(\frac{3}{4}\right)^n-1}{1+\frac{1}{4^n}}=-1$

**63** (1) $0\leq x\leq 1$ のとき

　　$-2x+3$

　　$x>1$ のとき  $x^3$

(2) 右の図の赤の実線

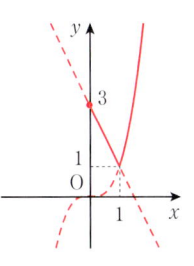

解き方 (1) $\displaystyle\lim_{n\to\infty}\frac{x^{n+3}-2x+3}{x^n+1}$ について

・$0\leq x<1$ のとき  $\displaystyle\lim_{n\to\infty}x^n=0$ より

$\displaystyle\lim_{n\to\infty}\frac{x^{n+3}-2x+3}{x^n+1}=-2x+3$

・$x=1$ のとき  $\displaystyle\lim_{n\to\infty}\frac{x^{n+3}-2x+3}{x^n+1}=1$

・$x>1$ のとき  $\displaystyle\lim_{n\to\infty}x^n=\infty$ より

$\displaystyle\lim_{n\to\infty}\frac{x^{n+3}-2x+3}{x^n+1}=\lim_{n\to\infty}\frac{x^3-\frac{2}{x^{n-1}}+\frac{3}{x^n}}{1+\frac{1}{x^n}}=x^3$

(2) (1)より  $f(x)=\begin{cases}-2x+3 & (0\leq x\leq 1)\\ x^3 & (x>1)\end{cases}$

**64** $r=-t$ とおくと，$-1<r<0$ より
$$-1<-t<0 \quad \text{すなわち} \quad 0<t<1$$
基本例題 64 (2) の結果より
$$\lim_{n\to\infty}|nr^n|=\lim_{n\to\infty}|n(-t)^n|$$
$$=\lim_{n\to\infty}|(-1)^n\cdot nt^n|=\lim_{n\to\infty}nt^n=0$$
よって $\lim_{n\to\infty}nr^n=0$

**65** $\lim_{n\to\infty}a_n=1$，$\lim_{n\to\infty}\sum_{k=1}^{n}(a_k-1)=2$

[解き方]
$$\begin{array}{rl} & 2a_{n+1} = a_n+1 \\ -) & 2\alpha = \alpha+1 \\ \hline & 2(a_{n+1}-\alpha)=a_n-\alpha \end{array}$$
方程式 $2\alpha=\alpha+1$ を解いて $\alpha=1$
よって $a_{n+1}-1=\dfrac{1}{2}(a_n-1)$
したがって $a_n-1=\left(\dfrac{1}{2}\right)^{n-1}(a_1-1)=\left(\dfrac{1}{2}\right)^{n-1}$
ゆえに $a_n=1+\left(\dfrac{1}{2}\right)^{n-1}$
このとき $\lim_{n\to\infty}a_n=\lim_{n\to\infty}\left\{1+\left(\dfrac{1}{2}\right)^{n-1}\right\}=1$
また $\sum_{k=1}^{n}(a_k-1)=\sum_{k=1}^{n}\left\{1+\left(\dfrac{1}{2}\right)^{k-1}-1\right\}=\sum_{k=1}^{n}\left(\dfrac{1}{2}\right)^{k-1}$
$$=\dfrac{1-\left(\dfrac{1}{2}\right)^n}{1-\dfrac{1}{2}}=2\left\{1-\left(\dfrac{1}{2}\right)^n\right\}$$
したがって
$$\lim_{n\to\infty}\sum_{k=1}^{n}(a_k-1)=\lim_{n\to\infty}2\left\{1-\left(\dfrac{1}{2}\right)^n\right\}=2$$

**66** (1) $b_n=2\left(\dfrac{1}{4}\right)^{n-1}$

(2) $a_n=\dfrac{11}{3}-\dfrac{2}{3}\left(\dfrac{1}{4}\right)^{n-2}$，$\lim_{n\to\infty}a_n=\dfrac{11}{3}$

[解き方] (1) $4a_{n+2}=5a_{n+1}-a_n$ より
$$a_{n+2}=\dfrac{5}{4}a_{n+1}-\dfrac{1}{4}a_n$$
両辺から $a_{n+1}$ を引くと
$$a_{n+2}-a_{n+1}=\dfrac{1}{4}(a_{n+1}-a_n)$$
$b_n=a_{n+1}-a_n$ だから，$b_{n+1}=\dfrac{1}{4}b_n$ を得る。

このとき，数列 $\{b_n\}$ は，
初項 $b_1=a_2-a_1=3-1=2$，公比 $\dfrac{1}{4}$ の等比数列だから $b_n=2\left(\dfrac{1}{4}\right)^{n-1}$

(2) $n\geqq 2$ のとき
$$a_n=a_1+\sum_{k=1}^{n-1}b_k=1+\sum_{k=1}^{n-1}2\left(\dfrac{1}{4}\right)^{n-1}$$
$$=1+\dfrac{2\left\{1-\left(\dfrac{1}{4}\right)^{n-1}\right\}}{1-\dfrac{1}{4}}=\dfrac{11}{3}-\dfrac{8}{3}\left(\dfrac{1}{4}\right)^{n-1}$$
$$=\dfrac{11}{3}-\dfrac{2}{3}\left(\dfrac{1}{4}\right)^{n-2}$$
これは，$n=1$ のとき
$$\dfrac{11}{3}-\dfrac{8}{3}\left(\dfrac{1}{4}\right)^0=1 \text{ となり，} a_1 \text{ に等しい。}$$
よって，$a_n=\dfrac{11}{3}-\dfrac{2}{3}\left(\dfrac{1}{4}\right)^{n-2}$ を得る。
また，このとき
$$\lim_{n\to\infty}a_n=\lim_{n\to\infty}\left\{\dfrac{11}{3}-\dfrac{2}{3}\left(\dfrac{1}{4}\right)^{n-2}\right\}=\dfrac{11}{3}$$

**67** (1) $a_{n+1}-a_n=3(n+1)+2-(3n+2)=3$
より，$\{a_n\}$ は公差が 3 の等差数列。初項は 5

(2) $\dfrac{n}{5(3n+5)}$ (3) $\dfrac{1}{15}$

[解き方] (1) 初項 $a_1=3\cdot 1+2=5$

(2) $b_n=\dfrac{1}{a_n a_{n+1}}=\dfrac{1}{(3n+2)(3n+5)}$
$$=\dfrac{1}{3}\left(\dfrac{1}{3n+2}-\dfrac{1}{3n+5}\right)$$
$$\sum_{k=1}^{n}b_k=\dfrac{1}{3}\left(\dfrac{1}{5}-\dfrac{1}{8}\right)+\dfrac{1}{3}\left(\dfrac{1}{8}-\dfrac{1}{11}\right)+\cdots$$
$$+\dfrac{1}{3}\left(\dfrac{1}{3n-1}-\dfrac{1}{3n+2}\right)$$
$$+\dfrac{1}{3}\left(\dfrac{1}{3n+2}-\dfrac{1}{3n+5}\right)$$
$$=\dfrac{1}{3}\left(\dfrac{1}{5}-\dfrac{1}{3n+5}\right)=\dfrac{3n+5-5}{15(3n+5)}$$
$$=\dfrac{n}{5(3n+5)}$$

(3) $\dfrac{1}{40}+\dfrac{1}{88}+\cdots+\dfrac{1}{(3n+2)(3n+5)}+\cdots$
$$=\lim_{n\to\infty}\sum_{k=1}^{n}b_k=\lim_{n\to\infty}\dfrac{1}{3}\left(\dfrac{1}{5}-\dfrac{1}{3n+5}\right)=\dfrac{1}{15}$$

**68** (1) $0$  (2) $\infty$

**解き方** (1) $\lim_{n\to\infty}(\sqrt{n+1}-\sqrt{n})$
$=\lim_{n\to\infty}\dfrac{(n+1)-n}{\sqrt{n+1}+\sqrt{n}}=\lim_{n\to\infty}\dfrac{1}{\sqrt{n+1}+\sqrt{n}}=0$

(2) $S_m=(\sqrt{2}-\sqrt{1})+(\sqrt{3}-\sqrt{2})+\cdots$
$\qquad +(\sqrt{m}-\sqrt{m-1})+(\sqrt{m+1}-\sqrt{m})$
$=\sqrt{m+1}-\sqrt{1}$

これより $\lim_{m\to\infty}S_m=\lim_{m\to\infty}(\sqrt{m+1}-1)=\infty$

**69-1** (1) $\dfrac{3}{5}$  (2) $5$

**解き方** (1) 初項 $r^2$, 公比 $r$ の無限等比級数の和は $\dfrac{r^2}{1-r}$ で表される。

条件より $\dfrac{r^2}{1-r}=\dfrac{9}{10}$    $10r^2+9r-9=0$

$(2r+3)(5r-3)=0$    よって $r=-\dfrac{3}{2}, \dfrac{3}{5}$

無限等比級数が収束することより $|r|<1$

したがって $r=\dfrac{3}{5}$

(2) $a_n=\left(\dfrac{3}{5}\right)^2\left(\dfrac{3}{5}\right)^{n-1}$ だから

$S_n=\dfrac{\dfrac{9}{25}\left\{1-\left(\dfrac{3}{5}\right)^n\right\}}{1-\dfrac{3}{5}}=\dfrac{9}{10}\left\{1-\left(\dfrac{3}{5}\right)^n\right\}$

これより

$|S-S_n|=\left|\dfrac{9}{10}-\dfrac{9}{10}\left\{1-\left(\dfrac{3}{5}\right)^n\right\}\right|$
$\qquad =\dfrac{9}{10}\cdot\left(\dfrac{3}{5}\right)^n$

求める $n$ の値は $\dfrac{9}{10}\cdot\left(\dfrac{3}{5}\right)^n<\dfrac{1}{10}$ を満たす最小の自然数。

$\left(\dfrac{3}{5}\right)^n<\dfrac{1}{9}$ を満たす $n$ を $n=1, 2, 3, 4, 5$ の順に

調べていくと $n=5$ を得る。

**69-2** (1) 初項 $1$, 公比 $-\dfrac{1}{2}$ の等比数列の初項から第 $n+1$ 項までの和を表す。

(2) $S_n=\dfrac{2}{3}\left\{1-\left(-\dfrac{1}{2}\right)^{n+1}\right\}$,

$\displaystyle\sum_{k=0}^{\infty}\left(\dfrac{1}{2}\right)^k\cos k\pi=\dfrac{2}{3}$

**解き方** (1) $\displaystyle\sum_{k=0}^{n}\left(\dfrac{1}{2}\right)^k\cos k\pi$

$=\left(\dfrac{1}{2}\right)^0\cos 0\pi+\dfrac{1}{2}\cos\pi+\left(\dfrac{1}{2}\right)^2\cos 2\pi$
$\quad +\left(\dfrac{1}{2}\right)^3\cos 3\pi+\cdots+\left(\dfrac{1}{2}\right)^n\cos n\pi$

$=1-\dfrac{1}{2}+\left(\dfrac{1}{2}\right)^2-\left(\dfrac{1}{2}\right)^3+\cdots+\left(\dfrac{1}{2}\right)^n\cos n\pi$

$=1+\left(-\dfrac{1}{2}\right)+\left(-\dfrac{1}{2}\right)^2+\left(-\dfrac{1}{2}\right)^3+\cdots+\left(-\dfrac{1}{2}\right)^n$

したがって, 初項 $1$, 公比 $-\dfrac{1}{2}$ の等比数列の初項から第 $n+1$ 項までの和を表す。

(2) $S_n=\dfrac{1\cdot\left\{1-\left(-\dfrac{1}{2}\right)^{n+1}\right\}}{1-\left(-\dfrac{1}{2}\right)}=\dfrac{2}{3}\left\{1-\left(-\dfrac{1}{2}\right)^{n+1}\right\}$

このとき

$\displaystyle\sum_{k=0}^{\infty}\left(\dfrac{1}{2}\right)^k\cos k\pi=\lim_{n\to\infty}S_n=\lim_{n\to\infty}\dfrac{2}{3}\left\{1-\left(-\dfrac{1}{2}\right)^{n+1}\right\}$
$\qquad =\dfrac{2}{3}$

**70** $0.\dot{2}\dot{4}$

**解き方** $0.\dot{3}\dot{6}=0.36+0.0036+0.000036+\cdots$

これは, 初項 $0.36$, 公比 $0.01$ の無限等比級数。
$0<0.01<1$ より, 収束して和をもつ。

$0.\dot{3}\dot{6}=\dfrac{0.36}{1-0.01}=\dfrac{36}{99}=\dfrac{4}{11}$  $\cdots$①

次に $0.\dot{6}=0.6+0.06+0.006+\cdots$

これは, 初項 $0.6$, 公比 $0.1$ の無限等比級数。
$0<0.1<1$ より, 収束して和をもつ。

$0.\dot{6}=\dfrac{0.6}{1-0.1}=\dfrac{6}{9}=\dfrac{2}{3}$  $\cdots$②

①×② より

$0.\dot{3}\dot{6}\times 0.\dot{6}=\dfrac{4}{11}\times\dfrac{2}{3}=\dfrac{8}{33}=\dfrac{24}{99}$

$\qquad =\dfrac{0.24}{0.99}=\dfrac{0.24}{1-0.01}$

$\qquad =0.24+0.0024+0.000024+\cdots$
$\qquad =0.242424+\cdots$

したがって $0.\dot{2}\dot{4}$

**71** (1) $0 \leq x < \dfrac{\pi}{4}$　　(2) $\dfrac{\pi}{6}$

**解き方** (1) 与えられた数列は，初項 $\tan x$，公比 $\tan^2 x$ の無限等比級数である。

この無限等比級数が収束するのは，
$\tan x = 0$ または $0 \leq \tan^2 x < 1$ の場合。

$0 \leq x < \dfrac{\pi}{2}$ で $\tan x = 0$ となるのは　$x = 0$

$\tan^2 x < 1$ となるのは　$0 \leq x < \dfrac{\pi}{4}$

(2) この無限等比級数が収束するとき，その和は
$$\dfrac{\tan x}{1 - \tan^2 x}$$

したがって，$\dfrac{\tan x}{1 - \tan^2 x} = \dfrac{\sqrt{3}}{2}$　…①

となる $x$ の値を求める。

①を整理すると　$\sqrt{3}\tan^2 x + 2\tan x - \sqrt{3} = 0$
$(\sqrt{3}\tan x - 1)(\tan x + \sqrt{3}) = 0$

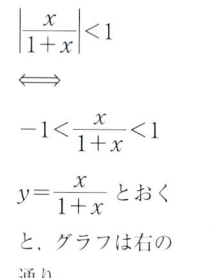

$\tan^2 x < 1$ より　$\tan x = \dfrac{1}{\sqrt{3}}$　　よって　$x = \dfrac{\pi}{6}$

**72-1** (1) $-\dfrac{1}{2} < x$

(2) 右の図

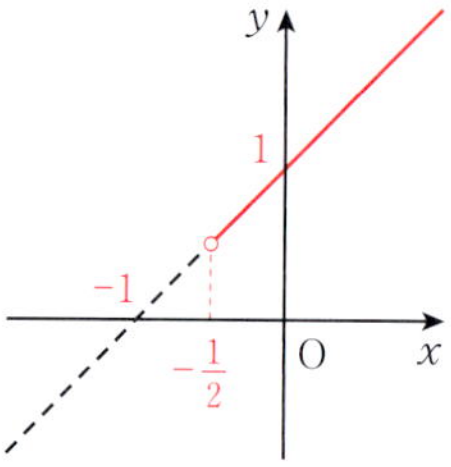

**解き方** (1) $S_n$ は，

初項 1，公比 $\dfrac{x}{1+x}$

の無限等比級数で
あるから，

収束するのは，$\left|\dfrac{x}{1+x}\right| < 1$ の場合。

$\left|\dfrac{x}{1+x}\right| < 1$
$\Longleftrightarrow$
$-1 < \dfrac{x}{1+x} < 1$

$y = \dfrac{x}{1+x}$ とおく
と，グラフは右の
通り。

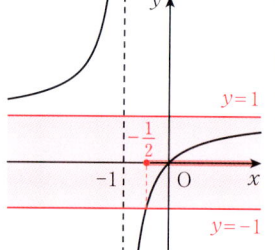

$\dfrac{x}{1+x} = -1$　$x = -\dfrac{1}{2}$

以上より，題意を満たす $x$ の値の範囲は $-\dfrac{1}{2} < x$

(2) $S(x) = \dfrac{1}{1 - \dfrac{x}{1+x}} = 1 + x$　$\left(x > -\dfrac{1}{2}\right)$

**72-2** $0 < \theta < \dfrac{\pi}{3}$，$\dfrac{5}{3}\pi < \theta < 2\pi$

**解き方** 無限等比級数 $\displaystyle\sum_{n=1}^{\infty}(1-\cos\theta-\cos 2\theta)^n$ が収束するのは，

(i)　$1 - \cos\theta - \cos 2\theta = 0$
(ii)　$|1 - \cos\theta - \cos 2\theta| < 1$

のいずれかの場合であるが，(i)は(ii)に含まれる。

(ii)のとき　$-1 < 1 - \cos\theta - \cos 2\theta < 1$

・$-1 < 1 - \cos\theta - \cos 2\theta$ より
　$\cos 2\theta + \cos\theta - 2 < 0$
　$\cos 2\theta + \cos\theta - 2 = 2\cos^2\theta + \cos\theta - 3$
　　　　　　　　　　　　$= (2\cos\theta + 3)(\cos\theta - 1)$

ここで，$2\cos\theta + 3 > 0$ だから，
$\cos\theta - 1 < 0$ であればよい。
すなわち　$0 < \theta < 2\pi$　…①

・$1 - \cos\theta - \cos 2\theta < 1$ より　$\cos 2\theta + \cos\theta > 0$
　$\cos 2\theta + \cos\theta = 2\cos^2\theta + \cos\theta - 1$
　　　　　　　　　　　　$= (2\cos\theta - 1)(\cos\theta + 1)$

ここで，$\cos\theta + 1 \geq 0$ だから，
$2\cos\theta - 1 > 0$，$\cos\theta + 1 \neq 0$ であればよい。

よって　$\cos\theta > \dfrac{1}{2}$

ゆえに　$0 \leq \theta < \dfrac{\pi}{3}$，$\dfrac{5}{3}\pi < \theta < 2\pi$　…②

①，②より求める $\theta$ の範囲は
$0 < \theta < \dfrac{\pi}{3}$，$\dfrac{5}{3}\pi < \theta < 2\pi$

**73** $\left(\dfrac{13}{25}, \dfrac{16}{25}\right)$

**解き方** $x$ 軸方向の座標の変化は
$$-\dfrac{3}{4} + \left(\dfrac{3}{4}\right)^3 - \left(\dfrac{3}{4}\right)^5 + \left(\dfrac{3}{4}\right)^7 + \cdots$$

となり，これは初項 $-\dfrac{3}{4}$，公比 $-\dfrac{9}{16}$ の無限等比級数。$\left|-\dfrac{9}{16}\right| < 1$ だから，この無限等比級数は収束し，

その和は $\dfrac{-\dfrac{3}{4}}{1-\left(-\dfrac{9}{16}\right)} = -\dfrac{12}{25}$

また，$y$ 軸方向の座標の変化は，

$$1-\left(\frac{3}{4}\right)^2+\left(\frac{3}{4}\right)^4-\left(\frac{3}{4}\right)^6+\left(\frac{3}{4}\right)^8-\cdots$$

となり，これは初項 1，公比 $-\frac{9}{16}$ の無限等比級数。

$\left|-\frac{9}{16}\right|<1$ だから，この無限等比級数は収束し，その

和は $\dfrac{1}{1-\left(-\frac{9}{16}\right)}=\dfrac{16}{25}$

点 P は A(1, 0) を出発することから，

$\left(1-\frac{12}{25},\ \frac{16}{25}\right)=\left(\frac{13}{25},\ \frac{16}{25}\right)$ に近づく。

## 74 $\dfrac{4}{3}$

**解き方** $\triangle P_nQ_nR_n$ の面積を $S_n$ とすると，

$$S_{n+1}=\frac{1}{4}S_n$$

が成り立つ。

これより，

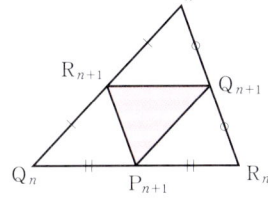

$\sum_{n=1}^{\infty} S_n$ は初項 1，公比 $\frac{1}{4}$ の無限等比級数となる。

この和は $\dfrac{1}{1-\frac{1}{4}}=\dfrac{4}{3}$

## 75 $\sum_{n=1}^{\infty} a_n=\sqrt{3}$, $\sum_{n=1}^{\infty} S_n=\dfrac{6\sqrt{3}-3}{11}$

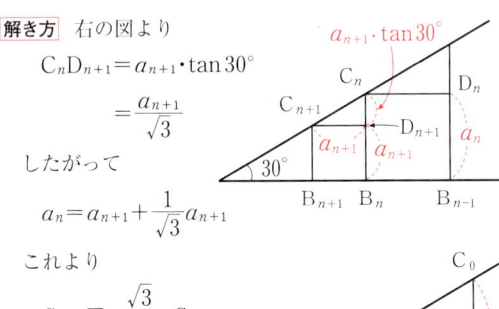

**解き方** 右の図より

$C_nD_{n+1}=a_{n+1}\cdot\tan 30°$

$=\dfrac{a_{n+1}}{\sqrt{3}}$

したがって

$a_n=a_{n+1}+\dfrac{1}{\sqrt{3}}a_{n+1}$

これより

$a_{n+1}=\dfrac{\sqrt{3}}{\sqrt{3}+1}a_n$

また

$B_0C_0=C_0D_1+B_0D_1$

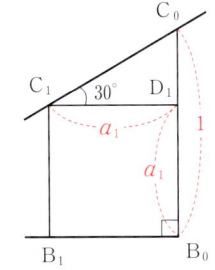

$=a_1\cdot\tan 30°+a_1$

$=\left(\dfrac{1}{\sqrt{3}}+1\right)a_1$

$B_0C_0=1$ より $a_1=\dfrac{\sqrt{3}}{\sqrt{3}+1}$

以上より，$\sum_{n=1}^{\infty} a_n$ は初項 $\dfrac{\sqrt{3}}{\sqrt{3}+1}$，公比 $\dfrac{\sqrt{3}}{\sqrt{3}+1}$ の無限等比級数。

$\left|\dfrac{\sqrt{3}}{\sqrt{3}+1}\right|<1$ だから，この無限等比級数は収束し，その和は

$\dfrac{\frac{\sqrt{3}}{\sqrt{3}+1}}{1-\frac{\sqrt{3}}{\sqrt{3}+1}}=\sqrt{3}$

$\sum_{n=1}^{\infty} S_n$ は，初項 $\left(\dfrac{\sqrt{3}}{\sqrt{3}+1}\right)^2$，公比 $\left(\dfrac{\sqrt{3}}{\sqrt{3}+1}\right)^2$ の無限等比級数。$0<\left(\dfrac{\sqrt{3}}{\sqrt{3}+1}\right)^2<1$ だから，この無限等比級数は収束し，その和は

$\dfrac{\left(\frac{\sqrt{3}}{\sqrt{3}+1}\right)^2}{1-\left(\frac{\sqrt{3}}{\sqrt{3}+1}\right)^2}=\dfrac{6\sqrt{3}-3}{11}$

## 76 (1) 0　(2) 0　(3) $-1$　(4) $\infty$　(5) $-\infty$

**解き方** (1) $\lim_{x\to\infty}\dfrac{1}{x+2}=0$　(2) $\lim_{x\to\infty}\dfrac{1}{1-x^2}=0$

(3) $\lim_{x\to-\infty}\dfrac{1-x^2}{x^2}=\lim_{x\to-\infty}\left(\dfrac{1}{x^2}-1\right)=-1$

(4) $\lim_{x\to\infty}(x^3-x^2-2)=\lim_{x\to\infty}x^3\left(1-\dfrac{1}{x}-\dfrac{2}{x^3}\right)=\infty$

(5) $\lim_{x\to-\infty}(x^3+2x^2-1)=\lim_{x\to-\infty}x^3\left(1+\dfrac{2}{x}-\dfrac{1}{x^3}\right)$

$=-\infty$

## 77 (1) 1　(2) $\dfrac{1}{6}$　(3) $-4$

(4) 0　(5) $\dfrac{5}{2}$

**解き方** (1) $\lim_{x\to 0}\dfrac{1}{x}\left(1-\dfrac{1}{x+1}\right)$

$=\lim_{x\to 0}\dfrac{1}{x}\left(\dfrac{x+1-1}{x+1}\right)=\lim_{x\to 0}\dfrac{1}{x+1}=1$

(2) $\lim_{x\to 3}\dfrac{\sqrt{x+6}-3}{x-3}=\lim_{x\to 3}\dfrac{(x+6)-9}{(x-3)(\sqrt{x+6}+3)}$

$=\lim_{x\to 3}\dfrac{1}{\sqrt{x+6}+3}=\dfrac{1}{6}$

(3) $\displaystyle\lim_{x\to 2}\frac{x-2}{\sqrt{x+2}-\sqrt{2x}}=\lim_{x\to 2}\frac{(x-2)(\sqrt{x+2}+\sqrt{2x})}{(x+2)-2x}$
$=\displaystyle\lim_{x\to 2}\{-(\sqrt{x+2}+\sqrt{2x})\}=-4$

(4) $\displaystyle\lim_{x\to\infty}(\sqrt{x+1}-\sqrt{x})=\lim_{x\to\infty}\frac{(x+1)-x}{\sqrt{x+1}+\sqrt{x}}=0$

(5) $t=-x$ とおくと
$\displaystyle\lim_{x\to-\infty}\{\sqrt{x(x-3)}+x+1\}=\lim_{t\to\infty}(\sqrt{t^2+3t}-t+1)$
$=\displaystyle\lim_{t\to\infty}\frac{(t^2+3t)-(t-1)^2}{\sqrt{t^2+3t}+(t-1)}$
$=\displaystyle\lim_{t\to\infty}\frac{5t-1}{\sqrt{t^2+3t}+(t-1)}$
$=\displaystyle\lim_{t\to\infty}\frac{5-\dfrac{1}{t}}{\sqrt{1+\dfrac{3}{t}}+1-\dfrac{1}{t}}=\frac{5}{2}$

**78** (1) $1$　　(2) $-1$　　(3) 極限なし
　　(4) $-\infty$　　(5) $\infty$　　(6) 極限なし

解き方 (1) $\displaystyle\lim_{x\to+0}\frac{x^2+x}{|x|}=\lim_{x\to+0}\frac{x(x+1)}{x}$
$=\displaystyle\lim_{x\to+0}(x+1)=1$

(2) $\displaystyle\lim_{x\to-0}\frac{x^2+x}{|x|}=\lim_{x\to-0}\frac{x(x+1)}{-x}=\lim_{x\to-0}\{-(x+1)\}$
$=-1$

(3) (1), (2)より,
$\displaystyle\lim_{x\to+0}\frac{x^2+x}{|x|}\neq\lim_{x\to-0}\frac{x^2+x}{|x|}$ であるから,
$\displaystyle\lim_{x\to 0}\frac{x^2+x}{|x|}$ は極限なし。

(4) $\displaystyle\lim_{x\to-2+0}\frac{x}{x+2}=-\infty$

(5) $\displaystyle\lim_{x\to-2-0}\frac{x}{x+2}=\infty$

(6) (4), (5)より,
$\displaystyle\lim_{x\to-2+0}\frac{x}{x+2}\neq\lim_{x\to-2-0}\frac{x}{x+2}$ であるから,
$\displaystyle\lim_{x\to-2}\frac{x}{x+2}$ は極限なし。

(参考)(4)～(6)
$y=\dfrac{x}{x+2}$
$=-\dfrac{2}{x+2}+1$
のグラフは右の
ようになる。

**79-1** $a=-4$, $b=3$

解き方 $\displaystyle\lim_{x\to 1}(x^2-3x+2)=0$ より
$\displaystyle\lim_{x\to 1}(x^2+ax+b)=0$
$\displaystyle\lim_{x\to 1}(x^2+ax+b)=1+a+b$ より　$1+a+b=0$
このとき　$b=-a-1$ …①
ゆえに $\displaystyle\lim_{x\to 1}\frac{x^2+ax-a-1}{x^2-3x+2}$
$=\displaystyle\lim_{x\to 1}\frac{(x-1)(x+1+a)}{(x-2)(x-1)}$
$=\displaystyle\lim_{x\to 1}\frac{x+1+a}{x-2}=-(a+2)$
条件より　$-(a+2)=2$　よって　$a=-4$
①に代入して　$b=3$ (このとき,与式は成り立つ。)

**79-2** $a=8$, $b=12$

解き方 $\displaystyle\lim_{x\to 3}(x-3)=0$ より
$\displaystyle\lim_{x\to 3}(ax-b\sqrt{x+1})=0$
$\displaystyle\lim_{x\to 3}(ax-b\sqrt{x+1})=3a-2b$ より　$3a-2b=0$
このとき　$b=\dfrac{3}{2}a$ …①
ゆえに $\displaystyle\lim_{x\to 3}\frac{ax-\dfrac{3}{2}a\sqrt{x+1}}{x-3}$
$=\displaystyle\lim_{x\to 3}\frac{\dfrac{a}{2}(2x-3\sqrt{x+1})}{x-3}$
$=\displaystyle\lim_{x\to 3}\frac{a}{2}\cdot\frac{4x^2-9(x+1)}{(x-3)(2x+3\sqrt{x+1})}$
$=\displaystyle\lim_{x\to 3}\frac{a}{2}\cdot\frac{4x^2-9x-9}{(x-3)(2x+3\sqrt{x+1})}$
$=\displaystyle\lim_{x\to 3}\frac{a}{2}\cdot\frac{(x-3)(4x+3)}{(x-3)(2x+3\sqrt{x+1})}$
$=\displaystyle\lim_{x\to 3}\frac{a}{2}\cdot\left(\frac{4x+3}{2x+3\sqrt{x+1}}\right)=\frac{5}{8}a$
条件より　$\dfrac{5}{8}a=5$
よって　$a=8$　①に代入して　$b=12$
(このとき,与式は成り立つ。)

**80-1** $a=\sqrt{2}$, $b=-\dfrac{3\sqrt{2}}{4}$

**解き方** $\lim_{x\to\infty}\{\sqrt{2x^2-3x+4}-(ax+b)\}$

$=\lim_{x\to\infty}\dfrac{2x^2-3x+4-(ax+b)^2}{\sqrt{2x^2-3x+4}+ax+b}$

$=\lim_{x\to\infty}\dfrac{(2-a^2)x^2-(3+2ab)x+4-b^2}{\sqrt{2x^2-3x+4}+ax+b}$

$=\lim_{x\to\infty}\dfrac{(2-a^2)x-(3+2ab)+\dfrac{4-b^2}{x}}{\sqrt{2-\dfrac{3}{x}+\dfrac{4}{x^2}}+a+\dfrac{b}{x}}$  …①

①の極限値が 0 となることより
$2-a^2=0$  ゆえに  $a=\pm\sqrt{2}$

$a=-\sqrt{2}$ のとき
$\lim_{x\to\infty}\{\sqrt{2x^2-3x+4}-(-\sqrt{2}x+b)\}=\infty$ となり,
適さない。

$a=\sqrt{2}$ のとき, ① より

$\lim_{x\to\infty}\dfrac{-(3+2\sqrt{2}b)+\dfrac{4-b^2}{x}}{\sqrt{2-\dfrac{3}{x}+\dfrac{4}{x^2}}+\sqrt{2}+\dfrac{b}{x}}=\dfrac{-(3+2\sqrt{2}b)}{2\sqrt{2}}$

条件より  $\dfrac{-(3+2\sqrt{2}b)}{2\sqrt{2}}=0$

よって  $b=-\dfrac{3\sqrt{2}}{4}$

(このとき, 与式は成り立つ。)

**80-2** $a=-4$

**解き方** $\lim_{x\to-\infty}(\sqrt{x^2+ax+2}-\sqrt{x^2+2x+3})$ で,

$t=-x$ とおくと, $x\to-\infty$ のとき  $t\to\infty$
$\lim_{x\to-\infty}(\sqrt{x^2+ax+2}-\sqrt{x^2+2x+3})$
$=\lim_{t\to\infty}(\sqrt{t^2-at+2}-\sqrt{t^2-2t+3})$
$=\lim_{t\to\infty}\dfrac{(2-a)t-1}{\sqrt{t^2-at+2}+\sqrt{t^2-2t+3}}$
$=\lim_{t\to\infty}\dfrac{(2-a)-\dfrac{1}{t}}{\sqrt{1-\dfrac{a}{t}+\dfrac{2}{t^2}}+\sqrt{1-\dfrac{2}{t}+\dfrac{3}{t^2}}}=\dfrac{2-a}{2}$

条件より  $\dfrac{2-a}{2}=3$  すなわち  $a=-4$

(このとき, 与式は成り立つ。)

**81** (1) **0**   (2) **$-\infty$**   (3) **1**

**解き方** (1) $0<\dfrac{1}{2}<1$ より  $\lim_{x\to\infty}\left(\dfrac{1}{2}\right)^x=0$

(2) $0<\dfrac{1}{2}<1$ より  $\lim_{x\to\infty}\log_{\frac{1}{2}}x=-\infty$

(3) $\lim_{x\to\infty}\log_3\left(3+\dfrac{1}{x}\right)=\log_3 3=1$

**(参考)** (1), (2)は, 本冊 p.110 のグラフで考えよう。

**82** (1) **0**   (2) **$-1$**   (3) **0**

**解き方** (1) $\lim_{x\to\pi}\sin x=\sin\pi=0$

(2) $\lim_{x\to\pi}\cos x=\cos\pi=-1$

(3) $\lim_{x\to\pi}\tan x=\tan\pi=0$

**83** (1) **0**   (2) **0**

**解き方** (1) $0\leq\left|\sin\dfrac{1}{x}\right|\leq 1$ より  $0\leq|x|\left|\sin\dfrac{1}{x}\right|\leq|x|$

ここで $\lim_{x\to 0}|x|=0$ だから  $\lim_{x\to 0}x\sin\dfrac{1}{x}=0$

(2) $0\leq|\cos x|\leq 1$ より  $0\leq\left|\dfrac{1}{x}\right||\cos x|\leq\left|\dfrac{1}{x}\right|$

ここで $\lim_{x\to-\infty}\left|\dfrac{1}{x}\right|=0$ だから  $\lim_{x\to-\infty}\dfrac{\cos x}{x}=0$

**84** (1) $\dfrac{3}{2}$   (2) $\dfrac{2}{5}$   (3) **1**

(4) **2**   (5) $\dfrac{\pi}{180}$

**解き方** (1) $\lim_{x\to 0}\dfrac{\sin 3x}{2x}=\lim_{x\to 0}\dfrac{\sin 3x}{3x}\cdot\dfrac{3}{2}=\dfrac{3}{2}$

(2) $\lim_{x\to 0}\dfrac{\sin 2x}{\sin 5x}=\lim_{x\to 0}\dfrac{\sin 2x}{2x}\cdot\dfrac{5x}{\sin 5x}\cdot\dfrac{2}{5}=\dfrac{2}{5}$

(3) $\lim_{x\to 0}\dfrac{x+\sin x}{\sin 2x}=\lim_{x\to 0}\left(\dfrac{x}{\sin 2x}+\dfrac{\sin x}{\sin 2x}\right)$
$=\lim_{x\to 0}\left(\dfrac{2x}{\sin 2x}\cdot\dfrac{1}{2}+\dfrac{\sin x}{x}\cdot\dfrac{2x}{\sin 2x}\cdot\dfrac{1}{2}\right)$
$=1$

(4) $\lim_{x\to 0}\dfrac{x\sin x}{1-\cos x}=\lim_{x\to 0}\dfrac{x\sin x(1+\cos x)}{1-\cos^2 x}$
$=\lim_{x\to 0}\dfrac{x\sin x(1+\cos x)}{\sin^2 x}$
$=\lim_{x\to 0}\dfrac{x}{\sin x}\cdot(1+\cos x)=2$

(5) $\displaystyle\lim_{x\to 0}\frac{\tan x°}{x}=\lim_{x\to 0}\frac{\tan\frac{\pi}{180}x}{x}$

$=\displaystyle\lim_{x\to 0}\frac{\sin\frac{\pi}{180}x}{\cos\frac{\pi}{180}x}\cdot\frac{1}{x}$

$=\displaystyle\lim_{x\to 0}\frac{\sin\frac{\pi}{180}x}{\frac{\pi}{180}x}\cdot\frac{\frac{\pi}{180}}{\cos\frac{\pi}{180}x}=\frac{\pi}{180}$

**85** (1) $\dfrac{1}{8}$    (2) $2$

**解き方** (1) $t=x-\dfrac{\pi}{2}$ とおくと

$\displaystyle\lim_{x\to\frac{\pi}{2}}\frac{1-\sin x}{(2x-\pi)^2}=\lim_{t\to 0}\frac{1-\sin\left(t+\frac{\pi}{2}\right)}{(2t)^2}$

$=\displaystyle\lim_{t\to 0}\frac{1-\cos t}{4t^2}=\lim_{t\to 0}\frac{1-\cos^2 t}{4t^2(1+\cos t)}$

$=\displaystyle\lim_{t\to 0}\left(\frac{\sin t}{t}\right)^2\cdot\frac{1}{4(1+\cos t)}=\frac{1}{8}$

(2) $t=x-\dfrac{\pi}{2}$ とおくと

$\displaystyle\lim_{x\to\frac{\pi}{2}}(\pi-2x)\tan x$

$=\displaystyle\lim_{t\to 0}(-2t)\frac{\sin\left(t+\frac{\pi}{2}\right)}{\cos\left(t+\frac{\pi}{2}\right)}$

$=\displaystyle\lim_{t\to 0}(-2t)\frac{\cos t}{-\sin t}=\lim_{t\to 0}\left(\frac{t}{\sin t}\cdot 2\cos t\right)$

$=2$

**86** (1) $x=0$ で不連続  (2) $x=\dfrac{\pi}{2}$ で不連続

**解き方** (1) $-1<x<0$ において $f(x)=-1$

$0\leqq x<1$ において $f(x)=0$

$\displaystyle\lim_{x\to +0}f(x)=0$, $\displaystyle\lim_{x\to -0}f(x)=-1$ より

$\displaystyle\lim_{x\to +0}f(x)\neq\lim_{x\to -0}f(x)$

したがって, $x=0$ で不連続である。

(2) $0\leqq x<\dfrac{\pi}{2}$, $\dfrac{\pi}{2}<x\leqq\pi$ において $f(x)=0$

$x=\dfrac{\pi}{2}$ において $f\left(\dfrac{\pi}{2}\right)=1$ …①

$\displaystyle\lim_{x\to\frac{\pi}{2}-0}f(x)=0$, $\displaystyle\lim_{x\to\frac{\pi}{2}+0}f(x)=0$ より

$\displaystyle\lim_{x\to\frac{\pi}{2}}f(x)=0$ …②

①, ②より $\displaystyle\lim_{x\to\frac{\pi}{2}}f(x)\neq f\left(\dfrac{\pi}{2}\right)$

したがって, $x=\dfrac{\pi}{2}$ で不連続である。

(参考)
(1) $y=[x]$ のグラフ    (2) $y=[\sin x]$ のグラフ

**87** (1) $f(x)=x^4-4x^3+2$ とおくと,

$f(x)$ は $0\leqq x\leqq 1$ で連続である。

$f(0)=2>0$

$f(1)=1-4+2=-1<0$

中間値の定理により,

方程式 $x^4-4x^3+2=0$ は $0<x<1$ に少なくとも1つの実数解をもつ。

(2) $f(x)=x\sin x-\cos x$ とおくと,

$f(x)$ は $0\leqq x\leqq\pi$ で連続である。

$f(0)=0-\cos 0=-1<0$

$f(\pi)=\pi\sin\pi-\cos\pi=1>0$

中間値の定理により,

方程式 $x\sin x-\cos x=0$ は $0<x<\pi$ に少なくとも1つの実数解をもつ。

**88** (1) (i) $f(x)=\dfrac{2}{x+4}$  (ii) $f(x)=\dfrac{a}{5}x+\dfrac{b}{5}$

(2) $a=-\dfrac{2}{3}$, $b=\dfrac{8}{3}$

**解き方** (1) (i) $|x|>1$ のとき
$$\lim_{n\to\infty}|x|^n=\infty$$
$$f(x)=\lim_{n\to\infty}\frac{2x^{2n+1}+ax+b}{x^{2n+2}+4x^{2n+1}+5}$$
$$=\lim_{n\to\infty}\frac{2+\dfrac{a}{x^{2n}}+\dfrac{b}{x^{2n+1}}}{x+4+\dfrac{5}{x^{2n+1}}}=\frac{2}{x+4}$$

(ii) $|x|<1$ のとき
$$\lim_{n\to\infty}x^n=0$$
$$f(x)=\lim_{n\to\infty}\frac{2x^{2n+1}+ax+b}{x^{2n+2}+4x^{2n+1}+5}=\frac{a}{5}x+\frac{b}{5}$$

(2) 関数 $f(x)$ が $x=1$ で連続であるためには
$$\lim_{x\to 1+0}f(x)=\lim_{x\to 1-0}f(x)=f(1)$$
が成り立てばよい。
$$f(1)=\lim_{n\to\infty}\frac{2\cdot 1^{2n+1}+a+b}{1^{2n+2}+4\cdot 1^{2n+1}+5}=\frac{a+b+2}{10}$$
$$\lim_{x\to 1+0}f(x)=\lim_{x\to 1+0}\frac{2}{x+4}=\frac{2}{5}$$
$$\lim_{x\to 1-0}f(x)=\lim_{x\to 1-0}\left(\frac{a}{5}x+\frac{b}{5}\right)=\frac{a}{5}+\frac{b}{5}$$
したがって $\dfrac{2}{5}=\dfrac{a}{5}+\dfrac{b}{5}=\dfrac{a+b+2}{10}$
が成り立てばよい。
これより $a+b=2$ …①
また,関数 $f(x)$ が $x=-1$ で連続であるためには
$$\lim_{x\to -1+0}f(x)=\lim_{x\to -1-0}f(x)=f(-1)$$
が成り立てばよい。
$$f(-1)=\lim_{n\to\infty}\frac{2\cdot (-1)^{2n+1}-a+b}{(-1)^{2n+2}+4\cdot(-1)^{2n+1}+5}$$
$$=\frac{-2-a+b}{1-4+5}=\frac{-a+b-2}{2}$$
$$\lim_{x\to -1+0}f(x)=\lim_{x\to -1+0}\left(\frac{a}{5}x+\frac{b}{5}\right)=-\frac{a}{5}+\frac{b}{5}$$
$$\lim_{x\to -1-0}f(x)=\lim_{x\to -1-0}\frac{2}{x+4}=\frac{2}{3}$$
したがって $-\dfrac{a}{5}+\dfrac{b}{5}=\dfrac{2}{3}=\dfrac{-a+b-2}{2}$
が成り立てばよい。
これより $-a+b=\dfrac{10}{3}$ …②

①,②より $a=-\dfrac{2}{3}$, $b=\dfrac{8}{3}$

**89** (1) $x\leqq 0$ または $x>2$

(2) (i) $f(x)=\begin{cases} x-1 & (x<0\text{ または }x>2) \\ 0 & (x=0) \end{cases}$

グラフは右の図

(ii) $x=0$ で不連続

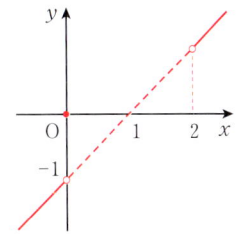

**解き方** (1) $x\neq 1$ のとき,$\displaystyle\sum_{n=0}^{\infty}\frac{x}{(1-x)^n}$ は,初項 $x$,公比 $\dfrac{1}{1-x}$ の無限等比級数で,この級数が収束するのは,$x=0$ または $\left|\dfrac{1}{1-x}\right|<1$ のとき。

右のグラフより,$\left|\dfrac{1}{1-x}\right|<1$ を満たす $x$ の値の範囲は
$x<0$ または $x>2$
よって
$x\leqq 0$ または $x>2$

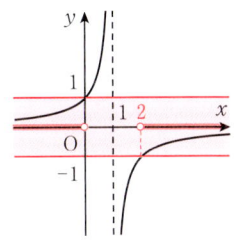

(2) (i) $f(x)=\displaystyle\sum_{n=0}^{\infty}\frac{x}{(1-x)^n}$ について
・$x=0$ のとき $f(0)=0$
・$x\neq 0$,すなわち,$x<0$ または $x>2$ のとき
$$f(x)=\frac{x}{1-\dfrac{1}{1-x}}=x-1$$
以上より $f(x)=\begin{cases} x-1 & (x<0\text{ または }x>2) \\ 0 & (x=0) \end{cases}$

(ii) $\displaystyle\lim_{x\to -0}f(x)=\lim_{x\to -0}(x-1)=-1\neq f(0)$
したがって,関数 $f(x)$ は $x=0$ で不連続である。

## 定期テスト予想問題 の解答 —— 本冊→p.121〜122

**❶** (1) グラフは右の図
漸近線 $x=3$, $y=1$

(2) $y=\dfrac{3x-1}{x-1}$

(3) $y=\dfrac{-3x+8}{x-2}$

(4) $n<3$, $n>11$

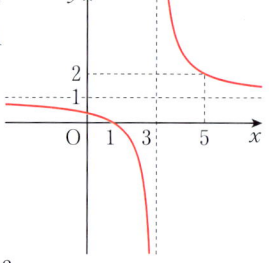

**解き方** (1) $y=\dfrac{x-1}{x-3}=\dfrac{2}{x-3}+1$ より,

漸近線は $x=3$, $y=1$

求めるグラフは, $y=\dfrac{2}{x}$ を $x$ 軸方向に 3, $y$ 軸方向に 1 だけ平行移動したものである。

(2) $y=\dfrac{2}{x-3}+1$ より, $y-1=\dfrac{2}{x-3}$ だから

$x-3=\dfrac{2}{y-1}$   $x=\dfrac{2}{y-1}+3$

$x$, $y$ を入れかえて, $y=\dfrac{2}{x-1}+3$ より

$y=\dfrac{3x-1}{x-1}$

(3) $y=\dfrac{2}{x}$ のグラフを平行移動して漸近線が $x=2$, $y=-3$ であるグラフを表す関数は,

$y+3=\dfrac{2}{x-2}$ より   $y=\dfrac{-3x+8}{x-2}$

(4) $\dfrac{x-1}{x-3}=-2x+n$ より

$x-1=(x-3)(-2x+n)$

$x-1=-2x^2+nx+6x-3n$

$2x^2-(n+5)x+(3n-1)=0$

異なる 2 つの実数解をもつから   判別式 $D>0$

$D=(n+5)^2-8(3n-1)>0$

$n^2-14n+33>0$

$(n-11)(n-3)>0$ より

$n<3$, $n>11$

**❷** (1) グラフは右の図
$y$ 軸に関して対称なグラフを表す関数は
$y=\sqrt{2x+4}$

(2) $-\sqrt{3}<x\leqq 2$

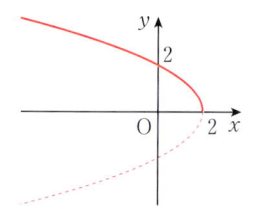

**解き方** (1) $y=\sqrt{-2x+4}$

定義域は $-2x+4\geqq 0$ より   $x\leqq 2$

値域は   $y\geqq 0$

$y=\sqrt{-2(x-2)}$ より, $y=\sqrt{-2x}$ のグラフを $x$ 軸方向に 2 だけ平行移動したグラフをかく。

また, $y$ 軸に関して対称なグラフを表す関数は, $x$ を $-x$ とすればよいから, $y=\sqrt{-2(-x)+4}$ より

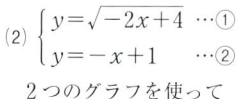

$y=\sqrt{2x+4}$

(2) $\begin{cases} y=\sqrt{-2x+4} & \cdots ① \\ y=-x+1 & \cdots ② \end{cases}$

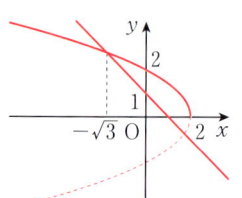

2 つのグラフを使って不等式を解く。

①, ②の交点の $x$ 座標は

$\sqrt{-2x+4}=-x+1$

$-2x+4=x^2-2x+1$

$x^2=3$ より   $x=\pm\sqrt{3}$

グラフより $\sqrt{-2x+4}>-x+1$ の解は

$-\sqrt{3}<x\leqq 2$

**(参考)** この不等式では, ①のグラフが②のグラフより上にある部分の $x$ の範囲を答えればよい。定義域とグラフの上下をしっかり見ること。

**❸** (1) $\dfrac{2}{3}$ に収束する

(2) 発散する(振動する)   (3) 1 に収束する

(4) $\dfrac{1}{2}$ に収束する   (5) $-\infty$ に発散する

(6) 発散する(振動する)   (7) 0 に収束する

(8) $\dfrac{1}{2}$ に収束する   (9) 1 に収束する

(10) $-4$ に収束する

[解き方] (1) $\displaystyle\lim_{n\to\infty}\frac{2n^2-n}{3n^2+1}=\lim_{n\to\infty}\frac{2-\dfrac{1}{n}}{3+\dfrac{1}{n^2}}=\frac{2}{3}$

(2) $\displaystyle\lim_{n\to\infty}\frac{(-2)^n(n+3)}{2n}=\lim_{n\to\infty}(-2)^n\cdot\frac{1+\dfrac{3}{n}}{2}$

振動する。

(3) $\displaystyle\lim_{n\to\infty}\frac{\sqrt{n^2-n+1}+\sqrt{2n-1}}{\sqrt{n^2+n+1}-\sqrt{2n+1}}$

$=\displaystyle\lim_{n\to\infty}\frac{\sqrt{1-\dfrac{1}{n}+\dfrac{1}{n^2}}+\sqrt{\dfrac{2}{n}-\dfrac{1}{n^2}}}{\sqrt{1+\dfrac{1}{n}+\dfrac{1}{n^2}}-\sqrt{\dfrac{2}{n}+\dfrac{1}{n^2}}}=1$

(4) $\displaystyle\lim_{n\to\infty}(\sqrt{n^2+n}-n)=\lim_{n\to\infty}\frac{n}{\sqrt{n^2+n}+n}$

$=\displaystyle\lim_{n\to\infty}\frac{1}{\sqrt{1+\dfrac{1}{n}}+1}=\frac{1}{2}$

(5) $\displaystyle\lim_{n\to\infty}\log_2\left(\frac{1}{4}\right)^n=\lim_{n\to\infty}n\log_2 2^{-2}$

$=\displaystyle\lim_{n\to\infty}(-2n)=-\infty$

(6) 数列 $\left\{\cos\dfrac{n}{2}\pi\right\}$ は,0,−1,0,1,0,−1,⋯ だから,この数列は振動する。

(7) $0\leqq\left|\sin\dfrac{n}{2}\pi\right|\leqq 1$ より $0\leqq\left|\dfrac{\sin\dfrac{n}{2}\pi}{n+1}\right|\leqq\dfrac{1}{n+1}$

$\displaystyle\lim_{n\to\infty}\frac{1}{n+1}=0$ だから $\displaystyle\lim_{n\to\infty}\frac{\sin\dfrac{n}{2}\pi}{n+1}=0$

(8) $1+2+3+\cdots+n=\dfrac{1}{2}n(n+1)$ だから

$\displaystyle\lim_{n\to\infty}\frac{\dfrac{1}{2}n(n+1)}{n^2}=\lim_{n\to\infty}\frac{1+\dfrac{1}{n}}{2}=\frac{1}{2}$

(9) $\displaystyle\lim_{n\to\infty}\{\log_2(2n^2+1)-\log_2(n^2+3)\}$

$=\displaystyle\lim_{n\to\infty}\log_2\frac{2n^2+1}{n^2+3}=\lim_{n\to\infty}\log_2\frac{2+\dfrac{1}{n^2}}{1+\dfrac{3}{n^2}}=\log_2 2$

$=1$

(10) $\displaystyle\lim_{n\to\infty}\frac{3^n-4^{n+1}}{4^n+2^n}=\lim_{n\to\infty}\frac{\left(\dfrac{3}{4}\right)^n-4}{1+\left(\dfrac{1}{2}\right)^n}=-4$

**4** (1) 収束して和は $\dfrac{1}{4}$

(2) ∞ に発散する

(3) 収束して和は $\dfrac{31}{6}$

[解き方] 部分和を $S_n$ とすると

(1) $S_n=\dfrac{1}{2\cdot 4}+\dfrac{1}{4\cdot 6}+\dfrac{1}{6\cdot 8}+\cdots+\dfrac{1}{2n(2n+2)}$

$=\dfrac{1}{2}\left(\dfrac{1}{2}-\dfrac{1}{4}\right)+\dfrac{1}{2}\left(\dfrac{1}{4}-\dfrac{1}{6}\right)+\dfrac{1}{2}\left(\dfrac{1}{6}-\dfrac{1}{8}\right)$

$\qquad +\cdots+\dfrac{1}{2}\left(\dfrac{1}{2n}-\dfrac{1}{2n+2}\right)$

$=\dfrac{1}{2}\left(\dfrac{1}{2}-\dfrac{1}{2n+2}\right)$

$\displaystyle\lim_{n\to\infty}S_n=\lim_{n\to\infty}\frac{1}{2}\left(\frac{1}{2}-\frac{1}{2n+2}\right)=\frac{1}{4}$

(2) $S_n=\dfrac{1}{\sqrt{3}+1}+\dfrac{1}{\sqrt{5}+\sqrt{3}}+\dfrac{1}{\sqrt{7}+\sqrt{5}}$

$\qquad +\cdots+\dfrac{1}{\sqrt{2n+1}+\sqrt{2n-1}}$

$=\dfrac{1}{2}(\sqrt{3}-1)+\dfrac{1}{2}(\sqrt{5}-\sqrt{3})+\dfrac{1}{2}(\sqrt{7}-\sqrt{5})$

$\qquad +\cdots+\dfrac{1}{2}(\sqrt{2n+1}-\sqrt{2n-1})$

$=\dfrac{1}{2}(\sqrt{2n+1}-1)$

$\displaystyle\lim_{n\to\infty}S_n=\lim_{n\to\infty}\frac{1}{2}(\sqrt{2n+1}-1)=\infty$

(3) $\displaystyle\sum_{n=1}^{\infty}\frac{2^n+3^{n+1}}{5^n}=\sum_{n=1}^{\infty}\left(\frac{2}{5}\right)^n+\sum_{n=1}^{\infty}3\cdot\left(\frac{3}{5}\right)^n$

$=\dfrac{\dfrac{2}{5}}{1-\dfrac{2}{5}}+\dfrac{3\cdot\dfrac{3}{5}}{1-\dfrac{3}{5}}=\dfrac{2}{5-2}+\dfrac{9}{5-3}$

$=\dfrac{2}{3}+\dfrac{9}{2}=\dfrac{31}{6}$

(参考) $\displaystyle\sum_{n=1}^{\infty}(a_n+b_n)$ のとき $\displaystyle\sum_{n=1}^{\infty}a_n$, $\displaystyle\sum_{n=1}^{\infty}b_n$ のそれぞれが収束する場合は,

$\displaystyle\sum_{n=1}^{\infty}(a_n+b_n)=\sum_{n=1}^{\infty}a_n+\sum_{n=1}^{\infty}b_n$ が成り立つ。

**❺** $-2<x<-\sqrt{2}$, $x=0$, $\sqrt{2}<x<2$

**解き方** 無限等比級数 $\sum_{n=1}^{\infty} ar^{n-1}$ が収束するのは，
(ⅰ) 初項 $a=0$，(ⅱ) 公比 $|r|<1$ のとき。
(ⅰ) 初項について $x=0$ のとき収束する。
(ⅱ) 公比について
$-1<x^2-3<1$ より $x^2-2>0$, $x^2-4<0$
$x>\sqrt{2}$, $x<-\sqrt{2}$ …① $-2<x<2$ …②
①，②より $-2<x<-\sqrt{2}$, $\sqrt{2}<x<2$

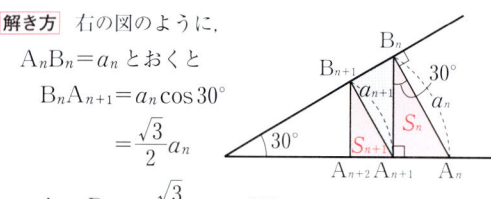

**❻** $\dfrac{8\sqrt{3}}{7}$

**解き方** 右の図のように，
$A_nB_n=a_n$ とおくと
$B_nA_{n+1}=a_n\cos 30°$
$=\dfrac{\sqrt{3}}{2}a_n$
$A_{n+1}B_{n+1}=\dfrac{\sqrt{3}}{2}a_n\cos 30°$
$a_{n+1}=\dfrac{3}{4}a_n$ …①

したがって，数列 $\{a_n\}$ は初項 $2$，公比 $\dfrac{3}{4}$ の等比数列
だから $a_n=2\cdot\left(\dfrac{3}{4}\right)^{n-1}$

また $S_n=\dfrac{1}{2}\cdot a_n\cdot\dfrac{\sqrt{3}}{2}a_n\sin 30°=\dfrac{\sqrt{3}}{8}a_n^2$
$=\dfrac{\sqrt{3}}{8}\cdot 4\left(\dfrac{3}{4}\right)^{2(n-1)}=\dfrac{\sqrt{3}}{2}\cdot\left(\dfrac{9}{16}\right)^{n-1}$

$\sum_{n=1}^{\infty} S_n$ は，初項 $\dfrac{\sqrt{3}}{2}$，公比 $\dfrac{9}{16}$ の無限等比級数。

公比は $-1<\dfrac{9}{16}<1$ より，収束して和 $S$ をもつ。

$S=\dfrac{\dfrac{\sqrt{3}}{2}}{1-\dfrac{9}{16}}=\dfrac{8\sqrt{3}}{16-9}=\dfrac{8\sqrt{3}}{7}$

**(別解)** ①より $a_{n+1}:a_n=3:4$
よって，$S_{n+1}:S_n=9:16$ より $S_{n+1}=\dfrac{9}{16}S_n$
また $S_1=\dfrac{1}{2}\cdot 1\cdot\sqrt{3}=\dfrac{\sqrt{3}}{2}$
したがって，$\sum_{n=1}^{\infty} S_n$ は初項 $\dfrac{\sqrt{3}}{2}$，公比 $\dfrac{9}{16}$ の無限等比級数。

公比は $-1<\dfrac{9}{16}<1$ より，収束して和 $S$ をもつ。

$S=\dfrac{\dfrac{\sqrt{3}}{2}}{1-\dfrac{9}{16}}=\dfrac{8\sqrt{3}}{7}$

**❼** $a=0$, $b=-6$

**解き方** $x\to 1$ のとき 分母 $\to 0$ から，極限値をもつには 分子 $\to 0$
よって $\lim_{x\to 1}(6\sqrt{x+a}+b)=6\sqrt{a+1}+b=0$
したがって $b=-6\sqrt{a+1}$ …①

$\lim_{x\to 1}\dfrac{6\sqrt{x+a}+b}{x-1}=\lim_{x\to 1}\dfrac{6\sqrt{x+a}-6\sqrt{a+1}}{x-1}$
$=\lim_{x\to 1}\dfrac{6\{x+a-(a+1)\}}{(x-1)(\sqrt{x+a}+\sqrt{a+1})}$
$=\lim_{x\to 1}\dfrac{6(x-1)}{(x-1)(\sqrt{x+a}+\sqrt{a+1})}$
$=\lim_{x\to 1}\dfrac{6}{\sqrt{x+a}+\sqrt{a+1}}=\dfrac{6}{2\sqrt{a+1}}=\dfrac{3}{\sqrt{a+1}}$

ここで，$\dfrac{3}{\sqrt{a+1}}=3$ より $\sqrt{a+1}=1$ $a+1=1$
よって $a=0$
①より $b=-6$（このとき，与式は成り立つ。）

**❽** (1) $1$ (2) $\dfrac{1}{2}$ (3) $\dfrac{1}{3}$
(4) $2$ (5) $-\infty$ (6) $2$
(7) 極限なし (8) $-1$ (9) 極限なし

**解き方** (1) $\lim_{x\to 1}\dfrac{x^3-x^2-2x+2}{x^2-3x+2}$
$=\lim_{x\to 1}\dfrac{(x-1)(x^2-2)}{(x-1)(x-2)}=\lim_{x\to 1}\dfrac{x^2-2}{x-2}=\dfrac{1-2}{1-2}=1$

(2) $\lim_{x\to 0}\dfrac{1-\cos x}{x^2}=\lim_{x\to 0}\dfrac{1-\cos^2 x}{x^2(1+\cos x)}$
$=\lim_{x\to 0}\dfrac{\sin^2 x}{x^2(1+\cos x)}=\lim_{x\to 0}\left(\dfrac{\sin x}{x}\right)^2\cdot\dfrac{1}{1+\cos x}$
$=1^2\times\dfrac{1}{2}=\dfrac{1}{2}$

(3) $\lim_{x\to 0}\dfrac{x}{\tan 3x}=\lim_{x\to 0}\dfrac{x}{\dfrac{\sin 3x}{\cos 3x}}$
$=\lim_{x\to 0}\dfrac{3x}{\sin 3x}\cdot\dfrac{\cos 3x}{3}=1\times\dfrac{1}{3}=\dfrac{1}{3}$

(4) $\dfrac{1}{x}=t$ とおくと

$\lim\limits_{x\to\infty}x\sin\dfrac{2}{x}=\lim\limits_{t\to+0}\dfrac{1}{t}\sin 2t=\lim\limits_{t\to+0}2\cdot\dfrac{\sin 2t}{2t}=2$

(5) $\lim\limits_{x\to 1}\log_2|x-1|=-\infty$

(6) $\lim\limits_{x\to\infty}\dfrac{2^{2x+1}+3^x}{4^x+3^{x+1}}=\lim\limits_{x\to\infty}\dfrac{2\cdot 4^x+3^x}{4^x+3\cdot 3^x}$

$=\lim\limits_{x\to\infty}\dfrac{2+\left(\dfrac{3}{4}\right)^x}{1+3\cdot\left(\dfrac{3}{4}\right)^x}=2$

(7) $\dfrac{1}{x}=t$ とおくと $\lim\limits_{x\to+0}3^{\frac{1}{x}}=\lim\limits_{t\to\infty}3^t=\infty$

$\lim\limits_{x\to-0}3^{\frac{1}{x}}=\lim\limits_{t\to-\infty}3^t=0$

$\lim\limits_{x\to+0}3^{\frac{1}{x}}\neq\lim\limits_{x\to-0}3^{\frac{1}{x}}$ より,$\lim\limits_{x\to 0}3^{\frac{1}{x}}$ は極限なし。

(8) $x-\dfrac{\pi}{2}=t$ とおくと $x=\dfrac{\pi}{2}+t$

$\lim\limits_{x\to\frac{\pi}{2}}\left(x-\dfrac{\pi}{2}\right)\tan x=\lim\limits_{t\to 0}t\cdot\tan\left(\dfrac{\pi}{2}+t\right)$

$=\lim\limits_{t\to 0}t\cdot\left(-\dfrac{1}{\tan t}\right)=\lim\limits_{t\to 0}t\left(-\dfrac{\cos t}{\sin t}\right)$

$=\lim\limits_{t\to 0}\left(-\dfrac{t}{\sin t}\cdot\cos t\right)=-1$

(9) $\lim\limits_{x\to 1+0}\dfrac{x+1}{x^2-1}=\lim\limits_{x\to 1+0}\dfrac{1}{x-1}=\infty$,

$\lim\limits_{x\to 1-0}\dfrac{x+1}{x^2-1}=\lim\limits_{x\to 1-0}\dfrac{1}{x-1}=-\infty$

$\lim\limits_{x\to 1+0}\dfrac{x+1}{x^2-1}\neq\lim\limits_{x\to 1-0}\dfrac{x+1}{x^2-1}$ より,

$\lim\limits_{x\to 1}\dfrac{x+1}{x^2-1}$ は極限なし。

**9** 右の図

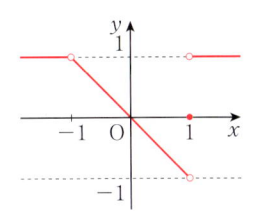

**解き方** $f(x)=\lim\limits_{n\to\infty}\dfrac{x^n-x}{x^n+1}=\lim\limits_{n\to\infty}\dfrac{1-\dfrac{1}{x^{n-1}}}{1+\dfrac{1}{x^n}}$

(i) $|x|>1$ のとき $f(x)=\lim\limits_{n\to\infty}\dfrac{1-\dfrac{1}{x^{n-1}}}{1+\dfrac{1}{x^n}}=1$

(ii) $x=1$ のとき $f(x)=\lim\limits_{n\to\infty}\dfrac{x^n-x}{x^n+1}=\dfrac{1-1}{1+1}=0$

(iii) $|x|<1$ のとき $f(x)=\lim\limits_{n\to\infty}\dfrac{x^n-x}{x^n+1}=-x$

**10** $a_n=\dfrac{2}{3}\left(-\dfrac{1}{2}\right)^{n-1}+\dfrac{1}{3}$, $\lim\limits_{n\to\infty}a_n=\dfrac{1}{3}$

**解き方** $a_1=1$,$2a_{n+1}+a_n=1$

$a_{n+1}=-\dfrac{1}{2}a_n+\dfrac{1}{2}$ ……①

$-)\quad\alpha=-\dfrac{1}{2}\alpha+\dfrac{1}{2}$ ……②

②を解いて $\alpha=\dfrac{1}{3}$

①−② $a_{n+1}-\alpha=-\dfrac{1}{2}(a_n-\alpha)$

$\alpha=\dfrac{1}{3}$ を代入して

$a_{n+1}-\dfrac{1}{3}=-\dfrac{1}{2}\left(a_n-\dfrac{1}{3}\right)$

数列 $\left\{a_n-\dfrac{1}{3}\right\}$ は等比数列。

初項 $a_1-\dfrac{1}{3}=1-\dfrac{1}{3}=\dfrac{2}{3}$

公比 $-\dfrac{1}{2}$

したがって,$a_n-\dfrac{1}{3}=\dfrac{2}{3}\left(-\dfrac{1}{2}\right)^{n-1}$ より

$a_n=\dfrac{2}{3}\left(-\dfrac{1}{2}\right)^{n-1}+\dfrac{1}{3}$

また $\lim\limits_{n\to\infty}a_n=\lim\limits_{n\to\infty}\left\{\dfrac{2}{3}\left(-\dfrac{1}{2}\right)^{n-1}+\dfrac{1}{3}\right\}=\dfrac{1}{3}$

# 4章 微分法とその応用

**類題の解答** 　　　　　　　本冊→p. 126〜172

**90** $a=6$, $b=-2$

**解き方** $x=1$ で微分可能であるためには,
$$\lim_{h \to +0} \frac{f(1+h)-f(1)}{h} = \lim_{h \to -0} \frac{f(1+h)-f(1)}{h}$$
が成り立てばよい。

$\displaystyle \lim_{h \to +0} \frac{f(1+h)-f(1)}{h}$

$\displaystyle = \lim_{h \to +0} \frac{\frac{a(1+h)+b}{(1+h)+1} - (1^2+1)}{h}$

$\displaystyle = \lim_{h \to +0} \frac{\frac{a+ah+b-2h-4}{h+2}}{h}$

$\displaystyle = \lim_{h \to +0} \frac{\frac{h(a-2)+a+b-4}{h+2}}{h}$

$\displaystyle = \lim_{h \to +0} \left\{ \frac{a-2}{h+2} + \frac{a+b-4}{h(h+2)} \right\}$ …①

　　　→ $h \to +0$ のとき $\frac{a-2}{2}$

$\displaystyle \lim_{h \to -0} \frac{f(1+h)-f(1)}{h}$

$\displaystyle = \lim_{h \to -0} \frac{\{(1+h)^2+1\}-(1^2+1)}{h}$

$\displaystyle = \lim_{h \to -0} \frac{1+2h+h^2+1-1-1}{h} = \lim_{h \to -0} \frac{h(h+2)}{h}$

$=2$ …②

①が極限値をもつことより $a+b-4=0$ …③

①と②が等しいことより $\dfrac{a-2}{2} = 2$ …④

③, ④より $a=6$, $b=-2$

**(別解)** $x=1$ で微分可能ならば, $x=1$ で連続であるから, $\displaystyle \lim_{x \to 1+0} f(x) = \lim_{x \to 1-0} f(x)$ より

$\displaystyle \lim_{x \to 1-0} f(x) = f(1) = 1^2+1 = 2$

$\displaystyle \lim_{x \to 1+0} \frac{ax+b}{x+1} = \frac{a+b}{2} = 2$

よって $b=4-a$ …①

したがって $f(x) = \dfrac{ax+b}{x+1} = \dfrac{ax+4-a}{x+1}$ $(x>1)$

$\displaystyle \lim_{h \to +0} \frac{f(1+h)-f(1)}{h}$

$\displaystyle = \lim_{h \to +0} \frac{\frac{a(1+h)+4-a}{(1+h)+1} - (1^2+1)}{h}$

$\displaystyle = \lim_{h \to +0} \frac{\frac{a+ah+4-a-2(h+2)}{h+2}}{h}$

$\displaystyle = \lim_{h \to +0} \frac{ah-2h}{h(h+2)} = \lim_{h \to +0} \frac{a-2}{h+2}$

$=\dfrac{a-2}{2}$ …②

$\displaystyle \lim_{h \to -0} \frac{f(1+h)-f(1)}{h}$

$\displaystyle = \lim_{h \to -0} \frac{\{(1+h)^2+1\}-(1^2+1)}{h}$

$\displaystyle = \lim_{h \to -0} \frac{1+2h+h^2+1-2}{h}$

$\displaystyle = \lim_{h \to -0} \frac{2h+h^2}{h} = \lim_{h \to -0} (2+h)$

$=2$ …③

②と③は一致するから $\dfrac{a-2}{2} = 2$

よって $a=6$ 　①より $b=-2$

**91** (1) $\displaystyle y' = \lim_{h \to 0} \frac{\sqrt{2(x+h)-1} - \sqrt{2x-1}}{h}$

$\displaystyle = \lim_{h \to 0} \frac{2(x+h)-1-(2x-1)}{h\{\sqrt{2(x+h)-1}+\sqrt{2x-1}\}}$

$\displaystyle = \lim_{h \to 0} \frac{2h}{h\{\sqrt{2(x+h)-1}+\sqrt{2x-1}\}}$

$\displaystyle = \lim_{h \to 0} \frac{2}{\sqrt{2(x+h)-1}+\sqrt{2x-1}} = \frac{1}{\sqrt{2x-1}}$

(2) $\displaystyle y' = \lim_{h \to 0} \frac{\left(\frac{1}{x+h}\right)^2 - \frac{1}{x^2}}{h}$

$\displaystyle = \lim_{h \to 0} \frac{x^2-(x+h)^2}{hx^2(x+h)^2} = \lim_{h \to 0} \frac{-h(h+2x)}{hx^2(x+h)^2}$

$\displaystyle = \lim_{h \to 0} \frac{-(h+2x)}{x^2(x+h)^2} = -\frac{2}{x^3}$

(3) $\displaystyle y' = \lim_{h \to 0} \frac{\frac{1}{\sqrt{x+h}} - \frac{1}{\sqrt{x}}}{h}$

$\displaystyle = \lim_{h \to 0} \frac{\sqrt{x}-\sqrt{x+h}}{h\sqrt{x+h}\sqrt{x}}$

$\displaystyle = \lim_{h \to 0} \frac{x-(x+h)}{h\sqrt{x(x+h)}(\sqrt{x}+\sqrt{x+h})}$

$$=\lim_{h \to 0} \frac{-1}{\sqrt{x(x+h)}(\sqrt{x}+\sqrt{x+h})}$$

$$=-\frac{1}{2x\sqrt{x}}$$

(4) $y'=\lim_{h \to 0} \dfrac{\dfrac{(x+h)^2}{x+h-1}-\dfrac{x^2}{x-1}}{h}$

$$=\lim_{h \to 0} \frac{(x-1)(x+h)^2-(x+h-1)x^2}{h(x+h-1)(x-1)}$$

$$=\lim_{h \to 0} \frac{x^2+hx-2x-h}{(x+h-1)(x-1)} = \frac{x(x-2)}{(x-1)^2}$$

**92** (1) $y'=4x+1$

(2) $y'=4x^3+9x^2-6x-3$

(3) $y'=2(2x-1)(x^2-x-1)$

(4) $y'=3x^2-7$

(5) $y'=2(x-1)(2x^2-x+2)$

解き方 (1) $y'=(x-1)'(2x+3)+(x-1)(2x+3)'$
$\qquad =2x+3+2(x-1)=4x+1$

(2) $y'=(x^2-1)'(x^2+3x-2)$
$\qquad\quad +(x^2-1)(x^2+3x-2)'$
$\qquad =2x(x^2+3x-2)+(x^2-1)(2x+3)$
$\qquad =2x^3+6x^2-4x+2x^3+3x^2-2x-3$
$\qquad =4x^3+9x^2-6x-3$

(3) $y'=2(x^2-x-1)(x^2-x-1)'$
$\qquad =2(x^2-x-1)(2x-1)$

(4) $y'=(x+1)'(x+2)(x-3)$
$\qquad\quad +(x+1)(x+2)'(x-3)$
$\qquad\quad +(x+1)(x+2)(x-3)'$
$\qquad =x^2-x-6+x^2-2x-3+x^2+3x+2$
$\qquad =3x^2-7$

(5) $y'=\{(x-1)^2\}'(x^2+2)+(x-1)^2(x^2+2)'$
$\qquad =2(x-1)(x^2+2)+(x-1)^2(2x)$
$\qquad =2(x-1)(x^2+2+x^2-x)$
$\qquad =2(x-1)(2x^2-x+2)$

**93** (1) $y'=-\dfrac{1}{(x+1)^2}$  (2) $y'=-\dfrac{x^2-2}{(x^2+2)^2}$

(3) $y'=2x+\dfrac{1}{x^2}$  (4) $y'=\dfrac{1}{2}-\dfrac{3}{2x^2}$

(5) $y'=\dfrac{x^2-2x-3}{(x-1)^2}$

解き方 (1) $y'=-\dfrac{(x+1)'}{(x+1)^2}=-\dfrac{1}{(x+1)^2}$

(2) $y'=\dfrac{x'(x^2+2)-x(x^2+2)'}{(x^2+2)^2}$
$\qquad =\dfrac{x^2+2-2x^2}{(x^2+2)^2}=\dfrac{-x^2+2}{(x^2+2)^2}=-\dfrac{x^2-2}{(x^2+2)^2}$

(3) $y'=(x^2)'-\dfrac{-x'}{x^2}=2x+\dfrac{1}{x^2}$

(4) $y'=\left(\dfrac{x}{2}+\dfrac{3}{2x}\right)'=\dfrac{1}{2}+\dfrac{3}{2}\cdot\left(\dfrac{-1}{x^2}\right)=\dfrac{1}{2}-\dfrac{3}{2x^2}$

(5) $y'=\left(\dfrac{x^2+2x+1}{x-1}\right)'=\left(x+3+\dfrac{4}{x-1}\right)'$
$\qquad =1-\dfrac{4}{(x-1)^2}=\dfrac{x^2-2x-3}{(x-1)^2}$

**94** (1) $y'=-8(1-2x)^3$

(2) $y'=-\dfrac{6}{(3x-1)^3}$

解き方 (1) $y'=4(1-2x)^3(1-2x)'=-8(1-2x)^3$

(2) $y=(3x-1)^{-2}$ と考えて
$\qquad y'=-2(3x-1)^{-3}\cdot(3x-1)'$
$\qquad\quad =-6(3x-1)^{-3}=-\dfrac{6}{(3x-1)^3}$

(参考) おき換えを使って微分する。

(1) $u=1-2x$ とおくと
$\qquad y=u^4$
$\qquad y'=\dfrac{dy}{du}\cdot\dfrac{du}{dx}=4u^3\cdot u'$
$\qquad\quad =4(1-2x)^3\cdot(1-2x)'$
$\qquad\quad =-8(1-2x)^3$

(2) $u=3x-1$ とおくと
$\qquad y=u^{-2}$
$\qquad y'=\dfrac{dy}{du}\cdot\dfrac{du}{dx}=-2u^{-3}\cdot u'$
$\qquad\quad =-2(3x-1)^{-3}\cdot(3x-1)'$
$\qquad\quad =-6(3x-1)^{-3}$

**95** (1) $y'=-\dfrac{1}{2\sqrt{2-x}}$  (2) $y'=-\dfrac{x}{\sqrt{5-x^2}}$

(3) $y'=3\sqrt{2x+3}$  (4) $y'=-\dfrac{2x}{\sqrt{(2x^2+3)^3}}$

(5) $y'=-\dfrac{1}{\sqrt{(1-x)(1+x)^3}}$

**解き方** (1) $y=(2-x)^{\frac{1}{2}}$ だから

$$y'=\frac{1}{2}(2-x)^{-\frac{1}{2}}\cdot(2-x)'$$

$$=-\frac{1}{2\sqrt{2-x}}$$

(2) $y=(5-x^2)^{\frac{1}{2}}$ だから

$$y'=\frac{1}{2}(5-x^2)^{-\frac{1}{2}}\cdot(5-x^2)'$$

$$=\frac{-2x}{2\sqrt{5-x^2}}=-\frac{x}{\sqrt{5-x^2}}$$

(3) $y=(2x+3)^{\frac{3}{2}}$ だから

$$y'=\frac{3}{2}(2x+3)^{\frac{1}{2}}\cdot(2x+3)'$$

$$=\frac{3}{2}\sqrt{2x+3}\cdot 2=3\sqrt{2x+3}$$

(4) $y=(2x^2+3)^{-\frac{1}{2}}$ だから

$$y'=-\frac{1}{2}(2x^2+3)^{-\frac{3}{2}}\cdot(2x^2+3)'$$

$$=-\frac{1}{2\sqrt{(2x^2+3)^3}}\cdot 4x=-\frac{2x}{\sqrt{(2x^2+3)^3}}$$

(5) $y=\left(\dfrac{1-x}{1+x}\right)^{\frac{1}{2}}$ だから

$$y'=\frac{1}{2}\left(\frac{1-x}{1+x}\right)^{-\frac{1}{2}}\cdot\left(\frac{1-x}{1+x}\right)'$$

$$=\frac{1}{2\sqrt{\dfrac{1-x}{1+x}}}\cdot\frac{-(1+x)-(1-x)}{(1+x)^2}$$

$$=\frac{1}{2\sqrt{\dfrac{1-x}{1+x}}}\cdot\frac{-2}{(1+x)^2}$$

$$=-\frac{1}{\sqrt{(1-x)(1+x)^3}}$$

**96** (1) $x=\sqrt[3]{y^2-3}$ より $x^3=y^2-3$

$y^2=x^3+3$　$y>0$ だから $y=(x^3+3)^{\frac{1}{2}}$

$$\frac{dy}{dx}=\frac{1}{2}(x^3+3)^{-\frac{1}{2}}\cdot 3x^2$$

$$=\frac{3}{2}(y^2-3+3)^{-\frac{1}{2}}\cdot\sqrt[3]{(y^2-3)^2}$$

$$=\frac{3\sqrt[3]{(y^2-3)^2}}{2y}$$

(2) $x=(y^2-3)^{\frac{1}{3}}$ であるから

$$\frac{dx}{dy}=\frac{1}{3}(y^2-3)^{-\frac{2}{3}}\cdot 2y=\frac{2y}{3\sqrt[3]{(y^2-3)^2}}$$

$$\frac{dy}{dx}=\frac{1}{\dfrac{dx}{dy}}=\frac{1}{\dfrac{2y}{3\sqrt[3]{(y^2-3)^2}}}$$

$$=\frac{3\sqrt[3]{(y^2-3)^2}}{2y}$$

**97** (1) $y'=-3\sin(3x+1)$

(2) $y'=\dfrac{2}{\cos^2 2x}$　　(3) $y'=3\sin^2 x\cos x$

(4) $y'=\dfrac{2\sin x}{\cos^3 x}$　　(5) $y'=6\sin^2 2x\cos 2x$

(6) $y'=-\dfrac{\cos x}{(1+\sin x)^2}$

**解き方** (1) $u=3x+1$ とおくと $y=\cos u$

$$\frac{dy}{dx}=-\sin u\cdot\frac{du}{dx}=-3\sin(3x+1)$$

(2) $u=2x$ とおくと $y=\tan u$

$$\frac{dy}{dx}=\frac{1}{\cos^2 u}\cdot\frac{du}{dx}=\frac{2}{\cos^2 2x}$$

(3) $u=\sin x$ とおくと $y=u^3$

$$\frac{dy}{dx}=3u^2\cdot\frac{du}{dx}=3\sin^2 x\cos x$$

(4) $u=\tan x$ とおくと $y=u^2$

$$\frac{dy}{dx}=2u\cdot\frac{du}{dx}=2\tan x\cdot\frac{1}{\cos^2 x}=\frac{2\sin x}{\cos^3 x}$$

(5) $u=2x$, $v=\sin u$ とおくと $y=v^3$

$$\frac{dy}{dx}=\frac{dy}{dv}\cdot\frac{dv}{du}\cdot\frac{du}{dx}$$

$$=3v^2\cdot\cos u\cdot(2x)'=6\sin^2 2x\cos 2x$$

(6) $u=\sin x$ とおくと $y=\dfrac{1}{1+u}$

$$\frac{dy}{dx}=\frac{-1}{(1+u)^2}\cdot\frac{du}{dx}=-\frac{\cos x}{(1+\sin x)^2}$$

**98** (1) $y'=\dfrac{1}{x}$　　(2) $y'=\dfrac{3}{3x-2}$

(3) $y'=\dfrac{2\log x}{x}$　　(4) $y'=\dfrac{2x}{(x^2+1)\log 2}$

(5) $y'=\dfrac{1-\log x}{x^2}$　　(6) $y'=\dfrac{2}{1-x^2}$

**解き方** (1) $u=2x$ とおくと $y=\log u$

$\dfrac{dy}{dx}=\dfrac{1}{u}\cdot\dfrac{du}{dx}=\dfrac{2}{2x}=\dfrac{1}{x}$

(2) $u=3x-2$ とおくと $y=\log|u|$

$\dfrac{dy}{dx}=\dfrac{1}{u}\cdot\dfrac{du}{dx}=\dfrac{3}{3x-2}$

(3) $u=\log x$ とおくと $y=u^2$

$\dfrac{dy}{dx}=2u\cdot\dfrac{du}{dx}=2(\log x)\dfrac{1}{x}=\dfrac{2\log x}{x}$

(4) $u=x^2+1$ とおくと $y=\log_2 u$

$\dfrac{dy}{dx}=\dfrac{1}{u\cdot\log 2}\cdot\dfrac{du}{dx}=\dfrac{2x}{(x^2+1)\log 2}$

(5) $y'=\left(\dfrac{\log x}{x}\right)'=\dfrac{(\log x)'x-\log x\cdot(x)'}{x^2}$

$=\dfrac{\dfrac{1}{x}\cdot x-\log x}{x^2}=\dfrac{1-\log x}{x^2}$

(6) $y'=\left(\log\left|\dfrac{1+x}{1-x}\right|\right)'=(\log|1+x|-\log|1-x|)'$

$=\dfrac{1}{1+x}+\dfrac{1}{1-x}=\dfrac{2}{1-x^2}$

**99** (1) $y'=\dfrac{x^2(4x^2+3)}{\sqrt{1+x^2}}$

(2) $y'=x^x(\log x+1)$

(3) $y'=-\dfrac{1}{\sqrt{(1+x)^3(1-x)}}$

**解き方** (1) $y=x^3\sqrt{1+x^2}$ について,
両辺の絶対値の自然対数をとると
$\log|y|=\log|x^3\sqrt{1+x^2}|$
$=3\log|x|+\dfrac{1}{2}\log(1+x^2)$

両辺を $x$ で微分すると

$\dfrac{y'}{y}=\dfrac{3}{x}+\dfrac{1}{2}\cdot\dfrac{2x}{1+x^2}=\dfrac{3}{x}+\dfrac{x}{1+x^2}=\dfrac{4x^2+3}{x(1+x^2)}$

よって $y'=\dfrac{4x^2+3}{x(1+x^2)}\cdot y$

$=\dfrac{4x^2+3}{x(1+x^2)}\cdot x^3\sqrt{1+x^2}$

$=\dfrac{x^2(4x^2+3)}{\sqrt{1+x^2}}$

(2) $y=x^x$ について,$x>0$ より,
両辺の自然対数をとると
$\log y=\log x^x=x\log x$
両辺を $x$ で微分すると

$\dfrac{y'}{y}=(x)'\log x+x(\log x)'=\log x+1$

よって $y'=(\log x+1)\cdot y=x^x(\log x+1)$

(3) $y=\sqrt{\dfrac{1-x}{1+x}}$ の自然対数をとると

$\log y=\log\sqrt{\dfrac{1-x}{1+x}}=\dfrac{1}{2}\log\left|\dfrac{1-x}{1+x}\right|$

$=\dfrac{1}{2}(\log|1-x|-\log|1+x|)$

両辺を $x$ で微分すると

$\dfrac{y'}{y}=\dfrac{1}{2}\left\{\dfrac{(1-x)'}{1-x}-\dfrac{(1+x)'}{1+x}\right\}$

$=\dfrac{1}{2}\left(\dfrac{-1}{1-x}-\dfrac{1}{1+x}\right)$

$=-\dfrac{1}{1-x^2}$

よって $y'=-\dfrac{1}{1-x^2}\cdot y=-\dfrac{1}{1-x^2}\sqrt{\dfrac{1-x}{1+x}}$

$=-\dfrac{1}{\sqrt{(1+x)^3(1-x)}}$

**100** (1) $y'=3e^{3x}$

(2) $y'=-3\cdot 2^{-3x+1}\log 2$

(3) $y'=2(e^{2x}-e^{-2x})$

(4) $y'=-e^{-x}(\sin x+\cos x)$

(5) $y'=e^{-x}(2x^2-7x+3)$

**解き方** (1) $u=3x$ とおくと $y=e^u$

$\dfrac{dy}{dx}=e^u\cdot\dfrac{du}{dx}=3e^{3x}$

(2) $u=-3x+1$ とおくと $y=2^u$

$\dfrac{dy}{dx}=2^u(\log 2)\cdot\dfrac{du}{dx}=-3\cdot 2^{-3x+1}\log 2$

(3) $y'=\{(e^x-e^{-x})^2\}'$

$=2(e^x-e^{-x})\cdot(e^x-e^{-x})'$

$=2(e^x-e^{-x})\cdot(e^x+e^{-x})$

$=2(e^{2x}-e^{-2x})$

(4) $y'=(e^{-x}\cos x)'=(e^{-x})'\cos x+e^{-x}(\cos x)'$

$=-e^{-x}\cos x-e^{-x}\sin x$

$=-e^{-x}(\sin x+\cos x)$

(5) $y'=\{(3x-2x^2)e^{-x}\}'$

$=(3x-2x^2)'e^{-x}+(3x-2x^2)(e^{-x})'$

$=(3-4x)e^{-x}+(3x-2x^2)(-e^{-x})$

$=e^{-x}(2x^2-7x+3)$

**101** (1) $y'''=-\cos x$　　(2) $y'''=\dfrac{2}{x^3}$

**解き方** (1) $y=\sin x$ だから　$y'=\cos x$
　　$y''=-\sin x$, $y'''=-\cos x$
(2) $y=\log x$ だから　$y'=\dfrac{1}{x}=x^{-1}$
　　$y''=-x^{-2}$, $y'''=2x^{-3}=\dfrac{2}{x^3}$

**102** (1) $y^{(4n-3)}=\cos x$　　$y^{(4n-2)}=-\sin x$
　　$y^{(4n-1)}=-\cos x$　　$y^{(4n)}=\sin x$
(2) $y^{(n)}=(-1)^n e^{-x}$

**解き方** (1) $y=\sin x$ だから　$y'=\cos x$
　　$y''=-\sin x$　　$y'''=-\cos x$　　$y^{(4)}=\sin x$
(2) $y=e^{-x}$ だから　$y'=-e^{-x}$　　$y''=e^{-x}$

**103** (1) $\dfrac{dy}{dx}=-\dfrac{x}{4y}$　　(2) $\dfrac{dy}{dx}=\dfrac{2}{y}$

(3) $\dfrac{dy}{dx}=\dfrac{1-x}{y}$　　(4) $\dfrac{dy}{dx}=-\dfrac{y+1}{x-1}$

(5) $\dfrac{dy}{dx}=-\left(\dfrac{y}{x}\right)^{\frac{2}{3}}$

**解き方** (1) $\dfrac{x^2}{4}+y^2=1$ の両辺を $x$ で微分すると
　　$\dfrac{2x}{4}+2y\cdot\dfrac{dy}{dx}=0$　　よって　$\dfrac{dy}{dx}=-\dfrac{x}{4y}$
(2) $y^2=4x$ の両辺を $x$ で微分すると
　　$2y\cdot\dfrac{dy}{dx}=4$　　よって　$\dfrac{dy}{dx}=\dfrac{2}{y}$
(3) $x^2+y^2-2x+2=0$ の両辺を $x$ で微分すると
　　$2x+2y\cdot\dfrac{dy}{dx}-2=0$　　よって　$\dfrac{dy}{dx}=\dfrac{1-x}{y}$
(4) $xy+x-y=0$ の両辺を $x$ で微分すると
　　$y+x\cdot\dfrac{dy}{dx}+1-\dfrac{dy}{dx}=0$
　　$(x-1)\dfrac{dy}{dx}=-(y+1)$
　　よって　$\dfrac{dy}{dx}=-\dfrac{y+1}{x-1}$
(5) $x^{\frac{1}{3}}+y^{\frac{1}{3}}=1$ の両辺を $x$ で微分すると
　　$\dfrac{1}{3}x^{-\frac{2}{3}}+\dfrac{1}{3}y^{-\frac{2}{3}}\cdot\dfrac{dy}{dx}=0$
　　よって　$\dfrac{dy}{dx}=-\dfrac{x^{-\frac{2}{3}}}{y^{-\frac{2}{3}}}=-\left(\dfrac{y}{x}\right)^{\frac{2}{3}}$

**104** (1) $\dfrac{dy}{dx}=-\dfrac{\cos 2t}{2\sin t}$

(2) $\dfrac{dy}{dx}=\cos t+\sin t$

(3) $\dfrac{dy}{dx}=-\dfrac{\cos t-\cos 3t}{\sin t+\sin 3t}$

(4) $\dfrac{dy}{dx}=\dfrac{\sin\pi t-\pi\cos\pi t}{\cos\pi t+\pi\sin\pi t}$

**解き方** (1) $x=4\cos t$ より　$\dfrac{dx}{dt}=-4\sin t$
　　$y=\sin 2t$ より　$\dfrac{dy}{dt}=2\cos 2t$
　　したがって　$\dfrac{dy}{dx}=\dfrac{\dfrac{dy}{dt}}{\dfrac{dx}{dt}}=\dfrac{2\cos 2t}{-4\sin t}=-\dfrac{\cos 2t}{2\sin t}$

(2) $x=\cos t+\sin t$ より　$\dfrac{dx}{dt}=-\sin t+\cos t$
　　$y=\cos t\sin t$ より
　　$\dfrac{dy}{dt}=(\cos t)'\sin t+\cos t(\sin t)'$
　　　　$=-\sin^2 t+\cos^2 t$
　　したがって　$\dfrac{dy}{dx}=\dfrac{\dfrac{dy}{dt}}{\dfrac{dx}{dt}}=\dfrac{\cos^2 t-\sin^2 t}{\cos t-\sin t}$
　　　　$=\cos t+\sin t$

(3) $x=3\cos t+\cos 3t$ より
　　$\dfrac{dx}{dt}=-3\sin t-3\sin 3t$
　　$y=3\sin t-\sin 3t$ より
　　$\dfrac{dy}{dt}=3\cos t-3\cos 3t$
　　したがって　$\dfrac{dy}{dx}=\dfrac{\dfrac{dy}{dt}}{\dfrac{dx}{dt}}=\dfrac{3(\cos t-\cos 3t)}{3(-\sin t-\sin 3t)}$
　　　　$=-\dfrac{\cos t-\cos 3t}{\sin t+\sin 3t}$

(4) $x=e^{-t}\cos\pi t$ より
　　$\dfrac{dx}{dt}=(e^{-t})'\cos\pi t+e^{-t}(\cos\pi t)'$
　　　　$=-e^{-t}\cos\pi t+e^{-t}(-\pi\sin\pi t)$
　　　　$=-e^{-t}(\cos\pi t+\pi\sin\pi t)$

$y=e^{-t}\sin\pi t$ より

$\dfrac{dy}{dt}=(e^{-t})'\sin\pi t+e^{-t}(\sin\pi t)'$

$\quad=-e^{-t}\sin\pi t+e^{-t}\pi\cos\pi t$

$\quad=-e^{-t}(\sin\pi t-\pi\cos\pi t)$

したがって $\dfrac{dy}{dx}=\dfrac{\dfrac{dy}{dt}}{\dfrac{dx}{dt}}$

$\quad=\dfrac{-e^{-t}(\sin\pi t-\pi\cos\pi t)}{-e^{-t}(\cos\pi t+\pi\sin\pi t)}$

$\quad=\dfrac{\sin\pi t-\pi\cos\pi t}{\cos\pi t+\pi\sin\pi t}$

**105** (1) 接線：$\boldsymbol{y=-3x+5}$

法線：$\boldsymbol{y=\dfrac{1}{3}x+\dfrac{5}{3}}$

(2) 接線：$\boldsymbol{y=x+\dfrac{\sqrt{3}}{2}-\dfrac{\pi}{6}}$

法線：$\boldsymbol{y=-x+\dfrac{\sqrt{3}}{2}+\dfrac{\pi}{6}}$

(3) 接線：$\boldsymbol{y=2x-e}$

法線：$\boldsymbol{y=-\dfrac{1}{2}x+\dfrac{3}{2}e}$

(4) 接線：$\boldsymbol{y=-\dfrac{2}{e}x+\dfrac{3}{e}}$

法線：$\boldsymbol{y=\dfrac{e}{2}x+\dfrac{2-e^2}{2e}}$

**解き方** (1) $y=\dfrac{x+1}{2x-1}=\dfrac{\dfrac{3}{2}}{2x-1}+\dfrac{1}{2}$

これより $y'=-\dfrac{3}{2}(2x-1)^{-2}\cdot(2x-1)'$

$\quad=-\dfrac{3}{(2x-1)^2}$

$x=1$ のとき $y'=-3$

これより，接線の方程式は $y-2=-3(x-1)$

すなわち $y=-3x+5$

法線の方程式は $y-2=\dfrac{1}{3}(x-1)$

すなわち $y=\dfrac{1}{3}x+\dfrac{5}{3}$

(2) $y'=2\cos 2x$ より，

$x=\dfrac{\pi}{6}$ のとき $y'=2\cos\dfrac{\pi}{3}=1$

これより，接線の方程式は $y-\dfrac{\sqrt{3}}{2}=x-\dfrac{\pi}{6}$

すなわち $y=x+\dfrac{\sqrt{3}}{2}-\dfrac{\pi}{6}$

法線の方程式は $y-\dfrac{\sqrt{3}}{2}=-1\cdot\left(x-\dfrac{\pi}{6}\right)$

すなわち $y=-x+\dfrac{\sqrt{3}}{2}+\dfrac{\pi}{6}$

(3) $y'=(x\log x)'=\log x+1$ より，

$x=e$ のとき $y'=2$

これより，接線の方程式は $y-e=2(x-e)$

すなわち $y=2x-e$

法線の方程式は $y-e=-\dfrac{1}{2}(x-e)$

すなわち $y=-\dfrac{1}{2}x+\dfrac{3}{2}e$

(4) $y'=-2xe^{-x^2}$ より，

$x=1$ のとき $y'=-\dfrac{2}{e}$

これより，接線の方程式は $y-\dfrac{1}{e}=-\dfrac{2}{e}(x-1)$

すなわち $y=-\dfrac{2}{e}x+\dfrac{3}{e}$

法線の方程式は $y-\dfrac{1}{e}=\dfrac{e}{2}(x-1)$

すなわち $y=\dfrac{e}{2}x+\dfrac{2-e^2}{2e}$

**106** $\boldsymbol{y=-\dfrac{1}{2}e^{-\frac{1}{4}}x+\dfrac{3}{2}e^{-\frac{1}{4}}}$，接点は $\boldsymbol{\left(1,\ e^{-\frac{1}{4}}\right)}$

$\boldsymbol{y=-e^{-1}x+3e^{-1}}$，接点は $\boldsymbol{(2,\ e^{-1})}$

**解き方** 曲線 $y=e^{-\frac{x^2}{4}}$ 上の点 $\left(t,\ e^{-\frac{t^2}{4}}\right)$ における接線の方程式は，$y'=-\dfrac{x}{2}e^{-\frac{x^2}{4}}$ より

$y-e^{-\frac{t^2}{4}}=-\dfrac{t}{2}e^{-\frac{t^2}{4}}(x-t)$

この接線が点 $(3,\ 0)$ を通ることから

$0-e^{-\frac{t^2}{4}}=-\dfrac{t}{2}e^{-\frac{t^2}{4}}(3-t)$

$e^{-\frac{t^2}{4}}(t^2-3t+2)=0$　　$e^{-\frac{t^2}{4}}(t-1)(t-2)=0$

$e^{-\frac{t^2}{4}}>0$ だから $t=1,\ 2$

したがって，接点は $\left(1,\ e^{-\frac{1}{4}}\right)$, $(2,\ e^{-1})$

以上より，
接点 $(1, e^{-\frac{1}{4}})$ における接線の方程式は
$$y=-\frac{1}{2}e^{-\frac{1}{4}}x+\frac{3}{2}e^{-\frac{1}{4}}$$
接点 $(2, e^{-1})$ における接線の方程式は
$$y=-e^{-1}x+3e^{-1}$$

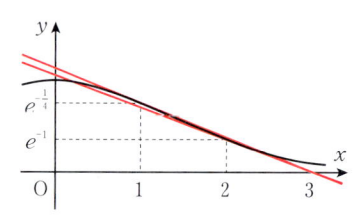

**107** $-\dfrac{1}{2}$

解き方 $x=4\cos t$ より $\dfrac{dx}{dt}=-4\sin t$

$y=\sin 2t$ より $\dfrac{dy}{dt}=2\cos 2t$

これより $\dfrac{dy}{dx}=\dfrac{\dfrac{dy}{dt}}{\dfrac{dx}{dt}}=\dfrac{2\cos 2t}{-4\sin t}=-\dfrac{\cos 2t}{2\sin t}$

$t=\dfrac{\pi}{6}$ における $\dfrac{dy}{dx}$ の値は $-\dfrac{\cos\dfrac{\pi}{3}}{2\sin\dfrac{\pi}{6}}=-\dfrac{1}{2}$

したがって，接線の傾きは $-\dfrac{1}{2}$

**108** $y_0 y = 2p(x+x_0)$

解き方 $y^2=4px$ の両辺を $x$ で微分すると
$$2y\cdot\dfrac{dy}{dx}=4p$$

(i) $y\neq 0$ のとき $\dfrac{dy}{dx}=\dfrac{2p}{y}$

放物線上の点 $(x_0, y_0)$ における接線の傾きは $\dfrac{2p}{y_0}$

よって，求める接線の方程式は，
$y-y_0=\dfrac{2p}{y_0}(x-x_0)$ だから
$y_0 y - y_0{}^2 = 2px - 2px_0$
ここで，$y_0{}^2=4px_0$ だから
$y_0 y - 4px_0 = 2px - 2px_0$
したがって $y_0 y = 2p(x+x_0)$ …①

(ii) $y=0$ のとき 接点は $(0, 0)$ で接線は $x=0$
これは，①で $x_0=0$, $y_0=0$ とした場合である。

(i), (ii)より，求める接線の方程式は
$$y_0 y = 2p(x+x_0)$$

**109** 方程式 $\sqrt{x}+\sqrt{y}=1$ は $x^{\frac{1}{2}}+y^{\frac{1}{2}}=1$ と表される。両辺を $x$ で微分すると
$$\dfrac{1}{2}x^{-\frac{1}{2}}+\dfrac{1}{2}y^{-\frac{1}{2}}\cdot\dfrac{dy}{dx}=0$$

したがって $\dfrac{dy}{dx}=-\dfrac{\dfrac{1}{2}x^{-\frac{1}{2}}}{\dfrac{1}{2}y^{-\frac{1}{2}}}=-\sqrt{\dfrac{y}{x}}$

これより曲線上の点 $(x_0, y_0)$ における接線の方程式は $y-y_0=-\sqrt{\dfrac{y_0}{x_0}}(x-x_0)$

すなわち $y=-\sqrt{\dfrac{y_0}{x_0}}x+\sqrt{x_0 y_0}+y_0$

$\qquad =-\sqrt{\dfrac{y_0}{x_0}}x+\sqrt{y_0}(\sqrt{x_0}+\sqrt{y_0})$

$\qquad =-\sqrt{\dfrac{y_0}{x_0}}x+\sqrt{y_0}$

点Aについて $0=-\sqrt{\dfrac{y_0}{x_0}}x+\sqrt{y_0}$ $x=\sqrt{x_0}$

点Bについて $y=-\sqrt{\dfrac{y_0}{x_0}}\times 0+\sqrt{y_0}$

$\qquad y=\sqrt{y_0}$

ゆえに $A(\sqrt{x_0}, 0)$, $B(0, \sqrt{y_0})$
よって $OA+OB=\sqrt{x_0}+\sqrt{y_0}=1$
したがって，$OA+OB$ は点 $(x_0, y_0)$ に関係なく一定である。

**110** (1) 関数 $f(x)=\log x$ は $x>0$ で微分可能な関数であり $f'(x)=\dfrac{1}{x}$

したがって，閉区間 $[a, c]$ で連続，開区間 $(a, c)$ で微分可能だから，平均値の定理により，
$$\dfrac{\log c-\log a}{c-a}=\dfrac{1}{\alpha} \quad (a<\alpha<c)$$
を満たす $\alpha$ が存在する。

同様にして，平均値の定理により，

$$\frac{\log b - \log c}{b-c} = \frac{1}{\beta} \quad (c < \beta < b)$$

を満たす $\beta$ が存在する。

いま，$0 < \alpha < \beta$ だから $\dfrac{1}{\alpha} > \dfrac{1}{\beta}$

したがって $\dfrac{\log c - \log a}{c-a} > \dfrac{\log b - \log c}{b-c}$

(2) 関数 $f(x) = \sin x$ は，開区間 $0 < x < \pi$ で微分可能な関数であり $f'(x) = \cos x$

したがって，閉区間 $[a, c]$ で連続，開区間 $(a, c)$ で微分可能だから，平均値の定理により，

$$\frac{\sin c - \sin a}{c-a} = \cos \alpha \quad (a < \alpha < c)$$

を満たす $\alpha$ が存在する。

同様にして，平均値の定理により，

$$\frac{\sin b - \sin c}{b-c} = \cos \beta \quad (c < \beta < b)$$

を満たす $\beta$ が存在する。

ところで，$\cos x$ は $0 < x < \pi$ で単調減少となる関数であるから，

$0 < \alpha < \beta < \pi$ のとき $\cos \alpha > \cos \beta$

したがって $\dfrac{\sin c - \sin a}{c-a} > \dfrac{\sin b - \sin c}{b-c}$

**111** (1) 極大値 $-3$ $(x=-3)$，極小値 $5$ $(x=1)$

(2) 極大値 $\dfrac{1+\sqrt{2}}{2}$ $(x=\sqrt{2})$，

極小値 $\dfrac{1-\sqrt{2}}{2}$ $(x=-\sqrt{2})$

**解き方** (1) $y = \dfrac{x^2+3x+6}{x+1} = x+2 + \dfrac{4}{x+1}$

$y' = 1 - \dfrac{4}{(x+1)^2} = \dfrac{x^2+2x-3}{(x+1)^2} = \dfrac{(x+3)(x-1)}{(x+1)^2}$

| $x$ | $\cdots$ | $-3$ | $\cdots$ | $-1$ | $\cdots$ | $1$ | $\cdots$ |
|---|---|---|---|---|---|---|---|
| $y'$ | $+$ | $0$ | $-$ |  | $-$ | $0$ | $+$ |
| $y$ | ↗ | $-3$ | ↘ |  | ↘ | $5$ | ↗ |

↑極大値　↑漸近線　↑極小値

(2) $y' = \dfrac{x^2-2x+2-x(2x-2)}{(x^2-2x+2)^2} = \dfrac{-x^2+2}{(x^2-2x+2)^2}$

$= \dfrac{-(x+\sqrt{2})(x-\sqrt{2})}{(x^2-2x+2)^2}$

| $x$ | $\cdots$ | $-\sqrt{2}$ | $\cdots$ | $\sqrt{2}$ | $\cdots$ |
|---|---|---|---|---|---|
| $y'$ | $-$ | $0$ | $+$ | $0$ | $-$ |
| $y$ | ↘ | $\dfrac{1-\sqrt{2}}{2}$ | ↗ | $\dfrac{1+\sqrt{2}}{2}$ | ↘ |

**112** (1) 極大値 $\dfrac{5}{3}\pi + \sqrt{3}$ $\left(x = \dfrac{5}{3}\pi\right)$，

極小値 $\dfrac{\pi}{3} - \sqrt{3}$ $\left(x = \dfrac{\pi}{3}\right)$

(2) 極大値 $\dfrac{3\sqrt{3}}{4}$ $\left(x = \dfrac{11}{6}\pi\right)$，

極小値 $-\dfrac{3\sqrt{3}}{4}$ $\left(x = \dfrac{7}{6}\pi\right)$

**解き方** (1) $y' = 1 - 2\cos x$

$\cos x = \dfrac{1}{2}$，つまり $x = \dfrac{\pi}{3}, \dfrac{5}{3}\pi$ のとき $y' = 0$

| $x$ | $0$ | $\cdots$ | $\dfrac{\pi}{3}$ | $\cdots$ | $\dfrac{5}{3}\pi$ | $\cdots$ | $2\pi$ |
|---|---|---|---|---|---|---|---|
| $y'$ |  | $-$ | $0$ | $+$ | $0$ | $-$ |  |
| $y$ | $0$ | ↘ | $\dfrac{\pi}{3}-\sqrt{3}$ | ↗ | $\dfrac{5}{3}\pi+\sqrt{3}$ | ↘ | $2\pi$ |

(2) $y' = (-\cos x) \cdot \cos x + (1-\sin x)(-\sin x)$

$= -\cos^2 x - \sin x + \sin^2 x$

$= -(1-\sin^2 x) - \sin x + \sin^2 x$

$= 2\sin^2 x - \sin x - 1$

$= (2\sin x + 1)(\sin x - 1)$

$\sin x = -\dfrac{1}{2}, 1$，つまり $x = \dfrac{7}{6}\pi, \dfrac{11}{6}\pi, \dfrac{\pi}{2}$ のとき

$y' = 0$

| $x$ | $0$ | $\cdots$ | $\dfrac{\pi}{2}$ | $\cdots$ | $\dfrac{7}{6}\pi$ | $\cdots$ | $\dfrac{11}{6}\pi$ | $\cdots$ | $2\pi$ |
|---|---|---|---|---|---|---|---|---|---|
| $y'$ |  | $-$ | $0$ | $-$ | $0$ | $+$ | $0$ | $-$ |  |
| $y$ | $1$ | ↘ | $0$ | ↘ | $-\dfrac{3\sqrt{3}}{4}$ | ↗ | $\dfrac{3\sqrt{3}}{4}$ | ↘ | $1$ |

**113** (1) 極大値 $(2+2\sqrt{2})e^{-1-\sqrt{2}}$ $(x = -1-\sqrt{2})$

極小値 $(2-2\sqrt{2})e^{-1+\sqrt{2}}$ $(x = -1+\sqrt{2})$

(2) 極小値 $-\dfrac{1}{e}$ $\left(x = \dfrac{1}{e}\right)$，極大値なし

本冊 p. 155～157 の解答

**解き方** (1) $y'=2xe^x+(x^2-1)e^x=(x^2+2x-1)e^x$

| $x$ | $\cdots$ | $-1-\sqrt{2}$ | $\cdots$ | $-1+\sqrt{2}$ | $\cdots$ |
|---|---|---|---|---|---|
| $y'$ | $+$ | $0$ | $-$ | $0$ | $+$ |
| $y$ | ↗ | $(2+2\sqrt{2})e^{-1-\sqrt{2}}$ | ↘ | $(2-2\sqrt{2})e^{-1+\sqrt{2}}$ | ↗ |

(2) $y'=\log x+1$

$\log x=-1$,つまり $x=e^{-1}$ のとき $y'=0$ となる。

| $x$ | $0$ | $\cdots$ | $e^{-1}$ | $\cdots$ |
|---|---|---|---|---|
| $y'$ | | $-$ | $0$ | $+$ |
| $y$ | | ↘ | $-\dfrac{1}{e}$ | ↗ |

**114** $-2\sqrt{2}\leqq a\leqq 2\sqrt{2}$

**解き方** $f(x)=(x^2+ax+3)e^x$ について,
関数 $f(x)$ が極値をもたないとき,導関数 $f'(x)$ の符号は変化しない。
$f'(x)=(2x+a)e^x+(x^2+ax+3)e^x$
$\quad=\{x^2+(a+2)x+(a+3)\}e^x$
$e^x>0$ だから $x^2+(a+2)x+(a+3)\geqq 0$ が常に成立する $a$ の値の範囲を求めればよい。
すなわち,2次方程式 $x^2+(a+2)x+(a+3)=0$ の判別式 $D\leqq 0$ となる $a$ の値の範囲を求める。

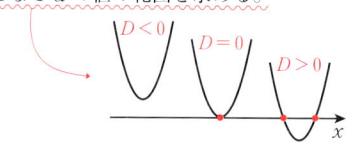

$D=(a+2)^2-4(a+3)=a^2-8$
$\quad=(a+2\sqrt{2})(a-2\sqrt{2})\leqq 0$
よって $-2\sqrt{2}\leqq a\leqq 2\sqrt{2}$

**115** (1)

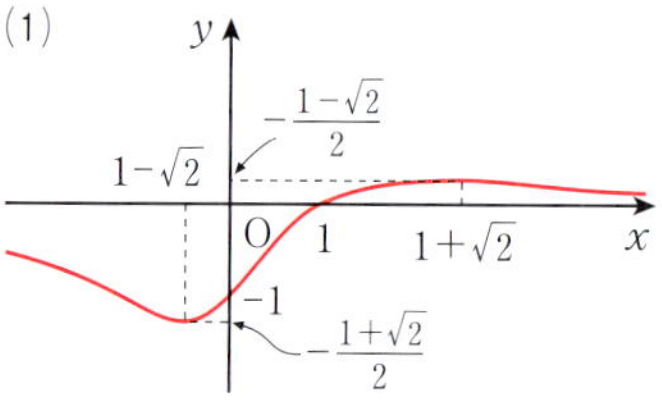

最大値 $-\dfrac{1-\sqrt{2}}{2}$ $(x=1+\sqrt{2})$

最小値 $-\dfrac{1+\sqrt{2}}{2}$ $(x=1-\sqrt{2})$

(2)

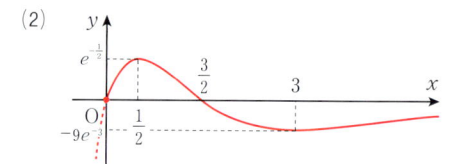

最大値 $e^{-\frac{1}{2}}$ $\left(x=\dfrac{1}{2}\right)$,最小値 $-9e^{-3}$ $(x=3)$

(3)

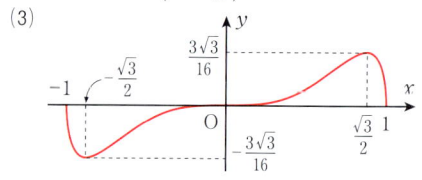

最大値 $\dfrac{3\sqrt{3}}{16}$ $\left(x=\dfrac{\sqrt{3}}{2}\right)$,

最小値 $-\dfrac{3\sqrt{3}}{16}$ $\left(x=-\dfrac{\sqrt{3}}{2}\right)$

**解き方** (1) $f'(x)=\dfrac{x^2+1-(x-1)\cdot 2x}{(x^2+1)^2}$
$\quad =\dfrac{-x^2+2x+1}{(x^2+1)^2}$
$\quad =-\dfrac{\{x-(1+\sqrt{2})\}\{x-(1-\sqrt{2})\}}{(x^2+1)^2}$

| $x$ | $\cdots$ | $1-\sqrt{2}$ | $\cdots$ | $1+\sqrt{2}$ | $\cdots$ |
|---|---|---|---|---|---|
| $f'(x)$ | $-$ | $0$ | $+$ | $0$ | $-$ |
| $f(x)$ | ↘ | $-\dfrac{1+\sqrt{2}}{2}$ | ↗ | $-\dfrac{1-\sqrt{2}}{2}$ | ↘ |
| | | 最小 | | 最大 | |

$\lim_{x\to\infty}\dfrac{x-1}{x^2+1}=0$ また $\lim_{x\to-\infty}\dfrac{x-1}{x^2+1}=0$
よって,漸近線は $y=0$

(2) $f'(x)=(3-4x)e^{-x}-(3x-2x^2)e^{-x}$
$\quad =(2x^2-7x+3)e^{-x}$
$\quad =(2x-1)(x-3)e^{-x}$

| $x$ | $0$ | $\cdots$ | $\dfrac{1}{2}$ | $\cdots$ | $3$ | $\cdots$ |
|---|---|---|---|---|---|---|
| $f'(x)$ | | $+$ | $0$ | $-$ | $0$ | $+$ |
| $f(x)$ | $0$ | ↗ | $e^{-\frac{1}{2}}$ | ↘ | $-9e^{-3}$ | ↗ |

$\lim_{x\to\infty}(3x-2x^2)e^{-x}=\lim_{x\to\infty}(3xe^{-x}-2x^2e^{-x})$
$\qquad\qquad =3\underset{=0}{\underline{\lim_{x\to\infty}xe^{-x}}}-2\underset{=0}{\underline{\lim_{x\to\infty}x^2e^{-x}}}=0$

よって,漸近線は $y=0$

(3) $f'(x)=3x^2\sqrt{1-x^2}+x^3\cdot\dfrac{1}{2}(1-x^2)^{-\frac{1}{2}}(-2x)$

$=3x^2\sqrt{1-x^2}-\dfrac{x^4}{\sqrt{1-x^2}}=\dfrac{3x^2(1-x^2)-x^4}{\sqrt{1-x^2}}$

$=\dfrac{-4x^4+3x^2}{\sqrt{1-x^2}}=-\dfrac{4x^2\left(x+\frac{\sqrt{3}}{2}\right)\left(x-\frac{\sqrt{3}}{2}\right)}{\sqrt{1-x^2}}$

| $x$ | $-1$ | $\cdots$ | $-\frac{\sqrt{3}}{2}$ | $\cdots$ | $0$ | $\cdots$ | $\frac{\sqrt{3}}{2}$ | $\cdots$ | $1$ |
|---|---|---|---|---|---|---|---|---|---|
| $f'(x)$ |  | $-$ | $0$ | $+$ | $0$ | $+$ | $0$ | $-$ |  |
| $f(x)$ | $0$ | ↘ | $-\frac{3\sqrt{3}}{16}$ | ↗ | $0$ | ↗ | $\frac{3\sqrt{3}}{16}$ | ↘ | $0$ |

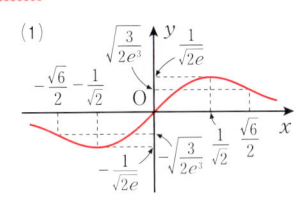

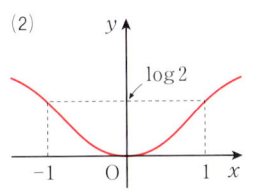

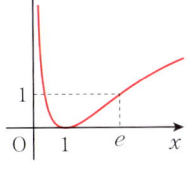

**116** 下の図

(1), (2), (3) グラフ

**解き方** (1) $y'=e^{-x^2}+xe^{-x^2}\cdot(-2x)$

$=(1-2x^2)e^{-x^2}=-2\left(x+\dfrac{1}{\sqrt{2}}\right)\left(x-\dfrac{1}{\sqrt{2}}\right)e^{-x^2}$

$y''=-4xe^{-x^2}+(1-2x^2)e^{-x^2}\cdot(-2x)$

$=2x(2x^2-3)e^{-x^2}$

$=4x\left(x-\dfrac{\sqrt{6}}{2}\right)\left(x+\dfrac{\sqrt{6}}{2}\right)e^{-x^2}$

| $x$ | $\cdots$ | $-\frac{1}{\sqrt{2}}$ | $\cdots$ | $\frac{1}{\sqrt{2}}$ | $\cdots$ |
|---|---|---|---|---|---|
| $y'$ | $-$ | $0$ | $+$ | $0$ | $-$ |
| $y$ | ↘ | $-\frac{1}{\sqrt{2e}}$ | ↗ | $\frac{1}{\sqrt{2e}}$ | ↘ |

| $x$ | $\cdots$ | $-\frac{\sqrt{6}}{2}$ | $\cdots$ | $0$ | $\cdots$ | $\frac{\sqrt{6}}{2}$ | $\cdots$ |
|---|---|---|---|---|---|---|---|
| $y''$ | $-$ | $0$ | $+$ | $0$ | $-$ | $0$ | $+$ |
| $y$ | ⌒ | $-\sqrt{\frac{3}{2e^3}}$ | ⌣ | $0$ | ⌒ | $\sqrt{\frac{3}{2e^3}}$ | ⌣ |

$\lim_{x\to\infty}xe^{-x^2}=0$, $\lim_{x\to-\infty}xe^{-x^2}=0$

(2) $y'=\dfrac{2x}{x^2+1}$

$y''=\dfrac{2(x^2+1)-2x\cdot 2x}{(x^2+1)^2}=\dfrac{2(1-x^2)}{(x^2+1)^2}$

$=-\dfrac{2(x-1)(x+1)}{(x^2+1)^2}$

| $x$ | $\cdots$ | $0$ | $\cdots$ |
|---|---|---|---|
| $y'$ |  $-$ | $0$ | $+$ |
| $y$ | ↘ | $0$ | ↗ |

| $x$ | $\cdots$ | $-1$ | $\cdots$ | $1$ | $\cdots$ |
|---|---|---|---|---|---|
| $y''$ | $-$ | $0$ | $+$ | $0$ | $-$ |
| $y$ | ⌒ | $\log 2$ | ⌣ | $\log 2$ | ⌒ |

(3) $y'=2\log x\cdot\dfrac{1}{x}=\dfrac{2\log x}{x}$

$y''=\dfrac{2\cdot\frac{1}{x}\cdot x-2\log x}{x^2}=\dfrac{2(1-\log x)}{x^2}$

| $x$ | $0$ | $\cdots$ | $1$ | $\cdots$ |
|---|---|---|---|---|
| $y'$ |  |  $-$ | $0$ | $+$ |
| $y$ |  | ↘ | $0$ | ↗ |

| $x$ | $0$ | $\cdots$ | $e$ | $\cdots$ |
|---|---|---|---|---|
| $y''$ |  | $+$ | $0$ | $-$ |
| $y$ |  | ⌣ | $1$ | ⌒ |

**117** (1) $f'(x)=e^x(\sin x+\cos x)$

$f''(x)=2e^x\cos x$

(2) 極大値 $\dfrac{\sqrt{2}}{2}e^{\frac{3}{4}\pi}$ $\left(x=\dfrac{3}{4}\pi\right)$,

極小値 $-\dfrac{\sqrt{2}}{2}e^{\frac{7}{4}\pi}$ $\left(x=\dfrac{7}{4}\pi\right)$

(3) $\left(\dfrac{\pi}{2},\ e^{\frac{\pi}{2}}\right)$, $\left(\dfrac{3}{2}\pi,\ -e^{\frac{3}{2}\pi}\right)$

**解き方** (1) $f'(x)=(e^x)'\sin x+e^x(\sin x)'$
$=e^x(\sin x+\cos x)$

$f''(x)=(e^x)'(\sin x+\cos x)+e^x(\sin x+\cos x)'$
$=e^x(\sin x+\cos x)+e^x(\cos x-\sin x)$
$=2e^x\cos x$

(2) $f'(x)=e^x(\sin x+\cos x)$

$=\sqrt{2}e^x\left(\dfrac{1}{\sqrt{2}}\sin x+\dfrac{1}{\sqrt{2}}\cos x\right)$

$=\sqrt{2}e^x\sin\left(x+\dfrac{\pi}{4}\right)$

$f'(x)=0$ となるのは, $\sin\left(x+\dfrac{\pi}{4}\right)=0$ のとき。

$0\leqq x\leqq 2\pi$ だから $\dfrac{\pi}{4}\leqq x+\dfrac{\pi}{4}\leqq\dfrac{9}{4}\pi$

よって $x+\dfrac{\pi}{4}=\pi,\ 2\pi$ $x=\dfrac{3}{4}\pi,\ \dfrac{7}{4}\pi$

| $x$ | $0$ | $\cdots$ | $\dfrac{3}{4}\pi$ | $\cdots$ | $\dfrac{7}{4}\pi$ | $\cdots$ | $2\pi$ |
|---|---|---|---|---|---|---|---|
| $f'(x)$ | | $+$ | $0$ | $-$ | $0$ | $+$ | |
| $f(x)$ | $0$ | ↗ | $\dfrac{\sqrt{2}}{2}e^{\frac{3}{4}\pi}$ | ↘ | $-\dfrac{\sqrt{2}}{2}e^{\frac{7}{4}\pi}$ | ↗ | $0$ |

(3) $f''(x)=2e^x\cos x$

$f''(x)=0$ となるのは $x=\dfrac{\pi}{2},\ \dfrac{3}{2}\pi$ のとき。

| $x$ | $0$ | $\cdots$ | $\dfrac{\pi}{2}$ | $\cdots$ | $\dfrac{3}{2}\pi$ | $\cdots$ | $2\pi$ |
|---|---|---|---|---|---|---|---|
| $f''(x)$ | | $+$ | $0$ | $-$ | $0$ | $+$ | |
| $f(x)$ | $0$ | ⌣ | $e^{\frac{\pi}{2}}$ | ⌢ | $-e^{\frac{3}{2}\pi}$ | ⌣ | $0$ |

よって $\left(\dfrac{\pi}{2},\ e^{\frac{\pi}{2}}\right),\ \left(\dfrac{3}{2}\pi,\ -e^{\frac{3}{2}\pi}\right)$

**118** 極大値 $\dfrac{7}{6}\pi+\sqrt{3}\ \left(x=\dfrac{7}{6}\pi\right)$

極小値 $\dfrac{11}{6}\pi-\sqrt{3}\ \left(x=\dfrac{11}{6}\pi\right)$

**解き方** $f(x)=x-2\cos x\ (0\leqq x\leqq 2\pi)$ とおく。

$f'(x)=1+2\sin x$

$f''(x)=2\cos x$

$f'(x)=0$ を満たす $x$ は,$\sin x=-\dfrac{1}{2}$ より

$x=\dfrac{7}{6}\pi,\ \dfrac{11}{6}\pi$

$f''\left(\dfrac{7}{6}\pi\right)=2\cos\dfrac{7}{6}\pi=-\sqrt{3}<0$ より,

$x=\dfrac{7}{6}\pi$ で極大

$f''\left(\dfrac{11}{6}\pi\right)=2\cos\dfrac{11}{6}\pi=\sqrt{3}>0$ より,

$x=\dfrac{11}{6}\pi$ で極小

したがって,

極大値 $f\left(\dfrac{7}{6}\pi\right)=\dfrac{7}{6}\pi-2\cos\dfrac{7}{6}\pi$

$=\dfrac{7}{6}\pi+\sqrt{3}$

極小値 $f\left(\dfrac{11}{6}\pi\right)=\dfrac{11}{6}\pi-2\cos\dfrac{11}{6}\pi$

$=\dfrac{11}{6}\pi-\sqrt{3}$

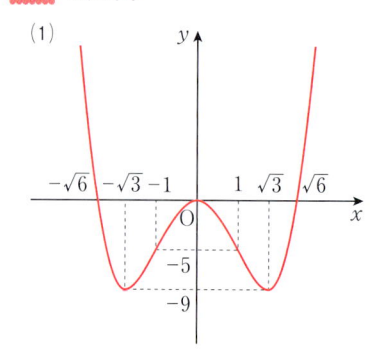

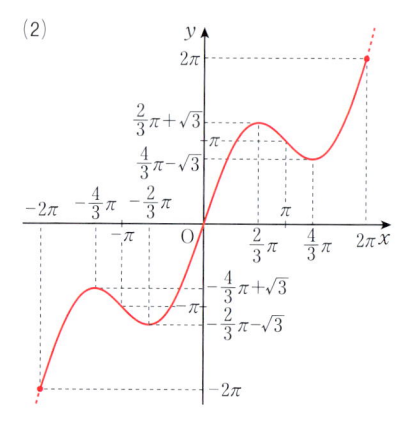

**119** 次の図

(1) (グラフ)

(2) (グラフ)

**解き方** (1) $y=x^4-6x^2$ …①

$f(x)=x^4-6x^2$ とおくと

$f(-x)=(-x)^4-6(-x)^2=x^4-6x^2$
$=f(x)$

より,①のグラフは $y$ 軸対称である。

したがって,$y=x^4-6x^2\ (x\geqq 0)$ のグラフをかいて,$y$ 軸対称にする。

$f'(x)=4x^3-12x=4x(x^2-3)$

$f''(x)=12x^2-12=12(x-1)(x+1)$

増減表を作成する。

| $x$ | $0$ | $\cdots$ | $1$ | $\cdots$ | $\sqrt{3}$ | $\cdots$ |
|---|---|---|---|---|---|---|
| $f'(x)$ | $0$ | $-$ | $-$ | $-$ | $0$ | $+$ |
| $f''(x)$ | $-$ | $-$ | $0$ | $+$ | $+$ | $+$ |
| $f(x)$ | $0$ | ↘ | $-5$ | ↘ | $-9$ | ↗ |
| | 極大 | | 変曲点 | | 極小 | |

$y$ 軸対称であることを考慮して,

極大値 $0\ (x=0\text{ のとき})$

極小値 $-9\ (x=\pm\sqrt{3}\text{ のとき})$

変曲点 $(-1,\ -5),\ (1,\ -5)$

(参考)

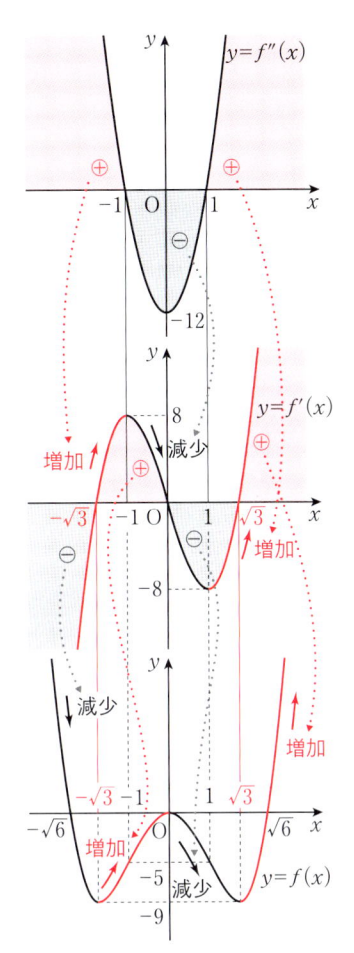

このように，$y=f(x)$ の増減は $y=f'(x)$ の正負で，また $y=f'(x)$ の増減は $y=f''(x)$ の正負で判断する。

(2) $y=x+2\sin x$ …① $(-2\pi \leqq x \leqq 2\pi)$

$f(x)=x+2\sin x$ とおくと

$f(-x)=-x+2\sin(-x)$
$\qquad =-(x+2\sin x)=-f(x)$

より，①のグラフは原点対称である。

したがって，$y=x+2\sin x$ $(0\leqq x\leqq 2\pi)$ のグラフをかいて原点対称にする。

$f'(x)=1+2\cos x$

$f''(x)=-2\sin x$

増減表を作成する。

| $x$ | 0 | $\cdots$ | $\dfrac{2}{3}\pi$ | $\cdots$ | $\pi$ | $\cdots$ | $\dfrac{4}{3}\pi$ | $\cdots$ | $2\pi$ |
|---|---|---|---|---|---|---|---|---|---|
| $f'(x)$ | + | + | 0 | − | − | − | 0 | + |  |
| $f''(x)$ | 0 | − | − | − | 0 | + | + | + |  |
| $f(x)$ | 0 | ↗ | $\dfrac{2}{3}\pi+\sqrt{3}$ | ↘ | $\pi$ | ↘ | $\dfrac{4}{3}\pi-\sqrt{3}$ | ↗ | $2\pi$ |

　　　変曲点　　極大　　　変曲点　　極小

極大値 $\dfrac{2}{3}\pi+\sqrt{3}$ $\left(x=\dfrac{2}{3}\pi\ \text{のとき}\right)$

$\qquad -\dfrac{4}{3}\pi+\sqrt{3}$ $\left(x=-\dfrac{4}{3}\pi\ \text{のとき}\right)$

極小値 $\dfrac{4}{3}\pi-\sqrt{3}$ $\left(x=\dfrac{4}{3}\pi\ \text{のとき}\right)$

$\qquad -\dfrac{2}{3}\pi-\sqrt{3}$ $\left(x=-\dfrac{2}{3}\pi\ \text{のとき}\right)$

変曲点 $(-\pi,\ -\pi),\ (0,\ 0),\ (\pi,\ \pi)$

**120** 右の図

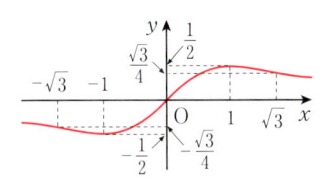

**解き方** $f(-x)=\dfrac{-x}{1+(-x)^2}=-\dfrac{x}{1+x^2}=-f(x)$

よって，グラフは原点対称だから，$x\geqq 0$ の範囲で考える。

$f'(x)=\dfrac{(1+x^2)-x\cdot 2x}{(1+x^2)^2}$

$\qquad =\dfrac{1-x^2}{(1+x^2)^2}=-\dfrac{(x-1)(x+1)}{(1+x^2)^2}$

$f''(x)=\dfrac{-2x(1+x^2)^2-(1-x^2)\cdot 2(1+x^2)\cdot 2x}{(1+x^2)^4}$

$\qquad =\dfrac{-2x(1+x^2)-4x(1-x^2)}{(1+x^2)^3}=\dfrac{-6x+2x^3}{(1+x^2)^3}$

$\qquad =\dfrac{2x(x^2-3)}{(1+x^2)^3}=\dfrac{2x(x+\sqrt{3})(x-\sqrt{3})}{(1+x^2)^3}$

| $x$ | 0 | $\cdots$ | 1 | $\cdots$ | $\sqrt{3}$ | $\cdots$ | $\infty$ |
|---|---|---|---|---|---|---|---|
| $f'(x)$ | + | + | 0 | − | − | − |  |
| $f''(x)$ | 0 | − | − | − | 0 | + |  |
| $f(x)$ | 0 | ↗ | $\dfrac{1}{2}$ | ↘ | $\dfrac{\sqrt{3}}{4}$ | ↘ | 0 |

　　変曲点　　極大　　　変曲点

極大値 $\dfrac{1}{2}$ ($x=1$ のとき)

極小値 $-\dfrac{1}{2}$ ($x=-1$ のとき)

$x=\pm\sqrt{3}$, $0$ で変曲点

$\left(-\sqrt{3},\ -\dfrac{\sqrt{3}}{4}\right)$, $\left(\sqrt{3},\ \dfrac{\sqrt{3}}{4}\right)$, $(0,\ 0)$

$\displaystyle\lim_{x\to\infty}\dfrac{x}{1+x^2}=0$, $\displaystyle\lim_{x\to-\infty}\dfrac{x}{1+x^2}=0$

よって,漸近線は $y=0$

**121** (1) 右の図

(2) $m<\dfrac{5}{6}\pi-\sqrt{3}$

のとき 0個

$m=\dfrac{5}{6}\pi-\sqrt{3}$

のとき 1個

$\dfrac{5}{6}\pi-\sqrt{3}<m<2$

のとき 2個

$2\leqq m<\dfrac{\pi}{6}+\sqrt{3}$ のとき 3個

$m=\dfrac{\pi}{6}+\sqrt{3}$ のとき 2個

$\dfrac{\pi}{6}+\sqrt{3}<m\leqq 2\pi+2$ のとき 1個

$2\pi+2<m$ のとき 0個

**解き方** (1) $f'(x)=1-2\sin x$

$\sin x=\dfrac{1}{2}$, つまり $x=\dfrac{\pi}{6}$, $\dfrac{5}{6}\pi$ ($0\leqq x\leqq 2\pi$)

のとき $f'(x)=0$ となる。

| $x$ | 0 | $\cdots$ | $\dfrac{\pi}{6}$ | $\cdots$ | $\dfrac{5}{6}\pi$ | $\cdots$ | $2\pi$ |
|---|---|---|---|---|---|---|---|
| $f'(x)$ |  | + | 0 | − | 0 | + |  |
| $f(x)$ | 2 | ↗ | $\dfrac{\pi}{6}+\sqrt{3}$ | ↘ | $\dfrac{5}{6}\pi-\sqrt{3}$ | ↗ | $2\pi+2$ |

(2) $0\leqq x\leqq 2\pi$ における,方程式 $x+2\cos x=m$ の異なる実数解の個数は,曲線 $y=x+2\cos x$ と直線 $y=m$ の $0\leqq x\leqq 2\pi$ における共有点の個数に等しい。(1)で求めたグラフを利用する。

**122** (1) $0<x<\dfrac{1}{a}$ のとき減少,

$x>\dfrac{1}{a}$ のとき増加

(2) $a\geqq\dfrac{1}{e}$

**解き方** (1) $f'(x)=a-\dfrac{1}{x}=\dfrac{ax-1}{x}$

| $x$ | 0 | $\cdots$ | $\dfrac{1}{a}$ | $\cdots$ |
|---|---|---|---|---|
| $f'(x)$ |  | − | 0 | + |
| $f(x)$ |  | ↘ | $1+\log a$ | ↗ |

(2) $ax\geqq\log x$ ($x>0$) $\Longleftrightarrow$ $ax-\log x\geqq 0$ ($x>0$)
これが常に成立するためには,
$f(x)=ax-\log x$ とおいたとき,$x>0$ における $f(x)$ の最小値が 0 以上であればよい。
(1)より関数 $f(x)$ の $x>0$ での最小値は $1+\log a$
よって $1+\log a\geqq 0$  $\log a\geqq -1$  $a\geqq e^{-1}$

**123-1** $\vec{v}=(-e^{-2t_0}(\sin t_0+2\cos t_0),$
  $-e^{-2t_0}(2\sin t_0-\cos t_0))$

$|\vec{v}|=\sqrt{5}e^{-2t_0}$

**解き方** $\dfrac{dx}{dt}=(e^{-2t})'\cos t+e^{-2t}(\cos t)'$
   $=-2e^{-2t}\cos t+e^{-2t}(-\sin t)$
   $=-e^{-2t}(\sin t+2\cos t)$

$\dfrac{dy}{dt}=(e^{-2t})'\sin t+e^{-2t}(\sin t)'$
   $=-2e^{-2t}\sin t+e^{-2t}\cos t$
   $=-e^{-2t}(2\sin t-\cos t)$

したがって,時刻 $t$ における速度 $\vec{v}$ は
$\vec{v}=(-e^{-2t}(\sin t+2\cos t),\ -e^{-2t}(2\sin t-\cos t))$

$|\vec{v}|=\sqrt{\left(\dfrac{dx}{dt}\right)^2+\left(\dfrac{dy}{dt}\right)^2}$
 $=\sqrt{\{-e^{-2t}(\sin t+2\cos t)\}^2+\{-e^{-2t}(2\sin t-\cos t)\}^2}$
 $=e^{-2t}\sqrt{5(\sin^2 t+\cos^2 t)}=\sqrt{5}e^{-2t}$

**123-2** $\dfrac{dx}{dt}=a(1-\cos t)$, $\dfrac{d^2x}{dt^2}=a\sin t$

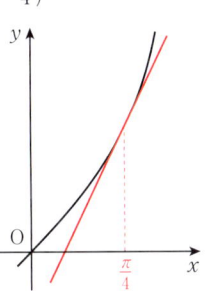

$\dfrac{dy}{dt}=a\sin t$, $\dfrac{d^2y}{dt^2}=a\cos t$

これより，時刻 $t$ における加速度 $\vec{\alpha}$ の大きさ

$|\vec{\alpha}|$ は $|\vec{\alpha}|=\sqrt{\left(\dfrac{d^2x}{dt^2}\right)^2+\left(\dfrac{d^2y}{dt^2}\right)^2}$

$\quad=\sqrt{a^2\sin^2 t+a^2\cos^2 t}=a$

$\quad\quad\quad\quad\quad\quad\quad\quad(a>0 \text{より})$

したがって，加速度の大きさは一定である。

**124-1** $\tan x \fallingdotseq 2x+1-\dfrac{\pi}{2}$

**解き方** $y=\tan x$ において $y'=\dfrac{1}{\cos^2 x}$

$x=\dfrac{\pi}{4}$ のとき $y'=2$

したがって，曲線 $y=\tan x$ の $x=\dfrac{\pi}{4}$ における接線

の方程式は $y-\tan\dfrac{\pi}{4}=2\left(x-\dfrac{\pi}{4}\right)$

$\quad y-1=2x-\dfrac{\pi}{2}$

$\quad y=2x+1-\dfrac{\pi}{2}$

これより，$x$ が $\dfrac{\pi}{4}$ に十分近い値であるとき

$\tan x \fallingdotseq 2x+1-\dfrac{\pi}{2}$

(別解) $x\fallingdotseq\dfrac{\pi}{4}$ のときの近似式は，

$f(x)\fallingdotseq f'\left(\dfrac{\pi}{4}\right)\left(x-\dfrac{\pi}{4}\right)+f\left(\dfrac{\pi}{4}\right)$ と表せる。

$f(x)=\tan x$ とおくと $f\left(\dfrac{\pi}{4}\right)=\tan\dfrac{\pi}{4}=1$

$f'(x)=\dfrac{1}{\cos^2 x}$ で $f'\left(\dfrac{\pi}{4}\right)=\dfrac{1}{\cos^2\dfrac{\pi}{4}}=2$

よって $f(x)\fallingdotseq 2\left(x-\dfrac{\pi}{4}\right)+1=2x+1-\dfrac{\pi}{2}$

**124-2** $f(x)\fallingdotseq x-1$

**解き方** $f'(x)=\dfrac{\left(\dfrac{x}{2}-\dfrac{\pi}{4}\right)'}{\cos^2\left(\dfrac{x}{2}-\dfrac{\pi}{4}\right)}$

$\quad=\dfrac{1}{2}\cdot\dfrac{1}{\cos^2\left(\dfrac{x}{2}-\dfrac{\pi}{4}\right)}$

$f'(0)=\dfrac{1}{2}\cdot\dfrac{1}{\cos^2\left(-\dfrac{\pi}{4}\right)}=1$

また $f(0)=\tan\left(-\dfrac{\pi}{4}\right)=-1$

以上より，関数 $f(x)$ のグラフの $(0, -1)$ における
接線の方程式は

$\quad y+1=1\cdot(x-0)$ よって $y=x-1$

これより，$|x|$ が十分小さいとき

$\tan\left(\dfrac{x}{2}-\dfrac{\pi}{4}\right)\fallingdotseq x-1$

(別解) $x\fallingdotseq 0$ のときの近似式は，

$f(x)\fallingdotseq f'(0)x+f(0)$ と表せる。

$f(x)=\tan\left(\dfrac{x}{2}-\dfrac{\pi}{4}\right)$ だから

$f(0)=\tan\left(-\dfrac{\pi}{4}\right)=-1$

$f'(x)=\dfrac{1}{2\cos^2\left(\dfrac{x}{2}-\dfrac{\pi}{4}\right)}$ で

$f'(0)=\dfrac{1}{2\cos^2\left(-\dfrac{\pi}{4}\right)}=1$

よって $f(x)\fallingdotseq 1\cdot x-1=x-1$

**125** (1) **2.005** (2) **1.030**

**解き方** (1) $\sqrt{4.02}=\sqrt{4+0.02}$

そこで，$f(x)=\sqrt{4+x}$ とおくと

$f'(x)=\dfrac{1}{2}(4+x)^{-\frac{1}{2}}=\dfrac{1}{2\sqrt{4+x}}$

$x$ が $0$ に近いとき

$f(x)\fallingdotseq f'(0)x+f(0)$

$\quad=\dfrac{1}{2\sqrt{4}}x+\sqrt{4}=\dfrac{1}{4}x+2$

したがって $\sqrt{4.02}\fallingdotseq\dfrac{1}{4}\times 0.02+2=2.005$

(2) $\log 2.8 = \log(e+h)$ ← $h = 2.8 - e$

そこで，$f(x) = \log(e+x)$ とおくと

$$f'(x) = \frac{1}{e+x}$$

$x$ が $0$ に近いとき

$$f(x) ≒ f'(0)x + f(0)$$
$$= \frac{1}{e}x + \log e = \frac{1}{e}x + 1$$

したがって $\log 2.8 ≒ \dfrac{1}{e} \times (2.8 - e) + 1$

$$= \frac{2.8}{2.718} = 1.0301\cdots$$

> 定期テスト予想問題 の解答 ── 本冊→p. 173〜174

**❶** $f'(x) = \lim\limits_{h \to 0} \dfrac{f(x+h) - f(x)}{h}$

$= \lim\limits_{h \to 0} \dfrac{\sqrt{3(x+h)} - \sqrt{3x}}{h}$

$= \lim\limits_{h \to 0} \dfrac{3(x+h) - 3x}{h\{\sqrt{3(x+h)} + \sqrt{3x}\}}$

$= \lim\limits_{h \to 0} \dfrac{3h}{h\{\sqrt{3(x+h)} + \sqrt{3x}\}}$

$= \lim\limits_{h \to 0} \dfrac{3}{\sqrt{3(x+h)} + \sqrt{3x}} = \dfrac{3}{2\sqrt{3x}}$

**❷** $x = 3$ で不連続

**解き方** (i) $f(3) = [3] = 3$ で $f(3)$ は存在する。

(ii) $\lim\limits_{x \to 3+0}[x] = 3$, $\lim\limits_{x \to 3-0}[x] = 2$

よって，$\lim\limits_{x \to 3+0}[x] \neq \lim\limits_{x \to 3-0}[x]$ だから $f(x)$ は $x = 3$ で連続でない。

**❸** (1) $y' = 6x^2 + 2x - 2$

(2) $y' = 3x^2 + 12x + 11$

(3) $y' = 30x(3x^2+1)^4$

(4) $y' = -\dfrac{4}{3x^2\sqrt[3]{x}}$

(5) $y' = \dfrac{x^4 + 3x^2 - 2x}{(x^2+1)^2}$

(6) $y' = -\dfrac{3(2x+1)}{(x^2+x)^4}$

(7) $y' = \cos 2x$

(8) $y' = -2\sin 2x$

(9) $y' = \dfrac{3\sin^2 x}{\cos^4 x}$

(10) $y' = \dfrac{3}{(3x+1)\log 2}$

(11) $y' = -\tan x$

(12) $y' = e^{2x}\left(2\log x + \dfrac{1}{x}\right)$

(13) $y' = 2 \cdot 3^{2x+1}\log 3$

(14) $y' = -\dfrac{(x-1)(x-7)}{(x+2)^4}$

(15) $y' = \dfrac{x^2 - 2}{2x\sqrt{x(x+1)(x+2)}}$

**解き方** (1) $y' = (x-1)'(2x^2+3x+1)$
$\qquad\qquad + (x-1)(2x^2+3x+1)'$
$= 2x^2+3x+1 + (x-1)(4x+3)$
$= 6x^2 + 2x - 2$

(2) $y' = (x+1)'(x+2)(x+3)$
$\qquad + (x+1)(x+2)'(x+3)$
$\qquad + (x+1)(x+2)(x+3)'$
$= x^2+5x+6 + x^2+4x+3 + x^2+3x+2$
$= 3x^2 + 12x + 11$

(3) $y' = 5(3x^2+1)^4(3x^2+1)' = 30x(3x^2+1)^4$

(4) $y = \dfrac{1}{x^3\sqrt[3]{x}} = \dfrac{1}{x \cdot x^{\frac{1}{3}}} = x^{-\frac{4}{3}}$

$y' = -\dfrac{4}{3}x^{-\frac{7}{3}} = -\dfrac{4}{3x^{\frac{7}{3}}} = -\dfrac{4}{3x^2\sqrt[3]{x}}$

(5) $y' = \dfrac{(x^3+1)'(x^2+1)-(x^3+1)(x^2+1)'}{(x^2+1)^2}$

$= \dfrac{3x^4+3x^2-(2x^4+2x)}{(x^2+1)^2} = \dfrac{x^4+3x^2-2x}{(x^2+1)^2}$

(6) $y = \dfrac{1}{(x^2+x)^3} = (x^2+x)^{-3}$

$y' = -3(x^2+x)^{-4}(x^2+x)' = -\dfrac{3(2x+1)}{(x^2+x)^4}$

(7) $y' = (\sin x)' \cos x + \sin x (\cos x)'$
$= \cos^2 x - \sin^2 x = \cos 2x$

(8) $y' = -\sin 2x (2x)' = -2\sin 2x$

(9) $y' = 3\tan^2 x (\tan x)' = 3 \cdot \dfrac{\sin^2 x}{\cos^2 x} \cdot \dfrac{1}{\cos^2 x}$

$= \dfrac{3\sin^2 x}{\cos^4 x}$

(10) $y' = \dfrac{1}{(3x+1)\log 2}(3x+1)' = \dfrac{3}{(3x+1)\log 2}$

(11) $y' = \dfrac{1}{\cos x}(\cos x)' = -\dfrac{\sin x}{\cos x} = -\tan x$

(12) $y' = (e^{2x})' \log x + e^{2x}(\log x)'$
$= e^{2x}(2x)' \log x + e^{2x}(\log x)'$
$= 2e^{2x}\log x + e^{2x} \cdot \dfrac{1}{x} = e^{2x}\left(2\log x + \dfrac{1}{x}\right)$

(13) $y' = 3^{2x+1} \cdot \log 3 \cdot (2x+1)' = 2 \cdot 3^{2x+1} \log 3$

(14) 両辺の絶対値の対数をとる。

$\log|y| = 2\log|x-1| - 3\log|x+2|$

$\dfrac{y'}{y} = \dfrac{2}{x-1} - \dfrac{3}{x+2} = \dfrac{2(x+2)-3(x-1)}{(x-1)(x+2)}$

$= \dfrac{-x+7}{(x-1)(x+2)}$

$y' = \dfrac{(x-1)^2}{(x+2)^3} \cdot \dfrac{-(x-7)}{(x-1)(x+2)}$

$= -\dfrac{(x-1)(x-7)}{(x+2)^4}$

(15) 両辺の絶対値の対数をとる。

$\log|y| = \dfrac{1}{2}(\log|x+1| + \log|x+2| - \log|x|)$

$\dfrac{y'}{y} = \dfrac{1}{2}\left(\dfrac{1}{x+1} + \dfrac{1}{x+2} - \dfrac{1}{x}\right)$

$= \dfrac{1}{2} \cdot \dfrac{(x+2)x+(x+1)x-(x+1)(x+2)}{x(x+1)(x+2)}$

$= \dfrac{x^2-2}{2x(x+1)(x+2)}$

$y' = \sqrt{\dfrac{(x+1)(x+2)}{x}} \cdot \dfrac{x^2-2}{2x(x+1)(x+2)}$

$= \dfrac{x^2-2}{2x\sqrt{x(x+1)(x+2)}}$

**4** (1) $\dfrac{dy}{dx} = -\dfrac{9x}{4y}$  (2) $\dfrac{dy}{dx} = \dfrac{25x}{9y}$

(3) $\dfrac{dy}{dx} = \dfrac{2}{y}$

解き方 (1) $\dfrac{2x}{4} + \dfrac{2y}{9} \cdot \dfrac{dy}{dx} = 0$ より  $\dfrac{dy}{dx} = -\dfrac{9x}{4y}$

(2) $\dfrac{2x}{9} - \dfrac{2y}{25} \cdot \dfrac{dy}{dx} = 0$ より  $\dfrac{dy}{dx} = \dfrac{25x}{9y}$

(3) $2y \cdot \dfrac{dy}{dx} = 4$ より  $\dfrac{dy}{dx} = \dfrac{2}{y}$

**5** (1) $\dfrac{dy}{dx} = 4t^2 - 2$  (2) $\dfrac{dy}{dx} = -\tan 2t$

(3) $\dfrac{dy}{dx} = \dfrac{t^2-1}{t}$

解き方 (1) $\dfrac{dx}{dt} = t$   $\dfrac{dy}{dt} = 4t^3 - 2t$

$\dfrac{dy}{dx} = \dfrac{4t^3-2t}{t} = 4t^2 - 2$

(2) $\dfrac{dx}{dt} = 2\cos 2t$   $\dfrac{dy}{dt} = -2\sin 2t$

$\dfrac{dy}{dx} = \dfrac{-2\sin 2t}{2\cos 2t} = -\tan 2t$

(3) $\dfrac{dx}{dt} = \dfrac{1}{t}$   $\dfrac{dy}{dt} = 1 - \dfrac{1}{t^2}$

$\dfrac{dy}{dx} = \dfrac{1-\dfrac{1}{t^2}}{\dfrac{1}{t}} = \dfrac{t^2-1}{t}$

**6** $y = xe^{-x}$ より

$y' = (x)'e^{-x} + x(e^{-x})'$
$= -e^{-x}(x-1)$

$y'' = -(e^{-x})'(x-1) - e^{-x}(x-1)'$
$= e^{-x}(x-1) - e^{-x} = e^{-x}(x-2)$

左辺 $= xy'' + xy' + y$
$= xe^{-x}(x-2) - xe^{-x}(x-1) + xe^{-x}$
$= xe^{-x}(x-2-x+1+1)$
$= 0$

したがって，等式 $xy'' + xy' + y = 0$ は成り立つ。

**❼** 接線 $y=ex$

法線 $y=-\dfrac{1}{e}x+e+\dfrac{1}{e}$

**解き方** 接点の座標を $(a, e^a)$ とおく。
$f(x)=e^x$ とおくと,$f'(x)=e^x$ より,
接線の傾きは $f'(a)=e^a$
よって,接線の方程式は $y-e^a=e^a(x-a)$
これが原点 $(0, 0)$ を通るから,
$-e^a=e^a(-a)$ より $a=1$
したがって,接点は $(1, e)$
接線の方程式は,$y-e=e(x-1)$ より $y=ex$
また,法線は,点 $(1, e)$ を通り,傾きは $-\dfrac{1}{e}$

法線の方程式は,$y-e=-\dfrac{1}{e}(x-1)$ より

$y=-\dfrac{1}{e}x+e+\dfrac{1}{e}$

**❽** $y=-\dfrac{1}{2}x+\sqrt{2}$

**解き方** $\dfrac{x^2}{4}+y^2=1$ の両辺を $x$ で微分して

$\dfrac{2x}{4}+2y\cdot\dfrac{dy}{dx}=0$

よって $\dfrac{dy}{dx}=-\dfrac{x}{4y}$

点 $\left(\sqrt{2}, \dfrac{1}{\sqrt{2}}\right)$ における接線の傾きは

$-\dfrac{\sqrt{2}}{4\cdot\dfrac{1}{\sqrt{2}}}=-\dfrac{1}{2}$

したがって,接線の方程式は

$y-\dfrac{1}{\sqrt{2}}=-\dfrac{1}{2}(x-\sqrt{2})$ より $y=-\dfrac{1}{2}x+\sqrt{2}$

**❾** (1) $a=\dfrac{1}{2e}$  (2) $y=\dfrac{1}{\sqrt{e}}x-\dfrac{1}{2}$

**解き方** (1) $y=\log x$,$y=ax^2$ が $x=t$ で共有点をもつとすると

$\log t=at^2$ …①

$x=a$ で2つのグラフの接線の傾きが等しいから

$\dfrac{1}{t}=2at$ …②

②より $at^2=\dfrac{1}{2}$

①に代入して $\log t=\dfrac{1}{2}$  $t=\sqrt{e}$

よって $a=\dfrac{1}{2e}$

(2) (1)より,接点の座標は $\left(\sqrt{e}, \dfrac{1}{2}\right)$

接線の傾きは $\dfrac{1}{\sqrt{e}}$

したがって,接線の方程式は

$y-\dfrac{1}{2}=\dfrac{1}{\sqrt{e}}(x-\sqrt{e})$   $y=\dfrac{1}{\sqrt{e}}x-\dfrac{1}{2}$

**❿** 下の図

(1)

(2)    (3)

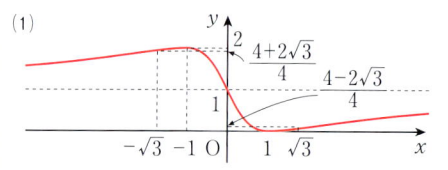

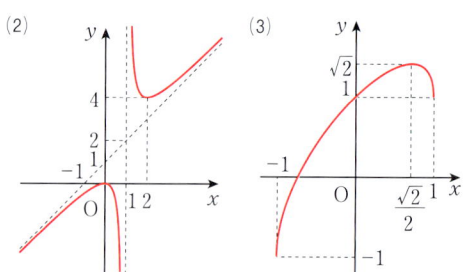

**解き方** (1) $y=\dfrac{(x-1)^2}{x^2+1}=1-\dfrac{2x}{x^2+1}$

$y'=-\dfrac{2(x^2+1)-2x\cdot 2x}{(x^2+1)^2}$

$=\dfrac{2(x^2-1)}{(x^2+1)^2}=\dfrac{2(x+1)(x-1)}{(x^2+1)^2}$

$y''=\dfrac{2\{2x\cdot(x^2+1)^2-(x^2-1)\cdot 2(x^2+1)\cdot 2x\}}{(x^2+1)^4}$

$=\dfrac{4x(x^2+1)\{x^2+1-2(x^2-1)\}}{(x^2+1)^4}$

$=\dfrac{4x(-x^2+3)}{(x^2+1)^3}$

$=\dfrac{-4x(x^2-3)}{(x^2+1)^3}$

$=\dfrac{-4x(x+\sqrt{3})(x-\sqrt{3})}{(x^2+1)^3}$

| $x$ | $-\infty$ | $\cdots$ | $-\sqrt{3}$ | $\cdots$ | $-1$ | $\cdots$ | $0$ | $\cdots$ |
|---|---|---|---|---|---|---|---|---|
| $y'$ | | $+$ | $+$ | $+$ | $0$ | $-$ | $-$ | $-$ |
| $y''$ | | $+$ | $0$ | $-$ | $-$ | $-$ | $0$ | $+$ |
| $y$ | $1$ | ↗ | $\dfrac{4+2\sqrt{3}}{4}$ | ↱ | $2$ | ↘ | $1$ | ↳ |

　　　　　　　　　　　↑極大

| $1$ | $\cdots$ | $\sqrt{3}$ | $\cdots$ | $\infty$ |
|---|---|---|---|---|
| $0$ | $+$ | $+$ | $+$ | |
| $+$ | $+$ | $0$ | $-$ | |
| $0$ | ↗ | $\dfrac{4-2\sqrt{3}}{4}$ | ↱ | $1$ |

　　　　↑極小

$\displaystyle\lim_{x\to\infty}\dfrac{(x-1)^2}{x^2+1}=\lim_{x\to\infty}\dfrac{\left(1-\dfrac{1}{x}\right)^2}{1+\dfrac{1}{x^2}}=1$

$\displaystyle\lim_{x\to-\infty}\dfrac{(x-1)^2}{x^2+1}=1$

よって，$y=1$ は漸近線。

(2) $y=\dfrac{x^2}{x-1}=x+1+\dfrac{1}{x-1}$

$y'=1-\dfrac{1}{(x-1)^2}=\dfrac{x(x-2)}{(x-1)^2}$

$y''=\dfrac{2}{(x-1)^3}$

| $x$ | $-\infty$ | $\cdots$ | $0$ | $\cdots$ | $1$ | $\cdots$ | $2$ | $\cdots$ | $\infty$ |
|---|---|---|---|---|---|---|---|---|---|
| $y'$ | | $+$ | $0$ | $-$ | | $-$ | $0$ | $+$ | |
| $y''$ | | $-$ | $-$ | $-$ | | $+$ | $+$ | $+$ | |
| $y$ | $-\infty$ | ↗ | $0$ | ↘ | $-\infty$ | ↘ | $4$ | ↗ | $\infty$ |

　　　　　　　↑極大　　　　　　　↑極小

$\displaystyle\lim_{x\to 1+0}\dfrac{x^2}{x-1}=\infty$, $\displaystyle\lim_{x\to 1-0}\dfrac{x^2}{x-1}=-\infty$

より，$x=1$ は漸近線。

$\displaystyle\lim_{x\to\infty}\{f(x)-(x+1)\}=\lim_{x\to\infty}\dfrac{1}{x-1}=0$,

$\displaystyle\lim_{x\to-\infty}\{f(x)-(x+1)\}=0$

より，$y=x+1$ もまた漸近線。

(3) $y=x+\sqrt{1-x^2}$ より，定義域は $-1\leqq x\leqq 1$

$y'=1+\dfrac{1}{2}(1-x^2)^{-\frac{1}{2}}\cdot(-2x)=1-\dfrac{x}{\sqrt{1-x^2}}$

よって，$y'=0$ となるのは

$\dfrac{x}{\sqrt{1-x^2}}=1 \quad x=\sqrt{1-x^2}$ …①

$x^2=1-x^2 \quad 2x^2=1 \quad$ よって $x=\pm\dfrac{\sqrt{2}}{2}$

①より，$-\dfrac{\sqrt{2}}{2}$ は不適。

$y''=-\dfrac{\sqrt{1-x^2}-x\cdot\dfrac{1}{2}(1-x^2)^{-\frac{1}{2}}\cdot(-2x)}{1-x^2}$

$=-\dfrac{1-x^2+x^2}{(1-x^2)\sqrt{1-x^2}}=-\dfrac{1}{(1-x^2)\sqrt{1-x^2}}$

| $x$ | $-1$ | $\cdots$ | $\dfrac{\sqrt{2}}{2}$ | $\cdots$ | $1$ |
|---|---|---|---|---|---|
| $y'$ | | $+$ | $0$ | $-$ | |
| $y''$ | | $-$ | $-$ | $-$ | |
| $y$ | $-1$ | ↗ | $\sqrt{2}$ | ↘ | $1$ |

　　　　　　↑極大

**⓫** (1) 極大値 $\dfrac{1}{e}$ $(x=1)$，変曲点 $\left(2,\ \dfrac{2}{e^2}\right)$

(2) 極大値 $\dfrac{1}{e}$ $(x=e)$，変曲点 $\left(e^{\frac{3}{2}},\ \dfrac{3}{2}e^{-\frac{3}{2}}\right)$

**解き方** (1) $f(x)=xe^{-x}$ より

$f'(x)=e^{-x}+xe^{-x}(-1)=-e^{-x}(x-1)$

$f''(x)=-\{e^{-x}\cdot(-1)(x-1)+e^{-x}\}$
$=e^{-x}(x-2)$

| $x$ | $\cdots$ | $1$ | $\cdots$ | $2$ | $\cdots$ |
|---|---|---|---|---|---|
| $f'(x)$ | $+$ | $0$ | $-$ | $-$ | $-$ |
| $f''(x)$ | $-$ | $-$ | $-$ | $0$ | $+$ |
| $f(x)$ | ↗ | 極大 | ↘ | 変曲点 | ↘ |

$f'(x)=0$ となるのは $x=1$

このとき $f''(1)<0$

よって，$x=1$ で極大値 $\dfrac{1}{e}$ をとる。

一方，$f''(x)=0$ となるのは $x=2$ のときで，$x=2$ の前後で $f''(x)$ の符号が変わるから変曲点となる。

変曲点 $\left(2,\ \dfrac{2}{e^2}\right)$

(2) $f(x)=\dfrac{\log x}{x}$ より

$f'(x)=\dfrac{\frac{1}{x}\cdot x-\log x}{x^2}=\dfrac{1-\log x}{x^2}$

$f''(x)=\dfrac{-\frac{1}{x}\cdot x^2-(1-\log x)\cdot(2x)}{x^4}$

$=\dfrac{2\log x-3}{x^3}$

$f'(x)=0$ となるのは $x=e$

このとき $f''(e)=\dfrac{-1}{e^3}<0$

よって,$x=e$ で極大値 $\dfrac{1}{e}$ をとる。

一方,$f''(x)=0$ となるのは $x=e^{\frac{3}{2}}$ のとき。
$x=e^{\frac{3}{2}}$ の前後での $f''(x)$ の符号は
$x<e^{\frac{3}{2}}$ で $f''(x)<0$,$x>e^{\frac{3}{2}}$ で $f''(x)>0$
よって,$x=e^{\frac{3}{2}}$ のとき,変曲点となる。
変曲点 $\left(e^{\frac{3}{2}},\ \dfrac{3}{2}e^{-\frac{3}{2}}\right)$

⓬ $f(x)=\log(x+1)-\dfrac{x}{x+1}$ とおくと

$f'(x)=\dfrac{1}{x+1}-\dfrac{x+1-x}{(x+1)^2}=\dfrac{x}{(x+1)^2}$

真数は正より,定義域は $x>-1$

| $x$ | $-1$ | $\cdots$ | $0$ | $\cdots$ |
|---|---|---|---|---|
| $f'(x)$ | | $-$ | $0$ | $+$ |
| $f(x)$ | | $\searrow$ | $0$ | $\nearrow$ |

増減表より,最小値は $0$
よって $f(x)\geqq 0$

したがって $\log(x+1)\geqq\dfrac{x}{x+1}$

等号成立は $x=0$ のとき。

⓭ $f(x)=\cos x-x$ とおく。
$f'(x)=-\sin x-1=-(1+\sin x)$

$0<x<\dfrac{\pi}{2}$ だから $f'(x)<0$

$f(x)$ は,$0<x<\dfrac{\pi}{2}$ で連続で単調減少。

$f(0)=1>0$  $f\left(\dfrac{\pi}{2}\right)=-\dfrac{\pi}{2}<0$

したがって,$\cos x-x=0$ は,$0<x<\dfrac{\pi}{2}$ で
ただ1つの実数解をもつ。

⓮ (1) $1-\dfrac{1}{2}x$   (2) $x$   (3) $1+x$

解き方 (1) $f(x)=(x+1)^{-\frac{1}{2}}$ より

$f'(x)=-\dfrac{1}{2}(x+1)^{-\frac{3}{2}}$   $f(0)=1,\ f'(0)=-\dfrac{1}{2}$

よって $\dfrac{1}{\sqrt{x+1}}\fallingdotseq 1-\dfrac{1}{2}x$

(2) $f(x)=\log(x+1)$ より $f'(x)=\dfrac{1}{x+1}$

$f(0)=0,\ f'(0)=1$
よって $\log(x+1)\fallingdotseq 0+1\cdot x=x$

(3) $f(x)=e^x$ より $f'(x)=e^x$
$f(0)=1,\ f'(0)=1$
よって $e^x\fallingdotseq 1+x$

⓯ (1) $\vec{v}=(-3\sin 3t,\ 3\cos 3t)$   (2) $3$
(3) $\vec{a}=(-9\cos 3t,\ -9\sin 3t)$   (4) $9$
(5) $\vec{v}\cdot\vec{a}=(-3\sin 3t)(-9\cos 3t)$
$\qquad\qquad +(3\cos 3t)(-9\sin 3t)=0$
$\vec{v}\cdot\vec{a}=0$ より $\vec{v}$ と $\vec{a}$ は垂直である。

解き方 (1) $\dfrac{dx}{dt}=-3\sin 3t,\ \dfrac{dy}{dt}=3\cos 3t$ より

$\vec{v}=(-3\sin 3t,\ 3\cos 3t)$

(2) $|\vec{v}|=\sqrt{(-3\sin 3t)^2+(3\cos 3t)^2}=3$

(3) $\dfrac{d^2x}{dt^2}=-3(\cos 3t)\cdot(3t)'=-9\cos 3t$

$\dfrac{d^2y}{dt^2}=3(-\sin 3t)\cdot(3t)'=-9\sin 3t$

よって $\vec{a}=(-9\cos 3t,\ -9\sin 3t)$

(4) $|\vec{a}|=\sqrt{(-9\cos 3t)^2+(-9\sin 3t)^2}=9$

# 5章 積分法とその応用

**類題** の解答 ──────── 本冊→p. 177〜235

以下，$C$ は積分定数とする。

**127** (1) $\log|x|-\dfrac{1}{x}+C$

(2) $\dfrac{1}{2}x^2+2x+\log|x|+C$

(3) $\dfrac{2}{3}x\sqrt{x}+2\sqrt{x}+C$

(4) $-\dfrac{2}{\sqrt{x}}-\dfrac{1}{x}+C$

**解き方** (1) $\displaystyle\int\dfrac{x^2+x}{x^3}dx=\int\left(\dfrac{1}{x}+\dfrac{1}{x^2}\right)dx$
$=\log|x|-\dfrac{1}{x}+C$

(2) $\displaystyle\int\dfrac{(x+1)^2}{x}dx=\int\dfrac{x^2+2x+1}{x}dx$
$=\displaystyle\int\left(x+2+\dfrac{1}{x}\right)dx=\dfrac{1}{2}x^2+2x+\log|x|+C$

(3) $\displaystyle\int\dfrac{x+1}{\sqrt{x}}dx=\int(x^{\frac{1}{2}}+x^{-\frac{1}{2}})dx$
$=\dfrac{2}{3}x^{\frac{3}{2}}+2x^{\frac{1}{2}}+C=\dfrac{2}{3}x\sqrt{x}+2\sqrt{x}+C$

(4) $\displaystyle\int\dfrac{\sqrt{x}+1}{x^2}dx=\int(x^{-\frac{3}{2}}+x^{-2})dx$
$=-2x^{-\frac{1}{2}}-x^{-1}+C=-\dfrac{2}{\sqrt{x}}-\dfrac{1}{x}+C$

**128** (1) $\dfrac{1}{8}(2x-1)^4+C$  (2) $\dfrac{1}{2(1-2x)}+C$

(3) $\dfrac{1}{2}\log|1+2x|+C$

(4) $-\dfrac{2}{9}(1-3x)\sqrt{1-3x}+C$

(5) $\sqrt{2x+1}+C$

**解き方** (1) $\displaystyle\int(2x-1)^3dx=\dfrac{1}{8}(2x-1)^4+C$

(2) $\displaystyle\int\dfrac{dx}{(1-2x)^2}=\int(1-2x)^{-2}dx$
$=\dfrac{1}{(-2)\cdot(-1)}(1-2x)^{-1}+C=\dfrac{1}{2(1-2x)}+C$

(3) $\displaystyle\int\dfrac{dx}{1+2x}=\dfrac{1}{2}\log|1+2x|+C$

(4) $\displaystyle\int\sqrt{1-3x}\,dx=\int(1-3x)^{\frac{1}{2}}dx$
$=\dfrac{1}{-3}\cdot\dfrac{2}{3}(1-3x)^{\frac{3}{2}}+C=-\dfrac{2}{9}(1-3x)^{\frac{3}{2}}+C$
$=-\dfrac{2}{9}(1-3x)\sqrt{1-3x}+C$

(5) $\displaystyle\int\dfrac{dx}{\sqrt{2x+1}}=\int(2x+1)^{-\frac{1}{2}}dx$
$=\dfrac{1}{2\cdot\dfrac{1}{2}}(2x+1)^{\frac{1}{2}}+C=(2x+1)^{\frac{1}{2}}+C$
$=\sqrt{2x+1}+C$

**129** (1) $\dfrac{1}{2}\cos(1-2x)+C$

(2) $\dfrac{1}{3}\sin 3x+C$   (3) $\dfrac{x}{2}+\dfrac{1}{4}\sin 2x+C$

**解き方** (1) $\displaystyle\int\sin(1-2x)dx$
$=\dfrac{1}{-2}\{-\cos(1-2x)\}+C=\dfrac{1}{2}\cos(1-2x)+C$

(2) $\displaystyle\int\cos 3x\,dx=\dfrac{1}{3}\sin 3x+C$

(3) $\displaystyle\int\cos^2 x\,dx=\int\dfrac{1+\cos 2x}{2}dx$
$=\dfrac{x}{2}+\dfrac{1}{4}\sin 2x+C$

**130** (1) $-\dfrac{1}{2}e^{-2x}+C$

(2) $\dfrac{1}{3}e^{3x}+3e^x-3e^{-x}-\dfrac{1}{3}e^{-3x}+C$

(3) $\dfrac{2^x}{\log 2}-\dfrac{2^{-x}}{\log 2}+C$

**解き方** (1) $\displaystyle\int e^{-2x}dx=-\dfrac{1}{2}e^{-2x}+C$

(2) $\displaystyle\int(e^x+e^{-x})^3dx$
$=\displaystyle\int(e^{3x}+3e^x+3e^{-x}+e^{-3x})dx$
$=\dfrac{1}{3}e^{3x}+3e^x-3e^{-x}-\dfrac{1}{3}e^{-3x}+C$

(3) $\displaystyle\int(2^x+2^{-x})dx=\dfrac{1}{\log 2}\cdot 2^x-\dfrac{1}{\log 2}\cdot 2^{-x}+C$

**131** (1) $\dfrac{1}{80}(8x+1)(2x-1)^4+C$

(2) $\dfrac{2}{135}(9x-2)(1+3x)\sqrt{1+3x}+C$

(3) $\dfrac{1}{4}\left(\log|1-2x|+\dfrac{1}{1-2x}\right)+C$

**解き方** (1) $2x-1=t$ とおくと，

$x=\dfrac{t+1}{2}$ より $\dfrac{dx}{dt}=\dfrac{1}{2}$

$\displaystyle\int x(2x-1)^3\,dx=\int\left(\dfrac{t+1}{2}\right)t^3\cdot\dfrac{1}{2}\,dt$

$\displaystyle=\int\dfrac{t^4+t^3}{4}\,dt=\dfrac{t^5}{20}+\dfrac{t^4}{16}+C$

$=\dfrac{1}{80}t^4(4t+5)+C$

(2) $1+3x=t$ とおくと，$x=\dfrac{t-1}{3}$ より $\dfrac{dx}{dt}=\dfrac{1}{3}$

$\displaystyle\int x\sqrt{1+3x}\,dx=\int\dfrac{t-1}{3}\sqrt{t}\cdot\dfrac{1}{3}\,dt$

$\displaystyle=\dfrac{1}{9}\int(t^{\frac{3}{2}}-t^{\frac{1}{2}})\,dt=\dfrac{1}{9}\left(\dfrac{2}{5}t^{\frac{5}{2}}-\dfrac{2}{3}t^{\frac{3}{2}}\right)+C$

$=\dfrac{2}{135}t^{\frac{3}{2}}(3t-5)+C$

(3) $1-2x=t$ とおくと，

$x=\dfrac{1-t}{2}$ より $\dfrac{dx}{dt}=-\dfrac{1}{2}$

$\displaystyle\int\dfrac{x}{(1-2x)^2}\,dx=\int\dfrac{\frac{1-t}{2}}{t^2}\left(-\dfrac{1}{2}\right)dt$

$\displaystyle=\dfrac{1}{4}\int\dfrac{t-1}{t^2}\,dt=\dfrac{1}{4}\int\left(\dfrac{1}{t}-\dfrac{1}{t^2}\right)dt$

$=\dfrac{1}{4}\left(\log|t|+\dfrac{1}{t}\right)+C$

**132** (1) $\log(x^2+x+1)+C$

(2) $\dfrac{1}{3}\log|x^3+1|+C$ (3) $\log|\sin x|+C$

(4) $\log(e^x+e^{-x})+C$

(5) $\log|x+\sin x|+C$

**解き方** (1) $\displaystyle\int\dfrac{2x+1}{x^2+x+1}\,dx=\int\dfrac{(x^2+x+1)'}{x^2+x+1}\,dx$

$=\log|x^2+x+1|+C$

$x^2+x+1=\left(x+\dfrac{1}{2}\right)^2+\dfrac{3}{4}>0$ だから

与式 $=\log(x^2+x+1)+C$

(2) $\displaystyle\int\dfrac{x^2}{x^3+1}\,dx=\int\dfrac{\frac{1}{3}(x^3+1)'}{x^3+1}\,dx$

$=\dfrac{1}{3}\log|x^3+1|+C$

(3) $\displaystyle\int\dfrac{1}{\tan x}\,dx=\int\dfrac{\cos x}{\sin x}\,dx=\int\dfrac{(\sin x)'}{\sin x}\,dx$

$=\log|\sin x|+C$

(4) $\displaystyle\int\dfrac{e^x-e^{-x}}{e^x+e^{-x}}\,dx=\int\dfrac{(e^x+e^{-x})'}{e^x+e^{-x}}\,dx$

$=\log(e^x+e^{-x})+C$

(5) $\displaystyle\int\dfrac{1+\cos x}{x+\sin x}\,dx=\int\dfrac{(x+\sin x)'}{x+\sin x}\,dx$

$=\log|x+\sin x|+C$

**133** (1) $\dfrac{(x^3+1)^4}{12}+C$ (2) $-\dfrac{\cos^3 x}{3}+C$

(3) $\dfrac{1}{3}(x^2+1)\sqrt{x^2+1}+C$

(4) $\dfrac{(e^x+1)^4}{4}+C$ (5) $-\dfrac{1}{2}e^{-x^2}+C$

**解き方** (1) $x^3+1=t$ とおくと，

$3x^2=\dfrac{dt}{dx}$ より $3x^2\,dx=dt$

$\displaystyle\int x^2(x^3+1)^3\,dx=\int(x^3+1)^3\cdot\dfrac{1}{3}\cdot 3x^2\,dx$

$\displaystyle=\int t^3\cdot\dfrac{1}{3}\,dt=\dfrac{t^4}{12}+C$

(2) $\cos x=t$ とおくと，

$-\sin x=\dfrac{dt}{dx}$ より $-\sin x\,dx=dt$

$\displaystyle\int\cos^2 x\sin x\,dx=\int\{-\cos^2 x(-\sin x)\}\,dx$

$\displaystyle=\int(-t^2)\,dt=-\dfrac{t^3}{3}+C$

(3) $x^2+1=t$ とおくと，

$2x=\dfrac{dt}{dx}$ より $2x\,dx=dt$

$\displaystyle\int x\sqrt{x^2+1}\,dx=\int\dfrac{1}{2}\sqrt{x^2+1}\cdot 2x\,dx$

$\displaystyle=\int\dfrac{1}{2}\sqrt{t}\,dt=\dfrac{1}{2}\cdot\dfrac{2}{3}t^{\frac{3}{2}}+C$

(4) $e^x+1=t$ とおくと,

$e^x = \dfrac{dt}{dx}$ より $e^x dx = dt$

$\displaystyle\int e^x(e^x+1)^3 dx = \int (e^x+1)^3 e^x dx$

$\qquad\qquad\qquad = \displaystyle\int t^3 dt = \dfrac{t^4}{4}+C$

(5) $-x^2=t$ とおくと,

$-2x = \dfrac{dt}{dx}$ より $(-2x)dx = dt$

$\displaystyle\int xe^{-x^2} dx = \int\left\{-\dfrac{1}{2}e^{-x^2}(-2x)\right\}dx$

$\qquad\qquad = \displaystyle\int\left(-\dfrac{1}{2}e^t\right)dt = -\dfrac{1}{2}e^t+C$

**134** (1) $x\sin x + \cos x + C$

(2) $\left(\dfrac{x^2}{2}+x\right)\log x - \dfrac{x^2}{4} - x + C$  (3) $xe^x + C$

**解き方** (1) $\displaystyle\int x\cos x\, dx = \int x(\sin x)' dx$

$= x\sin x - \displaystyle\int \sin x\, dx = x\sin x + \cos x + C$

(2) $\displaystyle\int (x+1)\log x\, dx = \int\left(\dfrac{x^2}{2}+x\right)'\log x\, dx$

$= \left(\dfrac{x^2}{2}+x\right)\log x - \displaystyle\int\left(\dfrac{x^2}{2}+x\right)\dfrac{1}{x}dx$

$= \left(\dfrac{x^2}{2}+x\right)\log x - \displaystyle\int\left(\dfrac{x}{2}+1\right)dx$

$= \left(\dfrac{x^2}{2}+x\right)\log x - \dfrac{x^2}{4} - x + C$

(3) $\displaystyle\int (x+1)e^x dx = \int (x+1)(e^x)' dx$

$= (x+1)e^x - \displaystyle\int e^x dx = (x+1)e^x - e^x + C$

$= xe^x + C$

**135** $I = \dfrac{1}{2}e^x(\sin x - \cos x) + C$

**解き方** $I = \displaystyle\int e^x \sin x\, dx = \int (e^x)' \sin x\, dx$

$= e^x \sin x - \displaystyle\int e^x \cos x\, dx$ …①

ところで $\displaystyle\int e^x \cos x\, dx = \int (e^x)' \cos x\, dx$

$= e^x \cos x - \displaystyle\int e^x(-\sin x)dx$

$= e^x \cos x + I$ …②

②を①に代入すると $I = e^x \sin x - (e^x \cos x + I)$

よって $2I = e^x(\sin x - \cos x)$

**136** (1) $\dfrac{3}{2}x^2 - 2x + \log(x-1)^2 + C$

(2) $\dfrac{1}{2}\log\left|\dfrac{x-1}{x+1}\right| + C$

**解き方** (1) $\dfrac{3x^2-5x+4}{x-1} = 3x-2 + \dfrac{2}{x-1}$

$\displaystyle\int \dfrac{3x^2-5x+4}{x-1}dx = \int\left(3x-2 + \dfrac{2}{x-1}\right)dx$

$= \dfrac{3}{2}x^2 - 2x + 2\log|x-1| + C$

$= \dfrac{3}{2}x^2 - 2x + \log(x-1)^2 + C$

(2) $\dfrac{1}{x^2-1} = \dfrac{1}{(x-1)(x+1)}$

$\qquad = \dfrac{a}{x-1} + \dfrac{b}{x+1} = \dfrac{(a+b)x+(a-b)}{(x-1)(x+1)}$

係数を比較して $a+b=0,\ a-b=1$

これを解いて $a = \dfrac{1}{2},\ b = -\dfrac{1}{2}$

$\displaystyle\int \dfrac{1}{x^2-1}dx = \int\left\{\dfrac{1}{2(x-1)} - \dfrac{1}{2(x+1)}\right\}dx$

$= \dfrac{1}{2}\log|x-1| - \dfrac{1}{2}\log|x+1| + C$

$= \dfrac{1}{2}\log\left|\dfrac{x-1}{x+1}\right| + C$

**137** (1) $-\dfrac{1}{10}\cos 5x + \dfrac{1}{2}\cos x + C$

(2) $\dfrac{1}{12}\sin 6x + \dfrac{1}{4}\sin 2x + C$

(3) $-\dfrac{1}{8}\sin 4x + \dfrac{1}{4}\sin 2x + C$

**解き方** (1) $\displaystyle\int \sin 2x \cos 3x\, dx$

$= \displaystyle\int \dfrac{1}{2}\{\sin 5x + \sin(-x)\}dx$

$= \dfrac{1}{2}\displaystyle\int(\sin 5x - \sin x)dx$

$= -\dfrac{1}{10}\cos 5x + \dfrac{1}{2}\cos x + C$

(2) $\int \cos 2x \cos 4x \, dx$

$= \int \frac{1}{2}\{\cos 6x + \cos(-2x)\} dx$

$= \frac{1}{2}\int (\cos 6x + \cos 2x) dx$

$= \frac{1}{12}\sin 6x + \frac{1}{4}\sin 2x + C$

(3) $\int \sin x \sin 3x \, dx$

$= \int \left[-\frac{1}{2}\{\cos 4x - \cos(-2x)\}\right] dx$

$= -\frac{1}{2}\int (\cos 4x - \cos 2x) dx$

$= -\frac{1}{8}\sin 4x + \frac{1}{4}\sin 2x + C$

**138-1** (1) $A=-1$, $B=1$, $C=1$

(2) $-\frac{1}{t} + \log\left|\frac{t+1}{t}\right| + C$

解き方 (1) $\frac{A}{t} + \frac{B}{t^2} + \frac{C}{t+1}$

$= \frac{At(t+1) + B(t+1) + Ct^2}{t^2(t+1)}$

$= \frac{(A+C)t^2 + (A+B)t + B}{t^2(t+1)} = \frac{1}{t^2(t+1)}$

これが $t$ に関する恒等式になることから
$A+C=0$, $A+B=0$, $B=1$
よって $A=-1$, $C=1$

(2) (1)より
$\int \frac{1}{t^2(t+1)} dt = \int \left(\frac{-1}{t} + \frac{1}{t^2} + \frac{1}{t+1}\right) dt$

$= -\log|t| - \frac{1}{t} + \log|t+1| + C$

$= -\frac{1}{t} + \log\left|\frac{t+1}{t}\right| + C$

**138-2** (1) $a=5$, $b=1$, $c=-7$, $d=6$

(2) $5x - \frac{6}{x+1} + \log\left|\frac{x-1}{(x+1)^7}\right| + C$

解き方 (1) $f(x) = \frac{5x^3 - x^2 + 3x - 3}{x^3 + x^2 - x - 1}$

$= \frac{5x^3 - x^2 + 3x - 3}{(x+1)^2(x-1)}$

$a + \frac{b}{x-1} + \frac{c}{x+1} + \frac{d}{(x+1)^2}$

$= \frac{a(x-1)(x+1)^2 + b(x+1)^2 + c(x-1)(x+1) + d(x-1)}{(x-1)(x+1)^2}$

$= \frac{ax^3 + (a+b+c)x^2 + (-a+2b+d)x + (-a+b-c-d)}{(x-1)(x+1)^2}$

$= \frac{5x^3 - x^2 + 3x - 3}{x^3 + x^2 - x - 1}$

これが $x$ に関する恒等式になることから
$a=5$, $a+b+c=-1$, $-a+2b+d=3$,
$-a+b-c-d=-3$
よって $b=1$, $c=-7$, $d=6$

(2) (1)より $\int \frac{5x^3 - x^2 + 3x - 3}{x^3 + x^2 - x - 1} dx$

$= \int \left\{5 + \frac{1}{x-1} + \frac{-7}{x+1} + \frac{6}{(x+1)^2}\right\} dx$

$= 5x + \log|x-1| - 7\log|x+1| - \frac{6}{x+1} + C$

$= 5x - \frac{6}{x+1} + \log\left|\frac{x-1}{(x+1)^7}\right| + C$

**139** (1) $\log 3 + \frac{2}{3}$ (2) $\log 2 - \frac{1}{2}$

(3) $\frac{10}{3}\sqrt{2} - \frac{8}{3}$ (4) $\frac{7}{6} + \frac{8}{3}\sqrt{2}$

解き方 (1) $\int_1^3 \frac{x+1}{x^2} dx = \int_1^3 \left(\frac{1}{x} + \frac{1}{x^2}\right) dx$

$= \left[\log|x| - \frac{1}{x}\right]_1^3 = \left(\log 3 - \frac{1}{3}\right) - (-1)$

$= \log 3 + \frac{2}{3}$

(2) $\int_0^1 \frac{x^2}{x+1} dx = \int_0^1 \left(x - 1 + \frac{1}{x+1}\right) dx$

$= \left[\frac{x^2}{2} - x + \log|x+1|\right]_0^1 = \left(\frac{1}{2} - 1 + \log 2\right)$

$= \log 2 - \frac{1}{2}$

(3) $\int_1^2 \frac{x+1}{\sqrt{x}} dx = \int_1^2 (x^{\frac{1}{2}} + x^{-\frac{1}{2}}) dx$

$= \left[\frac{2}{3}x^{\frac{3}{2}} + 2x^{\frac{1}{2}}\right]_1^2$

$= \left(\frac{2}{3} \cdot 2^{\frac{3}{2}} + 2 \cdot 2^{\frac{1}{2}}\right) - \left(\frac{2}{3} + 2\right)$

$= \frac{4}{3} \cdot \sqrt{2} + 2\sqrt{2} - \frac{8}{3}$

$= \frac{10}{3}\sqrt{2} - \frac{8}{3}$

(4) $\int_1^2 (\sqrt{x}+1)^2 dx = \int_1^2 (x+2\sqrt{x}+1) dx$
$= \left[\dfrac{x^2}{2} + \dfrac{4}{3}x^{\frac{3}{2}} + x\right]_1^2$
$= \left(2 + \dfrac{4}{3}\sqrt{8} + 2\right) - \left(\dfrac{1}{2} + \dfrac{4}{3} + 1\right)$
$= \dfrac{7}{6} + \dfrac{8}{3}\sqrt{2}$

**140** (1) $-\dfrac{1}{3}$　(2) $\dfrac{\pi}{2}$　(3) $\dfrac{1}{2}$　(4) $2$

解き方 (1) $\int_0^{\frac{\pi}{2}} \cos 3x\, dx = \left[\dfrac{1}{3}\sin 3x\right]_0^{\frac{\pi}{2}}$
$= \dfrac{1}{3}\sin\dfrac{3}{2}\pi = -\dfrac{1}{3}$

(2) $\int_0^\pi \sin^2 x\, dx = \int_0^\pi \dfrac{1-\cos 2x}{2} dx$
$= \left[\dfrac{x}{2} - \dfrac{\sin 2x}{4}\right]_0^\pi = \dfrac{\pi}{2}$

(3) $\int_0^{\frac{\pi}{2}} (1-\cos x)\sin x\, dx$
$= \int_0^{\frac{\pi}{2}} \left(\sin x - \dfrac{1}{2}\sin 2x\right) dx$
$= \left[-\cos x + \dfrac{1}{4}\cos 2x\right]_0^{\frac{\pi}{2}}$
$= \left(-\dfrac{1}{4}\right) - \left(-1 + \dfrac{1}{4}\right) = \dfrac{1}{2}$

(4) $\int_0^\pi |\cos x|\, dx = \int_0^{\frac{\pi}{2}} \cos x\, dx + \int_{\frac{\pi}{2}}^\pi (-\cos x)\, dx$
$= \left[\sin x\right]_0^{\frac{\pi}{2}} + \left[-\sin x\right]_{\frac{\pi}{2}}^\pi = 2$

**141** (1) $e - \dfrac{1}{e}$　(2) $\dfrac{3}{\log 2}$
(3) $1 - \dfrac{1}{e^2}$　(4) $\dfrac{1}{4}\log\dfrac{9}{5}$

解き方 (1) $\int_0^1 (e^x + e^{-x}) dx$
$= \left[e^x - e^{-x}\right]_0^1 = e - \dfrac{1}{e}$

(2) $\int_0^2 2^x dx = \left[\dfrac{1}{\log 2}\cdot 2^x\right]_0^2 = \dfrac{3}{\log 2}$

(3) $\int_0^2 \dfrac{dx}{e^x} = \int_0^2 e^{-x} dx$
$= \left[-e^{-x}\right]_0^2 = 1 - \dfrac{1}{e^2}$

(4) $\int_1^2 \dfrac{dx}{4x^2 - 1} = \int_1^2 \dfrac{dx}{(2x+1)(2x-1)}$
$= \int_1^2 \dfrac{1}{2}\left(\dfrac{1}{2x-1} - \dfrac{1}{2x+1}\right) dx$
$= \left[\dfrac{1}{4}\log|2x-1| - \dfrac{1}{4}\log|2x+1|\right]_1^2$
$= \left[\dfrac{1}{4}\log\left|\dfrac{2x-1}{2x+1}\right|\right]_1^2 = \dfrac{1}{4}\log\dfrac{3}{5} - \dfrac{1}{4}\log\dfrac{1}{3}$
$= \dfrac{1}{4}\log\dfrac{9}{5}$

**142** (1) $\dfrac{15}{4}$　(2) $\dfrac{1}{4}$　(3) $\dfrac{4}{5}$

解き方 (1) $2-x = t$ とおくと
$x = 2-t$

| $x$ | $0$ | $\to$ | $1$ |
|---|---|---|---|
| $t$ | $2$ | $\to$ | $1$ |

$\dfrac{dx}{dt} = -1$ より　$dx = (-1) dt$
$\int_0^1 (2-x)^3 dx = \int_2^1 t^3(-1) dt = \left[-\dfrac{1}{4}t^4\right]_2^1$
$= -\dfrac{1}{4} + \dfrac{16}{4} = \dfrac{15}{4}$

(2) $3x - 1 = t$ とおくと
$x = \dfrac{t+1}{3}$

| $x$ | $-1$ | $\to$ | $0$ |
|---|---|---|---|
| $t$ | $-4$ | $\to$ | $-1$ |

$\dfrac{dx}{dt} = \dfrac{1}{3}$ より　$dx = \dfrac{1}{3} dt$
$\int_{-1}^0 \dfrac{dx}{(3x-1)^2} = \int_{-4}^{-1} \dfrac{1}{t^2}\cdot\dfrac{1}{3} dt$
$= \left[-\dfrac{1}{3}\cdot\dfrac{1}{t}\right]_{-4}^{-1} = \dfrac{1}{4}$

(3) $x + 1 = t$ とおくと
$x = t - 1$

| $x$ | $-1$ | $\to$ | $1$ |
|---|---|---|---|
| $t$ | $0$ | $\to$ | $2$ |

$\dfrac{dx}{dt} = 1$ より　$dx = dt$
$\int_{-1}^1 (2x-1)(x+1)^3 dx = \int_0^2 \{2(t-1) - 1\} t^3 dt$
$= \int_0^2 (2t-3) t^3 dt = \int_0^2 (2t^4 - 3t^3) dt$
$= \left[\dfrac{2}{5}t^5 - \dfrac{3}{4}t^4\right]_0^2 = \dfrac{4}{5}$

**143** (1) $\dfrac{33}{28}$      (2) $\dfrac{2(2-\sqrt{2})}{3}$

**解き方** (1) $\sqrt[3]{x-1}=t$ とおくと
$x=t^3+1$

| $x$ | $1$ | $\to$ | $2$ |
|---|---|---|---|
| $t$ | $0$ | $\to$ | $1$ |

$\dfrac{dx}{dt}=3t^2$ より $dx=3t^2 dt$

$\displaystyle\int_1^2 x\sqrt[3]{x-1}\,dx=\int_0^1(t^3+1)\cdot t\cdot 3t^2\,dt$

$\displaystyle =\int_0^1(3t^6+3t^3)\,dt=\left[\dfrac{3}{7}t^7+\dfrac{3}{4}t^4\right]_0^1$

$=\dfrac{3}{7}+\dfrac{3}{4}=\dfrac{33}{28}$

(2) $\sqrt{x+1}=t$ とおくと
$x=t^2-1$

| $x$ | $0$ | $\to$ | $1$ |
|---|---|---|---|
| $t$ | $1$ | $\to$ | $\sqrt{2}$ |

$\dfrac{dx}{dt}=2t$ より $dx=2t\,dt$

$\displaystyle\int_0^1\dfrac{x}{\sqrt{x+1}}\,dx=\int_1^{\sqrt{2}}\dfrac{(t^2-1)}{t}\cdot 2t\,dt$

$\displaystyle =2\int_1^{\sqrt{2}}(t^2-1)\,dt=2\left[\dfrac{t^3}{3}-t\right]_1^{\sqrt{2}}$

$=2\left\{\left(\dfrac{2\sqrt{2}}{3}-\sqrt{2}\right)-\left(\dfrac{1}{3}-1\right)\right\}=\dfrac{2(2-\sqrt{2})}{3}$

**144** (1) $\dfrac{1}{2}-\dfrac{1}{2e^2}$    (2) $\dfrac{19}{15}$    (3) $\dfrac{1}{3}$    (4) $\dfrac{2}{3}$

**解き方** (1) $-x^2=t$ とおくと,

$-2x=\dfrac{dt}{dx}$ より

| $x$ | $0$ | $\to$ | $\sqrt{2}$ |
|---|---|---|---|
| $t$ | $0$ | $\to$ | $-2$ |

$x\,dx=-\dfrac{1}{2}dt$

$\displaystyle\int_0^{\sqrt{2}}xe^{-x^2}\,dx$

$\displaystyle =\int_0^{-2}\left(-\dfrac{1}{2}e^t\right)dt=\left[-\dfrac{1}{2}e^t\right]_0^{-2}=\dfrac{1}{2}-\dfrac{1}{2e^2}$

(2) $5x^2+4=t$ とおくと,
$10x=\dfrac{dt}{dx}$ より $x\,dx=\dfrac{1}{10}dt$

| $x$ | $0$ | $\to$ | $1$ |
|---|---|---|---|
| $t$ | $4$ | $\to$ | $9$ |

$\displaystyle\int_0^1 x\sqrt{5x^2+4}\,dx=\int_4^9\sqrt{t}\cdot\dfrac{1}{10}dt$

$\displaystyle =\int_4^9\dfrac{1}{10}t^{\frac{1}{2}}dt=\left[\dfrac{1}{15}t^{\frac{3}{2}}\right]_4^9=\dfrac{9^{\frac{3}{2}}-4^{\frac{3}{2}}}{15}=\dfrac{27-8}{15}$

$=\dfrac{19}{15}$

(3) $\log x=t$ とおくと,
$\dfrac{1}{x}=\dfrac{dt}{dx}$ より $\dfrac{1}{x}dx=dt$

| $x$ | $1$ | $\to$ | $e$ |
|---|---|---|---|
| $t$ | $0$ | $\to$ | $1$ |

$\displaystyle\int_1^e\dfrac{(\log x)^2}{x}dx=\int_0^1 t^2\,dt=\left[\dfrac{t^3}{3}\right]_0^1=\dfrac{1}{3}$

(4) $\cos x=t$ とおくと,
$-\sin x=\dfrac{dt}{dx}$ より

| $x$ | $0$ | $\to$ | $\dfrac{\pi}{2}$ |
|---|---|---|---|
| $t$ | $1$ | $\to$ | $0$ |

$\sin x\,dx=(-1)dt$

$\displaystyle\int_0^{\frac{\pi}{2}}\sin^3 x\,dx=\int_0^{\frac{\pi}{2}}(1-\cos^2 x)\sin x\,dx$

$\displaystyle =\int_1^0(1-t^2)(-1)dt=\int_1^0(-1+t^2)dt$

$=\left[-t+\dfrac{t^3}{3}\right]_1^0=\dfrac{2}{3}$

**145** (1) $\log 2$    (2) $\dfrac{1}{2}\log 2$    (3) $\log(e+1)$

**解き方** (1) $\displaystyle\int_0^1\dfrac{2x+1}{x^2+x+2}dx=\int_0^1\dfrac{(x^2+x+2)'}{x^2+x+2}dx$

$=\left[\log|x^2+x+2|\right]_0^1=\log 4-\log 2=\log 2$

(2) $\displaystyle\int_0^{\frac{\pi}{4}}\tan x\,dx=\int_0^{\frac{\pi}{4}}\dfrac{\sin x}{\cos x}dx=\left[-\log|\cos x|\right]_0^{\frac{\pi}{4}}$

$=-\log\dfrac{\sqrt{2}}{2}+\log 1=\log\sqrt{2}=\dfrac{1}{2}\log 2$

(3) $\displaystyle\int_1^2\dfrac{e^x}{e^x-1}dx=\left[\log|e^x-1|\right]_1^2$

$=\log|e^2-1|-\log|e-1|$

$=\log\left|\dfrac{e^2-1}{e-1}\right|=\log|e+1|$

$=\log(e+1)$    $(e+1>0)$

**146** (1) $\pi+\sqrt{3}$      (2) $\dfrac{\pi}{6}$

(3) $\dfrac{5}{24}\pi-\dfrac{2+\sqrt{3}}{8}$

**解き方** (1) $x=2\sin\theta$ とおくと,
$\dfrac{dx}{d\theta}=2\cos\theta$ より

| $x$ | $-\sqrt{3}$ | $\to$ | $1$ |
|---|---|---|---|
| $\theta$ | $-\dfrac{\pi}{3}$ | $\to$ | $\dfrac{\pi}{6}$ |

$dx=2\cos\theta\,d\theta$

$\displaystyle\int_{-\sqrt{3}}^1\sqrt{4-x^2}\,dx=\int_{-\frac{\pi}{3}}^{\frac{\pi}{6}}\sqrt{4-4\sin^2\theta}\cdot 2\cos\theta\,d\theta$

$\displaystyle =\int_{-\frac{\pi}{3}}^{\frac{\pi}{6}}4\cos^2\theta\,d\theta=\int_{-\frac{\pi}{3}}^{\frac{\pi}{6}}4\left(\dfrac{1+\cos 2\theta}{2}\right)d\theta$

$\displaystyle =\int_{-\frac{\pi}{3}}^{\frac{\pi}{6}}(2+2\cos 2\theta)d\theta=\left[2\theta+\sin 2\theta\right]_{-\frac{\pi}{3}}^{\frac{\pi}{6}}$

$=\left(\dfrac{\pi}{3}+\dfrac{\sqrt{3}}{2}\right)-\left(-\dfrac{2}{3}\pi-\dfrac{\sqrt{3}}{2}\right)=\pi+\sqrt{3}$

(2) $x=\sin\theta$ とおくと，

$\dfrac{dx}{d\theta}=\cos\theta$ より

$dx=\cos\theta\,d\theta$

| $x$ | $0$ | $\to$ | $\dfrac{1}{2}$ |
|---|---|---|---|
| $\theta$ | $0$ | $\to$ | $\dfrac{\pi}{6}$ |

$\displaystyle\int_0^{\frac{1}{2}}\dfrac{dx}{\sqrt{1-x^2}}=\int_0^{\frac{\pi}{6}}\dfrac{1}{\sqrt{1-\sin^2\theta}}\cdot\cos\theta\,d\theta$

$\displaystyle=\int_0^{\frac{\pi}{6}}d\theta=\Big[\theta\Big]_0^{\frac{\pi}{6}}=\dfrac{\pi}{6}$

(3) $x=\sin\theta$ とおくと，

$\dfrac{dx}{d\theta}=\cos\theta$ より

$dx=\cos\theta\,d\theta$

| $x$ | $-\dfrac{1}{2}$ | $\to$ | $\dfrac{\sqrt{2}}{2}$ |
|---|---|---|---|
| $\theta$ | $-\dfrac{\pi}{6}$ | $\to$ | $\dfrac{\pi}{4}$ |

$\displaystyle\int_{-\frac{1}{2}}^{\frac{\sqrt{2}}{2}}\dfrac{x^2}{\sqrt{1-x^2}}dx=\int_{-\frac{\pi}{6}}^{\frac{\pi}{4}}\dfrac{\sin^2\theta}{\sqrt{1-\sin^2\theta}}\cdot\cos\theta\,d\theta$

$\displaystyle=\int_{-\frac{\pi}{6}}^{\frac{\pi}{4}}\sin^2\theta\,d\theta=\int_{-\frac{\pi}{6}}^{\frac{\pi}{4}}\dfrac{1-\cos 2\theta}{2}d\theta$

$\displaystyle=\Big[\dfrac{\theta}{2}-\dfrac{\sin 2\theta}{4}\Big]_{-\frac{\pi}{6}}^{\frac{\pi}{4}}=\Big(\dfrac{\pi}{8}-\dfrac{1}{4}\Big)-\Big(-\dfrac{\pi}{12}+\dfrac{\sqrt{3}}{8}\Big)$

$=\dfrac{5}{24}\pi-\dfrac{2+\sqrt{3}}{8}$

**147** (1) $\dfrac{5}{36}\pi$   (2) $\dfrac{\sqrt{2}}{4}\pi$   (3) $\sqrt{3}-\dfrac{\pi}{3}$

解き方 (1) $x=3\tan\theta$ とおくと，

$\dfrac{dx}{d\theta}=\dfrac{3}{\cos^2\theta}$ より

$dx=\dfrac{3}{\cos^2\theta}d\theta$

| $x$ | $-\sqrt{3}$ | $\to$ | $3$ |
|---|---|---|---|
| $\theta$ | $-\dfrac{\pi}{6}$ | $\to$ | $\dfrac{\pi}{4}$ |

$\displaystyle\int_{-\sqrt{3}}^{3}\dfrac{dx}{x^2+9}=\int_{-\frac{\pi}{6}}^{\frac{\pi}{4}}\dfrac{1}{9\tan^2\theta+9}\cdot\dfrac{3}{\cos^2\theta}d\theta$

$\displaystyle=\int_{-\frac{\pi}{6}}^{\frac{\pi}{4}}\dfrac{1}{3}d\theta=\Big[\dfrac{1}{3}\theta\Big]_{-\frac{\pi}{6}}^{\frac{\pi}{4}}=\dfrac{5}{36}\pi$

(2) $x=\dfrac{1}{\sqrt{2}}\tan\theta$ とおくと，

$\dfrac{dx}{d\theta}=\dfrac{1}{\sqrt{2}}\cdot\dfrac{1}{\cos^2\theta}$ より

$dx=\dfrac{1}{\sqrt{2}}\cdot\dfrac{1}{\cos^2\theta}d\theta$

| $x$ | $-\dfrac{\sqrt{2}}{2}$ | $\to$ | $\dfrac{\sqrt{2}}{2}$ |
|---|---|---|---|
| $\theta$ | $-\dfrac{\pi}{4}$ | $\to$ | $\dfrac{\pi}{4}$ |

$\displaystyle\int_{-\frac{\sqrt{2}}{2}}^{\frac{\sqrt{2}}{2}}\dfrac{dx}{2x^2+1}=\int_{-\frac{\pi}{4}}^{\frac{\pi}{4}}\dfrac{1}{\tan^2\theta+1}\cdot\dfrac{1}{\sqrt{2}}\cdot\dfrac{1}{\cos^2\theta}d\theta$

$\displaystyle=\int_{-\frac{\pi}{4}}^{\frac{\pi}{4}}\dfrac{1}{\sqrt{2}}d\theta=\Big[\dfrac{1}{\sqrt{2}}\theta\Big]_{-\frac{\pi}{4}}^{\frac{\pi}{4}}=\dfrac{\sqrt{2}}{4}\pi$

(3) $x=\tan\theta$ とおくと，

$\dfrac{dx}{d\theta}=\dfrac{1}{\cos^2\theta}$ より

$dx=\dfrac{1}{\cos^2\theta}d\theta$

| $x$ | $0$ | $\to$ | $\sqrt{3}$ |
|---|---|---|---|
| $\theta$ | $0$ | $\to$ | $\dfrac{\pi}{3}$ |

$\displaystyle\int_0^{\sqrt{3}}\dfrac{x^2}{1+x^2}dx=\int_0^{\frac{\pi}{3}}\dfrac{\tan^2\theta}{1+\tan^2\theta}\cdot\dfrac{1}{\cos^2\theta}d\theta$

$\displaystyle=\int_0^{\frac{\pi}{3}}\tan^2\theta\,d\theta=\int_0^{\frac{\pi}{3}}\Big(\dfrac{1}{\cos^2\theta}-1\Big)d\theta$

$\displaystyle=\Big[\tan\theta-\theta\Big]_0^{\frac{\pi}{3}}=\sqrt{3}-\dfrac{\pi}{3}$

**148** (1) $a=3$, $b=-2$   (2) $\log\dfrac{9}{8}$

解き方 (1) $\dfrac{a}{x+2}+\dfrac{b}{2x+1}=\dfrac{a(2x+1)+b(x+2)}{(x+2)(2x+1)}$

$=\dfrac{(2a+b)x+(a+2b)}{2x^2+5x+2}=\dfrac{4x-1}{2x^2+5x+2}$

これが $x$ に関する恒等式となることから

$2a+b=4$, $a+2b=-1$

よって $a=3$, $b=-2$

(2) $\displaystyle\int_0^1\dfrac{4x-1}{2x^2+5x+2}dx=\int_0^1\Big(\dfrac{3}{x+2}-\dfrac{2}{2x+1}\Big)dx$

$\displaystyle=\Big[3\log|x+2|-\log|2x+1|\Big]_0^1$

$=(3\log 3-\log 3)-3\log 2=2\log 3-3\log 2$

$=\log\dfrac{9}{8}$

**149** (1) $1$   (2) $1$   (3) $2e^2-e$

解き方 (1) $\displaystyle\int_0^{\frac{\pi}{2}}x\sin x\,dx$

$\displaystyle=\Big[x(-\cos x)\Big]_0^{\frac{\pi}{2}}-\int_0^{\frac{\pi}{2}}(-\cos x)dx$

$\displaystyle=\int_0^{\frac{\pi}{2}}\cos x\,dx=\Big[\sin x\Big]_0^{\frac{\pi}{2}}=1$

(2) $\displaystyle\int_1^e\log x\,dx=\Big[x\log x\Big]_1^e-\int_1^e dx$

$=e-\Big[x\Big]_1^e=1$

(3) $\displaystyle\int_1^2 x^2 e^x dx=\Big[x^2 e^x\Big]_1^2-\int_1^2 2xe^x dx$

$\displaystyle=\Big[x^2 e^x\Big]_1^2-2\Big(\Big[xe^x\Big]_1^2-\int_1^2 e^x dx\Big)$

$=\Big[x^2 e^x-2xe^x+2e^x\Big]_1^2$

$=4e^2-4e^2+2e^2-e+2e-2e=2e^2-e$

**150** (1) $\dfrac{8}{3}$  (2) $1$  (3) $0$  (4) $\dfrac{\pi}{2}$

**解き方** (1) $\displaystyle\int_{-1}^{1}(2x^3+x^2-x+1)dx$

$\displaystyle =2\int_{0}^{1}(x^2+1)dx=2\left[\dfrac{x^3}{3}+x\right]_{0}^{1}=\dfrac{8}{3}$

(2) $\displaystyle\int_{-\frac{\pi}{4}}^{\frac{\pi}{4}}(\sin 2x+\cos 2x)dx=2\int_{0}^{\frac{\pi}{4}}\cos 2x\,dx$

$\displaystyle =2\left[\dfrac{1}{2}\sin 2x\right]_{0}^{\frac{\pi}{4}}=1$

(3) $\displaystyle\int_{-\frac{\pi}{6}}^{\frac{\pi}{6}}\sin x\cos x\,dx=\int_{-\frac{\pi}{6}}^{\frac{\pi}{6}}\dfrac{1}{2}\sin 2x\,dx=0$

(4) $\displaystyle\int_{-1}^{1}\dfrac{1-x}{1+x^2}dx=\int_{-1}^{1}\dfrac{1}{1+x^2}dx-\int_{-1}^{1}\dfrac{x}{1+x^2}dx$

$\dfrac{x}{1+x^2}$ は奇関数だから $\displaystyle\int_{-1}^{1}\dfrac{x}{1+x^2}dx=0$

$\displaystyle\int_{-1}^{1}\dfrac{1}{1+x^2}dx=2\int_{0}^{1}\dfrac{1}{1+x^2}dx$

また，$x=\tan\theta$ とおくと，

$\dfrac{dx}{d\theta}=\dfrac{1}{\cos^2\theta}$ より

| $x$ | $0$ | $\to$ | $1$ |
|---|---|---|---|
| $\theta$ | $0$ | $\to$ | $\dfrac{\pi}{4}$ |

$dx=\dfrac{1}{\cos^2\theta}d\theta$

よって

$\displaystyle\int_{-1}^{1}\dfrac{1-x}{1+x^2}dx=2\int_{0}^{\frac{\pi}{4}}\dfrac{1}{1+\tan^2\theta}\cdot\dfrac{1}{\cos^2\theta}d\theta$

$\displaystyle =2\int_{0}^{\frac{\pi}{4}}d\theta=2\left[\theta\right]_{0}^{\frac{\pi}{4}}=\dfrac{\pi}{2}$

**151** (1) $\sqrt{2}x\sin x$

(2) 最大値 $\sqrt{2}\pi$ $(x=\pi)$，

　　最小値 $-2\sqrt{2}\pi$ $(x=2\pi)$

**解き方** (1) $\displaystyle\int t\cos\left(\dfrac{\pi}{4}-t\right)dt=F(t)+C$ とすると

$F'(t)=t\cos\left(\dfrac{\pi}{4}-t\right)$, $f(x)=F(x)-F(-x)$

$f'(x)=F'(x)-F'(-x)\cdot(-x)'$

$\phantom{f'(x)}=x\cos\left(\dfrac{\pi}{4}-x\right)+(-x)\cos\left(\dfrac{\pi}{4}+x\right)$

$\phantom{f'(x)}=x\cos\left(\dfrac{\pi}{4}-x\right)-x\cos\left(\dfrac{\pi}{4}+x\right)$

$\phantom{f'(x)}=x\left(\cos\dfrac{\pi}{4}\cos x+\sin\dfrac{\pi}{4}\sin x\right)$

$\phantom{f'(x)=}-x\left(\cos\dfrac{\pi}{4}\cos x-\sin\dfrac{\pi}{4}\sin x\right)$

$\phantom{f'(x)}=\sqrt{2}x\sin x$

(2) $\displaystyle\int_{-x}^{x}t\cos\left(\dfrac{\pi}{4}-t\right)dt$

$\displaystyle =\int_{-x}^{x}t\left(\cos\dfrac{\pi}{4}\cos t+\sin\dfrac{\pi}{4}\sin t\right)dt$

$\displaystyle =\dfrac{\sqrt{2}}{2}\int_{-x}^{x}t\cos t\,dt+\dfrac{\sqrt{2}}{2}\int_{-x}^{x}t\sin t\,dt$

$\displaystyle =\sqrt{2}\int_{0}^{x}t\sin t\,dt$ $\begin{pmatrix}g_1(t)=t\cos t \text{ は奇関数}\\g_2(t)=t\sin t \text{ は偶関数}\end{pmatrix}$

$\displaystyle =\sqrt{2}\int_{0}^{x}t(-\cos t)'dt$

$\displaystyle =\sqrt{2}\left\{\left[t(-\cos t)\right]_{0}^{x}-\int_{0}^{x}(-\cos t)dt\right\}$

$=\sqrt{2}(-x\cos x+\sin x)$

したがって $f(x)=-\sqrt{2}x\cos x+\sqrt{2}\sin x$

(1)より $f'(x)=\sqrt{2}x\sin x$

| $x$ | $0$ | $\cdots$ | $\pi$ | $\cdots$ | $2\pi$ |
|---|---|---|---|---|---|
| $f'(x)$ | $0$ | $+$ | $0$ | $-$ | $0$ |
| $f(x)$ | $0$ | $\nearrow$ | $\sqrt{2}\pi$ | $\searrow$ | $-2\sqrt{2}\pi$ |

$f(\pi)=\sqrt{2}\pi$ （最大値）

$f(2\pi)=-2\sqrt{2}\pi$ （最小値）

**152-1** $\dfrac{1}{2}+\dfrac{1}{2e}$

**解き方** $\displaystyle F(x)=\int_{0}^{x}xf(t)dt=x\int_{0}^{x}f(t)dt$

$\displaystyle F'(x)=\int_{0}^{x}f(t)dt+xf(x)$

$\displaystyle F'(1)=\int_{0}^{1}f(t)dt+1\cdot f(1)$

$f(x)=xe^{-x^2}$ より $f(1)=\dfrac{1}{e}$

また $\displaystyle\int_{0}^{1}te^{-t^2}dt=\left[-\dfrac{1}{2}e^{-t^2}\right]_{0}^{1}=\dfrac{1}{2}-\dfrac{1}{2e}$

よって $F'(1)=\dfrac{1}{2}-\dfrac{1}{2e}+\dfrac{1}{e}=\dfrac{1}{2}+\dfrac{1}{2e}$

**152-2** (1) $f(x)=\dfrac{1}{2}e^x(\sin x-\cos x)+\dfrac{1}{2}$

(2) $-\dfrac{1}{2}e^x+\dfrac{1}{2}(\cos x-\sin x)$

**解き方** (1) $\displaystyle f(x)=\int_{0}^{x}e^t\sin t\,dt=\int_{0}^{x}(e^t)'\sin t\,dt$

$\displaystyle =\left[e^t\sin t\right]_{0}^{x}-\int_{0}^{x}e^t\cos t\,dt$

$\displaystyle =e^x\sin x-\left\{\left[e^t\cos t\right]_{0}^{x}-\int_{0}^{x}e^t(-\sin t)dt\right\}$

$= e^x \sin x - e^x \cos x + 1 - f(x)$

よって $f(x) = \dfrac{1}{2} e^x (\sin x - \cos x) + \dfrac{1}{2}$

(2) $g(x) = \displaystyle\int_0^x e^t \sin(t-x) dt$

$= \displaystyle\int_0^x e^t (\sin t \cos x - \cos t \sin x) dt$

$= \cos x \displaystyle\int_0^x e^t \sin t\, dt - \sin x \displaystyle\int_0^x e^t \cos t\, dt$

$g'(x) = (\cos x)' \displaystyle\int_0^x e^t \sin t\, dt$

$\qquad + \cos x \Bigl(\displaystyle\int_0^x e^t \sin t\, dt\Bigr)'$

$\qquad - \Bigl\{(\sin x)' \displaystyle\int_0^x e^t \cos t\, dt$

$\qquad\qquad + \sin x \Bigl(\displaystyle\int_0^x e^t \cos t\, dt\Bigr)'\Bigr\}$

$= -\sin x \displaystyle\int_0^x e^t \sin t\, dt + \cos x\, e^x \sin x$

$\qquad - \Bigl(\cos x \displaystyle\int_0^x e^t \cos t\, dt + \sin x\, e^x \cos x\Bigr)$

$= -\sin x \displaystyle\int_0^x e^t \sin t\, dt - \cos x \displaystyle\int_0^x e^t \cos t\, dt$

ここで $\displaystyle\int_0^x e^t \cos t\, dt$

$= \bigl[e^t \cos t\bigr]_0^x - \displaystyle\int_0^x e^t (-\sin t) dt$

$= (e^x \cos x - 1) + \displaystyle\int_0^x e^t \sin t\, dt$

$= (e^x \cos x - 1) + \dfrac{1}{2} e^x (\sin x - \cos x) + \dfrac{1}{2}$

$= \dfrac{1}{2} e^x (\sin x + \cos x) - \dfrac{1}{2}$ ……(*)

(1)と(*)を用いると

$g'(x) = -\sin x \Bigl\{\dfrac{1}{2} e^x (\sin x - \cos x) + \dfrac{1}{2}\Bigr\}$

$\qquad - \cos x \Bigl\{\dfrac{1}{2} e^x (\sin x + \cos x) - \dfrac{1}{2}\Bigr\}$

$= -\dfrac{1}{2} e^x + \dfrac{1}{2} (\cos x - \sin x)$

**153** $A = \dfrac{1}{2}(1 - e^{-\frac{\pi}{2}})$, $B = \dfrac{1}{2}(1 + e^{-\frac{\pi}{2}})$

解き方 $A = \displaystyle\int_0^{\frac{\pi}{2}} e^{-x} \sin x\, dx = \displaystyle\int_0^{\frac{\pi}{2}} (-e^{-x})' \sin x\, dx$

$= \bigl[-e^{-x} \sin x\bigr]_0^{\frac{\pi}{2}} - \displaystyle\int_0^{\frac{\pi}{2}} (-e^{-x}) \cos x\, dx$

$= -e^{-\frac{\pi}{2}} + \displaystyle\int_0^{\frac{\pi}{2}} e^{-x} \cos x\, dx$

$= -e^{-\frac{\pi}{2}} + B$

よって $A - B = -e^{-\frac{\pi}{2}}$ …①

$B = \displaystyle\int_0^{\frac{\pi}{2}} e^{-x} \cos x\, dx = \displaystyle\int_0^{\frac{\pi}{2}} (-e^{-x})' \cos x\, dx$

$= \bigl[-e^{-x} \cos x\bigr]_0^{\frac{\pi}{2}} - \displaystyle\int_0^{\frac{\pi}{2}} (-e^{-x})(-\sin x) dx$

$= 0 - (-e^0) - \displaystyle\int_0^{\frac{\pi}{2}} e^{-x} \sin x\, dx$

$= 1 - A$

よって $A + B = 1$ …②

①, ②の連立方程式を解いて

$A = \dfrac{1}{2}(1 - e^{-\frac{\pi}{2}})$, $B = \dfrac{1}{2}(1 + e^{-\frac{\pi}{2}})$

**154** (1) $\dfrac{\pi}{4}$ (2) $\dfrac{1}{4}\log 3$ (3) $2 - \sqrt{3}$

解き方 (1) 与式

$= \displaystyle\lim_{n\to\infty} \dfrac{1}{n} \Bigl\{\sqrt{1 - \Bigl(\dfrac{1}{n}\Bigr)^2} + \sqrt{1 - \Bigl(\dfrac{2}{n}\Bigr)^2} + \cdots$

$\qquad + \sqrt{1 - \Bigl(\dfrac{n-1}{n}\Bigr)^2} + \underbrace{\sqrt{1 - \Bigl(\dfrac{n}{n}\Bigr)^2}}_{=0}\Bigr\}$

$= \displaystyle\int_0^1 \sqrt{1 - x^2}\, dx$

$x = \sin\theta$ とおくと,

$\dfrac{dx}{d\theta} = \cos\theta$ より

| $x$ | $0$ | $\to$ | $1$ |
|---|---|---|---|
| $\theta$ | $0$ | $\to$ | $\dfrac{\pi}{2}$ |

$dx = \cos\theta\, d\theta$

$\displaystyle\int_0^1 \sqrt{1 - x^2}\, dx = \displaystyle\int_0^{\frac{\pi}{2}} \sqrt{1 - \sin^2\theta} \cdot \cos\theta\, d\theta$

$= \displaystyle\int_0^{\frac{\pi}{2}} \cos^2\theta\, d\theta = \displaystyle\int_0^{\frac{\pi}{2}} \dfrac{1 + \cos 2\theta}{2} d\theta$

$= \Bigl[\dfrac{\theta}{2} + \dfrac{\sin 2\theta}{4}\Bigr]_0^{\frac{\pi}{2}} = \dfrac{\pi}{4}$

(2) 与式 $= \displaystyle\lim_{n\to\infty} \sum_{k=1}^n \dfrac{\dfrac{1}{n}}{4 - \Bigl(\dfrac{k}{n}\Bigr)^2}$

$= \displaystyle\lim_{n\to\infty} \sum_{k=1}^n \dfrac{1}{n} \cdot \dfrac{1}{4 - \Bigl(\dfrac{k}{n}\Bigr)^2}$

$= \displaystyle\int_0^1 \dfrac{1}{4 - x^2} dx = \displaystyle\int_0^1 \dfrac{1}{4}\Bigl(\dfrac{1}{2-x} + \dfrac{1}{2+x}\Bigr) dx$

$= \dfrac{1}{4}\Bigl[-\log|2-x| + \log|2+x|\Bigr]_0^1$

$= \dfrac{1}{4}\Bigl[\log\Bigl|\dfrac{2+x}{2-x}\Bigr|\Bigr]_0^1 = \dfrac{1}{4}\log 3$

(3) 与式 $=\lim_{n\to\infty}\dfrac{1}{n}\sum_{k=1}^{n}\dfrac{\dfrac{k}{n}}{\sqrt{3+\left(\dfrac{k}{n}\right)^2}}$

$=\int_0^1 \dfrac{x}{\sqrt{3+x^2}}dx$

$3+x^2=t$ とおくと，

$2x=\dfrac{dt}{dx}$ より $xdx=\dfrac{1}{2}dt$

| $x$ | 0 | → | 1 |
|---|---|---|---|
| $t$ | 3 | → | 4 |

$\int_0^1 \dfrac{x}{\sqrt{3+x^2}}dx=\int_3^4 \dfrac{1}{\sqrt{t}}\cdot\dfrac{1}{2}dt$

$=\int_3^4 \dfrac{1}{2}t^{-\frac{1}{2}}dt=\left[t^{\frac{1}{2}}\right]_3^4=\sqrt{4}-\sqrt{3}=2-\sqrt{3}$

**155** (1) $n\log n-n+1$

(2) $\log 1+\log 2+\cdots+\log n>\int_1^n \log x\,dx$

(3) (1), (2)より

$\log 1+\log 2+\cdots+\log n>n\log n-n+1$

$\dfrac{\log 1+\log 2+\cdots+\log n}{n}>\log n-1+\dfrac{1}{n}$

$\dfrac{\log 1+\log 2+\cdots+\log n}{n}-\log n+1>\dfrac{1}{n}$

よって

$\dfrac{\log 1+\log 2+\cdots+\log n}{n}-\log n+1>0$

**解き方** (1) $\int_1^n \log x\,dx=\left[x\log x\right]_1^n-\int_1^n dx$

$=n\log n-(n-1)=n\log n-n+1$

(2) $\log 1+\log 2+\cdots+\log n$ は，$y=\log x$ と右の図のような関係になる長方形を集めたもので，赤色で示した階段状の図形の面積を表す。

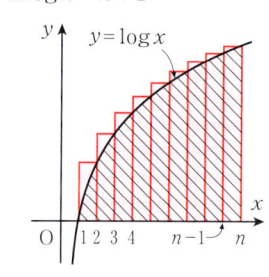

$\int_1^n \log x\,dx$ は，$x=1$, $x=n$, $y=\log x$ および $x$ 軸で囲まれる面積（図の斜線部）を表す。したがって

$\log 1+\log 2+\cdots+\log n>\int_1^n \log x\,dx$

**156** (1) $0\leq x\leq 1$ において，$0\leq x^2\leq x$ より

$-\dfrac{1}{2}x\leq -\dfrac{1}{2}x^2\leq 0$

したがって，$0\leq x\leq 1$ において

$e^{-\frac{1}{2}x}\leq e^{-\frac{1}{2}x^2}\leq e^0$

（等号は $x=0$ のときのみ成立）

これより $\int_0^1 e^{-\frac{1}{2}x}dx<\int_0^1 e^{-\frac{1}{2}x^2}dx<\int_0^1 e^0 dx$

$\int_0^1 e^{-\frac{1}{2}x}dx=\left[-2e^{-\frac{1}{2}x}\right]_0^1=2\left(1-\dfrac{1}{\sqrt{e}}\right)$

$\int_0^1 e^0 dx=\left[x\right]_0^1=1$

以上より $2\left(1-\dfrac{1}{\sqrt{e}}\right)<\int_0^1 e^{-\frac{1}{2}x^2}dx<1$

(2) $0\leq x\leq 1$ において，$1-x^2\leq 1-x^4\leq 1$ より

$\sqrt{1-x^2}\leq \sqrt{1-x^4}\leq 1$

（等号は $x=0$ のときのみ成立）

これより

$\int_0^1 \sqrt{1-x^2}dx<\int_0^1 \sqrt{1-x^4}dx<\int_0^1 dx$

$\int_0^1 \sqrt{1-x^2}dx$ は原点を中心とする半径 1 の円の第 1 象限の部分の面積を表す。

よって $\int_0^1 \sqrt{1-x^2}dx=1^2\pi\times\dfrac{1}{4}=\dfrac{\pi}{4}$

$\int_0^1 dx=\left[x\right]_0^1=1$

以上より $\dfrac{\pi}{4}<\int_0^1 \sqrt{1-x^4}dx<1$

**157** (1) $I_n=-nJ_{n-1}$  (2) $J_n=\pi^n+nI_{n-1}$

(3) $48\pi-8\pi^3$

**解き方** (1) $I_n=\int_0^{\pi} x^n\cos x\,dx$

$=\int_0^{\pi} x^n(\sin x)'dx$

$=\left[x^n\sin x\right]_0^{\pi}-\int_0^{\pi} nx^{n-1}\sin x\,dx$

$=-n\int_0^{\pi} x^{n-1}\sin x\,dx=-nJ_{n-1}$

(2) $J_n = \int_0^\pi x^n \sin x\, dx = \int_0^\pi x^n(-\cos x)'\, dx$

$\quad = \Big[x^n(-\cos x)\Big]_0^\pi - \int_0^\pi nx^{n-1}(-\cos x)\, dx$

$\quad = \pi^n + n\int_0^\pi x^{n-1}\cos x\, dx = \pi^n + nI_{n-1}$

(3) $\int_{-\pi}^\pi x^4 \cos x\, dx = 2I_4$ について，(1), (2) の結果より

$I_4 = -4J_3 = -4(\pi^3 + 3I_2) = -4\pi^3 - 12I_2$ ⋯①

$I_2 = -2J_1 = -2(\pi + I_0)$ ⋯②

$I_0 = \int_0^\pi x^0 \cos x\, dx = \int_0^\pi \cos x\, dx = \Big[\sin x\Big]_0^\pi$

$\quad = 0$ ⋯③

①，②，③ より $I_4 = -4\pi^3 - 12(-2\pi)$
$\qquad\qquad\qquad\quad = 24\pi - 4\pi^3$

よって $2I_4 = 48\pi - 8\pi^3$

**158** $\dfrac{a^2}{2}\log a - \dfrac{3}{4}a^2 + a - \dfrac{1}{4}$

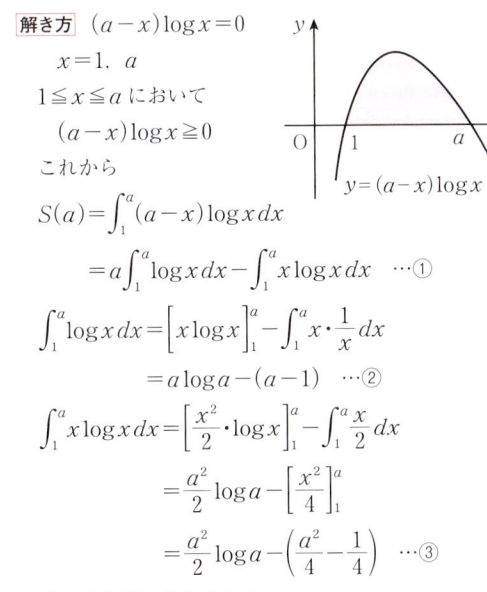

**解き方** $(a-x)\log x = 0$
$x = 1, a$
$1 \le x \le a$ において
$(a-x)\log x \ge 0$
これから

$S(a) = \int_1^a (a-x)\log x\, dx$

$\quad = a\int_1^a \log x\, dx - \int_1^a x\log x\, dx$ ⋯①

$\int_1^a \log x\, dx = \Big[x\log x\Big]_1^a - \int_1^a x\cdot\dfrac{1}{x}\, dx$

$\qquad\qquad = a\log a - (a-1)$ ⋯②

$\int_1^a x\log x\, dx = \Big[\dfrac{x^2}{2}\cdot\log x\Big]_1^a - \int_1^a \dfrac{x}{2}\, dx$

$\qquad\qquad = \dfrac{a^2}{2}\log a - \Big[\dfrac{x^2}{4}\Big]_1^a$

$\qquad\qquad = \dfrac{a^2}{2}\log a - \Big(\dfrac{a^2}{4} - \dfrac{1}{4}\Big)$ ⋯③

②，③を①に代入すると

$S(a) = a(a\log a - a + 1) - \Big(\dfrac{a^2}{2}\log a - \dfrac{a^2}{4} + \dfrac{1}{4}\Big)$

$\quad = \dfrac{a^2}{2}\log a - \dfrac{3}{4}a^2 + a - \dfrac{1}{4}$

**159** (1) $y = 2ex$ 　　(2) $\dfrac{e}{4} - \dfrac{1}{2}$

**解き方** (1) $y' = 2e^{2x}$ より曲線 $y = e^{2x}$ 上の点 $(t, e^{2t})$ における接線の方程式は $y - e^{2t} = 2e^{2t}(x-t)$

すなわち $y = 2e^{2t}x + e^{2t}(1-2t)$

この接線が原点を通るとき

$0 = e^{2t}(1-2t)$ 　よって $t = \dfrac{1}{2}$

したがって，求める方程式は

$y = 2e^{2\cdot\frac{1}{2}}x + e^{2\cdot\frac{1}{2}}\Big(1 - 2\cdot\dfrac{1}{2}\Big) = 2ex$

(2) 求める面積は

$\int_0^{\frac{1}{2}} (e^{2x} - 2ex)\, dx$

$= \Big[\dfrac{1}{2}e^{2x} - ex^2\Big]_0^{\frac{1}{2}}$

$= \dfrac{1}{2}e - \dfrac{1}{4}e - \dfrac{1}{2} = \dfrac{e}{4} - \dfrac{1}{2}$

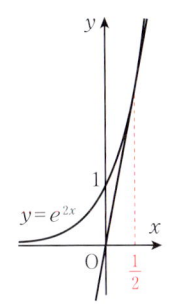

**160-1** (1) 下の図

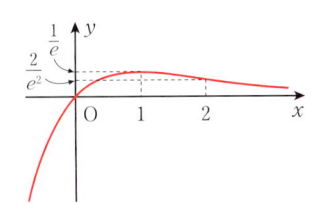

(2) $S(a) = -(a+1)e^{-a} + 1$
$\lim_{a\to\infty} S(a) = 1$

**解き方** (1) $f'(x) = e^{-x} - xe^{-x} = (1-x)e^{-x}$

| $x$ | $\cdots$ | $1$ | $\cdots$ |
|---|---|---|---|
| $f'(x)$ | $+$ | $0$ | $-$ |
| $f(x)$ | ↗ | $\dfrac{1}{e}$ | ↘ |

$f''(x) = -e^{-x} + (1-x)(-1)e^{-x} = (x-2)e^{-x}$

| $x$ | $\cdots$ | $2$ | $\cdots$ |
|---|---|---|---|
| $f''(x)$ | $-$ | $0$ | $+$ |
| $f(x)$ | ⌢ | $\dfrac{2}{e^2}$ | ⌣ |

また $\lim_{x\to\infty} f(x) = 0$, $\lim_{x\to-\infty} f(x) = -\infty$

(2) $S(a) = \int_0^a xe^{-x}dx$

$= \left[x(-e^{-x})\right]_0^a - \int_0^a (-e^{-x})dx$

$= -ae^{-a} - \left[e^{-x}\right]_0^a$

$= -ae^{-a} - e^{-a} + 1 = -(a+1)e^{-a} + 1$

$\lim_{x\to\infty} xe^{-x} = 0$ だから $\lim_{a\to\infty} ae^{-a} = 0$

よって $\lim_{a\to\infty} S(a) = \lim_{a\to\infty}\{1-(a+1)e^{-a}\}$

$= \lim_{a\to\infty}(1 - ae^{-a} - e^{-a}) = 1$

**160-2** グラフは下の図

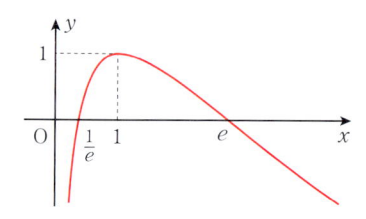

面積は $\dfrac{4}{e}$

解き方 $y' = -2\log x \cdot \dfrac{1}{x} = \dfrac{-2\log x}{x}$

| $x$ | $0$ | $\cdots$ | $1$ | $\cdots$ |
|---|---|---|---|---|
| $y'$ | | $+$ | $0$ | $-$ |
| $y$ | | ↗ | $1$ | ↘ |

$y = 0$ となる $x$ の値は $\log x = \pm 1$ より $x = e,\ e^{-1}$
求める面積は

$\int_{\frac{1}{e}}^{e} \{1-(\log x)^2\}dx$

$= \int_{\frac{1}{e}}^{e} dx - \int_{\frac{1}{e}}^{e}(\log x)^2 dx$ …①

$\int_{\frac{1}{e}}^{e}(\log x)^2 dx = \left[x(\log x)^2\right]_{\frac{1}{e}}^{e} - \int_{\frac{1}{e}}^{e} 2\log x\, dx$

$= e - \dfrac{1}{e} - 2\int_{\frac{1}{e}}^{e}\log x\, dx$ …②

$\int_{\frac{1}{e}}^{e}\log x\, dx = \left[x\log x\right]_{\frac{1}{e}}^{e} - \int_{\frac{1}{e}}^{e} dx$

$= e + \dfrac{1}{e} - \left(e - \dfrac{1}{e}\right) = \dfrac{2}{e}$ …③

①に②, ③を代入すると

$\int_{\frac{1}{e}}^{e}\{1-(\log x)^2\}dx = \left(e - \dfrac{1}{e}\right) - \left(e - \dfrac{1}{e} - 2\cdot\dfrac{2}{e}\right)$

$= \dfrac{4}{e}$

**161-1** (1) 右の図

(2) $\dfrac{16}{15}\sqrt{2}$

解き方

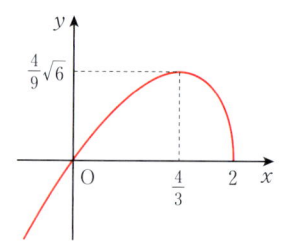

(1) $f'(x) = \sqrt{2-x} + x\cdot\dfrac{1}{2}(2-x)^{-\frac{1}{2}}\times(2-x)'$

$= \sqrt{2-x} - \dfrac{x}{2\sqrt{2-x}}$

$= \dfrac{2(2-x)-x}{2\sqrt{2-x}} = \dfrac{4-3x}{2\sqrt{2-x}}$

| $x$ | $\cdots$ | $\dfrac{4}{3}$ | $\cdots$ | $2$ |
|---|---|---|---|---|
| $f'(x)$ | $+$ | $0$ | $-$ | |
| $f(x)$ | ↗ | $\dfrac{4}{9}\sqrt{6}$ | ↘ | $0$ |

$f(x) = 0$ となる $x$ の値は $x = 0,\ 2$

(2) 求める面積は $\int_0^2 x\sqrt{2-x}\, dx$

$2 - x = t$ とおくと $x = 2 - t$

$\dfrac{dx}{dt} = -1$ より $dx = (-1)dt$

| $x$ | $0$ | $\to$ | $2$ |
|---|---|---|---|
| $t$ | $2$ | $\to$ | $0$ |

$\int_0^2 x\sqrt{2-x}\, dx = \int_2^0 (2-t)\sqrt{t}\cdot(-1)dt$

$= \int_0^2 (2-t)t^{\frac{1}{2}}dt = \int_0^2 (2t^{\frac{1}{2}} - t^{\frac{3}{2}})dt$

$= \left[\dfrac{4}{3}t^{\frac{3}{2}} - \dfrac{2}{5}t^{\frac{5}{2}}\right]_0^2 = \dfrac{4}{3}\sqrt{8} - \dfrac{2}{5}\sqrt{32}$

$= \dfrac{8}{3}\sqrt{2} - \dfrac{8}{5}\sqrt{2} = \dfrac{16}{15}\sqrt{2}$

**161-2** (1) $f'(x) = (1-2x^2)e^{-x^2}$

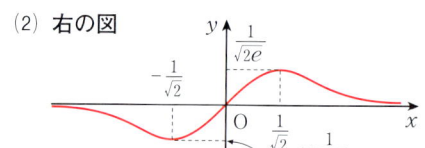

(2) 右の図

(3) $S = \dfrac{1}{2} - \dfrac{1}{2}e^{-a^2}$

(4) $\dfrac{1}{2}$

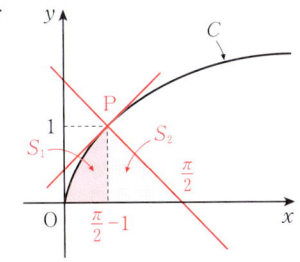

**解き方** (1) $f'(x) = e^{-x^2} + x(-2x)e^{-x^2}$
$= (1-2x^2)e^{-x^2}$

(2) 増減表は次の通り。

| $x$ | $\cdots$ | $-\dfrac{1}{\sqrt{2}}$ | $\cdots$ | $\dfrac{1}{\sqrt{2}}$ | $\cdots$ |
|---|---|---|---|---|---|
| $f'(x)$ | $-$ | $0$ | $+$ | $0$ | $-$ |
| $f(x)$ | $\searrow$ | $-\dfrac{1}{\sqrt{2e}}$ | $\nearrow$ | $\dfrac{1}{\sqrt{2e}}$ | $\searrow$ |

また,条件より $\displaystyle\lim_{x\to\infty} xe^{-x^2} = 0$
$\displaystyle\lim_{x\to-\infty} xe^{-x^2} = 0$

(3) $S = \displaystyle\int_0^a xe^{-x^2}dx = \left[-\dfrac{1}{2}e^{-x^2}\right]_0^a = \dfrac{1}{2} - \dfrac{1}{2}e^{-a^2}$

(4) $\displaystyle\lim_{a\to\infty} S = \lim_{a\to\infty}\left(\dfrac{1}{2} - \dfrac{1}{2}e^{-a^2}\right) = \dfrac{1}{2}$

**162** $\dfrac{3}{4}\pi - \dfrac{3}{2}$

**解き方** 点 $\mathrm{P}\left(\dfrac{\pi}{2}-1, 1\right)$ における法線の方程式は

$y - 1 = (-1)\left(x - \dfrac{\pi}{2} + 1\right)$   $y = -x + \dfrac{\pi}{2}$

図のように $S_1$, $S_2$ を決めると,求める面積は

$S = S_1 + S_2$
$S_1 = \displaystyle\int_0^{\frac{\pi}{2}-1} y\,dx$

$x = \theta - \sin\theta$ であるから,
$\dfrac{dx}{d\theta} = 1 - \cos\theta$ より $dx = (1-\cos\theta)d\theta$

よって $S_1 = \displaystyle\int_0^{\frac{\pi}{2}}(1-\cos\theta)(1-\cos\theta)d\theta$
$= \displaystyle\int_0^{\frac{\pi}{2}}(1 - 2\cos\theta + \cos^2\theta)d\theta$
$= \displaystyle\int_0^{\frac{\pi}{2}}\left(1 - 2\cos\theta + \dfrac{1+\cos 2\theta}{2}\right)d\theta$
$= \left[\dfrac{3}{2}\theta - 2\sin\theta + \dfrac{\sin 2\theta}{4}\right]_0^{\frac{\pi}{2}}$
$= \dfrac{3}{4}\pi - 2$

$S_2 = \dfrac{1}{2}\left\{\dfrac{\pi}{2} - \left(\dfrac{\pi}{2} - 1\right)\right\}\cdot 1 = \dfrac{1}{2}$

よって $S = \dfrac{3}{4}\pi - 2 + \dfrac{1}{2} = \dfrac{3}{4}\pi - \dfrac{3}{2}$

**163** $\dfrac{1}{3}a^2 h$

**解き方** 底面積は $a^2$
右の図のように,頂点 O を通り底面に垂直に $x$ 軸をとる。
座標 $x$ における切り口の正方形の面積を $S(x)$ とすると
$S(x) : a^2 = x^2 : h^2$
よって $S(x) = \dfrac{a^2}{h^2}x^2$

求める体積 $V$ は $V = \displaystyle\int_0^h \dfrac{a^2}{h^2}x^2 dx = \left[\dfrac{a^2}{3h^2}x^3\right]_0^h$
$= \dfrac{a^2 h^3}{3h^2} = \dfrac{1}{3}a^2 h$

**164-1** $\dfrac{1}{15}\pi$

**解き方** $\displaystyle\int_0^1 \pi y^2 dx$ を求めればよい。
$\sqrt{x} + \sqrt{y} = 1$ より $\sqrt{y} = 1 - \sqrt{x}$
よって $y = (1-\sqrt{x})^2 = 1 - 2\sqrt{x} + x$
ゆえに $y^2 = (1 + x - 2\sqrt{x})^2$
$= (1+x)^2 - 4(1+x)\sqrt{x} + 4x$
$= x^2 - 4x^{\frac{3}{2}} + 6x - 4x^{\frac{1}{2}} + 1$

以上より
$\displaystyle\int_0^1 \pi y^2 dx = \pi \int_0^1 (x^2 - 4x^{\frac{3}{2}} + 6x - 4x^{\frac{1}{2}} + 1)dx$
$= \pi\left[\dfrac{x^3}{3} - \dfrac{8}{5}x^{\frac{5}{2}} + 3x^2 - \dfrac{8}{3}x^{\frac{3}{2}} + x\right]_0^1$
$= \pi\left(\dfrac{1}{3} - \dfrac{8}{5} + 3 - \dfrac{8}{3} + 1\right) = \dfrac{1}{15}\pi$

**164-2** (1) $a = \dfrac{1}{4}$  (2) $\dfrac{\pi}{96}$

**解き方** (1) $y = x^2 + a$ より $y' = 2x$

これより,$y' = 1$ となる $x$ の値は $x = \dfrac{1}{2}$

放物線 $y = x^2 + a$ 上の点 $\left(\dfrac{1}{2}, \dfrac{1}{4} + a\right)$ における
接線の方程式は $y - \left(\dfrac{1}{4} + a\right) = x - \dfrac{1}{2}$
$y = x + a - \dfrac{1}{4}$

これが原点を通るとき $a = \dfrac{1}{4}$

(2) 右の図のように，
$V$：赤色の部分を $y$ 軸のまわりに回転させたもの
$V_1$：斜線の部分を $y$ 軸のまわりに回転させたもの 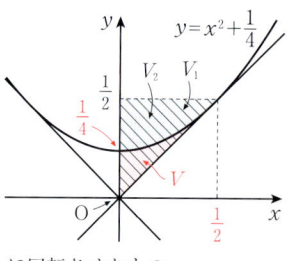
$V_2$：灰色の部分を $y$ 軸のまわりに回転させたもの
とすると $V = V_1 - V_2$
$V_1 = \dfrac{1}{3} \cdot \left(\dfrac{1}{2}\right)^2 \pi \cdot \dfrac{1}{2} = \dfrac{\pi}{24}$
$V_2 = \pi \displaystyle\int_{\frac{1}{4}}^{\frac{1}{2}} x^2 \, dy = \pi \displaystyle\int_{\frac{1}{4}}^{\frac{1}{2}} \left(y - \dfrac{1}{4}\right) dy$
$= \pi \left[\dfrac{y^2}{2} - \dfrac{y}{4}\right]_{\frac{1}{4}}^{\frac{1}{2}} = \dfrac{\pi}{32}$
よって $V = \dfrac{\pi}{24} - \dfrac{\pi}{32} = \dfrac{\pi}{96}$

**165** $\dfrac{7}{3}$

**解き方** $V_1$ は図の赤い部分を $x$ 軸のまわりに回転させたもの。 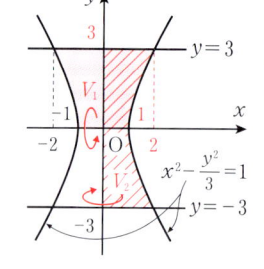
$x^2 - \dfrac{3^2}{3} = 1$
$x = \pm 2$
よって
$V_1 = \pi \cdot 3^2 \cdot 4 - 2\pi \displaystyle\int_1^2 y^2 \, dx$
$= 36\pi - 2\pi \displaystyle\int_1^2 3(x^2 - 1) \, dx$
$= 36\pi - 2\pi \left[x^3 - 3x\right]_1^2$
$= 36\pi - 2\pi \{(8-6) - (1-3)\}$
$= 36\pi - 8\pi = 28\pi$

$V_2$ は，図の斜線の部分を $y$ 軸のまわりに回転させたもの。
よって $V_2 = \pi \displaystyle\int_{-3}^3 x^2 \, dy = 2\pi \displaystyle\int_0^3 \left(1 + \dfrac{y^2}{3}\right) dy$
$= 2\pi \left[\dfrac{1}{9}y^3 + y\right]_0^3 = 12\pi$

したがって $\dfrac{V_1}{V_2} = \dfrac{28\pi}{12\pi} = \dfrac{7}{3}$

**166** $2\pi^2$

**解き方** $0 \leqq x \leqq \dfrac{\pi}{2}$ において，$\cos x \geqq 0$ より
$0 \leqq x \leqq x + \cos x$
$\dfrac{\pi}{2} \leqq x \leqq \pi$ において，$\cos x \leqq 0$ より
$0 < x + \cos x \leqq x$
これより，回転体の体積 $V$ は
$V = \left\{\pi \displaystyle\int_0^{\frac{\pi}{2}} (x+\cos x)^2 \, dx - \pi \displaystyle\int_0^{\frac{\pi}{2}} x^2 \, dx\right\}$
$\quad + \left\{\pi \displaystyle\int_{\frac{\pi}{2}}^{\pi} x^2 \, dx - \pi \displaystyle\int_{\frac{\pi}{2}}^{\pi} (x+\cos x)^2 \, dx\right\}$
$= \pi \displaystyle\int_0^{\frac{\pi}{2}} (2x\cos x + \cos^2 x) \, dx$
$\quad - \pi \displaystyle\int_{\frac{\pi}{2}}^{\pi} (2x\cos x + \cos^2 x) \, dx$

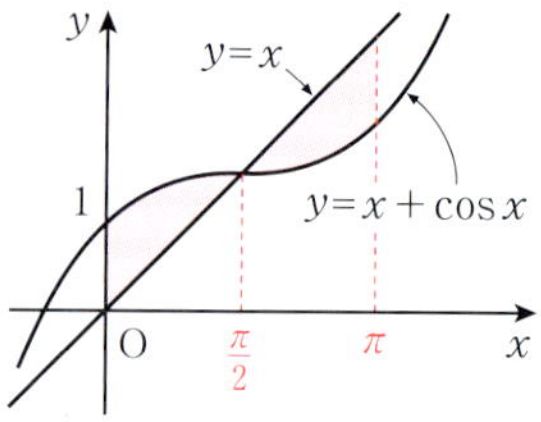

ここで $\displaystyle\int (2x\cos x + \cos^2 x) \, dx$
$= \displaystyle\int \left\{2x(\sin x)' + \dfrac{1+\cos 2x}{2}\right\} dx$
$= 2x\sin x - 2\displaystyle\int \sin x \, dx + \dfrac{1}{2}x + \dfrac{1}{4}\sin 2x$
$= 2x\sin x + 2\cos x + \dfrac{1}{2}x + \dfrac{1}{4}\sin 2x + C$

よって
$V = \pi \left[2x\sin x + 2\cos x + \dfrac{1}{2}x + \dfrac{1}{4}\sin 2x\right]_0^{\frac{\pi}{2}}$
$\quad - \pi \left[2x\sin x + 2\cos x + \dfrac{1}{2}x + \dfrac{1}{4}\sin 2x\right]_{\frac{\pi}{2}}^{\pi}$
$= \pi \left(\pi + \dfrac{\pi}{4} - 2\right) - \pi \left(-2 + \dfrac{\pi}{2} - \pi - \dfrac{\pi}{4}\right)$
$= \pi \left(\dfrac{5}{4}\pi - 2 + 2 + \dfrac{3}{4}\pi\right)$
$= 2\pi^2$

**167** $\dfrac{8}{15}\pi$

**解き方** $0 \leqq \theta \leqq \dfrac{\pi}{2}$ のとき $0 \leqq x \leqq 1$

よって，回転体の体積 $V = \pi \displaystyle\int_0^1 y^2 dx$

$x = \sin\theta$ より

$\dfrac{dx}{d\theta} = \cos\theta$

ゆえに

$dx = \cos\theta d\theta$

よって

$V = \pi \displaystyle\int_0^{\frac{\pi}{2}} (\sin^2 2\theta)\cos\theta d\theta$

$= \pi \displaystyle\int_0^{\frac{\pi}{2}} (2\sin\theta\cos\theta)^2 \cos\theta d\theta$

$= 4\pi \displaystyle\int_0^{\frac{\pi}{2}} \sin^2\theta(1-\sin^2\theta)\cos\theta d\theta$

ここで $\sin\theta = t$ とおくと，

$\cos\theta = \dfrac{dt}{d\theta}$ より

$\cos\theta d\theta = dt$

| $\theta$ | 0 | $\to$ | $\dfrac{\pi}{2}$ |
|---|---|---|---|
| $t$ | 0 | $\to$ | 1 |

したがって

$V = 4\pi \displaystyle\int_0^1 t^2(1-t^2)dt = 4\pi\left[\dfrac{1}{3}t^3 - \dfrac{1}{5}t^5\right]_0^1 = \dfrac{8}{15}\pi$

**(参考)** $\theta$ を消去すると，$y = 2x\sqrt{1-x^2}$ となり，これを用いて計算してもよい。

---

**170** $\dfrac{9}{8}$

**解き方** $x = \cos^3\theta$, $y = \sin^3\theta$ より

$\dfrac{dx}{d\theta} = 3\cos^2\theta(-\sin\theta)$, $\dfrac{dy}{d\theta} = 3\sin^2\theta\cos\theta$

よって

$\left(\dfrac{dx}{d\theta}\right)^2 + \left(\dfrac{dy}{d\theta}\right)^2 = 9\cos^4\theta\sin^2\theta + 9\sin^4\theta\cos^2\theta$

$= 9\sin^2\theta\cos^2\theta(\cos^2\theta + \sin^2\theta)$

$= 9\sin^2\theta\cos^2\theta$

$L = \displaystyle\int_0^{\frac{\pi}{3}} \sqrt{\left(\dfrac{dx}{d\theta}\right)^2 + \left(\dfrac{dy}{d\theta}\right)^2} d\theta$

$= \displaystyle\int_0^{\frac{\pi}{3}} \sqrt{9\sin^2\theta\cos^2\theta} d\theta = \displaystyle\int_0^{\frac{\pi}{3}} 3\sin\theta\cos\theta d\theta$

$= \dfrac{3}{2}\displaystyle\int_0^{\frac{\pi}{3}} \sin 2\theta d\theta = \dfrac{3}{2}\left[-\dfrac{1}{2}\cos 2\theta\right]_0^{\frac{\pi}{3}}$

$= -\dfrac{3}{4}\left(-\dfrac{1}{2} - 1\right) = \dfrac{9}{8}$

---

**171** (1) $\dfrac{e-1}{2}(e^a + e^{-a-1})$ (2) $\dfrac{e-1}{\sqrt{e}}$

**解き方** (1) $y = \dfrac{e^x + e^{-x}}{2}$ より $\dfrac{dy}{dx} = \dfrac{e^x - e^{-x}}{2}$

ここで

$1 + \left(\dfrac{dy}{dx}\right)^2 = 1 + \left(\dfrac{e^x - e^{-x}}{2}\right)^2$

$= \dfrac{4 + (e^x)^2 - 2e^x \cdot e^{-x} + (e^{-x})^2}{4}$

$= \dfrac{(e^x)^2 + 2 \cdot e^x \cdot e^{-x} + (e^{-x})^2}{4}$

$= \left(\dfrac{e^x + e^{-x}}{2}\right)^2$

よって $S(a) = \displaystyle\int_a^{a+1} \sqrt{1 + \left(\dfrac{dy}{dx}\right)^2} dx$

$= \displaystyle\int_a^{a+1} \sqrt{\left(\dfrac{e^x + e^{-x}}{2}\right)^2} dx$

$= \displaystyle\int_a^{a+1} \dfrac{e^x + e^{-x}}{2} dx$

$= \left[\dfrac{e^x - e^{-x}}{2}\right]_a^{a+1}$

$= \dfrac{e^{a+1} - e^{-(a+1)}}{2} - \dfrac{e^a - e^{-a}}{2}$

$= \dfrac{e^a(e-1) + e^{-a-1}(e-1)}{2}$

$= \dfrac{e-1}{2}(e^a + e^{-a-1})$

(2) $f(a) = e^a + e^{-a-1}$ とおくと

$f'(a) = e^a - e^{-a-1} = e^a - \dfrac{1}{e^{a+1}}$

$= \dfrac{e^{2a+1} - 1}{e^{a+1}}$

$f'(a) = 0$ となる $a$ の値は，$e^{2a+1} = 1$ より

$a = -\dfrac{1}{2}$

| $a$ | $\cdots$ | $-\dfrac{1}{2}$ | $\cdots$ |
|---|---|---|---|
| $f'(a)$ | $-$ | 0 | $+$ |
| $f(a)$ | $\searrow$ |  | $\nearrow$ |

よって，$f(a)$ は $a = -\dfrac{1}{2}$ のときに最小値をとる。

したがって，$S(a)$ の最小値も $a = -\dfrac{1}{2}$ のとき。

$S\left(-\dfrac{1}{2}\right) = \dfrac{e-1}{2}(e^{-\frac{1}{2}} + e^{-\frac{1}{2}}) = \dfrac{e-1}{\sqrt{e}}$

**172** (1) $\sqrt{2}\left(\dfrac{1}{e^n}-\dfrac{1}{e^{2n}}\right)$  (2) 収束，和は $\dfrac{\sqrt{2}e}{e^2-1}$

**解き方** (1) $x=e^{-t}\cos t$ より

$$\dfrac{dx}{dt}=-e^{-t}\cos t-e^{-t}\sin t$$
$$=-e^{-t}(\cos t+\sin t)$$

$y=e^{-t}\sin t$ より

$$\dfrac{dy}{dt}=-e^{-t}\sin t+e^{-t}\cos t$$
$$=-e^{-t}(\sin t-\cos t)$$

これらより

$$\left(\dfrac{dx}{dt}\right)^2+\left(\dfrac{dy}{dt}\right)^2$$
$$=\{-e^{-t}(\cos t+\sin t)\}^2+\{-e^{-t}(\sin t-\cos t)\}^2$$
$$=e^{-2t}\{(\cos t+\sin t)^2+(\sin t-\cos t)^2\}$$
$$=2e^{-2t}$$

よって $S_n=\displaystyle\int_n^{2n}\sqrt{\left(\dfrac{dx}{dt}\right)^2+\left(\dfrac{dy}{dt}\right)^2}\,dt$

$$=\int_n^{2n}\sqrt{2e^{-2t}}\,dt=\sqrt{2}\int_n^{2n}e^{-t}dt$$
$$=\sqrt{2}\left[-e^{-t}\right]_n^{2n}=\sqrt{2}(e^{-n}-e^{-2n})$$
$$=\sqrt{2}\left(\dfrac{1}{e^n}-\dfrac{1}{e^{2n}}\right)$$

(2) $\displaystyle\sum_{n=1}^{\infty}S_n=\sum_{n=1}^{\infty}\sqrt{2}\left\{\left(\dfrac{1}{e}\right)^n-\left(\dfrac{1}{e^2}\right)^n\right\}$

$\displaystyle\sum_{n=1}^{\infty}\left(\dfrac{1}{e}\right)^n,\ \sum_{n=1}^{\infty}\left(\dfrac{1}{e^2}\right)^n$ はそれぞれ収束する。

したがって，$\displaystyle\sum_{n=1}^{\infty}S_n$ も収束する。

よって $\displaystyle\sum_{n=1}^{\infty}\sqrt{2}\left\{\left(\dfrac{1}{e}\right)^n-\left(\dfrac{1}{e^2}\right)^n\right\}=\dfrac{\dfrac{\sqrt{2}}{e}}{1-\dfrac{1}{e}}-\dfrac{\dfrac{\sqrt{2}}{e^2}}{1-\dfrac{1}{e^2}}$

$$=\dfrac{\sqrt{2}e}{e^2-1}$$

**173** (1) $y=x^2+C$  (2) $y=Ae^x$

**解き方** (1) $\dfrac{dy}{dx}=2x$ より $\displaystyle\int dy=\int 2x\,dx$

よって $y=x^2+C$

(2) $\dfrac{dy}{dx}=y$ より $\displaystyle\int\dfrac{1}{y}dy=\int dx$

$\log|y|=x+C$
$|y|=e^{x+C}$
$y=\pm e^C e^x$

$\pm e^C=A$ とおくと $y=Ae^x$

**174** $y^2=\dfrac{4}{x}$

**解き方** 点 $P(x,\ y)$ における接線の傾きは $y'$
よって，接線の方程式は，

$$Y-y=y'(X-x)$$

より

$Q\left(x-\dfrac{y}{y'},\ 0\right)$  $R(0,\ y-xy')$

点 P は QR を 2：1 に内分する点だから

$$x=\dfrac{x-\dfrac{y}{y'}}{3}\quad 3x=x-\dfrac{y}{y'}\text{ だから }\ 2xy'=-y$$

P は QR 上の内分点だから，$x$ 座標で 2：1 を満たせば，$y$ 座標も当然 2：1 を満たす。

したがって，求める曲線の微分方程式は

$$2x\dfrac{dy}{dx}=-y$$

$$\int\dfrac{2}{y}dy=\int\left(-\dfrac{1}{x}\right)dx$$

$2\log|y|=-\log|x|+C$
$2\log|y|=\log e^C-\log|x|$
$\log y^2=\log\dfrac{e^C}{|x|}$

$x>0$（条件）より $y^2=\dfrac{e^C}{x}$

$e^C=A$ とおくと $y^2=\dfrac{A}{x}$

$x=1$ のとき $y=2$ だから $A=4$

したがって，求める曲線の方程式は $y^2=\dfrac{4}{x}$

**（参考）** $y$ 座標の方も計算してみると，

$$y=\dfrac{2(y-xy')}{3}\text{ より }\ 3y=2y-2xy'$$

よって，$2xy'=-y$ となり，同じ微分方程式が得られる。

> 定期テスト予想問題 の解答 ── 本冊→p.236〜238

❶ (1) $\dfrac{1}{4}x^4+3\sqrt[3]{x}+C$

(2) $\tan x-\sin x+C$

(3) $\dfrac{1}{2}x^2+3x+3\log|x|-\dfrac{1}{x}+C$

(4) $\dfrac{1}{2}x+\dfrac{1}{12}\sin 6x+C$

(5) $\dfrac{2^{3x}}{3\log 2}+C$

(6) $\dfrac{1}{8}(2x+1)^4+C$

(7) $-\dfrac{1}{4}\cos 4x+C$

(8) $-\dfrac{1}{3}e^{-3x}+C$

**解き方** (1) $\displaystyle\int\left(x^3+\dfrac{1}{\sqrt[3]{x^2}}\right)dx=\int(x^3+x^{-\frac{2}{3}})dx$

$=\dfrac{1}{4}x^4+3x^{\frac{1}{3}}+C=\dfrac{1}{4}x^4+3\sqrt[3]{x}+C$

(2) $\displaystyle\int\dfrac{1-\cos^3 x}{1-\sin^2 x}dx=\int\dfrac{1-\cos^3 x}{\cos^2 x}dx$

$\displaystyle=\int\left(\dfrac{1}{\cos^2 x}-\cos x\right)dx=\tan x-\sin x+C$

(3) $\displaystyle\int\dfrac{(x+1)^3}{x^2}dx=\int\dfrac{x^3+3x^2+3x+1}{x^2}dx$

$\displaystyle=\int\left(x+3+\dfrac{3}{x}+x^{-2}\right)dx$

$=\dfrac{1}{2}x^2+3x+3\log|x|-\dfrac{1}{x}+C$

(4) $\displaystyle\int\cos^2 3x\,dx=\int\dfrac{1+\cos 6x}{2}dx$

$=\dfrac{1}{2}\left(x+\dfrac{1}{6}\sin 6x\right)+C$

$=\dfrac{1}{2}x+\dfrac{1}{12}\sin 6x+C$

(5) $\displaystyle\int 2^{3x}dx=\dfrac{2^{3x}}{3\log 2}+C$ ← $2^{3x}=8^x$

(6) $\displaystyle\int(2x+1)^3 dx=\dfrac{1}{2\cdot 4}(2x+1)^4+C$

$=\dfrac{1}{8}(2x+1)^4+C$

(7) $\displaystyle\int\sin 4x\,dx=\dfrac{1}{4}(-\cos 4x)+C$

$=-\dfrac{1}{4}\cos 4x+C$

(8) $\displaystyle\int e^{-3x}dx=\dfrac{1}{-3}e^{-3x}+C=-\dfrac{1}{3}e^{-3x}+C$

❷ (1) $\dfrac{3}{4}\sqrt[3]{(2x+1)^2}+C$

(2) $\log|x^3+x|+C$

(3) $\dfrac{2}{3}(\log x)^{\frac{3}{2}}+C$ (4) $\log(e^x+1)+C$

**解き方** (1) $\sqrt[3]{2x+1}=t$ とおいて両辺を 3 乗すると

$2x+1=t^3$

$x=\dfrac{1}{2}(t^3-1)$ より, $\dfrac{dx}{dt}=\dfrac{3}{2}t^2$ だから

$dx=\dfrac{3}{2}t^2 dt$

よって $\displaystyle\int\dfrac{1}{\sqrt[3]{2x+1}}dx=\int\dfrac{1}{t}\cdot\dfrac{3}{2}t^2 dt=\dfrac{3}{2}\int t\,dt$

$=\dfrac{3}{4}t^2+C=\dfrac{3}{4}\sqrt[3]{(2x+1)^2}+C$

(別解) $2x+1=t$ とおくと,

$x=\dfrac{1}{2}(t-1)$ より $\dfrac{dx}{dt}=\dfrac{1}{2}$ だから $dx=\dfrac{1}{2}dt$

よって $\displaystyle\int\dfrac{1}{\sqrt[3]{2x+1}}dx=\int\dfrac{1}{\sqrt[3]{t}}\cdot\dfrac{1}{2}dt$

$\displaystyle=\dfrac{1}{2}\int t^{-\frac{1}{3}}dt=\dfrac{1}{2}\cdot\dfrac{3}{2}t^{\frac{2}{3}}+C$

$=\dfrac{3}{4}\sqrt[3]{(2x+1)^2}+C$

(2) $x^3+x=t$ とおいて両辺を $x$ で微分すると,

$3x^2+1=\dfrac{dt}{dx}$ より $(3x^2+1)dx=dt$

よって $\displaystyle\int\dfrac{3x^2+1}{x^3+x}dx=\int\dfrac{1}{t}dt$

$=\log|t|+C=\log|x^3+x|+C$

(3) $\log x=t$ とおいて両辺を $x$ で微分すると,

$\dfrac{1}{x}=\dfrac{dt}{dx}$ より $\dfrac{1}{x}dx=dt$

よって $\displaystyle\int\dfrac{1}{x}\sqrt{\log x}\,dx=\int(\log x)^{\frac{1}{2}}\dfrac{1}{x}dx$

$\displaystyle=\int t^{\frac{1}{2}}dt=\dfrac{2}{3}t^{\frac{3}{2}}+C=\dfrac{2}{3}(\log x)^{\frac{3}{2}}+C$

(4) $e^x+1=t$ とおいて両辺を $x$ で微分すると,

$e^x = \dfrac{dt}{dx}$ より $e^x dx = dt$

よって $\displaystyle\int \dfrac{e^x}{e^x+1} dx = \int \dfrac{1}{t} dt = \log|t| + C$
$= \log|e^x+1| + C = \log(e^x+1) + C$

**(参考)** 置換積分法を用いずに積分できる。

(1) $\displaystyle\int \dfrac{1}{\sqrt[3]{2x+1}} dx = \int (2x+1)^{-\frac{1}{3}} dx$
$= \dfrac{1}{2} \cdot \dfrac{3}{2} (2x+1)^{\frac{2}{3}} + C = \dfrac{3}{4} \sqrt[3]{(2x+1)^2} + C$

(2) $\displaystyle\int \dfrac{3x^2+1}{x^3+x} dx = \int \dfrac{(x^3+x)'}{x^3+x} dx$
$= \log|x^3+x| + C$

(4) $\displaystyle\int \dfrac{e^x}{e^x+1} dx = \int \dfrac{(e^x+1)'}{e^x+1} dx$
$= \log|e^x+1| + C = \log(e^x+1) + C$

**❸** (1) $-\dfrac{1}{2} x \cos 2x + \dfrac{1}{4} \sin 2x + C$

(2) $(x+1) \log(x+1) - x + C$

(3) $\dfrac{1}{2} x e^{2x} - \dfrac{1}{4} e^{2x} + C$

(4) $x^2 \sin x + 2x \cos x - 2 \sin x + C$

**解き方** (1) $\displaystyle\int x \sin 2x \, dx = \int x \left(-\dfrac{1}{2} \cos 2x\right)' dx$
$= x\left(-\dfrac{1}{2}\cos 2x\right) - \int (x)' \cdot \left(-\dfrac{1}{2}\cos 2x\right) dx$
$= -\dfrac{1}{2} x \cos 2x + \dfrac{1}{2} \int \cos 2x \, dx$
$= -\dfrac{1}{2} x \cos 2x + \dfrac{1}{4} \sin 2x + C$

(2) $\displaystyle\int \log(x+1) dx = \int (x+1)' \log(x+1) dx$
$= (x+1)\log(x+1) - \int (x+1) \cdot \dfrac{1}{x+1} dx$
$= (x+1)\log(x+1) - \int dx$
$= (x+1)\log(x+1) - x + C$

(3) $\displaystyle\int x e^{2x} dx = \int x \cdot \left(\dfrac{1}{2} e^{2x}\right)' dx$
$= x \cdot \dfrac{1}{2} e^{2x} - \int (x)' \cdot \dfrac{1}{2} e^{2x} dx$
$= \dfrac{1}{2} x e^{2x} - \dfrac{1}{2} \int e^{2x} dx$
$= \dfrac{1}{2} x e^{2x} - \dfrac{1}{4} e^{2x} + C$

(4) $\displaystyle\int x^2 \cos x \, dx = \int x^2 (\sin x)' dx$
$= x^2 \sin x - \int 2x \sin x \, dx$ …①
$\displaystyle\int 2x \sin x \, dx = \int 2x (-\cos x)' dx$
$= -2x \cos x + \int 2 \cos x \, dx$
$= -2x \cos x + 2 \sin x + C$ …②

②を①に代入して
$\displaystyle\int x^2 \cos x \, dx = x^2 \sin x + 2x \cos x - 2 \sin x + C$

**❹** (1) $\log \dfrac{(x+1)^2}{|x+2|} + C$

(2) $\dfrac{1}{2} \log \dfrac{(2x-1)^2}{|2x+1|} + C$

(3) $-\dfrac{1}{10} \cos 5x - \dfrac{1}{2} \cos x + C$

(4) $-\dfrac{1}{12} \sin 6x + \dfrac{1}{4} \sin 2x + C$

**解き方** (1) $\dfrac{x+3}{(x+1)(x+2)} = \dfrac{a}{x+1} + \dfrac{b}{x+2}$
$= \dfrac{(a+b)x + (2a+b)}{(x+1)(x+2)}$

両辺を比較して,
$\begin{cases} a+b=1 \\ 2a+b=3 \end{cases}$ より $a=2, \ b=-1$

よって $\displaystyle\int \dfrac{x+3}{(x+1)(x+2)} dx$
$= \displaystyle\int \left(\dfrac{2}{x+1} - \dfrac{1}{x+2}\right) dx$
$= 2\log|x+1| - \log|x+2| + C$
$= \log \dfrac{(x+1)^2}{|x+2|} + C$

(2) $\dfrac{2x+3}{4x^2-1} = \dfrac{a}{2x-1} + \dfrac{b}{2x+1}$
$= \dfrac{2(a+b)x + (a-b)}{(2x-1)(2x+1)}$

両辺を比較して,
$\begin{cases} a+b=1 \\ a-b=3 \end{cases}$ より $a=2, \ b=-1$

よって $\int \dfrac{2x+3}{4x^2-1}dx = \int\left(\dfrac{2}{2x-1} - \dfrac{1}{2x+1}\right)dx$

$\qquad = 2\cdot\dfrac{1}{2}\log|2x-1| - \dfrac{1}{2}\log|2x+1| + C$

$\qquad = \dfrac{1}{2}\log\dfrac{(2x-1)^2}{|2x+1|} + C$

(3) $\int \cos 2x \sin 3x\, dx$

$= \int \sin 3x \cos 2x\, dx$

$= \dfrac{1}{2}\int(\sin 5x + \sin x)dx$

$= -\dfrac{1}{10}\cos 5x - \dfrac{1}{2}\cos x + C$

(4) $\int \sin 4x \sin 2x\, dx$

$= -\dfrac{1}{2}\int(\cos 6x - \cos 2x)dx$

$= -\dfrac{1}{12}\sin 6x + \dfrac{1}{4}\sin 2x + C$

**5** (1) $e - \dfrac{1}{e}$  (2) $\dfrac{\pi}{2}$

(3) $\log 3$  (4) $\sqrt{2} - 1$

**解き方** (1) $\int_0^1 (e^x + e^{-x})dx = \left[e^x - e^{-x}\right]_0^1$

$= (e - e^{-1}) - (e^0 - e^0) = e - \dfrac{1}{e}$

(2) $\int_0^\pi \sin^2 3x\, dx = \int_0^\pi \dfrac{1-\cos 6x}{2}dx$

$= \dfrac{1}{2}\left[x - \dfrac{\sin 6x}{6}\right]_0^\pi = \dfrac{\pi}{2}$

(3) $\int_0^2 \dfrac{2x-1}{x^2-x+1}dx = \int_0^2 \dfrac{(x^2-x+1)'}{x^2-x+1}dx$

$= \left[\log|x^2-x+1|\right]_0^2 = \log 3$

(4) $\int_0^{\frac{1}{2}} \dfrac{1}{\sqrt{2x+1}}dx = \int_0^{\frac{1}{2}}(2x+1)^{-\frac{1}{2}}dx$

$= \left[\dfrac{1}{2}\cdot 2(2x+1)^{\frac{1}{2}}\right]_0^{\frac{1}{2}}$

$= 2^{\frac{1}{2}} - 1 = \sqrt{2} - 1$

**6** (1) $\dfrac{1}{3}$  (2) $\dfrac{1}{3}$

(3) $\dfrac{\pi}{6}$  (4) $\dfrac{\sqrt{2}}{8}\pi$

**解き方** (1) $\sqrt{2x+1} = t$ とおく。

$2x+1 = t^2$ より $x = \dfrac{t^2-1}{2}$

| $x$ | 0 | → | 1 |
|---|---|---|---|
| $t$ | 1 | → | $\sqrt{3}$ |

$\dfrac{dx}{dt} = t$ より $dx = t\,dt$

$\int_0^1 \dfrac{x}{\sqrt{2x+1}}dx = \int_1^{\sqrt{3}} \dfrac{\frac{1}{2}(t^2-1)}{t}\cdot t\,dt$

$= \dfrac{1}{2}\int_1^{\sqrt{3}}(t^2-1)dt = \dfrac{1}{2}\left[\dfrac{1}{3}t^3 - t\right]_1^{\sqrt{3}}$

$= \dfrac{1}{2}\left\{(\sqrt{3} - \sqrt{3}) - \left(\dfrac{1}{3} - 1\right)\right\} = \dfrac{1}{3}$

(2) $\sin x = t$ とおく。

$\cos x = \dfrac{dt}{dx}$ より

$\cos x\,dx = dt$

| $x$ | 0 | → | $\dfrac{\pi}{2}$ |
|---|---|---|---|
| $t$ | 0 | → | 1 |

$\int_0^{\frac{\pi}{2}} \sin^2 x \cos x\,dx = \int_0^1 t^2 dt = \left[\dfrac{1}{3}t^3\right]_0^1 = \dfrac{1}{3}$

(3) $x = 2\sin\theta$ とおく。

$\dfrac{dx}{d\theta} = 2\cos\theta$ より

$dx = 2\cos\theta\,d\theta$

| $x$ | 0 | → | 1 |
|---|---|---|---|
| $\theta$ | 0 | → | $\dfrac{\pi}{6}$ |

$\int_0^1 \dfrac{1}{\sqrt{4-x^2}}dx = \int_0^{\frac{\pi}{6}} \dfrac{2\cos\theta}{\sqrt{4-4\sin^2\theta}}d\theta$

$\qquad\qquad\qquad \sqrt{4\cos^2\theta} = 2|\cos\theta|$
$\qquad\qquad\qquad = 2\cos\theta \left(0\leq\theta\leq\dfrac{\pi}{6}\text{ より}\right)$

$= \int_0^{\frac{\pi}{6}} \dfrac{2\cos\theta}{2\cos\theta}d\theta$

$= \int_0^{\frac{\pi}{6}} d\theta = \left[\theta\right]_0^{\frac{\pi}{6}} = \dfrac{\pi}{6}$

(4) $x = \sqrt{2}\tan\theta$ とおく。

$\dfrac{dx}{d\theta} = \dfrac{\sqrt{2}}{\cos^2\theta}$ より

$dx = \dfrac{\sqrt{2}}{\cos^2\theta}d\theta$

| $x$ | 0 | → | $\sqrt{2}$ |
|---|---|---|---|
| $\theta$ | 0 | → | $\dfrac{\pi}{4}$ |

$\int_0^{\sqrt{2}} \dfrac{1}{2+x^2}dx = \int_0^{\frac{\pi}{4}} \dfrac{1}{2+2\tan^2\theta}\cdot\dfrac{\sqrt{2}}{\cos^2\theta}d\theta$

$= \int_0^{\frac{\pi}{4}} \dfrac{1}{\frac{2}{\cos^2\theta}}\cdot\dfrac{\sqrt{2}}{\cos^2\theta}d\theta$

$= \int_0^{\frac{\pi}{4}} \dfrac{1}{\sqrt{2}}d\theta = \dfrac{1}{\sqrt{2}}\left[\theta\right]_0^{\frac{\pi}{4}} = \dfrac{1}{\sqrt{2}}\cdot\dfrac{\pi}{4} = \dfrac{\sqrt{2}}{8}\pi$

**7** (1) $\dfrac{3}{16}e^4 + \dfrac{1}{16}$   (2) $\dfrac{2}{9}e^{\frac{3}{2}} + \dfrac{4}{9}$

(3) $\dfrac{1}{4}$   (4) $1 - \dfrac{2}{e}$

**解き方** (1) $\displaystyle\int_1^e x^3 \log x\,dx = \int_1^e \left(\dfrac{1}{4}x^4\right)' \log x\,dx$

$= \dfrac{1}{4}\Big[x^4 \log x\Big]_1^e - \int_1^e \dfrac{1}{4}x^4 \cdot \dfrac{1}{x}\,dx$

$= \dfrac{1}{4}\Big[x^4 \log x\Big]_1^e - \dfrac{1}{4}\int_1^e x^3\,dx$

$= \dfrac{1}{4}e^4 - \dfrac{1}{4}\Big[\dfrac{1}{4}x^4\Big]_1^e$

$= \dfrac{1}{4}e^4 - \dfrac{1}{16}(e^4 - 1) = \dfrac{3}{16}e^4 + \dfrac{1}{16}$

(2) $\displaystyle\int_1^e \sqrt{x}\log x\,dx = \int_1^e \left(\dfrac{2}{3}x^{\frac{3}{2}}\right)' \log x\,dx$

$= \Big[\dfrac{2}{3}x^{\frac{3}{2}} \log x\Big]_1^e - \int_1^e \dfrac{2}{3}x^{\frac{3}{2}} \cdot \dfrac{1}{x}\,dx$

$= \dfrac{2}{3}\Big[x^{\frac{3}{2}} \log x\Big]_1^e - \dfrac{2}{3}\int_1^e x^{\frac{1}{2}}\,dx$

$= \dfrac{2}{3}e^{\frac{3}{2}} - \dfrac{2}{3}\Big[\dfrac{2}{3}x^{\frac{3}{2}}\Big]_1^e$

$= \dfrac{2}{3}e^{\frac{3}{2}} - \dfrac{4}{9}(e^{\frac{3}{2}} - 1) = \dfrac{2}{9}e^{\frac{3}{2}} + \dfrac{4}{9}$

(3) $\displaystyle\int_0^{\frac{\pi}{4}} x \sin 2x\,dx = \int_0^{\frac{\pi}{4}} x\left(-\dfrac{1}{2}\cos 2x\right)' dx$

$= \Big[x\left(-\dfrac{1}{2}\cos 2x\right)\Big]_0^{\frac{\pi}{4}} - \int_0^{\frac{\pi}{4}} \left(-\dfrac{1}{2}\cos 2x\right) dx$

$= -\dfrac{1}{2}\Big[x\cos 2x\Big]_0^{\frac{\pi}{4}} + \dfrac{1}{2}\int_0^{\frac{\pi}{4}} \cos 2x\,dx$

$= 0 + \dfrac{1}{2}\Big[\dfrac{1}{2}\sin 2x\Big]_0^{\frac{\pi}{4}} = \dfrac{1}{4}(1 - 0) = \dfrac{1}{4}$

(4) $\displaystyle\int_0^1 xe^{-x}\,dx = \int_0^1 x(-e^{-x})'\,dx$

$= \Big[-xe^{-x}\Big]_0^1 - \int_0^1 (-e^{-x})\,dx$

$= -e^{-1} - \Big[e^{-x}\Big]_0^1$

$= -e^{-1} - (e^{-1} - 1) = 1 - \dfrac{2}{e}$

**8** $G'(x) = (4x^3 - x)\log x$

**解き方** $F'(t) = t\log t$ とおく。

$G(x) = \displaystyle\int_x^{x^2} t\log t\,dt = \Big[F(t)\Big]_x^{x^2}$

$= F(x^2) - F(x)$

$G'(x) = F'(x^2) \cdot (x^2)' - F'(x)$

$= x^2 \log x^2 \cdot 2x - x\log x$

$= 4x^3 \log x - x\log x$

$= (4x^3 - x)\log x$

**9** $G''(x) = 2x\cos 2x + 3\sin 2x$

**解き方** $G(x) = \displaystyle\int_a^x (2x - t)\sin 2t\,dt$

$= 2x\displaystyle\int_a^x \sin 2t\,dt - \int_a^x t\sin 2t\,dt$

$G'(x) = 2\displaystyle\int_a^x \sin 2t\,dt + 2x\sin 2x - x\sin 2x$

$= 2\displaystyle\int_a^x \sin 2t\,dt + x\sin 2x$

$G''(x) = 2\sin 2x + \sin 2x + x(\cos 2x)(2x)'$

$= 2x\cos 2x + 3\sin 2x$

**10** $x = \pi$ のとき 最大値 $\pi$

$x = 2\pi$ のとき 最小値 $-2\pi$

**解き方** $\displaystyle\int t\sin t\,dt = \int t(-\cos t)'\,dt$

$= -t\cos t - \displaystyle\int (-\cos t)\,dt$

$= -t\cos t + \sin t + C$

$f(x) = \displaystyle\int_0^x t\sin t\,dt = \Big[-t\cos t + \sin t\Big]_0^x$

$= -x\cos x + \sin x$

$f'(x) = x\sin x$

$f'(x) = 0$ となる $x$ の値は $x = 0,\ \pi,\ 2\pi$

このとき $f(0) = 0,\ f(\pi) = \pi,\ f(2\pi) = -2\pi$

増減表を作成すると

| $x$ | 0 | $\cdots$ | $\pi$ | $\cdots$ | $2\pi$ |
|---|---|---|---|---|---|
| $f'(x)$ | 0 | + | 0 | − | 0 |
| $f(x)$ | 0 | ↗ | $\pi$ | ↘ | $-2\pi$ |

増減表から,最大値 $\pi$ ($x = \pi$ のとき)

最小値 $-2\pi$ ($x = 2\pi$ のとき)

⑪ $\dfrac{1}{6}$

**解き方** $\sqrt{x}+\sqrt{y}=1$
$\sqrt{y}=1-\sqrt{x}$ より
$y=1-2\sqrt{x}+x$
$S=\displaystyle\int_0^1 (1-2\sqrt{x}+x)dx$
$=\left[x-2\cdot\dfrac{2}{3}x^{\frac{3}{2}}+\dfrac{1}{2}x^2\right]_0^1$
$=\left(1-\dfrac{4}{3}+\dfrac{1}{2}\right)-0$
$=\dfrac{1}{6}$

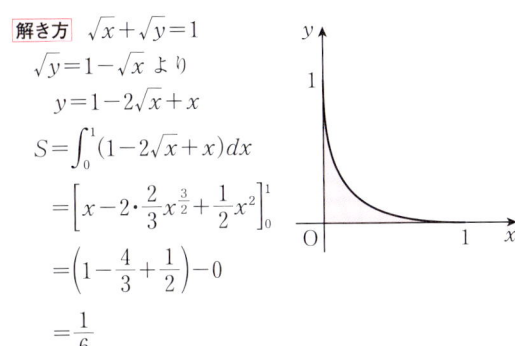

⑫ $\dfrac{1}{4}$

**解き方** $0\leqq x\leqq\dfrac{\pi}{2}$ の範囲で $y=\sin 2x$, $y=\cos x$ のグラフをかく。

2つのグラフの交点の $x$ 座標は
$\sin 2x=\cos x$
$2\sin x\cos x-\cos x=0$
$\cos x(2\sin x-1)=0$
$\cos x=0$, $\sin x=\dfrac{1}{2}$

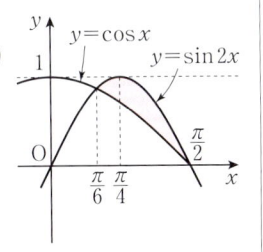

$0\leqq x\leqq\dfrac{\pi}{2}$ では
$x=\dfrac{\pi}{2}$, $\dfrac{\pi}{6}$

よって,求める面積 $S$ は
$S=\displaystyle\int_{\frac{\pi}{6}}^{\frac{\pi}{2}}(\sin 2x-\cos x)dx$
$=\left[-\dfrac{1}{2}\cos 2x-\sin x\right]_{\frac{\pi}{6}}^{\frac{\pi}{2}}$
$=\left(\dfrac{1}{2}-1\right)-\left(-\dfrac{1}{4}-\dfrac{1}{2}\right)=\dfrac{1}{4}$

⑬ $2\pi$

**解き方** $x^2+\dfrac{y^2}{4}=1$ より
$y=\pm 2\sqrt{1-x^2}$

楕円の内部の面積を求めるから右の図の第1象限の部分の面積の4倍として求める。 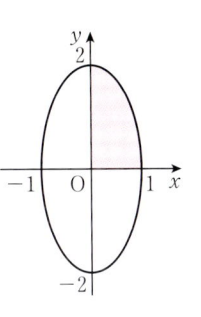
$S=4\displaystyle\int_0^1 2\sqrt{1-x^2}\,dx$

$x=\sin\theta$ とおく。
$\dfrac{dx}{d\theta}=\cos\theta$ より $dx=\cos\theta\,d\theta$

| $x$ | 0 | → | 1 |
|---|---|---|---|
| $\theta$ | 0 | → | $\dfrac{\pi}{2}$ |

$S=4\displaystyle\int_0^{\frac{\pi}{2}}2\sqrt{1-\sin^2\theta}\cos\theta\,d\theta$
$=8\displaystyle\int_0^{\frac{\pi}{2}}\sqrt{\cos^2\theta}\cos\theta\,d\theta$
$=8\displaystyle\int_0^{\frac{\pi}{2}}\cos^2\theta\,d\theta$ ←$0\leqq\theta\leqq\dfrac{\pi}{2}$ なので $\sqrt{\cos^2\theta}=|\cos\theta|=\cos\theta$
$=8\displaystyle\int_0^{\frac{\pi}{2}}\dfrac{1+\cos 2\theta}{2}\,d\theta$
$=4\left[\theta+\dfrac{1}{2}\sin 2\theta\right]_0^{\frac{\pi}{2}}$
$=4\cdot\dfrac{\pi}{2}=2\pi$

**(参考)** $\displaystyle\int_0^1\sqrt{1-x^2}\,dx$ は,右の図のように半径1の円の面積の $\dfrac{1}{4}$ を表すから
$\pi\cdot 1^2\cdot\dfrac{1}{4}=\dfrac{\pi}{4}$

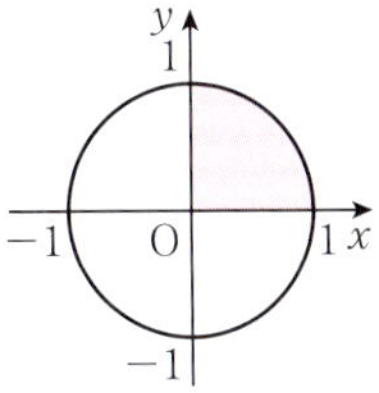

よって $S=8\displaystyle\int_0^1\sqrt{1-x^2}\,dx=8\cdot\dfrac{\pi}{4}=2\pi$

**⑭** 接線の方程式は　$y=x$

　面積は　$\dfrac{1}{2}e^2-e$

**解き方**　$f(x)=e\log x$

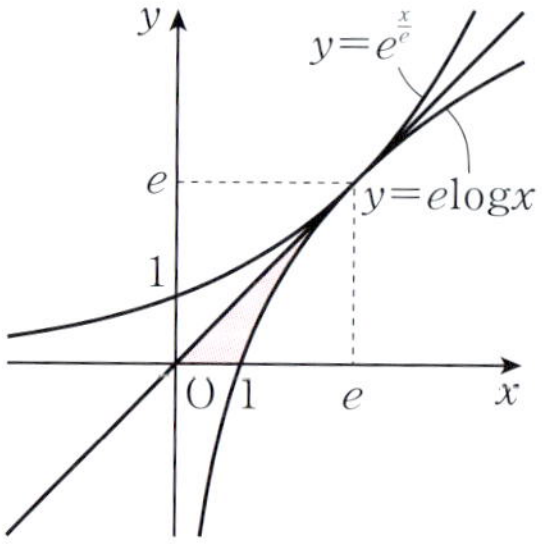

とおくと，$f'(x)=\dfrac{e}{x}$

より，点 $(e, e)$ における接線の傾きは

　$f'(e)=1$

よって，

接線の方程式は，

$y-e=1(x-e)$ より　$y=x$

$y=e\log x$ のグラフと $y=x$ に関して対称なグラフを表す関数は，$y=e\log x$ の逆関数なので

$\dfrac{y}{e}=\log x$

$x=e^{\frac{y}{e}}$ で $x$, $y$ を入れかえて　$y=e^{\frac{x}{e}}$

ここで求める部分の面積は，$y=e^{\frac{x}{e}}$ と $y=x$ と $y$ 軸で囲まれる部分の面積と一致するから

$S=\displaystyle\int_0^e (e^{\frac{x}{e}}-x)dx$

$=\left[e\cdot e^{\frac{x}{e}}-\dfrac{1}{2}x^2\right]_0^e$

$=\left(e^2-\dfrac{1}{2}e^2\right)-e=\dfrac{1}{2}e^2-e$

**(参考)** ここでは逆関数を使って計算をしたが，上の図の色の部分の面積を直接計算をするには

$S=\displaystyle\int_0^1 x\,dx+\int_1^e(x-e\log x)dx$

または

$S=\displaystyle\int_0^e x\,dx-\int_1^e e\log x\,dx$

で求める。解き方で示した計算と比較してみよう。

**⑮** $\dfrac{\pi}{2}$

**解き方**　右の図の色の部分を $x$ 軸のまわりに回転させたときの回転体の体積を求めるのだから

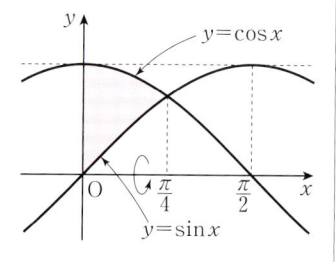

$V=\pi\displaystyle\int_0^{\frac{\pi}{4}}\cos^2 x\,dx-\pi\int_0^{\frac{\pi}{4}}\sin^2 x\,dx$

$=\pi\displaystyle\int_0^{\frac{\pi}{4}}(\cos^2 x-\sin^2 x)dx$

$=\pi\displaystyle\int_0^{\frac{\pi}{4}}\cos 2x\,dx$

$=\pi\left[\dfrac{1}{2}\sin 2x\right]_0^{\frac{\pi}{4}}$

$=\pi\left(\dfrac{1}{2}-0\right)=\dfrac{\pi}{2}$

**⑯** $\dfrac{\pi}{30}$

**解き方**　$f(x)=\sqrt{x}$

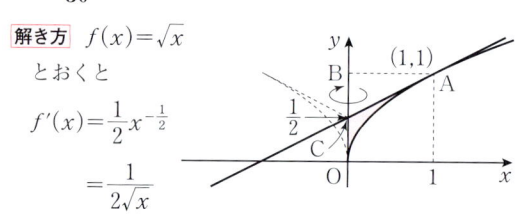

とおくと

$f'(x)=\dfrac{1}{2}x^{-\frac{1}{2}}$

$=\dfrac{1}{2\sqrt{x}}$

点 $(1, 1)$ における接線の傾きは　$f'(1)=\dfrac{1}{2}$

よって，接線の方程式は，$y-1=\dfrac{1}{2}(x-1)$ より

$y=\dfrac{1}{2}x+\dfrac{1}{2}$

求める回転体の体積 $V$ は，$y$ 軸のまわりに1回転してできる立体の体積だから，$A(1, 1)$，$B(0, 1)$，$C\left(0, \dfrac{1}{2}\right)$ とすると，図形 OAB を $y$ 軸のまわりに1回転してできる立体の体積から，△ABC を $y$ 軸のまわりに1回転させた円錐の体積を引いたもの。

$V=\pi\displaystyle\int_0^1 x^2 dy-\dfrac{1}{3}\pi\cdot 1^2\cdot\dfrac{1}{2}$

$=\pi\displaystyle\int_0^1 y^4 dy-\dfrac{1}{6}\pi$　　$y=\sqrt{x}$ より　$x^2=y^4$

$=\pi\left[\dfrac{y^5}{5}\right]_0^1-\dfrac{\pi}{6}$

$=\dfrac{\pi}{5}-\dfrac{\pi}{6}=\dfrac{\pi}{30}$

**17** (1) **6**　　(2) $e-\dfrac{1}{e}$

[解き方] (1) この曲線は $x$ 軸，$y$ 軸に関して対称だから，$0 \leqq \theta \leqq \dfrac{\pi}{2}$ の部分の長さを4倍すればよい。

このとき
$$\sin\theta \geqq 0,\ \cos\theta \geqq 0$$
$\dfrac{dx}{d\theta} = -3\cos^2\theta\sin\theta,\ \dfrac{dy}{d\theta} = 3\sin^2\theta\cos\theta$ だから

$$L = 4\int_0^{\frac{\pi}{2}} \sqrt{(-3\cos^2\theta\sin\theta)^2 + (3\sin^2\theta\cos\theta)^2}\,d\theta$$
$$= 12\int_0^{\frac{\pi}{2}} \sqrt{\sin^2\theta\cos^2\theta(\sin^2\theta+\cos^2\theta)}\,d\theta$$
$$= 12\int_0^{\frac{\pi}{2}} \sqrt{\sin^2\theta\cos^2\theta}\,d\theta$$
$$= 12\int_0^{\frac{\pi}{2}} \sin\theta\cos\theta\,d\theta \quad \leftarrow \sin\theta\geqq 0,\ \cos\theta\geqq 0\text{ だから}$$
$$= 6\int_0^{\frac{\pi}{2}} \sin 2\theta\,d\theta$$
$$= 6\left[-\dfrac{1}{2}\cos 2\theta\right]_0^{\frac{\pi}{2}}$$
$$= 6\left\{\dfrac{1}{2} - \left(-\dfrac{1}{2}\right)\right\} = 6$$

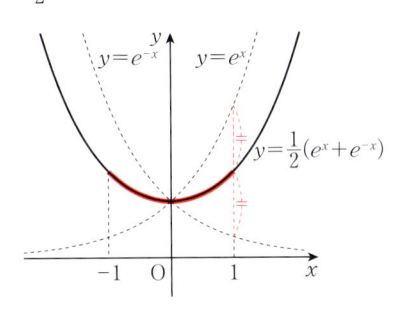

(2) $y = \dfrac{1}{2}(e^x + e^{-x})$ のグラフは次の図のようになる。

$y = f(x)$ とおくと，$f(-x) = f(x)$ よりグラフは $y$ 軸対称である。

したがって，$0 \leqq x \leqq 1$ の部分の長さを2倍すればよい。

$y' = \dfrac{1}{2}(e^x - e^{-x})$ だから
$$L = 2\int_0^1 \sqrt{1 + \left\{\dfrac{1}{2}(e^x - e^{-x})\right\}^2}\,dx$$
$$= 2\int_0^1 \sqrt{\dfrac{1}{4}(e^x + e^{-x})^2}\,dx$$
$$= \int_0^1 (e^x + e^{-x})\,dx = \left[e^x - e^{-x}\right]_0^1$$
$$= e - e^{-1} - (e^0 - e^0) = e - \dfrac{1}{e}$$

**18** (1) $y = Ae^{2x}$ （$A$ は任意の定数）

(2) $y = 2x$

[解き方] (1) $\dfrac{dy}{dx} = 2y$
$$\int \dfrac{1}{y}\,dy = \int 2\,dx$$
$$\log|y| = 2x + C$$
$$|y| = e^{2x+C}$$
$$y = \pm e^C \cdot e^{2x}$$
$\pm e^C = A$ とおくと
$$y = Ae^{2x}$$

(2) $\dfrac{dy}{dx} = \dfrac{y}{x}$
$$\int \dfrac{1}{y}\,dy = \int \dfrac{1}{x}\,dx$$
$$\log|y| = \log|x| + C$$
$$\log|y| = \log|x| + \log e^C$$
$$|y| = e^C|x|$$
$$y = \pm e^C x$$
$\pm e^C = A$ とおくと
$$y = Ax$$
ここで，$x = 1$ のとき $y = 2$ だから　$2 = A$
よって　$y = 2x$

MEMO

MEMO

*B*